中国国家标准汇编

516

GB 27912～27926

（2011年制定）

中国标准出版社　编

中国标准出版社

北　京

图书在版编目(CIP)数据

中国国家标准汇编:2011年制定.516:GB 27912～27926/中国标准出版社编.—北京:中国标准出版社,2012

ISBN 978-7-5066-6985-6

Ⅰ.①中… Ⅱ.①中… Ⅲ.①国家标准-汇编-中国-2011 Ⅳ.①T-652.1

中国版本图书馆CIP数据核字(2012)第197844号

中国标准出版社出版发行
北京市朝阳区和平里西街甲2号(100013)
北京市西城区三里河北街16号(100045)

网址 www.spc.net.cn
总编室:(010)64275323 发行中心:(010)51780235
读者服务部:(010)68523946

中国标准出版社秦皇岛印刷厂印刷
各地新华书店经销

*

开本 880×1230 1/16 印张 39 字数 1 067 千字
2012年9月第一版 2012年9月第一次印刷

*

定价 220.00 元

出 版 说 明

1.《中国国家标准汇编》是一部大型综合性国家标准全集。自1983年起,按国家标准顺序号以精装本、平装本两种装帧形式陆续分册汇编出版。它在一定程度上反映了我国建国以来标准化事业发展的基本情况和主要成就,是各级标准化管理机构,工矿企事业单位,农林牧副渔系统,科研、设计、教学等部门必不可少的工具书。

2.《中国国家标准汇编》收入我国每年正式发布的全部国家标准,分为"制定"卷和"修订"卷两种编辑版本。

"制定"卷收入上一年度我国发布的、新制定的国家标准,顺延前年度标准编号分成若干分册,封面和书脊上注明"20××年制定"字样及分册号,分册号一直连续。各分册中的标准是按照标准编号顺序连续排列的,如有标准顺序号缺号的,除特殊情况注明外,暂为空号。

"修订"卷收入上一年度我国发布的、被修订的国家标准,视篇幅分设若干分册,但与"制定"卷分册号无关联,仅在封面和书脊上注明"20××年修订-1,-2,-3,……"字样。"修订"卷各分册中的标准,仍按标准编号顺序排列(但不连续);如有遗漏的,均在当年最后一分册中补齐。需提请读者注意的是,个别非顺延前年度标准编号的新制定的国家标准没有收入在"制定"卷中,而是收入在"修订"卷中。

读者配套购买《中国国家标准汇编》"制定"卷和"修订"卷则可收齐由我社出版的上一年度我国制定和修订的全部国家标准。

3. 由于读者需求的变化,自1996年起,《中国国家标准汇编》仅出版精装本。

4. 2011年我国制修订国家标准共1 989项。本分册为"2011年制定"卷第516分册,收入国家标准GB 27912～27926的最新版本。

中国标准出版社
2012年8月

目　　录

ICS 03.360;35.240.40
A 11

中华人民共和国国家标准

GB/T 27912—2011

金融服务 生物特征识别 安全框架

Financial services—Biometrics—Security framework

(ISO 19092-1:2006,MOD)

2011-12-30 发布 2012-02-01 实施

中华人民共和国国家质量监督检验检疫总局
中国国家标准化管理委员会 发布

前　言

本标准按照 GB/T 1.1—2009 给出的规则起草。

本标准修改采用 ISO 19092-1:2006《金融服务　生物特征识别　第 1 部分:安全框架》(英文版)。

本标准与 ISO 19092-1:2006 的技术性差异如下:

a) 删除全文中涉及 ISO 19092-2 的内容(因 ISO 19092-2 提案已被 ISO 中止,且删除这些内容并不影响标准的完整性);

b) 删除原标准中的 10.1.2,因为本节中的密钥名称全部来自于已经终止的 ISO 19092-2;

c) 10.1.2(原标准 10.1.3)数字签名中"哈希算法应满足相关 ISO 标准(或者等同的国家标准)的具体要求"改为"哈希算法应满足相关国家标准的具体要求";

d) 删除 10.1.2(原标准 10.1.3)数字签名中的列项"应通过明文文本数据进行哈希运算,文本由一个或多个 BiometricHeader 和 BiometricData 类型的值组成,除了类型 BiometricHeader 和 BiometricData 值之外,还应包括一个 IntegrityBlock 类型的值";

e) 10.1.2 和 10.1.3(原标准 10.1.3 和 10.1.4)中的"密钥管理技术,如表 1 所示,应按照相关 ISO、ISO/IEC 标准(或者等同的国家标准)的具体规定执行,例如 ISO 11568,或者 ISO/IEC 11770"改为"密钥管理技术应按相关国家标准的具体规定执行";

f) 删除原标准中的表 1(其后表格的编号都减去 1);

g) 10.1.3 基于数据机密性目的的加密中"加密算法应按相关的 ISO 标准(或者等同国家标准)的具体规定执行"改为"加密算法应按相关的国家标准的具体规定执行";

h) 11.3.1 中表 12(原标准中表 13)的 147 项:"密钥产生使用密钥产生算法,具体如 ISO 标准(或者等同的国家标准)"修改为"密钥产生使用密钥产生算法,具体见相关的国家标准";

i) 附录 A.3.4 的列项 d)中的"参考模板描述(例如,生物特征 OID)"修改为"参考模板描述(例如,生物特征目标标识符)";

j) 删除 ISO 19092-1:2006 的附录 B.2,因为该处描述的个体身份识别标准不适合我国国情。

本标准还做了下列编辑性修改:

——将原文中的"本国际标准"、"ISO 19092"、"ISO 19092 的本部分"、"本部分"修改为"本标准";

——删除国际标准的前言;

——为全文统一起见,将 4.21 等错误率的定义中的"交叉率(crossover rate)"改称"交叉错误率(crossover error rate)";

——9.3.3 的列项 a)中提到的再登记的要求:"使用原始的凭证材料,而并非已经存在的生物特征模板。该方式可提供足够的保证水平,这依赖于已存在的生物特征模板和技术的可靠性和可用性"修改为"使用原始的凭证材料,而并非已经存在的生物特征模板。该方式可提供足够的保证水平,这依赖于原始的凭证材料的可靠性和可用性"(勘误);

——11.4.5 的表 22 集成电路卡(ICC)生命周期控制中的 300 项"除非 CDF 处于激活状态或者再激活状态时,否则 IC 不能用于金融交易"修改为"除非 CDF 处于激活状态或者再激活状态时,否则 ICC 不能用于金融交易"(勘误);

——C.8 中的"对单因子生物特征识别系统使用简单概率模型[20],在 N 个用户中不出现系统错误匹配的概率 Pr 为"修改为"对单因子生物特征识别系统使用简单概率模型[20],在 N 个用户中出现系统错误匹配的概率 Pr 为"(勘误)。

本标准由中国人民银行提出。

本标准由全国金融标准化技术委员会(SAC/TC 180)归口。

本标准负责起草单位:中国金融电子化公司。

本标准参加起草单位:中国农业银行、中信银行、上海银晨智能识别科技有限公司、北京中科虹霸科技有限公司、北京握奇数据系统有限公司、杭州中正生物认证技术有限公司、中国人民银行兴化市中心支行、中国人民银行太原市中心支行、中国人民银行石家庄市中心支行。

本标准主要起草人:王平娃、陆书春、李曙光、刘运、赵征、林松、曾文斌、邱显超、余伟华、汪雪林、梁敏、吕瑛、仲志辉、张龙龙、李军。

引　言

随着计算机技术的引入，商业模式已经发生重大变化。电子交易替代从前的纸质交易，降低了成本，提高了效率。这些交易处于一个开放的网络环境中，存在数据被破坏的风险，金融业需求采取相应的措施应对这些风险。

生物特征识别，即“你是谁或者能做什么”的识别方式，已经出现若干年，包括如指纹识别、声音识别、眼睛扫描、脸像识别等。生物特征识别技术在可靠性不断提高的同时，成本逐步降低，使其在金融业的实施成为可能。

本标准描述了使用生物特征识别技术作为鉴别机制，保护金融业的远程电子访问或本地物理访问的机制和过程。

生物特征识别技术可用作物理或逻辑访问的人员身份鉴别。逻辑访问可包括对应用、服务或者授权的访问。本标准可促进生物特征识别在金融业内的应用，并促进生物特征识别信息的管理成为商业机构信息安全管理的组成部分。本标准通过使用生物特征识别技术，提供强度更高的鉴别方式和多因子鉴别机制，为公钥基础设施(PKI)提供更强的鉴别机制。另外，本标准允许重复确认产生数字签名的人实际上就是有权限访问私钥的人。

生物特征识别系统的广泛应用建立在一系列因素之上，已有的生物特征识别技术在这些因素上表现各异，这些因素包括：

——便利性和易用性；

——外在的安全水平；

——性能；

——非侵犯性。

本标准所讨论的鉴别机制限于封闭性用户群体，群体成员已同意使用生物特征识别技术进行身份识别。这些协议可为显性的形式(如服务协议)，或者隐性的形式(如访问某设施即表明具有执行某交易的动机)。监管不确定人员的系统不在本标准讨论的范围之内。

本标准阐述的技术用于维护生物特征信息的完整性和机密性，及提供鉴别机制。然而，本标准并不确保某项具体实现足够安全。金融机构有责任设置适当的全业务流程并进行必要的控制，以确保业务流程安全运行。此外，为验证与本标准的一致性，控制措施应包括适当的审计测试。

金融服务　生物特征识别 安全框架

1　范围

本标准规定了金融业使用生物特征识别机制鉴别人员身份的安全框架，介绍了生物特征识别技术的类型，阐述了有关应用问题。本标准也描述了实现架构，详细规定了有效管理的最小安全要求，也为专业人员提供了控制目标和使用建议。

本标准包括：

——使用生物特征识别技术，通过验证其声称的身份或识别其个体身份，对参与金融服务的人员和雇员身份进行鉴别；

——根据风险管理的要求，对用户登记时提交的凭证进行确认，以支持身份鉴别；

——在整个生命周期内，包括登记、传输、存储、身份确认、身份识别以及终止等过程，对生物特征信息进行管理；

——生物特征识别信息在其生命周期内的安全性，包括数据完整性、源鉴别和机密性；

——生物特征识别机制在逻辑和物理访问控制中的应用；

——保护金融机构及其客户的监控措施；

——在整个生物特征识别信息生命周期中所使用的物理硬件的安全性。

本标准不包括：

——个体生物特征识别信息的隐私权和所有权；

——有关数据采集、信号处理与生物特征数据匹配、以及生物特征匹配决策流程等方面的具体技术；

——生物特征识别技术在非鉴别方面的便利性应用，如语音识别、用户交互和匿名访问控制等方面的使用。

本标准适用于由于数据机密性或其他原因而对生物特征信息进行加密的强制方式。

尽管本标准并未阐述采用生物特征识别技术对业务应用系统的具体要求和限制，但其他标准可讨论这些问题。

2　符合性

如果生物特征鉴别系统的具体实现满足本标准的管理和安全要求，那么可声称其符合本标准。

采用了本标准建议的密码报文要求，且采取了适当策略、措施和操作过程的生物特征鉴别系统，就可声称其符合本标准。

通过满足本标准的第 9 章和第 10 章中的管理和安全要求，就可以满足生物特征鉴别系统很多方面的符合性要求，并且能够验证其实现方法、相关策略、操作过程是否达到第 11 章中的确认控制目标。相关机构能够使用附录 A 中规定的生物特征事件日志来记录与本标准操作方面要求的符合性。

3　规范性引用文件

下列文件对于本文件的应用是必不可少的。凡是注日期的引用文件，仅注日期的版本适用于本文件。凡是不注日期的引用文件,其最新版本(包括所有的修改单)适用于本文件。

ISO 10202-3 金融交易卡 使用集成电路卡的金融交易系统的安全结构 第3部分:密钥关系(Financial transaction cards—Security architecture of financial transaction systems using integrated circuit cards—Part 3:Cryptographic key relationships)

ISO/IEC 19790 信息技术 安全技术 密码模块的安全要求(Information technology—Security techniques—Security requirements for cryptographic modules)

4 术语和定义

下列术语和定义适用于本文件。

4.1

适应 adaptation

自动更新或刷新参考模板的过程。

4.2

尝试 attempt

在生物特征识别系统中,出于登记、确认或者识别的目的,提交个体身体局部的生物特征样本。

注:可允许个体进行多次登记、确认或者识别尝试。

4.3

预分类 binning

基于内在的生物特征模式信息对数据库的划分。

4.4

生物特征 biometric

人类生理上的或行为上的可测量特征,并由此可以可靠地区分某个人不同于其他人,以便识别登记者的身份,或者确认其所声称的已登记的身份。

4.5

生物特征鉴别 biometric authentication

通过确认或者识别,确认个体身份的过程。

4.6

生物特征数据 biometric data

从生物特征样本中提取的信息,用于产生参考模板或者匹配模板。

4.7

生物特征身份识别 biometric identification

用所提交的生物特征样本,与登记的某些或者全部参考模板的一对多比较过程,以确定个体的身份。

4.8

生物特征识别策略(BP) biometric policy (BP)

命名的规则集,标明生物特征模板应用对于某团体或者某类应用具有统一的安全要求。

4.9

生物特征实施声明(BPS) biometric practice statement (BPS)

某个组织在生物特征模板生命周期(例如,创建、管理和消除)内遵守的实施声明,包括业务、法律、规则、技术事项等。

4.10

生物特征样本　biometric sample

经过采集和处理得到的初始(原始)生物特征数据。

4.11

生物特征识别系统　biometric system

能采集、提取、比对和返回决策结果(匹配/不匹配)的自动化系统。

4.12

生物特征身份确认　biometric verification

基于所声称的身份(例如用户 ID、账号),比较匹配模板与其特定的参考模板是否符合的过程。

4.13

采集　capture

获取某个生物特征样本。

4.14

身份声称　claim of identity

生物特征识别系统进行身份确认时,所声称身份的参考模板或登记者的名称或者索引。

4.15

声称者　claimant

提交生物特征样本,以进行身份确认的人。

4.16

机密性　confidentiality

指信息对未授权个体、实体或者过程不可用或者不被泄露的属性。

[ISO/TR 13569:2005;ISO 15782-1:2003;ISO/IEC 13335-1:2004]

4.17

密码交换　cryptographic exchange

在密钥保护之下,进行数据或密码要素的安全传输或存储。

4.18

决策策略　decision policy

生物特征识别系统通过决策策略提供匹配与否的决定,包括以下因素:

——生物特征识别系统的匹配阈值;

——每次交易所允许的匹配尝试次数;

——每个声称者登记的参考模板的数目;

——每个声称者登记的不同的生物特征样本(例如,不同的指纹)数目;

——声称者进行登记时使用的生物特征识别技术的数目(例如,指纹、声音);

——在匹配过程中使用内部控制,用以检测生物特征样本是否相同。

注:在匹配给定用户过程中,生物特征识别系统中的串行、并行、加权或者融合决策模型,可使用多个参考模板(例如,多生物特征识别系统和由多指纹创建、存储参考模板的系统)。

4.19

加密　encryption

通过密码算法,将明文(可读)转化为密文(不可读)的可逆转换,以隐藏明文信息内容。

4.20

登记　enrolment

从某个人身上收集生物特征样本并生成和存储生物特征参考模板的过程。

注:也见初始登记 initial enrolment (4.36)和再登记 re-enrolment (4.47)。

4.21

等错误率(EER)　equal error rate (EER)

设定系统的决策阈值,以使错误匹配率等于错误失配率,在这种情况下的错误的概率或者百分比,也称为交叉错误率。

4.22

提取　extraction

特征提取　feature extraction

把原始的生物特征数据转换成处理过的生物特征数据的过程,用于模板比较或者创建参考模板。

4.23

面部特征识别　face biometrics

基于面部独有特性的生物特征识别技术,包括可见光谱范围内的特征,红外线光谱范围内的特征,或者两者都包括。

4.24

获取失败　failure to acquire

在生物特征识别系统采集生物特征样本或从样本提取生物特征数据时,出现的不足以产生一个参考模板或者匹配模板的失败现象。

4.25

登记失败　failure to enrolment

在生物特征识别系统采集一个或多个生物特征样本或从样本提取生物特征数据时,出现的不足以产生参考模板的失败现象。

4.26

错误接受率(FAR)　false acceptance rate (FAR)

在一对一系统中,生物特征识别系统错误地识别某个个体,或者未能拒绝冒名顶替者的概率。

注:对于一个正向(确认)系统,可用错误接受的次数除以冒名顶替者尝试身份确认的次数来估计。

4.27

错误匹配率(FMR)　false match rate (FMR)

对于单个模板比较尝试,通过匹配算法,发生错误匹配的比率。

注:对于使用一次尝试就决定是否接受的生物特征识别系统,FMR 等于 FAR。当多个尝试组合起来以决定是否接受时,FAR 在系统层次上比 FMR 更有意义。

4.28

错误失配率(FNMR)　false non-match rate (FNMR)

对于单个模板比较尝试,通过匹配算法,没有匹配成功的比率。

注:对于使用一次尝试就决定是否接受的生物特征识别系统,FNMR 等于 FRR。当多个尝试组合起来以决定是否接受时,FRR 在系统层次上比 FNMR 更有意义。

4.29

错误拒绝率(FRR)　false rejection rate (FRR)

生物特征识别系统不能识别真实登记者的概率。

注:对于一个正向(确认)系统,可用错误拒绝的次数除以登记者尝试身份确认的次数来估计。

4.30

筛选　filtering

通过使用用户的生物特征以外的信息,例如性别、年龄或者种族等,对数据库进行划分。

4.31

指形识别　finger geometry

基于一个或多个手指的形状和尺寸的独有特性的生物特征识别技术。

4.32

指纹识别 fingerprint biometrics

基于个人指尖上脊线和谷线的独有特性的生物特征识别技术(例如手指细节和手指模式匹配)。

4.33

手形识别 hand geometry,hand identification

基于手的形状和尺寸的独有特性的生物特征识别技术。

4.34

冒名顶替者 impostor

提交生物特征样本,有意或者无意地试图被鉴别为其他登记者的人。

4.35

信息安全 information security

保障信息的机密性、完整性和可用性,以及其他属性,如真实性、可说明性、抗抵赖性和可靠性。

[ISO/IEC 17799:2005]

4.36

初始登记 initial enrolment

首次登记某个人的生物特征数据的过程,个人应提供某种鉴别方式,例如口令或者ID,以建立或者确认身份。

注:见登记(enrolment,4.23)和再登记(re-enrolment 4.47)。

4.37

完整性 integrity

保护信息的正确度和完整度的特性。

[ISO/IEC 13335-1:2004]

4.38

虹膜识别技术 iris biometrics

基于虹膜的独有特性的生物特征识别技术。

4.39

匹配 match

将一匹配模板和先前存储的参考模板进行比较,并对两者之间的相似度或相关度进行打分的过程。

4.40

匹配模板 match template

代表声称者生物特征的数据,提取于声称者的生物特征样本,由生物特征识别系统用于与一个或者多个预存的参考模板进行比较。

4.41

多生物特征鉴别 multi-biometric authentication

使用两个或者多个不同生物特征的生物特征鉴别机制。

注:例如,指形识别技术结合虹膜识别技术,或者声音识别技术结合面部特征识别技术。

4.42

多因子鉴别 multi-factor authentication

使用两个或者多个因子的鉴别机制:

——知识因子,“个体知道的某些事情”;

——持有因子,“个体拥有的某些事情”;

——生物特征因子,“个体本身具有或者能做的某些事情”。

4.43

一对多　one-to-many

生物特征身份识别。

4.44

一对一　one-to-one

生物特征身份确认。

4.45

手掌识别　palm biometrics

基于手掌独有特性的生物特征识别技术，包括纹路/细节信息和/或手掌线条。

4.46

原始生物特征数据　raw biometric data

从传感设备采集的，未经处理的数字形式的生物特征数据(例如指纹图像或者声音流)，适合后续处理以创建生物特征样本或模板。

4.47

再登记　re-enrolment

在某个体的生物特征数据至少已经登记过一次后，又对其生物特征数据进行登记的过程。

注：见登记(enrolment，4.20)和初始登记(initial enrolment 4.36)。

4.48

参考模板　reference template

代表登记者生物特征的数据，从登记者的生物特征样本中提取，通常由生物特征识别系统存储使用，用于与随后提交的匹配模板进行比较。

4.49

注册　registration

某人在获准登记并分配电子身份标识之前，通过向生物特征服务提供商提供凭证，以证明其身份的过程。

4.50

视网膜特征识别　retinal biometrics

基于视网膜独有特性的生物特征识别技术。

4.51

风险管理　risk management

指导和控制某个组织有关风险的各种措施。

[ISO/IEC 指南 73:2002]

4.52

分值　score

对两个模板进行匹配，其相似度的数值表示。

注：产生生物特征分值的具体方式和表明匹配与否的正确性一样，取决于每个生物特征厂商。

4.53

签名特征识别　signature verification biometrics

基于手写签名或者其他签写符号的笔迹独特性的生物特征识别技术。

4.54

单因子鉴别　single-factor authentication

使用单一因子进行鉴别：

——知识因子，“个体知道的某些事情”；

——持有因子,“个体拥有的某些事情”;

——生物特征因子,“个体本身具有的某些事情”。

4.55

模板　template

代表个体的生物特征的数据,由生物特征识别系统用于执行生物特征匹配。

注:见匹配模板 match template(4.40)和参考模板 reference template(4.48)。

4.56

阈值　threshold

某一数值点,在其之上,两个进行比较的模板的相似程度足够建立“匹配”关系,在其之下,两个进行比较的模板的相似程度足够低到建立“不匹配”关系。

注:阈值可在系统管理级进行调整,以降低错误匹配率 False Match Rate(4.27)或者降低错误失配率 False Non-match Rate(4.28)。

4.57

声音特征识别　voice biometrics

基于讲话者声音的声学信息独特性的生物特征识别技术。

5　缩略语

AES	高级加密标准(Advanced Encryption Standard)
ATM	自动柜员机(Automated Teller Machine)
BISMS	生物特征信息安全管理系统(Biometrics Information Security Management System)
CA	认证机构(Certificaiton Authority)
DEA	数据加密算法(Data Encryption Algorithm)
DES	数据加密标准(Data Encryption Standard)
DSV	动态签名验证(Dynamic Signature Verification)
IC	集成电路(Integrated Circuit)
ICC	集成电路卡(Integrated Circuit Card)
ID	身份标识(Identification)
KEK	密钥加密密钥(Key Encryption Key)
PKI	公钥基础设施(Public Key Infrastructure)

6　生物特征识别技术概述

6.1　介绍

生物特征识别技术阐述了用于金融交易中的有关确认个体身份的问题。注册是正式生物特征登记的先决条件。每个人应在获准登记之前,通过向生物特征识别服务提供者提供凭证,以证明其身份。这确保生物特征参考模板确实属于该登记者拥有。

生物特征身份识别建立在某种生理或行为特性能够可靠地区分某个人这一被广泛接受的事实之上。生物特征识别技术包括自动收集和比较这些特性。这些特性的数字形式存储在电子介质上,被用于确认个体的身份。使用生物特征识别技术的典型鉴别过程包括下列基本步骤:

a)　采集生物特征数据;

b)　评估所采集的生物特征数据的质量,如有必要需重新采集;

c)　处理所采集的生物特征数据;

d) 把处理过的生物特征数据与先前登记过的模板进行比较，以决定是否匹配；该匹配过程能用于生物特征身份确认或者生物特征身份识别。

有三种基本的生物特征识别过程：登记、确认和识别。

——登记是收集某个人的生物特征样本，以及随后产生和存储有关此人的生物特征参考模板的过程。登记过程可承担收集该个体的其他信息的功能，这些信息可把他们与某个组织、账号或者权限集相联系。在不允许重复登记的情况下，可在登记之前进行一个一对多的比较以确保该个体未以其他名称保存在数据库中。如果没有发现匹配，则可将该模板和其相应的信息附加于该个体的数据库条目中(见 9.3)。

——确认是“一对一”的比较过程。该过程用新采集样本产生的匹配模板与先前产生并存储在数据库或者 ID 卡中的参考模板进行比较。如果新采集样本与先前的模板相匹配，身份声明就得到认可或确认。

——身份识别是“一对多”的比较过程。该过程需要用新采集样本产生的匹配模板和数据库中的所有模板进行比较。身份识别经常被用于确定某个人先前在系统中是否登记过。某些系统使用外部标识符(例如，电话号码)来减少搜索，其身份识别成为“一对少数”。

——现代计算技术的出现，使得生物特征识别技术成为在许多领域进行身份识别的可行选择。能用于代表某个个体的特性包括指纹、声纹、虹膜模式、手形、脸像、视网膜模式和签名，这些基本是当今主流的生物特征识别技术。以下段落将给出这些技术的简短介绍。然而，这些并非当今仅有的生物特征特性，其他还包括手掌识别、头声学、手腕静脉、身体气味、耳朵形状和击键动态特征。随着技术的发展，可应用的特性也在扩充。

6.2 指纹特征识别

个体指尖上的脊线和谷线被认为是该个体独有的。一百多年来，执法机构已经把指纹图像分类成 Henry 类型及其子类型(即指纹模式，例如环、螺纹和拱形)，也通过匹配脊线末端和分岔的细节点来确定身份。同一只手上不同的手指也有不同的指纹，即使是同卵双胞胎之间也不同。

绝大多数现代的指纹匹配技术集中于手指图像内的独特点，即细节点。细节点是个体的脊线分岔(bifurcate)或结束的所在处。图像算法提取这些细节点，创建代表这些细节点的专有模板。模式匹配系统基于与细节点相对应的全部脊线。系统也能分析手指的细微的汗腺毛孔或者两个关键点(例如中心点和三角点)之间的脊线的数量。指纹特征识别技术既能用于确认，又能用于识别。

可影响不同个体的指纹和降低图像采集质量的情形包括脏、干燥或者裂开的指纹。年龄、性别和体形大小，也对手指图像有影响，手指放置于采集仪上的方式(包括旋转、移动和压力大小)等也有影响。尽管指纹的采集通常并不被认为具有侵犯性，但是公众仍可见到政府执法组织以往对指纹的负面使用记录。许多指纹系统正被众多公司加以市场化，该项技术的成本、规模和速度已经由于竞争环境而取得重大的进步。

6.3 声音特征识别

声音特征识别(也称“话者识别”)可追溯到五十年前。在数字计算出现之前的早先系统使用若干个模拟滤波器输出，按时间平均后进行匹配。当今的数字话者识别系统对讲话者的声学特征建立模型，该特征能区分不同的个体，并对于单个个体保持时间上的稳定性。这些声学模式反映了解剖学特征(例如，喉咙和口腔的尺寸和形状)和熟练行为(例如，音调、讲话模式)特征。

声音特征识别系统能采用三种语音输入方式的任何一种：文本依赖方式、文本提示方式和非文本依赖的说话方式。大多数话者识别应用系统使用文本依赖输入方式，该方式包括一个或多个语音口令的选择和登记。文本提示方式要求用户重复具体的单词、短语或者数字。文本提示的输入方式用于易于出现磁带录制的冒名顶替者的场所。非文本依赖的输入即自由讲话。

声音特征识别能用于“质询-响应”类型的话者确认，在ISO/IEC 7816-11中被归类为“动态生物特征身份确认”。执法机构的话者识别应用系统通常使用非文本依赖的输入方式，因为它不需要具体单词的登记或输入。将输入的语音加以“数字化”从而创建为一系列数字信号。采用数学方法从这些数字信号中提取一部分得到简化的特征集。声音特征识别技术通常用于身份确认，很少用于身份识别。

周围环境的噪声大小是收集初始和随后的声音样本的障碍。声音特征识别系统也必须考虑到声音随年龄增长而发生的变化，可根据已被确认的讲话者声音的变化，更新声音模板以增强适应性。许多公司把话者识别引擎作为大型声音处理、控制、切换系统的一部分加以市场推广。声音生物特征的采集被认为不具有侵犯性。该技术几乎不需要额外的硬件，可直接利用已有的麦克风和声音传输技术实现。通过普通的电话(有线或者无线)，可提供长距离的功能实现。但是，登记声音和通过麦克风或声音传输方式的取样间的差别会使得该方法的性能有所下降。

6.4 虹膜特征识别

眼睛的虹膜是环绕瞳孔的有色部分。虹膜的成像使用了独特的解剖特征，例如，光环、腺管、细丝、斑点、凹陷、光线阴影和条纹等，组成了复杂的虹膜图案。虹膜特征识别机制包括对眼睛照明、图像采集、通过特殊的摄像机搜寻独特点等。虹膜特征识别既能用于身份确认，又能进行身份识别。

虹膜图像能通过照相机从大于0.33 m的距离处在合理的少量配合下自动获取。虹膜特征识别系统利用了自动眼睛检测和高级照相技术。对于公众，虹膜特征识别系统比视网膜系统容易使用得多。

根据医学文献，虹膜在角膜后面，天生就保护得很好，长期(数10年)保持稳定。虹膜成像并未被认为具有高侵犯性，因为即使对于一些低复杂度的系统，其最小传感器距离也在75 mm到100 mm之间。普通的隐形眼镜不会对虹膜图像产生影响，但是带标记的隐形眼镜可能产生影响。眼镜和太阳镜引起的反射也可能是个问题。

6.5 视网膜特征识别

视网膜是眼睛的内部结构。视网膜特征识别技术借助了视网膜上的血管图案。视网膜特征识别涉及了对眼睛照明、图像采集、通过特定摄像机搜寻独特特性等技术机制。

精确的视网膜图像需要眼睛与扫描仪近乎完美的配合，需要眼睛非常靠近扫描仪，并且需要大量的努力和训练。眼睛和扫描仪配合不当可能引起大量的登记失败和高的失配率，同时这项技术在历史上也具有较低的错误匹配率。视网膜特征识别既能用于身份确认，又能用于身份识别。

视网膜图案具有高度的独特性，但是视网膜的结构在人的一生中会发生变化。该项技术要求非常靠近视网膜成像仪，成像仪对瞳孔的强光扫描令大多数人感觉不适。

6.6 面部特征识别

面部特征识别技术通常包括通过某人的脸像，来识别或确认某个人的身份。绝大多数面部特征识别方案使用标准的照相技术，利用了可见光谱采集的图像。另一种可选的方式是使用红外线照相机采集人们脸部独特的热量发射模式，称为面部热成像。

可见光系统从采集的面部图像中提取出独有特性。可见光谱面部图像的建模方式包括主成分分析、局部特征分析、神经网络、弹性图理论与多分辨率分析等方式。主成分分析或者“Eigenface”技术，通过加权组合一组基本脸建立特定面部的模型。通过收集多个面部图像，然后用数学方式制定表达这些面部的最佳模型而构建基本脸集。局部特征分析定位并匹配面部的关键特征点，与指纹的细节点提取类似。面部特征识别既能用于身份确认，又能用于身份识别。

可见光范围内的面部身份识别技术所面临的挑战包括如何降低姿势、表情、发型、面部毛发、化妆、灯光等各种变化的影响。尽管某些面部身份识别系统使用运动成像技术，某些系统可能需要固定的或摆姿势的用户配合以采集图像。所有系统均在处理图像时，自动检测某个人的头和定位面部。面部身份识别的主要优势是，无需用户配合、无需手持、持续工作并被大多数用户所接受。在可见光谱，当身份识别不确定的时候，未经训练的操作人员也能辅助该系统。

6.7 手形识别

手形识别应用于物理访问控制、考勤等已经20多年了。手形识别系统使用相机阵列从多个角度扫描手的形状。传感器可判定手是否处于正确的位置。

手形识别使用了手、手指和指节的尺寸和形状，来构成一系列标识性数字系列。该模板是最小的模板之一，仅需要储存9个字节。操作时需要使用一个令牌或者PIN，因为该技术仅在确认模式下使用。

患关节炎、风湿病的用户和那些缺失手指或者手过大的人可能会有困难。手形便于使用，几乎无需训练。使用手扫描仪的过程被认为无侵犯性并为公众所接受。指形识别是和该技术相关的生物特征识别技术，该技术仅扫描、提取几个手指特征，而非整只手。

6.8 签名识别

手写签名可通过签名的形状和签名者在签名过程中手移动的方式进行识别。基于手移动的生物特性的签名识别被称为动态签名验证(DSV)。这些系统采集了我们签名的方式，使用如钢笔的角度、完成签名的时间、钢笔的加速度和速度、签名所使用的压力以及钢笔离开纸面的频率等等特性。电子笔、写字板能用于采集签名特征。数字化签名通常用于确认模式而非身份识别模式。

传感设备高度敏感，使用时间长容易磨损，因此需要特别小心的维护。由于DSV并不基于静态的图像，伪造就非常困难。由于手写签名是当今声称身份的最让人接受的方式之一，一些公司对DSV系统加以市场推广，签名确认的公众接受度也很高。

6.9 静脉特征识别

静脉鉴别方式使用了人体皮下组织的静脉图案来区别不同的个体。静脉图案通过近红外光读取。当使用近红外光照射皮下静脉时，静脉中扩散的血红蛋白吸收了近红外光，皮下静脉就在图像上形成了阴影。使用图像处理技术将阴影部分从所采集的图像中提取出来，形成静脉图案。随之而形成的血管图案使用血管结构特性进行比较，例如方向和分岔，或者使用图案本身。

在实施阶段，手的血管图案，例如手掌、手背、手指的血管图案，用于鉴别，因为手的这些组成部分很容易接触传感器。已经有各种产品开发出来适应这些手的组成部分。由于这些产品有很多功能帮助引导用户进行正确使用，例如基于图像处理技术检测手的位置，它们已经达到了高可用性和稳定的鉴别精度。由于静脉鉴别机制使用的血管图案是隐藏在身体内的信息，因此，它通常不为一般使用环境中的其他人所知晓，使得冒名顶替非常困难。

采用手掌、手指、手背等静脉鉴别方式的许多产品，已经被多家金融服务公司[1)]的ATM以及访问控制系统所采用。

7 技术方面的考虑

7.1 生物特征识别系统特性

对于金融服务的应用，应考虑生物特征识别系统的以下特性：

——公众接受度和政策考虑；

——抗欺骗性(见附录C)；

——所选择的生物特征的普遍性；

——所选择的生物特征的惟一性；

——生物特征识别系统的准确度；

——生物特征的稳定性；
——模板存储要求(即模板大小)；
——系统有效性；
——声称者样本和所登记的模板之间的比较速度；
——环境和接口因素。

7.2 普遍性

为了让生物特征识别系统体现其价值，目标群的几乎所有人都应该能成功地使用该系统。如果存在可用的另一种替代方式来鉴别或者识别那些不能使用生物特征识别系统的人群，则允许存在少许例外人群。应特别注意代替方式的设计和管理，以便使其不会成为系统的弱点或易攻击点。

所有的生物特征识别技术都有与之相关的可测的错误率，因此有时厂商的声称可能引起误导。绝大多数这样的错误来自两类用户：

a) 不能提供传感器所需要的生物特征的个体；
b) 不能提供稳定的或者高质量的样本，导致错误失配现象的个体。

这些个体被视为生物特征识别的“例外个体”。经验表明，他们要么没有可重复测量的生物特征，要么长期遇到“获取失败”的系统错误。

不同技术和产品厂商所产生的“例外个体”的比率不一样。多生物特征的使用是这些“例外个体”问题的潜在解决方案，因为作为一个个体，在两个或者多个生物特征方面都是“例外个体”的可能性远低于在单个生物特征技术范围内是“例外个体”的可能性。对于那些不具备关键生物特征的用户也可选择其他的身份识别因子替代，例如 PIN。

尽管经常需要为普遍鉴别方式提供另外的可选方式，但是这些可选方式或许会降低整个系统的安全性。例如，使用口令作为替代，攻击者可有意地以不能进行生物特征识别为借口，以访问健壮性较低的鉴别机制。

7.3 独特性

独特性描述了某生物特征对于群体的每个个体区别于其他个体的程度。在一个理想的系统中，不存在任何的不确定性：群体中每个个体所测量的生物特征均与其他个体不一样。这仅当特征本身对于每个个体都是独一无二的时候才能出现，这些个体的特征需要排列的数目足够大，以容纳整个群体[2)]，同时该生物特征识别系统能足够细地、可重复地测量特性，产生该特性的独特电子模拟量。

经验和研究提供了绝大多数群体生物特征识别特征独特性的一些想法。例如，指纹研究已经有多年了，人们一致认为个体之间的指纹图案是各不相同的。越来越多的最新研究表明，虹膜和视网膜的图案也是独特的。另一方面，例如，两个同卵双胞胎的面部特征未必独特。因此，每个生物特征识别技术的属性都是不相同的，应该对其进行评估，以决定何种技术对于给定的应用系统可提供所需要的独特性等级。

7.4 精确性

生物特征识别技术也会发生统计错误，以至冒名顶替者也可能会被授权访问受保护的资源，而合法的用户却被拒绝访问。生物特征识别系统在 1：1 确认尝试方式中不能拒绝冒名顶替者，或者在 1：N 识别尝试中错误地标识某个个体的概率，称作系统的错误匹配率(FMR)；生物特征识别系统在合法的 1：1 确认尝试方式中不能确认已登记的个体，或者不能在 1：N 身份识别尝试中标识某个已登记的个体的概率，称作系统的错误失配率(FNMR)。本标准所讨论的这些技术都已达到了错误匹配和错误失配指标的一定等级。

系统的 FMR 和 FNMR 具有负相关性，因此调整生物特征识别系统安全性的设置以降低 FMR，却会导致 FNMR 的提高，反之亦然。两个生物特征模板是否匹配基于以下的比较：

a) 匹配尝试所得的分数；

b) 系统的匹配阈值。

严格来说，系统的 FMR 和 FNMR 并不是由管理者“调整”。相反，管理者调整的是单个阈值，在阈值之上，两个模板宣布为匹配，在阈值之下，两个模板宣布为不匹配。因此，不可能调整一个错误率却不影响另一个：两个错误率都是单个阈值的函数。

系统配置人员的操作环境通常规定了应该限制什么类型的错误，同时承担着潜在提高另一种错误类型的代价。例如，高安全性的设备通常使系统 FMR 最小化，同时却承担着提高系统 FNMR 的代价，反之，客户服务设备通常使 FNMR 最小化，但却承担着提高 FMR 的风险。

由于 FMR 和 FNMR 之间的关系，系统的 FMR 只有结合 FNMR 时，才有意义，反之亦然。任何系统均能通过简单地拒绝所有尝试而宣称 0% 的 FMR，或者通过接受每一次尝试而宣称 0% 的 FNMR。合理的生物特征识别系统将同时提供较低的 FMR 和 FNMR。

生物特征识别系统的 FMR 等于其 FNMR 的值就是等错误率(EER)或者交叉错误率。

注 1：某些生物特征识别系统不允许调整阈值，也不使用 EER[17]。

该比率提供了整体匹配准确性的有用的简单描述，因为低 EER 的系统比高 EER 的系统更可能进行准确的运算。然而，几乎很少有配置人员真正使用错误匹配和错误失配率等同的系统。依据他们的运算环境，绝大多数系统选择强调便利性或者安全性。比较不同生物特征识别技术的精确性时，配置人员宜评估由什么方面构成错误匹配和错误失配的可接受程度，然后决定采用何种或几种技术，达到两种计量方式的所需等级。

注 2：FMR 和 FNMR 不能单独用于决定整个系统的精确性：系统的登记失败率，或者用户不能提供足够独特或者可重复的生物特征数据进行登记的百分率，是匹配错误率所不能反映的关键因素。

某些生物特征识别技术的能力使得其可部署为采用身份识别方式，或者“单因子鉴别”。单因子鉴别方式无需个体提供具有系统安全性和便利性含义的卡片、令牌或者用户名形式的惟一身份标识符。C.8 将进一步讨论这些问题。

错误率能通过独立的测试或者生产厂商提供的测试产生。上述两种测试测出的错误率均仅能反映在严格控制的测试环境下的性能，而不能反映根据决策策略所部署环境下的性能。决策策略是生物特征识别系统提供是否匹配策略的逻辑行为，包括具体实现的因素。为了测量生物特征识别系统在现实环境中的性能，宜将系统的错误率与其决策策略结合起来进行评估。

生物特征识别系统的决策策略的一个主要因素就是允许进行确认或识别的尝试次数。在生物特征识别系统中，“尝试”是指个体提供可用的生物特征样本给生物特征识别系统，即某个指纹、声音模式、或者虹膜图像。

注 3：在某些生物特征识别系统中，一次尝试包括了在较短时间内对多个生物特征样本的比较。面部扫描系统能在几秒钟的周期内获得多个面部图像，为每个图像产生匹配模板，判断是否所获取的图像中有一个超出阈值，然后得出匹配结果。在这种情况下，“尝试”可持续到系统超时为止。

绝大多数生物特征识别系统允许个体在超时或者阻止下一步尝试之前，进行多次确认或识别尝试，例如，为了与其登记的模板进行确认，可允许个体在采集仪上放置指纹三次。通常的决策策略就是如果三次尝试中任何一次成功，就可授权访问。在该决策策略下，系统的有效 FNMR 将低于单次尝试情况下的 FNMR，即如果有多次的尝试，用户在身份确认过程中，更有可能确认通过。然而，该决策策略提高了系统有效的 FMR，因为冒名顶替者可有多次机会提供生物特征数据以击败系统。

生物特征识别系统的决策策略的另外一个因素，就是与给定用户相关的登记模板的数目。许多生物特征识别系统从一个用户获取两个登记模板，例如从左边和右边的指纹获取，以减轻手指损害对系统的影响和降低授权用户的错误失配事件。如果系统允许用户与其登记的任何模板进行确认，系统的有效 FNMR 可比其单次尝试情况下的 FNMR 要低，即用户更有可能与其所登记的模板之一进行身份确认。然而,该决策策略提高了系统的有效 FMR,因为冒名顶替者有多次机会与所登记的生物特征数据进行匹配。

其他可影响系统精确性的决策策略因素包括以下几点:

——每个声称者所登记独特生物特征的样本(例如,不同的指纹)数目;

——声称者所登记的生物特征识别技术的数目(例如,指纹、声音);

——为检测相似或不相似的生物特征样本而在匹配过程中使用的内部控制措施,例如,比较连续的两个模板,以决定个体是否在放置不同的手指尝试错误(欺骗性)匹配;

——在生物特征识别系统中使用串行、并行、加权或者融合的决策模型,该生物特征识别系统对给定的用户匹配过程使用了多次参考模板(例如,多生物特征识别系统,也就是通过多个指纹创建和存储参考模板的系统)。

生物特征识别系统的安全性要求部署人员评估决策策略对 FMR 和 FNMR 的影响,以确定生物特征识别系统部署后的性能。生物特征识别系统的有效 FMR 和有效 FNMR 代表了其错误率,同时需考虑部署人员的决策策略的所有因素。根据组织的需要,基于风险评估,设定整体的决策策略(包括阈值)。

7.5 性能评估

评估生物特征识别产品的性能时,理解各种能影响 FMR 和 FNMR(见 C.5)测定的因素很重要。不同产品所报告的性能指标可能是在不同的环境下进行测定而得到的,因此,不能对它们进行直接比较。宜考虑以下因素:

——谁是测试中的用户,他们是如何选择的?理想情况下,用户宜在真正的应用环境中从可代表使用系统的人群中随机选择。然而,在一些情况下,测试用户并不真正代表真实世界用户。如果测试群体来自产品厂商的雇员群体,他们与目标用户在教育水平、文化背景和其他可影响所选生物特征识别系统的因素方面也许有显著不同。

——测试用户是怎么培训的?测试者的训练对参与的用户宜尽可能与真正的系统用户一样接近。测试者通常比真实用户得到更仔细的培训,要么自觉(提高测量的性能)要么非自觉(由于产品厂商对其产品的积极性)。有一个相关问题是在正式的测试过程开始之前,测试群体使用系统有多长时间。通常来说,用户刚开始使用系统时,性能比较低,当他们习惯系统后,性能将提升和稳定。

——在测试过程中使用什么阈值?因为样本和存储的模板之间错误匹配率和错误失配率依赖于阈值设定,测试过程中的系统 FMR 和 FNMR 将同样地受到所选择的阈值的影响。FMR 和 FNMR 宜在一个相同的阈值下进行报告。

——每次身份确认会话中允许几次尝试?绝大多数测量基于在生物特征识别系统确认身份时只进行单次尝试。然而,某些测量则基于在一次允许用户进行多次尝试的"会话"中的综合结果。系统的决策策略,包括每次身份确认会话所允许的尝试次数,将允许由相同的单次比较的错误匹配率和错误失配率产生不同的系统 FNMR 和 FMR。显然,如果用户进行身份确认时提供多次尝试,FNMR 将较低,FMR 将较高。

——问题用户从测试中系统性地消除了吗?通常,在登记时,有一些用户"无法获取"。这通常叫做"登记失败"。如果登记要求设置很高,问题用户能在测试登记时加以系统性消除。当然,消除问题用户将降低随后在测试中所测定的错误匹配率,导致较好的系统性能。

——成功扮演其他用户的动机是什么?在某些生物特征识别系统中,一个用户如果想这么做,有更好的机会获取错误的匹配,例如,如果其努力的话,用户可有更好的机会模仿其他用户的签名、声音或者键盘动态规律。因此 FMR 的测量受测试方式的影响。在某些测试中,如果用户能成功地假冒其他用户的身份,那么他们可直接获得利益回报。在其他测试中,他们不存在利益回报。最后，通过对收集到的生物特征数据库进行交叉测试来执行错误匹配测试，以观察任何一个样本是否可能会与另一个人的样本匹配。

——测试情形是怎么与真实应用进行比较的？测试主体是被安排在舒服的房间使用系统吗？如果是这样，实际应用可能包括在坏天气、在户外或在黑暗中进行身份确认吗？用户将必须站着进行确认吗？他们着装方式不一样吗，例如穿着厚重的冬衣，这会在某些方面影响确认性能？这些都是决定测试结果是否会与实际环境下的结果准确匹配的重要因素。

——测试组织是公平的吗？某些测试由独立组织实施。其他由销售生物特征识别产品的厂商，或者其他为了使产品看上去好或者不好的厂商组织实施。独立的测试组织更可能以没有偏见的方式对产品进行测试，而并非在最好的情况下对具体的产品或技术进行测试。

——进行测试以来，产品是否有变化？产品经常变化。你看见的测试结果也许来自于与今天所用产品不同的某个版本。通常这意味着性能将会提高或效率将会相同，但是成本降低了。尽管可能性较小，但硬件和软件的变化也有可能会降低性能。

在为你的应用选择生物特征识别产品之前，明白这些问题非常重要。生物特征识别性能依赖于准确的安装条件和用户条件，可能很难测量，需要测量比其他产品性能测量多得多的变量，例如，测量计算机系统每小时能支持的交易数量或者一个磁盘驱动器的的访问速度要相对容易得多。当选择生物特征识别系统时，要确信你明白性能是如何测量的，以及系统在你的应用环境中是如何使用的。

没有测试环境能够替代真实应用环境。生物特征识别产品厂商无法复制所有潜在顾客的使用条件，因此宜假定产品厂商会自然地偏好于美化他们的产品。因此顾客宜进行最终测试，以了解系统在他们的特定条件下是如何执行的。

7.6 互操作性

金融机构签发的生物特征模板宜于以机构的生物特征识别信息管理策略和措施使用。

8 生物特征识别结构的基本原理

8.1 生物特征识别系统模型

所有的生物特征识别系统均具备通过对个体的某些生理特性与所存储的同样特性的信息进行匹配，以识别个体的功能。生物特征识别系统的方式、应用和实施措施各不相同，在生物特征识别标准中，理解生物特征识别系统模型和绝大多数应用系统的基本方法很重要。

所有的生物特征识别系统由下列子系统组成：

——数据收集；

——信号处理(特征提取)；

——匹配；

——存储；

——决策；

——传输。

注：在动态生物特征身份确认中，使用了“质询展示”子系统。

传输是生物特征数据在两个物理上并非配置在同一抗篡改的安全模块里面的两个组件之间移动。传输可在任何两个组件之间进行，这依赖于具体产品厂商的实施机制，同时，在某些系统中可以不存在传输。

任何生物特征识别系统均在特定环境中运行，在评估系统的安全性时应加以考虑。11.2 阐述了生物特征识别系统的两个主要域：

a) 物理域，待确认或者身份识别的主体处于其中；

b) 逻辑域，生物特征数据计算处理在其中进行。

数据收集设备提供了从物理域到电子处理域的桥梁作用。

而且，某些生物特征识别技术具备足够低的交叉错误率，适合大规模的单因子鉴别方式。从安全性和便利性的角度来看，单因子鉴别更有意义(见C.4.3)。

每个主要的组件在8.2～8.8中有更多细节描述。

8.2 数据采集子系统

数据采集子系统包括输入设备或者传感器，从用户读取生物特征信息，把其转化成适合生物特征识别系统的其他部分进行处理的形式。

它连接物理域与逻辑域。实例包括各种传感器，例如，摄像头、指纹采集仪、特定的签名笔或者签名板、麦克风和其他针对所选生物特征特性的具体输入设备。该子系统的输出是原始的生物特征数据，可进行本地处理或者传输到其他地方。

为了成功地识别用户，作为样本的生物特征特性应与用户所登记进行比较的模板相似。这加强了对数据采集传感器的设计要求，也可能导致对用户训练的要求。某些特性会随着时间慢慢变化，为了使所存储的参考模板适应这些变化，生物特征识别系统可进行同步调整适应(见C.7.3和C.7)。也可在公开基础上，对用户记录按照新登记模板进行再登记(通常由应用发起)。

在使用过程中，把生物特征特性提交给传感器，传感器把特性转换成适合进一步处理的电子信号。给定系统的所有传感器应足够相似，以便由某个传感器测定的特性与其他传感器测定的相同特性相匹配，以便用户可在任何地方得到相同的确认。这要求传感器应保持时间的一致，或者决定于内部的稳定特性，或者通过自动校准。某些系统在传感器或者信号处理路径上包括自动质量控制特性，这些系统能检测到可能导致高错误失配率的低质量信号。

数据采集子系统的性能和输出受到以下方面变化的影响：

——采用的生物特征模式；

——生物特征向传感器的呈现方式；

——传感器本身的性能；

——周围环境条件(例如，灯光、背景噪音)。

8.3 传输子系统

传输子系统提供在数据采集、信号处理、决策、存储和匹配等组件之间传递信息的能力。所提供的连接机制可以是点对点模式或者一个系统与多个子系统连接的网络模式。

进行通讯的系统组件可处于本地或者远程，在同一安全信封内，例如，抗篡改安全模块(见附录D)，或者在分离的安全信封内。传输子系统不必是单一的，实际上可由多种不同的传输介质组成，例如以太网、租用线路、无线等。这些介质可以提供也可以不提供安全服务(如所连接的各子系统之间的数据机密性、数据完整性和源鉴别服务等)。

8.4 信号处理子系统

信号处理子系统从数据采集子系统接收原始数据，然后把数据转换成匹配子系统所需要的形式。对于待测量的不同生物特征特性和不同厂商的生物特征识别系统，具体的处理方式有所不同。

系统可对输入的信号进行质量分析，以确定其是否适合使用。如果信号不能通过质量测试，那么信号将被拒绝。根据登记策略，用户可能需要提供另一份生物特征。

为了去除噪声和其他对匹配过程多余的信息，可应用信号过滤机制。这包括从信号中去除高频或者低频数据。

信号可通过某种方式进行标准化，例如模拟信号的电压可调整到某个可接受的限制范围内，视频图像可调整至亮度和对比度的标准范围内。

一旦输入的信号调整到满意时，就将信号进行分析，提取将由匹配子系统所使用的特性。某些生物特征识别系统需要比较原始数据，因此这一步不要求。特性提取就是把原始数据转化成一套特征值，并将其提交给匹配过程。特征的类型因不同的生物特征技术而不同。指纹系统通常搜寻物理特征，例如脊线的分岔和端点；系统将提取特征集，特征集中的每个特征均表明该特征的类型，特性的位置和它的角度等。另一方面，声音识别系统可记录诸如信号不同频率分量的能量这样的特征。特性提取的结果就是形成比原始数据信号容量小得多和更易于使用的数据。

通常来说，一旦原始数据已经处理，通过已经处理的数据或者模板重构原始数据是不可行的。

8.5 匹配子系统

匹配子系统从信号处理子系统接收到处理过的生物特征数据，将其与来自存储子系统的生物特征模板进行比较。匹配子系统在生物特征识别系统中起着关键的作用。

匹配器由以下子组件构成：

——时序器；

——匹配计分模块；

——适应模块（可选）。

时序器执行匹配模块、适应模块操作行为的排序工作，以及把匹配计分传送给决策子系统执行不同的功能。

匹配计分模块测定声称者样本和模板之间的相似性。每次对样本和特定模板的比较，产生一个分数值，该分数值表明样本和模板匹配得如何。分数的计算方式因生物特征识别技术而不同，但是通常方式包括距离矩阵（见[15]）、概率测定和归一化相关。最后，分数值宜与生物特征识别主体的正向身份识别的置信度相关联，该分数可纳入到金融机构授权策略的所有商业规则和风险策略中，并成为一个考虑因素。该置信度可作为决策子系统实现交易授权策略的考虑因素，采纳生物特征作为一个鉴别因子。

在身份确认的最简单形式中，时序器把声称者样本和登记模板提交给匹配器，并把结果传递给决策子系统。决策子系统产生一个关于声称者是否是其所声称的身份的是非决定。

然而，匹配计分模块和时序器之间的相互影响可能会对执行身份识别的系统产生作用，例如，在某身份识别模式中，时序器可考虑增加其他的有关声称者样本的索引和预分类信息，以将匹配器的计算工作集中到最有可能匹配的样本上。也可将决策子系统的反馈信息纳入到身份识别流程，以引导对最可能的匹配登记模板的搜索。

某些系统使用时序器和匹配器，根据决策子系统的反馈，对登记模板进行更新，以适应逐步变更的用户的生物特征特性（见 C.7）。

应用程序（例如，交易授权系统）以什么样的方式使用决策处理结果取决于于应用程序的目的。该层次的行为不属于决策子系统本身，但是属于应用程序的一部分。最常见的是，如果决策表明某个声称者的模板与其身份匹配，那么，应用系统将授权用户某个等级的权限。然而，在其他系统中，目标则是确认用户是否包含在模板数据库中，例如，当某个金融服务雇员试图在某账务程序中登记（而他/她已经是其中的成员）时，可以避免重复记录。在这种情况下，只有当用户的样本与现有数据库中的任何模板均不匹配时，应用程序才会“接受”该用户。

8.6 决策子系统

决策子系统收到来自匹配子系统的分数值，通过基于业务风险和风险策略的置信值，解释分数值结果。

基于模式匹配子系统所计算的分数，决策子系统返回关于声称者的正向身份识别的二进制“是”或者“否”。在绝大多数情况下，决策基于单个阈值。如果分数在阈值之上，那么系统将得出用户的确是拥有模板的个体的结论。如果不在阈值之上，那么系统将表明该用户并非那个个体。在更复杂的情况下，决策子系统可能需要匹配个体提交的3份样本中的一个，或者在更高安全场合需要匹配三种特征中的两种。

应用程序（例如，交易授权系统）以什么样的方式使用决策处理结果取决于于应用程序的目的。该层次的行为不属于决策子系统本身，但是属于应用程序的一部分。最常见的是，如果决策表明某个声称者的模板与其身份匹配，那么，应用系统将授权用户某个等级的权限。然而，在其他系统中，目标则是确认用户是否包含在模板数据库中，例如，当某个人试图在某账务程序中登记（而他/她已经是其中的成员）时，可以避免重复记录。在这种情况下，只有当用户的样本与现有数据库中的任何模板均不匹配时，应用程序才会“接受”该用户。

8.7 存储子系统

存储子系统为登记的用户保存模板。根据匹配子系统的需要，它提供登记模板的增加、删除和检索功能。存储子系统根据系统架构和预期的功能，可为单个用户包含一个模板或大量模板。

例如，模板可存储在：

——生物特征设备中的物理保护介质；

——计算机系统的常规数据库；

——便携的令牌，例如智能卡。

为每个用户存储的数据总是包括用户的模板，但是也可包括其他信息。如果同一数据库用于用户鉴别以外的目的，也可包括与生物特征识别系统完全不相关的数据。

8.8 便携式令牌

当便携式令牌，例如，智能卡与生物特征识别技术一起使用时，那么第8章所述的任何一个（或者未提及的）生物特征识别子系统可驻留在令牌中。最常见的卡部署模型（从最低到最高的令牌成本）是：

——“持卡身份”，令牌不包含任何生物特征模板或者子系统，用于与卡外生物特征身份确认系统一起提供双因子鉴别机制；

——“离卡匹配”，持有一个或多个模板的生物特征存储子系统部署在令牌中，所有其他的生物特征子系统均在令牌之外；

——“卡内匹配”，匹配和存储子系统均在令牌中，数据采集在令牌之外，决策子系统的信号处理既可在令牌中，也可在令牌外；

——“内嵌式卡片”，所有的生物特征识别子系统（包括传感器）均在令牌中，身份确认可不需要与任何外部系统进行交互。

“持卡身份”模式与带有核心数据库的无卡生物特征识别系统实现机制没有显著不同。令牌包含与个体参考模板相关的某个惟一值。拥有该令牌的个体提供该值来宣称其身份。该值用于简化模板数据库中对个体参考模板的定位，无需通过生物特征匹配进行搜寻。总之，令牌和生物特征提供双因子鉴别机制。该模式把无卡执行机制的风险和令牌成本最小化，但是并未提供分散模板管理的好处。

其他三种模式通过把参考模板装载在令牌中，去除了集中模板管理和数据库支持的需要。然而，分散的模板存储提高了攻击者变换和替换模板的风险。

公共共享参考模板带来的其他风险和机密性适用于“离卡匹配”模型。在该模型中，令牌应把个体的参考模板发给外部的身份确认系统。该种暴露使得模板易于遭受“浏览”窃取或者其他攻击。

“卡内匹配”模式避免了与“离卡匹配”模式相关的模板暴露的风险。该模式并不发送参考模板给外部系统。相反，令牌接收生物特征样本或者匹配模板，仅发送生物特征匹配结果和决策控制信息。

由于在进行身份确认时，令牌并不跨越接口向外部系统传送参考模板，“内嵌式卡片”模式很大程度上避免了篡改和浏览风险。然而内嵌式令牌会因为对令牌的粗暴操作和保管而出现传感器故障，会因为传感器脏或受损而出现低质量采样，会因为较低的采样质量和有限的处理能力而出现更高的失败率（包括 FMR 和 FNMR）。

9 管理和安全要求

9.1 基础应用

在生物特征识别系统中存在三种基础应用：

a) 登记(创建随后用于身份确认或者识别的生物特征模板)；

b) 身份确认(用户声称其身份，并提供生物特征以证明其身份)；

c) 身份识别(系统搜索数据库，查找与其所提供的生物特征相匹配的模板)。

9.2 核心安全要求

本条规定了为每个应用程序管理和保护生物特征信息、存储及传输生物特征信息、为了一致性和审计目的而维护事件日志的要求。以下的核心要求适用于任何使用生物特征信息的应用程序和环境。

a) 应采取合适的机制维护生物特征数据和两个组件之间鉴别结果的完整性，可使用：
   - 密码机制，例如数字签名；
   - 物理保护，其中不包括任何传输，所有的组件都驻留在同一抗篡改的单元中；

b) 应采取合适机制互相鉴别发送组件和接收组件之间生物特征数据的来源、目的地以及鉴别结果，可使用：
   - 密码机制，例如数字签名；
   - 物理保护，其中不包括任何传输，所有的组件都驻留在同一抗篡改的单元中；

c) 如果愿意，可采取合适机制确保任何两个组件之间和所有组件内部生物特征数据的机密性，可使用：
   - 密码机制，例如数字签名；
   - 物理保护，其中不包括任何传输，所有的组件都驻留在同一抗篡改的单元中。

这些生物特征识别应用程序均由 8.1 所描述的组件构成。

9.3 登记

9.3.1 概述

登记就是用户身份(可通过用户声称，或者通过预先的业务关联，或者通过间接文档确认，如护照、公民身份证、驾照或者出生证明等)与生物特征模板数据绑定，生物特征模板数据输入到系统数据库或合适的便携式令牌中的过程。绑定信息由组织自由决定，可以是一个或多个间接文档的某些代表值的哈希值。

注：也可能有必要对业务的有效性及个体代表其自身进行交易的合法性进行验证。因此，金融机构通常审查公司组建资料、企业信用报告、确定管理人员和授权签名者的董事局决议以及其他业务凭证，作为身份确认流程的一部分。

登记过程包括在数据采集过程中采集的原始生物特征数据。信号处理结果产生一个模板，对该模板进行安全的存储。如果合适的话，样本数据可提交给匹配子系统进行身份识别，以确定登记者是否已经注册。如有必要，匹配子系统组件可检索尽可能多的模板。也可实现其他方式的登记，例如存储来自众多登记者的原始数据，以批量方式提交产生模板数据。

9.3.2 初始登记

初始登记是为了创建生物特征模板，首次对登记者进行的生物特征数据采集。除了 9.2 的核心要求，以下登记要求也适用。

a) 应采取适当的机制和程序确保登记操作人员拥有授权以完成对登记者的登记(例如，对登记功能的访问控制)；

b) 应采取适当的机制和程序在采集登记者的生物特征数据之前，确认其身份。可使用间接材料，如照片鉴别；

c) 应采取适当的机制和程序确保生物特征信息与登记者的绑定，以使登记过程中所采集的生物特征信息属于该登记者，可使用：

- 物理保护，例如令牌，其中不存在信息传输，所有组件均驻留在同一抗篡改单元中，如 ISO/IEC 19790 所述；

注：ISO 13491-1 包含了类似的内容，与金融服务有特定的关联性。

- 手工过程，例如参考号，通过该参考号可追溯其对应的生物特征信息；

d) 每个生物特征识别组件应至少满足应用系统的最小安全等级，应满足或者超过与可控环境中等级 2 的物理安全要求等同的条件，至少满足不可控环境中等级 3 的物理安全要求条件，见附录 D；

e) 从登记过程开始，生物特征数据的完整性与真实性应在整个生命周期中得到保持。而且，应记录模板的签发日期，并在整个生物特征生命周期中保持其完整性。

9.3.3 再登记

再登记适用于对生物特征模板的更新，例如：

——更新生物特征数据，例如，使用生物特征生命周期的安全策略；

——变更生物特征源，例如，使用不同的手指；

——变更生物特征技术，例如，从手指图像切换到虹膜扫描；

——当生物特征设备不再可互操作时，对其进行变更，例如，从指纹传感器 A 转移到指纹传感器 B。

再登记的安全要求与登记的要求一样。鉴别登记者的要求可通过任何下列方式之一的再登记过程得到满足。

a) 使用原始的凭证材料，而并非已经存在的生物特征模板。该方式可提供足够的保证水平，这依赖于原始的凭证材料的可靠性和可用性；

b) 使用生物特征模板，而并非已经存在的间接材料。依赖于已存的生物特征模板和技术的可靠性和可用性，该方式可比仅仅依赖间接材料，提供更高等级的保证；

c) 使用生物特征模板和已经存在的间接材料。该方式可比仅仅依赖间接材料或者生物特征模板，提供更高等级的保证。

某些生物特征识别技术和鉴别机制无需更新模板中的生物特征数据，因此之前的模板和新模板除签发日期外本质上相同(见 C.7，参考有关更新和适应之间的安全风险区别)。进行再登记时，需要终止先前的模板，并还可能需要对先前的模板进行存档。

9.4 身份确认

在身份确认过程中，用户提交所声称的身份和进行测定所需要的生物特征特性。通常基于所声称的身份，系统提取用户的模板，并将其与从所测定特性产生的特征进行比较，以确定用户是否确实是所声称身份的拥有者。

身份确认过程包括数据采集子系统所采集的原始生物特征数据、信号处理子系统所产生的样本生物特征特性、从存储库中提取的特定生物特征模板和匹配子系统进行的样本特性和模板的比较。匹配所产生的分数可提交给决策流程，也可给应用程序，在其中，进行分数评估和确定“是/否”的布尔值。

如果决策过程与应用程序相分离，那么应用程序将仅接收布尔结果。尽管生物特征模板的调整适应在匹配子系统中进行，但是是否接受调整适应并更新所存储的登记模板也可涉及到决策子系统(见C.7)。

生物特征数据包括原始特征数据、所处理的样本数据和生物特征模板。除了9.2中的核心要求，以下要求、建议和其他身份确认的考虑因素也适用。

a) 应在至少满足附录D中等级3要求的抗篡改的安全模块内的物理限制环境中，或者提供相当水平的安全性的物理环境中执行匹配子系统，具体由金融机构决定。可通过各种与卡内匹配无关的架构来满足这些要求；

b) 不同的生物特征机制的错误率各不相同。由于物理特性和人员行为的不同属性，很难达成一致和通用的生物特征识别错误率。为确定准确错误率而涉及到的变量包括与正确使用生物特征识别技术、环境条件和用户培训及接受度相关的各种因素。本标准假定这些生物特征识别系统在理想条件下执行；

c) 对于身份确认系统，生物特征识别技术的相应错误失配率应符合易于操作的要求，且应不超过10^{-2}(见C.6)；

d) 也应考虑登记错误率，以便不出现重大用户服务问题。

评估整个系统的安全性时，部署人员应记住7.4所阐述的决策策略观点。本标准要求的单次尝试错误匹配率和错误失配率，与有效的错误匹配率和错误失配率之间存在重大区别。系统的有效错误匹配率和错误失配率是表征部署人员考虑决策策略的所有因素的错误率。

例如，对多个登记模板的系统，其决策策略允许对给定用户提供多次尝试，将比单次尝试错误匹配率拥有更高的有效错误匹配率。这是由于在身份确认过程中，在一定程度上冒名顶替者的模板与登记模板之间匹配的可能性提高了。例如，生物特征识别技术可拥有10^{-4}的FMR，但是，由于其实现方式，易产生更高的真实错误匹配率。

由于生物特征识别技术的特性，用户在为要实现的系统确定具体的准确要求时，应小心地平衡安全风险、谨慎的业务行为和应用描述，另外也宜与产品厂商一起确保随后采取最优的测试流程。

9.5 身份识别

基于一套生物特征模板，身份识别过程用于识别出大群体中的个体。用户提交所要求的生物特征特性，系统就把生物特征数据与系统数据库中的模板集进行比较。在最简单的情况下，系统只要一发现第一个匹配模板，就停止模板核查，返回与该匹配模板关联的身份，作为用户的身份。

更复杂的变化也是可能的。例如，为了确认匹配的用户不多于一个，系统可将用户的生物特征样本与系统数据集中的所有模板进行比较。在存在多个匹配的情况下，系统可把用户确认为最符合样本数据的模板的所有者，或者也可以使用其他方式。

身份识别过程包括数据采集阶段所采集的原始生物特征数据、信号处理子系统所产生的样本生物特征特性、从存储库中提取的多个生物特征模板以及匹配子系统进行的多个样本模板的比较。匹配所产生的候选人列表可提交给决策过程，也可提交给应用程序，在那里对候选人列表进行评估并确定一个假定的身份。如果决策过程与应用是分开的，那么应用将仅接收结果。

身份识别的安全要求和9.4一样，除此之外还有身份识别的其他考虑。本标准建议，对于单因子鉴别的生物特征识别系统宜采用明显低得多的系统错误匹配和错误失配率。单因子鉴别系统如何确定合适的错误失配和错误匹配率，依赖于身份识别的尝试次数、执行尝试所对应的数据库的大小和整个决策策略(见C.8)。

为了确保实现身份识别系统的最高系统精度(尤其在大数据库的情况下)，有必要利用高质量的传感器(通常比身份确认系统需要更高)以产生高质量的样本数据。也有可能需要设定更高的阈值。

如果生物特征识别系统用于阻止某些个体登记,那么关键就是使登记的质量足够高从而能够进行精确的搜索。低质量的登记则更可能使个体多次注册。

9.6 传输和存储

9.6.1 概述

传输过程位于登记之后,身份确认或者身份识别之前,在这个过程中生物特征模板被传递到其存储位置。9.2 描述不同子系统之间的关系。

登记过程创建模板,并把其传输到一个或者多个存储地点,由身份确认和身份识别程序进行访问。存储地点可以是中心数据库、本地存储或者移动式令牌,例如智能卡。

统一模板规范很重要,以便某个金融服务机构创建的模板能够被其他机构使用。多个产品厂商的共同的标准化方案可使解决方案易于制定,促进竞争和降低用户成本。

9.6.2 传输

登记过程发生的地点、生物特征模板创建和存储的地点可能不相同,因此包括传输。传输的要求见 9.2 的核心要求。

9.6.3 中心数据库

在本模型中,生物特征数据(原始生物特征数据、样本生物特征数据和生物特征模板)存储在中心数据库中,身份确认和身份识别在线进行。除了 9.2 的核心要求以外,存储的要求还包括应采取适当的访问控制机制,阻止对存储的生物特征数据(见 C.4 风险问题)的未授权访问。

9.6.4 生物特征令牌

在本模型中,生物特征模板存储在便携式设备中,例如智能卡,借此身份确认或者身份识别无需集中进行。卡之外的系统可向卡载入参考模板。在这时,卡应鉴别外围系统,或者参考模板应具备完整性。

在进行身份确认的时候,用户通过提交令牌和他们的现场生物特征样本,声称其身份。系统通过密码机制鉴别参考模板或者令牌,然后,从令牌中提取用户的参考模板。系统接着比较参考模板和生物特征样本,确定用户是否为其所声称身份的拥有者。在某些情况下,若干模板存储在令牌中,例如家庭成员,可使用身份识别模式。

身份确认(或者身份识别)过程如前所述,但是生物特征组件的系统架构在实现方面各有不同。令牌可仅限于存储,在这种实现下,令牌仅提供生物特征模板的存储,所有其他系统组件均在令牌以外。在这种实现中,模板应从令牌中导出。其他的令牌可包括除了数据采集和应用程序组件之外的所有的系统组件。在这种实现中,模板从不会暴露在令牌的限制范围之外,仅身份确认结果从令牌中导出。在其他实现中,令牌可包含整个身份确认和应用过程。

如果任何的身份确认过程发生在安全令牌边界之外,那么任何存储在令牌中的参考模板应按本标准中所规定的进行完整性保护。如果没有采用密码保护机制提供数据完整性和源鉴别服务,那么生物特征模板容易受到篡改和替换的攻击。

IC 卡的登记、鉴别和周边安全框架的处理过程具体见 ISO/IEC 7816-11,其他的指导可从 ISO 10202 中获取。除了 9.2 中的核心要求和 9.4、9.5 中的其他要求之外,对令牌的要求是,应采取适当的访问控制机制阻止对所存储的生物特征模板的未授权访问(风险问题见 C.4)。

9.7 终止和存档

9.7.1 终止

终止是删除用户的生物特征数据，或者使数据废弃的过程。生物特征数据的终止依赖于各种因素：

a) 雇佣关系终止；

b) 用户使用的有效期已满(例如，智能卡用户，其卡已经达到了有效期)；

注：终止需要在再登记之前进行。

c) 由于更新的版本出现，生物特征识别技术已经过期；

d) 采用不同的生物特征识别技术替代先前的技术；

e) 生物特征数据变化足够大，需要产生新的样本；

f) 已经制定一种新的鉴别方式；

g) 生物特征数据已经受到威胁；

h) 法律或制度条款。

在使用生物特征数据的任何场所，以下终止要求和推荐适用于所有的应用程序和环境：

——保存生物特征数据所需的周期依赖于应用。业务应用可要求对生物特征数据存档一个延长期。由于这样或那样的原因，建议对这些事件提供历史审计，具体内容包括在附录 A 中；

——生物特征数据的使用有可能在某个时期内被“冻结”或受到“限制”。这类似于贷记卡的授权由于诸如欺诈等行为而受到的限制。根据调查结果，生物特征数据可被再次激活或者指定为终止状态。

9.7.2 存档

存档是将生物特征数据存储一个预定的或不确定的时期的过程。失效日期属于登记过程的一部分。失效日期表明了宜进行再登记的日期。

除了 9.2 的核心要求以外，还有一个存档要求，即应有访问控制机制阻止对已存档的生物特征数据的未授权访问(风险问题见 C.4)。

9.8 符合性和事件日志

任何鉴别系统有关符合性和准确性的要求，通常通过对事件日志的审计追踪而确定。本标准提供以下建议：

——宜根据组织的生物特征信息安全管理系统(BISMS)策略、措施和程序，周期性确认本标准所规定的生物特征识别系统的符合性；

——第 11 章宜使用在符合性过程中；

——宜在身份确认材料的采集中使用附录 A 中规定的记录格式。事件日志提供的频度及其总结记录可用于改善 BISMS，并衡量组织策略、措施和程序的有效性。

可通过内部组织，或者外部第三方确认其符合性。确认的结果通常在组织内是机密的。独立的第三方可确认其符合性，或者签发正式的可公开的证明报告。

10 安全基础设施

10.1 组件

10.1.1 安全架构

建立第 8 章描述的组件所必需的生物特征识别功能可包含在生物特征识别服务提供者(Biometric

Service Provider,BSP)中。保护生物特征信息所必需的密码功能可包含在单独的密码服务提供者(Cryptographic Service Provider,CSP)中,或者包含在BSP、应用层或中间件架构层内。[3)]

在一种可能的实现体制中,应用提交生物特征识别函数调用给架构层。架构层将BSP与应用隔离开,它将生物特征识别函数调用提交给BSP。BSP处理生物特征识别函数调用,并且通过与CSP直接通信来管理所有的密码功能。函数响应从BSP返回给架构层,再返回给应用。

另一种可选的方式是,应用提交生物特征识别函数调用给架构层。架构层管理CSP提供的密码功能,并且管理BSP提供的生物特征识别功能[4)]。从CSP和BSP返回的调用响应通过架构层返回给应用。

在第三种方式中,应用直接向CSP提交密码函数调用,向BSP直接提交生物特征识别函数调用。不使用中间件架构。来自CSP和BSP的调用响应直接返回给应用。

10.1.2 数字签名

以下要求适用于采用数字签名保护生物特征信息,提供完整性:

——哈希算法应满足相关国家标准的具体要求;

——密钥管理技术应按相关国家标准的具体规定执行。

10.1.3 基于数据机密性目的的加密

采用加密机制保护生物特征信息适用以下要求:

——加密算法应按相关的国家标准的具体规定执行;

——密钥管理技术应按相关国家标准的具体规定执行。

10.2 物理技术

10.2.1 物理技术是阻止和/或检测未授权泄露、修改或者替换敏感信息的保护机制,例如,抗篡改安全模块(TRSM)不会以明文形式泄漏对称或者非对称密钥。物理技术,例如ISO/IEC 19790所描述和参考文献[16]中所讨论的那些,包括:

——防篡改机制,它可以产生已经有攻击发生的肉眼可见的证据,例如,平滑性、模制的包装、由于化学攻击的变色、证据磁带,或者全息封签;

——篡改响应机制,它可以检测未授权访问并发起对抗措施,例如清除内存,或者把系统设置成安全状态;

——抗篡改机制,抵抗物理破坏,例如加固的包装以抵抗钻孔,或者抗酸性洗涤的混合物。

10.2.2 该机制要挫败的攻击类型与攻击者的经验有关,如下面对攻击者的分类描述(见[18]):

——等级1(聪明的外部人员):通常很聪明,但是可能没有足够的系统知识。他们仅可访问中等复杂的设备,并且通常只是试图利用系统的已有漏洞,而不是创建新的漏洞;

——等级2(具备相关知识的内部人员):有充分的专业技术教育和经验。他们对系统的各个部分有不同程度的理解,但会潜在访问其中的大部分。他们经常拥有进行分析的高度复杂的工具和设备;

——等级3(受资助的组织):能够召集由具有相关技能和互补技能专家组成的团队,并有大量资金资源的支持。他们能够使用最先进的分析工具对系统进行深入的分析,设计复杂的攻击。他们可使用等级2的人员作为攻击团队的成员。

10.2.3 这些保护机制的实际设计和执行是不完备的。在设计生物特征设备、实施环境和业务应用时,应进行风险分析以确定适当的物理技术。设计应考虑到仅仅基于ISO 19790的物理技术不可能描述来自生物特征安全边界之外的攻击风险，即检测生物特征识别系统的漏洞，如通过人工伪造进行欺骗。

以下物理保护的要求适用于本标准。

——生物特征设备应满足或者超过附录D中规定的等级3的安全要求，或者在物理安全环境内满足附录D中规定的等级2的安全要求。

——密码设备应满足或超过ISO/IEC 19790等级3的安全要求，或者在物理安全环境内满足ISO/IEC 19790等级2的安全要求。

11 生物特征身份确认的控制目标

11.1 周期性审查和审计考虑

和其他组织一样，金融服务很大程度上依赖于信息技术(IT)的使用，需要保护和管理这些资产的安全，包括生物特征信息。为满足这些管理责任，应为生物特征信息提供安全性，且信息安全的管理应成为组织的管理计划的重要组成部分。

金融服务组织应致力于通过以负责的方式使用生物特征识别技术来达到或超过行业标准和惯例，通过管理生物特征识别技术的安全性，把它作为整个基于策略的信息安全管理程序的一部分来达到目标。该程序宜包括施加适当的控制并监控其有效性。与组织的策略一致，业务和程序仅能通过系统性、周期性的安全审查得以确保。存在两种基本的安全审查类型：

——内部安全审查；

——由独立的信息安全专业机构指导进行的外部审查。

内部或者外部安全审查使用的控制标准可由内部产生，或者来自公认的标准，例如本标准。因此，出于内部审计或者外部审计的目的，11章包括评估生物特征识别系统与本标准的要求的符合性的指南。

本章的控制目标是可以对生物特征识别系统进行评估和审计的控制标准。本章描述的控制标准为已经实施了生物特征识别系统的组织提出了业务、操作和技术使用的推荐准则。现有信息安全管理程序的安全策略和惯例，例如ISO 13569中描述的和ISO 17799中更广泛的条款，已经描述了这些控制目标的一部分。

生物特征识别系统可驻留于或者使用IT基础设施，因此，环境控制适用于任何生物特征识别技术的安全实施。

生物特征识别系统可采用某些形式的密码保护体制，例如基于数据机密性的加密，基于数据完整性和源鉴别的数字签名。如果使用了密码保护，那么，密钥管理控制应适用于生物特征识别技术的安全实施。

生物特征识别系统通过采集生物特征数据来产生、分配、使用和最后终止模板，以此对个体进行登记。这一点类似于公钥基础设施(PKI)的证书注册过程，在某些情况下，生物特征识别技术被整合进PKI。

11.2 环境控制

11.2.1 安全策略

组织维护控制，目标是提供合理的保证，确保存在有关生物特征信息的安全策略和准则，并且由公认的策略管理机构进行维护。见表1。

表1　安全策略

控制标准:信息安全策略	
1	生物特征信息安全管理系统(BISMS)的生物特征识别策略(BP)文档由管理层批准、发布并采取适当的方式通知所有的雇员、客户和生物特征识别系统的用户。在一个组织中可存在多个BP
2	BP最少应包括: a) 信息安全的定义,其总体目标和范围,和进行信息共享的能动机制的安全的重要性; b) 有关管理意图、支撑信息安全的目标和原理的声明; c) 对组织非常重要的安全策略、原理、标准和符合性要求的简明解释,包括: • 与法律、规章和合同要求的一致性; • 安全教育要求; • 病毒和其他危害性软件的阻止和检测; • 密码要求; • 业务连续性管理; • 违背安全策略的后果; d) 信息安全管理的一般和具体职责的定义,包括安全事故; e) 支持该策略的参考文档
3	存在定义好的审查流程,包括职责和审查日期,以维护生物特征识别安全策略
控制标准:策略管理机构	
4	组织建立管理团队,该团队拥有规定和批准BP的最终权力和职责
5	策略管理机构(或等同的团队)已经对业务、立法和制度风险进行了测定评估,以确定包括在应用策略和准则中的安全要求和操作程序,以达到以下目的: a) 本条中具体规定的环境控制; b) 11.3具体规定的密钥管理控制; c) 11.4具体规定的生物特征管理控制
控制标准:策略管理	
6	根据所规定的审查流程,核准和修订BP,包括维护BP的职责和审查日期
7	组织将BP应用的公共部分公布给所有的适当用户
8	用户可获得生物特征识别安全策略的重大修订内容

11.2.2　安全组织

组织维护控制,目标是提供合理的保证,确保:

——提供信息安全的管理指导和支持;

——组织内信息安全得到正确的管理;

——第三方访问的设施、系统和信息资产的安全性得到维护;

——当这些功能的职责已经外包给其他组织或者实体时,信息安全应得到维护。

见表2。

表 2 安全组织

控制标准:信息安全基础设施	
9	高层管理和/或高级管理信息安全委员会,该委员会确保存在对与安全有关的活动的清晰指导和可见的管理支持
10	存在管理团队或者安全委员会,调整信息安全措施和程序的实施
11	应明确规定保护个体资产和执行具体安全过程的职责
12	应建立对新信息处理设施的管理授权过程,并保证得到遵守
控制标准:第三方访问的安全性	
13	存在并遵守控制第三方访问组织生物特征信息处理设施的程序
14	在存在需要与第三方场所进行连接的地方,执行风险评估以确定安全隐患和具体的控制要求
15	涉及第三方访问组织的生物特征信息处理设施的约定是基于正式合同的,包括所有的必要安全要求
控制标准:外包	
16	如果组织将所有或部分信息系统的管理和控制、网络和/或桌面环境进行外包,则组织的安全要求在各方间约定的合同中进行阐述

11.2.3 资产分类和管理

组织维护控制,目的是提供合理的保证,确保生物特征资产和信息受到了适当等级的保护。见表 3。

表 3 评估分类和管理

控制标准:资产的衡量	
17	为所有主要资产标识拥有者的身份,例如: ——生物特征数据(尤其是模板); ——生物特征识别硬件和/或软件(包括现场的生物特征阅读器); ——密码硬件和/或软件。 同时,拥有者维护适当控制的职责
18	重要资产的清单目录由组织进行维护
控制标准:信息分类	
19	组织已经执行生物特征信息分类,并且考虑到共享或约束信息的业务需求而对信息采取了相关保护控制措施,也考虑了与这些需求相关的业务影响(例如,对信息的未授权访问和损害)
20	规定了相应程序,确保生物特征信息按照组织的分类方案和相应保护控制机制,如授权阅读或者修改某项事件日志,执行了生物特征信息的标识和处理

11.2.4 人员安全

组织维护控制,目标是提供合理的保证措施,确保人员和采用的措施加强并支持了组织运作的可信性。见表 4。

表4　人员安全

控制标准:人员安全	
21	组织的生物特征安全策略详细规定了安全角色和职责,并正式记录在工作描述中的适当位置
22	在申请工作时,对终身雇员进行确认检查
23	雇员签署保密(不泄露)协议,作为雇佣的原始条款和条件的一部分
24	对合同人员的控制进行记录,包括: a) 捆绑对合同人员的要求; b) 合同要求,包括根据定约人个体的行为对损害进行的补偿; c) 定约人个体的审计和监控
25	组织的所有雇员和相关第三方的用户接受有关组织策略和程序的培训。组织的策略和程序详细规定以下内容: a) 每个角色的培训要求和培训程序; b) 每个角色的再培训周期和再培训程序
26	进行周期性审查,确认密钥管理和生物特征信息管理相关的行为所涉及的个体的持续可信赖情况
27	存在正式的纪律处理过程。该过程对违背组织安全策略和程序的雇员采用。组织的策略和程序详细规定了对个体未授权行为、未授权使用机构和未授权使用系统等行为的制裁。当雇员的合同终止时,采取适当和及时的行为,使得控制性和安全性不会因为这些事件而削弱

11.2.5　物理和环境安全

组织维护控制,目标是提供合理的保证,确保:

——限制对放置无其他保护机制的生物特征识别系统设施的物理访问(例如附录D的要求),只能由适当的授权个体访问,并且设施受到保护,避免来自环境的危险;

——防止资产的丢失、损害或者泄露和业务行为的中断;

——防止信息和信息处理设备的泄露和窃取。

见表5。

表5　物理和环境安全

控制标准:安全区域	
28	通过在业务边界和存有生物特征识别系统的设施周围,创建定义清晰的安全周界(即物理屏障),形成物理保护机制
29	包含生物特征识别系统的建筑或者场所的周界是可靠的(即周界不宜存在容易发生侵入的缺口)
30	存在有人值守的接受区域或者其他控制物理访问的方式,限制对存有生物特征识别系统的建筑物或者场所的访问,只能由授权个体访问
31	为防止未授权访问和损害,关键或者敏感的生物特征识别系统组件存放在具有适当物理屏障的安全区域
32	根据安全策略使用保护区域,保护具有安全要求的办公室、房间和设施
33	安装入侵检测系统并定期进行测试,覆盖所有通向安全区域的外围的门
34	无人的安全区域一直受到警戒

表 5（续）

控制标准:安全区域	
35	要求所有的人员佩戴可见的身份标识,并鼓励质询任何没有佩戴可见身份标识的人员
36	控制对设备的访问,限制只能由授权的人员进行
37	所有进入和离开存放有生物特征识别系统的设施的人员均需进行登记(即安全维护所有访问的审计追踪)
38	对存放有生物特征识别系统的设施的参观访问者进行监督,记录他们进入和离开的日期和时间
39	仅当需要的时候,第三方支持服务人员被有限批准访问存有生物特征识别系统的设施,这些访问要进行授权和监督
40	经常审查和更新对存有生物特征识别系统的设施的访问权
控制标准:设备安全	
41	设置和保护设备,以降低来自环境威胁和危险的风险,以及未授权访问的机会
42	保护设备,避免供电中断和电力异常
43	保护电力和承载数据或支持生物特征识别服务的通信电缆,使其不受监听或者受到损害
44	按照制造商的说明书和其他文档程序维护设备,确保其持续的可用性和完整性
45	使用安全程序和控制措施,保护在组织周界之外使用的设备
46	包含有存储介质(即固定的硬盘)的设备的所有项目均要进行检查,以在处理或重用之前确定它们是否包含敏感数据。包含有不再进行操作使用的敏感数据的存储设备要进行物理销毁或者安全重写
47	设备信息和属于组织的软件未经授权,不能带出规定场所

11.2.6 操作管理

组织维护控制,目标是提供合理的保证,确保:

——对组织的信息处理设施的正确和安全的操作;

——系统失败的风险最小化;

——保护系统和信息的完整性,抵御病毒和恶意软件;

——通过使用事故报告和响应程序,把来自安全事故和故障的损害最小化;

——安全地处理介质,以保护介质免于损害、窃取和未授权访问。

见表 6。

表 6 操作管理

控制标准:操作程序和职责	
48	生物特征识别系统操作程序被记入文档并得到维护
49	存在正式的管理职责和程序,以控制生物特征识别系统的设备、软件和操作程序的所有变更
50	职权和责任区域分离,以降低未授权修改或者信息或服务的误用机会
51	开发和测试设施与操作设施分开
控制标准:系统规划和接受	
52	监控容量要求,制定未来容量要求的规划,确保适当的处理能力和存储能力
53	建立新的信息系统、升级和建立新版本的接受标准,在接受之前执行合适的系统测试

表 6（续）

控制标准：阻止恶意软件	
54	阻止病毒和恶意软件，采用检测和阻止程序，执行适当的用户告知过程
控制标准：事故报告和响应	
55	存在正式的事故报告程序，以及事故响应程序，列出接到事故报告就要采取的相应行动
56	要求生物特征识别系统的用户注意和报告观察到的，或者怀疑的系统或服务的安全漏洞或威胁
57	存在并遵守报告硬件、软件和固件故障的程序，或者新的特性要求的程序
58	存在并遵守能够确保差错得到报告且已采取正确行动的程序
59	存在并遵守事故管理职责和程序，确保对安全事故的快速、有效、有序响应
控制标准：介质处理和安全	
60	对可移出计算机的介质的管理程序应考虑以下标准： a) 如果不再需要，那么应将任何从组织中移出的可再用介质的以前内容擦除； b) 所有从组织移出的介质均要求授权，并进行记录，维持审计追踪； c) 遵照制造商的特殊规定，所有的介质存储在安全、保密的环境中
61	不再需要时，介质被安全地处理掉
62	应具备信息处理和存储的程序，并应遵循这些程序，以防止这些信息遭到未授权泄露或者误用
63	保护系统文档资料，防止未授权访问

11.2.7 系统访问管理

组织维护控制，目标是提供合理的保证，确保对生物特征识别系统的管理组件的访问和对生物特征访问控制系统控制资源的访问只限于正确授权的个体。见表 7。

表 7 系统访问管理

控制标准：用户访问管理	
64	访问控制策略定义和以正式文档形式规定了业务的访问控制要求，至少包括以下： a) 角色和相应的访问许可权； b) 每个用户的鉴别流程； c) 职责的分隔； d) 执行特定操作的人数（如，m 取 n 的规则）
65	遵守授权访问所有多用户信息系统和服务的正式用户注册和注销程序
66	限制和控制权限的分配和使用
67	通过正式管理过程，控制口令的分配
68	每隔固定的一段时间就审查用户的访问权
控制标准：网络访问控制	
69	只为用户提供那些已经被授权使用的特定服务的直接访问
70	控制从用户终端到计算机服务的路径
71	如果允许，那么远程用户的访问应受到鉴别
72	与远程计算机系统的连接要鉴别

表7（续）

控制标准:网络访问控制	
73	对诊断端口的访问进行安全的控制
74	采用合适的控制机制(如,防火墙)保护组织的内部网络域,防止第三方来自外部网络域的访问
75	采取合适的控制机制限制用户的可用服务(例如,HTTP、FTP等),与组织的访问控制策略保持一致
76	采取合适的路由控制机制,确保计算机连接和信息流不违背组织的业务应用访问控制策略
77	组织使用的所有网络服务的安全属性由组织形成文档
控制标准:操作系统访问控制	
78	使用自动的终端认证,鉴别与特殊场所和可移动设备的连接
79	使用安全登录过程访问组织的系统
80	所有用户拥有惟一的身份标识符(用户ID)用于他们个人并惟一使用,以便追踪到活动相应的责任人
81	采用合适的口令管理系统,提供有效、交互式的设施,可确保合格的口令
82	限制和严格控制系统工具程序的使用
83	如果需要的话,基于风险评估,给用户提供警报服务
84	服务于生物特征识别系统的终端在规定的超时时间内无活动,则使终端不再激活,以阻止未授人员的访问
85	限制连接时间,为高风险应用系统提供额外的安全
控制标准:应用访问控制	
86	限制对信息和应用系统功能的访问,与访问控制策略保持一致
87	限制和控制对程序源码库的访问

11.2.8 系统开发和维护

组织维护控制,目标是提供合理的保证,确保系统开发和维护行为得到了正确的批准,以维护系统的完整性。见表8。

表8 系统开发和维护

控制标准:系统开发和维护	
88	新系统或加强现有系统的业务要求详细规定了控制要求
89	对于运行系统上的软件实现,存在变更控制标准并得到遵守
90	对于计划中的软件发布和修改,存在变更控制标准并得到遵守
91	存在对于应急软件修复的变更控制标准并得到遵守
92	保护和控制测试数据
93	严格的控制对程序源码库的访问
94	通过使用正式的变更控制标准,严格控制变更的执行,使信息系统的中断风险最小化
95	当操作系统发生变更时,审查和测试应用系统
96	不鼓励对软件包的修改并严格控制关键的变更
97	控制、检察软件的购买、使用和修改,以防止可能的隐蔽通道和特洛伊代码
98	采取控制机制,保护外包的软件开发

11.2.9 业务连续性管理

组织维护控制，目标是提供合理的保证，确保在发生灾难或者密钥泄露时操作的连续性。见表9。

表9 业务持续性管理

控制标准：业务连续性管理流程	
99	组织拥有制定和维护其业务连续性计划的可管理流程
100	组织拥有基于适当风险评估基础之上的业务连续性计划战略
101	维护着单一的业务连续性计划框架，确保所有的计划是一致的，并标识了进行测试和维护的优先级
102	通过经常的审查、测试业务连续性计划，确保它们是最新的、有效的
103	组织的业务连续性计划包括生物特征识别系统所有关键组件，包括硬件、软件和密钥，在一个或者多个失效的情况下，这些组件的灾难恢复过程
104	采取合适的灾难恢复过程，以防止关键安全组件遭到泄露
105	经常性备份基本的业务信息和软件副本。这些副本的安全要求与信息备份的控制机制一致
106	容灾设备和备份介质保持安全的距离，以避免来自主要场所的灾难的损害
107	如果计算资源、软件和/或数据被破坏或怀疑被破坏，那么使用的恢复程序包括： a) 如何重建物理安全环境； b) 终止哪些生物特征模板； c) 在什么环境下，销毁和存档密钥； d) 如何安全地分发新的密钥(如有的话)； e) 如何重新登记主体
108	生物特征识别系统连续性计划应包括在自然或者其他的灾难发生时，在重新建立安全环境之前，在原来的场所，或者在远程的热备份点保护其设施的计划
控制标准：密钥泄露	
109	组织有关密钥泄露的业务连续性计划描述了：要通知谁，要对系统的软件和硬件、对称和非对称密钥、先前生成的签名和加密数据采取什么样的行动

11.2.10 监控和符合性

组织维护控制，目标是提供合理的保证，确保：

——组织遵循法律要求；

——确保遵循组织的安全策略和程序；

——系统审计流程的有效性得到最大化，系统审计流程的干扰最小化；

——能检测到未授权系统的使用。

见表10。

表 10 监控和符合性

控制标准：遵守法律和制度的要求	
110	组织拥有程序，确保对于每个信息系统，所有相关法令、制度和合同要求都以文档形式进行明确的规定
111	执行适当的程序，确保在有关知识产权的材料使用和特定软件产品的使用方面，符合法律限制要求
112	保护组织的重要记录，防止丢失、破坏和篡改(见 9.7)
113	存在程序，确保个人得到保护，与相关法律制度一致
114	管理层授权信息处理设施的使用，应用控制机制阻止这些设施的误用
115	采取合适的控制机制，确保符合国家协议、法律、制度或者其他控制访问或者密码控制的使用的手段
116	组织的生物特征识别系统机密性策略和程序包括以下内容： a) 机密信息的类型； b) 非机密信息的类型； c) 提供信息给执法官员的策略； d) 可提供给公民的信息； e) 信息可根据拥有者的要求进行披露的情形； f) 泄露机密信息的任何其他情形
控制标准：安全策略和技术符合性的审查	
117	管理层负责确保他们职责领域内的安全程序得以正确执行
118	对组织的生物特征识别系统进行周期性审查，以确保符合安全策略和标准
119	周期性核查组织的生物特征识别系统，以符合安全执行标准
控制标准：系统审计考虑	
120	规划和执行运行系统的审计，以便使业务流程的中断风险最小化
121	保护对系统审计工具的访问，以阻止可能的误用或者泄露
控制标准：监控系统访问和使用	
122	建立监控生物特征识别系统使用的程序，经常性审查监控活动的结果
123	在认可的时期内，建立和保留记录异常和其他安全相关事件的审计日志，以协助以后的调查和访问控制监控
124	建立监控生物特征信息处理设施的使用程序，经常性审查监控活动的结果

11.2.11 事件日志

组织维护控制，目标是提供合理的保证，确保：

——精确、完整地记录有关重要环境、密钥管理和生物特征信息生命周期的事件日志；

——维护活动和存档的事件日志的机密性和完整性；

——根据公布的业务行为，事件日志进行完整和机密地存档；

——授权的人员周期性审查事件日志。

见表 11。

表 11 事件日志

控制标准:事件日志	
125	生物特征识别系统适当地产生自动的(电子化的)和人工的事件日志
126	日志条目包括的元素如下: a) 条目的日期和时间; b) 条目的序列号; c) 条目的类型; d) 源(终端、端口、地点、客户等); e) 制作日志条目的实体标识。 见 9.8
控制标准:记录的事件	
127	进行日志记录的生物特征登记信息包括: a) 申请者提供的身份识别文档的类型; b) 如果可以的话,记录身份识别文档的身份识别数据、号码或者两者的组合(例如,申请者的驾照号码); c) 申请和身份识别文档副本的存储地点; d) 接受申请的实体的标识; e) 如果可能的话,确认身份识别文档的方式; f) 如果可以的话,登记操作者的名字
128	涉及密钥材料的事件日志包括: a) 密钥的产生和安装; b) 密钥的备份和/或恢复; c) 从服务回收、销毁或者终止密钥材料; d) 存档密钥的存放或者取消; e) 对称密钥或者非对称私钥的泄露
129	关于密码和生物特征设备生命周期管理的事件日志包括以下: a) 设备收据; b) 存储设备的增加或移除; c) 设备用途; d) 设备卸载; e) 有关设备使用和维修的指派; f) 设备停用
130	对安全敏感事件加以日志记录: a) 读取或者写下的安全敏感文件或者记录,包括事件日志; b) 安全敏感数据的删除; c) 安全策略变更; d) 使用鉴别机制,既包括成功的,也包括未成功的(包括多次失败的鉴别尝试); e) 系统崩溃、硬件失败和其他异常; f) 计算机操作员和系统管理员,和/或系统安全人员采取的行动; g) 实体从属关系的变更; h) 绕过加密/鉴别流程或程序的决定; i) 对生物特征识别系统或者任何组件的访问

表 11（续）

控制标准：记录的事件	
131	其他有必要采用抗抵赖机制的有关身份确认和身份识别的高风险应用的考虑包括： a） 在鉴别过程中采集和使用的生物特征样本的留置； b） 基于预定基础上所保留的生物特征样本的删除； c） 对源身份确认或者身份识别结果的确认能力； d） 对阻止涉及法律的生物特征样本的重放的保护机制
132	事件日志不记录任何对称密钥、非对称私钥或者生物特征信息的明文值
133	为了准确记录，计算机时钟保持同步
控制标准：事件日志保护	
134	以防止未授权修改或者破坏的形式维护当前的和存档的事件日志
135	保护当前和存档的自动的事件日志，防止修改和替换
136	用于对事件日志进行签名的私钥不用于其他任何目的
控制标准：事件日志存档	
137	生物特征识别系统周期性对事件日志数据进行存档
138	作为威胁评估和减缓过程的持续性程序的一部分，执行周期性的风险评估，以确定保存存档事件日志的合适时间长度
控制标准：事件日志的审查	
139	现有的和存档的事件日志仅可由授权的个体因有效的业务或者安全原因而进行恢复
140	周期性审查事件日志
141	现有和存档的事件日志的审查包括确认事件日志的完整性，异常、未授权或者可疑活动的识别和跟踪

11.3 密钥管理生命周期控制

11.3.1 密钥产生

组织维护控制，目标是提供合理的保证，确保密钥的产生与行业标准一致。见表 12。

表 12 密钥产生

控制标准：密钥产生	
142	密钥产生使用随机数发生器（RBG），或者伪随机数发生器（PRBG），如 ISO/IEC 18031 所述
143	需要素数时，使用素数产生器产生密钥，如 ISO/IEC 18032 所述
144	密钥应在安全密码设备中产生，该设备满足下列条件之一： ——ISO/IEC 19790 的等级 3 要求； ——ISO/IEC 19790 的等级 2 要求，并且包含在物理安全环境中
145	在物理控制的环境中产生密钥
146	密钥产生需要有授权的人员进行相应的控制
147	密钥产生使用密钥产生算法，具体见相关的国家标准
148	密钥产生按照应用的 BISMS 行为和程序，产生相应的密钥长度
149	在使用之前，测试和确认用于密钥产生和硬件/软件的接口的可信赖度
150	在事件日志中记录密钥产生事件

11.3.2 密钥存储、备份和恢复

组织维护控制，目标是提供合理的保证，确保私钥的机密性和维护着它们的完整性。见表 13。

表 13 密钥存储、备份和恢复

控制标准：密钥存储、备份和恢复	
151	如果基于备份和存储的目的，从安全密码模块输出一个非对称私钥或者对称密钥，移动到安全存储的地方，那么该密钥要使用安全的密钥管理方案进行输出： a) 作为在密钥加密密钥之下的密文，仅用于 KEK，至少具有 3DES 的双倍密钥长度的 DEA 的强度或 AES 的强度； b) 作为加密的密钥片断，使用双重控制和分割持有，仅用于加密，并且至少具有 3DES 的双倍密钥长度的 DEA 的强度或 AES 的强度； c) 作为明文直接注入另外一个安全密码模块，例如使用双重控制的密钥传输设备； d) 作为在双重控制和密钥分割下的对称密钥组件
152	如果备份非对称私钥或者对称密钥，那么由授权人员使用物理安全环境中的双重控制机制对其进行存储和恢复
153	如果备份非对称私钥或者对称密钥，那么密钥的恢复将在与备份流程相同的安全方案下进行，使用双重控制
154	采取适当的程序，确保在整个生命周期内，维护非对称私钥或者对称密钥的完整性
155	非对称公钥或者对称密钥可允许的备份和恢复周期遵从 BISMS 策略、行为和程序
156	根据 BP 和 BPS，定期测试备份和恢复程序
157	在事件日志中记录密钥存储、备份和恢复活动

11.3.3 密钥分发

组织维护控制，目标是提供合理的保证，确保在原始和随后的分发过程中维持密钥的完整性和真实性。见表 14。

表 14 密钥分发

控制标准：公钥分发	
158	通过公钥证书，提供生物特征识别系统的公钥和任何相关参数的完整性和源鉴别
159	建立并以文档形式规定公钥证书的分发机制
160	应周期性变更(重新产生)公钥证书，与 BISMS 策略、行为和程序保持一致
控制标准：私钥分发	
161	应通过分发流程，维护非对称私钥和任何相关参数的完整性和真实性，例如把密钥注入到生物特征阅读设备，该设备处在物理安全密钥产生/载入设施中
162	建立并以文档形式规定私钥的分发机制
163	在事件日志中记录生物特征识别系统的私钥分发活动

表 14（续）

控制标准:对称密钥分发	
164	应通过分发流程,维护对称密钥和任何相关参数的完整性和真实性,例如把密钥注入到生物特征阅读设备,该设备处在物理安全密钥产生/载入设施中
165	建立和以文档形式规定对称密钥的分发机制
166	在事件日志中记录生物特征识别系统采取的对称密钥分发活动

11.3.4 密钥用途

组织维护控制,目标是提供合理的保证,确保密钥仅用于在计划的场所用于计划的功能。见表 15。

表 15 密钥用途

控制标准:密钥用途	
167	产生和使用密钥,仅用于计划目的,在密钥产生过程中对它们进行规定和文档化,包括: ——用于数据完整性和源鉴别的非对称密钥对; ——用于生物特征设备源鉴别的非对称密钥对; ——用于生物特征数据完整性和源鉴别的对称密钥; ——用于生物特征设备源鉴别的对称密钥; ——用于生物特征数据机密性的对称密钥

11.3.5 密钥销毁和存档

组织维护控制,目标是提供合理的保证,确保:

——在密钥的生命周期结束时,完全销毁密钥;

——保持存档密钥的机密性,且不再被使用。

见表 16。

表 16 密钥销毁和存档

控制标准:密钥销毁	
168	BP 和 BPS 详细规定谁被授权销毁密钥,如何销毁密钥(例如,令牌交出、令牌销毁,或者密钥覆盖)
169	在生命周期的最后,销毁密钥的所有副本和片断(存档密钥例外)
170	在事件日志中记录生物特征识别系统采取的密钥销毁行动
控制标准:密钥存档	
171	BP 和 BPS 规定: a) 存档机构的身份; b) 密钥存档的形式(例如,加密、秘密分享、组件); c) 存档机制中规定的安全控制
172	存档的 CA 密钥应与现在正在使用的密钥具有相同的或更高等级的安全控制
173	在存档周期结束时,在物理安全环境中使用双重控制机制销毁所有存档的密钥
174	采取合适的机制,确保存档的密钥永远不会重新使用

表 16（续）

控制标准：密钥存档	
175	采取合适的机制，确保存档的密钥在技术允许条件下在最短时间恢复
176	周期性确认存档的密钥，确保它们在存档周期最后进行了适当的销毁
177	在事件日志中记录所有存档的访问

11.3.6 密码设备生命周期

组织维护控制，目标是提供合理的保证，确保：

——把对密码硬件的访问限制于适当的授权个体；

——密钥硬件功能正确执行。

见表 17。

表 17 密码设备生命周期

控制标准：设备装运[a]	
178	通过挂号信方式采用防篡改的包装从制造商发送密码设备的策略和程序要求
控制标准：设备收据[b]	
179	一收到来自制造商的密码设备，授权的人员检查防篡改的包装，以确定封签是否完整
180	一收到来自制造商的密码设备，就执行接受测试并验证固件设置
181	在使用前，测试用于私钥存储和恢复的设备以及这些设备的接口的完整性
182	在事件日志中记录设备的接收
控制标准：设备使用前入库[c]	
183	为阻止篡改，应在安全场所存放密码硬件，对密码硬件的访问限制于授权人员，具备以下特性： ——管理每个设备的来源、到达、状况、出发和目的地的设备清单控制和程序； ——将访问限制于授权人员的访问控制和程序； ——在事件日志中报告所有成功或失败的物理访问尝试情况； ——处理非正常事件、安全中断和调查报告等的突发事件处理和程序； ——验证控制有效性的审计处理和程序
184	在抗篡改包装中存储密码硬件
185	在不少于两位可信的雇员在现场的情况下，执行密码硬件的处理
186	在事件日志中记录设备出入库信息
控制标准：设备安装[d]	
187	为阻止篡改或者替换，由授权人员按照流程安装密码硬件： ——在不少于两位可信的雇员在现场的情况下，执行安装； ——使用具有远程设备鉴别能力的自动初始化流程进行安装
188	在事件日志中记录设备安装情况

表 17（续）

控制标准：设备用途[e]	
189	存在文档化策略和程序并加以遵守，以周期性地验证正确的处理
190	在不少于两位可信的雇员在现场的情况下，当CA密码硬件出现故障检修时，提供诊断支持
191	在事件日志中记录设备用途
控制标准：设备卸载[f]	
192	在不少于两位可信的雇员在现场的情况下，移除密码硬件
193	在事件日志中记录设备卸载情况
控制标准：设备服务和维修[g]	
194	服务或者维修场所是安全的地方，清单控制和访问限制于授权人员
195	在不少于两位可信的雇员在现场的情况下，执行密码硬件服务或者用新的硬件、固件或者软件维修，除非密钥已经移除
196	在事件日志中记录设备服务和维修的目的地
197	一收到维护或维修过的密码硬件，就进行接受测试和固件设置确认
控制标准：设备停用[h]	
198	在不少于两位可信的雇员在现场的情况下，将使用的密码硬件分解并永久性移除的过程
199	如果设备从服务中永久性移除，则从设备中擦除包含在设备内用于密码目的的任何密钥
200	如果设备容器提供防篡改的特性并且设备将从服务中永久移除，那么该容器要销毁
201	设备容器要安全存储，直到销毁
202	在事件日志中记录设备停用情况

[a] 在本阶段，密码设备从制造厂装运，发给组织。
[b] 在本阶段，生物特征识别系统接受从制造厂接到的密码设备。
[c] 在本阶段，密码设备已经从制造厂收到，在安装之前，存储在可控制的环境中。
[d] 在本阶段，密码设备从存储点移出，安装到生产环境，准备使用。安装包括所有密钥材料的载入。
[e] 在本阶段，密码设备处于完全操作模式。
[f] 在本过程，密码设备从生产环境移出。
[g] 在本过程，使用新的硬件、固件或者软件维护或者维修密码设备。
[h] 在本过程，拆解密码设备，由此从使用中永久性拆除。

11.4 生物特征信息生命周期

11.4.1 登记

组织维护控制，目标是提供合理的保证，确保：

——正确地识别和鉴别了登记者；

——登记者的生物特征数据是准确的、核准的和完整的。见表18。

表 18 登记

控制标准:登记要求	
203	个体登记和参考模板创建的鉴别程序符合 BP 和 BPS
204	登记流程要求,个体登记者应准备和提交适当的身份识别凭证,与适当的保证等级相当,具体如 BP 和 BPS 所述
205	登记流程确认了登记者的身份,与 BP 和 BPS 保持一致
206	登记流程确认了登记者的授权,遵守 BP 和 BPS
207	登记流程确认了登记操作人员的身份和授权,遵守 BP 和 BPS
控制标准:核查登记数据的错误和变更	
208	登记流程应核查生物特征数据的质量和登记者的身份识别凭证,以防错误和遗漏
209	如果 BP 和 BPS 要求,生物特征识别系统要核实登记者的生物特征数据和所声称身份的独特性,并采取相应的行动,具体如 BP 和 BPS 所述
控制标准:登记者通知	
210	当参考模板已经产生和分发时,生物特征识别系统签发一份带外通知给登记者
211	当用户激活应用时(例如,向 ATM 插入卡),生物特征识别系统被动发起身份识别过程,在这样的生物特征身份确认系统中的申请登记者要清楚和同意使用本过程

11.4.2 模板生命周期

组织维护控制,目标是提供合理的保证,确保生物特征模板正确、安全地产生、确认、存储传输、分发和终止。见表 19。

表 19 模板生命周期

控制标准:模板产生	
212	生物特征识别系统使用的参考模板组件符合并且不与 BP 和 BPS 冲突
213	生物特征识别系统产生参考模板,该参考模板包括了 BP 的标识符,可能包括 BPS 身份认证
214	生物特征识别系统产生参考模板,在关键的模板扩展项中包括惟一的用户身份标识符
215	生物特征识别系统产生参考模板,在关键的模板扩展项中包括惟一的参考模板签发者身份标识符
216	生物特征识别系统确保,使用由它生成的生物特征参考模板所需的最少数目和类型的鉴别要素可由符合组织安全策略和准则的应用程序和设备进行加强
217	生物特征识别系统确保,使用由它生成的生物特征参考模板所需的最少数目和类型的生物特征标识符可由符合组织安全策略和准则的应用程序和设备进行加强
218	生物特征识别系统不能用相同的惟一用户身份标识符为两个用户产生参考模板
219	生物特征识别系统不能用相同的生物特征数据为两个用户产生参考模板
控制标准:模板确认	
220	生物特征识别系统在接受和分发模板之前,确认登记者生物特征数据新产生的模板
221	生物特征识别系统确认新产生的模板在现有模板集中是惟一的

表 19（续）

控制标准：模板确认	
222	生物特征识别系统确认新产生的模板包含足够的数据点，以获得身份确认和身份识别的错误匹配率，与 BP 和 BPS 一致
223	生物特征识别系统确保，当其产生的生物特征参考模板因为某些原因不能使用时，最少数目和类型的可替代、降级鉴别要素可由符合组织安全策略和准则的应用程序和设备进行加强
224	生物特征识别系统确保，当其产生的生物特征参考模板因为某些原因不能使用时，最少数目和类型的可替代、降级生物特征标识符可由符合组织安全策略和准则的应用程序和设备进行加强
控制标准：模板存储和传输	
225	生物特征识别系统应确保模板在传输过程中的完整性和来源的真实性
226	生物特征识别系统应确保模板在存储时的完整性和来源的真实性
227	生物特征识别系统应确保对处在存储阶段的模板进行访问控制
控制标准：模板分发	
228	使用以下的一个或多个机制在生物特征识别系统内分发模板： a）集中模式就是，模板存储在一个单一的地方，例如数据库，包含所有其他用于身份确认或身份识别访问的模板； b）分布式模式就是，模板传输到一个或者多个地方，包含一部分或其他所有用于身份确认或身份识别访问的模板； c）令牌模式就是，模板存储在可移动的介质中，例如智能卡，包含一个或多个个体的模板，用于身份确认或身份识别访问
229	如果使用集中模式，那么生物特征识别系统拥有策略和过程，以确认模板安全分发到集中存储位置
230	如果使用分布式模式，那么生物特征识别系统拥有策略和过程，以确认模板安全分发到所有存储位置
231	如果使用令牌模式，那么生物特征识别系统拥有策略和过程，以确认模板被安全地注入到设备中且令牌被安全地签发给登记者
232	分发确认被记录在事件日志中
控制标准：模板终止	
233	BP 和 BPS 详细规定了谁可以终止模板
234	BP 和 BPS 详细规定了何种情况下可终止模板
235	BP 和 BPS 详细规定了何种情况下应终止模板
236	生物特征识别系统确认要求终止某模板的个体（例如，登记者）的身份和授权
237	当可行的时候，生物特征识别系统在发生模板终止的时候通知登记者
238	遵照 BP 和 BPS 的要求，处理并验证模板终止要求
239	如附录 A 所述，在事件日志中记录模板终止情况
240	当模板终止时，所有模板的实例被清除
[a] 在可选的降级鉴别要素被认为提供了较低等级保障的情况下，组织有责任确保应用程序相应地调整访问行为。	

11.4.3 身份确认和身份识别过程控制

组织维护控制，目标是提供合理的保证，确保遵照协定的参数，安全执行身份确认和识别活动的控制。见表20。

表20 身份确认和身份识别过程控制

控制标准：样本采集（原始数据）	
241	应采取适当的程序和/或机制确保，准确处理原始数据，创建有足够数据点的样本数据进行实体鉴别，与BP和BPS保持一致
242	采取适当的机制确保，当生物特征识别机制不能工作时，根据BP和BPS，存在其他可用的替代鉴别机制。当使用替代机制时，宜谨记存在引入严重安全漏洞的风险
控制标准：样本传输	
243	在传输过程中，保护样本的完整性，防止修改
244	在传输过程中，保护样本数据的真实性，防止替换
245	在传输过程中，保护样本数据的抗抵赖性，防止否认，如BP和BPS所规定的那样
控制标准：模板传输	
246	在传输过程中，保护模板的完整性，防止修改
247	在传输过程中，保护模板数据的真实性，防止替换
248	在传输过程中，保护模板数据的抗抵赖性，防止否认，如BP和BPS所规定的那样
控制标准：匹配（计分）	
249	错误匹配率遵守BP和BPS的规定
250	保护匹配（计分）的结果，防止修改和替换
控制标准：决策	
251	保护决策结果（是/否），防止修改和替换

11.4.4 生物特征设备生命周期控制

组织维护控制，目标是提供合理的保证，确保：

——将对生物特征设备的访问限制于正确授权的个体；

——生物特征设备正确实现其功能。

见表21。

表21 生物特征设备生命周期控制

控制标准：设备装运[a]	
252	生物特征设备应以防篡改的包装方式，通过可靠的装运过程从制造商发送
控制标准：设备接收[b]	
253	一收到来自制造商的生物特征设备，就要求授权的人员检查防篡改的包装，以确定封条是否未被动过
254	在事件日志中记录设备接收

表 21（续）

控制标准：设备使用前保管[c]	
255	为阻止篡改，应在安全场所存放生物特征设备，对生物特征设备的访问限制于授权人员，具备以下特性： ——管理每个设备的来源、到达、状态、出发和目的地等的清单控制准则和流程； ——防止被非授权人员接触到的访问控制准则和流程； ——处理非正常事件、安全中断或者调查报告等事件的准则和流程； ——确认控制有效性的审计准则和流程
256	对清单控制过程的审计，周期性地确认其准确性并统计每个生物特征设备的地点和状态
257	在事件日志中记录失败或者成功的物理访问尝试情况
258	在事件日志中记录所有的事件及其解决方法
259	周期性执行对事件日志的审计，确认访问控制和事件控制情况
控制标准：设备安装[d]	
260	由授权人员执行生物特征设备的安装
261	在激活之前，测试生物特征设备的身份确认和身份识别能力
262	在激活之前，测试生物特征设备的密码运算能力
263	在事件日志中记录设备安装情况
控制标准：设备使用[e]	
264	存在并遵守文档化的实践与流程，以周期性地确认正确处理过程
265	存在并遵守文档化的实践与流程，以提供诊断期间的诊断支持
266	生物特征设备符合或者超过相当于附录 D 中等级 3 的要求
控制标准：设备卸载[f]	
267	由授权人员执行生物特征设备的卸载工作
268	从生物特征设备删除所有的生物特征和/或密码材料
269	在事件日志中记录设备卸载情况
控制标准：设备服务和维修[g]	
270	在控制环境中进行服务和维修，产品清单控制和访问限制于授权人员
271	在事件日志中记录用于服务和维修的设备名称
控制标准：设备停用[h]	
272	由授权人员执行生物特征设备的停用活动

表 21（续）

控制标准：设备停用[h]	
273	从停用的生物特征设备中删除所有的生物特征和/或密码材料
274	如果设备容器提供防篡改的特性，且设备是永久性退出服务，那么要销毁容器
275	在事件日志中记录设备停用情况

[a] 在本阶段，生物特征设备从制造厂装运，发给存储设施，或者处于生物特征识别系统的直接控制，或者置于第三方的存储设施中。

[b] 在本阶段，存储设施接受从制造厂接到的生物特征设备。

[c] 在本阶段，生物特征设备已经从制造厂收到，在安装之前，存储在受控环境下的存储设施中。

[d] 在本阶段，生物特征设备从存储点移出，安装到生产地点准备使用。安装包括所有密钥材料和生物特征模板的载入。

[e] 在本阶段，生物特征设备处于完全操作模式。

[f] 在本过程，生物特征设备从生产阶段进行物理移除。

[g] 在本过程，使用新的硬件、固件或者软件维护或者维修生物特征设备。

[h] 在本过程，生物特征设备从使用中永久性移出。

11.4.5 集成电路卡(ICC)生命周期控制

组织维护控制，目标是提供合理的保证，确保：

——ICC 的准备工作进行了安全控制；

——ICC 的应用准备工作进行了安全控制；

——在 ICC 签发之前，使 ICC 可用；

——ICC 进行安全的存储和分发；

——安全地控制 ICC 的失效和重新激活；

——返回到组织的 ICC 要安全地终止其使用。

见表 22。

ISO/IEC 7816-11 提供了有关生命周期控制的更多细节描述。更多关于 ICC 使用的其他指南可见 ISO 10202。

表 22　集成电路卡(ICC)生命周期控制

控制标准：ICC 制造[a]	
276	在专有数据进入 ICC(智能卡)的制造过程之前，制造过程的安全性要符合卡签发人所要求的安全等级
277	从专有数据(例如，专有的密码算法或者密钥)和/或其他机密元素与 IC 结合开始，就应应用以下安全要求。 ——在安全环境中执行所有过程，在该环境中进行访问控制，维护专有数据的机密性； ——仅通过使用生产密钥来访问 IC 的受控区域(遵照 ISO 10202-3 的具体规定)(在不同制造阶段之间，可能使用不同的生产密钥)； ——在存储和传输阶段，IC 和 ICC(例如，智能卡)受到物理保护和密码保护
278	基于安全和审计的目的，在 IC 中记录以下数据： ——IC 制造商标识符； ——制造商的 IC 类型标识符； ——嵌入式/ICC 汇编程序标识符

表 22（续）

控制标准：ICC 制造[a]	
279	作为制造过程的一部分，要确认 IC 的完整性（例如，检查统计样本），以保证其符合协定的参考技术规范
280	ICC（例如智能卡）的生产要得到正确的核准
281	存在并遵守文档化的流程，确保 ICC（例如智能卡）进行了安全和准确的处理和文档化
控制标准：ICC 个人化[b]	
282	卡签发者负责卡的个人化过程
283	个人化过程处于适当密钥的控制之下（具体规定可参考 ISO 10202-3），包括通用数据文件（CDF）数据和 IC 的相关密钥的装载
284	基于安全审计目的，卡的个人化执行者应被记录在 IC 中
控制标准：通用数据文件（CDF）激活[c]	
285	卡签发人负责 CDF 的激活
286	通过安全控制的过程进行 CDF 的激活
287	在 CDF 个人化流程的最后进行 CDF 的激活，或者作为之后的单独流程
288	在 ICC（例如，智能卡）中指示 CDF 的激活
289	基于安全审计的目的，宜在 ICC（例如，智能卡）中记录 CDF 激活者标识符、激活日期和 CDF 激活者的序列号
控制标准：应用数据文件（ADF）的分派[d]	
290	该过程仅在卡签发者的控制下进行
291	为了防止未授权的 ADF 分派，要使用适当的密钥（如 ISO 10202-3 所述）执行密钥交换
控制标准：应用数据文件（ADF）的个人化[e]	
292	应用程序提供商负责 ADF 个人化过程
293	为了防止未授权的个人化，要使用适当的密钥（如 ISO 10202-3 所述）执行密钥交换
控制标准：应用数据文件（ADF）的激活[f]	
294	应用提供商负责 ADF 激活
295	通过安全控制的过程进行 ADF 的激活
296	在 ADF 定制化流程的最后进行 ADF 的激活，或者作为之后的单独流程
297	在 ICC（例如，智能卡）中指示 ADF 的激活
298	仅当 CDF 处于激活状态或者再激活状态时，才能激活 ADF
控制标准：智能卡使用	
299	除非卡已经个人化，否则 ICC（例如，智能卡）不能签发
300	除非 CDF 处于激活状态或者再激活状态时，否则 ICC 不能用于金融交易
301	没有应用提供商的核准，不可能进行 ADF 安全参数的更新
302	为防止未授权修改，要使用适当的密钥（如 ISO 10202-3 所述）执行密钥交换
控制标准：应用数据文件（ADF）的失效	
303	ICC（例如智能卡）中要指明 ADF 失效情况
304	只有应用提供商能使 ADF 失效，或者定义 ADF 的失效条件

表 22（续）

控制标准:应用数据文件(ADF)的失效	
305	当 ADF 失效时,ADF 不能执行任何金融交易
306	可在应用提供商的直接控制下,执行 ADF 读取和 ADF 再激活行为
307	为防止 ADF 未授权失效,要使用适当的密钥(如 ISO 10202-3 所述)执行密钥交换
控制标准:通用数据文件(CDF)失效	
308	在 ICC(例如智能卡)中指示 CDF 失效状态
309	只有应用提供商能使 CDF 失效,或者定义 CDF 的失效条件
310	当 CDF 失效时,CDF 不能执行任何金融交易
311	可在应用提供商的直接控制下,执行 CDF 读取和 CDF 再激活行为
312	为防止 CDF 未授权失效,要使用适当的密钥(如 ISO 10202-3 所述)执行密钥交换
控制标准:通用数据文件(CDF)再激活	
313	在 ICC(例如智能卡)中通过激活状态指示 CDF 再激活
314	再激活 CDF 的过程要在卡签发者的控制下进行,以便 ICC(例如智能卡)可重新用于金融交易
315	为防止 CDF 未授权再激活,要使用适当的密钥(如 ISO 10202-3 所述)执行密钥交换
控制标准:应用数据文件(ADF)再激活	
316	在 ICC(例如智能卡)中通过激活状态指示 ADF 再激活
317	再激活 ADF 的过程要在卡签发者的控制下进行,以便 ICC(例如智能卡)可重新用于金融交易
318	为防止 ADF 未授权再激活,要使用适当的密钥(如 ISO 10202-3 所述)执行密钥交换
控制标准:ICC 分发	
319	存在和遵守文档化的程序,确保智能卡能安全分发
320	在分发之前,ICC(例如智能卡)进行安全的存放
321	在事件日志中记录 ICC(例如智能卡)的分发情况
控制标准:应用数据文件(ADF)终止	
322	在 ICC(例如智能卡)中指示 ADF 终止
323	应用提供商有责任进行 ADF 的终止
324	当 ADF 终止时,ADF 永久性(不可能再激活)的终止,不能执行任何金融交易
325	应用提供商有责任预防 ADF 的终止
326	为防止 ADF 未授权终止,要使用适当的密钥(如 ISO 10202-3 所述)执行密钥交换
控制标准:通用数据文件(CDF)终止	
327	在 ICC(例如智能卡)中指示 CDF 终止
328	应用提供商有责任进行 CDF 的终止
329	当 CDF 终止时,CDF 永久性(不可能再激活)不能执行任何金融交易
330	卡签发者有责任防止 CDF 的终止
331	为防止 DDF 未授权终止,要使用适当的密钥(具体如 ISO 10202-3 所述)执行密钥交换
控制标准:密钥终止	
332	在 ADF 终止以后,保留在 ADF 中的所有密钥要在应用提供商的控制下失效

表 22（续）

控制标准：密钥终止	
333	本过程并不排除对以前可读信息的后续读取（如 ISO 10202-3 所述）
334	在 ADF 终止后和 IC 的驻留值传输之后，所有保留在 CDF 中的密钥要在卡签发者的控制下失效
335	本过程并不排除随后读取以前可读的 CDF 信息（如 ISO 10202-3 所述）
336	在终止所有密钥以后，密码功能要通过使它们不能再使用的方式失效

[a] 智能卡的制造过程包括 IC 半导体的设计和软件设计、IC 制造、IC 封装和 IC 嵌入。

[b] 智能卡的制作由两部分组成：卡的个人化和 CDF 的激活。

[c] CDF 激活过程准备 ICC（智能卡）在金融交易中由持卡人使用。

[d] ADF 的制作由三部分组成：ADF 分派、ADF 个人化和 ADF 激活。ADF 分派包括 IC 中对存储进行分派。

[e] ADF 个人化包括 ADF 相关密钥和数据的装载。

[f] ADF 的激活准备 ADF 在金融交易中由持卡人使用。

附 录 A
（资料性附录）
事 件 日 志

A.1 概述

通过提供审计追踪的事件日志的证据，确认鉴别系统的一致性和准确性的符合度。事件日志有两个阶段：

——活动阶段，通过鉴别机制在事件日志中采集事件。

——存档阶段，日志从活动状态移出，进入存储状态。

A.2 管理要求

本附录要求电子的或人工的事件日志的产生和维护宜符合 11.2.11 规定的控制目标。以下是维护事件日志的建议：

a） 宜采取合适的机制维护活动事件日志的完整性，以便：
- 能检测到事件条目的删除；
- 能检测到事件条目的增加；
- 能检测到事件条目的修改；

b） 宜采取合适的机制提供事件日志源的鉴别；

c） 每 30 天或 3 000 个事件（以先发生者为准），活动事件日志宜至少存档一次；

d） 宜采取合适的机制提供对活动事件日志的访问控制，以便：
- 活动的事件日志不能被存档的事件日志替换；
- 只有批准的过程可在事件日志中增加条目；
- 只有批准的过程可从事件日志中删除条目；
- 只有批准的过程可修改事件日志；
- 只有批准的人员可读取事件日志；

e） 存档事件宜在新的活动日志和新的存档日志中采集，至少包括以下信息：
- 表示存档事件的指示符；
- 存档事件的日期和时间；
- 事件条目的总体数（可选）；
- 事件类型的小计（可选）；
- 新的存档日志和新的活动日志的顺序号；

f） 存档日志宜长期保存，其期限与安全策略和谨慎的业务准则以及法律和制度的要求相符。

A.3 内容要求

A.3.1 登记

以下是登记事件的日志建议：

a） 在每个成功的登记过程中应采集以下信息：

- 成功的登记事件的记录指示符；
- 登记的日期和时间；
- 模板描述(例如，生物特征头)；
- 登记者标识符；
- 登记操作人员标识符；
- 登记发生时的生物特征识别策略；
- 证书序列号(可选)；
- 可选数据(例如，用途标识)；

b) 在每个失败的登记过程中应采集以下信息：
- 失败的登记事件记录指示符；
- 登记的日期和时间；
- 模板描述(例如，生物特征头)；
- 登记者标识符；
- 登记操作人员标识符；
- 登记操作人员内容；
- 可选数据(例如，用途标识)。

A.3.2 身份确认和身份识别

以下为身份确认事件的日志建议。

在每个失败的身份确认过程中应采集以下信息：

——失败的身份确认事件记录指示符；

——身份确认失败的日期和时间；

——模板描述(例如，生物特征头)；

——可选数据(例如，用途标识)。

A.3.3 终止和撤销

以下为终止和撤销事件的日志建议。

在每个终止和撤销过程中应采集以下信息：

——失败的终止和撤销事件记录指示符；

——终止和撤销的日期和时间；

——参考模板；

——可选数据(例如，用途标识)。

A.3.4 传输和存储

以下为分发事件的日志建议。

a) 在每次终止和撤销过程中应采集以下信息：
- 增加到数据库的事件记录指示符；
- 增加的日期和时间；
- 模板描述(例如，生物特征头)；
- 登记者标识符；
- 登记操作人员标识符；
- 证书身份确认(可选)；
- 可选数据(例如，用途标识)；

b) 在每次修改存储系统中的模板过程中应采集以下信息：
 - 模板修改事件记录指示符；
 - 修改的日期和时间；
 - 模板描述(例如，生物特征头)；
 - 参考模板标识符；
 - 登记者标识符；
 - 登记操作人员标识符；
 - 证书身份确认(可选)；
 - 可选数据(例如，用途标识)；

c) 在每次删除存储系统中的模板过程中应采集以下信息：
 - 数据库的删除事件的指示符；
 - 删除的日期和时间戳；
 - 参考模板描述；
 - 登记者标识符；
 - 登记操作人员标识符；
 - 证书身份确认(可选)；
 - 可选数据(例如，用途标识)；

d) 在每次把生物特征信息注入到令牌的过程中应采集以下信息：
 - 表明签发令牌的指示符；
 - 日期和时间戳；
 - 参考模板描述(例如，生物特征目标标识符)；
 - 登记者标识符；
 - 登记操作人员标识符；
 - 证书身份确认(可选)；
 - 可选数据(例如，用途标识)；

e) 每天应采集以下概要信息：
 - 产生概要记录的日期和时间戳；
 - 存储系统的增加、删除和修改的总数；
 - 成功的登记的总数；
 - 失败的登记的总数；
 - 签发的带有生物特征模板的令牌总数；
 - 成功的身份确认的总数；
 - 失败的身份确认的总数；
 - 成功的身份识别的总数；
 - 失败的身份识别的总数；
 - 添加和阅读事件日志的总数，包括现有的概要记录。

附　录　B
（规范性附录）
生物特征登记

B.1　概述

通过登记过程，采集个体的生物特征数据，用于访问机构的金融服务或者由雇员内部使用。为满足本标准的要求，应在授权的采集场所登记申请者。应对所记录的生物特征确认它确实属于实际的用户。为了预先排除错误、欺骗或者其他不希望的生物特征数据进入系统，关键就是在批准的采集场所对所有发出的生物特征数据进行确认。登记过程由以下步骤组成：

a)　个体身份的确认；

b)　生物特征样本的采集；

c)　质量核查和对匹配能力的确认；

d)　生物特征数据传输和存储。

B.2　质量核查和匹配能力的确认

在申请者离开场所之前，需要对所采集的生物特征数据进行接受度的自动核查。经验表明，对所采集的样本的接受度的人工判断不是总与众多生物特征识别系统一样精确。为保证生物特征样本已经进行精确的记录和存储，宜把申请的生物特征与新存储的生物特征模板进行现场的匹配。

附　录　C
（规范性附录）
安　全　考　虑

C.1　概述

本附录标明了生物特征识别系统中安全方面的考虑和可能遭受的攻击或者存在的弱点。当可行的时候，将描述可能的攻击点和一套可能的解决方案。进一步的信息可见参考文献[17]。

C.2　使用错误身份的个体的注册

每个用户在获准登记前应向生物特征识别系统的所有者证明自己的身份。这保证了生物特征参考模板真正与登记的个体的身份绑定，而不是与登记者所声称的其他身份绑定。如果某个体能使用错误的身份登记，那么就破坏了安全性（见表C.1）。

表 C.1　错误的身份注册

登录或者攻击点	保护机制	相关的组件
登记过程	定义良好和受控制的登记过程	——采集； ——处理； ——传输； ——存储

C.3　数据采集中的欺诈倾向性"伪造攻击"

攻击者通过所采集的信息，模仿真实用户的生物特征进行伪造。伪造物接下来被用于假冒生物特征识别系统的用户。这种攻击包括两个独立的步骤：

——采集代表一个或者多个其他用户的生物特征信息；

a)　使用所采集的生物特征信息装配成生物特性的模型，并在生物特征阅读器上使用该模型。

阻止从个体采集生物特征信息是不切实际的，因此，该防护措施可针对使用用户生物特性的伪造模型（见表C.2）。

表 C.2　伪造攻击

登录或考攻击点	保护机制	相关组件
a)　标准的生物特征采集设备，用于攻击； b)　用各种方法采集必要数据，用于构造人造设备： • 从个体采集（照片上的脸、水杯上的指纹）； • 从生物特征识别系统采集原始生物特征数据或者模板数据（窃听装置、访问数据库等）； • 安装伪造的生物特征阅读器，用户认为其是真正系统的一部分，通过那些阅读器采集全部生物特征样本	a)　能检测伪造生物特性的生物特征采集设备（例如，检测温度和脉搏的指纹采集仪）； b)　通过现场人员监控身份确认现场，或者通过如摄像头之类的电子方式	——采集

C.4 传输和存储中数据保护

C.4.1 概述

生物特征数据在系统组件之间传输或者存储是有弱点的。其可能被中断、记录或者伪造，或者替换数据可能注入到其位置。当生物特征识别系统用于金融服务时，关键是要保护数据防止这类攻击。这要求保证整个传输系统的数据完整性。如果使用完整性机制保证不接受更改或者重复的数据，那么中断和替换攻击就不可能实现。

在某些应用中，源鉴别也很重要。典型的，这点用来确认数据是在一个有效的生物特征阅读器上采集。

登记和身份确认操作所处理的信息服务于不同的目的。在登记过程中，处理过的信号写入模板存储。可施加额外的限制，例如首先搜索确认同一个体并未登记。在身份确认过程中，所处理的信号与登记用户在现有数据库中的一个或者多个模板进行比较。这可以是一对一的身份确认，以确定用户是否匹配其所声称的人的模板，或者是一对多的身份确认，以力图识别哪个登记的模板与未知用户匹配。

应保护模板防止替换，防止替换存储的模板本身，或者替换在存储介质和匹配子系统之间路径上的模板。保护程度和类型依赖于存储子系统和整个生物特征识别系统的属性。如果整个生物特征识别系统（包括模板存储在内）包含在一个单一的物理安全单元中，那么不需要额外的保护措施。

但是如果模板存储在独立计算机的数据库中，那么要求完整性措施，以确保匹配子系统收到的模板是预定的那个。同样，如果模板存储在物理安全令牌中，而在身份确认过程中采用的其他生物特征子系统却驻留在分开的设备中，则也要求完整性措施，确保模板数据的完整性和源鉴别。这些保护机制保证令牌中的模板没有被更改或者替换，而且其由可信方创建。

C.4.2 伪造/重放生物特征数据的注入

攻击者采集随后将被注入到系统中的生物特征数据，这样就将攻击者识别为数据被采集的那个个体（见表 C.3）。

表 C.3 伪造/重放的数据

登录或者攻击点	保护机制	相关的组件
a) 通信接口（本地或者远程）； b) 模板数据库或者令牌	a) 密码完整性保护机制，例如，数字签名； b) 接口和线缆的物理保护	——采集； ——传输； ——存储

C.4.3 在所选定的样本和模板之间的匹配

攻击者通过将其自身的生物特性与系统数据库中的大量模板进行验证，试图发现一个或多个个体，其生物特征数据与他足够类似，以成功验证他自己与其他人一样。众多生物特征识别技术均有这种可能：任何非零错误匹配率表明，一定存在某些个体能与其他模板进行确认。

在相应的攻击中，攻击者尽力发现一个与选定人员生物特征数据相匹配的模板。攻击者可选择具有高等级授权或其他他们感兴趣的特性的人员。攻击者尽力发现与目标人员相匹配的模板。如果发现一个，则他与匹配模板的拥有者串通，以伪冒目标人员（见表 C.4）。

表 C.4　选定的样本匹配搜索

登录或者攻击点	保 护 机 制	相关的组件
a) 通常的生物特征鉴别接口； b) 生物特征数据以电子方式注入系统； c) 直接访问比对过程	a) 限制对模板数据的访问： • 限制对数据库或者目录的访问； • 在允许访问个体的生物特征数据之前，要求通过第二种因素成功核准； • 对模板数据使用便携式存储(例如，智能卡)； b) 针对模板数据库中的数据，限制发起身份确认的请求	——存储

C.4.4　模板对之间的匹配搜索

除了攻击者搜寻数据库任意两个模板之间的匹配，而不是搜寻与特定用户的数据之间的匹配之外，这种攻击与 C.4.3 描述的类似。如果发现了两个足够相似的模板，那么，攻击者将尝试说服两个人中的一个一起合谋伪冒匹配对中的另外一个人(见表 C.5)。

表 C.5　模板对之间的匹配

登录或者攻击点	保 护 机 制	相关的组件
a) 通常的生物特征鉴别接口； b) 生物特征数据以电子方式注入系统； c) 直接访问比对过程	a) 限制对模板数据的访问： • 限制对数据库或者目录的访问； • 在允许访问个体的生物特征数据之前，要求通过第二种因素成功核准； • 对模板数据使用便携式存储(例如，智能卡)； b) 针对模板数据库中的数据，限制发起身份确认的请求	——存储

C.5　修改身份确认结果

生物特征设备正确获得样本和模板，执行比较，但是攻击者能在身份确认结果被使用之前改变结果(见表 C.6)。

表 C.6 修改身份确认结果

登录或者攻击点	保护机制	相关的组件
a) 将身份确认结果向使用该结果的系统/设备进行传输的路径； b) 生物特征识别决策中，或者在结果的传输过程中包含的未保护软件	a) 对二进制身份确认结果进行加密完整性核查； b) 软件执行的保护性环境	——传输； ——匹配； ——决策

C.6 错误匹配(FM)对错误不匹配(FNM)

C.6.1 概述

匹配子系统比较所提交的生物特征样本和存储的模板时，产生的分数如果超出了特定阈值，可说是代表“匹配”，如果没有超出阈值，就代表“失配”。在身份确认应用中使用的最简单的决策策略可以是，如果“匹配”发生，就“接受”用户对其身份的宣称，如果“失配”发生，就拒绝其宣称。然而，所有的运行的生物特征识别系统使用更复杂的决策策略，例如，绝大多数身份确认系统允许用户至少三次尝试去产生超过“匹配”阈值的分数，因此，如果三次结果有一次出现了足够的分数，也就产生了“接受”所宣称的身份。由此，对于身份确认系统，“错误接受”率由“错误匹配”(FM)率和决策策略所决定，同时，“错误拒绝”率由“错误不匹配”(FNM)率和决策策略共同决定。

FM 和 FNM 之间的关系是反相关的，因为在好的和坏的匹配之间存在重叠。另一个指标就是当 FM=FNM 时的值，即等错误率。生物特征识别系统越好，这个值越低。不好的匹配通常形成钟形的分布曲线。好的匹配也形成一个相似的曲线，在差匹配区域出现另外一组 FNM，称为 bi-modal 分布。设定一个高的阈值则从好的读取(所有在阈值之上的)中消除了所有不好的读取(所有在阈值之下的)，但是允许了错误失配。设定较低的阈值从好的读取(所有在阈值之上的)中消除了大多数不好的读取(所有在阈值之下的)，但是允许了错误的匹配。

C.6.2 不合适的阈值设定

不合适地调整错误拒绝率(FRR)或者错误接受率(FAR)可导致未授权的个体获得访问机会，或者授权个体被拒绝访问(见表 C.7)。

表 C.7 不合适的阈值

登录或者攻击点	保护机制	相关组件
a) 登记过程； b) 身份确认过程； c) 身份识别过程	定义良好的 FRR 和 FAR 参数的策略、控制和审计程序	——匹配； ——决策

C.6.3 不合适的设备校准

合法的操作者(维护人员)在进行常规维护或安装时可能破坏生物特征设备。另一方面，对手可以物理方式访问生物特征设备,修改设备的配置。任何一种情况都可导致服务丢失、升高的FRR,或者升高的FAR(见表C.8)。

表C.8 不合适的设备校准

登录或者攻击点	保护机制	相关组件
a) 登记过程; b) 身份确认过程; c) 身份识别过程	定义良好的FRR和FAR参数的策略、控制和审计程序	——采集

C.6.4 不良设备或非法系统性能

一个生物特征设备或系统可能因为硬件或软件的缺陷,或者由于该设备运行的环境条件超过了正常参数,而允许更高的FRR或FAR(见表C.9)。

表C.9 不良设备或系统性能

登录点与攻击点	保护机制	相关组件
a) 确认过程; b) 识别过程	a) 检测FRR或FAR不可接受等级的监控机制; b) 软件和硬件组件的质量控制; c) 生物特征识别系统的严格的、正式的和/或非正式的测试	——采集; ——处理; ——匹配; ——决策

C.7 分数和阈值

C.7.1 攻击

一个攻击者可能会利用匹配的结果来获得信息以便威胁整个系统。两种这样的攻击在C.7.2和C.7.3中有所描述。

C.7.2 爬山攻击

根据给定的阈值或实际的匹配分数,确认操作的结果,可能会是布尔值:“是”(肯定的匹配)或“否”(否定的匹配)。

生物特征样本在生物特征识别技术模块内和已登记的模板进行比较,以此来产生一个分数。这个分数接下来与之前已定义的阈值进行比较,用来证实提供样本的主体是否是模板的合法持有人。当由生物特征识别技术得到的匹配分数通过一种开放的标准方法向应用程序传输时,这就成为一个安全的问题。在这种情况下,攻击者可以写一个欺诈程序,通过提供一个随机产生的样本来对生物特征识别技术系统性地进行询问,并监视输出的分值,以维护对样本的修改,这样可以使它更接近于模板代表的原始输入数据。攻击者这样可以系统性地修改样本以不断获得更高的分数直到符合决策阈值。这样的攻击叫做爬山攻击(见表C.10)。

更多信息见参考文献[19]。

表 C.10 爬山攻击

侵入与攻击点	保护机制	相关组件
生物特征识别技术与应用之间的接口	a) 返回按足够步长不断增加的分数，而不是连续的分数； b) 应用和生物特征识别技术间的相互鉴别	——采集； ——传输； ——匹配

C.7.3 更新和适应

一个模板的更新通常是由应用发起的，并且它和以相同的技术重新进行登记一样，可能利用最初的模板作为输入的数据。在成功的确认匹配基础上，适应性调整由生物特征技术自动执行。

当执行更新时，攻击者提交未授权人员的样本进入更新功能以产生一个伪造的新模板，这是可能的，这个模板之后可以被储存在被授权的个人用户的数据库里。通过适应性调整，由于新样本和已登记的模板通过了确认匹配，他们就被认为属于同一个人(见表 C.11)。

表 C.11 更新和适应

侵入与攻击点(正确)	保护机制	相关组件
a) 生物特征识别技术与应用之间的接口； b) 数据库接口	a) 数据库的访问控制； b) 更新功能执行的授权控制(例如，只有管理员才能执行该功能，和登记的控制相同)； c) 应用和生物特征识别技术间的相互鉴别	——传输； ——存储

这些系统可以用三级决策过程，并用两个独立的阈值

——如果分数超过上界阈值，系统表明样本数据与模板相匹配，无需再做任何工作；

——如果分数超过下界阈值，但未达到上界阈值，系统表明样本数据与模板匹配，模板需要利用样本的数据进行更新；

——如果分数低于下界阈值，系统表明样本数据与模板不匹配，不会再进行其他动作。

——对于这些系统，需要注意“爬山攻击”。

C.8 单因子鉴别对多因子鉴别

使用多因子鉴别通常被认为能够提高系统安全性，因为只有破坏多重鉴别因子才能击败鉴别过程。然而，增加鉴别因子也会产生很多问题，包括：

——因为必须记忆和使用额外的鉴别因子而对顾客造成不便；

——增加机构管理多重识别因子如卡和 PIN 的维护成本；

——当工作人员们不能访问资源时，降低生产效率(即高错误拒绝率)；

——当降级确认机制允许冒名顶替者有意被拒绝或者登记失败时，可以绕开系统以攻击次级鉴别机制。

如果使用者借助于不安全的技术管理多重鉴别因子，那么太多的鉴别因子会降低系统的安全性，例

如使用者写下多口令系统的口令以免忘记它们。然而，一个过于不严密的鉴别策略会导致资料丢失，数据机密性的破坏，以及因欺诈、延误客户被窃身份的恢复和其他原因而导致的对机构信任的丧失。当决定了在一个鉴别系统中鉴别因子的数量后，确定能获得的安全性和其他成本间的比例是非常重要的，例如客户失望和维护组合系统的成本。

一些生物特征识别系统达到了足够低的错误匹配率，他们可以用单一的生物特征识别方法执行确认和识别功能。另一些系统则需要多样的方法才能够获得这样的结果。当只有一个鉴别因子——生物特征识别时，这样的能力使得这些技术成为理想的候选者。例如，考虑以一个阈值运行的单因子的生物特征识别系统，其单独对比中的错误匹配率为 Pr[FM]。假设我们要使用有 N 个银行登记用户的生物特征识别系统。一般来说，该生物特征识别系统会“划分”数据库，根据生物特征内的信息（诸如指纹分类）或其他信息（如年龄，性别）把登记用户划分到不同的组中。“渗透率”P，是指每次处理过程中已登记数据库被搜寻的平均几率。因此，平均起来每次处理都会要求有 P×N 个生物样品与存储着的生物特征样本进行对比。

对单因子生物特征识别系统使用简单概率模型[20]，在 N 个用户中出现系统错误匹配的概率 Pr 为：

$$\Pr[SystemFalseMatch]=1-(1-\Pr[\mathrm{FM}])^{P\times N}$$

例如，假设在单一对比下的错误匹配率为 10^{-6}，渗透率为 0.5，那么在 N=1 000 个用户中相应的系统错误匹配率为 1∶100。换句话说，在有 1 000 个用户的生物数据库分区内使用单一对比错误匹配率为 1∶100 000 的生物特征法，能够得出系统错误匹配率为 1∶200 的结论。这要求任何一种只采用单一策略的单因子生物特征识别系统要达到极高的精确度。

下一个问题是在鉴别系统中单个的因子应当具有较高等级的完整性，以防止软件被替换或欺骗性的攻击。当生物特征识别系统符合本标准列出的安全要求，特别是关于“伪造的生物特性”的那些有关重放或伪造的数据和源鉴别的要求时，就认为该生物特征识别系统符合了该标准。这是因为单一策略的生物特征识别系统仅依赖于用于“登录”系统的单一生物特征模板的完整性。除非在这些领域采用健壮的技术，否则鉴别系统的安全性就会降低。

总之，当决定是否采用单一的、以生物特征识别为基础的鉴别系统时，还有很多其他的因素需要考虑。包括在错误匹配方面的生物特征识别的精确性，目标人群的数量和系统安全性，这样才能在达到系统安全目标的同时，更便于用户使用。

C.9 测试

评估生物特征识别设备的错误率是技术测试过程的一部分。除此之外，几乎没有共识。回顾生物特征识别设备测试中的技术问题，可以看出在术语和协议方面具有很多冲突。为解决这个问题并使错误率测试更加合理化，英国政府发布了一个叫做“生物特征识别设备性能测试和报告最佳实践”的文件。它的目的是在测试错误率的过程中建议生物特征识别技术团体在处理和报告技术测试时参照“最佳实践”。

由于生物特征识别设备、传感器、产品说明书、数据采集方法、目标应用和群体的广泛性，这使得不可能提出一个精确的统一的测试协议。另一方面，一些特别的术语、理念和原则能够被应用于广泛的设备和测试条件中。

第一个问题是关于术语。通常来说错误被描述为“错误接受”和“错误拒绝”。遗憾的是，这些术语在访问控制和广泛的身份识别团体中具有完全不同的含义，这会使得当比较跨应用的文件时出现混乱。术语“错误匹配”和“错误失配”，以及“错误的肯定”和“错误的否定”，则不存在这样的问题。前面的术语更易被接受，因为它更简练，并且对于问题更具有描述性。

第二个问题是是否错误率应当报告为：

a) 在上述单一比较的类型中错误的概率;

b) "排序统计(rank order statistic)"是指在登记了 N 个模板的数据库中,样本处在前 M 个候选者中的平均概率。

方法 a)被更多的研究者所接受,因为它没有将报告的错误与数据库的大小相关联,并且它包括了更多的信息。对于任何大小的数据库而言,"排序统计(rank order statistic)"可以从错误匹配和失配的错误率中获得,反之则不行。

最后,最重要的问题是,如何评估这些错误率。这个问题占据了"最佳实践"文件的大部分,但是在这里我们只给一个简明的总结。一个通常的问题是,生物特征识别设备本身没有错误率。错误只产生于使用者在特定应用中使用设备的过程中。这意味着"在指纹设备中错误率是什么"这个问题的提出是不完善的。更好的问题应该是"在一个未被监管的、室内的环境中,当指纹设备被熟悉的工作人员使用时,预计的错误率如何?"成年人在室内使用指纹系统时,并且没有测试熟悉性、监管等的影响时,这是无法被预估的。这意味着对于错误率和生物特征识别设备的完整回答需要对所有可能的人群进行测试。

测试十分昂贵,以至于即使是单一的人群在单一的应用中,也很少对单一的设备进行测试。然而,众所周知的是下面的这些环境和人群对错误率的影响:很少使用的使用者比熟练的使用者造成的错误要多;年轻人在使用指纹系统时比年长的人造成的错误少;室外环境比室内环境更具挑战性。因此,如果我们得出了在室内环境中熟练的使用者的结果,我们就可以知道对于室外的设备,对不常用的使用者而言错误率更高。

第二个问题是系统策略也会影响错误率。例如,若登记了两种方法(如两个食指)并且允许与任何一个匹配时,则系统的错误失配率会降低,但这是以牺牲错误匹配率为代价的。使用数学方法,各种系统策略,如多模板登记,测试错误率会近似(有时是非常不准确的,因为不知道的数据的相关性)转化为系统错误率。其他的系统策略,例如通过拒绝低质量的注册图像,仅允许"好"的使用者的方法,会阻止一些人使用系统,但同时也会产生较低的系统错误率。

最后的原则是测试是自愿的、受监管的,因而也是与配合的使用者来一起进行的。会提供激励给自愿者以使他们正确地使用系统,从而产生较低的错误失配率。两个个体测量数据偶然的匹配会产生错误匹配率。这些被称为"零努力"伪冒者。对伪冒者的错误匹配率的脆弱性和不配合用户的错误失配率的影响从未被测量过。因此,测试中的心理环境是不符合"真实世界"应用的目标的。

总之,错误匹配率和错误失配率的测试仅仅是大致地提供了系统中可能存在的错误。无论测试多么具有广泛性并被精心设计,结果都不能称为是对"真实世界"性能的准确预测。

C.10 开放系统对封闭系统

表 C.12 描述使用生物特征识别技术的两种类型鉴别系统:开放系统和封闭系统。

表 C.12 开放和封闭系统

特性	封闭(专有的)系统	开放系统
软件	使用的生物特征识别知识(如指纹、声音、虹膜)是专有的,或对公众是保密的	使用的生物特征识别知识并非是敏感的,而是公共的信息
	在不同的系统中,使用者不能用相同的生物特征识别技术和生物特征识别数据	在不同的系统中,使用者可以用相同的生物特征识别技术和数据
硬件	生物特征阅读器被限定在私人的和被控制的空间内	生物特征阅读器处在开放的空间中

表 C.12（续）

特性	封闭(专有的)系统	开 放 系 统
数据	生物特征识别信息在系统外是不能被共享的，因为这会降低系统性能或有可能侵害系统	在不同组织的控制下，生物特征识别信息可以在很多个生物特征识别系统中共享，并可以跨越不同的权限
	生物特征识别信息是机密的，因此在传输和存储时需要加密	生物特征识别信息被视为非机密的数据，因此在储存和传输时无需以机密的理由再进行加密
	使用者的生物特征识别数据被以未授权的方式泄露出去时，生物特征识别信息就变成无效的了	当使用者的生物特征识别数据被以未授权的方式泄露时，并不会使生物特征识别信息变成无效的

在封闭的系统中(自包含的、有限的使用者、单个企业)，适用以下的特性：

——通过生物特征识别保护机制提供的安全性会通过以下方式被增强，使生物特征识别系统的细节成为机密的，使生物特征识别系统使用者的身份成为机密的，以及使生物特征识别的数据成为机密的；

——将生物特征识别数据保密是有可能的，因此一个封闭的系统可以通过此获得安全收益。因此，像密码或物理性的保护机制可以被使用，以此来保证生物特征识别数据在两个甚至更多组件中的机密性；

——某些机制可以被使用，以保证生物特征识别信息不会在系统外被分享，使用者不会在不同的系统中使用相同的生物特征识别技术和数据；

——某些机制可以被使用，来保证生物特征阅读器被限定在私人的和可控制的空间内；

——某些机制可以被使用，来保证在系统中被使用的生物特征识别的特定知识是机密的；

——某些设备可以被使用，来保证在终止后使用者的生物特征识别信息可以被从任何一个鉴别系统的组件中删除，以防止生物特征识别信息未经授权的泄露。

在开放的系统中(全局和无所不在的、大量的使用者，相同的生物特征识别技术被不同的制造商和组织使用)，包括了以下的特性：

a) 当生物特征识别信息被两个或更多的系统分享时，保护的质量不会使任何系统中的生物特征识别安全性降低或破坏，即一个系统中保护的水平由于糟糕的实现被破坏时，这不会影响到其他系统中的保护水平；

b) 使用“专有模型”建立的生物特征识别解决方法的安全性会被从本质上破坏。“专有模型”的安全性假设和开放系统是相互冲突的；

注：生物特征识别系统和生物特征识别方法的细节是不会被保密的[13]，当

——生物特征阅读器的设备有时处在公共空间时；

——生物特征识别系统的使用者是已知或可被认知的时；

——对手可以在生物特征识别系统外收集生物特征识别样本时；

——样本的生物特征识别数据建立在相似的生物特征识别技术上，并且生物特征识别模板在不同的系统和组织间被分享时。

c) 生物特征识别技术必须是足够健壮的，例如一个系统中使用者的相似的生物特征识别数据不能破坏其他系统的安全性。一个系统中提供的保护的质量不会被其他生物特征识别系统降低或破坏(例如当不同系统中的生物特征识别数据被不同的使用者共享时)；

d) 在使用相同生物特征识别技术的不同生物特征识别系统中，任何一个系统应当是独立的；

e) 当一个系统的使用者同时也是另一个系统的使用者时，全局生物特征识别结构的安全性是不能被降低的。

C.11 生物特征识别数据的泄漏/丢失

为了保证整个生物特征识别系统的完整性和精确性，生物特征识别数据的机密性可能是不需要的，但也许出于隐私权、法律保护或客户满意等其他因素，这又是需要的(见表 C.13)。

表 C.13 泄漏/丢失

侵入与攻击点	保护机制	相关组件
a) 携带原始生物特征识别数据和经处理过的生物特征识别样本或模板的所有接口 b) 支持生物特征识别模板的存储介质	a) 运用加密来防止生物特征识别信息未经授权的泄露 b) 物理保护所有接口(如，在单独的物理安全模块中进行所有处理)	——采集 ——处理 ——传输 ——存储

C.12 数据压缩

为了减少数据传输量，很多系统使用压缩算法来处理原始生物特征数据、模板数据。接收端在使用前对数据解压缩。

压缩算法有两种明显的分类：

——有损的；

——无损的。

在无损系统当中，解压缩信号和最初输入的信号在每个细节上都是完全相同的。而在有损系统中，为了达到明显地减小数据量的作用，某些数据的准确性被牺牲掉了。有损压缩在某些生物特征识别技术中是能够被接受的，而其他的则不能接受。由于压缩所造成的信号降级的程度和生物特征识别系统身份确认的精确性间是存在着某种平衡的。

C.13 系统风险控制

降级机制的存在，例如口令或次级生物特征识别，能够阻止有目的的伪冒者进行鉴别尝试或在系统中进行登记。通过使主鉴别或登记方式(通常它是两种方式中较健壮的一个)失效，伪冒者就能转而攻击次级生物特征识别或鉴别技术。

附 录 D
（规范性附录）
生物特征识别设备的安全要求

D.1 物理上的安全性

本附录主要规定了生物特征识别设备所需的安全要求，该设备被用在一个保护敏感性信息的系统内。有三种逐渐递增的安全等级：等级1、等级2和等级3。划分这三种等级的目的是尽可能涵盖更多有可能采用生物特征识别设备的应用和环境。

生物特征识别设备应使用物理安全机制，以限制对设备内容的未授权访问，也可以防止未授权的使用和设备安装时对设备的修改（包括对整个设备的替换）。所有在设备内部的硬件、软件、固件和数据组件都应当被保护。

一个完全以软件实现的生物特征识别系统，生物特征识别组件的物理安全性仅由主机平台提供，不适用本标准的安全要求。

依靠生物特征识别设备中的物理安全机制，未授权的物理访问、使用或修改都有很大可能被检测到，因为这些操作将留下可见的痕迹（即防篡改），并且/或者在进行这些操作的过程中，生物特征识别设备也可够采取适当的措施来保护机密和隐私的信息以及在生物特征识别设备内的关键参数（即篡改响应）。

本附录为生物特征识别设备的这三种等级分别定义了一般物理安全要求。通常来说：

——安全等级1要求最低限度的物理保护；

——安全等级2要求额外的防篡改的机制；

——安全等级3增加了为可移动的盖子和门使用具有篡改检测和篡改响应机制的强封装的要求。

篡改检测和篡改响应并不是替代防篡改的机制。

当生物特征识别设备允许物理访问时（例如由设备的制造商或其他的授权人访问），本附录为维护访问接口规定了安全要求。

D.2 通用的物理安全要求

以下这些要求应被应用于所有的生物特征识别设备：

——文档应具体规定生物特征识别设备的物理安全机制所采用的安全等级；

——文档应具体规定生物特征识别设备的物理安全机制。

如果一个生物特征识别设备中包括了需要对设备内容进行物理访问的维护角色，或者如果生物特征识别设备被设计为允许物理访问（例如由设备的制造商或被授权的个人访问），则应当应用下面的这些内容：

a） 应定义一个维护访问接口；

b） 维护访问接口应包括所有访问生物特征识别设备内容的路径，包括任何可移动的盖子或门；

c） 维护访问接口内的任何盖子或门应使用适当的物理安全机制保护；

d） 当维护访问接口被访问时，所有机密信息和关键的安全参数应当被归零；

e） 文档应当具体规定维护访问接口，以及当维护访问接口被访问时，所有机密信息和关键的安全参数是如何被归零的。

D.3 安全等级

D.3.1 安全等级1

以下这些要求应用于所有等级1的生物特征识别设备：

——生物特征识别设备应由产品级组件组成，这些组件中包括标准的钝化技术(例如在设备电路系统上使用类似涂层的东西或密封的覆盖物，以防止环境或物理的破坏)；

——当执行物理维护时，生物特征识别设备内包含的机密信息和其他未被保护的关键安全参数应被归零。归零应由操作者按程序执行，也可以通过生物特征识别设备自动地执行。

如果生物特征识别设备包含在一个封闭的或可移除的外壳中，那么应使用产品级的包装或可移除的外壳。

D.3.2 安全等级2

除了安全等级1的一般要求之外，以下要求适用于所有安全等级2的设备。

当试图对设备进行物理访问时，生物特征识别设备应提供篡改的证据(如在盖子上、封装上或封签上)。这可通过使用防篡改的覆盖物(例如防篡改的钝化材料或防篡改的覆盖钝化层的材料)对生物特征识别设备进行覆盖或者保护具有防篡改的封装的生物特征识别设备，以此来阻止直接的观察、探查、或对设备的操作，并且提供篡改企图的证据。如果应用防篡改覆盖物或封装，那么它在可见光谱范围内应是不透明的。

如果使用了防篡改的封装，并且封装包括了任何的门或可移动的覆盖物，则这些门或覆盖物应使用物理或逻辑钥匙用能够抵抗工具的机械锁锁住，或者它们应由防篡改的封签保护。

生物特征识别设备的防篡改封装物在可见光谱范围内应是不透明的。

D.3.3 安全等级3

除了安全等级1和2的一般要求之外，以下是所有安全等级3的生物特征识别设备适用的要求。

如果生物特征识别设备包括了任何门或可移动的覆盖物，或者维护访问接口已经定义，则设备应包括篡改响应和归零电路。当门被打开，覆盖物被挪动，或者维护访问接口被访问时，这些篡改响应和归零电路应当立刻将所有机密信息和关键安全参数归零。当生物特征识别设备中包含机密信息或关键安全参数时，篡改响应和归零电路应一直运行。

如果生物特征识别设备包括了通风孔或缝隙，这些孔和缝隙应当这样构造：能够阻止未检测到的对封装内部的物理检测(例如，应当至少有一个90度的弯曲或者使用牢固的阻塞物质)。

生物特征识别设备应被坚固的不透光的防篡改覆盖物(例如一个硬的不透明环氧钝化物)覆盖，或者应进行封装，使对封装的移动或渗透的企图很可能会造成生物特征识别设备严重的破坏(即设备不再工作)。

附 录 E
（资料性附录）
现有的应用

E.1 现金柜台

无法使用自动服务系统例如自动柜员机的支付，可在安全现金柜台由一个授权的柜员进行。在一些受控制的区域中，柜员经监督人许可进入现金柜台。一旦被许可进入受控区域，现金柜台将一直由柜员进行操作。这套系统确保只有被授权人方可进入现金柜台的指定区域，并且要求监督者监督柜员以确定他/她仍然在受控区域。

如果生物特征识别技术用以控制进入该区域，那么就可限定仅被授权人员可进入受控区域及操作现金柜台，这样就不需要监督人不间断的监视了。现金柜台只需在顾客使用其进行交易时进行管理即可。现金箱在柜员离开现金柜台时能被自动禁用并受到保护，直至授权的柜员再次到来。

进入现金柜台区域可以通过生物特征识别技术进行更好的控制，因为柜员可能共享 PIN 或密钥，但不能共享他们的生物特征。每笔交易都可和一个特定的柜员相联系，因为通过生物特征控制显示的是谁进入或退出了受控区域，而不是哪一个密码被使用过。因为访问可被限定在一小部分被授权人，生物特征识别技术可以采用一对多的匹配来识别被授权的柜员。当生成取款人访问控制事件日志记录的审计追踪时，通过包括时间、日期和雇员身份信息，访问控制系统可以使个人在受控区域的进出与之关联起来。

E.2 钞票分发

一些依靠人员管理的取款机进行一般操作时要求双重控制。这些设备仅在至少两名工作人员一直出现在顾客服务区域时才可以被使用，同时双方应当相互可见。生物特征识别技术可以保证只有被授权提款的员工才可进出服务区域，并保持一直在场，同时位于双重控制要求的位置。

另外，基于生物特征识别技术的取款机可以用来保证设备仅在至少两名经授权的工作人员在客户服务区域并且相互可见的情况下才能操作。增加生物特征识别技术可以创造一个控制柜员的环境，并无需银行管理人员的监视。通过事件日志，基于生物特征识别技术的自动售货机和服务区域可实现自动的活动监控。这就可以把不间断在场服务人员的时间减少至仅仅在付款时，以满足客户的要求。

E.3 支票欺诈检测

一些金融机构已经应用基于生物特征识别技术的欺诈检测系统，这个系统可以把银行客户在支票上的签名与预留签名相比对。在这个系统中，当一个银行客户开立一个账户时，登记过程的一部分就包括用客户签名来生成一个他/她的签名样本。这个签名样本被存入一个与客户账号或其他标识符相联的数据库。

当登记的客户填写了一张支票用以付款时，支票上的签名就连同账户信息一同被提取出来。支票验证使用生物特征签名识别技术自动完成。如果出现的签名评分低于依赖应用的阈值，就会出现警告并且支票会被列入异常列表。此时银行雇员将会启用人工验证来确定此签名是否存在明显不一致。

如果银行雇员认为支票上的签名涉嫌欺诈，就可能询问客户是否真的签发了该支票。银行客户肯定的答复将导致银行兑付支票。否定的答复将导致银行拒付支票。

在支票欺诈的案件中，账号会被加入“不良支票”的数据库（支票验证服务），它可被用来发现支票欺诈嫌疑人，从而达到拒绝支付的目的。另外，如果银行确定签发并兑付了欺诈支票，则可能关闭该账户。

参 考 文 献

[1] GB/T 21079.1 银行业务 安全加密设备 （零售） 第1部分：概念、需求和评估方法（GB/T 21079.1—2007，ISO 13491-1，MOD）

[2] ISO/IEC 7816-11 识别卡 集成电路卡 第11部分：通过生物方法的身份验证

[3] ISO 10202（所有部分） 金融交易卡 使用集成电路卡的金融交易系统的安全体系

[4] ISO 11568（所有部分） 银行业务 密钥管理（零售）

[5] ISO/IEC 11770（所有部分） 信息技术 安全技术 密钥管理

[6] ISO/IEC 13335-1:2004 信息技术 安全技术 信息和通信技术的安全管理 第1部分：信息和通信技术的安全管理的概念和模型

[7] ISO/TR 13569:2005 金融服务 信息安全指南

[8] ISO 15782-1:2003 金融业务证书管理 第1部分：公钥证书

[9] ISO/IEC 17799:2005 信息技术 安全技术 信息安全管理的实现代码

[10] ISO/IEC 18031 信息技术 安全技术 随机比特的产生

[11] ISO/IEC 18032 信息技术 安全技术 质数的产生

[12] ISO/IEC 19784-1:2006 信息技术 生物特征应用程序接口 第1部分：BioAPI规范

[13] ISO 15782（所有部分） 银行业务 证书管理

[14] ISO/IEC 导则73:2002 风险管理 词汇 在标准中使用的指南

[15] PANKANTI, JAIN et al. Personal Electronic Identification In A Networked Society, Kluwer, 1999

[16] ANDERSON, ROSS and KUHN, MARKUS. Tamper Resistance—a Cautionary Note, Proceedings of the Second USENIX Workshop on Electronic Commerce, November 1996

[17] DR. MAYTAS, STEPHEN M., STAPLETON, JEFF. A Biometric Standard for Information Management and Security, Computer and Security, July, 2000

[18] ABRAHAM, D. G., DOLAN, G. M., DOUBLE, G. P. and STEVENS, J. V. Transaction Security System, IBM Systems Journal, v 30 no 2, 1991

[19] DR. SOUTAR, COLIN, Biometric System Performance and Security, Presented at IEEE Workshop on Automatic Identification Advanced Technologies, September 1999,

http://www.mytec.com/papers/hillclimbing.html

[20] WAYMAN, J. L. Error Rate Equations for the General Biometric System, IEEE Robotics and Automation Magazine, March 1999

ICS 35.240.40
A 11

中华人民共和国国家标准

GB/T 27913—2011

用于金融服务的公钥基础设施 实施和策略框架

**Public key infrastructure for financial services—
Practices and policy framework**

(ISO 21188:2006,MOD)

2011-12-30 发布　　2012-02-01 实施

中华人民共和国国家质量监督检验检疫总局
中国国家标准化管理委员会　发布

前　言

本标准按照GB/T 1.1—2009给出的规则起草。

本标准修改采用ISO 21188:2006《用于金融服务的公钥基础设施　实施和策略框架》(英文版)。

本标准与ISO 21188:2006的技术性差异为:

a) 删除第4章中FIPS缩略语;

b) 删除缩略语PKIX,该缩略语在正文中没有出现;

c) 删除8.3.2中FIPS 140-2的引用;

d) 删除8.4.3中FIPS 140-2的引用;

e) 删除8.4.4中FIPS 140-2的引用;

f) 删除B.7.3中FIPS 140-2的引用;

g) 删除B.7.9中FIPS 140-2的引用;

h) 删除参考文献中FIPS的引用。

对于ISO 21188做了下列编辑性修改:

a) “本国际标准”改为“本标准”;

b) 删除国际标准前言。

本标准由中国人民银行提出。

本标准由全国金融标准化技术委员会(SAC/TC 180)归口。

本标准负责起草单位:中国金融电子化公司。

本标准参加起草单位:中国人民银行、中国银行、中国工商银行、中国银联股份有限公司、中国科学院软件研究所、中国人民银行兴化中心支行。

本标准主要起草人:王平娃、陆书春、李曙光、仲志辉、张凡、贾树辉、赵志兰、景芸、刘运、冉平、王治纲、周燕媚。

引　　言

随着金融服务业对互联网技术应用的不断扩大，金融行业对提供安全的、机密的和可信赖的金融交易及处理系统方面的需求不断增长，从而导致了先进安全技术与公钥密码学的结合。公钥密码学需要业务优化的技术、管理和策略基础设施（本文中定义为公钥基础设施或 PKI）来满足金融应用系统中电子标识、鉴别、报文完整性保护和授权的要求。PKI 中电子标识、鉴别和授权标准的应用进一步确保了系统安全的一致性、可预测性和电子交易的可信任性。

数字签名和 PKI 技术可用于开发金融服务业的应用。这些应用的安全和有效性部分依赖于确保基础设施整体完整性的实践。对于将个人身份与其他实体和密钥要素（如密钥）关联起来的基于授权的系统，其用户可以从标准的风险管理系统和本标准定义的可审计业务基础中受益。

国际标准化组织 TC 68 技术委员会的成员已经通过制定数字签名、密钥管理、证书管理和数据加密的技术标准和指南确定了公钥技术。ISO 15782 第 1 和第 2 部分定义了供金融业使用的证书管理系统，但没有包括证书策略和认证业务要求。本标准制定了通过证书策略、认证业务说明、控制目标和控制程序来管理 PKI 的框架，对 ISO 15782 第 1 和第 2 部分进行补充。对这些标准的实现者来说，金融交易中的实体可以依赖 PKI 标准实现的程度以及使用这些国际标准达到的 PKI 间的互操作的程度，都将部分依赖于本标准中定义的与策略和实施相关的因素。

用于金融服务的公钥基础设施 实施和策略框架

1 范围

本标准规定了通过证书策略和认证业务说明对 PKI 进行管理，以及将公钥证书用于金融服务行业的要求框架。同时也定义了风险管理的控制目标和控制程序。

本标准适用于开放、封闭和契约环境中的 PKI 系统进行区分，并且根据金融服务行业信息系统控制目标进一步定义了运行的业务。本标准的目的在于帮助实施者定义支持多证书策略的 PKI 业务，包括数字签名、远程鉴别和数字加密的使用。

本标准使得契约环境中满足金融服务行业要求且基于 PKI 控制的业务的可操作性更易于实现。尽管本标准主要针对契约环境，但并不排除将文档应用于其他环境。文档中术语“证书”是指公钥证书。属性证书不在本标准范围之内。

本标准的目标是针对不同需求的多种使用者，因此每类使用者会关注不同的内容。

业务管理者和分析者是那些需要在开展的业务中使用 PKI 技术的人员，应关注第 1～第 6 章。

技术设计者和实现者是那些编写他们的证书策略和认证业务说明的人员，应关注第 6～第 8 章，以及附录 A～附录 F。

运行管理和审计者是那些负责 PKI 系统日常运行并根据本标准进行一致性检查的人员，应关注第 6～第 8 章。

2 规范性引用文件

下列文件对于本文件的应用是必不可少的。凡是注日期的引用文件，仅注日期的版本适用于本文件。凡是不注日期的引用文件，其最新版本(包括所有的修改单)适用于本文件。

GB 13000.1 信息技术 通用多八位编码字符集(UCS) 第一部分：体系结构与基本多文种平面(GB 13000.1—1993，idt，ISO/IEC 10646-1：1993)

GB/T 14916 识别卡 物理特性(GB/T 14916—2006，ISO/IEC 7810：2003，IDT)

GB/T 15120(所有部分) 识别卡 记录技术(GB/T 15120.1～15120.5—1994，idt，ISO 7811-1～7811-5：1985)

GB/T 16264.8—2005 信息技术 开放系统互连 目录 第 8 部分：公钥和属性证书框架(ISO/IEC 9594-8：2001，IDT)

GB/T 16649.1 识别卡 带触点的集成电路卡 第 1 部分：物理特性(GB/T 16649.1—2006，ISO/IEC 7816-1：1998，MOD)

GB/T 16649.2 识别卡 带触点的集成电路卡 第 2 部分：触点的尺寸和位置(GB/T 16649.2—2006，ISO/IEC 7816-2：1999，IDT)

GB/T 16649.3 识别卡 带触点的集成电路卡 第 3 部分：电信号和传输协议(GB/T 16649.3—2006，ISO/IEC 7816-3：1997，IDT)

GB/T 16649.5 识别卡 带触点的集成电路卡 第 5 部分：应用标识符的国家编号体系和注册规程(GB/T 16649.5—2002，ISO/IEC 7816-5：1994，NEQ)

GB/T 16649.6 识别卡 带触点的集成电路卡 第 6 部分：行业间数据元(GB/T 16649.6—

2001,ISO/IEC 7816-6:1996,IDT)

GB/T 16649.7　识别卡　带触点的集成电路卡　第7部分:用于结构化卡查询语言(SCQL)的行业间命令(GB/T 16649.7—2000,ISO/IEC 7816-7:1999,IDT)

GB/T 16649.8　识别卡　带触点的集成电路卡　第8部分:与安全相关的行业间命令(GB/T 16649.8—2002,ISO/IEC 7816-8:1999,IDT)

GB/T 16649.10　识别卡　带触点的集成电路卡　第10部分:同步卡的电信号和复位应答(GB/T 16649.10—2002,ISO/IEC 7816-10:1999,IDT)

GB/T 16790.1　金融交易卡　使用集成电路卡的金融交易系统的安全结构　第1部分:卡的生命周期(GB/T 16790.1—1997,idt,ISO 10202-1:1991)

GB/T 16790.5　金融交易卡　使用集成电路卡的金融交易系统的安全体系　第5部分:算法应用(GB/T 16790.5—2006,ISO 10202-5:1998,IDT)

GB/T 16790.6　金融交易卡　使用集成电路卡的金融交易系统的安全体系　第6部分:持卡人身份验证(GB/T 16790.6—2006,ISO 10202-6:1994,IDT)

GB/T 16790.7　金融交易卡　使用集成电路卡的金融交易系统的安全体系　第7部分:密钥管理(GB/T 16790.7—2006,ISO 10202-7:1998,IDT)

GB/T 17552　信息技术　识别卡　金融交易卡(GB/T 17552—2008,ISO/IEC 7813:2006,IDT)

GB/T 17969.1—2000　信息技术　开放系统互连　OSI登记机构的操作规程　第1部分:一般规程(ISO/IEC 9834-1:1993,EQV)

GB/T 18336(所有部分)　信息技术　安全技术　信息技术安全性评估准则(GB/T 18336.1～18336.3—2001,ISO/IEC 15408-1～15408-3:1999,IDT)

GB/T 19716　信息技术　信息安全管理实用规则(GB/T 19716—2005,ISO/IEC 17799:2000,MOD)

GB/T 21077.2　银行业务　证书管理　第2部分:证书扩展项(GB/T 21077.2—2007,ISO 15782-2:2001,MOD)

ISO/IEC 7816-4　信息技术　识别卡　带触点的集成电路卡　第4部分:行业间交换指令(Identification cards—Integrated circuit cards—Part 4: Organization, security and commands for interchange)

ISO/IEC 7816-9　识别卡　带触点的集成电路卡　第9部分:附加行业间命令和安全属性(Identification cards—Integrated circuit cards—Part 9:Commands for card management)

ISO/IEC 7816-11　识别卡　集成电路卡　第11部分:通过生物特征的个人认证(Identification cards—Integrated circuit cards—Part 11:Personal verification through biometric methods)

ISO/IEC 7816-12　识别卡　集成电路卡　第12部分:USB电气接口和操作规程(Identification cards—Integrated circuit cards—Part 12:Cards with contacts—USB electrical interface and operating procedures)

ISO/IEC 7816-15　识别卡　带触点的集成电路卡　第15部分:密码信息的应用(Identification cards—Integrated circuit cards—Part 15:Cryptographic information application)

ISO 10202-2　金融交易卡　使用集成电路卡的金融交易系统的安全结构　第2部分:交易处理(Financial transaction cards—Security architecture of financial transaction systems using integrated circuit cards—Part 2:Transaction process)

ISO 10202-3　金融交易卡　使用集成电路卡的金融交易系统的安全结构　第3部分:加密密钥(Financial transaction cards—Security architecture of financial transaction systems using integrated circuit cards—Part 3:Cryptographic key relationships)

ISO 10202-4　金融交易卡　使用集成电路卡的金融交易系统的安全结构　第4部分:安全应用模

块(Financial transaction cards—Security architecture of financial transaction systems using integrated circuit cards—Part 4:Secure application modules)

ISO 10202-8 金融交易卡 使用集成电路卡的金融交易系统的安全结构 第8部分:通用原则及概述(Financial transaction cards—Security architecture of financial transaction systems using integrated circuit cards—Part 8:General principles and overview)

ISO 15782-1:2003 金融服务的证书管理 第1部分 公钥证书(Certificate management for financial services—Part 1:Public key certificates)

ISO 18014-2 信息技术 安全技术 时间戳服务 第2部分 生成独立令牌的机制(Information technology—Security techniques—Time-stamping services—Part 2: Mechanisms producing independent tokens)

ISO 18014-3 信息技术 安全技术 时间戳服务 第3部分 生成链接令牌的机制(Information technology—Security techniques—Time-stamping services—Part 3:Mechanisms producing linked tokens)

ISO/IEC 18032 信息技术 安全技术 素数的生成(Information technology—Security techniques—Prime number generation)

ISO/IEC 18033.1～18033.4 信息技术 安全技术 加密算法(Information technology—Security techniques—Encryption algorithms (parts 1 to 4))

3 术语和定义

以下术语和定义适用于本文件。

3.1

激活数据 activation data

除密钥外的用于操作密码模块的数据,该数据需要受到保护(如PIN、通行字、生物特征或手工持有的共享密钥部分)。

3.2

鉴别 authentication

对个体所声明的身份的验证:

a) 注册时,评估终端实体(如用户)的凭证以证明其所声称的身份的行为;

b) 使用期间,将电子形式提交的身份和凭证(如用户ID和口令)与存储值进行比较以证明其身份的行为。

3.3

鉴别数据 authentication data

用于验证实体所声称的身份的信息,例如个人、定义的角色、公司或机构。

3.4

发卡方 card bureau

将包含(至少包含)用户私钥的IC卡(3.32)进行个人化的CA(3.18)或RA(3.46)代理。

3.5

持卡人 cardholder

集成电路卡的所有者,卡中包含公私密钥对,并且证书(3.6)已经签发。

3.6

证书 certificate

公钥和实体身份以及其他信息,采用签发公钥证书的认证机构的私钥对证书信息进行签名,从而不可伪造。

3.7

证书挂起　certificate hold;certificate suspension

暂停证书(3.6)的有效性。

3.8

证书签发者　certificate issuer (CI)

名称出现在证书(3.6)签发者字段的机构。

3.9

证书生成者　certificate manufacturer

代表证书签发者对证书签署请求进行数字签名的机构。

3.10

证书策略　certificate policy (CP)

命名的一组规则,指明证书对特定团体和/或具有通用安全要求的应用的适用性。

3.11

证书框架　certificate profile

规定特定类型证书(3.6)所需的格式(包括使用标准域和扩展域的要求)。

3.12

证书密钥更新　certificate re-key

已经拥有密钥对和证书的实体在生成新的密钥对后获得新的公钥证书的过程。

3.13

证书更新　certificate renewal;rollover

为实体已有证书签发一个具有新的有效期的实例的过程。

3.14

证书撤销列表　certificate revocation list (CRL)

已撤销的证书(3.6)的列表。

3.15

证书确认服务　certificate validation service

由 CA (3.18)或其代理向信任方提供的确认证书有效性的服务。

3.16

证书确认服务提供者　certificate validation service provider (CVSP)

向其信任方用户提供证书确认服务的实体。

3.17

认证　certification

为实体创建公钥证书的过程。

3.18

认证机构　certification authority (CA)

一个或多个实体所信任的机构,负责生成、分配、撤销或挂起公钥证书。

3.19

认证路径　certification path

实体证书的有序序列,通过处理该有序序列及其初始实体的公钥从而获得该路径上最终实体的公钥。

3.20

认证业务说明　certification practice statement（CPS）

认证机构在颁发证书时采用的业务说明，它定义了 CA 为满足由它支持的证书策略的要求而采用的设备、策略和过程。

3.21

认证请求　certification request

由 RA(3.46)、代理或主体向 CA 提交的有效注册请求，请求将一个主体的公钥进行注册并置于证书当中。

3.22

认证响应　certification response

在认证之后，由 CA 发送的对证书请求进行响应的报文。

3.23

证书有效性　certificate validity

有效性　validity

证书的适用性(对特定用途的适用性)和状态(有效、挂起、撤销或过期)。

3.24

泄密　compromise

破坏系统安全，可能发生敏感信息未经授权的泄露。

3.25

交叉认证　cross certification

两个 CA 互相证明彼此的公钥的过程。

注：该过程可以是自动化的，也可以不是。

3.26

密码硬件　cryptographic hardware

密码设备　cryptographic device

硬件安全模块　hardware security module

硬件密码模块。

3.27

数字签名　digital signature

数据加密转换方式，当与数据单元关联时，可以提供数据源鉴别和数据完整性的服务，并可支持签名者的不可否认性。

3.28

终端实体　end entity

不以签署证书为目的而使用其私钥的证书主体。

3.29

实体　entity

CA(3.18)、RA(3.46)或者终端实体(3.28)。

3.30

事件日志　event journal

审计日志　audit journal/audit log

按时间顺序记载系统活动的记录。该记录能够用来重建、复审和检查从开始到最终结果输出期间在事务路径上围绕每一事件的环境或产生及的活动序列。

3.31

功能测试　functional testing

安全测试的一部分,测试所声称的系统属性运行正确。

3.32

集成电路卡　integrated circuit card

IC 卡

内部封装一个或多个集成电路用于执行处理和存储功能的卡片。

3.33

签发认证机构　issuing certification authority

签发 CA　issuing CA

在特定证书的环境中签发证书的 CA。

3.34

密钥托管　key escrow

允许授权方访问用于机密性的私钥副本的管理功能。

注:这可以是一项法定要求,允许法律强制机构获得对实体或 CA 的用于机密性的私钥的访问。

3.35

密钥恢复　key recovery

在密钥丢失、损坏或其他不可用的情况下,从安全存储中恢复实体的私钥或对称加密密钥的能力。

3.36

多重控制　multiple control

是这样一种情况,独立的两方或多方分别机密地保存一个密钥的各个组件,并且各自无法独立合成整个密钥。

3.37

对象标识符　object identifier (OID)

惟一的整数序列,无歧义地标识一个信息对象。

3.38

在线证书状态机制　online certificate status mechanism

允许信任方(3.49)请求并获得证书状态信息的机制,而无需请求使用 CRL(3.14)。

3.39

在线证书状态协议　online certificate status protocol (OCSP)

确定证书当前状态的协议,替代或作为对周期性 CRL 进行检查的补充,规定了在检查证书状态的应用程序和提供状态信息的服务器之间需要交换的数据。

3.40

工作周期　operating period

证书的周期,从 CA 签发的日期和时间(或者,在证书中注明的一个稍后的日期时间)开始,终止于到期的日期和时间或证书被撤销的日期和时间。

3.41

PKI 揭示说明　PKI disclosure statement (PDS)

CP(3.10)或 CPS(3.20)的补充文件,揭示关于 CA(3.18)、PKI(3.45)策略和实施的关键信息。

注:PKI 揭示说明是揭示和强调通常在相关 CP 和/或 CPS 中已经包含的详细内容的信息。因此,PDS 并不是要取代 CP 或 CPS。

3.42

策略机构　policy authority (PA)

拥有最终权威和职责的实体,规定证书策略并根据 CPS 的定义确保 CA 实施和控制能够完全支持所规定的证书策略。

3.43

策略映射　policy mapping

策略映射标识或表明，当一个信任域内的CA认证另一个域内的CA时，可以认为第二个域内的一个特定证书策略与第一个域的一个特定证书策略等价(但并不需要在所有方面相同)。

注：见3.25，交叉认证。

3.44

策略限定符　policy qualifier

由策略决定的信息，在X.509证书中附有证书策略标识符。

3.45

公钥基础设施　public key infrastructure (PKI)

硬件、软件、人员、过程和策略的集合，采用数字签名技术提供一个公私钥对中公钥部分和拥有相应私钥的用户间的可证实的关系。

注：公钥可提供用来进行数字签名验证，在通信对话中进行主体鉴别，和/或报文加密密钥交换或协商。

3.46

注册机构　registration authority (RA)

负责标识和鉴别主体身份的实体，但不是CA，因此并不签署或颁发证书。

注：RA可辅助证书申请处理或撤销处理，或两者。RA无需是一个分离的实体，可以是CA的一部分。

3.47

注册请求　registration request

由实体提交给RA或CA的申请，请求在证书中注册实体的公钥。

3.48

注册响应　registration response

由RA或CA发送给实体的报文，以响应注册请求。

3.49

信任方　relying party (RP)

证书的接受方，其行为依赖于该证书或使用该证书进行数字签名认证。

3.50

资料库　repository

存储或分发证书及相关信息的系统(如：证书存储、证书分发、证书策略存储和检索、证书状态等)。

3.51

根CA　root CA

位于CA层次结构或树状结构PKI顶点的CA。

3.52

签名验证　signature verification

(对于一个数字签名)准确判定：

a) 数字签名是在证书的有效期内由证书内公钥相对应的私钥所生成的；

b) 自从数字签名生成后被签名报文未经过修改。

3.53

主体　subject

其公钥被签发了证书的实体。

3.54

主体CA　subject CA

其公钥被签发CA签发了证书的CA，因此它遵循签发CA的证书策略。

3.55

主体终端实体 subject end entity

是一个证书主体的终端实体。

3.56

从属 CA subordinate CA；sub-CA

CA 分层结构或树状 PKI 结构中相对另一 CA 较低的 CA，即在该结构中是另一个 CA 的下级 CA。

3.57

用户 subscriber

代表一个或多个主体向认证机构就相关公钥认证服务进行定购的实体。

3.58

上级 CA superior CA

在 CA 分层结构中相对另一 CA(从属 CA)较高的 CA，但不是根 CA。

3.59

篡改证据 tamper evident

拥有能够提供证据证明已经有攻击发生的特性。

3.60

抗篡改 tamper resistant

拥有能够提供被动物理保护来抵御攻击的特性。

3.61

可信角色 trusted role

执行关键功能的工作职位。如果关键功能不能满意地执行，可能对 CA 提供的信任程度有不利影响。

3.62

信任服务提供者 trust services provider (TSP)

通过许多认证机构向他们的用户(用户或信任方)提供信任服务的核准机构(由合同各方确定)。

注：信任服务提供者也可提供证书确认服务。

3.63

确认服务请求 validation service request

信任方向验证服务提出询问以检查证书的有效性。

4 缩略语

ASN.1	抽象语法记法 1	(Abstract Syntax Notation One)
CA	认证机构	(Certification Authority)
CI	证书签发者	(certificate issuer)
CM	证书生成者	(Certificate Manufacturer)
CP	证书策略	(Certificate Policy)
CPS	认证业务说明	(Certification Practice Statement)
CRL	证书撤销列表	(Certificate Revocation List)
CVSP	证书确认服务提供者	(Certificate Validation Service Provider)
EMV	欧洲信用卡、万事达卡、维萨卡	(Eurocard MasterCard Visa)
FI	金融机构	(Financial Institution)
FTP	文件传输协议	(File Transfer Protocol)

HSM	硬件安全模块	(Hardware Security Module)
HTTP	超文本传输协议	(Hypertext Transfer Protocol)
IC 卡	集成电路卡	(Integrated Circuit Card)
ID	标识符	(IIdentifier)
IEC	国际电工委员会	(International Electrotechnical Commission)
IETF	Internet 工程任务组	(Internet Engineering Task Force)
ISO	国际标准化组织	(International Organization for Standardization)
ITU	国际电信联盟	(International Telecommunications Union)
LDAP	轻量级目录访问协议	(Lightweight Directory Access Protocol)
MAC	报文鉴别码	(Message Authentication Code)
OCSP	在线证书状态协议	(Online Certificate Status Protocol)
OID	对象标识符	(Object Identifier)
PA	策略机构	(Policy Authority)
PIN	个人识别码	(Personal Identification Number)
PKI	公钥基础设施	(Public Key Infrastructure)
RA	注册机构	(Registration Authority)
RFC	请求评论	(Request For Comment)
RP	信任方	(Relying Party)
SSL	安全套接层	(Secure Sockets Layer)
TLS	传输层安全	(Transport Layer Security)
SA	时间戳机构	(Time stamping Authority)
TSP	信任服务提供者	(Trust Services Provider)
TTP	可信第三方	(Trusted Third Party)
URL	统一资源定位器	(Uniform Resource Locator)

5 公钥基础设施(PKI)

5.1 概述

在重点介绍 PKI 策略和实施要求的细节之前，本标准提供一些背景信息来帮助读者更好地理解在 PKI 内使用的策略和实施之间的关系。

5.2 PKI 简介

本条描述了 PKI 的组件并阐述了 PKI 内各种实体所承担的角色。电子商务的快速发展产生了通过开放式网络(如 Internet)处理企业与企业、企业与消费者和政府与消费者之间的交易活动的要求。网络通信协议的设计对于金融机构及其进行业务交易的用户来说产生了很多问题，他们需要电子身份标识、交易方鉴别、源证明、报文完整性保护和保密性服务。电子鉴别也产生了与证据、合同、义务、隐私、消费者保护和交易等相关的重要问题。

PKI 是解决这些开放式网络问题的实际技术方案。金融机构正在成为采用在线通信安全和鉴别市场的信任服务提供者(TSP)。信任方作为信息的接收者使用 TSP 来验证用于鉴别在线通信的证书。TSP 是被一个或多个信任方信任的用来生成和签署证书的公认权威。TSP 也可以撤销他生成和签署的证书。一个 TSP 运行一个或多个认证机构，这些证书认证机构的核心功能是证书的签发、生成和证书确认。在金融机构内，CA 不必是一个商业实体，可以是一个单位或功能，提供可被信任方及其用户信任的 CA 功能。

公钥技术用于支持机密性、完整性和真实性要求。通过公钥密码算法可以生成两个密钥(私钥和公钥)。私钥秘密持有,而公钥被签发了证书并位于证书中,因此可以以能够保护公钥真实性的证书形式公开。主体的公钥和鉴别数据用CA的私钥签名后形成证书。证书是根据证书策略生成的。公钥的公开并不会泄露私钥。

金融机构可使用PKI在以下环境中根据与信任方之间的关系来服务于他们的商业需求。表1到表3提供了每一种环境的示例。

a) 封闭环境:所有实体(证书主体和信任方)依附于[1)]单个金融机构的信任服务,必须至少共享一个证书策略。见图1和表1;

b) 契约环境:证书主体和信任方可具有不同的TSP。TSP通过包含证书使用的不同契约形式联系在一起。这些形式包括:

1) 在协定的规则下,使用单个证书策略的多边形式;

2) 可使用不同证书策略的双边交叉认证形式;

3) 通过中心机构或实体可识别不同证书策略的鉴定桥形式。

见图2和表2。

c) 开放环境:金融机构可作为TSP向公众签发证书并允许在一个开放的网络环境中进行证书确认。TSP可在自愿的TSP的鉴定方案下或在本国规章制度内运行。典型的情况下,用户的TSP和信任方之间不存在正式的合同。见图3、表3和表4。

PKI由技术、程序和人员部分组成,必须在一个有效的基础设施内协调。对于任何基础设施,商业要求必须最初进行确定。这些要求在部署PKI时实现。

5.3 商业要求对PKI环境的影响

5.3.1 概述

本条根据商业背景来阐述封闭、开放和契约环境的主要区别。表1～表3描述了典型的商业背景、示例的安全要求,以及如果采用PKI处理这些要求时将执行的相关PKI操作。

5.3.2 封闭环境中证书应用的说明

本条描述了几种背景,金融机构可使用PKI支持其服务,进行内部通信或与客户之间的通信。

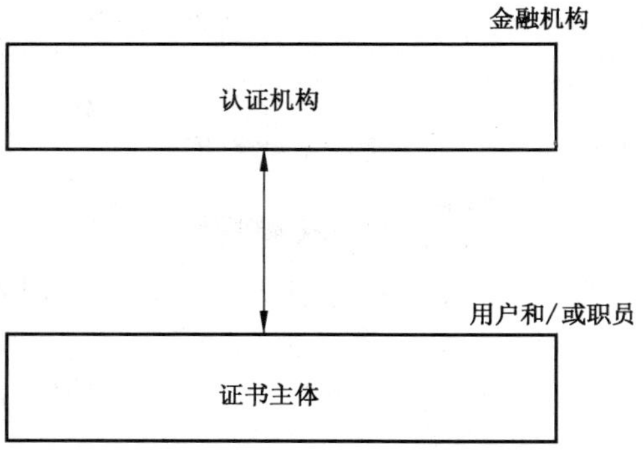

图1 封闭环境中的两个实体

---

1) 依附于一个信任服务的实体可代表自己或代表其他证书主体以证书依赖方或证书用户的身份工作。在这种情况下,用户和证书主体可以是通过业务关系联系在一起的不同的实体,这不在本标准的范围之内。

表 1 封闭环境中的证书应用环境

	典型情景	范例要求	PKI 操作
1	金融机构(FI)向用户发送电子邮件(如利率变化的通知)	• 为接收方鉴别发送方； • 为发送方和接收方保证报文完整性	• 发送方产生数字签名； • 接收方验证发送方证书； • 接收方验证数字签名
2	在 FI 的网络范围内雇员间交换敏感电子邮件	• 为接收方鉴别发送方； • 为发送方和接收方保证报文完整性； • 保护报文内容的机密性	• 接收方验证发送方的证书； • 发送方产生数字签名； • 接收方验证数字签名； • 发送方从目录中取得接收方的证书； • 发送方用接收方的公钥加密报文； • 接收方用自己的私钥解密报文
3	使用 FI 笔记本电脑的旅行销售人员需要与集中支持系统交换用户和销售信息	• FI 对雇员和雇员对服务器的相互鉴别； • 保护数据的机密性	• 准备雇员的身份证书； • 准备服务器 ID 证书； • 调用 SSL 加密； • 调用 SSL 加密
4	向面对用户的设备进行 FI 软件的内部网络分发(如 ATM 软件)	• 证明准备加载到设备内部的软件有一个可信的来源	• FI 对软件应用程序进行数字签名； • 接收方验证数字签名； • 接收方确认 FI 的证书
5	用户使用远程银行服务，其中服务器和浏览器由 FI 提供	• FI 对客户，用户软件对服务器的相互鉴别； • 保护用户数据的机密性	• 用户使用客户证书向服务器进行鉴别； • 服务器使用服务器证书向用户进行鉴别； • 调用 SSL 加密

5.3.3 契约环境中证书应用的说明

本条描述了在一个方案内或在各方间建立的规则契约内使用 PKI 来支持与用户交易的情况。它将向其用户提供证书签发或证书确认服务。

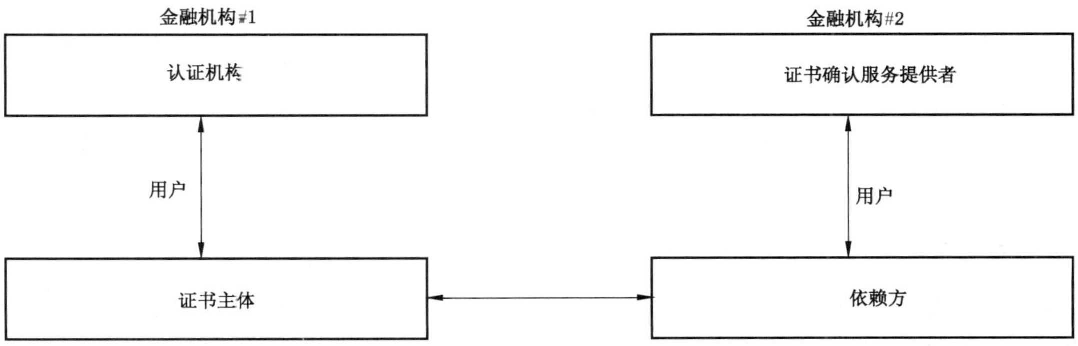

图 2 契约环境中的四个实体

表 2 契约环境中的证书应用环境

	典型情景	范例要求	PKI 操作
1	FI 的雇员通过 Internet 向使用另一个 TSP 的用户发送电子邮件	• 为接收方鉴别发送方； • 保证报文完整性； • 保护报文内容的机密性	• 接收方验证发送方的证书； • 用户检查数字签名； • 发送方从目录中取得接收方的证书； • 发送方用接收方的公钥加密报文； • 接收方用自己的私钥解密报文
2	顾客向商户提交购买订单	• 顾客批准订单； • 商户对用户顾客进行鉴别； • 交易报文完整性	• 顾客使用证书对订单数字签名，证明被委托的支付授权； • 接收方验证发送方证书； • 商户验证数字签名
3	顾客从商户接收发货单	• 报文鉴别	• 验证数字签名并对证书进行确认
4	已有的用户使用电子银行服务向 FI 发送高额支付指令	• 强双向鉴别； • 报文完整性； • 机密性	• 用户验证 FI 的服务器证书； • FI 验证用户的证书； • FI 验证数字签名； • 发送方从目录中取得接收方的证书； • 发送方用接收方的公钥加密报文； • 接收方用自己的私钥解密报文
5	法人用户直接向自动化的票据交换所发送支付文件	• 为接收方鉴别发送方（账户持有人）； • 报文完整性和不可否认性； • 保护报文内容的机密性； • 双重用户授权	• 票据交换所验证用户证书； • 票据交换所验证数字签名； • 用户从目录中取得票据交换所的证书； • 发送方用接收方的公钥加密报文； • 接收方用自己的私钥解密报文； • 两个个体对支付文件进行数字签名； • 票据交换所验证两个数字签名
6	持卡人在销售点使用 EMV 购买	• 终端离线鉴别 IC 卡	• IC 卡生成数字签名； • 终端使用由 CA 签发了证书的 IC 卡发卡方公钥检查 IC 卡的真实性

5.3.4 开放环境中证书应用的说明

本条描述了金融机构使用 PKI 为自己、用户和外部交易伙伴提供开放的外部通信。金融机构可以向它的用户提供信任服务。

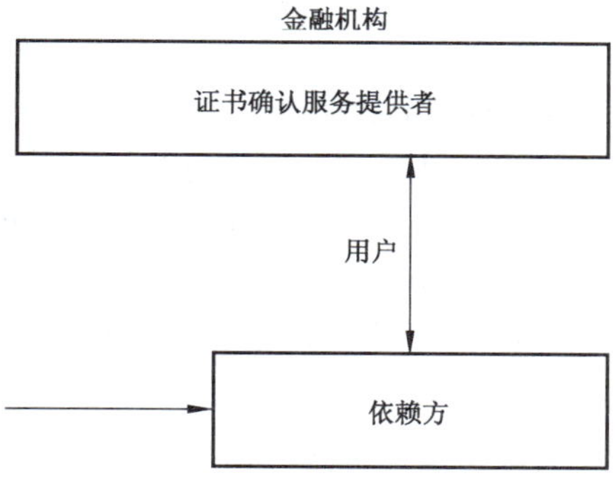

图 3　金融机构在开放环境中作为证书服务提供者

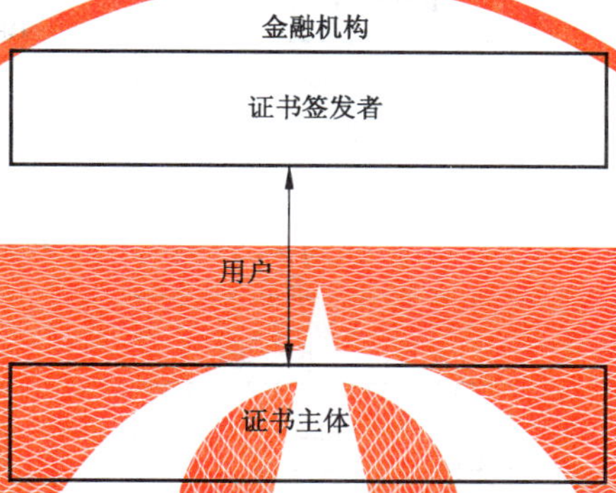

图 4　金融机构在开放环境中作为证书签发者

表 3　开放环境中的证书应用环境

	典型情景	范例要求	PKI 操作
1	Web 站点访问者在浏览金融机构网站时下载可执行代码	• FI 的鉴别； • FI 可执行代码的完整性	• 用户验证 FI 的证书； • 用户验证 FI 的数字签名
2	用户访问 FI 网站	• FI 官方网站的鉴别（如无欺骗）	• 用户验证 FI 服务器的证书
3	不同 FI 的雇员在没有正式协议的情况下通过 Internet 交换电子邮件	• 为接收方鉴别发送方； • 报文完整性和不可否认性证明； • 保护报文内容的机密性	• 每个 FI 的雇员验证发送方的证书； • 每个 FI 的雇员验证数字签名； • 每个 FI 的雇员从目录中获得接收方的证书
4	发布重要的电子文档（如财务结果）	• 源和内容完整性的鉴别	• 用户验证 FI 的证书； • 用户验证数字签名
5	两个用户使用不同的 TSP 交换敏感电子邮件	• 为接收方鉴别发送方； • 报文完整性； • 保护报文内容的机密性	• 每个用户验证发送方的证书； • 每个用户验证接收到的报文的数字签名； • 每个用户从目录中取得接收方的证书

5.4 功能

可以从很多不同的角度了解 PKI。硬件、软件和安全程序提供了丰富的 PKI 功能,从逻辑上定义了以下 PKI 角色。下面的条款描述了策略机构[a)],认证机构的组成部分[b)~g)],主体[h)]和信任方[i)]。下面提供了角色的典型功能分配,特定的功能可由不同的角色承担。一个机构可承担多个角色。

图 5 是 PKI 内功能元素及其关系的总体说明。

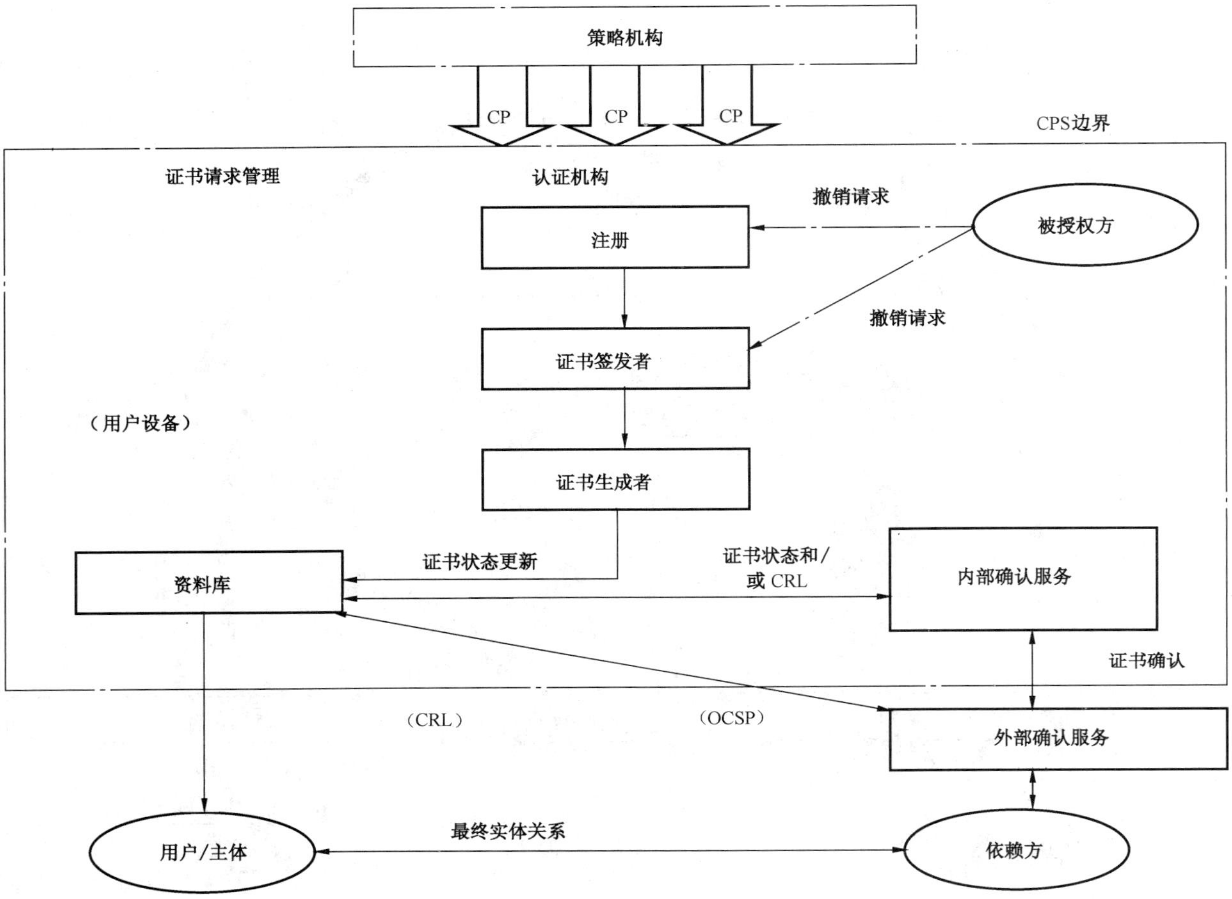

图 5 策略机构、认证机构和终端实体关系

本标准中采用的术语"认证机构"反映了以下 PKI 角色的集合,包括:证书签发者、证书生成者、注册机构、资料库、证书确认服务提供方和主体密码机制提供方。策略机构负责对按照其证书策略签发证书的 CA 进行有效控制、管理和运行。CA 使用的控制在其认证业务说明中定义。

a) 策略机构(PA)执行以下管理功能:
——创建、维护并核准证书策略;
——按照证书策略的描述规定公钥证书的内容;
——发布并推广证书策略;
——对其证书策略的遵从性进行解释;
——授权特定机构按照证书策略行使证书认证机构职责;
——为授权的 CA 核准认证业务说明;
——解决证书策略相关的争议;

——确保监管的一致性；
——确保 CP 的防护对于潜在的安全威胁有效；
——接收并检查 CA 安全事件和所采取行动的报告；
——对在 CP 的程序内的证书撤销进行核准并制订规则，包括：
- 谁可提交撤销请求和报告；
- 他们如何提交；
- 证实随后所做的撤销报告和撤销请求必要条件；
- 证书是否并且出于什么原因可被挂起；
- 用于分发撤销状态信息的机制；

——根据风险分析规定从收到撤销请求或报告到发布撤销状态信息并使之对所有信任方可用时的最大延迟。

b) 证书签发者(CI)执行以下管理功能：
——管理公钥证书签发过程；
——签发并管理证书状态；
——在用户协议或银行业务条款及条件下与用户建立合同关系；
——在一个或多个证书策略下为证书主体签发证书；
——为主体或用户提供提交撤销请求的方法；
——安排并管理撤销公钥证书的过程；
——拥有并控制其签名密钥，因此可以转换证书生成者；
——维护对其商业记录的所有权和控制；
——预订 CPS；
——根据收到的撤消请求和撤销报告进行处理；
——对证书撤销请求和报告进行源鉴别；
——通知主体或用户其一张证书被撤销或挂起；
——根据证书策略条款直接提供或核准执行密码签名和解密功能的机制；
——按照 CP 的规定管理相关职责和义务。

c) 证书生成者(CM)执行以下 CA 运行功能：
——创建并维护自己的 CPS；
——在其 CPS 的范围内操作；
——生成并分发公钥证书；
——生成并管理用于证书签名的非对称密钥对并与证书签发者的规定保持一致；
——分发证书签发者的公钥证书；
——生成证书状态信息(如 CRL)；
——在得到请求时，提供证书签发和撤销的带外通知；
——在不同宿主的证书签发者之间保持分离；
——按照其 CPS 的描述维护证书签名功能的安全性、可用性和持续性；
——定期核实保证与第 7 章中规定的认证机构控制目标保持审计的一致性；
——确保监管的一致性；
——确保 CPS 的规定对潜在安全威胁有效；
——可选的，在 CP 允许的情况下根据 RA 的请求生成用户的密钥对。

d) 注册机构(RA)执行以下运行功能：
——管理来自主体或用户的公钥认证请求；
——在 CM 按照 CP 所允许的方式生成用户密钥对后管理用户密钥对的分发；

——通过以下方式执行注册过程：
- 检查主体的身份鉴别信息凭证与所声明的身份一致并按照行业规则（如反洗钱规则）
- 鉴别主体身份；
- 验证证书主体提供的身份鉴别数据是有效的；
- 验证身份鉴别数据属于证书主体；
- 根据证书策略验证证书主体具有获得公钥证书的资格；
- 验证证书主体拥有与该公钥相对应的非对称私钥；

——管理向证书生成者提交证书请求；

——记录证书主体身份鉴别数据和证书主体公钥之间的绑定；

——接收并处理证书主体或用户的撤销证书、挂起证书和恢复挂起的证书的请求；

——在可用证书策略和可用 CM 的 CPS 范围内运行。

e) 资料库执行以下技术功能：

——存储和分发公钥证书；

——存储并分发证书状态信息（如 CRL 和/或在线证书状态）；

——存储并分发 PKI 公开信息（如证书策略）。

f) 证书确认服务提供者（CVSP）执行以下功能：

——建立与信任方的合同协议，并且当正式承诺时，与那些签署信任方协议的机构建立合同协议；

——建立与策略机构的合同协议以收集证书策略信息并更新相关证书的状态；

——在其自身机构策略和可用证书策略的范围内运行；

——当 CVSP 根据证书策略代表其他信任服务提供者持有证书时，维护这些证书的状态；

——寻求从其他信任服务提供者处获得证书的当前状态；

——确认证书状态并向请求者提供响应。

g) 主体密码机制提供者（SCMP）执行以下功能：

——提供一种包括物理安全签名生成设备（如 IC 卡）或提供具有可比功能的软件仿真的机制，目的是：
- 安全存储主体私钥和相关证书；
- 使私钥能够安全“激活”和安全“去激活”；
- 提供安全初始激活机制。

h) 主体或用户执行以下功能：

——按照相关证书策略提供其身份鉴别凭证以证实所声称的身份；

——向证书认证机构申请为其生成一个或多个非对称密钥对；

——向注册机构提供公钥认证请求；

——遵循非对称私钥保护要求（即密钥存储和持卡人验证）；

——报告私钥丢失或泄露的情况，以及证书信息的错误；

——遵循可用策略并按照相应的 CP 在授权的商业应用中使用他们的密钥对；

——使用他们自己的私钥（签名）对报文摘要或类似的数据元进行密码签名；

——使用他们自己的私钥解密报文。

i) 信任方（RP）执行以下功能：

——验证主体公钥证书或请求 CVSP 确认证书主体的公钥证书；

——遵循可用策略并按照相关 CP 使用主体证书中的公钥，用于授权的商业应用和适当的密

码功能(如数字签名验证、密钥交换等);

——使用主体公钥验证数字签名的有效性;

——使用主体(机密性)公钥和适当的密码机制来加密报文,提供机密性保护(可选)。

将证书认证机构的任意或全部角色以直接或间接方式委托给一个或多个第三方机构是可能的;然而,管理相关的CP风险是证书签发者的责任和义务。

5.5 商业视角

5.5.1 概述

通过电子媒介进行商业活动的可信任安全环境决定了金融机构将来参与全球在线经济的能力。金融机构的理想目标是为在线市场建立一个支持内部安全需求的安全基础设施,该基础设施是金融机构提高用户服务的基础,也为进入新市场提供了可信任的服务。在定义金融机构的商业操作时,将涉及很多议题,包括5.5.2~5.5.7的事项。

5.5.2 商业风险

进行电子商务风险管理是一种商业需求。PKI是一种控制机制,它可提供适当保护来管理风险。PKI是一种可被用于许多不同应用的控制机制,能够被看做是一种通用的、可复用的基础设施。

5.5.3 适用性

涉及到的各方必须确定证书策略是否适用于商业应用和相关风险。

5.5.4 规范方面

规范的观点将公钥证书看作是由认证机构做出的关于主体对信任方的一项或一系列声明。CP(可能通过CPS来增强)确定认证机构所作声明的细节。CP也可规定认证机构提供何种担保,证明这些声明是真实的,并且如果一项声明是不真实的,认证机构将承担何种赔偿责任。它也可规定对这些赔偿责任的限制,如规定一个特定的组,只有该组成员才允许作为信任方。也可规定对每张证书或每笔交易的最大赔偿责任,以及规定对于这些担保有效的交易类型。规定提交赔偿要求和解决争议的程序。规定信任方应满足的条件或信任方在被授权依赖一个证书及其声明前应执行的程序。

与PKI相关的职责和责任,尤其是涉及不同商业机构时,通常是契约型PKI环境的一个主要议题。对于信任服务,商业责任和责任的范围在设定商业要求时是一个重要的因素。

5.5.5 监管方面

监管方面关注PKI过程可接受程度的不同,以及可选择的权限、行业标准或行业审计相关业务行为中的服务。

5.5.6 商业使用方面

如5.3所描述的商业使用,是在环境中定义的实体(即证书主体或用户,以及信任方)之间的。两方必须承担CP或定义相关责任的协议中所提出的责任。证书主体或用户可使用数字签名过程授权一个报文或一项交易,随后信任方可信赖这个经过鉴别的签名。在担保框架下,可通过CP或单独的协议确定赔偿的限度。这样信任方可选择为该项交易寻求一个特定上限的担保。

5.5.7 互操作方面

从商业和技术的角度来看,完全不同的商业行为和相关策略经常是对开放式PKI环境的进一步挑战。但是，在契约 PKI 环境中，操作规则的建立是专门来克服互操作问题的。在封闭的环境中，证书签发者和信任方是相同的金融机构，解决互操作问题取决于该金融机构。在制定信任服务业务要求时需要考虑 PKI 使用的不同策略。

金融机构信任服务的互操作需要有一个管理框架，来处理以下问题：

法定权限和职责；

——商业风险管理需考虑的问题；

——证书的技术认可和操作处理方面；

——策略和信任方案的责任。

非技术性互操作问题通过遵循和遵守特定环境的合同规则来解决，合同规则在证书策略下根据商业应用描述商业合同的责任和义务。

CPS 的细节自身不构成由一个或多个不同组织运行的 CA 间互操作性的基础，而证书策略最好作为行业或全球服务的基础，使得通用互操作标准、证书要求和通用担保标准基于证书策略之上。

使用单个 CPS 的 CA 可支持多个证书策略（如用于不同的应用目的，并且/或者由不同的证书用户群体使用）。此外，使用不同 CPS 的 CA 可支持相同的证书策略。

a) CP 的应用范围可更广泛而不仅限于单个部门或单个机构。如果一个特定的 CP 被广泛认可，则它很有可能成为多个系统中证书自动接受的基础；

b) 向公众或机构间提供认证服务的金融机构应在其 CPS 中明确他们自己的业务实施规则。CPS 是机构保护它自己以及确定与用户和其他实体间关系的一种方式；

c) 技术的实现可因 PKI 集成者对标准和协议的解释和理解有所不同而不同。在 PKI 环境内必须进行技术对照以确保互操作性。

对于不同 CA 运行的 PKI 间的互操作性，需要一条信任路径使信任方可以验证另一个 CA 颁发的证书。这条信任路径可以通过由一个 CA 向另一个 CA 签发交叉证书来提供。甚至可包括其他第三方 CA 通过交叉证书链提供信任路径。需要仔细确认这样的交叉证书的策略含义，特别是隐含的信任关系需要通过一个适当的商业关系来匹配。

CA 可通过层次的结构或树状结构来组织，其中根 CA 被所有信任方信任，并且为从属 CA 或下级 CA 签发“CA”证书。因为对根 CA 的成功攻击有非常严重的影响，所以需要特别注意根 CA 采用的安全控制措施。此外，根 CA 的策略和业务实施在某些领域如关于注册等功能的需求可能有很大不同。

在不同证书策略下的不同 CA 所运行的 PKI 之间需要互操作的情况下：

——一个 PKI 系统下运行的信任方必须接受他自己的 CA 使用的策略以及另一个 CA 的策略；

——必须存在一个认可的外部 CA 使用的策略到信任方自己的 CA 使用的策略的等价映射；这一等价映射需要由信任方的 CA 来建立，以提供本地策略到外部策略的单向映射，但是，实践中是在 CA 间通过双边协议建立双方策略相互的等价映射。

5.6 证书策略（CP）

5.6.1 概述

CP 是关于信任级别的一组通用规则集合，让用于特定目的的相关证书满足该信任级别。CP 也规定证书认证机构在其签发的证书被信任方所接受前该认证机构应认可并遵守被信任方所接受的准则。CP 由策略机构开发。策略机构编写 CP 的适用范围可从单个商业实体到一组实体，如为成员实体间进行交易交换而建立的支付联盟。

例如，希望与另一公司进行交易的公司出于商业原因可要求使用数字签名的报文。每一方将需要定义他们的商业要求并采用符合这些要求的证书策略。双方都需要从支持该证书策略的认证机构获得证书。

CP的目的包括：

——定义并限制证书的使用；

——规定证书主体、用户、认证机构及信任方的要求和义务；

——定义证书主体、用户、认证机构及信任方的责任；

——规定策略管理过程；

——规定监管法律。

CP应通过一个被契约环境中所有成员识别的惟一注册对象标识符表示。为了证书用户的检查，注册该对象标识符的PA也发布一个CP的文本文件型规范(更多信息参见附录C)。

CP关注于证书将用于什么目的，并且CP的定义独立于认证机构特定运行环境的细节。

5.6.2 证书策略的使用

证书策略在PKI和商业环境中出于特定目的而创建。在一个层次结构或树状结构PKI中可有很多证书策略，每个证书策略为使用同一策略要求的证书组定义商业或策略要求。在每种情况下，策略机构必须开发特定的证书策略，并确保签发证书的认证机构的认证业务说明真正符合每一证书策略的要求。

不同证书策略的使用示例将包括但并不限于：

a) 为特定功能应用制定的证书策略(如服务器认证证书，用于用户鉴别他们的在线银行服务提供者)；

b) 认同与商业应用相匹配的证书策略(如用户从商户签署一份订单)；

c) 在预先定义的限制内，认同与已定义环境的一般安全应用相匹配的证书策略(如跨越Internet向证书主体提供所有类型报文的机密性保护)。

5.6.3 层次信任结构或树状信任结构中的证书策略

PKI通常以层次或树状结构出现，结构的顶部是根。根CA基于机构需求将其自身信任的一部分授权委托给下级CA。根CA和中间层CA主要鉴别并签署它们的从属层CA的数字证书，并且通过区分不同机构的需求(如组织结构或组织区域间、国家间、组织单位间等)来提供商业要求。如图6所示，层次或树状结构允许使用多个证书策略，每一策略根据具体不同的商业环境定义不同的商业要求。对于一个层次或树状结构，每一层次的CA对颁发给终端实体的一组证书具有更小的粒度或更多的同质性。这样的每组证书的终端实体共享一套共同的证书策略。

例如，层次结构中最高层的根CA必须根据定义使用一个自签名的证书，并且仅可用于对从属CA证书进行签名。从属CA必须基于行政区划、组织机构或其他要求定义。从属CA必须根据多层次结构需求构成多层次的结构，或者向终端实体颁发证书。

在一个层次结构中，根CA必须是最受信任的节点。每一从属层CA与它们的对等方之间共享信任，但是每一方必须信任对它们进行委托的上级节点。

不同证书策略的使用示例包括但不限于：

a) 通过其隐含的自签名证书来识别根CA的证书策略，如图6中策略A下签发的证书；

b) 用于标识从属CA的证书策略，该从属CA建立在根CA或另一从属CA之下。为了签署从属或中间CA的公钥，根CA作为金融机构中CA层次结构的最终信任顶点，如图6中策略B下签发的证书。

图6中，策略机构发布根策略和信任层次结构中所有的从属策略。

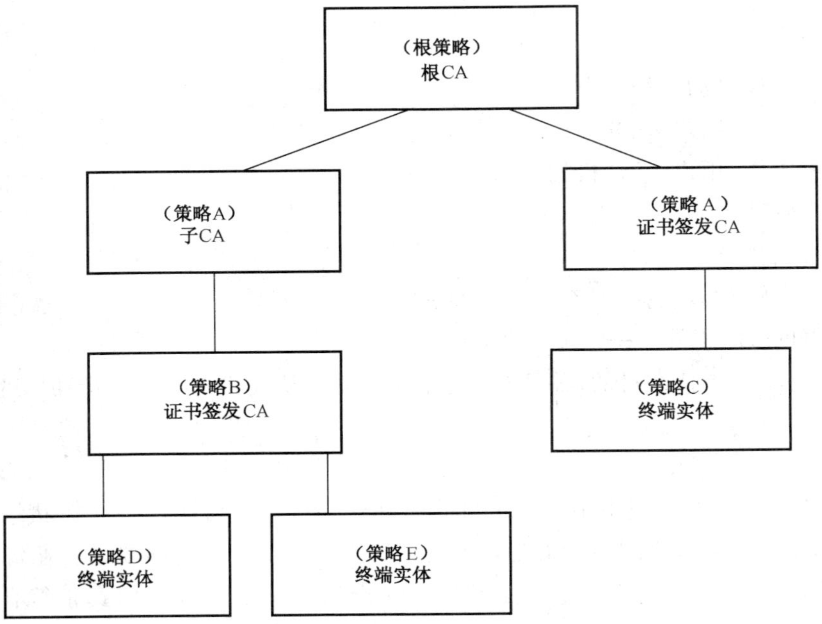

图 6　根状层次结构创建层次结构信任

5.6.4　证书状态

遵照 ISO 15782-1 的定义，证书可处于以下状态中的一种：

a）　有效—可用的；

b）　挂起（ISO 15782-1 中称为“挂起”的状态）；

c）　撤销；

d）　过期。

一旦证书撤销或过期就不能再返回有效状态。证书管理的进一步讨论可遵照 ISO 15782-1。

策略机构应规定在特定 CP 下颁发的证书状态的适用条件。

5.7　认证业务说明（CPS）

认证业务说明描述了 CA 为满足证书策略要求所采取的必要的和充分的程序和控制。

认证业务说明的目的是明确定义 CA 管理证书策略相关风险的程序和业务。一种完成认证业务说明的有用方法是遵循附录 B 的提纲，并且从证书请求/颁发、证书确认和所需支持功能定义每一步的业务及操作。

如前所示，CA 是负责执行五种角色的实体：注册、证书生成者、证书签发者、资料库、验证服务。CA 负责明确定义使这些角色符合 CP 要求的控制方法。这些控制在认证业务说明中详细论述。CA 的角色和功能可以由它所希望的任何方式安全地委派，但应完成所有的角色和功能，且 CPS 应由 CA 编写和维护。

CPS 可采取由 CA 声明的形式，声明可信系统的细节以及在其运行过程中采用的安全方案及管理证书的业务实施。认证业务说明的某些部分可成为 CA 和用户间合同的一部分。当 CA 和用户间的法律关系建立并由双方同意时（如消费者或公司与银行间的电子银行业务关系），如用户协议或账户协议的这类合同将成为 CPS 的有效内容。

5.8 证书策略和认证业务说明间的关系

5.8.1 概述

证书策略和认证业务说明的角色如5.8.2和5.8.6所示。

5.8.2 认证机构与策略机构

策略机构制定证书策略，该策略由证书认证机构采纳，同时证书认证机构拥有自己的适应于该证书策略的控制措施，这些控制措施在证书认证机构的认证业务说明中论述。CP由策略机构建立、维护、分发和解释。策略机构可代表一个金融机构或由多个主要股东共享。认证机构为支持其运行制定一个CPS或等价文件作为其符合一个或多个证书策略的证明。正式的CPS在契约PKI环境中不是必须的，通常由相关机构或策略机构的规则确定。任何情况下，CA应将其业务实施规则文档化。虽然一个简单的一致性说明对契约PKI环境是足够的，但是CPS为内部业务操作和受委托角色所完成的业务操作都能提供指导。

5.8.3 目的

证书策略的目的是规定CA、主体和信任方"应遵循什么"，而CPS规定CA"采取什么手段来确保证书策略得到贯彻"(即CA生成和维护数字证书使用的控制过程)。CP包含在数字证书中的索引中。CP和CPS间的关系本质上与其他商业规则相似，商业策略论述商业要求，而运行单位定义实施程序来说明如何执行商业策略。

5.8.4 特性属性

证书策略是规范性的。

认证业务说明是描述性的，且是详细的。这些文档通常定义为内部操作程序文档，描述机构内的特定任务和职责。这样的文件可用于CA的日常运行并由执行复审和审计的实体检查。

5.8.5 方法

CP基于已知的业务要求。

CPS根据组织结构、操作程序、认证机构的设备和计算环境量身定制。

5.8.6 受众及访问

通常，CP作为契约环境中的公开信息进行管理，因此由PA向所有参与者广泛分发。CP应明确公开、敏感和机密信息在契约环境内的分发策略以及向适当的外部参与方分发的策略。

CPS是CA关于签发和维护证书所遵守的控制程序和业务说明，并且明确定义其实施如何完全支持所标识的CP。因此它本质上是一个敏感文件并可认为是机密的。如果CPS的散发是受到限制的，则金融机构可使用PKI揭示说明指明控制的类型和性质，而不揭示特定控制的细节，以支持CP。

例如，CP可声明所有证书注册交易是敏感的，并且出于个人隐私的原因，所有交易将在传输和存储期间受到保护。CPS可进一步标识所有证书注册交易将在传输期间进行加密，并且列出允许访问相关存储信息的具体机构部门。CPS也可规定传输加密的算法和密钥长度以及相关存储信息的访问控制机制。CA的机密性操作程序，不仅仅是CP或CPS，还包括访问控制机制管理的详细信息。

5.9 协议

为了将业务关系正式化，证书签发者和用户之间应建立用户协议。用户协议描述了服务的条款和服务条件，同时也将用户与相应证书策略中规定的义务与责任相关联。策略机构应对用户公布其相关证书策略。

证书确认服务提供者和信任方之间应有信任方协议。策略机构应对信任方和CVSP公布其相关证书策略。

通常，用户和信任方之间没有合同。

证书生成者应对证书签发者和策略机构公布其CPS。通常CPS不对用户和信任方或CVSP公布。一般，PKI揭示说明可用于此目的，或者作为选择，可使用独立评估来决定CPS中描述的控制方式的适用性。但是认证机构可根据其决定将CPS的副本提供给CVSP。PKI揭示说明的内容由CA决定。

当PKI在一个系统范围内运行时，该系统将规定PKI系统内各实体应遵守的规则。策略机构负责确保CP与方案规则保持一致。出于互操作性的目的，每一CA的CPS或PKI揭示说明可在交叉认证前对相应CA发布。

图7说明了标准金融PKI模型内典型控制文件的概览。

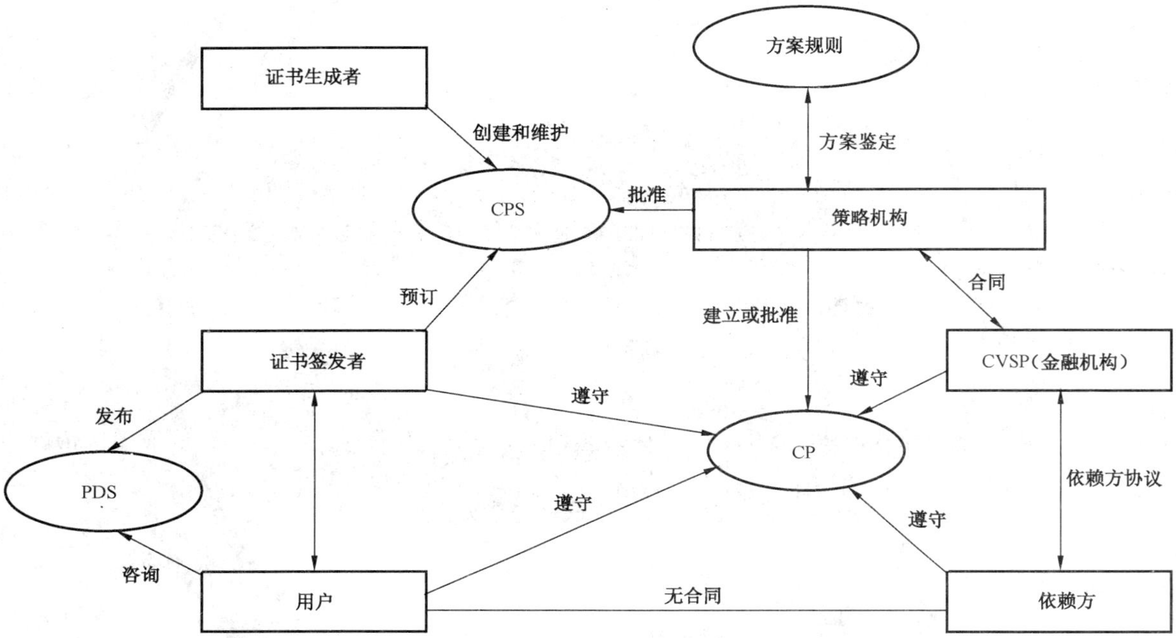

图7　标准金融PKI模型内的控制文件

5.10　时间戳

来自可信时间源（即世界协调时间(UTC)）的事件时间可作为PKI所提供的安全服务的重要辅助手段。可信时间源不仅是处理安全事件的保证（如用于解决争议），而且也是一种确保信任服务的方法。

时间对于证书使用的两个方面是尤其重要的。首先，信任服务是基于具有有效期的证书。如果证书在其有效期之外对数据进行保护，则证书的有效性不能得到保证。其次，如果证书撤销，则所有在撤销时间之后的证书使用都可被认为是无效的。因此，在采用证书保护数据安全和检验这个保护的有效性之间必须存在一个重要的时间，如将数字签名应用于存储数据，则确认数字签名的时间是很重要的。如果可以确认签名在其证书过期或撤销前产生，则签名的有效性可以在这些事件发生很长时间后得到保证。通常由信任方来决定是否接受由于证书可能已经过期或已撤销的相关风险。

提供签名时间保证的一个方法是采用可信第三方，通常称为时间戳机构（TSA），来将一个标准时间与数字签名的生成的准确或接近时间相关联。这一技术通常称为时间戳。时间戳协议的示例在

ISO 18014-2中定义。时间戳协议使用可信机构对待加时间戳的数据的哈希摘要(如签名的数据)与可信时间源的时间进行签名。

例如,时间戳服务可由签名者在签名后或进行长期数据存储前使用。一旦对数据加盖了时间戳,数据可被认为是有效的,即使支持的证书随后过期或被撤销。当数据要归档很长时间时,例如超过了TSA自己证书的有效期,则可进一步应用时间戳来确保签名数据是正在进行保护的。

时间戳的这种应用也可用于防止签名人通过随后声明签名密钥泄露以使证书撤销来否认签名。如果签名数据在签名创建的时间附近加时间戳,即使证书随后被撤销,也可以证明签名在那个时间是有效的。

以上所描述的时间戳机制的一种变形是将时间戳令牌与时间戳机构此前签发的其他令牌相关联,提供比单个时间戳安全性更高的保证(见ISO 18014-3)。另一种变形是使用多个独立的时间戳机构,避免依赖于单个可信机构。

6 证书策略和认证业务说明要求

6.1 证书策略(CP)

证书应至少在一个CP之下签发。以X.509v3格式签发的证书应遵照ISO 15782-1:2003 8.2.6中定义的方式与一个或多个证书策略明确地关联。

a) CP应描述CA签发的证书的适用条件,包括:
——如果证书的使用限于特定的应用,则包括所允许的特定使用;
——如果证书有规定禁止的使用,则包括证书使用的限制。

b) CP应:
——被唯一标识;
——包含其名称;
——标识何处可获得该文件(如URL、电子邮件地址、OID等)。

c) CP应提供策略内使用的术语的定义(这些定义不同于第3章中的术语和定义);

d) CP应提供进行管理的程序。CP应包括管理程序,以便:
——标识策略机构;
——标识发布、变更和后续通知的程序;
——标识版本号和生效日期;
——如果可用,则包括过期日期。

e) CP应包括监管法律的披露或监管法律是如何确定的;

f) CP应标识用户义务和责任。CP应包括用户义务和责任,以便:
——提供准确的证书请求信息,并且接受证书行为保证证书包含信息的准确性;
——保证如果用户或证书主体产生公开密钥对,该密钥对的生成过程需符合特定控制目标(见8.3.4);
——保护对证书相关私钥的访问;
——在CP规定的时间框架内通知签发者私钥的泄露或变更证书状态;
——将证书限制于特定的使用。

g) CP应标识签发者的义务和责任。CP应包括签发者的义务和责任,以便:
——通知主体和证书用户证书已经签发;
——通知主体和用户证书已经撤销、挂起或取消挂起;
——根据CP的规定使证书状态信息对信任方可用(即在参与方和信任方可用的资料库中发布证书状态信息);

——遵守所标识的 CP 及其相关认证业务说明；
——提供免责通知(如证书误用于不允许的应用)；
——对非公开用户和信任方的信息提供机密性保护。

h) CP 应标识信任方的义务和责任。CP 应包括信任方的义务和责任,以便：
——限制所标识应用的使用；
——提供在证书误用于所排除应用的免责通知；
——检查数字签名；
——确认证书内容和状态；
——提供适用赔偿责任上限和担保的通知。

i) CP 应明确适用的信任限制或证书使用的财务限制；

j) CP 应为以下内容规定最小要求：
——用户认证与鉴别；
——证书状态发布；
——用户私钥保护；
——CA 私钥保护。

k) CP 应为 X.509v3 强制字段规定最小要求：
——版本号；
——序列号；
——签名算法；
——签发者；
——有效期起止日期；
——主体；
——公钥算法和最小密钥长度；
——要求的证书扩展域。

证书策略的更多信息见附录 A。

6.2 认证业务说明(CPS)

a) 认证机构应以文档记录其认证如何实施；

b) CPS 或等价文件应支持 CA 签发或制造证书所遵循的每一 CP；

c) CA 的认证业务应处理附录 B 中的内容,包括以下策略机构要求的由总体至细节的关于证书策略的内容：
   1) 引言；
   2) 一般规定；
   3) 认证与鉴别；
   4) 操作要求；
   5) 物理的、程序的和人员的安全控制；
   6) 技术的安全控制；
   7) 证书和 CRL；
   8) 实施管理。

d) CA 的认证实施应与第 7 章规定的控制目标一致；

e) CA 的认证实施应包括第 8 章规定的控制程序,这些程序基于 CA 的风险评估并符合所支持的证书策略。

认证业务说明的更多信息见附录 B。

7 认证机构控制目标

7.1 概述

CA环境控制区域内的控制目标、CA密钥生命周期管理控制和证书生命周期管理控制在7.2到7.6中提出，表示了CA应遵循的基本控制标准，可评估或审计CA是否违反这些标准。这种评估可使用根据契约环境规则定义的适当审计方法采取内部审计或外部审计的形式。

很多控制目标是可选的，如果CA支持才会使用。包括：

——CA提供的主体密钥生成服务；

——CA提供的主体密钥存储、恢复和托管服务；

——集成电路卡生命周期管理；

——证书更新；

——证书挂起。

7.2 CA环境控制目标

7.2.1 认证业务说明和证书策略管理

控制目标：CA应维持控制以提供合理的保证，确保认证业务说明和证书策略管理过程是有效的。

策略机构应负责为使用数字证书的业务定义业务需求和策略，并在证书策略和支持协议中规定。

为这些控制目标所设计的控制程序见8.2.1。

7.2.2 安全管理

控制目标：CA应维持控制以提供合理的保证，确保：

——安全在机构内得到规划、管理和支持；

——有效管理已鉴别的风险；

——CA设施、系统和由第三方访问的信息资产的安全得到维护；

——当CA子功能及其相关责任外包给其他机构或实体时，信息安全得到维护。

为这些控制目标所设计的控制程序见8.2.2。安全管理指南可在GB/T 19716中找到。

7.2.3 资产分类和管理

控制目标：CA应维持控制以提供合理的保证，确保CA的资产和信息得到适当级别的保护，该保护基于所支持的证书策略和风险分析之上。

为这一控制目标所设计的控制程序见8.2.3。

7.2.4 人员安全

控制目标：CA应提供合理的保证，确保员工的工作实践提高并支持CA运行的可信性。

为这一控制目标所设计的控制程序见8.2.4。

7.2.5 物理和环境安全

控制目标：CA应维持控制以提供合理的保证，确保：

——仅有已授权的个人才能对CA设施进行访问；

——保护CA设施防止来自环境的危险；

——防止资产的丢失、损坏或泄露以及业务活动的中断；

——防止信息和信息处理设施的泄露。

为这些控制目标所设计的控制程序见8.2.5。

7.2.6 运行管理

控制目标：CA应维持控制以提供合理的保证，确保：

——CA信息处理设施的正确和安全运行；

——CA系统失效的风险最小化；

——CA系统和信息的完整性受到保护，防止病毒和恶意软件；

——通过使用事件报告和响应处理程序将安全事件和故障的损失最小化；

——安全地处理信息介质以防止其损坏、被窃或被非授权访问。

为这些控制目标所设计的控制程序见8.2.6。

7.2.7 系统访问管理

控制目标：CA应维持控制以提供合理的保障，确保已获授权的个人对CA系统进行访问。这样的控制应提供合理的保证，确保：

——仅限于已授权的个人进行运行系统的访问；

——仅限于已授权的个人、应用程序和服务对CA系统所处的网段进行访问；

——仅限于已授权的个人使用CA应用程序。

为这些控制目标所设计的控制程序见8.2.7。

7.2.8 系统开发和维护

控制目标：CA应维持控制以提供合理的保证，确保通过授权进行CA系统的开发和维护，并以此来维护CA系统的完整性。

为这一控制目标所设计的控制程序见8.2.8。

7.2.9 业务连续性管理

控制目标：CA应维持控制以提供合理的保证，确保灾难事件发生时运行的连续性。这样的控制至少应包括：

——CA灾难恢复计划的开发和测试；

——在备用地点存储必需的密钥要素(即安全密码设备和激活材料)；

——在备用地点存储系统、数据和配置信息的备份；

——保证用于恢复的备用地点、设备和连接的可用性。

CA应维持控制以提供合理的保证，确保因CA服务停止或功能下降而导致的用户和信任方的相关服务中断的潜在因素最小化。

为这些控制目标所设计的控制程序见8.2.9。

7.2.10 监视和一致性

控制目标：CA应维持控制以提供合理的保证，确保：

——CA的运行及服务符合相关法律、制度和合同要求；

——CA的运行及服务与CA安全策略和程序的一致性；

——能够检测到任何对CA系统的非授权使用。

为这些控制目标所设计的控制程序见 8.2.10。

7.2.11 审计日志

控制目标:CA 应维持控制以提供合理的保证,确保:

——准确适当地记录 CA 环境、密钥管理和证书管理事件;

——当前的和归档的审计日志的机密性和完整性得到维护;

——根据业务揭示说明将审计日志完整地、机密地归档;

——审计日志由授权人员周期性的审阅。

为这些控制目标所设计的控制程序见 8.2.11。

7.3 CA 密钥生命周期管理控制目标

7.3.1 CA 密钥生成

控制目标:CA 应维持控制以提供合理的保证,确保 CA 密钥对根据规定的密钥生成脚本和 CPS 的要求生成。

为这一控制目标所设计的控制程序见 8.3.1。

7.3.2 密钥存储、备份和恢复

控制目标:CA 应维持控制以提供合理的保证,确保:

——CA 私钥保持机密性和完整性;

——仅限制已授权的个人对 CA 密码设备进行访问。

为这些控制目标所设计的控制程序见 8.3.2。

7.3.3 CA 公钥分发

控制目标:CA 应维持控制以提供合理的保证,确保 CA 公钥和相关参数的完整性和可鉴别性在初始化和随后的分发期间得到维护。

为这一控制目标所设计的控制程序见 8.3.3。

7.3.4 CA 密钥的使用

控制目标:CA 应维持控制以提供合理的保证,确保 CA 密钥仅在预定的地方用于预定的功能。

为这一控制目标所设计的控制程序见 8.3.4。

7.3.5 CA 密钥归档和销毁

控制目标:CA 应维持控制以提供合理的保证,确保:

——归档的 CA 密钥在重新导入生产系统后仍然保持机密性和安全性;

——CA 密钥在 CPS 确定的密钥对生命周期结束时被完全销毁。

为这些控制目标所设计的控制程序见 8.3.5。

7.3.6 CA 密钥泄露

控制目标:CA 应维持控制以提供合理的保证,确保 CA 私钥泄露时运行的连续性得到维护。

为这一控制目标所设计的控制程序见 8.3.6。

7.4 主体密钥生命周期管理控制目标

7.4.1 CA 提供的主体密钥生成服务(如果支持)

控制目标:如果 CA 为用户提供密钥管理服务,CA 应维持控制以提供合理的保证,确保:

——由 CA(或 RA 或发卡方)生成的主体密钥是根据相应 CP 生成的;

——由 CA(或 RA 或发卡方)生成的主体密钥由 CA(或 RA 或发卡方)安全地分发给该主体。

为这些控制目标所设计的控制程序见 8.4.1。

7.4.2 CA 提供的主体密钥存储、恢复和托管服务(如果支持)

控制目标:如果 CA 向主体提供机密性密钥存储、恢复或托管服务,CA 应维持控制以提供合理的保证,确保:

——由 CA 存储的主体私钥保持机密性和完整性;

——由 CA 归档的主体私钥保持机密性;

——由 CA 存储的主体私钥在密钥对生命周期结束时被完全销毁;

——由 CA 托管的主体私钥保持机密性。

为这些控制目标所设计的控制程序见 8.4.2。

7.4.3 集成电路卡(IC 卡)生命周期管理(如果支持)

控制目标:如果 CA(或 RA)使用集成电路卡分发主体密钥对和证书,CA 应维持控制以提供合理的保证,确保:

——IC 卡的获得、准备和个性化由 CA(或 RA 或发卡方)安全地控制;

——IC 卡的使用在 IC 卡签发前由 CA(或 RA 或发卡方)激活;

——IC 卡由 CA(或 RA 或发卡方)安全地存储和分发;

——IC 卡由 CA(或 RA 或发卡方)安全地更换;

——返回给 CA(或 RA 或发卡方)的 IC 卡的被安全地终止。

为这些控制目标所设计的控制程序见 8.4.3。

7.4.4 主体密钥管理的要求

CA 应规定在密钥生命周期内安全管理主体密钥的方法。

为这一控制目标所设计的控制程序见 8.4.4。

7.5 证书生命周期管理控制目标

7.5.1 主体注册

控制目标:CA 应维持控制以提供合理的保证,确保:

——主体(或用户)按照适用的"了解用户"的要求被准确识别;

——主体(或用户)的证书请求是准确的、授权的和完整的。

为这些控制目标所设计的控制程序见 8.5.1。

7.5.2 证书更新(如果支持)

控制目标:如果证书更新在 CP 下得到支持,则 CA 应维持控制以提供合理的保证,确保证书更新请求是准确的、已授权的和完整的。

为这一控制目标所设计的控制程序见 8.5.2。

7.5.3 证书密钥更新

控制目标:CA 应维持控制以提供合理的保证,确保证书密钥更新请求是准确的、已授权的和完整的。

为这一控制目标所设计的控制程序见 8.5.3。

7.5.4 证书签发

控制目标:CA 应维持控制以提供合理的保证,确保证书根据 CP 生成并签发。

为这一控制目标所设计的控制程序见 8.5.4。

7.5.5 证书分发

控制目标:CA 应维持控制以提供合理的保证,确保完整并准确的证书一经签发,对于 CP 中定义的任何实体都可用。

为这一控制目标所设计的控制程序见 8.5.5。

7.5.6 证书撤销

控制目标:CA 应维持控制以提供合理的保证,确保按照风险所指示的方式,基于经过授权和验证的证书撤销请求及时撤销该证书。

为这一控制目标所设计的控制程序见 8.5.6。

7.5.7 证书挂起(如果支持)

控制目标:如果支持证书挂起,则 CA 应维持控制以提供合理的保证,确保按照风险所指示的方式,基于授权和确认了的证书挂起请求及时挂起证书。

为这一控制目标所设计的控制程序见 8.5.7。

7.5.8 证书确认服务

控制目标:CA 应维持控制以提供合理的保证,确保根据 CP 的规则,及时、完整和准确的证书状态信息(包括证书撤销列表和其他证书状态机制)对相关实体(用户和信任方或其代理——即 CVSP)是可用的。

为这一控制目标所设计的控制程序见 8.5.8。

7.6 CA 证书生命周期管理控制

7.6.1 从属 CA 证书生命周期管理

控制目标:签发从属 CA 证书的 CA 应维持控制以提供合理的保证,确保其:

——从属 CA 证书请求是准确的、已鉴别并核准的;

——从属 CA 证书更换(更新或密钥更新)请求是准确的、已授权的和完整的;

——新的、更新了的和密钥更新了的从属 CA 证书是根据特定 CP 生成并签发的;

——完整并准确的从属 CA 证书一经签发,按照 CP 的要求,其对相关各方(用户和信任方)是可用的;

——从属 CA 证书基于授权的和确认的证书撤销请求进行撤销;

——及时、完整和准确的证书状态信息(包括 CRL 和其他证书状态机制)按照 CP 的要求对任何相关实体是可用的。

为这些控制目标所设计的控制程序见 8.6.1。

8 认证机构控制程序

8.1 概述

本条描述的控制程序为认证机构的业务、运行和技术使用提供了实施规程建议。某些控制程序(如使用“应”的控制程序)要求与本标准一致。

CA 的 CPS 应仅包括基于 CA 风险评估的适合的控制程序，以支持签发证书所遵循的证书策略。

评估 CA 控制目标及控制程序时，评审者应评审 CA 的 CPS、支持的证书策略、其他的 CA 业务揭示文件和其他相关 CA 文件(如 CA 操作程序、安全策略、网络结构图和审计日志)。

如何使用证书策略建立 CA 层次结构见 5.6.3。关于信任模型的更多细节，应查阅 ISO 15782-1：2003 的附录 G。

8.2 CA 环境控制

8.2.1 认证业务说明和证书策略管理

控制目标
CA 应维持控制以提供合理的保证，确保认证业务说明和证书策略管理过程是有效的。 策略机构应负责为使用数字证书的业务定义业务需求和策略，并在证书策略和支持协议中规定

控制程序	
	策略机构(PA)管理
1	PA 应负责确保 CA 控制过程按照认证业务说明或等价文件中的规定，并完全符合 CP 的要求
2	PA 应有最终授权和责任规定并核准证书策略
3	PA 应有最终授权和责任核准 CA 的认证业务说明
4	PA 应确保认证业务说明或等价文件的产生并确保这些文件至少描述以下内容： a) CA 环境控制； b) 密钥生命周期管理控制； c) 证书生命周期管理控制
5	PA 或委托的代表应确保其业务服务应用使用适当的证书策略
6	当证书策略终止时，PA 应维护相关程序并通知受影响的各方。PA 应首先立即通知支持其证书策略的 CA 以迅速采取适当的行动
7	PA 应维护其终止情况下的程序，在这种情况下，应通知受影响的各方传输归档记录到相关管理者。证书策略管理
8	策略机构按照确定的程序核准证书策略，包括对证书策略的维护
9	应存在确定的程序以确保 CPS 中规定的控制支持证书策略
10	PA 应使 CA 支持的证书策略对所有适合的用户和信任方都是可用的
11	CPS 应包括对控制的解释以确保与以下保持一致： a) 法律要求； b) 合同要求； c) 教育和通告要求； d) 防止并检测病毒及其他恶意软件； e) 业务连续性要求； f) 因违反安全策略或安全事故结果导致的增强管理的要求

控制程序	
12	PA应周期性地执行评估以确定CP对相关业务风险的应对是充分的。
	由CA进行的认证业务说明(CPS)管理
13	应由PA根据确定的程序核准CA的CPS并修改,包括维护CPS的责任
14	CA应使其认证业务说明对所有适合的各方都可用
15	CA的CPS的修订版应对适用的各方可用
	CA管理
16	CA的控制应在CPS或等价文件中描述

8.2.2 安全管理

控制目标
CA应维持控制以提供合理的保证,确保 —安全在机构内得到规划、管理和支持; —有效管理已鉴别的风险; —CA设施、系统和由第三方访问的信息资产的安全得到维护; —当CA子功能及其相关职责被外包给其他机构或实体时,信息的安全性得到维护

控制程序	
	信息安全策略
1	信息安全策略文档,包括物理的、人员的、程序的和技术的控制,应通过相关管理来核准、公布并通知给所有员工
2	信息安全策略应包括: a) 信息安全的定义,全部目标和范围,以及安全作为能够进行信息共享的一种机制的重要性; b) 管理目的的描述、支持的目标和信息安全原则; c) 解释对机构特别重要的安全策略、原则、标准和一致性要求; d) 定义信息安全管理的一般和特别责任,包括报告安全事件; e) 支持本策略的文件的引用
3	应有确定的程序用于维护信息安全策略,包括职责和评审日期
	信息安全基础设施
4	高级管理和/或高层管理信息安全委员会应确保有明确的指导和管理,以此来支持有效的风险处理
5	应设置管理组或安全委员会来协调信息安全控制的实施和风险管理
6	应明确定义保护个人资产和执行特定安全过程的职责
7	应存在并遵循新信息处理设备的管理授权过程
	第三方访问的安全
8	应存在程序以控制第三方(如在场订约者、交易伙伴和合作者)对CA设施和系统的物理及逻辑访问,应遵循该程序
9	如果CA有业务需求允许第三方访问CA的设施及系统,则应进行风险评估以确定涉及到的安全和特定的控制要求
10	涉及第三方对CA设施及系统进行访问的安排应基于包含所有必要的安全要求的正式合同

控制程序	
	外包
11	如果CA将全部或部分信息系统、网络和/或桌面环境的管理和控制外包，则应在相关各方签署的合同中明确CA的安全要求
12	如果CA选择将CA的部分角色和相应功能委托给另一方，则CA应最终负责外包功能的完成以及CPS规则的定义和维护

8.2.3 资产分类和管理

控制目标
CA应维持控制以提供合理的保证，确保CA的资产和信息受到适当等级的保护，这些保护基于所支持的所有证书策略的和风险分析之上

控制程序	
1	应识别所有CA资产的所有者，并且为其分配维持适当控制的责任。维护适当的控制分配责任
2	应维护CA资产的清单
3	CA应对基于业务需求和与之相关的业务影响信息进行信息分类，并采取相关的保护控制
4	应定义程序以确保信息的标记和处理是按照CA的信息分类方案执行的

8.2.4 人员安全

控制目标
CA应维持控制以提供合理的保证，确保员工的工作实践提高并支持CA运行的可信性

控制程序	
1	CA应雇用拥有与工作内容相适应的相关技能、知识和经验的人员
2	机构安全策略中所规定的安全角色和职责应在工作描述中记录。应明确标识CA运行安全所依赖的可信角色
3	可信的角色至少应包括行使以下职责的角色： a) CA安全业务实施的全面管理职责； b) 证书生成、撤销和挂起的核准； c) CA系统的安装、配置和维护； d) CA系统的日常操作及系统备份和恢复； e) CA系统归档文件和审计日志的审查和维护； f) 密码密钥生命周期管理功能(如密钥组件管理者)； g) CA系统开发
4	CA策略和程序应规定对可信角色和非可信角色要求的背景检查和清除。至少对永久职员的验证检查应在工作申请时执行，并且对承担可信角色的个人进行周期性检查
5	个人的可信状态应在获得对系统/设施的访问或执行需要可信状态的行为前核准
6	CA的雇员和可信角色应签署一份保密协议作为雇用的条件

控制程序	
7	执行可信角色的签约员工应至少受到和雇员一样的背景检查及人员管理程序
8	签约员工和CA之间的合同协议应包括这样的条款，使临时签约员工明确同意CA对违反机构安全策略的签约员工采取下列措施： a) 同签约员工签署明确要求； b) 要求签约员工对故意的有害行为导致的损害进行赔偿； c) 进行经济处罚
9	应有正式的纪律处理程序，对违反组织安全策略和程序的雇员加以处罚
10	当终止雇用时应及时采取适当的行动，使得控制不会被削弱
11	对可能成为强制对象的人员提供监禁警告
12	机构的所有雇员和相关第三方签约员工应接受机构策略和程序的适当培训

8.2.5 物理和环境安全

控制目标
CA应维持控制以提供合理的保证，确保： —仅有已授权的个人才能对CA设施进行访问； —保护CA设施防止来自环境的危险； —防止资产的丢失、损坏或泄露以及业务活动的中断； —防止信息和信息处理设施的泄露

控制程序	
	CA设施物理安全
1	应通过创建严格的安全边界(即物理和逻辑屏障)来提供物理保护。CA的证书生产设备应由它自己惟一的物理边界保护
2	包括CA证书生产设施的建筑或地点的边界应有最少数量的受控访问点
3	应设置有人接待区域或其他控制物理访问的方法，使得对CA运行所在的建筑或地点的访问仅限于授权人员
4	应设置物理屏障(如从地板到天花板的坚固墙体)以防止对CA证书生产设施的非授权进入或环境污染
5	应设置物理屏障(如电磁屏蔽)以防止对所有根CA操作(如密钥生成和CA证书认证)以及证书策略所规定内容的电磁辐射
6	围绕CA运行设施的安全边界上的防火门应具有警报装置并遵循地方防火规定
7	应安装并定期检查入侵检测系统，范围覆盖放置CA运行设施的建筑的所有外面的门
8	无人时，应将CA运行设施物理锁住并设置报警装置
9	所有人员应佩戴可见的身份标识。应鼓励雇员查问任何没有佩戴可见标识的人员
10	应通过使用鉴别控制，限制仅授权人员对CA运行设施进行访问
11	应将所有进入和离开CA运行设施的人员记入日志(即应维护所有访问的审计追踪)
12	应监督CA设施的访问人员，记录他们进入和离开的日期和时间
13	应限制第三方支持服务人员对安全CA设施的访问，当必须访问时，也应对该访问进行授权并且有人陪同

控制程序	
	CA 设施物理安全
14	应定期审查并更新 CA 设施的所有访问权
	设备安全
15	CA 应维护一个设备清单
16	应确定设备放置地点并对设备进行保护，以减少环境威胁和灾害，以及减少非授权访问的机会
17	设备应受到保护以有效应对停电或其他电力异常情况
18	应保护 CA 服务的电力电缆和通信电缆不受到侦听或破坏
19	应根据制造商说明书和/或其他文档化的程序维护设备，确保其连续可用性和完整性
20	应检查包含存储介质(固定和可移动的磁盘)设备的所有项目，确保在销毁前不再包含敏感数据。包含敏感数据的存储介质应被物理销毁或在重新使用前进行安全重写
	通用控制
21	敏感或关键业务信息应在不需要或 CA 设施不再使用时被锁起
22	程序应要求个人计算机和工作站在不使用时退出登录，或通过密钥锁、物理上锁、口令或其他控制措施保护
23	程序应要求属于机构的设备、信息和软件不能未经授权就被带离所在位置

8.2.6 运行管理

控制目标
CA 应维持控制以提供合理的保证，确保： —CA 信息处理设施的正确和安全运行； —CA 系统失效的风险最小化； —CA 系统和信息的完整性受到保护，防止病毒和恶意软件； —通过使用事件报告和响应程序将安全事件和故障的损失最小化； —安全地处理信息介质以防止其损坏、被窃或被非授权访问

控制程序	
	运行程序和责任
1	对于每个功能去，应将 CA 运行程序通过文件记录并维护
2	应有正式的管理责任和程序来控制 CA 设备、软件和运行程序的所有变更
3	责任和责任范围应被分开，以减少非授权修改、信息或服务误用
4	开发和测试设施应与运行设施分开
	系统计划和接受
5	应监视容量需求并预测未来的容量要求，以确保有充足的处理能力和存储量
6	应建立新信息系统、升级系统或新版本系统的接受标准，并在接受前执行适当的系统测试
	防止病毒和恶意软件
7	应实施防止病毒和恶意软件的检测和防护控制。应有适当的程序使雇员知晓控制措施。
	事件报告和响应
8	应有正式的安全事件报告程序，在接收到事件报告时启动应采取的行动。这包括分配的责任和自动调整程序。任何事件都应作为紧急问题报告给 PA

控制程序	
9	被授予可信角色的CA系统用户应记录并报告观察到的或怀疑的在系统或服务中的安全弱点及威胁，以确保对安全事件的适当响应
10	应建立并遵循硬件和软件故障报告程序
11	应建立并遵循相应程序，报告错误，并采取正确的行动。
12	应建立并遵循规范的问题管理程序，以记录、量化并监视事件和故障的类型、数量和影响
	介质处理和安全
13	可移动的计算机介质的管理程序应要求： a） 如果不再需要，应有效擦除任何准备移走的可重用介质中原有数据内容，或者将该介质销毁； b） 从机构内移走的所有介质需要得到授权，并且保存所有移动的记录以维持审计追踪； c） 所有介质应根据制造商的规定在安全的环境中存储和放置
14	包含存储介质的设备（即固定硬盘）应受到检查，以确定在销毁或重用前是否包含敏感数据。包含敏感信息的存储设备应在销毁或重用前被物理销毁或安全地重写
15	应建立并遵循信息处理和存储程序以防止该信息非授权暴露或误用
16	应保护系统文件，防止非授权访问

8.2.7 系统访问管理

控制目标
CA应维持控制以提供合理的保证，确保仅限于已授权的人员对CA系统进行访问。这样的控制应提供合理的保证： —仅限于已授权的拥有预定任务权限的人员对运行系统进行访问； —仅限于已授权的个人、应用和服务对CA系统所处网段进行访问； —仅限于已授权的人员使用CA应用程序

控制程序	
	用户访问管理
1	应在访问控制策略中定义并以文件形式明确访问控制的业务要求，至少包括： a） 角色和相应的访问许可； b） 每一用户的认证与鉴别过程； c） 责任分离； d） 执行特定CA操作所要求的人员的数量（即 n 分之 m 规则，其中 m 表示需要执行一项操作的密钥分享组件持有者的数量，n 表示密钥分享组件的总数）
2	应有正式的可信角色用户注册和注销程序，以允许访问CA信息系统和服务
3	权限的分配和使用应受到限制并受到双重控制
4	口令的分配应通过正式的管理过程进行控制
5	被授予可信角色的用户的访问权限应定期审查
	网络访问控制
6	CA雇员应只对明确授权其使用的服务进行直接访问。用户终端到计算机服务的路径应受到控制
7	如果允许CA雇员或外部系统对CA系统的远程访问，则应要求进行相互鉴别
8	CA雇员或CA系统和远程计算机系统的连接应被相互鉴别
9	诊断端口的访问应得到安全地控制

控制程序	
10	应具有有效控制(如防火墙)以保护 CA 的内部网络区域,防止来自其他区域的任何非授权访问
11	根据 CA 的访问控制策略,应具备有效控制来限制授权用户可用的网络服务(如 HTTP、FTP 等)。CA 机构使用的所有网络服务的安全属性应由 CA 以文件形式明确
12	应具有路由控制以确保计算机连接和信息流不违反 CA 的访问控制策略
13	CA 应确保本地网络组件(如防火墙和路由器)处于物理安全的环境中,并周期性地审计它们的配置与 CA 配置要求的一致性
14	通过公共或不可信网络交换的敏感数据应被加密
	操作系统访问控制
15	操作系统应根据 CA 的操作系统配置标准进行配置并周期性审查
16	操作系统补丁和升级程序应基于风险评估在的确需要系统升级时及时应用
17	应使用自动终端认证来鉴别到特定地点和便携设备的连接
18	访问 CA 系统应要求一个受保护的登录过程
19	所有 CA 人员用户应有惟一标识(用户 ID)供个人单独使用,这样活动可以被追踪到责任人。需要共享账户或组账户的地方应实施其他监控措施来维持个人行为与系统操作的有效绑定
20	系统工具程序的使用应限制于已授权人员并有效控制
21	服务于 CA 系统的非活动终端应在使用前重新鉴别
22	对高风险的应用应使用连接时间限制,以提供额外的安全性
23	应防止敏感的操作系统数据泄露给非授权用户
	应用访问控制
24	信息和应用系统功能的访问应根据 CA 的访问控制策略进行限制
25	CA 人员使用与证书管理相关的关键应用前应被成功识别和鉴别
26	敏感系统(如根 CA)应要求专门的(隔离的)计算环境

8.2.8 系统开发和维护

控制目标
CA 应维持控制以提供合理的保证,确保通过授权进行 CA 系统的开发和维护,并以此来维护 CA 系统的完整性

控制程序	
1	新系统和系统升级的业务要求中应明确规定控制要求
2	对于操作系统上的软件实施,包括预定的软件发布、修改和紧急软件修复,应建立和遵循软件测试和变更程序
3	应建立和遵循硬件、网络组件和系统配置变更程序
4	应维持对程序源代码库访问的控制
5	操作系统发生变更时应对系统进行审查和测试
6	应限制对软件包的修改,应严格控制所有变更
7	应控制和检查软件的购买、使用和修改,防止可能的隐蔽通道或恶意代码。这些应包括软件来源的鉴别。这些控制同样应用于外包软件开发。应遵照 GB/T 18336 定义的通用准则或类似标准进行评估鉴定

8.2.9 业务连续性管理

控制目标
CA 应维持控制以提供合理的保证，确保灾难发生时运行的连续性。这样的控制至少应包括： —CA 灾难恢复计划的开发和测试； —在备用地点存储必需的密钥要素(即安全密码设备和激活材料)； —在备用地点存储系统、数据和配置信息的备份； —保证用于恢复的备用地点、设备和连接的可用性 CA 应维持控制以提供合理的保证，确保因 CA 服务停止或功能下降导致的用户和信任方的相关服务中断的潜在因素最小化

控制程序	
1	CA 应有开发和维护其业务持续性计划的管理过程。CA 应有基于适当风险评估的业务持续性计划策略。
2	CA 应有在关键 CA 过程中断或失效后及时维护或恢复 CA 运行的业务持续性计划。CA 的业务持续性计划应明确： a) 激活计划的条件； b) 应急程序； c) 撤退程序； d) 恢复程序； e) 计划的维护方案； f) 知晓和教育要求； g) 个人职责； h) 恢复时间目标(RTO)； i) 业务持续性计划的定期测试
3	CA 业务持续性计划应包括一个或多个组件失效时 CA 所有关键组件的灾难恢复过程，包括软件、硬件和密钥，特别是： a) 用于存储 CA 私钥备份的密码设备应安全保存在异地，以在主 CA 设施灾难事件时得到恢复； b) 使用并管理灾难恢复密码设备所需的必要子密钥和密钥组件也应在异地保存
4	应定期进行基本业务信息的备份。这些备份的安全要求应与信息备份控制要求保持一致
5	CA 应确定并安排备用地点，在 CA 主地点发生灾难事件时核心的 PKI 操作可恢复。撤退设备和备份介质应放置在安全距离外，避免来自主地点灾难的破坏
6	不管是在本地还是远程，当灾难发生并且安全环境没有恢复期间，CA 业务持续性计划应包括这段时间内保护设施安全的程序
7	CA 业务持续性计划应明确如果计算资源、软件和/或数据被破坏或被怀疑受到破坏时使用的恢复程序
8	业务持续性计划应定期进行测试以确保是最新的和有效的
9	业务持续性计划应通过定期审查和更新进行维护以确保持续有效性

8.2.10 监视和遵守

控制目标
CA 应维持控制以提供合理的保证，确保： —CA 的运行及服务符合相关法律、制度和合同要求； —CA 的运行及服务与 CA 安全策略和程序的一致性； —能够检测到任何对 CA 系统的非授权使用

控制程序	
	遵守法律要求
1	CA应有程序确保对每个信息系统都明确定义并以文件形式明确了所有相关的法令、规定和合同要求
2	CA应有实施的程序以确保遵守使用知识产权和专有软件产品的法律规定
3	应有控制来确保对密码硬件与软件的访问或使用符合国家法律、法规或其他规定
4	应有程序来确保个人信息依据相关法律受到保护
5	信息安全策略应明确： a) 必须由CA或RA保密的信息； b) 不认为是机密的信息； c) 向法律强制机构发布信息的策略； d) 可以作为当事人证据收集被披露的信息； e) 信息在主体同意情况下可被披露的条件； f) 机密信息可被披露的其他情况
6	保护CA的重要记录，防止丢失、破坏和伪造篡改
	安全策略和技术的一致性审查
7	管理者应负责确保他们职责范围内的安全程序正确执行
8	CA的运行应受到定期审查以确保与CPS一致
9	应周期性检查CA系统与安全实施标准的一致性
	监视系统访问和使用
10	应建立监视CA系统使用的程序，监视活动的结果应定期审查。应实施报警机制检测非授权访问

8.2.11 审计日志

控制目标
CA应维持控制以提供合理的保证，确保： —准确适当地记录CA环境、密钥管理和证书管理事件； —当前和归档的审计日志的机密性和完整性得到维护； —根据业务揭示说明将审计日志完整地机密地归档； —审计日志由授权人员周期性的审阅

控制程序	
	审计日志
1	CA应按照法律和证书策略的要求生成自动的(电子的)和手工的审计日志
2	所有日志条目应包括： a) 条目的日期和时间； b) 条目的序列号或顺序号(对于自动日志条目)； c) 条目种类； d) 条目来源(如终端、端口、地点、客户等)； e) 生成日志条目的实体身份

控制程序	
	记录的事件
3	CA应记录以下CA和主体密钥生命周期管理相关的事件： a) CA密钥生成； b) 手工密钥的安装及结果(连同操作者的身份)； c) CA密钥备份； d) CA密钥存储； e) CA密钥恢复； f) CA密钥托管活动(如果有)； g) CA密钥使用； h) CA密钥归档； i) 密钥要素从服务中撤销； j) CA密钥销毁； k) 授权一个密钥管理操作的实体的身份； l) 处理密钥要素(如存储在便携设备或介质内的密钥组件或密钥)的实体的身份； m) 密钥、设备或保存密钥的介质的保管； n) 私钥的泄露
4	CA应记录以下密码设备生命周期管理的相关事件： a) 设备接收和安装； b) 放置或移除储存器中的设备； c) 设备激活和使用； d) 设备解除安装； e) 指定对设备的服务和修理； f) 设备退役
5	如果CA提供主体密钥管理服务，CA应记录以下主体密钥生命周期管理相关的事件： a) 密钥生成； b) 密钥分发(如果可用)； c) 密钥备份(如果可用)； d) 密钥托管(如果可用)； e) 密钥存储； f) 密钥恢复(如果可用)； g) 密钥归档(如果可用)； h) 密钥销毁； i) 授权一项密钥管理操作的实体的身份； j) 密钥泄露
6	CA应记录(或要求RA记录)以下证书应用信息： a) 采用的身份认证方法和用于符合“了解你的用户”的要求的信息。 b) 惟一身份鉴别数据记录、号码或组合的记录(如申请者驾照号码)，如果可用； c) 申请和认证文件副本的存储地点； d) 接受申请的实体的身份； e) 用于验证认证文件的方法； f) 接收申请的CA或提交申请的RA的名称，如果可用； g) 主体用户协议的接受； h) 按照个人隐私的相关法律要求，用户同意CA保存包含用户个人数据的记录，同意将该信息传递给特定第三方并发布证书

控制程序	
7	CA应记录以下证书生命周期管理相关的事件： a) 收到证书请求——包括初始证书请求、更新证书请求和更新密钥请求； b) 提交用于认证的公钥； c) 实体从属关系的变更； d) 证书生成； e) CA公钥的分发； f) 证书撤销请求； g) 证书撤销； h) 证书挂起请求(如果可用)； i) 证书挂起和取消挂起； j) 证书撤销列表的生成和发布
8	CA应记录以下安全敏感事件： a) 包括审计日志本身的安全敏感文件或记录的读写； b) 对安全敏感数据采取的行动； c) 安全配置文件的更改； d) 认证与鉴别机制的使用,不论成功还是不成功(包括多次失败的鉴别尝试)； e) 安全敏感的非金融交易(如账户或名称/地址变更等)； f) 系统崩溃、硬件失效或其他异常； g) 可信角色、计算机操作员、系统管理员和系统安全员个人所采取的行动； h) 实体从属关系的变更； i) 不进行加密/鉴别过程或程序的决定； j) 访问CA系统或其中的任何组件
9	审计日志不应以任何形式(如明文或加密的形式)记录私钥
10	CA计算机系统时钟应按照CP或CPS中规定的可接受时间源进行同步,以准确进行记录
	审计日志保护
11	当前和归档的审计日志应以防止修改或非授权销毁的形式进行维护
12	在可能或要求满足法律要求的情况下应使用数字签名保护审计日志的完整性
13	用于对审计日志签名的私钥不应用于其他目的。用于对称MAC机制中使用的对称密钥同样不应用于其他目的
	审计日志归档
14	CA应定期归档审计日志数据
15	除了可能的相关规则的规定,应执行风险评估确定保持归档审计日志的适当时间长度
16	CA应在一个异地的安全位置,在预定的时间周期内维护归档的审计日志,周期长度由风险评估和法律要求来确定
	审计日志的审查
17	当前和归档的审计日志应只能被授权人员以合理的业务原因或安全原因获取
18	审计日志应根据CPS中建立的业务规则进行审查
19	当前或归档的审计日志的审查应包括验证审计日志的完整性,以及异常、非授权或可疑活动的鉴别及其后续事件的追踪 要求分析的情况和可能行为的示例包括系统资源的异常饱和、数量的突然变化和意外的增加以及在异常时间或来自异常地点的访问

8.3 CA 密钥生命周期管理控制

8.3.1 CA 密钥生成

控制目标
CA 应维持控制以提供合理的保证，确保 CA 密钥对根据规定的密钥生成脚本和 CPS 的要求生成

控制程序	
	CA 密钥，包括根 CA 密钥的生成
1	CA 密钥生成应根据规定了执行步骤和参与者责任的详细的 CA 密钥生成过程脚本来执行。CA 密钥生程序脚本应包括： a） 角色和责任的定义； b） 执行密钥生成过程的核准； c） 密钥生成过程需要的密码硬件和激活材料； d） 规定密钥生成过程期间执行的步骤； e） 密钥生成后密码硬件和激活材料安全存储的程序； f） 参与者和见证人签署指明密钥是否根据详细密钥生成过程脚本生成。 g） 任何密钥生成过程脚本执行及执行结果异常现象的注释 CA 密钥生成过程的更多讨论参见附录 D
2	CA 密钥的生成应在按照 ISO 15782-1 和 CPS 业务要求的密码模块执行。这样的密码设备应使用 ISO/IEC 18032 规定的随机数生成器(PNG)或伪随机数生成器(PRNG)进行密钥生成
3	CA 密钥的生成应在物理安全环境中(见 8.2.5)由被授予可信角色的人员在多重控制和知识分割的原则下(参见附录 D)进行
4	CA 应在使用密钥对的同一密码设备内生成密钥对，或者直接从生成它的设备注入到使用它的设备当中
5	CA 所生成的密钥应： a） 适合于预定的应用或目的，并且与识别的风险相适应； b） 使用 ISO/IEC 18033，第 1 到第 4 部分核准的算法； c） 具有与密码算法和 CA 证书有效期相适应的密钥长度； d） 同时考虑上级 CA 和它的从属 CA 密钥大小的要求； e） 与 CP 一致
6	CA 密钥的生成应产生符合 CP 的密钥长度。经 CA 认证的公钥长度应小于或等于 CA 签名私钥的长度
7	用于密钥生成的软硬件的完整性和与这些软硬件的接口应在生产使用前进行测试

8.3.2 CA 密钥存储、备份和恢复

控制目标
CA 应维持控制以提供合理的保证，确保： —CA 私钥保持机密性和完整性； —仅限于已授权的个人对 CA 密码设备进行访问

控制程序	
1	CA 的(签名和机密性)私钥应在安全密码设备内存储和使用，这些设备应基于风险评估和 CA 的业务要求符合 GB/T 18336 保护配置文件的要求并与 CA 的 CPS 和适用的证书策略一致

控制程序	
2	如果CA的私钥没有从安全密码模块中导出，则CA私钥应在同一个密码模块内生成、存储和使用
3	如果CA的私钥从安全密码模块导出到安全存储，用于离线处理或备份和恢复的目的，则它们应在一个安全密钥管理方案内被导出，该方案可包括： a）密文使用的密钥被适当保护； b）加密的密钥片断使用多重控制和分割知识/所有权； c）使用另一个安全密码模块，如使用多重控制的密钥传输设备
4	如果备份CA的私钥，则它们应由被授予可信角色的授权人员，在物理安全环境中使用多重控制进行备份、存储和恢复。授权执行该功能的人员的数量应保持最小
5	如果备份CA的私钥，则CA私钥的备份应受到与当前使用的密钥相同或更高级别的安全控制。CA密钥的恢复应以与备份过程相同安全的方式执行
	CA密码设备生命周期管理
6	策略和程序应要求CA密码硬件由制造商发送给CA时使用防篡改包装通过挂号邮件（或等效方法）发送。一旦收到制造商发送到CA的密码硬件，授权的CA人员应检查该防篡改包装以确定封条是否完整
7	一旦收到制造商发送到CA的密码硬件，就应执行验收测试和固件设置验证。一旦对CA密码硬件进行服务维修，就应执行验收测试和固件设置验证
8	为防止篡改，CA密码硬件应在安全地点存储和使用，并将访问限制于授权人员。CA密码硬件具有以下特征： a）详细清单控制过程和程序管理每一设备的来源、到达、状况、出发和目的地； b）访问控制过程和程序限制授权人员的物理访问； c）在审计日志内记录所有对CA设施和设备存储机制（如保险箱）成功或失败的访问； d）具有事件处理过程和程序来处理异常事件、违反安全事件、调查和报告； e）具备审计过程和程序以验证控制的有效性
9	未连接到CA系统时，CA密码硬件应保存在防篡改的容器内，容器在多重控制下安全地保存（如保险箱）
10	CA密码硬件的处理，包括以下任务，应在不少于两个可信雇员在场的情况下执行： a）安装CA密码硬件； b）从生产系统中移走CA密码硬件； c）CA密码硬件的服务或修理（包括新硬件、固件或软件的安装）； d）拆卸并从使用中永久移除
11	用于私钥存储和恢复的设备以及与这些设备的接口应在使用前对完整性（如遵循制造商的说明）进行测试

8.3.3 CA公钥分发

控制目标
CA应维持控制以提供合理的保证，确保CA公钥和相关参数的完整性和可鉴别性在初始化和随后的分发期间得到维护

控制程序	
1	CA应提供验证CA公钥可鉴别性和完整性的机制。对于根CA公钥分发过程（如使用自签名的证书），应使用带外通知机制。在自签名证书被用于任何CA的地方，CA应提供验证自签名证书可鉴别性的机制（如证书指纹的发布） 对随后的和/或下级的CA公钥，这些应通过使用证书链方法或类似过程链接到可信根证书进行验证。对于新的根证书，可要求带外过程

控制程序	
2	CA公钥的初始分发机制应按照CA的CPS中明确的方式进行控制。CA公钥应在证书内使用以下方法之一按照CA的CPS进行初始分发： a） 来自已进行源鉴别的机器易读的介质(如智能卡、CD ROM)； b） 嵌入在实体的密码模块内； c） 其他确保可鉴别性和完整性的安全方法
3	CA公钥应根据CPS的要求周期性变更(密钥更新)。应提前通知以避免CA服务的中断
4	CA公钥随后的分发机制应按照CA的CPS中明确的方法进行控制
5	如果实体已经有CA公钥的已鉴别副本，新的CA公钥应使用以下方法之一按照CA的CPS进行分发： a） 从CA直接进行电子传输； b） 放入远程缓存或目录； c） 加载到密码模块内； d） 用于初始分发的任何方法

8.3.4 CA密钥使用

控制目标
CA应维持控制以提供合理的保证，确保CA密钥仅在预定的地方用于预定的功能

控制程序	
1	CA签名私钥的激活应使用多方控制执行(即 n 分之 m)，m 使用的最小值推荐为3
2	基于风险评估，如果必要，CA私钥的激活应使用多因素鉴别进行(如智能卡和口令、生物鉴别和口令等)
3	用于生成证书和/或签发撤销状态信息的CA签名私钥不应用于其他目的
4	CA的私钥应只在物理安全前提内使用(见8.2.5)
5	CA应在定义的密钥对的运行生命期结束时或者已知或怀疑私钥泄露时停止使用该密钥对
6	CA密码硬件的正确处理应周期性地得到验证
7	PA应要求对密钥长度每年进行审查，以确定适当的密钥使用期并作出建议

8.3.5 CA密钥归档和销毁

控制目标
CA应维持控制以提供合理的保证，确保： —归档的CA密钥在重新导入生产系统后仍然保持机密性和安全性； —CA密钥在CPS确定的密钥对生命周期结束时被完全销毁

控制程序	
	CA密钥归档
1	归档的CA密钥应受到与当前使用的密钥相同或更高级别的安全控制
2	CA的私钥应直到其业务目的或应用已经终止或者法律责任已经期满时才能被销毁

控制程序	
	CA 密钥归档
3	归档的密钥只有在安全事件导致生产密钥丢失或历史证据要求验证时才能重新放回到生产当中。应要求控制过程确保 CA 系统和密钥集的完整性
4	归档的密钥应在最短的可能时间期内恢复以符合业务要求
	CA 密钥销毁
5	授权销毁 CA 私钥以及如何销毁 CA 私钥(如交出令牌、销毁令牌或密钥重写)应根据 CA 的 CPS 进行限制
6	CA 私钥的所有副本和分段应以私钥无法被重新得到的方式被销毁
7	如果 CA 密码设备正从服务中永久移除，则设备内包含的用于任何密码目的的密钥应从设备内擦除

8.3.6 CA 密钥泄露

控制目标
CA 应维持控制以提供合理的保证，确保 CA 私钥泄露时运行的连续性得到维护

控制程序	
1	CA 的业务连续性计划中应将 CA 私钥的泄露或怀疑泄露作为灾难事件
2	CA 签名私钥泄露或怀疑泄露的事件发生时，应存在灾难恢复程序，包括由 CA 私钥签发的所有证书的撤销和重新签发
3	如果 CA 私钥泄露，则使用的恢复程序应包括以下行动： a) 如何保护生产环境中的密钥使用被重新建立； b) CA 的旧公钥如何撤销； c) 对受影响方(如受影响的 CA、资料库、用户和 CVSP)的通知程序； d) CA 的新公钥如何连同鉴别机制一起提供给终端实体及信任方； e) 主体公钥如何重新认证
4	CA 不得不更换其根 CA 私钥时，应具备程序将以下内容安全地并经过鉴别地撤销： a) 旧的 CA 根公钥； b) 基于泄露私钥的根 CA 或任何 CA 签发的所有证书集(包括自签名的证书)； c) 任何从属 CA 公钥和需要重新认证的相应证书
5	用于密钥泄露的 CA 业务连续性计划应包括要通知谁，对系统软硬件、对称和非对称密钥、以前生成的签名和加密的数据要采取什么样的行动
6	CA 业务连续性计划应考虑密钥复制技术，如 ISO 15782-1:2003 附录 J 中的描述

8.4 主体密钥生命周期管理控制

8.4.1 CA 提供的主体密钥生成服务(如果支持)

控制目标
如果 CA 向用户提供密钥管理服务，则 CA 应维持控制以提供合理的保证，确保： —CA(或 RA 或发卡方)生成的主体密钥根据 CP 生成的； —CA(或 RA 或发卡方)生成的主体密钥通过 CA(或 RA 或发卡方)安全地分发给主体

控制程序	
	CA(或 RA 或发卡方)提供的主体密钥生成
1	由 CA(或 RA 或发卡方)执行的主体密钥生成应在安全密码设备内发生,符合基于风险评估的适当的 ISO 15782-1 级别要求以及 CA 的业务要求,并符合适用的 CP。这样的密码设备应使用 ISO/IEC 18032 规定的随机数生成器或伪随机数生成器(PRNG)执行主体密钥的生成
2	由 CA(或 RA 或发卡方)执行的主体密钥生成应使用 CP 中规定的密钥生成算法
3	由 CA(或 RA 或发卡方)执行的主体密钥生成应按照 CP 产生具有适当密钥长度的密钥
4	由 CA(或 RA 或发卡方)执行的主体密钥生成应由授权人员根据该 CA 的 CPS 来执行
5	当 CA(或 RA 或发卡方)执行主体密钥生成时,CA(或 RA 或发卡方)应安全地将 CA(或 RA 或发卡方)生成的主体密钥对根据 CP 传送给主体

8.4.2 CA 提供的主体密钥存储和恢复服务(如果支持)

控制目标
如果 CA 向主体提供机密性密钥存储、恢复或托管服务,则 CA 应维持控制以提供合理的保证,确保: —由 CA 存储的主体私钥保持机密性和完整性; —由 CA 归档的主体私钥保持机密性; —由 CA 存储的主体私钥在密钥对生命周期结束时被完全销毁; —由 CA 托管的主体私钥保持机密性

控制程序	
	CA 提供的主体密钥存储、备份和恢复
1	由 CA(或 RA)存储的主体私钥应使用基于风险评估和 CP 要求的密码算法和密钥长度以加密形式存储
2	如果 CA 为用户生成密钥对,则 CA(或 RA)应确保主体的私钥没有泄露给除了该主体外的任何实体
3	如果 CA(或 RA)生成签名公/私密钥对,则一旦主体确认收到密钥,CA(或 RA)就不应保留任何签名私钥的副本
4	如果 CA(或 RA)提供主体(机密性)密钥存储、备份和恢复,或主体(机密性)私有密钥备份和恢复,则这些服务只应由授权的人员执行
5	如果 CA(或 RA)提供主体密钥存储、备份和恢复,则应有控制来确保主体(机密性)私有密钥的完整性在生命周期内得到保证
	CA 提供的主体密钥归档
6	由 CA 归档的主体(机密性)私有密钥应使用基于风险评估和 CP 要求的密码算法和密钥长度以加密形式存储
7	如果 CA 提供主体(机密性)密钥归档,则所有归档的用户密钥应在归档期结束时被销毁
	CA 提供的主体密钥销毁
8	如果 CA 提供主体(机密性)密钥存储,则授权销毁主体私钥和销毁主体(机密性)私有密钥的方法(如密钥重写)应根据 CP 进行限制
9	如果 CA 提供主体(机密性)密钥存储,则主体私钥的所有副本和分段应在密钥对生命周期结束时被销毁
	CA 提供的主体密钥托管
10	由 CA 保管的用于法律强制访问目的的主体(机密性)私有密钥应使用基于风险评估和 CP 要求的密码算法和密钥长度以加密形式存储

8.4.3 集成电路卡(IC卡)生命周期管理(如果支持)

控制目标
如果CA(或RA)使用集成电路卡(IC卡)分发主体密钥对和证书,则CA(或RA)应维持控制以提供合理的保证,确保: —IC卡的获得、准备和个性化由CA(或RA或发卡方)安全地控制; —IC卡的使用在IC卡签发前由CA(或RA或发卡方)激活; —IC卡由CA(或RA或发卡方)安全地存储和分发; —IC卡由CA(或RA或发卡方)安全地更换; —返回给CA(或RA或发卡方)的IC卡被安全地终止

控制程序	
	IC卡的获得
1	如果CA或RA约定了发卡方的服务,则相关各方间应存在正式协议。当发卡功能委托给第三方时,CA应保持对IC卡的职责和义务
2	IC卡在卡制造商和发卡方之间传输时应通过使用传输密钥或通行字进行逻辑保护
3	颁发给主体的IC卡应基于风险评估和CP的要求,符合适当的GB/T 18336保护配置文件、国家或ISO卡标准(如GB/T 14916、GB/T 15120(1～5部分)、GB/T 17552、GB/T 16649(1～3部分)、GB/T 16649(5～8部分)、GB/T 16649.10、ISO/IEC 7816-4、ISO/IEC 7816-9、ISO/IEC 7816(11～12部分)、ISO/IEC 7816-15、GB/T 16790.1、GB/T 16790(5～7部分)、ISO 10202(2～4部分)、ISO 10202.8)的等级要求
4	发卡方应根据来自卡制造商的收据验证IC卡的物理完整性
5	当IC卡在发卡方控制之下时,IC卡应被安全地存储并在资产清单控制之下
	卡的准备和个性化
6	IC卡准备过程和程序,包括以下内容,这些内容应存在并被遵守: a) 加载卡操作系统; b) 创建逻辑数据结构(卡文件系统和卡安全域); c) 加载应用程序; d) 逻辑保护IC卡,防止对卡操作系统、卡文件系统、卡安全域和应用程序的非授权修改
7	IC卡个性化过程和程序,包括以下内容,这些内容应存在并被遵守: a) 将身份认证信息加载到卡上; b) 根据8.4.1和CP的要求生成主体密钥对; c) 将主体私钥以加密的形式加载到IC卡上(如果在卡外生成); d) 加载主体证书到IC卡上; e) 加载CA或其他用于契约环境的证书到IC卡上; f) 逻辑上防止IC卡受到非授权访问
8	发卡方或CA(或RA)应在审计日志内记录IC卡的准备和个性化
9	除非卡已经由发卡方、CA或RA准备和个性化,否则不应颁发IC卡
10	除非处于激活状态,否则IC卡应是不可使用的
	IC卡的分发
11	应创建并遵循过程和程序来分发、追踪和说明主体安全接收到用户IC卡
12	IC卡初始激活数据(初始化PIN)应安全地传输给主体,或者使用带外方法传送到用户。应鼓励主体在接收到IC卡初始激活数据并使卡激活时,更改初始激活数据
13	IC卡的分发应由发卡方、CA(或RA)在审计日志内记录

控制程序	
	主体 IC 卡的使用
14	应为主体提供在用户使用期间保护对卡数据，包括存储在 IC 卡上的私钥，进行访问的机制（即 PIN 访问控制机制——持卡人验证方法）
15	IC 卡上的主体私钥不应导出到应用程序执行加密（即签名）功能
16	对于密码应用和卡功能，应要求主体使用双向鉴别机制，以确保系统完整性
17	应要求主体使用应用程序在签名报文（或交易）数据前向主体显示报文或报文摘要。主体 IC 卡应用应产生所有使用 IC 卡的审计日志。这包括私钥所有者验证过程中的所有尝试 **注**：如果信任方对交易的可鉴别性和/或完整性有争议，则可由主体或用户提供此证据
18	IC 卡应由主体或用户根据 CP 的条款使用
	IC 卡的更换
19	应创建并遵循过程和程序来更换主体丢失的或损坏的 IC 卡
20	卡丢失或损坏时，应根据 CP（见 8.5.2 和 8.5.3）更新主体证书或更新密钥
21	IC 卡的更换应由发卡方或 CA（或 RA）在审计日志内记录
	IC 卡的终止
22	所有返回给发卡方或 CA（或 RA）的所有 IC 卡应解除激活或安全地销毁，防止非授权访问
23	IC 卡的终止应由发卡方或 CA（或 RA）在审计日志内记录

8.4.4 主体密钥管理的要求

控制目标
CA 应规定在密钥生命周期内安全地管理主体密钥的方法

控制程序	
	主体密钥的生成
1	CP 应规定用于主体密钥生成的密码模块和适当的 ISO 15782-1 级别要求
2	CP 应规定可用于主体密钥生成的密钥生成算法
3	CP 应规定用于主体密钥生成的可接受密钥长度
	主体密钥的存储、备份和恢复
4	CA 或 RA 应向用户提供机制允许用户访问（即私钥所有人验证方法）、管理和控制私钥的使用并使这些机制对用户是可用的
5	CP 应规定对存储的主体私钥的保护要求
6	CP 应规定恢复主体私钥时的环境和授权以及控制过程
7	CP 应规定由主体存储的主体私钥的备份副本的保护要求
	主体密钥使用范围
8	银行条款和条件（或单独的用户协议）应描述用户（及主体）使用密码机制（如 HSM 或 IC 卡和软件应用程序）需要遵循的程序和过程
9	CP 应规定主体密钥对可接受或允许的使用
10	CP 应规定对主体密钥使用的要求
	主体密钥归档
11	CP 应规定归档的主体私钥的保护要求
12	CP 应规定归档的主体密钥在归档期结束时的销毁要求

控制程序	
	主体密钥的销毁
13	CP 应规定可执行主体密钥销毁的方法
14	CP 或 CPS 应规定在密钥对生命周期结束时主体私钥的所有副本和片断的销毁要求
	主体密码硬件生命周期管理
15	如果要求,CP 应规定密码硬件在其他物理位置时(即 HSM 连接到主机或远程服务器)使用和处理密码硬件以及主体鉴别过程的要求
	主体密钥泄露
16	CP 应规定主体密钥泄露时对 CA 或 RA 的通知的要求

8.5 证书生命周期管理控制

8.5.1 主体注册

控制目标
CA 应维持控制以提供合理的保证,确保: —主体(或用户)按照适用的"了解你的用户"的要求被准确地识别; —主体(或用户)的证书请求是准确的、授权的和完整的

控制程序	
	认证与鉴别
1	CA 应验证或要求 RA 验证主体提供的证明其身份或授权的凭证,以证明根据证书策略和法律法规要求该主体可以执行特定的角色 a) 对于个人终端实体证书,CA 或 RA 应(按照 CP 所确定的方式)验证姓名包含在证书基本域的主体惟一识别名字段内的人的身份。未经鉴别的个人姓名不应包括在证书基本域的主体惟一识别名当中; b) 对于机构证书(包括基于角色的、服务器、网络资源、代码签名的证书),CA 或 RA 应(按照 CP 所确定的方式)验证包含在证书基本域的主体惟一识别名字段机构属性内的机构名称的合法性和请求方的权威性。未经鉴别的机构名不应包括在证书当中; c) 对于包含机构域名的机构证书,CA 或 RA 应(按照 CP 所确定的方式)验证包含在证书基本域的主体惟一识别名字段通用名属性内的域名的所有权、控制权和使用权。未经鉴别的域名不应包括在证书当中
2	CA 或 RA 应根据 CP 验证包含在请求实体的证书请求中的信息的准确性
3	CA 或 RA 应根据 CP 检查证书请求中的差错或省略信息
4	对于终端实体证书,CA 应使用包含在实体证书请求中的 RA 的公钥来验证证书请求提交的签名
5	CA 应在 CP 定义的边界或在 CA 服务的群体范围内验证主体惟一识别名的惟一性
6	应使用加密和访问控制来保护传输和存储中的注册数据的机密性和完整性
7	在注册时(证书签发之前)RA 或 CA 应通知主体或用户关于证书使用的条款和条件
8	证书签发前,CA 应通知主体或用户关于证书使用的条款和条件
	证书请求
9	CA 应要求请求证书的实体必须按照 CP 的要求准备并向 RA(或 CA)提交恰当的证书请求数据(注册请求)
10	CA 应要求请求实体以自签名的报文的形式向 CA 提交其公钥进行证书申请。CA 应要求请求实体使用与注册请求中包含的公钥相关的私钥对注册请求进行数字签名,目的是: a) 允许在证书应用处理中检测差错; b) 证明拥有该注册公钥对应的私钥

控制程序	
11	证书请求应被认为请求实体已经按照用户协议接受了使用证书的条件条款
12	CA 应在特定 CP 下验证经授权发出注册请求的 RA 的身份
13	CA 应要求 RA 在由 RA 签名的报文(证书请求)中向 CA 提交请求实体的证书请求数据。CA 在接收证书请求后应验证 RA 的签名
14	CA 应要求 RA 根据 CA 的 CPS 来保护其(RA)负责的那部分的证书申请过程的安全
15	CA 应要求 RA 在审计日志中记录他们的行为
16	CA 应根据 CA 的 CPS 验证 RA 提交的请求的可鉴别性

8.5.2 证书更新(如果支持)

控制目标
如果证书更新在 CP 下得到支持,则 CA 应维持控制以提供合理的保证,确保证书更新请求是准确的、已授权的和完整的

控制程序	
	证书更新请求
1	证书更新请求应至少包括主体的惟一识别名、证书的序列号(或标识证书的其他信息)和请求的更新证书的有效期。(CA 只更新由他自己签发的证书)
2	CA 应要求请求实体使用与请求实体已有证书中包含的公钥对应的私钥对证书更新请求进行数字签名
3	只有公钥的密码安全性在新证书的预定有效期内仍然足够且没有主体私钥已经泄露的迹象,CA 才能使用主体以前已认证过的公钥来签发新的证书
4	CA 或 RA 应处理证书更新数据以验证请求实体的身份并鉴别要更新的证书
5	CA 或 RA 应验证证书更新请求上的签名
6	CA 应验证要更新的证书的存在性和有效性。除非现有证书状态是有效的(即没有被撤销或挂起),否则不应允许更新
7	CA 或 RA 应验证证书更新请求,包括其延长的有效期,符合 CP 定义的要求。 **注:** ISO 15782-1:2003,6.3.9 也要求更新的证书中有效期的起始日期与原始证书中的相同
8	如果使用 RA,则 CA 应要求 RA 在 RA 签署的报文(证书更新请求)中向 CA 提交证书更新数据。
9	RA 应根据 CP 保护它(RA)负责的那部分证书更新过程的安全
10	CA 应要求外部 RA 在审计日志中记录他们的行为
11	CA 应验证由 RA 提交的请求的可鉴别性
12	CA 应验证证书更新请求上的 RA 的签名
13	CA 应检查证书更新请求的差错或忽略的内容。该功能可明确委托给 RA
14	CA 或 RA 应在证书期满前通知主体或用户,证书需要按照 CP 更新
15	CA 应发布一份签名的通知,指出证书更新已经成功
16	CA 应根据 CP 使新的证书对终端实体可用

8.5.3 证书密钥更新

控制目标
CA 应维持控制以提供合理的保证，确保证书密钥更新请求是准确的、已授权的和完整的

控制程序	
1	CA 应要求请求实体使用已有私钥对包含新公钥的证书密钥更新请求进行数字签名
2	CA 或 RA 应验证证书密钥更新请求符合相关 CP 中定义的要求
3	如果使用 RA，CA 应要求 RA 在由 RA 签名的报文中向 CA 提交实体的证书密钥更新请求数据
4	如果使用 RA，CA 应要求 RA 保护它（RA）负责的那部分证书密钥更新过程的安全
5	如果使用 RA，CA 应要求外部 RA 在审计日志中记录他们的行为
6	如果使用 RA，CA 应验证证书密钥更新请求上的 RA 的签名
7	CA 或 RA 应检查证书密钥更新请求的差错或忽略的内容
8	CA 或 RA 应在证书期满前通知用户密钥需要更新
9	新证书生成和签发前，CA 或 RA 应验证以下内容： a) 对证书密钥更新数据提交所做的签名； b) 该密钥更新请求的存在性和有效性； c) 该请求符合 CP 中定义的要求
10	在证书撤销后，当用户要求新证书时，实体应被要求根据 CP 申请新证书
11	实体证书过期后，当用户要求新证书时，证书可被自动生成，或者应要求实体根据 CP 申请新的证书

8.5.4 证书签发

控制目标
CA 应维持控制以提供合理的保证，确保证书根据 CP 生成并签发

控制程序	
1	CA 应使用证书请求数据生成证书，并遵照符合 GB/T 16264.8 和 ISO 15782-1 格式化规则的证书框架制造证书
2	应在 CP 内设置有效期并遵照 GB/T 16264.8 和 ISO 15782-1 进行格式化
3	证书扩展域应遵照 GB/T 16264.8 和 ISO 15782-1 格式化
4	CA 应用 CA 的签名私钥签署实体的公钥和其他相关信息
5	证书应基于根据 8.5.1 到 8.5.3 的要求核准的主体注册、证书更新或证书密钥更新请求程序进行签发
6	当 RA 为主体提交了证书请求，证书被签发给主体时，CA 应向 RA 发出一个签名了的通知
7	证书被签发时，CA 应向主体发出一个带外通知。当该通知包括初始激活数据时，控制过程应确保向主体的安全交付
8	如果证书过期、被撤销或被挂起，应在 CP 中规定的适当时间长度内保留证书的副本

8.5.5 证书分发

控制目标
CA应维持控制以提供合理的保证，确保一经签发，完整并准确的证书对于CP中定义的任何实体都可用

控制程序	
1	CA应使用一种已建立的符合CP的机制(例如，像目录服务器这样的资料库)使CA签发的证书对相关各方可用。可信的机制包括： a) 收集，资料库或在线目录服务； b) 交付，使用受保护的介质(如CD-ROM或IC卡)分发
2	只有授权的CA人员才能管理CA的资料库或其他可替代的分发机制
3	CA资料库或可替代的其他分发机制的性能应受到监视和管理
4	资料库或可替代的其他分发机制的完整性应得到维护和管理
5	当法律对保护个人隐私有要求时，只有在获得主体同意的情况下证书才可被其他相关实体获取

8.5.6 证书撤销

控制目标
CA应维持控制以提供合理的保证，确保按照风险所指示的方式，基于经过授权和验证的证书撤销请求及时撤销该证书

控制程序	
1	CA应提供一种快速通信的方法，以便将以下证书安全地、经鉴别地撤销： a) 一个或多个主体的一个或多个证书； b) CA基于生成证书的单个公/私钥对签发的所有证书的集合； c) CA签发的所有证书
2	CA应验证或要求RA根据CP验证请求撤销证书的实体的身份和授权
3	如果RA接受了撤销请求，则CA应要求RA根据CP以一种可鉴别的方式向CA提交签名的证书撤销请求
4	如果RA接受并向CA转发了撤销请求，则CA应向RA提供一个签名的确认以确认收到了该证书撤销请求和将采取的行动
5	CA应在CP规定的时间框架内遵照GB/T 16264.8和ISO 15782-1定义的格式更新证书撤销列表(CRL)和其他证书状态机制
6	CA应遵照ISO 15782-1:2003在审计日志中记录所有的证书撤销请求及其结果
7	CA或RA可向发出撤销请求的实体提供一个可鉴别的证书撤销确认(签名或类似方法)
8	若支持证书更新，当证书被撤销时，所有有效的该证书的实例也应被撤销并不再恢复
9	应向已撤销或挂起的证书的实体(和用户)通知其证书状态的改变

8.5.7 证书挂起(如果支持)

控制目标
如果支持证书挂起，则CA应维持控制以提供合理的保证，确保按照风险所指示的方式，基于授权和验证了的证书挂起请求及时挂起证书

控制程序	
1	根据 CA 的 CPS,CA 提供一种快速通信的方法,以便将以下证书安全地、经鉴别地挂起: a) 一个或多个主体的一个或多个证书; b) CA 基于生成证书的单个公/私钥对签发的所有证书的集合; c) CA 签发的所有证书
2	CA 应验证或要求 RA 根据 CP 验证请求证书挂起和请求证书取消挂起的实体的身份和授权
3	如果 RA 接受了挂起请求,则 RA 应根据 CP 以一种可鉴别的方式向 CA 提交签名的证书挂起请求
4	证书挂起时,CA 或 RA 应通知该主体和用户
5	应按照 CP 的要求处理和验证证书挂起请求
6	CA 应在证书挂起时更新证书撤销列表(CRL)和其他证书状态机制。证书状态的更改应在 CP 规定的时间框架内完成
7	证书应根据 CP 只被在允许的时间长度内挂起
8	一旦证书挂起已经发布,挂起应以下面三种方式之一处理: a) 挂起的证书的条目保留在 CRL 上,没有进一步动作; b) 挂起的证书的 CRL 条目被同一证书的撤销条目代替; c) 挂起的证书被明确解除,条目从 CRL 中移除
9	证书挂起条目应保留在 CRL 上,直到证书期满或挂起期满时间中的一个先到达。CP 可规定一张证书可被挂起的最大次数和处于该状态的最大时间周期。如果达到限度,则可通知 PA 进行进一步的调查
10	CA 应在证书取消挂起时根据其 CP 来更新其证书撤销列表(CRL)和其他证书状态机制
11	CA 应验证或要求 RA 验证请求取消证书挂起的实体的身份和授权
12	证书挂起和取消挂起应遵照 ISO 15782-1:2003 附录 F 的要求在审计日志中记录

8.5.8 证书确认服务

控制目标
CA 应维持控制以提供合理的保证,确保根据 CP 的规则,及时、完整和准确的证书状态信息(包括证书撤销列表和其他证书状态机制)对相关实体(用户和信任方或其代理,即 CVSP)是可用的

控制程序	
1	CA 应根据 CP 使用已建立的机制使证书状态信息对相关各方(信任方或其代理)是可用的。这可使用以下方式达到: a) 请求响应方式,信任方向证书状态提供方的响应器发出一个签名的请求;反过来,证书状态提供方的响应器用适时签名的证书状态信息进行响应(OCSP 是一种使用该方法的协议实例); b) 传递方式,由 CA 签署一 CRL 并在策略规定的时间框架内发布该 CRL
	使用 CRL 时的可用控制程序
2	CA 应对发布的每一个 CRL 进行数字签名,这样实体可以验证 CRL 的完整性和发布的日期时间
3	CA 应根据 CP 的规定以固定时间间隔发布 CRL,即使从上次发布以来没有发生改变
4	标识一个撤销了的证书的 CRL 条目至少应在 CRL 上保留到该证书有效期结束。可要求在给定的时间点回顾证书的状态。因此,CRL 条目可被保持到超过证书有效期的时间,以证明它在使用时的有效性
5	如果支持证书挂起,证书挂起条目连同其原始动作日期和期满日期应保留在 CRL 上,直到该证书正常到期或取消挂起
6	CRL 应根据相应 CP 的要求,包括归档的 CRL 的获取方法,进行归档

控制程序	
7	CRL 应包括 CA 签发的所有已撤销的未过期证书的条目。可要求在给定的时间回顾证书的状态。因此，CRL 条目可被保持到超过证书有效期的时间，以证明它在使用时的有效性
8	旧的 CRL 应根据相应 CA 保留适当时间长度
	使用在线证书状态机制(如 OCSP)时的可用控制程序
9	如果使用在线证书状态收集方式(如 OCSP)，则 CA 应根据相应 CP 要求证书状态询问(如 OCSP 请求)包括所有必须的数据
10	在收到来自信任方或其代理的证书状态请求(如 OCSP 请求)时，CA 应向信任方或其代理返回确定的响应，如果： a) 该请求报文格式正确； b) 证书状态提供方响应器已有配置来提供所请求的服务； c) 该请求按照相应 CP 的要求包含证书状态提供方响应器所需的信息(即证书标识，序列号——OID 等)； d) 证书状态提供方响应器能够定位证书并解释其状态。 当这些条件满足时，CA 或证书状态提供方应产生签名的响应报文，根据 CP 的要求指出证书的状态。如果以上条件中的任何一条不能满足，则返回"未知"状态
11	所有响应报文应进行数字签名并包括 CP 要求的所有数据

8.6 CA 证书生命周期管理控制

8.6.1 从属 CA 证书生命周期管理

控制目标
上级 CA 应维持控制以提供合理的保证，确保： —从属 CA 证书请求是准确的、已鉴别并核准的； —从属 CA 证书更换(更新和密钥更新)请求是准确的、已授权并完整的； —新的、更新的和密钥更新的从属 CA 证书根据特定 CP 的要求生成签发的； ——经签发，完整并准确的从属 CA 证书按照 CP 的要求对相关各方(用户和信任方)是可用的； —从属 CA 证书基于授权的和验证的证书撤销请求进行撤销； —及时、完整和准确的证书状态信息(包括 CRL 和其他证书状态机制)按照 CP 的要求对任何相关实体是可用的

控制程序	
	从属 CA(sub-CA)注册
1	上级 CA 应规定提交从属 CA 认证请求的要求
2	上级 CA 应根据其 CP 鉴别从属 CA 的证书请求
3	上级 CA 应在核准从属 CA 的证书请求前审计从属 CA 的 CP 与其自身的 CP 要求的一致性，或者，可替代的方法是，从属 CA 应提交它的 CPS 供审计
	从属 CA 更新
4	当允许从属 CA 证书更新时，上级 CA 的 CP 应规定提交从属 CA 更新请求的要求
5	当允许从属 CA 证书更新时，上级 CA 应根据其 CA 的 CP 鉴别其从属 CA 的证书更新请求
	从属 CA 密钥更新
6	上级 CA 的 CP 应规定提交从属 CA 密钥更新请求的要求
7	上级 CA 应根据其 CP 鉴别从属 CA 的证书密钥更新请求

控制程序	
	从属CA证书签发
8	上级CA应按下列规则生成从属CA证书： a） 使用适当的证书框架，符合CP和GB/T 16264.8以及ISO 15782-1的格式化规则； b） 具有遵照GB/T 16264.8、ISO 15782-1和CP的要求格式化了的有效期； c） 当使用扩展域时，扩展域根据GB/T 16264.8、ISO 15782-1和CP进行格式化
9	上级CA应用其签名私钥签署从属CA证书
	从属CA证书分发
10	上级CA应按照其CP的要求使用已建立的机制(如像目录这样的资料库)使其从属CA证书对相关实体(如信任方)可用
	从属CA证书撤销
11	上级CA应根据CP的要求验证请求撤销从属CA证书的实体的身份和授权
12	在证书撤销时，上级CA应根据CP的要求更新证书撤销列表(CRL)和其他从属CA证书状态机制
	从属CA证书状态信息处理
13	上级CA应根据其CP的要求使用已建立的机制(如CRL，OCSP等)使从属CA证书状态信息对信任方可用

附 录 A
(资料性附录)
根据证书策略进行管理

A.1 证书策略引言和目的

本附录描述了证书策略并确定了它们如何进行实施,以此来有效管理在契约环境下的 PKI 内各方的风险。本附录在 RFC 3647[11]的基础上起草完成,其前身为 RFC 2527[9]。ISO 15782-1 和 GB/T 21077.2提供了在金融服务环境中使用证书策略的进一步阐述。

证书策略在可信交易的管理中扮演了关键的角色。CP 的主要目的是使信任方能够确定证书及其相关条件对于给定的交易是否是可接受的。同样的,明确指导用户在哪里可使用其私钥来签名交易并将其信任交给支持它的认证服务。

A.2 证书策略的定义

CP 是描述证书在指定群体和/或应用类别中适用性的惟一命名规则集。CP 作为允许的证书使用及其相关规则的记录和根据各自义务的相关规定,包括所涉及的各方间的责任和管理。证书策略由策略机构负责发布。

CP 应被证书的各种用户使用,以决定是否接受(证书的)主体和公钥之间的绑定关系。CP 在 X.509v3的证书内通过一个注册对象标识符(OID)表示。

CP 的对象标识符可包括在 X.509v3 证书内的以下扩展域中:证书策略、策略映射和策略约束。对象标识符可不在证书中出现或在上述扩展域的某些或所有这些字段当中出现。证书策略也可使用 URL 检索,该 URL 可在证书策略扩展中标识。

策略机构或其代理可向潜在的用户提供已签名的纸质的证书策略副本,作为一种合同捆绑关系,或向信任方提供已签名的纸质的证书策略副本。另一方面,信任方可使用电子链接定位证书策略。CVSP 可向信任方提供服务来确认证书以及相关证书策略的适用性。

A.3 在证书内建立策略

OID 用于无歧意地标识证书策略和策略限定符,这样它们可以在使用证书的应用和系统中通过自动化方法处理。这些策略和策略限定符由签发 CA 在证书的证书策略扩展项中列出,GB/T 21077.2 中定义如下:

```
certificatePolicies EXTENSION ::= {
    SYNTAX                  CertificatePoliciesSyntax
    IDENTIFIED BY           id-ce-certificatePolicies
}
```

在 certificatePolicies 证书扩展中,对象标识符 id-ce-certificatePolicies 标识了一个 ASN.1 类型 CertificatePoliciesSyntax 的值,它定义为:

```
CertificatePoliciesSyntax ::=SEQUENCE SIZE(1..MAX) OF PolicyInformation
PolicyInformation ::= SEQUENCE {
```

```
    policyIdentifier CertPolicyId,
    policyQualifiers PolicyQualifiers OPTIONAL
}
CertPolicyId ::= OBJECT IDENTIFIER
PolicyQualifiers ::= SEQUENCE SIZE(1..MAX) OF PolicyQualifierInfo
```

当 certificatePolicies 证书扩展项在证书中出现时，它必须至少有一个 PolicyInformation 类型的值。PolicyInformation 类型的每个实例必须包含一个 CertPolicyId 类型的值，它标识 CP 的一个对象类型标识符。PolicyInformation 的 policyQualifiers 组件列出了与给定 CP 相关的策略限定符。该组件是可选的(不需要一定包括)。

certificatePolicies 证书扩展项中列出的证书策略是那些签发 CA 认为适合于该证书的策略。信任方使用该策略信息来确定 CA 签发的密钥对的恰当使用方法。信任方可在接受一张证书对于一个特定应用是有效的之前，要求特定的证书策略包含在该证书的证书策略扩展项中。典型的，一个 CP 可与一组应用程序相关联，只有当该 CP 出现时签发了证书的密钥的所有者才可使用这些应用程序。

证书中的每个 certificatePolicies 证书扩展项可由证书签发者设置为关键的或非关键的。如果该扩展项被设置为关键的，则该扩展项表示该证书只能由信任方用于该证书策略所指的目的。特定的 CP 可要求使用证书的系统以特定的方式处理任何限定符的值，进一步限制或扩展证书使用的有效性。

如果证书策略扩展项被设置为非关键的，则使用该扩展就不需要限制使用证书的系统根据证书中列出的策略使用证书。但是，信任方或计算机应用程序为了使用证书可要求出现特定的策略。策略限定符根据信任方的选择，可被处理或忽略。

当 CP 限定符与给定的 CP 关联时，PolicyInformation 类型的可选 policyQualifiers 组件出现，并包含至少一个 CP 限定符，PolicyQualifierInfo 类型的值定义为：

```
PolicyQualifierInfo ::= SEQUENCE {
    policyQualifierId   CERT-POLICY-QUALIFIER.&id({SupportedPolicyQualifiers}),
    qualifier           CERT-POLICY-QUALIFIER.&Qualifier(
                                {SupportedPolicyQualifiers}{@policyQualifierId})
OPTIONAL
}
SupportedPolicyQualifiers CERT-POLICY-QUALIFIER ::= { ... }
```

PolicyQualifierInfo 类型由两个组件组成，policyQualifierId 和 qualifier，它们根据信息对象类 CERT-POLICY-QUALIFIER 的 &id 和 &Qualifier 域规定。这个类定义为：

```
CERT-POLICY-QUALIFIER ::= CLASS {
    &id           OBJECT IDENTIFIER UNIQUE,
    &Qualifier    OPTIONAL
}
WITH SYNTAX { POLICY-QUALIFIER-ID &id [QUALIFIER-TYPE &Qualifier] }
```

PolicyQualifierInfo的 policyQualifierId 组件根据 &id 域定义，且必须包含一个对象标识符值。可选的 qualifier 组件根据 &Qualifier 域定义，且可以包含任何 ASN.1 类型的值。

PolicyInformation 类型的值为一个 CP 标识并传递了限定符信息。组件 **policyIdentifier** 包含了一个 CP 的标识符，组件 **policyQualifiers** 为那个元素包含了策略限定符的值。

策略标识符类型可由任何组织注册。以下策略标识符类型在 IETF RFC 2459[8]、证书和 CRL 框架中定义：

a) 认证业务说明指针限定符包含了指向 CA 发布的认证业务说明的指针。该指针是由统一资源定位器(URL)的形式构成。

b） 用户通知限定符包含了在使用证书前将显示给证书用户(包括用户和信任方)的文本串。该文本串可以是 IA5 串或 BMP 串——GB 13000.1 多八位编码字符集的子集。CA 可调用一个程序要求证书用户确认已经揭示或接受可用的条款和条件。

A.4 命名的证书策略下的证书适用性

一旦各方能够识别和定位与一张证书相关的 CP,用户必须能够明确证书的用途和限制。策略机构可以有选择地要求 CA 签发：

a） 与一个特定 CP 有严格关联的证书；

或者

b） 允许一个证书与许多 CP 关联。

有几个问题需要讨论。这根据以下基本假设的背景进行：

——证书策略是面向用户的,因为证书提供了一种控制机制来管理提供给用户服务的相关风险；

——证书策略和证书的适用性需要被各方识别,包括签发者、用户、信任方和可能的信任方的验证服务提供者；

——在新兴的信任服务市场内,出现了各种信任服务提供者提供的大量证书。大量证书的各种命名惯例给不明所以的用户造成困惑,不知道哪个证书适用于特定应用。

当用户管理证书的知识需要加强时,可以主张针对一些用户透明,金融机构可考虑一对一作为一种最初的谨慎的策略。这将减少混淆,使终端用户更容易学习,并在一个长期的过程中逐渐熟悉,使得软件应用程序更有效地处理多张证书。

“一张证书一个 CP”也将使得用户更易于知晓证书“如何和为什么”能够被用于特定应用。证书策略以一种对用户友好的,根据责任和义务无歧意且清晰的方式书写也是很重要的。这些内容是用户使用证书的条款和条件,用户们必须清楚地理解。此外,信任方或他们的信任服务提供者将对哪个 CP 用于当前的证书有明确的信息。除非在交易中明确或预先确定,否则必须有一种可信机制用来确定哪一个是适用的 CP。

另外,对于交叉认证,清楚说明哪个 CP 适用于扩展证书使用是很重要的。一证书一 CP 的策略将使技术上、机构上和操作上的交叉认证要求最小化。

A.5 交叉认证,证书链、策略映射和证书策略

A.5.1 交叉认证

交叉认证是两个或更多不同策略机构发布的证书策略的相互认证过程。交叉认证使不同策略机构拥有的证书能够互相使用。

交叉认证增加了用户证书使用和可接受的范围。交叉认证要求策略机构和签发 CA 的控制在策略的互操作方面有一定程度的一致性或等价性。

A.5.2 证书链

验证证书的可接受性时,不仅需要验证从使用证书的终端实体到根证书的整个证书序列,而且也要验证它们各自的证书策略。

一个可接受的策略标识符是一个认证路径上的用户要求的 CP 标识符,或者通过策略映射(见 A.5.3)已经声明与之等价的策略的标识符。

将证书的策略扩展项设置为关键的,将强制证书应用检查出现在证书链上的证书策略是可接受的证书策略。因此建议证书策略扩展项被设置为一个关键的扩展项。在认证路径验证期间,该扩展项将

与证书的策略约束扩展项一同处理,如 ITU-T 建议 X.509 标准中所描述。

A.5.3 证书策略映射

本证书扩展项允许策略机构,通过其证书签发者指出它的一个或多个证书策略被认为与在该扩展项中使用的另一个 CP 等价。CP 的映射限定由策略机构和认证机构定义,并可通过证书的 policyConstraints 扩展项进一步约束。本扩展项将通过规定等价证书策略的 OID 来支持交叉认证。

本扩展的语法如下:

```
policyMappings EXTENSION ::= {
    SYNTAX PolicyMappingsSyntax
    IDENTIFIED BY id-ce-policyMappings }
PolicyMappingsSyntax ::= SEQUENCE SIZE (1..MAX) OF SEQUENCE {
    issuerDomainPolicy CertPolicyId,
    subjectDomainPolicy CertPolicyId }
```

遵照 GB/T 21077.2,本扩展项可根据证书签发者的判断和相应 CP 规定设置为关键的或非关键的。

CA 应为支持策略映射的 CA 数字签名证书生成策略映射扩展项,并且包括 issuerDomainPolicy 域、subjectDomainPolicy 域和可应用的 CertPolicyId 域的组合。

信任方应将 issuerDomainPolicy 和 subjectDomainPolicy 组合的 CP 对象标识符解释为等价的。

A.5.4 策略约束

证书的策略约束扩展项支持两个可选的特性。第一,能为认证机构在认证路径上的所有后继证书指出明确的 CP。证书用户认为认证路径起始的证书是一个信任域的一部分(即认证机构对所有应用目的都是可信的,这样在证书策略扩展中就不需要特定的 CP),这样的证书不需要包含明确的 CP 指示。但是,当一个信任域中的认证机构认证另一个信任域的证书时,它可在认证路径上随后的证书中激活明确指示的 CP。使用时,requireExplicitPolicy 约束项要求所有的证书都包括一个可接受的策略,而不仅仅是那些随后声明了要求的证书。

策略约束扩展项的其他可选特性是对于认证机构能够禁止认证路径上随后的认证机构设置的策略映射。当对另一个信任域进行认证时,禁用策略映射是谨慎的选项。这可以辅助控制因信任传递带来的风险(如域 A 信任域 B,域 B 信任域 C,但是域 A 不希望被迫信任域 C)。

本扩展项的语法如下:

```
policyConstraints EXTENSION ::= {
    SYNTAX              PolicyConstraintsSyntax
    IDENTIFIED BY       id-ce-policyConstraints }
PolicyConstraintsSyntax ::= SEQUENCE {
    requireExplicitPolicy      [0] SkipCerts OPTIONAL,
    inhibitPolicyMapping       [1] SkipCerts OPTIONAL }
SkipCerts ::= INTEGER (0..MAX)
```

遵照 GB/T 21077.2,本扩展应被标记为关键的。

A.6 证书类型

由于各种用户对解决方案的要求不同,可能要求的证书类型是复杂的。策略机构可采用通用目的策略的证书策略,不去限制其使用。作为选择,策略机构也可为特定目的建立证书策略以约束不适当的使用或限制责任。

因此，终端实体证书的主要类型是：

——特定应用(基于属性)证书：在明确要求授权的地方，签发这些证书来支持特定的应用、产品和/或服务；

——普通证书：基于特定信息的可鉴别性的单个证书，证明公钥持有者的身份，其身份构成了授权的基础。

注：单个证书可被用于支持多个应用。单个证书的使用将需要符合最高级别分类应用的要求。

一般认为通用目的证书对于用户将占优势，因为：

——只基于ID的证书很可能在中长期内经常使用；

——在中长期内，基于属性的证书或定制的证书可以是增值价值的来源；

——数字签名和证书的内外部使用还没有被充分挖掘或开发。

交易中的每个实体对业务风险都需要大量的保障，保障程度根据该方的角色和对风险的关注程度有所不同。一种“适用于的”的方法在A.7中讨论。一般而言，早期信任服务市场是一个技术不成熟的市场，在初期部署时就提出定义一个考虑到策略粒度包能够包罗万象的系统是不可行的。

建议签发普通证书给用户，用来在PKI部署的初始阶段为所有类别的服务建立最小要求系统。这一方法考虑了随后的补充要求，这些要求可由市场为证书策略和相关信任服务的进一步分类而提出。

存在其他类型为特定目的指定的证书策略，如服务器证书和使用证书创建PKI层次结构或树状结构。

A.7 证书分类和命名

证书的分类可区别不同级别的保障，并描述特定第三方签发、管理、挂起和撤销证书的责任。每个级别或证书类别提供特定的功能性和安全特性。

对于信任方和用户非常关键的问题是确定在一个CP下签发的特定证书提供的保障等级。

已识别的策略机构的选项包括以下内容：

——基于任意值的CP分类，如铜、银、金：应注意到，这将使针对特定安全服务能力的线性度量比较困难。类别之间的差异可以是多维的，并且可包含独特的属性，与其他类别没有准确的可比性。使用证书分类名使它们的使用和功能性具有一个“相对值”；

——对于契约环境基于公认标准的CP分类：对于终端用户，这些证书类的使用在与它们的使用相关的安全类型和责任问题上映射了一个“绝对值”；

策略机构也应考虑下列情况：

——数字证书可在电子市场中代表熟知的品牌；

——用户和商业信心是品牌认可的尺度，依附于安全的产品和服务，包括证书功能性和适用性等级；

——其他没有隐含值(如1、2、3)的命名规则可以使用，集中于建立使用差别而不是相对优点，但是在金融服务的背景中这些似乎不可能适用于产生信任；

——标准的使用作为一个普遍理解的基准，但是，需要注意运用在规定的级别上，以避免对使用施加任何约束。

基于绝对值，如低、中、高的证书分类可能不能确切反映金融机构为基于电子化信任服务开发所要求的信任保障类型。

为了促进更大范围的可接受性，减少终端用户对证书使用的迷惑，对于证书策略建议遵循公认的标准或契约环境内所有各方都同意的规定。

A.8 证书策略规定

A.8.1 概述

本条款简要描述了 CP 的条款。

A.8.2 解释

CP 应在引言中根据其提供的服务来概括 CP 是作什么用的，对于使用群体的前提条件是什么，以及法律上有约束力的合同条件，这也可包括适用于群体及证书使用的任何要求。

本附录应描述证书使用群体及其证书预计的使用（如证书是否可用于远程鉴别的目的、数字签名或数据机密性）。它也可规定对使用群体成员的会员要求（如证书可只签发给私有账户持有者，信任方必须与由策略机构核准或许可的实体签订协议等）。

A.8.3 义务

每个实体的主要义务是根据他们各自的角色规定——策略机构、CA、用户、信任方和证书确认服务提供者。

策略机构负责确保根据与合同各方达成协议的条款或方案执行有效的和可信的服务。CA 负责确保证书根据 CP 签发。CA 也负责确保证书状态的变化在 CP 规定的期限内，在它自己的资料库和授权的证书确认机构的资料库中反映出来。

用户负责根据用户协议的条款保护对私钥的访问。这表示任何对使用私钥的访问从不泄露给他人（如 PIN 对于非授权用户）。也要求用户在他们认为私钥泄露时通知注册机构或代理。

当决定是否依赖于一个证书时，尽管私钥已经用于交易，信任方应行使合理的判断，但必须只依赖于没有撤销、挂起或过期的证书。他也有责任确保与当地法规的一致性。

A.8.4 强制

CP 必须规定监管法律、适用的合同或方案，以便在条款冲突或缺乏已定义的规则或引用时建立权威性的规则。

A.8.5 责任

我们将集中于关注用户和信任方的商业责任。

用户的责任总是由一个合同关系涵盖。签发和使用证书的条款和条件由适当的 CP 涵盖。这些将在用户获得证书前建立并可以设计来确保所有预期的责任被明确，并且，如果可能，将受到限制。

对信任方的责任更为复杂。如上所述，信任方与任何 CA/RA/资料库可以没有合同关系，但可使用一个已知并可信的证书确认服务提供者的服务。以下三个简单的例子说明了各种控制或限制责任的方法：

——CP 可确定这样的环境，在这里信任方只需要检查证书签名的有效性并且签名是在证书有效期内做的。在这种情况下，类似于支票担保卡，就足以依赖其本身的证书可鉴别性，虽然该项策略在特定"交易"上可能是限制责任的。因此，证书的价值被信任方看做是有保证的并且是有限制责任的；

——其他环境中，CP 可要求（但不强制）信任方在接受一张证书前从 CA/RA（通过资料库）获得该证书的在线验证。以这种方法，证书完全作为一种没有内在价值的认证方式。每个交易被有效地在线授权，对于非授权的交易不承担责任；

——当信任方能控制其使用证书的软件/环境时，可以提出信任方协议，该协议必须在证书可以使用前被信任方主动地接受。只有在这种方式成为一种使用证书的标准方法并被广泛用于商业和免费产品中时，如浏览器和电子邮件，才是限制责任的可靠方式。

A.8.6 操作要求

应说明以下带有特定时间规定的过程：

——包括身份凭证类型的初始注册申请；

——证书请求、签发和接受；

——证书确认方法；

——证书挂起和撤销，以及证书撤销和挂起的原因（包括谁授权的，相应程序和通知）。

应陈述证书更替如何管理（如身份的自动或重新验证）或者是否需要生成新的密钥对。还应陈述证书的更改（如果支持）如何管理（如为了更改已有证书中的信息，需要什么样的鉴别程序）。

这里可陈述技术性的安全控制，详细说明公私密钥对如何生成并安装，以及关于表明一致性的标准。对私钥的访问管理的控制方法也与私钥托管、备份和归档的规则一起给出。

应附加证书框架以说明在各个字段应设置什么值，并且对如何确定那些值提供指导。

A.9 证书策略管理

CP 必须说明它的惟一名称、策略限定符、策略版本、状态、策略参考 OID 和发布日期，如果适用，还包括它的到期日期。

CP 应包括策略机构的详细联系方式，包括邮政地址、电话号码、业务运行时间和可能提供客户支持的电子邮件地址。

发布和资料库的详细联系方式应连同阐明以下内容的方法一起明确说明：

——CP 的管理；

——策略信息的机密性；

——变更控制过程；

——变更通知；

——认证凭证和注册过程。

CP 应有一个起始日期，可能的到期日期。在没有策略到期日期的情况下管理具有不同失效期的签发证书是困难的。

还应陈述 CP 的纸质和电子副本可在哪里获取。

CP 应描述策略机构调用的过程，用来检查 CA 的 CPS 能够支持 CP 要求。

策略机构必须确保 CA 的 CPS 中规定的控制适合于支持其 CP。

在规定的时间周期内（如两年）根据 CPS 审计 CA 的正式方法应在策略机构和 CA 间达成一致。如果 CA 希望在其 CPS 中变更条款，则建议使用这种方法以及经过协商解决争议的方法来快速解决问题。

附　录　B
（资料性附录）
认证业务说明的要素

B.1　概述

认证业务说明应包含本附录中包括的所有组件和子组件的引用。

CPS不需要包括每个主题的确定性陈述。特定的CPS对组件、子组件或元素没有要求时可声明为“不实施”。这将指示读者清楚地作出决定是包括或是排除那一主题。这样在决定业务应用的适用性时便于比较不同的认证业务说明以确认哪一个更合适。本附录遵循RFC 2527[9]的结构，它已经被RFC 3647[11]取代。从RFC 2527到RFC 3647的变化可见附录E中的映射表。

B.2　引言

B.2.1　概述

CPS的引言部分有以下子部分：

——综述；

——认证；

——参与群体和适用性；

——详细联系方式。

B.2.2　综述

本子部分提供了一般性的介绍（如业务规则的通用目的）。

B.2.3　认证

本子部分提供可用名称或其他标识符，包括ASN.1对象标识符。

B.2.4　参与群体和适用性

本子部分描述了签发证书或主体CA的实体类型，执行RA功能的实体类型和、主体终端实体或用户的实体类型。

注：主体CA的实体类型类似从属组织（如银行，支行或分行，政府代理或部门）。例如，假设一家银行声明它只向其支行签发CA证书，那么使用该银行签发的CA证书中的主体CA就是该银行的支行。主体RA实体类型类似客户服务或数据安全部门。主体终端实体类型类似零售或批发银行客户、持卡人、个人投资者、保险客户和雇员。

本子部分也包括：

——签发的证书适用的应用列表；

——使用签发的证书受到限制的应用列表，或者使用签发的证书受到禁止的应用列表。

B.2.5　详细联系方式

本子部分包括负责注册、维护和解释CPS的机构的名称和邮件地址。也包括所有适当联系人的名称、电子邮件地址、电话号码和传真号码。

B.3 一般规定

B.3.1 概述

本部分在法律和一般业务主题范围内规定了适用的规则，包括：

——义务；

——责任；

——解释和强制；

——发布和资料库；

——一致性审计；

——机密性。

每个子部分必须分别说明用于实体类型的规定，这里所指的实体类型包括：CA、资料库、RA、用户和信任方。

B.3.2 义务

对于实体类型，本子部分包括实体对其他实体的义务规定，这些规定为：

——CA 和/或 RA 或证书状态提供者义务：

- 向正在签发的证书的主体发出证书签发通知；
- 通知证书主体外的其他各方证书已经签发；
- 通知证书被撤销或挂起的用户其证书已经撤销或挂起；
- 通知除了主体以外的其他各方主体证书已经撤销或挂起。

——用户的义务：

- 在证书应用中其相关证书信息是准确的；
- 保护实体的私钥；
- 保护使私钥可用的机制(即持卡人验证方法)；
- 限制私钥和证书的使用；
- 对私钥泄露进行通知。

——信任方的义务：

- 明确证书使用的目的；
- 数字签名验证责任；
- 撤销和挂起的证书的检查责任；
- 适用的赔偿责任上限和担保的确认。

——资料库义务：

- 及时发布证书和撤销信息。

——证书状态提供者：

- 使验证服务可用，且在协议规定的服务级别时间内响应；
- 准确验证证书。

B.3.3 责任

对于每个实体类型，本子部分包括责任分配的适用规定，如：

——担保和担保的限度；

——各种隐含的损害(如间接的、特殊的、作为结果的、偶然的、惩罚性的、清偿的破坏、疏忽和欺诈)和放弃声明；

——每张证书或每笔交易的损失限度(上限);
——其他被排除的因素(如不可抗力、其他方的责任)。

B.3.4 解释和强制

本子部分包括 CP 或 CPS 的解释和强制的适用规定,针对以下主题:
——团体安全策略和程序;
——监管法律;
——规定的中止、生存、合并和通告;
——争议解决程序。

B.3.5 发布和资料库

本子部分包括关于以下内容的适用规定:
——CA 具有义务使得与其业务、证书和证书当前状态有关的信息是可用的或可获取的;
——发布频率;
——发布信息的分类,包括 CP 的定义、CPS、证书、证书状态和 CRL;
——与资料库使用有关的要求,包括在线证书状态验证(如果支持)。

B.3.6 一致性审计

本子部分提出以下内容:
——每个实体的一致性审计频率;
——审计者与被审计实体的关系(即声明审计者必须是独立的);
——一致性审计的主题列表,包括 CA 环境控制、密钥管理控制和证书生命周期管理控制。

B.3.7 机密性

本子部分提出以下内容:
——应由 CA 或 RA 保密的信息的类型;
——不认为是保密的信息类型;
——谁有资格被通知证书撤销和挂起的原因;
——向法律强制机关释放信息的策略;
——可作为当事人证据收集义务部分因遵守法规要求而揭示的信息;
——CA 或 RA 在信息拥有者要求下可揭露的信息和可以向谁揭露的条件;
——机密信息可被揭露的其他情况。

B.4 认证与鉴别

B.4.1 概述

本部分描述在证书签发前提交给 CA 或 RA 的用于验证证书申请的程序。也描述了如何验证请求密钥更新或撤销的各方。本部分也描述了命名业务,包括名称所有权识别和名称争议解决。

本部分包括以下子部分:
——初始注册;
——常规密钥更新;
——撤销后的密钥更新;
——撤销的请求;

——挂起的请求。

B.4.2 初始注册

本子部分包括以下实体注册或证书签发期间与认证和鉴别程序相关的内容：

——分配给主体的名称的类型；

注1：例如X.500中的识别名，互联网电子邮件地址和URL。

——名称是否必须有意义；

注2：术语“有意义”的意思是名称的形式具有通常可以理解的语法，能够确定人和/或组织的身份。目录名和RFC 822名或多或少可以是的有意义。

——解释各种名称形式的规则；

——名称是否必须惟一；

——如何解决名称的争议；

——识别、鉴别和商标的角色；

——是否需要主体证明他拥有与正在注册的公钥相对应的私钥，主体如何证明他拥有与正在注册的公钥相对应的私钥；

注3：例如签发CA生成密钥，或者要求主体发送一个电子签名的请求，或者签名一个口令。

——对主体(CA、RA或终端实体)的机构身份的鉴别要求；

注4：机构身份鉴别的类型包括公司条例文件、适时签署的法人决议、公司印章和公证文件。

——对代表主体(CA、RA或终端实体)进行相关业务的人员的鉴别要求；

注5：个人身份鉴别的类型包括物理识别、个人的知识、生物特征(拇指指纹、十指指纹、面容、手掌和视网膜扫描)的身份鉴别卡、驾驶执照、护照、语音识别或已建立的雇员鉴别方法。

——所需的认证证明材料的数量；

——CA或RA如何验证各种认证证明材料是真实的；作为可选的用于远程验证身份的程序；

——是否个人必须亲自到场，出现在进行鉴别的CA或RA现场；

——如何鉴别作为机构代表的个人，以及他们是否被公司委托代表公司进行相关业务。

注6：例如适时签署的授权文件或机构ID证章。

B.4.3 常规密钥更新

本子部分描述了对每个主体类型(CA、RA和终端实体)进行常规密钥更新的认证与鉴别程序。

注：常规密钥更新的认证业务应与初始注册时相同，除非已到期的证书在过期前被用于鉴别。密钥更新鉴别可使用用于初始认证与鉴别的技术实现，或者使用数字签名的请求实现。

B.4.4 撤销后的密钥更新——无密钥泄露

本子部分描述了对每个主体类型(CA、RA、CVSP和终端实体)在主体证书撤销后进行密钥更新的认证与鉴别程序。如果证书已经撤销，则其状态不能改变。

这个认证与鉴别业务应与初始注册时相同。

B.4.5 撤销请求

本子部分描述了每个主体类型(CA、RA和终端实体)或其他(根据CP规定的)授权方或监管方发出的证书撤销请求的认证与鉴别程序。

注：因为相同主体的证书需要被撤销，则撤销请求的认证业务可以与初始注册时相同。鉴别业务可以接受主体数字签名了的撤销请求。对于撤销请求，初始注册期间使用的鉴别信息可以被接受。其他不太严格的鉴别方式也可以被定义。

B.4.6 挂起请求

本子部分描述了每个主体类型(CA、RA 和终端实体)或其他(根据 CP 规定的)授权方或监管方发出的挂起请求的认证与鉴别程序。

注:因为相同主体的证书需要被挂起,则挂起请求的认证业务可以与初始注册时相同。鉴别业务可以接受主体数字签名了的挂起请求。对于挂起请求,初始注册期间使用的鉴别信息可以被接受。其他不太严格的鉴别方式也可以被定义。

B.5 操作要求

B.5.1 概述

本部分用于规定施加于签发 CA、主体 CA、RA、CVSP 或终端实体的各种操作活动的要求。

本部分包括以下子部分:

——证书申请;

——证书签发;

——证书接受;

——证书确认;

——证书挂起和撤销;

——安全审计程序;

——记录归档;

——密钥改变;

——泄露和灾难恢复;

——CA 终止。

在每个子部分内,对于签发 CA、资料库、主体 CA、RA 和终端实体必须分别考虑。

B.5.2 证书申请

本子部分用于说明主体登记注册和请求签发证书的有关要求。

B.5.3 证书签发

本子部分用于说明证书签发和通知申请者该证书的签发情况的有关要求。

B.5.4 证书接受

本子部分用于说明对已签发的证书的接受和随之发布该证书的有关要求。

B.5.5 证书挂起、撤销和状态管理

本子部分描述了以下内容:

——撤销证书要满足的条件;

——谁可以请求撤销实体的证书;

——用于证书撤销请求的程序;

——对主体可用的撤销请求的宽限期;

——挂起证书需要满足的条件;

——谁可以请求挂起证书;

——请求挂起证书的程序;

——挂起可持续多长时间；
——挂起的证书可返回有效状态要满足的条件；
——如果使用 CRL 机制，CRL 发布的可用性和其更新的频率；
——对信任方检查 CRL 的要求；
——在线状态检查的可用性和保证的响应时间；
——对信任方执行在线状态检查的要求；
——对证书状态提供者鉴别信任方状态响应的要求；
——其他形式的官方挂起、撤销或证书状态通知；
——对证书确认机构和信任方检查其他形式的官方挂起、撤销或证书状态通知的要求；
——当挂起或撤销是由于私钥泄露所导致时(与其他挂起或撤销的原因相对)，以上约定的变化。

B.5.6 安全审计程序

本子部分用于描述事件日志和审计系统。包括以下内容：
——记录的事件类型；

注：审计事件的示例如请求创建证书、请求挂起或撤销证书、密钥泄露通知、证书的创建、证书的撤销、证书的签发、CRL 的签发、密钥泄露 CRL 的签发、CA 可信角色的建立、可信人员的行为、CA 密钥的变更等。

——处理或审核审计日志的频率；
——审计日志的保存质期；
——审计日志的保护；
——谁在什么授权下可以查看审计日志；
——防止审计日志的修改；
——防止审计日志的删除；
——审计日志备份程序；
——对实体的审计日志积累制度是内部的还是外部的；
——是否在审计过程中通知导致审计事件发生的主体；
——脆弱性评估。

B.5.7 记录归档

本子部分用于描述一般的记录归档(或记录保留)策略，包括以下内容：
——记录的事件类型；

注：归档事件的示例有：请求创建证书、请求撤销证书、密钥泄露通知、证书的创建、证书的撤销、证书的签发、CRL 的签发、密钥泄露 CRL 的签发和 CA 密钥的变更。

——归档的保留期；
——归档的保护：
- 谁可以查看归档文件；
- 防止修改归档文件；
- 防止删除归档文件；

——归档的备份程序；
——记录的时间戳要求；
——归档收集制度是内部的还是外部的；
——获取并验证归档信息的程序。

B.5.8 密钥更改

本子部分描述向 CA 用户提供新的公钥的程序。

B.5.9 泄露和灾难恢复

本子部分描述了在泄露或灾难事件发生时与通知和恢复程序有关的要求。以下每种情况需要分别描述：

——如果计算资源、软件和/或数据被破坏或怀疑受到破坏，则使用恢复程序：这些程序描述如何重新建立安全环境，哪些证书被撤销，实体密钥是否撤销，新的实体公钥如何提供给用户，以及如何重新给主体签发证书；

——如果实体公钥被撤销，则使用恢复程序：这些程序描述如何重新建立安全环境，如何获得新的实体公钥以及如何重新签发实体证书。

B.5.10 CA 终止

本子部分描述与 CA 或 RA 的终止以及终止的通知相关的程序，包括 CA 和 RA 归档记录管理人的身份。从法规和风险的角度应对保留什么信息给予考虑。

B.6 物理的、程序性的和人员的安全控制

B.6.1 概述

本子部分描述了签发 CA 使用的物理的、程序性的和人员的控制，安全地执行密钥生成、主体鉴别、证书签发、证书撤销、审计和归档的功能。

本子部分也可以用于定义对资料库、主体 CA、RA 和终端实体的控制。对主体 CA、RA 和终端实体的控制可根据实体的不同而变化。

这些控制对信任证书是关键的，因为缺乏物理、程序性和人员安全则可破坏 CA 的运行，导致带有错误信息的证书或 CRL 生成，或者 CA 私钥的泄露。

本子部分包括三个子部分：

——物理安全控制；

——程序性控制；

——人员安全控制。

在每个子部分内，通常需要对每个实体类型分别考虑，即签发 CA、知识库、主体 CA、RA 和终端实体。

B.6.2 物理安全控制

本子部分中描述了对放置实体系统的设施的物理控制。

注：物理访问控制的示例有：监视的设施、保护的设施、锁定的设施、使用令牌控制的访问、使用生物鉴别控制的访问和通过访问控制列表控制的访问。

描述的主题可包括：

——场地的地点和建设；

——物理访问；

——密码硬件；

——电力和空调；

——排水；

——防火和保护；

——电磁防护；

——介质保存；

——废物处理；

——异地备份。

B.6.3 程序控制

本子部分中描述了对于识别可信角色的要求，以及每一角色的责任。

注：角色的示例包括系统管理员、系统安全员和系统审计员。系统管理员的责任是配置、生成、引导和操作系统。系统安全员的责任是分配账户和权限。系统审计员的责任是建立系统审计配置文件、进行审计文件管理并执行审计审查。

对于为每一角色确定的任务，也应说明如何要求多人来执行任务（m 分之 n 规则）。也可为每一角色定义认证与鉴别要求。

B.6.4 人员安全控制

本子部分描述以下内容：

——对承担可信角色的人员所要求的背景检查和安全检查程序；

注1：背景检查可包括安全检查级别（如无保密要求、敏感、保密、机密、顶级机密等）和安全级别批准方名称。除了定义的安全检查，背景检查可包括背景信息的类型（如名称、出生地、出生日期、家庭地址、前居住地、以前的职业和其他可帮助确定可信性的信息）。描述还应包括哪些信息被验证，如何验证。

——对其他人员，包括门房人员的背景检查和安全检查程序要求；

注2：例如，CP 可对负责 CA 网络访问的网络系统管理员施加人员安全要求。

——对每个角色的培训要求和培训程序；

——因为非授权行为、非授权使用权力以及人员对实体系统的非授权使用从而导致的对相关人员的执行纪律程序；

注3：每个授权人员应对其行为负责。

——对合同人员的控制；

——提供给相关人员的文件（如操作或培训手册）。

B.7 技术上的安全控制

B.7.1 概述

本子部分用于定义签发 CA 为保护其密钥和激活数据（如 PIN，口令或手工持有的密钥分享组件）而采取的安全措施。本子部分也可用于对注册机构、资料库、主体 CA 和终端实体施加约束以保护他们的密钥和关键安全参数。安全的密钥管理对于确保所有密钥和激活数据受到保护并只被授权人员使用是很关键的。

本子部分也描述签发 CA 使用的其他技术上的安全控制，以安全执行密钥生成、用户鉴别、证书注册、证书撤销、审计和归档的功能。技术上的控制包括生命周期安全控制（包括软件开发环境安全、可信软件开发方法）和操作安全控制。

本子部分也可以用于定义对资料库、主体 CA、RA 和终端实体的其他技术上的安全控制。

本子部分有以下各部分：

——密钥对生成和安装；

——私钥在存储和使用中的保护；

——CA 或发卡方创建的私钥的分发；

——密钥对管理的其他方面；

——激活数据；

——计算机安全控制；
——生命周期安全控制；
——网络安全控制；
——密码模块工程控制。

B.7.2 密钥对生成和安装

需要为签发CA、资料库、主体CA、RA和主体终端实体考虑密钥对的生成和安装。对于每个实体类型，需要回答以下问题：

——谁生成终端实体的公私密钥对；
——私钥如何保存并安全地提供给终端实体；
——实体的公钥如何安全地提供给证书生成者；
——如果实体是CA或证书状态提供者(签发者或主体)，则该实体的公钥证书如何安全地提供给终端实体；
——使用什么算法，密钥长度是多少；
——谁生成公钥参数；
——密钥生成时是否检查参数的质量；
——密钥生成是在硬件还是在软件中执行；
——密钥可被用于何种目的，或者密钥的使用应被限制于何种目的(对于X.509证书，这些目的应在X.509v3证书中映射为密钥使用标记)。

B.7.3 私钥保护

需要为签发CA、资料库、主体CA、RA和主体终端实体考虑私钥保护的要求。对于每个实体类型，控制要求可以是不同的，为了能够确定这个不同，需要回答以下问题：

——用于生成密钥的模块需要什么标准？
——私钥是在m分之n多人控制下的吗？如果是，提供n和m的具体值(两人控制是m分之n的特例，其中$n=m=2$)。

注1：m分之n规则允许密钥或密钥激活数据被分割成m份。m份可被分给m个不同的个人。这m份中的任何n份可被用来完全重建密钥，但拥有任何$n-1$份并不能提供有关密钥的任何信息。

——私钥被托管吗？如果是，谁是托管代理，密钥以何种形式托管(如明文的、加密的和分割密钥的)，托管系统的安全控制是什么；

注2：密钥可被托管、备份或归档。每个功能都有不同的目的。这样，根据需要密钥可由这些功能的任何子集进行处理。托管的目的是允许第三方(如机构或政府)在法律上无需主体的协作而获得密钥。备份的目的是允许主体在密钥受到破坏时重建密钥。归档的目的是提供密钥在未来重新使用(如使用私钥解密文件)。

——私钥备份吗？如果是，谁是备份代理，密钥以何种形式备份(如明文的、加密的、分割密钥的)，备份系统的安全控制是什么；
——私钥归档吗？如果是，谁是归档代理，密钥以何种形式归档(例子包括明文的、加密的、分割密钥的)，归档系统的安全控制是什么；
——谁将私钥输入到密码模块？以何种形式(即明文的、加密的或分割密钥的)？私钥如何存储在模块内(即明文的、加密的或分割密钥的)；
——谁可以激活(使用)私钥？激活私钥必须执行什么动作(如登录，开机，提供PIN，插入令牌/密钥，自动地等)一旦密钥被激活，密钥是在一个不确定的时间周期内处于激活状态、激活一次还是在一个定义了的时间周期内处于激活状态；
——谁可以解除私钥的激活，如何解除？如退出、关机、移除令牌/密钥、自动地或时间过期；

——谁可以销毁私钥,如何销毁?如令牌放弃,令牌销毁或密钥数据重写。

B.7.4 密钥对管理的其他方面

需要为签发CA、资料库、主体CA、RA和主体终端实体考虑密钥管理的其他方面。对于每个实体类型需要回答以下问题:

——公钥归档吗?如果这样,谁是归档代理,对归档系统的安全控制是什么?归档系统应提供除数字签名外的完整性控制,因为归档期可以比密钥的密码分析时间长,并且归档需要防篡改保护,而数字签名无法提供;

——公钥和私钥各自的使用期,或有效生命期是什么?

B.7.5 激活数据

对私钥的访问在初始和整个有效使用期内需要受到控制和保护。激活数据在鉴别机制中用于验证私钥的所有者。激活数据指除密钥外需要操作密码模块并需要受到保护的数值。需要为签发CA、主体CA、RA和主体终端实体考虑激活数据的保护。这种考虑需要描述激活数据从生成到归档和销毁的整个生命周期的保护程序。对于每个实体类型(签发CA、资料库、主体CA、RA和主体终端实体),B.7.2到B.7.4中列出的所有问题都需要就激活数据而不是密钥来回答。

注:激活数据的实例有PIN,通行字或生物特征。

B.7.6 计算机安全控制

本子部分用于描述计算机安全控制,如:使用可信计算概念,自由决定的访问控制,标记,强制访问控制,对象重用、审计、认证与鉴别、信任路径、安全测试和穿透性测试,也可描述产品保障。

B.7.7 生命周期安全控制

本子部分描述系统开发控制和安全管理控制。

系统开发控制包括开发环境安全、开发人员安全和产品维护期间的配置管理安全、软件工程实践、软件开发方法、模块化和分层,故障保护设计的使用和实施技术(如防御程序设计)和设备安全开发。

安全管理控制包括运行工具和程序,确保运行系统和网络遵循配置的安全性。这些工具和程序包括检查安全软件、防火墙和硬件的完整性,确保它们正确运行。

B.7.8 网络安全控制

本子部分描述网络安全相关的控制,包括防火墙。

B.7.9 密码机制工程控制

本子部分描述密码模块的以下方面:密码模块边界的鉴定、输入/输出、角色和服务、有限状态机、物理安全、软件安全、操作系统安全、算法遵从性、电磁兼容和自测。相关要求可通过参考标准来表达。

注:密码机制是硬件、软件和使用特定设备时相关固件的组合。遵从性描述应是详细具体的。例如,对于每个相关国家标准的要求,描述该设备的级别并说明公认的实验室是否已经鉴定了该设备的级别。

B.8 证书和CRL框架

B.8.1 概述

本子部分用于规定证书格式,如果使用CRL,还需要规定CRL的格式。如果假设使用X.509证书和CRL格式,这包括框架信息、版本和使用的扩展,以及它们是否需要进行数字签名。

本子部分包括三个部分：

——证书框架；

——CRL 框架；

——OCSP 框架。

B.8.2 证书框架

本子部分描述以下主题：

——支持的版本号；

——使用的证书扩展及其关键性；

——密码算法对象标识符；

——用于 CA、RA 和终端实体的名称形式；

——使用的名称约束以及在名称约束中使用的名称形式；

——适用的证书策略对象标识符；

——策略约束扩展的使用；

——策略限定符语法和语义；

——对关键证书策略扩展的处理语义；

——非标准扩展的内容和使用。

B.8.3 CRL 框架

本子部分描述以下主题：

——支持 CRL 的版本号；

——CRL 更新的可用性和频率；

——CRL 是否需要进行数字签名；

——使用的 CRL 和 CRL 条目扩展以及它们的关键性。

B.8.4 OCSP 框架

如果应用 OCSP，本子部分描述以下主题：

——OCSP 请求的要求；

——确定的响应报文的要求；

——可用性和保证的响应时间；

——状态响应是否需要进行数字签名；

——差错报文的要求。

B.9 实施管理

B.9.1 概述

本子部分用于规定如何维护实施。

包括以下各部分：

——修改程序；

——发布和通知程序；

——CP 一致性。

B.9.2　变更程序

有时需要变更证书策略和认证业务说明。有些变更不会从本质上降低 CP 或其执行所提供的保障，并且也将由策略管理员判断在现有的策略下，这些变更不会改变证书的可接受性。这种证书策略和认证业务说明的变更不需要在 CP 对象标识符或 CPS 指针(URL)中变更。其他对 CP 和 CPS 的变更将改变用于特定目的的证书可接受性，这些变更将需要对 CP 对象标识符或 CPS 指针进行变更。

本子部分包括以下信息：

——无需通知就可以变更的部分、子部分和/或其他项目的列表，CP 对象标识符或 CPS 指针(URL)也无需变更；

——在通知期后变更的部分、子部分和/或其他组成部分的列表，而不变更 CP 对象标识符或 CPS 指针(URL)。描述用于通知和 CP 或认证业务说明变更有关系的各方(信任方、认证机构等)的程序。通知程序的描述包括通知机制、通知评价期、接收机制、审阅并结合评价、策略最后变更的机制和最后的变更生效前的时期；

——需要变更 CP 对象标识符或 CPS 指针(URL)的部分、子部分和/或其他组成部分的列表。

B.9.3　发布和通知程序

本子部分包括以下内容：

——存在但没有公开的部分、子部分和/或其他项目的列表；

注：因为其敏感性，机构可选择不公开某些安全控制、安全检查程序或其他项目。

——描述用于分发 CP 或使其可用的机制，包括访问控制。

B.9.4　CP 一致性

本子部分描述检查 CPS 符合 CP 要求的过程。

附 录 C
（资料性附录）
对象标识符(OID)

C.1 为什么有 OID

使用 OID 可以使得信任方自动地识别 CP(如建立了一个或多个策略域的根 CA 适用的 CP 文件)。每个从属 CA 将需要一个 OID 来标识他们的 CPS。

C.2 什么是 OID

对象标识符是明确标识信息对象的一个惟一的整数序列。ASN.1 标准把信息对象定义为“定义好的一则信息、定义或规定,它需要一个名称以标识它在一个通信实例中的使用”。对象标识符可用于为任何内容提供一个名称,包括 CP、CPS、密码算法、业务、机构、文件格式、角色、产品、设备、文件版本或标准。

ISO/TC 68 组织由对象标识符 1.3.133 标识。该值是 TC 68 “arc”,是 TC 68 作为注册管理者控制的 OID 值,TC 68 被 ISO 授权在其下分配对象标识符。TC 68 成员国家在 OID 1.3.133.16 下标识,每个 TC 68 成员国家被分配了他们自己的 OID,由他们自己独自负责这些标识符的注册。OID 可从 TC 68 秘书处或被选为分配这些值的成员国家获得。

所有 TC 68 标准的集合由 OID1.3.133.17 标识。本文件由 OID 1.3.133.17.21188 标识。OID 可通过任何种类的途径传达,通过语音、纸上手写或计算机程序,这样这些值的表示形式可以广泛地变化。本文件的 OID 可以二进制格式表示,方便应用程序的使用,或者使用 ASN.1 表示,基本值符号为“iso(1) identified-organization(3) tc68(133) standard(17) pki-cp-cps(21188)”,或者使用 ASN.1 XML 表示,作为 XML 标记值的符号为“〈pki-cpcps〉1.3.133.17.21188 〈/pki-cp-cps〉”。

设想策略 OID 被嵌入到数字证书内,这样 PKI 服务提供者、终端实体和其他实体可确定签发者/证书生成者生成证书所使用的规则集合。CP 的 OID 的标准集合使数字证书应用程序能够自动处理策略和业务信息。应为每个证书策略获取对象标识符并注册,以惟一标识该策略。获取 OID 的典型方法是到适当的国家注册机构获取 OID。

C.3 OID 的注册

GB/T 17969.1—1993 的 X.660 建议书定义了注册机构运行的一般程序。当前国际标准由国际标准化组织(ISO)、国际电工委员会(IEC)和国际电信联盟(ITU)联合批准。

这些国际标准组织控制所有的顶级 OID arc,即可出现在任何 OID 整数序列第一个位置的值。这些值表示为 OID 值“itu-t(0)”,“iso(1)”和“joint-iso-itu-t(2)”,形成了所有 OID 值的注册分级命名树(RH-name-tree)的根部。该树的叶和非叶节点对应于注册的对象。非叶节点对应于注册机构,他们的注册责任由他们的上级节点赋予。

国际标准组织将分配的 arcs 的管理委托给其他作为注册者的负责组织。ISO 已经通过分配一个 arc 给 TC 68 来这样做了。为了保证没有 OID 被多次分配,TC 68 设计了一个 OID 管理方案,在其 arc 下分配。TC 68 通过分配其 arc 下的 OID 形成了一个对象标识符树。通过给他的成员国家分配一个 arc,TC 68 选择将注册责任的管理委托给其 arc 下的节点。这就确保了通过成员国家分配的 OID 是惟一的，不会与其他注册机构进行的分配产生冲突，并且每个成员国可以独立于 TC 68 和其他成员国来分配 OID。

C.4 为什么需要 OID 并且如何对它们进行管理

OID 加其他信息内容用于管理目录资源的访问。OID 也嵌入在证书扩展中。但是，如何管理对 CP 文件的修改是个问题。当包含一个散列值时，每次 CP 文件修改时命名该 CP 的 OID 可能被改变。这不太令人满意。作为选择，当散列值标识 CP 文件的版本时，则相同的 OID 可以保留，只改变散列值。

附　录　D
（资料性附录）
CA 密钥生成过程

D.1　概述

本附录提供了建立 CA 密钥生成过程要求的综述。尤其与根 CA 有关。

D.2　角色和责任

D.2.1　概述

CA 密钥生成过程包括以下角色：

——操作系统管理员；

——CA 应用管理员；

——密钥要素管理人；

——密钥分享组件持有人；

——过程的主持者；

——策略机构；

——独立观察员。

可要求其他角色，依赖于机构实施的特定软硬件组件、PKI 体系结构和 CPS 的要求。可要求其他角色进行 CA 密钥生成过程完成后的 CA 操作。

D.2.2　操作系统管理员

主要的责任有：

——根据 CA 密钥生成过程脚本安装和配置操作系统；

——建立操作系统用户账户；

——控制操作系统根口令或管理员口令。

D.2.3　CA 应用管理员

主要的责任有：

——根据 CA 密钥生成过程脚本安装和配置 CA 应用系统；

——建立 CA 应用用户账户。

D.2.4　密钥要素管理人

主要责任有：

——维护 CA 密钥生成过程中密钥要素的准确清单，包括保存位置；

——维护 CA 激活材料和共享持有人分配的准确清单；

——确保过程中使用的密钥要素以防篡改的包装方式密封；

——确保过程中使用的密钥要素在过程结束后安全地保存。

D.2.5 密钥分享组件持有人

主要责任有：

——负责管理分配到的CA激活材料，如用来激活保护CA私钥的安全模块所需的令牌、智能卡或通行字；

——保护分配到的CA激活材料。

D.2.6 过程主持者

主要责任有：

——协调CA密钥生成过程，确保始终遵循CA密钥生成过程脚本中定义的程序；

——记录CA密钥生成过程脚本的任何偏差，并且记录CA密钥生成过程中发生的任何事件；

——批准任何重要的与CA密钥生成过程脚本的偏差及修订，该修订方案由策略机构提出。

D.2.7 策略机构

主要的责任是：

——授权CA密钥生成过程的执行；

——批准CA密钥生成过程角色的分配。

D.2.8 独立观察员

主要的责任是：

——见证CA密钥的生成过程；

——证实是否遵循密钥生成过程脚本并记录任何例外(如在过程脚本执行记录上签署或在单独的报告中提出意见)。

独立观察员应独立于负责CA密钥生成过程和正在进行的CA操作的实体。该角色可以由内部审计员、外部审计员或其他独立方承担。独立观察员应通晓CA密钥生成过程的要求和PKI。

D.3 CA密钥生成过程脚本

CA密钥生成过程应根据CPS和详细的CA密钥生成过程脚本执行。虽然脚本的细节会根据实现技术和PKI体系结构而变化，但是CA密钥生成过程脚本应描述以下元素：

——CA密钥生成过程的角色和责任(见D.2)；

——密钥生成过程的环境，包括：

- 对地点的物理安全要求；
- 参与者签到和签退程序；

——CA密钥生成过程程序(见D.4)；

——过程后CA密钥要素的保存，包括：

- 指定材料保存在特定的安全存储位置；
- 传输材料到异地或灾难恢复存储位置的程序。

D.4 CA密钥生成过程程序

虽然特定的程序会根据具体实现变化，但表D.1中程序应包括在脚本中。

表 D.1 CA 密钥生成过程程序

阶　　段	描　　述
1. 硬件准备	PKI 管理员应准备硬件平台。至少应采纳以下内容： —检查 CA 机器发现任何明显的篡改迹象； —确定只有系统规范中规定的硬件组件存在； —CA 绝不能连接到任何外部系统或网络； —确定格式化的硬盘是惟一连接到系统的硬盘； —在异常表上记录所有问题。提供可移动介质，以使 CA 证书请求和分发（如果可用）能够进行
2. 操作系统安装	操作系统管理员应遵循 CA 密钥生成过程脚本规定的程序安装和配置操作系统
3. CA 应用安装	CA 应用管理员应准备软件系统。至少应采纳以下内容： —安装 CA 应用软件和其他所需的应用（如 HSM 管理者软件、数据库等）； —确定软件只来自可信介质上的可信源； —确定事件日志是活动的。 在异常表上记录任何问题
4. CA 应用配置	CA 应用应根据脚本进行配置。例如，建立 CA 应用用户账户、配置登录、配置证书框架、配置硬件安全模块、配置“n 分之 m”要求。对于根 CA，m 推荐使用最小值 3（即 3 人）
5. CA 密钥生成	CA 密钥对根据脚本中详细的程序生成。这一步骤根据机构选择的硬件安全模块配置方案，要求多个密钥共享持有人参与。对业务持续性目的，机构应考虑遵照 ISO 15782-1:2003 的附录 J 生成二级根 CA
6. CA 密钥备份	对于业务持续性的目的，通常创建并在不同的位置保存 CA 私钥的一个或多个备份的副本。脚本应描述这样做的相关程序
7. CA 证书签名	对于根 CA，此过程应包括为向终端用户分发而创建的自签名根 CA 证书。对于从属 CA，此过程应包括证书请求的生成，请求向其上级 CA 的传送，以及上级 CA 对该从属 CA 证书的签名 根 CA 证书的散列值应使用批准的算法创建用于之后的分发，以使用户验证根 CA 证书的可鉴别性
8. CA 系统关闭	应备份 CA 系统，然后关闭。CA 系统应根据脚本移动到正确保护的设施内。对于某些根 CA 系统，可能希望从硬盘上完全擦除软件系统（包括操作系统）。如果需要进一步的 CA 运行，可要求重新建立系统
9.存储材料准备	所有过程的信息应准备归档。这应包括 CA 系统的备份、过程的书面记录（即签署的脚本）和事件日志。 密钥要素（包括硬件安全模块和激活材料）也应准备在预定的安全存储地点保存

附 录 E
（资料性附录）
将 RFC 2527 映射到 RFC 3647

E.1 表 E.1 将 RFC 2527 的各部分映射到其后续的 RFC 3647 的新部分当中。

表 E.1

RFC 2527 部分	RFC 3647 部分
1 引言	1.
1.1 综述	1.1
1.2 认证	1.2
1.3 参与群体和适用性	1.3
1.3.1 认证机构	1.3.1
1.3.2 注册机构	1.3.2
1.3.3 终端实体	1.3.3、1.3.4
1.3.4 适用性	1.4、4.5
1.4 详细联系方式	1.5
1.4.1 规范管理机构	1.5.1
1.4.2 联系人	1.5.2
1.4.3 确定 CPS 对策略适宜性的人员	1.5.3
2 一般规定	2、8、9
2.1 义务	2.6.4
2.1.1 CA 义务	多种
2.1.2 RA 义务	多种
2.1.3 用户义务	4.1.2、4.4、4.5、4.5.1、4.6.5、4.7.5、4.8.1、4.8.5、4.9.1、4.9.2、4.9.13、4.9.15、5、6、9.6.3、9.9
2.1.4 信任方义务	4.5、4.5.2、4.9.6、5、6、9.6.4、9.9
2.1.5 资料库义务	2、4.4.2、4.4.3、4.6.6、4.6.7、4.7.6、4.7.7、4.8.6、4.8.7
2.2 责任	9.6、9.7、9.8、9.9
2.2.1 CA 责任	9.6.1、9.7、9.8、9.9
2.2.2 RA 责任	9.6.2、9.7、9.8、9.9
2.3 金融职责	9.2
2.3.1 由信任方赔偿	9.9
2.3.2 信托关系	9.7
2.4 解释和强制	9.16
2.4.1 监管法律	9.14、9.15

表 E.1（续）

RFC 2527 部分	RFC 3647 部分
2.4.2　可分离性，残存，合并，通知	9.10.3、9.11、9.16.1、9.16.3
2.4.3　争议解决程序	9.13、9.16.4
2.5　费用	9.1
2.5.1　证书签发或更新费	9.1.1
2.5.2　证书访问费	9.1.2
2.5.3　撤销或状态信息访问费	9.1.3
2.5.4　其他服务费，如策略信息	9.1.4
2.5.5　退款策略	9.1.5
2.6　发布和资料库	2.
2.6.1　CA 信息的发布	2.2、4.4.2、4.4.3、4.6.6、4.6.7、4.7.6、4.7.7、4.8.6、4.8.7
2.6.2　发布的频率	2.3
2.6.3　访问控制	2.4
2.6.4　资料库	2.1
2.7　一致性审计	8.
2.7.1　实体一致性审计的频率	8.1
2.7.2　审计者的身份/资格	8.2
2.7.3　设计者与被审计方的关系	8.3
2.7.4　审计覆盖的主题	8.4
2.7.5　由于缺陷而采取的行动	8.5
2.7.6　结果的通信	8.6
2.8　机密性	9.3、9.4
2.8.1　要保密的信息类型	9.3.1、9.4.2
2.8.2　不认为是保密的信息类型	9.3.2、9.4.3
2.8.3　证书撤销/挂起信息的披露	9.3.1、9.3.2、9.3.3、9.4.2、9.4.3、9.4.4
2.8.4　向法律强制机关披露	9.3.3、9.4.6
2.8.5　作为部分当事人证据搜集的披露	9.3.3、9.4.6
2.8.6　根据所有者的请求披露	9.3.3、9.4.7
2.8.7　其他信息揭示情况	9.3.3、9.4.7
2.9　知识产权保护	9.5
3　认证与鉴别	3.
3.1　初始注册	3.1、3.2
3.1.1　名称的类型	3.1.1
3.1.2　名称需要有意义	3.1.2、3.1.3
3.1.3　解释各种名称形式的规则	3.1.4

表 E.1（续）

RFC 2527 部分	RFC 3647 部分
3.1.4 名称的惟一性	3.1.5
3.1.5 名称声明争议解决程序	3.1.6
3.1.6 识别、鉴别和商标的角色	3.1.6
3.1.7 证明拥有私钥的方法	3.2.1
3.1.8 机构身份的鉴别	3.2.2
3.1.9 个人身份的鉴别	3.2.3
3.2 常规密钥更新	3.3.1、4.6、4.7
3.3 撤销后的密钥更新	3.3.2
3.4 撤销请求	3.4
4 操作要求	4、5
4.1 证书应用	4.1、4.2、4.6、4.7
4.2 证书签发	4.2、4.3、4.4.3、4.6、4.7、4.8.4、4.8.6、4.8.7
4.3 证书接受	4.3.2、4.4、4.6、4.7、4.8.4—4.8.7
4.4 证书挂起和撤销	4.8、4.9
4.4.1 撤销的情况	4.8.1、4.9.1
4.4.2 谁可以请求撤销	4.8.2、4.9.2
4.4.3 撤销请求的程序	4.8.3—4.8.7、4.9.3
4.4.4 撤销请求宽限期	4.9.4
4.4.5 挂起的情况	4.9.13
4.4.6 谁可以请求挂起	4.9.14
4.4.7 挂起请求的程序	4.9.15
4.4.8 挂起期限	4.9.16
4.4.9 CRL 签发频率(如果应用)	4.9.7、4.9.8、4.10
4.4.10 CRL 检查要求	4.9.6、4.10
4.4.11 在线撤销/状态检查的可用性	4.9.9、4.10
4.4.12 在线撤销检查要求	4.9.6、4.9.10、4.10
4.4.13 其他形式的撤销公告	4.9.11、4.10
4.4.14 对其他形式撤销公告的检查要求	4.9.6、4.9.11、4.10
4.4.15 关于密钥泄露的特殊要求	4.9.12
4.5 安全审计程序	5.4
4.5.1 记录的事件类型	5.4.1
4.5.2 处理日志的频率	5.4.2
4.5.3 审计日志的保持周期	5.4.3
4.5.4 审计日志的保护	5.4.4
4.5.5 审计日志备份程序	5.4.5

表 E.1（续）

RFC 2527 部分	RFC 3647 部分
4.5.6 审计收集系统(内部的及外部的)	5.4.6
4.5.7 对事件引起的主体的通知	5.4.7
4.5.8 脆弱性评估	5.4.8
4.6 记录归档	5.5
4.6.1 归档的记录的类型	5.5.1
4.6.2 归档的保留期	5.5.2
4.6.3 归档的保护	5.5.3
4.6.4 归档的备份程序	5.5.4
4.6.5 记录的时间戳要求	5.5.5
4.6.6 归档收集系统(内部的或外部的)	5.5.6
4.6.7 获得和验证归档信息的程序	5.5.7
4.7 密钥变更	5.6
4.8 泄露和灾难恢复	5.7、5.7.1
4.8.1 计算资源、软件和/或数据被破坏	5.7.2
4.8.2 实体公钥被撤销	4.9.7、4.9.9、4.9.11
4.8.3 实体密钥泄露	5.7.3
4.8.4 自然或其他类型的灾难后对设施进行保护	5.7.4
4.9 CA 的终止	5.8
5 物理、程序和人员安全控制	5
5.1 物理控制	5.1
5.1.1 场地位置和建设	5.1.1
5.1.2 物理访问	5.1.2
5.1.3 电力和空调	5.1.3
5.1.4 排水	5.1.4
5.1.5 防火和保护	5.1.5
5.1.6 介质存储	5.1.6
5.1.7 废物处理	5.1.7
5.1.8 异地备份	5.1.8
5.2 程序控制	5.2
5.2.1 可信角色	5.2.1、5.2.4
5.2.2 每项任务要求的人员数量	5.2.2、5.2.4
5.2.3 对每个角色的认证与鉴别	5.2.3
5.3 人员控制	5.3
5.3.1 背景、资格、经历和安全检查要求	5.3.1
5.3.2 背景检查程序	5.3.2

表 E.1（续）

RFC 2527 部分	RFC 3647 部分
5.3.3　培训要求	5.3.3
5.3.4　再培训频率和要求	5.3.4
5.3.5　职位轮换频率和顺序	5.3.5
5.3.6　对非授权行为的制裁	5.3.6
5.3.7　签约员工要求	5.3.7
5.3.8　提供给人员的文件	5.3.8
6　技术上的安全控制	6.
6.1　密钥对生成和安装	6.1
6.1.1　密钥对生成	6.1.1
6.1.2　私钥向实体的传送	6.1.2
6.1.3　公钥向证书签发者的传送	6.1.3
6.1.4　CA 公钥向用户的传送	6.1.4
6.1.5　密钥长度	6.1.5
6.1.6　公钥参数的生成	6.1.6
6.1.7　参数质量检查	6.1.6
6.1.8　硬件/软件密钥生成	6.1.1
6.1.9　密钥使用目的(根据 X.509v3 的每个密钥使用域)	6.1.9
6.2　私钥的保护	6.2
6.2.1　密码模块的标准	6.2.1
6.2.2　私钥(m 分之 n)多人控制	6.2.2
6.2.3　私钥托管	6.2.3
6.2.4　私钥备份	6.2.4
6.2.5　私钥归档	6.2.5
6.2.6　私钥输入密码模块	6.2.6、6.2.7
6.2.7　激活私钥的方法	6.2.8
6.2.8　解除私钥激活的方法	6.2.9
6.2.9　销毁私钥的方法	6.2.10
6.3　密钥对管理的其他方面	6.3
6.3.1　公钥归档	6.3.1
6.3.2　公开和私有密钥的使用期	6.3.2
6.4　激活数据	6.4
6.4.1　激活数据的生成和安装	6.4.1
6.4.2　激活数据的保护	6.4.2
6.4.3　激活数据的其他方面	6.4.3
6.5　计算机安全控制	6.5

表 E.1（续）

RFC 2527 部分	RFC 3647 部分
6.5.1　具体计算机安全技术要求	6.5.1
6.5.2　计算机安全等级	6.5.2
6.6　生命周期技术控制	6.6
6.6.1　系统开发控制	6.6.1
6.6.2　安全管理控制	6.6.2
6.6.3　生命周期安全控制	6.6.3
6.7　网络安全控制	6.7
6.8　密码模块工程控制	6.2.1、6.2、6.2.1、6.2.11
7　证书和 CRL 框架	7.
7.1　证书框架	7.1
7.1.1　版本号	7.1.1
7.1.2　证书扩展	7.1.2
7.1.3　算法对象标识符	7.1.3
7.1.4　名称形式	7.1.4
7.1.5　名称约束	7.1.5
7.1.6　证书策略对象标识符	7.1.6
7.1.7　策略约束扩展的使用	7.1.7
7.1.8　对关键证书策略扩展的处理语义	7.1.8
7.2　CRL 框架	7.2
7.2.1　版本号	7.2.1
7.2.2　CRL 和 CRL 条目扩展	7.2.1
8　规范的管理	N/A
8.1　规范的修改程序	9.12
8.2　发布和通知策略	2.2、2.3
8.3　CPS 核准程序	1.5.4

参 考 文 献

[1] ISO/IEC 8824 信息技术—抽象语法标记 1（ASN.1）（1 到 4 部分）

[2] ISO/IEC 10118-3 信息技术—安全技术—散列函数—第 3 部分：专用的散列函数

[3] ISO/TR 13569 金融服务—信息安全指导

[4] ISO/IEC TR 14516 信息技术—安全技术—可信第三方服务使用和管理指导

[5] ISO/IEC 15945 信息技术—安全技术—支持数字签名应用的可信第三方服务规范

[6] ISO/IEC 19790 信息技术—安全技术—密码模块的安全要求

[7] RFC 822，ARPA Internet 文本报文格式标准，Internet 请求注解 822，D. CROKER，1982.8

[8] RFC 2459，Internet X.509 公钥基础设施证书和 CRL 框架，Internet 请求注解 2459，R. HOUSLEY，W. FORD，W. POLK，D. SOLO，1999.1

[9] RFC 2527，Internet X.509 公钥基础设施证书策略和认证业务框架，Internet 请求注解 2527，S. CHOKHANI，W. FORD，1999.3

[10] RFC 2560，X.509 Internet 公钥基础设施在线状态协议-OCSP，Internet 请求注解 2560，M. MYERS，R. ANKNEY，A. MALPANI，S. GALPERIN，C. ADAMS，1999.9

[11] RFC 3647，Internet X.509 公钥基础设施证书策略和认证业务框架，Internet 请求注解 3647，S. CHOKHANI，W. FORD，R. SABETT，C. MERRILL，S. WU，November 2003

[12] ETSI TS 101 456 V1.2.1（2002-04），认证机构签发附加条件的证书的策略要求

[13] ETSI TS 102 042 V1.1.1（2002-04），认证机构签发公钥证书的策略要求

[14] CWA 14168，安全的签名创建设备“EAL4”

[15] CWA 14169，安全的签名创建设备“EAL4+”

[16] CWA 14170，签名创建应用的安全要求

[17] 数字签名指导，认证机构和安全电子商务的法律基础结构，1996.8.1

[18] PKI Assessment Guidelines，2002

[19] 认证机构的 Web 信任™程序—1.0 版本，2000.8.25

见 http://www.aicpa.org or http://www.cica.ca

ICS 03.100.01
A 02

中华人民共和国国家标准

GB/T 27914—2011

企业法律风险管理指南

Guidelines on enterprise legal risk management

2011-12-30 发布　　2012-02-01 实施

中华人民共和国国家质量监督检验检疫总局
中国国家标准化管理委员会
发布

前　　言

本标准按照GB/T 1.1—2009给出的规则起草。

本标准在GB/T 24353—2009《风险管理　原则与实施指南》的指导下，结合我国企业法律风险管理的实践编制而成。

本标准由全国风险管理标准化技术委员会(SAC/TC 310)提出并归口。

本标准起草单位：中国标准化研究院、中国移动通信集团公司、第一会达风险管理科技有限公司、中华全国工商业联合会、北京市展达律师事务所、中国电子信息产业集团公司、中国建筑工程总公司。

本标准主要起草人：高晓红、叶小忠、吕多加、薄勇、王志华、白莲湘、崔艳武、刘瑛、孔雪屏、秦玉秀。

引 言

当前，企业正面临着日益严重的法律风险问题。一方面，随着法律法规体系的不断完善，世界各国对企业的法律监管要求都日趋严格，特别是上市公司面临的法律监管环境更为严苛；另一方面，经济全球化背景下，企业的市场竞争范围不断由国内市场走向国际市场，复杂的经营环境必然给企业带来更为严重的法律风险暴露。由于法律风险伴随着企业经营管理的全过程，尤其是重大法律风险对企业的经营发展影响巨大，使得企业必须加强法律风险管理。

本标准用于指导企业在其整个生命周期和所有经营环节中开展法律风险管理活动，以满足国内企业提高法律风险防范能力的迫切需求。企业可结合自身情况和实际需要应用本标准实施法律风险管理。中小企业可根据自身管理基础、资源以及管理需求，对本标准提供的法律风险管理过程和相关的配套保障措施进行简化或者采取递进式建设，从而确保本企业的法律风险管理资源投入与企业的目标相契合，达到有效管理本企业法律风险的目标。

企业法律风险管理指南

1 范围

本标准提供了企业实施法律风险管理的通用指南。

本标准适用于各种类型和规模的企业，为企业在其整个生命周期和所有经营环节中开展法律风险管理活动提供指导。企业以外的其他类似经营性主体开展法律风险管理活动可参照本标准。

2 规范性引用文件

下列文件对于本文件的应用是必不可少的。凡是注日期的引用文件，仅注日期的版本适用于本文件。凡是不注日期的引用文件，其最新版本(包括所有的修改单)适用于本文件。

GB/T 23694 风险管理 术语

GB/T 27921—2011 风险管理 风险评估技术

3 术语和定义

GB/T 23694 界定的以及下列术语和定义适用于本文件。

3.1

企业法律风险 enterprise legal risk

基于法律规定或者合同约定，由于企业外部环境及其变化，或者企业及其利益相关者的作为或者不作为导致的不确定性，对企业实现目标的影响。

4 企业法律风险管理原则

为了有效管理法律风险，支持企业的决策和经营管理活动，企业进行法律风险管理时可遵循以下原则：

a) 审慎管理

由于法律风险的特殊性，法律风险管理宜坚持审慎管理的原则。要在尊重法律、保持诚信的前提下，开展法律风险管理活动，风险管理的策略和方法不应违反法律的义务性规范和禁止性规范。

b) 以企业战略目标为导向

企业法律风险管理目的在于促进企业战略目标的实现。企业法律风险管理活动要充分考虑法律风险与企业战略目标之间的相互关系等因素。

c) 与企业整体管理水平相适应

企业法律风险管理是企业管理的有机组成部分，和企业战略管理、流程管理、绩效管理、信息管理等密切相关。为保证企业法律风险管理取得良好的效果，法律风险的识别、分析、评价和应对等活动要充分考虑企业当前整体管理水平。

d) 融入企业经营管理全过程

法律风险发生于企业的经营管理活动，其识别、分析、评价和应对都不可能脱离企业经营管理过程，因此企业法律风险管理要融入企业经营管理的全过程，贯穿决策、执行、监督、反馈等各个环节。

e） 纳入决策过程

企业所有决策都要综合考虑风险，以便将风险控制在企业可接受的范围内。法律风险作为企业的重要风险范畴，要纳入企业决策过程，作为企业决策应考虑的重要因素。

f） 纳入企业全面风险管理体系

企业法律风险管理是企业风险管理体系的组成部分，要与其他风险的管理活动整合，以提高风险管理的整体效率和效果。

g） 全员参与

法律风险产生于企业经营管理的各个环节，因此法律风险管理需要企业所有员工的参与并承担相关责任，其中特别包括企业专职的法律管理部门（或人员）。各方人员宜分工负责，以形成法律风险管理的长效机制。

h） 持续改进

企业法律风险管理是适应企业内外部环境变化的动态过程，其各步骤之间形成一个循环往复的闭环。随着内外部环境的变化，企业面临的法律风险也在不断发生变化。企业要持续不断地对各种变化保持敏感并做出恰当反应。

5 企业法律风险管理过程

5.1 概述

企业法律风险管理是企业全面风险管理的有机组成部分，贯穿于企业决策和经营管理的各个环节。企业法律风险管理过程由5.2～5.5所描述的活动组成，即明确法律风险环境信息、法律风险评估、法律风险应对、监督和检查，如图1所示。其中，法律风险评估包括法律风险识别、法律风险分析和法律风险评价等三个步骤。

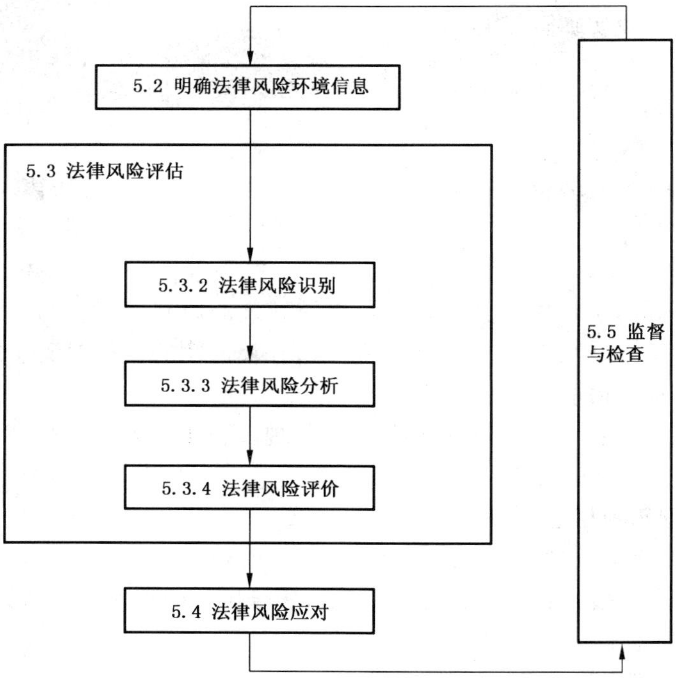

图1 企业法律风险管理过程

沟通和记录贯穿于企业法律风险管理过程的各项活动中，5.6将对其进行详细说明。

5.2 明确法律风险环境信息

5.2.1 概述

明确法律风险环境信息是应用适当的方法，对企业内外部环境中与法律风险相关的信息进行收集、分析、整理、归纳的一系列过程。通过明确法律风险环境信息，组织可明确其法律风险管理目标，确定与组织相关的内部和外部参数，并设定法律风险管理的范围和有关风险准则。

明确法律风险环境信息是一个动态的过程，企业要保持法律风险环境信息的持续更新。企业可根据本行业和企业业务经营管理的特点，具体分析明确内、外部法律风险环境信息的收集范围和分析方式，为法律风险评估和应对提供充分的信息保障。

5.2.2 外部法律风险环境信息

外部法律风险环境信息是指企业外部与企业法律风险管理相关的政治、经济、文化、社会、技术、法律等各种相关信息，包括但不限于：

——本行业的业务模式及特点；

——国内外与本企业相关的政治、经济、文化、社会、技术以及自然环境等；

——国内外与本企业相关的立法、司法、执法和守法情况及其变化；

——与本企业相关的监管体制、机构、政策以及执行等情况；

——与本企业相关的市场竞争情况；

——本企业在产业价值链中的定位；

——企业主要的利益相关者及其对法律、合同、道德操守等的遵从情况；

——与企业法律风险及管理相关的其他信息。

对于跨区域经营的企业，在进行外部法律风险环境调查时，要特别关注不同地区间可能存在的环境差异。

5.2.3 内部法律风险环境信息

内部法律风险环境信息是指企业内部与企业法律风险及其管理相关的各种信息，包括但不限于：

——企业的战略目标；

——企业的治理结构；

——企业盈利模式和业务模式；

——企业的主要经营管理流程/活动、部门职能分工等相关信息；

——企业在法律风险管理方面的使命、愿景、价值理念；

——企业法律风险管理工作的目标、职责、相关制度和资源配置情况；

——企业法律事务工作及法律风险管理现状；

——利益相关者的法律遵从情况和激励约束方式；

——本企业签订的重大合同及其管理情况；

——本企业发生的重大法律纠纷案件或法律风险事件的情况，本企业相关的法律规范库和法律风险库；

——本企业知识产权管理情况；

——企业法律风险管理的信息化水平；

——与法律风险及其管理相关的其他信息。

以上法律风险环境信息的收集范围和内容，要根据企业的法律风险状况变化及企业的管理需要进行补充调整。

5.2.4 确定企业法律风险准则

企业法律风险准则是衡量法律风险重要程度所依据的标准，要体现企业对法律风险管理的目标、价值观、资源、偏好和承受度。企业法律风险准则宜在企业法律风险管理工作开始实施前制定，并根据实际情况进行相应调整。

确定法律风险准则时要考虑但不限于以下因素：

——本企业法律风险管理的范围、对象，以及法律风险的分类；

——法律风险事件发生的可能性、影响程度以及法律风险的度量方法；

——法律风险等级的划分标准；

——利益相关者可接受的法律风险或可容许的法律风险等级；

——重大法律风险的确定原则。

5.3 法律风险评估

5.3.1 概述

法律风险评估包括法律风险识别、法律风险分析和法律风险评价三个环节。

5.3.2 法律风险识别

5.3.2.1 概述

法律风险的识别，首先是查找企业各业务单元、各项重要经营活动、重要业务流程中存在的法律风险，然后对查找出的法律风险进行描述、分类，对其原因、影响范围、潜在的后果等进行分析归纳，最终生成企业的法律风险清单。

通过法律风险识别，可全面、系统和准确地描述企业法律风险的状况，为下一步的法律风险分析明确对象和范围。进行法律风险识别时要掌握相关的和最新的信息，必要时，需包括适用的背景信息，特别是法律法规的变化信息。除了识别可能发生的法律风险事件外，还要考虑其可能的原因和可能导致的后果，包括所有重要的原因和后果。不论法律风险事件的风险源是否在企业的控制之下，或其原因是否已知，都要对其进行识别。企业应当选择适合于其目标、能力及其所处环境的法律风险识别工具和技术。

5.3.2.2 构建法律风险识别框架

为保证法律风险识别的全面性、准确性和系统性，企业要构建符合自身经营管理需求的法律风险识别框架，该框架提供若干识别法律风险的角度，包括但不限于以下方面：

——根据企业主要的经营管理活动识别，即通过对企业主要的经营管理活动（如生产活动、市场营销、物资采购、对外投资、人力资源管理、财务管理等）的梳理，发现每一项经营管理活动可能存在的法律风险。

——根据企业组织机构设置识别，即通过对企业各业务管理职能部门/岗位的业务管理范围和工作职责的梳理，发现各机构内可能存在的法律风险。

——根据利益相关者识别，即通过对企业的利益相关者（如股东、董事、监事、高级管理人员、一般员工、顾客、供应商、债权人、社区、政府等）的梳理，发现与每一利益相关者相关的法律风险。

——根据引发法律风险的原因识别，即通过对法律环境、违规、违约、侵权、怠于行使权利、行为不当等引发法律风险原因的识别，发现企业存在的法律风险。

——根据法律风险事件发生后承担的责任梳理，即通过对刑事、行政、民事等法律责任的梳理，发现不同责任下企业存在的法律风险。

——根据法律领域识别，即通过对不同的法律领域（如合同、知识产权、招投标、劳动用工、税务、诉讼仲裁等）的梳理，发现不同领域内存在的法律风险。

——根据法律法规识别，即通过对与企业相关的法律法规的梳理，发现不同法律法规中存在的法律风险。

——根据以往发生的案例识别，即通过对本企业或本行业发生的案例的梳理，发现企业存在的法律风险。

企业可以根据自身的不同需要，选择以上不同的角度或不同角度的组合，构建法律风险识别框架。

附录A给出了从“引发法律风险的原因”和“企业主要经营管理活动”两个角度构建风险识别框架的示例。

5.3.2.3 查找法律风险事件

根据构建的法律风险识别框架，可采用问卷调查、访谈调研、头脑风暴法、德尔菲法、检查表法等方法查找法律风险事件。（见GB/T 27921—2011）

以从“引发法律风险的原因”和“企业主要经营管理活动”两个角度构建的法律风险识别框架为例，逐一判断每一经营管理活动中是否存在法律风险事件，并尽可能地列举这些事件。

5.3.2.4 形成法律风险清单

对查找出的法律风险事件进行归类，确定法律风险，并对每个法律风险设置相应的编号和名称。然后，将这些法律风险事件及法律风险统一列表，并列示每一法律风险事件及法律风险适用的法律法规、可能产生的法律后果、相关的案例、法律分析意见及其涉及的业务单元和部门、经营管理流程等信息，形成企业的法律风险清单。法律风险清单的示例参见附录B。

5.3.3 法律风险分析

5.3.3.1 概述

法律风险分析是指对识别出的法律风险进行定性、定量的分析，为法律风险的评价和应对提供支持。法律风险分析要考虑导致法律风险事件的原因、法律风险事件发生的可能性及其后果、影响后果和可能性的因素等。

根据法律风险分析的目的、可获得的信息数据和资源，法律风险分析可以有不同的详细程度，可以是定性的、定量的分析，也可以是这些分析的组合。一般情况下，首先采用定性分析，以初步评定法律风险等级，揭示主要法律风险。在可能和适当的时候，要进一步进行更具体和定量的法律风险分析。

对于法律风险事件发生的可能性和影响程度的分析可综合采用建模和专家意见以及经验推导来确定，要注意与企业利益相关者的沟通，同时也要考虑模型和专家意见本身的局限性。

5.3.3.2 法律风险可能性分析

对法律风险发生可能性进行分析时，可以考虑但不限于以下因素：

——外部监管的完善程度和执行力度，包括相关法律法规的完善程度，以及相关监管部门的执行力度等；

——现有法律风险管理体系的完善与执行力度，包括企业内部用以控制相关法律风险的策略、规章、制度的完善程度及执行力度等；

——相关人员法律素质，包括企业内部相关人员对相关政策、法律法规、企业规章制度以及法律风险控制技巧的了解、掌握程度等；

——利益相关者的综合状况,包括利益相关者的综合资质、履约能力、过往记录、法律风险偏好等;

——所涉及工作的频次,即与法律风险相关的工作在一定周期内发生的次数。

对于不同类型的法律风险来说,影响其发生可能性的因素会有所不同。各种因素对可能性影响程度的权重也是不同的,并且各因素之间的权重比会因法律风险类型的不同而有所差异。附录C给出了法律风险可能性分析的示例。

5.3.3.3 法律风险影响程度分析

对法律风险影响程度进行分析时,可以考虑但不限于以下因素:

——后果的类型,包括财产类的损失和非财产类的损失等;

——后果的严重程度,包括财产损失金额的大小、非财产损失的影响范围、利益相关者的反应等。

附录D给出了法律风险影响程度分析的示例。

此外,法律风险与其他风险在一定条件下具有伴生性和相互转化性,企业要对法律风险与其他风险之间的关联性进行分析,明确各风险事件之间的影响路径和传递关系,明确法律风险与其他风险之间的组合效应,从而在风险策略上对法律风险和其他相关风险进行统一集中的管理。

5.3.4 法律风险评价

法律风险评价是指将法律风险分析的结果与企业的法律风险准则相比较,或在各种风险的分析结果之间进行比较,确定法律风险等级,以帮助企业做出法律风险应对的决策。在可能和适当的情况下,可采取以下步骤进行法律风险评价:

——在法律风险分析的基础上,对法律风险进行不同维度的排序,包括法律风险事件发生可能性的高低、影响程度的大小以及风险水平的高低,以明确各法律风险对企业的影响程度。

——在法律风险水平排序的基础上,对照企业法律风险准则,可以对法律风险进行分级,具体等级划分的层次可以根据企业管理的需要设定。

——在法律风险排序和分级的基础上,企业可以根据其管理的需要,进一步确定需要重点关注和优先应对的法律风险。

5.4 法律风险应对

5.4.1 概述

法律风险应对是指企业针对法律风险或法律风险事件采取相应措施,将法律风险控制在企业可承受的范围。法律风险应对包括选择法律风险应对策略、评估法律风险应对现状、制定和实施法律风险应对计划三个环节。

5.4.2 选择法律风险应对策略

法律风险应对策略包括规避风险、降低风险、转移风险、接受风险和其他策略等,可将其单独或组合使用。

选择法律风险应对策略至少要考虑以下几方面的因素:

——企业的战略目标、核心价值观和社会责任等;

——企业对法律风险管理的目标、价值观、资源、偏好和承受度等;

——法律风险应对策略的实施成本与预期收益;

——利益相关者的诉求和价值观、对法律风险的认知和承受度以及对某些法律风险应对策略的偏好。

5.4.3 评估法律风险应对现状

如果企业对某些法律风险选取了规避、降低或转移等应对策略，则要对这些法律风险的应对现状予以进一步的评估，以了解目前的法律风险应对存在哪些不足和缺陷，为制定法律风险应对计划提供支撑。

评估法律风险应对现状至少要考虑以下几方面的因素：

——资源配置，即企业内部的相关机构设置、人员、设备和经费配备能否满足法律风险应对需要；

——职责权限，即是否明确与风险应对相关的职责和权限；

——过程监控，即是否要求对持续性业务管理活动进行定期或不定期的监督和控制、证据资料保留、信息沟通和预警；

——奖惩机制，即对企业相关人员在法律风险应对工作中的绩效是否设立了奖惩机制；

——执行者能力要求，即企业对与法律风险应对相关的内部执行者是否有明确的资质、能力要求；

——部门内法律审查，即是否要求业务部门内部对一般性的法律问题进行审查；

——专业法律审查，即是否要求法律部门或专业律师对专业性法律问题进行审查或提供相关法律意见；

——法律风险意识，即企业相关人员对法律风险的存在、可能造成的后果，以及如何开展法律风险应对等方面是否有必要的认识和理解。

5.4.4 制定和实施法律风险应对计划

企业法律风险应对措施通常包括以下几种类型：

——资源配置类，即设立或调整与法律风险应对相关的机构、人员，补充经费或风险准备金等；

——制度、流程类，即制定或完善与法律风险应对相关的制度、流程；

——标准、规范类，即针对特定法律风险，编写标准、规范等文件，供相关人员使用；

——技术手段类，即利用技术手段规避、降低或转移某些法律风险；

——信息类，即针对某些法律风险事件发布预警信息；

——活动类，即开展某些专项活动，规避、降低或转移某些法律风险；

——培训类，即对某些关键岗位人员进行法律风险培训，提高其法律风险意识和法律风险管理技能。

在法律风险应对措施确定之后，需要制定应对措施的实施计划。实施计划中至少包括以下信息：

——实施法律风险应对措施的机构、人员安排，明确责任分配和奖惩机制；

——应对措施涉及的具体业务及管理活动；

——报告和监督、检查的要求；

——资源需求和配置方案；

——实施法律风险应对措施的优先次序和条件；

——实施时间表。

企业在制定法律风险应对措施后应评估其剩余风险是否可以承受。如果不可承受，应调整或制定新的法律风险应对措施，并评估新的措施的效果，直到剩余风险可以承受。

执行法律风险应对措施会引起企业风险情况的改变，需要跟踪、监督有关风险应对的效果和企业的环境信息，并对变化的风险进行评估，必要时重新制定法律风险应对措施。法律风险应对是一个递进的动态过程，需要根据内外部法律风险环境变化对制定的措施进行评估调整，以确保措施的有效性。

5.5 监督和检查

企业应实时跟踪内外部法律风险环境的变化，及时监督和检查法律风险管理流程的运行状况，以确保法律风险应对计划的有效执行，并根据发现的问题对法律风险管理工作进行持续改进。

企业法律风险管理监督和检查的内容包括但不限于以下内容：

——内外部法律风险环境的变化，如法律法规、相关政策的出台和变化，司法、执法及社会守法环境的变化，企业自身战略的调整改变等；

——监测法律风险事件，分析趋势及其变化并从中吸取教训；

——对照法律风险应对计划检查工作进度与计划的偏差，保证风险应对措施的设计和执行有效；

——报告关于法律风险变化、风险应对计划的执行进度和风险管理方针的遵循情况；

——实施法律风险管理绩效评估。

另外，企业可根据自身的需求和资源状况，选择建立重大法律风险预警制度，即根据对内外部法律风险环境变化的监控结果，及时发布法律风险预警信息，并制定相应的应急预案。应急预案要明确应急处理的相关组织机构、处理流程、沟通机制、应急措施和资源的配置保障，确保企业对突发法律风险事件的及时反应，有效控制突发法律风险事件对企业造成的影响。应定期评审法律风险应对计划和应急预案，确保其持续的适宜性、充分性和有效性。

5.6 沟通和记录

5.6.1 沟通

企业在法律风险管理过程的每个阶段都应当与利益相关者有效沟通，以保证实施法律风险管理的相关人员和利益相关者能够充分了解企业面临的法律风险及其给企业带来的影响，正确理解企业法律风险管理决策的依据，并根据相关信息做出恰当决策，有效执行企业法律风险管理活动。

由于企业各层级人员及利益相关者的价值观、诉求、假设、认知和关注点不同，其法律风险偏好和对法律风险管理的期望也不同，这些对法律风险管理的决策和执行有重要影响。因此，企业在法律风险决策过程和法律风险管理执行中应当与利益相关者进行充分沟通，并保存相关记录。为保障这种沟通能够顺利进行，企业要保证法律风险管理的责任部门能够与企业相关人员充分沟通，能够获取履行职责所需的相关记录或档案材料，并且与监管机构、立法及司法机关等外部利益相关者建立顺畅的沟通渠道。

5.6.2 记录

在企业法律风险管理过程中，记录是实施和改进整个法律风险管理过程的基础。

建立记录可考虑但不限于以下方面：

——出于管理目的而重复使用信息的需要；

——进一步分析法律风险和调整风险应对措施的需要；

——法律风险管理活动的可追溯要求；

——沟通的需要；

——法律法规和操作上对记录的需要；

——企业本身持续学习的需要；

——建立和维护记录所需的成本和工作量；

——获取信息的方法、读取信息的容易程度和储存媒介；

——记录保留期限管理。

6 企业法律风险管理的实施

6.1 概述

法律风险管理流程的组织实施需要一个法律风险管理体系，包括企业法律风险管理的方针、组织职能、资源配置、信息沟通机制等基础设施。

6.2 企业法律风险管理方针

企业法律风险管理方针需明确下列事项：

——企业法律风险管理理念；

——最高管理者对法律风险管理的承诺；

——企业法律风险管理的目标；

——企业的法律风险偏好；

——企业法律风险管理目标与企业的目标及其他风险管理目标的关系；

——企业法律风险管理目标的层次分解和细化；

——持续改进的承诺。

6.3 企业法律风险管理的组织机构及职能

企业应设立专门的法律风险管理机构或者岗位，并明确其职责和内容，具体包括但不限于：

——明确本企业法律风险管理机构或岗位的人员组成，根据企业内部条件和管理需求，必要时可设置企业总法律顾问，从总体上负责企业的法律风险管理工作；

——明确内外部法律风险管理资源的分工和合作方式；

——明确法律风险管理体系的制定、实施和维护人员的职责；

——明确执行法律风险应对措施、维护法律风险管理体系和报告相关风险信息人员的职责；

——明确企业管理人员及其他员工在其本职工作中有关法律风险管理方面的职责；

——建立批准、授权制度；

——建立考核方法、奖惩制度。

6.4 企业法律风险管理的制度流程

企业应根据其法律风险管理的目标，建立完善适当的配套制度和行为规范，确定法律风险管理的工作程序，同时结合企业内部控制管理工作，将法律风险纳入到流程控制中，确保法律风险管理工作切实融入到企业的日常管理工作中，确保法律风险管理在企业内部的统一理解和执行。具体要考虑：

——本企业法律风险管理工作的范围和内容；

——法律风险管理制度、规范的制定要考虑企业的制度体系，特别是风险管理制度，确保一致性；

——形成对制度规范的定期更新，确保时效性。

6.5 企业法律风险管理的资源配置

企业需根据法律风险管理计划，制定可行的方法，为法律风险管理分配适当的资源。具体要考虑：

——法律风险管理相关人员的技术、经验和能力要求；

——法律风险管理过程每一阶段所需要的资金及其他资源；

——法律风险管理目标、成本和收益的关系。

此外，企业可以根据内部条件和管理需求，通过建立企业法律风险管理信息系统，完成企业法律风险环境信息的收集、法律风险识别、分析、评价、应对、监督与检查、沟通和记录等各项工作，实现法律风险信息的在线查询、检索和维护，支持企业法律风险管理体系的动态管理。

6.6 企业法律风险管理的沟通和报告机制

企业需建立内部沟通和报告机制，以保证：

——企业法律风险管理体系的关键组成部分及其调整得到适当的沟通；

——在企业内部充分报告法律风险应对计划实施的效果和效率；

——在适当的层次和时间提供法律风险管理的相关信息；

——建立与利益相关者协商的程序。

企业需建立与外部利益相关者沟通的机制。这种机制要保证：

——企业的对外报告符合法律法规和公司治理要求；

——企业与利益相关者保持有效的信息沟通；

——在外部利益相关者中建立对组织的信心；

——在发生突发事件、危机和紧急状况时与利益相关者沟通；

——为企业提供外部利益相关者的报告和反馈。

企业法律风险管理信息的沟通和报告机制要考虑与其他风险信息传递的衔接关系，以保证相关部门信息的互动沟通。

6.7 企业法律风险管理文化

企业应当注重法律风险意识和风险管理文化的培养，从而促进法律风险管理的贯彻实施，保障法律风险管理目标的实现。具体应考虑：

——树立法律风险管理是企业全体员工共同责任的理念，需在不同层次上履行防范法律风险的职责；

——重视企业领导层对法律风险管理工作的态度、管理理念以及管理承诺；

——提高重要流程及核心岗位员工法律风险管理的意识和能力；

——法律风险管理专业机构可制定系统化的法律风险管理培训计划，采用多种途径加强对企业法律风险管理理念、知识、方法和流程的培训，从而提高全体员工知法、守法和用法水平；

——加强法律风险管理机构专业人员的法律实务水平和风险管理水平，加强提升对企业业务管理的深入理解和支撑服务能力，主动积极地为企业的经营决策和管理活动提供法律支持；

——企业应当加强对内部违法违规行为的惩治力度，形成良好的法律风险管理文化。

附 录 A
（资料性附录）
法律风险识别框架示例

法律风险的识别框架可以从“引发法律风险的原因”和“企业主要经营管理活动”两个角度来构建。引发企业法律风险的原因，可分为法律环境、违规行为、违约行为、侵权行为、不当行为和怠于行使权利六种。具体如表 A.1 所示：

表 A.1 法律风险识别框架示例

经营管理活动	引发原因					
	法律环境	违规行为	违约行为	侵权行为	不当行为	怠于行使权利
经营管理活动 1						
经营管理活动 2						
经营管理活动 3						
……						

附 录 B
（资料性附录）
法律风险清单示例

法律风险清单可以划分为三个信息区。第一部分为基础信息区，主要内容为法律风险及引发风险的具体行为，为便于今后的使用和管理，这里还可以为每个法律风险及风险行为设置不同的编码；第二部分为法律信息区，包括风险涉及到的法规、法条、案例、法律责任和后果、法律建议等；第三部分为管理信息区，包括风险涉及到的企业内部部门、外部主体、经营管理活动或流程等。具体如表B.1所示：

表 B.1 法律风险清单示例

基础信息区				法律信息区					管理信息区		
风险代码	风险名称	行为代码	引发法律风险的行为	涉及到的法律法规	涉及到的法条	引发的法律责任和后果	案例	法律建议	涉及的部门	涉及的法律主体	涉及的业务/管理活动
×××	×××	×××	×××	×××	×××	×××	×××	×××	×××	×××	×××
		×××	×××								
		×××	×××								
×××	×××	×××	×××	×××	×××	×××	×××	×××	×××	×××	×××
		×××	×××								
		×××	×××								
×××	×××	×××	×××	×××	×××	×××	×××	×××	×××	×××	×××
		×××	×××								
		×××	×××								
……	……	……	……	……	……	……	……	……	……	……	……

附 录 C
（资料性附录）
法律风险可能性分析示例

风险事件的发生可能性是指在公司目前的管理水平下，风险事件发生概率的大小或者发生的频繁程度。对法律风险发生可能性的量化分析，可以从以下5个维度进行，每个维度可以进一步细化为若干评分标准，以下示例影响程度分为5个等级，分别赋予1分～5分，表示发生可能性依次加强，得分越高意味风险发生的可能性越大。对照该评分标准，同时根据不同维度对风险发生可能性影响程度的不同，为各维度设定权重系数，并确定计算公式，最终即可计算出该风险发生可能性的得分。具体如表C.1所示：

表 C.1 法律风险可能性分析示例

分析维度	得分				
	5	4	3	2	1
内控制度的完善与执行	内部控制规章制度/业务流程很不完善，内部控制规章制度/业务流程很难得到执行	内部控制规章制度/业务流程较完善，内部控制规章制度/业务流程较难得到执行	内部控制规章制度/业务流程较完善，内部控制规章制度/业务流程执行程度一般	内部控制规章制度/业务流程很完善，内部控制规章制度/业务流程执行比较准确	内部控制规章制度/业务流程很完善，内部控制规章制度/业务流程执行非常准确
我方人员相关法律素质	不了解相关法律及企业内部制度	对相关法律及企业内部制度有一定了解，但不能有效执行	了解相关法律及企业内部制度，且基本能够执行	理解相关法律及企业内部制度，并能够较好执行	我方人员非常熟悉相关法律及企业内部制度并能够完全有效执行
风险对方综合状况	履约能力很弱或侵权可能性很大，信誉很差	履约能力较弱或侵权可能性较大	履约能力一般或侵权可能性一般，信誉一般	履约能力较强或侵权可能性较小，信誉较好	履约能力很强或侵权可能性很小，信誉很好
外部监管执行力度	无法律规定，有监管部门，但监管部门经常不履行职责	有法律规定，有监管部门，但监管部门经常不履行职责	有法律规定，有监管部门，但违法行为并未都得到及时查处	有法律规定，有监管部门，违法行为一般都能得到及时查处	有法律规定，有监管部门，违法行为总是能得到及时查处，且处罚严厉
工作频次	风险行为所涉及的工作每天至少发生一次	风险行为所涉及的工作每周至少发生一次	风险行为所涉及的工作每月至少发生一次	风险行为所涉及的工作每季度至少发生一次	风险行为所涉及的工作每年至少发生一次

附　录　D
（资料性附录）
法律风险影响程度分析示例

风险事件影响程度是指该风险事件会对公司的经营管理和业务发展所产生影响的大小。对法律风险影响程度的量化分析，可以从以下三个维度进行，每个维度可以进一步细化为若干评分标准，以下示例影响程度分为5个等级，分别赋予1分～5分，表示影响程度依次加强，得分越高意味风险影响程度越大。对照该评分标准，同时根据不同维度与风险影响程度相关性的不同，为各维度设定权重系数，并确定计算公式，最终即可计算出该风险影响程度的得分。具体如表D.1所示：

表 D.1　法律风险影响程度分析示例

分析维度	得　分					
	0	1	2	3	4	5
财产损失大小	无	10万元以下	10万元～100万元	100万元～500万元	500万元～5 000万元	5 000万元以上
非财产损失大小	无	商誉、企业形象、知识产权等损失很小	商誉、企业形象、知识产权等损失较小	商誉、企业形象、知识产权等损失一般	商誉、企业形象、知识产权等损失较大	商誉、企业形象、知识产权等损失很大
影响范围	无	很小范围的区域，如企业内部	较小范围的区域，如若干企业间	中等范围的区域，如全市范围内	较大范围的区域，如全省范围内	很大范围的区域，如全国范围内
注：财产损失大小的区间界定，根据企业自身情况确定。						

参 考 文 献

[1] GB/T 1.1—2009 标准化工作导则 第1部分:标准的结构和编写
[2] GB/T 24353 风险管理 原则与实施指南
[3] GB/T 23694—2009 风险管理 术语
[4] GB/T 20000.4—2003 标准化工作指南 第4部分:标准中涉及安全的内容

ICS 55.180.20
A 85

中华人民共和国国家标准

GB/T 27915—2011

组合式塑料托盘

Assembled plastic pallet

2011-12-30 发布 2012-02-01 实施

中华人民共和国国家质量监督检验检疫总局
中国国家标准化管理委员会 发布

前　言

本标准按照GB/T 1.1—2009给出的规则起草。

本标准的平托盘部分参考采用ASTM D 1185-1998a(2003)《货物运输用托盘及其相关构件的试验方法》(Standard test methods for pallets and related structures employed in materials handling and shipping),箱式托盘部分参考采用BS EN 13626:2003《包装——箱式托盘——一般要求和试验方法》(Packaging—Box Pallets—General requirements and test methods)。

本标准由全国物流标准化技术委员会(SAC/TC 269)提出并归口。

本标准负责起草单位:常州远东塑料机械有限公司。

本标准参加起草单位:金华市捷特包装有限公司、中国物流与采购联合会托盘专业委员会、中国包装联合会、全军包装工作办公室、中包包装技术中心有限公司、新疆中邮物流有限责任公司。

本标准主要起草人:朱志峰、梅自省、朱富来、周卫中、程涛、靳伟、唐英、王利、赵吉敏、余渡元、成光华、邹克信、宫建荣、袁建民。

组合式塑料托盘

1 范围

本标准规定了组合式塑料托盘的术语和定义、产品结构和分类、要求、试验方法、标志、包装、运输和贮存。

本标准适用于以高密度聚乙烯(HDPE)、聚丙烯(PP)等塑料为原料制成的组合式塑料托盘(以下简称托盘)。

2 规范性引用文件

下列文件对于本文件的应用是必不可少的。凡是注日期的引用文件,仅注日期的版本适用于本文件。凡是不注日期的引用文件,其最新版本(包括所有的修改单)适用于本文件。

GB/T 191 包装储运图示标志

GB/T 2934 联运通用平托盘 主要尺寸及公差

GB/T 3716 托盘术语

GB/T 4122.1 包装术语 第1部分:基础

GB/T 4857.2—2005 包装 运输包装件基本试验 第2部分:温湿度调节处理

GB/T 4857.3—2008 包装 运输包装件基本试验 第3部分:静载荷堆码试验方法

GB/T 4857.11—2005 包装 运输包装件基本试验 第11部分:水平冲击试验方法

GB/T 4857.17 包装 运输包装件 编制性能试验大纲的一般原理

GB/T 4996—1996 联运通用平托盘 试验方法

GB/T 16288 塑料制品的标志

GB/T 18832—2002 箱式、立柱式托盘

3 术语和定义

GB/T 2934、GB/T 4122.1 和 GB/T 3716 界定的以及下列术语和定义适用于本文件。

3.1

组合式塑料托盘 assembled plastic pallet

以底盘作为承载面,并可包括承载面上部的辅助结构件,将物品规整为货物单元进行集装运输的装置。该装置的主要部件以塑料制造。按装置结构可分为平托盘(底盘),底盘、隔板加顶盖组合,箱式托盘(由底盘、顶盖与壁板组成)三种组合方式。

4 产品结构和分类

4.1 产品结构

4.1.1 产品按用途和结构由底盘、顶盖、隔板及壁板组成。

4.1.2 底盘是托盘底部的盘状支承件，其承载面为平面或可具有货物定位型腔，用以集结、堆存货物以便于装卸和搬运，可单独使用或与配装的上部构件组合使用，其底部结构和最低高度适应托盘搬运车、叉车和其他适用的装卸机械的搬运要求。

4.1.3 顶盖是托盘顶部的盘状构件，其内侧面为平面或可具有货物定位型腔，和底盘、隔板或壁板配套使用。

4.1.4 隔板可具有适合预装货物定位的立体型腔。

4.1.5 壁板是箱式托盘的箱壁，按所运载货物的要求，可为纸质或塑料材质，与底盘、顶盖作可拆装式连接，在运载和堆码中壁板是箱式托盘的重要承力构件。

4.2 产品分类

4.2.1 按托盘用途和结构及其组合方式可分为：

a) A 型：底盘单独使用，见图 1。

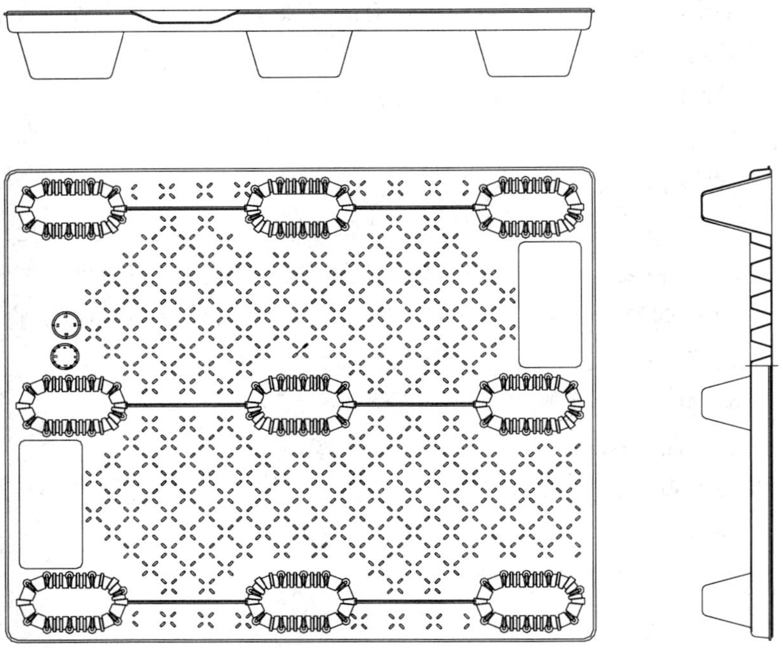

图 1 A 型托盘示意图

b) B 型：由底盘、多件隔板及顶盖组成。形成底盘—预装货物—隔板—预装货物—隔板—预装货物，层层叠放的多层组合包装方式，以顶盖加盖。见图 2。

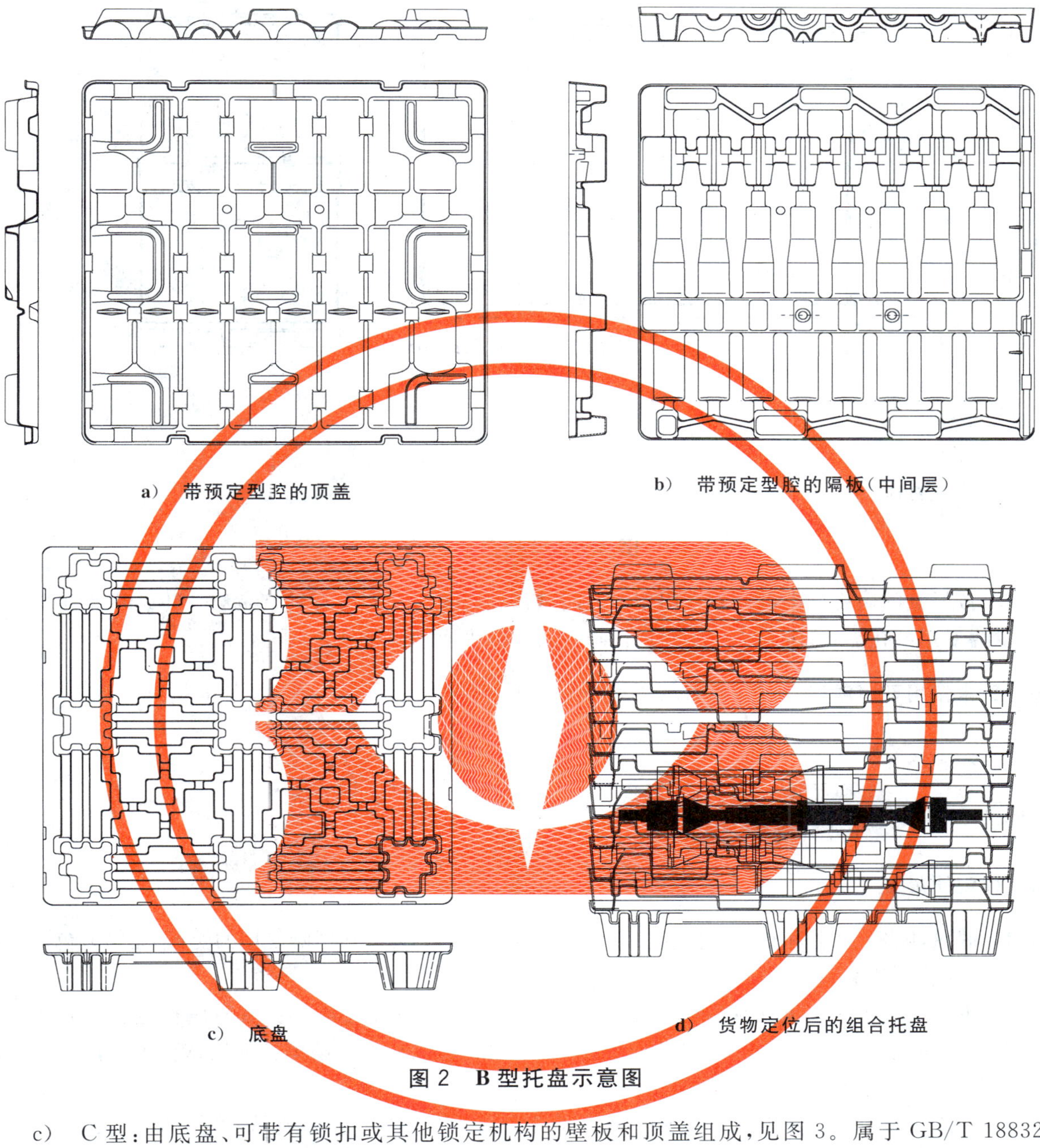

图2 B型托盘示意图

c) C型:由底盘、可带有锁扣或其他锁定机构的壁板和顶盖组成,见图3。属于GB/T 18832—2002的4.1中所述的可堆码拆卸式箱式托盘。可为通用型或专用型。

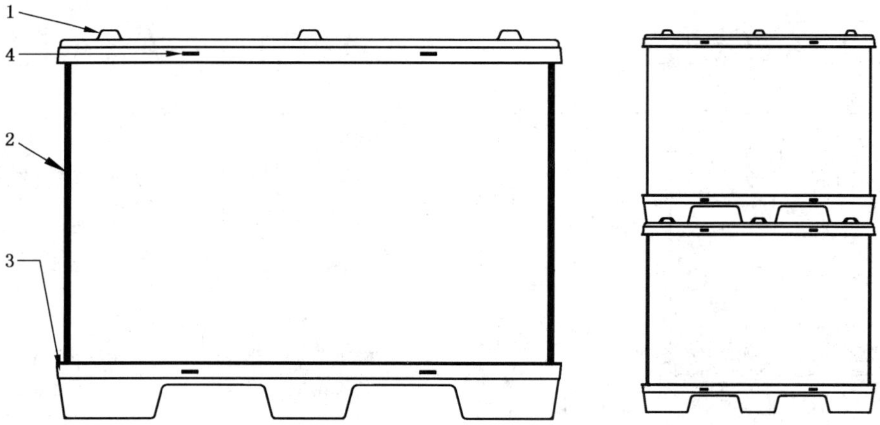

1——顶盖；

2——壁板；

3——底盘；

4——锁定机构。

图 3　C 型托盘示意图

4.2.2　按托盘的用途分类可分为专用型和通用型：只适用于集结、堆存特定货物而不适用于其他货物的托盘为专用型托盘；对承载货物无专用性限制的托盘为通用型托盘。

4.3　正常使用环境温度

－10 ℃～＋40 ℃。

5　要求

5.1　外观质量

5.1.1　底盘、隔板、顶盖和塑料壁板的表面应平整，无飞边、无裂纹和影响使用的变形，无明显色差。同一批产品的色泽基本一致。

5.1.2　带锁定机构的 C 型托盘的锁定机构应定位准确，操作灵活无卡滞，并具有应有的连接功能。

5.1.3　纸质壁板的切边整齐，表面无明显的油污、水渍、斑纹、粘痕等缺陷。纸质壁板可根据用户要求进行防潮处理。

5.1.4　托盘应有永久性标识，包括：规格、额定载重量、回收标志、生产日期或批号。标识文字清晰、正确。回收标志应符合 GB/T 16288 规定。

5.1.5　顶盖、隔板、底盘及其板缘上可有供捆扎包装的凹槽，凹槽与基体以圆角过渡、平整光滑。

5.2　额定载重量

托盘的额定载重量（符号：R）为 500 kg、1 000 kg、1 500 kg 或 2 000 kg。

5.3　尺寸和公差

底盘尺寸和公差应符合 GB/T 2934 规定，但：

a)　平面尺寸的制造公差为－10 mm～＋5 mm；

b)　底盘承载面的平面度应不大于 10 mm。特意设置的突起物除外。

5.4 托盘的机械物理性能

5.4.1 底盘支腿压缩性能

各型底盘应能承受试验载荷 1.1MR(M 是预期堆码的托盘总层数,R 为托盘的额定载重量)的支腿压缩性能试验,且支腿的压缩变形量不超过支腿高度的 10%,卸载后的残余变形量不大于 5%。

5.4.2 可堆码托盘的静载荷堆码性能

可堆码托盘应按 6.5.2 在 1.25 倍最大允许堆码质量下进行堆码试验,试验后,托盘不应发生影响使用的永久变形和破损。

5.4.3 可堆码托盘的水平强度

可堆码托盘按 6.5.3 进行试验,托盘的结合处应无异常现象。不应有翻倒、装载物落地、裂缝、部件脱落和永久变形。

5.4.4 底盘、隔板、顶盖和塑料壁板的抗跌落性能

各型底盘、隔板、顶盖和塑料壁板应按 6.5.4 规定进行垂直自由角跌落试验:

a) 经 6.1.2 规定的 40 ℃±2 ℃预处理后及常温下的角跌落试验后,其对角线长度的相对变化率应不大于 4%。

b) 经 6.1.2 规定的 −10 ℃±3 ℃预处理后的角跌落试验后,试样无开裂或影响使用的结构损伤。

5.4.5 斜面抗冲击性能

各型托盘按 6.5.5 进行冲击速度为 1.30 m/s 的斜面冲击试验,试验后托盘不应发生影响使用的开裂、变形、破损和结构失效。

5.4.6 C 型托盘壁板强度

按 6.5.6 进行试验,壁板不应破裂,残余弯曲变形应不影响使用。

6 试验方法

6.1 试验条件

6.1.1 试样的状态调节、预处理和试验的标准环境:

在 GB/T 4857.2—2005 中表 1 规定的如下温湿度条件下进行:各型托盘的试验及试样的状态调节和预处理的环境温度为 23 ℃±2 ℃;带纸基壁板的 C 型托盘的试验及试样的状态调节和预处理的环境温度为 23 ℃±2 ℃,环境相对湿度 50%±5%;状态调节时间均不少于 24 h。

6.1.2 试样中应有一件分别在 40 ℃±2 ℃或 −10 ℃±3 ℃的环境中进行 4 h 预处理后按 5.4.4 要求进行垂直自由角跌落试验。

6.1.3 试验的标准环境按 6.1.1 规定,试样的预处理按 6.1.1 和 6.1.2 规定。按 GB/T 4996—1996 中 6.3 规定:必要时应在试样移出预处理室后立即进行试验,并应在 1 h 内完成相应的试验,每次试验后立即放回预处理室至少 1 h 方可进行下一次试验。

6.1.4 试验样品从生产 72 h 后的产品中随机抽取,并按 GB/T 4857.17 的要求准备,试样数量为三件。

6.1.5 试验设备、量具和载荷应符合 GB/T 4996—1996 中第 7 章的规定。

6.1.6 在任何情况下，试验中施加的试验载荷都应计入加载头和承载板的质量。

6.2 外观质量

目测手感检查。

6.3 额定载重量

目测检查托盘的标识，应符合 5.2 的要求。

6.4 尺寸和公差

以常规量具测量，应符合 5.3 的要求。

6.5 托盘的机械物理性能试验

6.5.1 底盘支腿压缩性能试验

6.5.1.1 试验目的

通过本试验测试支腿对局部竖向载荷的抗压强度。

6.5.1.2 试验载荷

对整个底盘试样，试验的准载荷与全试验载荷为 $0.1R$ 和 $1.1MR$，但施加到受试支腿上的准载荷和全试验载荷应按受试支腿支承面积与所有支腿支承面积(或支腿尺寸相同时按支腿数量)的比值计算确定。

6.5.1.3 试验步骤

试验和测量按 GB/T 4996—1996 中的 8.1 分别对支腿 A、B 进行，见 GB/T 4996—1996 中的图 1。在各载荷条件下，测量 A_1 和 A_2 点自承载板底面至支承面的高度 Y，减去加载头的高度，取 A_1 和 A_2 两点的算术平均值作为 A 点在该载荷条件下的支腿高度的测量值。再以 A、B 点测量值的算术平均值(以 Y_1、Y_2、Y_3 表示)作为测量结果，按式(1)、式(2)计算支腿压缩量 δ_1 和支腿残余压缩量 δ_2。

6.5.1.4 试验结果评定

6.5.1.4.1 按式(1)计算支腿压缩量 δ_1：

$$\delta_1 = \frac{Y_1 - Y_2}{Y_1} \times 100\% \qquad \cdots\cdots(1)$$

式中：

δ_1 ——压缩变形量，%；

Y_1、Y_2 ——分别表示准载荷条件下和全载荷条件下，A、B 处测量值的算术平均值。

6.5.1.4.2 按式(2)计算支腿残余压缩量 δ_2：

$$\delta_2 = \frac{Y_1 - Y_3}{Y_1} \times 100\% \qquad \cdots\cdots(2)$$

式中：

δ_2 ——残余压缩变形量，%；

Y_3 ——卸载至准载荷条件下连续两次测量的读数无明显变化时，A、B 处测量值的算术平均值。

6.5.2 可堆码托盘的静载荷堆码试验

6.5.2.1 试验目的

评定可堆码托盘(如C型托盘)在堆码时的抗压强度及对内装物的保护能力。

6.5.2.2 预定试验条件

6.5.2.2.1 试样托盘为空箱状态,全试验载荷为1.25倍最大允许堆码质量,试验的准载荷为全试验载荷的10%。均布的试验载荷通过GB/T 4857.3—2008中5.2.2的自由加载平板或5.2.3的导向加载平板施加。

6.5.2.2.2 施加和保持全试验载荷的持续时间为96 h,卸载至准载荷的恢复时间为24 h。

6.5.2.3 试验步骤和测量

6.5.2.3.1 将试样托盘放在平整的刚性表面上,把第二个空的箱式托盘放在试样托盘顶部,见图4,试验按GB/T 4857.3—2008进行。

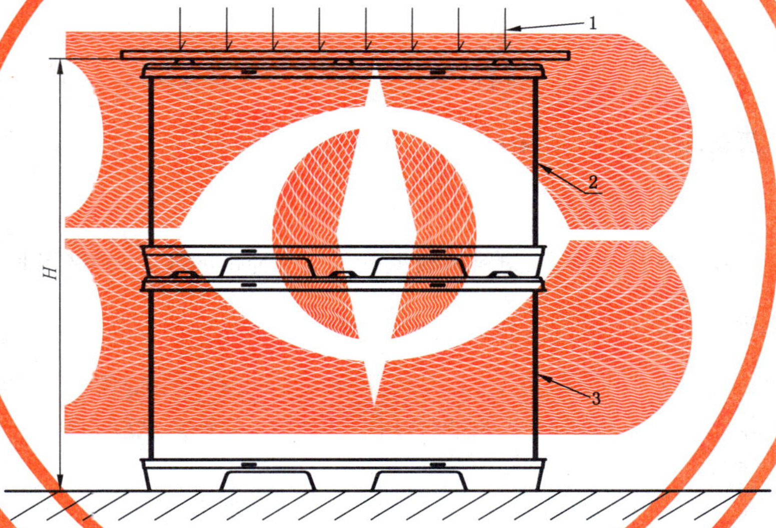

1——试验载荷;
2——空的C型托盘;
3——空的试样托盘;
H——堆码高度[单位为毫米(mm)]。

图4 静载堆码试验

6.5.2.3.2 将准载荷加在第二个托盘上,在四个角上测量堆码在一起的两个托盘的高度 H ,并取四角测量值的算术平均值为测量结果。在准载荷条件下的测量值以下标"1"表示为 H_1。

6.5.2.3.3 施加全试验载荷并保持96 h,同上在四个角上测量高度 H 并计算。全试验载荷施加阶段的结束前的测量值以下标"2"表示为 H_2。

6.5.2.3.4 移去全试验载荷,使试样在堆码状态恢复24 h。

6.5.2.3.5 在恢复后的堆码状态托盘顶上加准载荷,同上在四个角上测量高度 H 并计算高度 H_3。卸载恢复后的准载荷条件下的测量值以下标"3"表示为 H_3。

6.5.2.3.6 按式(3)计算负荷压缩变形 δ_3:

$$\delta_3 = \frac{H_1 - H_2}{H_1} \times 100\% \quad \cdots\cdots (3)$$

式中：

δ_3 ——负荷压缩变形量，%；

H_1——在准载荷条件下的测量值，单位为毫米(mm)；

H_2——全试验载荷施加阶段的结束前的测量值，单位为毫米(mm)。

6.5.2.3.7 按式(4)计算残余变形 δ_4：

$$\delta_4=\frac{H_1-H_3}{H_1}\times 100\% \qquad \cdots\cdots(4)$$

式中：

δ_4 ——残余变形量，%；

H_1——在准载荷条件下的测量值，单位为毫米(mm)；

H_3——卸载恢复后的准载荷条件下的测量值，单位为毫米(mm)。

6.5.2.4 试验结果评定

试验后目视检查托盘应无损伤情况，计算负荷压缩变形及残余变形，应符合 5.4.2 要求。

6.5.3 可堆码托盘的水平强度试验

试验按 GB/T 18832—2002 中 7.3 进行，试验后目视检查托盘，应符合 5.4.3 要求。

6.5.4 底盘、隔板、顶盖或塑料壁板的角跌落试验

6.5.4.1 试验目的

评价底盘(包括支腿)、隔板、顶盖或塑料壁板抵抗角跌落冲击的能力，并确定其对角刚度。

6.5.4.2 试验条件及试验步骤

6.5.4.2.1 试样的预处理按 6.1.3 规定，出厂检验中的常温跌落试验除外。

6.5.4.2.2 每个试样按 GB/T 4996—1996 进行 3 次垂直自由角跌落试验。

6.5.4.2.3 释放试样时，每次跌落只应发生一次冲击。

6.5.4.2.4 每次试样自由跌落试验后，应按 6.1.3 规定进行预处理。

6.5.4.2.5 试验对各型托盘的底盘、隔板、顶盖及塑料壁板分别进行。

6.5.4.3 测量

在第一次跌落之前和最后一次跌落之后，在同一点 A、B 测量对角线 AB 的长度 Y，并按式(5)计算试样的对角线变形量(对角线长度相对变化率)δ_5：

$$\delta_5=\frac{Y_1-Y_0}{Y_0}\times 100\% \qquad \cdots\cdots(5)$$

式中：

δ_5 ——试样的对角线变形量(对角线长度相对变化率)，%；

Y_0——第一次跌落前的对角线 AB 间长度，单位为毫米(mm)；

Y_1——最后一次跌落后的对角线 AB 间长度，单位为毫米(mm)。

6.5.4.4 试验结果评定

6.5.4.4.1 试验后目视检查试样损伤情况。

6.5.4.4.2 比较对角线变形量，应符合 5.4.4 的要求。

6.5.5 斜面冲击试验

6.5.5.1 试验目的

确定托盘结构部位(底盘承载面板边、支腿)对冲击的抵抗能力。

6.5.5.2 预定试验条件

6.5.5.2.1 试验载荷按 GB/T 4996—1996 中第 9 章规定为 0.075*R*,借助载荷箱以适当的载荷块向试样托盘装载,装载物不应突出底盘边缘。
6.5.5.2.2 缓冲块按 GB/T 4996—1996 中图 10 的规定,缓冲块安装在斜面试验机挡板上,其位置见 GB/T 4996—1996 中的图 11,缓冲块头部距斜面试验机台面的高度和冲击点位置如表 1 和图 5 所示。
6.5.5.2.3 缓冲块将冲击集中在托盘的某一规定部位上(见表 1),每个部位冲击 3 次。

表 1 冲击点位置

冲击点编号	位　　置	冲 击 次 数
a	底盘承载面长边中点	3
b	底盘承载面短边中点	3
c	中支腿中部	3
d	角支腿和底盘连接处	3

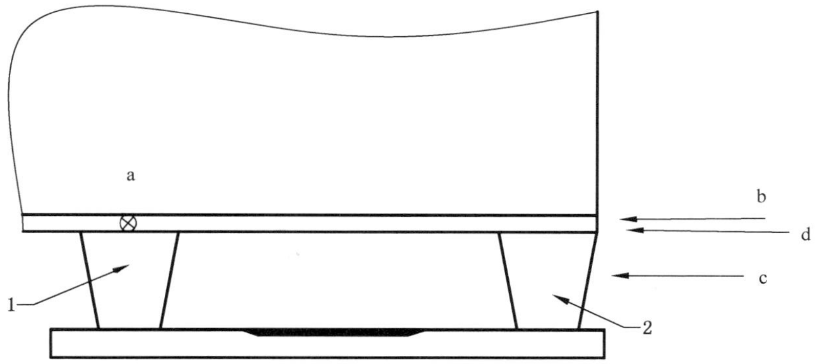

1——中央支腿;
2——角支腿。
注:a、b、c、d 见表 1。

图 5 斜面冲击试验的冲击点

6.5.5.3 试验步骤

6.5.5.3.1 将托盘试样放在斜面试验机的台车上,使受试部位与缓冲块接触。
6.5.5.3.2 移动台车使按预定的冲击速度 1.30 m/s(允差±5%)进行冲击试验。
6.5.5.3.3 试验按 GB/T 4857.11—2005 中 4.2 规定的斜面试验机试验方法进行。

6.5.5.4 试验结果评定

试验后目视检查托盘损伤情况,应符合 5.4.5 要求。

6.5.6 **C型托盘壁板强度试验**

按GB/T 18832—2002的7.4进行试验，试验后目视检查托盘损伤和变形情况，应符合5.4.6要求。

7 标识、包装、运输和贮存

7.1 标识

7.1.1 每批托盘应附合格证，标明生产企业名称、产品名称、规格、额定载重量、产品执行标准编号、生产日期或批号、检验员印记和合格标记。

7.1.2 托盘包装的储运图示标识应符合GB/T 191规定。

7.2 包装

按订货合同规定执行。

7.3 运输

运输过程中应堆码整齐，采取防曝晒措施，防止重物堆压和机械损伤。

7.4 贮存

产品应贮存在清洁干燥的仓库内的平整地面上并码放整齐，避免日光曝晒、高温，距热源和火源2 m以上。

参 考 文 献

[1] GB/T 1844.1—2008 塑料 符号和缩略语 第1部分:基础聚合物及其特征性能

[2] GB/T 2918—1998 塑料试样状态调节和试验的标准环境

[3] GB/T 4122.5—2002 包装术语 检验与试验

[4] GB/T 4857.1—1992 包装 运输包装件 试验时各部位的标示方法

[5] GB/T 4857.4—2008 包装 运输包装件基本试验 第4部分:采用压力试验机进行的抗压和堆码试验方法

[6] GB/T 4857.5—1992 包装 运输包装件 跌落试验方法

[7] GB/T 4857.7—2005 包装 运输包装件基本试验 第7部分:正弦定频振动试验方法

[8] GB/T 4857.10—2005 包装 运输包装件基本试验 第10部分:正弦变频振动试验方法

[9] GB/T 4857.18—1992 包装 运输包装件 编制性能试验大纲的定量数据

[10] GB/T 4857.22—1998 包装 运输包装件 单元货物稳定性试验方法

[11] GB/T 4995—1996 联运通用平托盘 性能要求

[12] GB/T 10486—1989 铁路货运钢制平托盘

[13] GB/T 15234—1994 塑料平托盘

[14] GB/T 16470—2008 托盘单元货载

[15] GB/T 18354—2006 物流术语

[16] GB/T 18455—2001 包装回收标志

[17] GB/T 19450—2004 纸基平托盘

[18] GB/T 20077—2006 一次性托盘

[19] ISO 6780:2003(E) Flat pallets for intercontinental materials handling—Principal dimensions and tolerances

[20] ISO 8611-1:2004(E) Pallets for materials handling—Flat pallets—Part 1:Test methods

[21] ISO 8611-2:2005(E) Pallets for materials handling—Flat Pallets—Part 2:Performance requirements and selection of tests

[22] ISO 8611-3:2005(E) Pallets for materials handling—Flat pallets—Part 3:Maximum working loads

[23] ASTM D 1185-1998a (2003) Standard test methods for pallets and related structures employed in materials handling and shipping

[24] BS EN 13626:2003(E) Packaging—Box pallets—General requirements and test methods

ICS 03.100.01
A 02

中华人民共和国国家标准

GB/T 27916—2011

百货店等级划分及评定

Classification and evaluation of department stores

2011-12-30 发布 2012-02-01 实施

中华人民共和国国家质量监督检验检疫总局
中国国家标准化管理委员会 发布

前　言

本标准按照 GB/T 1.1—2009 给出的规则起草。

本标准由中华人民共和国商务部提出并归口。

本标准主要起草单位:商务部商贸服务管理司、中国百货商业协会。

本标准主要起草人:王选庆、楚修齐、尹虹、仇亚童、白冀民、李绯。

百货店等级划分及评定

1 范围

本标准规定了百货店的等级划分原则、技术要求、评定原则和评定方法。

本标准适用于经营面积在 6 000 m^2 及以上的百货店。

2 规范性引用文件

下列文件对于本文件的应用是必不可少的。凡是注日期的引用文件，仅注日期的版本适用于本文件。凡是不注日期的引用文件，其最新版本(包括所有的修改单)适用于本文件。

GB/T 10001.1 标志用公共信息图形符号 第1部分:通用符号

GB/T 18883 室内空气质量标准

JGJ 50 城市道路和建筑物无障碍设计规范

3 术语和定义

下列术语和定义适用于本文件。

3.1

百货店 department store

在一个建筑物内，经营若干大类商品，实行统一管理，分区销售，满足顾客对时尚商品多样化选择需求的零售业态。

[GB/T 18106—2004，定义 4.1.7]

3.2

自有品牌 private brand

由零售商开发并销售的所有权归属于零售商的产品品牌。

3.3

售前服务 pre-sale service

顾客购买商品或服务前，经营者向潜在顾客提供的服务。

3.4

售中服务 in-sale service

经营者向选购和消费过程的顾客提供的服务。

3.5

售后服务 after-sale service

经营者向已交易完成的顾客所提供的后续服务。

3.6

价签 price tag

用于标示商品售价等内容并辅助作定位管理的标签。

3.7

电子商务 E-business

依托网络进行货物贸易和服务交易，并提供相关服务的商业形态。具体细分为在企业之间

(Business to Business，简称 B2B)、企业和消费者之间(Business to Consumer，简称 B2C)、个人之间(Consumer to Consumer，简称 C2C)、政府和企业之间(Government to Business，简称 G2B)通过网络通信手段缔结的交易和服务。

4 等级划分原则

4.1 等级划分

百货店划分为两个等级，达标级和金鼎级。金鼎级为最高级。

4.2 等级划分依据

百货店的等级划分以服务、管理、诚信、环境、安全、节能六项因素为依据。

5 等级评定原则

5.1 等级评定采取企业自愿申报，分级评定的方法。正式营业两年(含)以上、营业面积在 6 000 m^2(含)以上的百货店均可向所在省、自治区、直辖市、计划单列市等级评定机构申报等级评定，由等级评定机构按评定权限评定。

5.2 达标级百货店由省、自治区、直辖市、计划单列市等级评定机构根据《达标级百货店等级评定细则》(见附录 A)负责评定，同时向全国百货店等级评定机构推荐金鼎级百货店；金鼎级百货店由全国百货店等级评定机构根据《金鼎级百货店等级评定细则》(见附录 B)评定，对认定的金鼎级百货店要求在全国百货店等级评定机构网站及相关网站向社会公示，公示期不少于 20 d。

5.3 百货店等级评定工作，采取动态监督管理，严格退出机制。对出现一般性质问题的企业，由当地等级评定机构督促其整改；对出现重大问题如：违规经营、发生安全事故的企业，由当地等级评定机构提出议案，达标级企业由当地等级评定机构核准报全国等级评定机构备案取消其达标百货店称号，金鼎级企业由全国等级评定机构核准取消其金鼎百货店称号。

各等级评定机构每两年对已评定等级的企业进行一次复查，对等级予以确认。企业晋级需一年后进行申报。

6 等级划分技术要求

6.1 达标级

6.1.1 服务

6.1.1.1 商品服务

有完善的商品质量管理机制，有健全的商品质量保障措施，抽检商品质量合格率不低于 90%。有关法律法规参见《传染病防治法》、《劳动法》和《消防法》。(该表示方式适用于以下各相关条款)

6.1.1.2 售货服务

有完善的售前、售中、售后服务体系，各项服务措施全面。

6.1.1.3 信息服务

达标级百货店信息服务应符合如下要求：

a） 提供真实的商品价格信息（相关内容参见文献[13]《价格法》）；

b） 提供真实的商品促销活动信息（相关内容参见文献[20]《零售商促销行为管理办法》）；

c） 开展电子商务，实现信息流的网络化。

6.1.2 管理

6.1.2.1 管理制度

达标级百货店管理制度应符合如下要求：

a） 有完善的经营管理制度，有中长期、年度、月度经营计划；

b） 有完善的财务管理制度，有长短期财务计划和分析报告；

c） 有完善的人力资源管理制度，开展全员分级培训。

6.1.2.2 企业文化

达标级百货店企业文化应符合如下要求：

a） 有企业文化和经营理念；

b） 注重企业文化的宣传推广。

6.1.3 诚信

6.1.3.1 诚信经营

达标级百货店诚信经营应符合如下要求：

a） 维护员工合法权益，员工满意度 70%以上（相关内容参见文献[10]《劳动法》）；

b） 维护消费者合法权益，消费者满意度 70%以上（相关内容参见文献[9]《消费者权益保护法》）；

c） 维护公平交易秩序，供应商满意度 70%以上（相关内容参见文献[19]《零售商供应商公平交易管理办法》）。

6.1.3.2 监管部门认可

两年内在工商、质检、卫生、税务等监督部门无违法记录，银行信用等级 3B 以上。

6.1.3.3 知识产权保护

重视知识产权保护，执行保护知识产权的法律法规。

6.1.4 环境

6.1.4.1 经营环境

达标级百货店经营环境应符合以下要求：

a） 百货店周边交通便利；

b） 营业场所交易区、服务区、休息区分区明确，布局合理，营业面积 6 000 m^2（含）以上；

c） 百货店内标识应清晰、明确，图形化，并符合 GB/T 10001.1 的规定；

d） 百货店内的环境舒适、通透、明亮、整洁；新风量在 30 $m^3/(h \cdot p)$[立方米/(每小时·人)]，噪声控制在 60 dB 以下；温湿度符合相关标准规定；

e） 商品陈列美观、彰显特性。

6.1.4.2 环境卫生

保持营业场所清洁卫生(相关内容参见文献[17]《公共场所卫生管理条例》)。

6.1.4.3 重点设施

达标级百货店重点设施应符合以下要求:

a) 无障碍设施符合 JGJ 50 的要求;

b) 试衣间、卫生间、收银台等配套设施齐全、方便合理。

6.1.5 安全

6.1.5.1 消防安全

消防制度健全,设备完好。对员工进行定期培训和演练。有完备的消防预案。一年内无火灾事故(相关内容参见文献[14]《消防法》)。

6.1.5.2 治安安全

治安管理部门健全,安全防范制度完善。有应急突发事件预案。连续两年内无安全事故。

6.1.6 节能

6.1.6.1 节能制度

建立节能目标责任制,水、电、气等主要能源消耗不超过规定指标。各主要能耗部门有明确的节能操作规范。

6.1.6.2 节能措施

采用节水、节电、节材等方面的技术、方法、措施。

6.1.6.3 节能宣传推广

有对社会和消费者宣传节能的计划,推广节能新产品。

6.2 金鼎级

6.2.1 经营规模

金鼎级百货店经营规模应符合以下要求:

a) 营业面积:营业面积 10 000 m^2(含)以上;

b) 销售规模:年销售额 2 亿元(含)以上。

6.2.2 财务指标

每平方米年销售额 1.5 万元(含)以上。销售利润率 3%以上。销售费用率 7%以下。能实现年度财务计划指标。

6.2.3 商品结构

品牌商品中知名品牌达 75%以上。有自有品牌。自有品牌应有开发管理部门、开发计划、质量标准、质量检测监控措施并注册商标。

6.2.4 经营环境

金鼎级百货店经营环境应符合以下要求：

a) 休息场所：休息场所面积占经营面积的1%以上。备有饮水机、纸杯、公用电话、充电器等设施；
b) 商品陈列：陈列商品橱窗定期更换；
c) 收银台：提供各种信用卡结算服务；
d) 卫生间：卫生间内为顾客免费提供纸巾(烘干机)、洗手液。卫生设备无触摸、无障碍。设有婴幼儿洗手间或厕位；
e) 试衣间：试衣间内无暴露的电表、配电箱等设施；
f) 无障碍设施：百货店内通道、电梯、楼梯、卫生间等处实现无障碍，在服务台、收银台、公用电话等设施处设低位装置；
g) 停车场：设施完善，提供引导泊车服务。

6.2.5 企业管理

金鼎级百货店企业管理应符合以下要求：

a) 管理质量：通过国际质量管理体系认证或环境管理体系认证并按照认证定期考核(相关内容参见参考文献[3]GB/T 19000 质量管理体系系列标准和[4]GB/T 24000 环境管理体系系列标准)；
b) 自营水平：百货店自营部分占销售额的3%以上；
c) 企业文化：有鲜明的企业文化和经营理念；团队建设稳定。

6.2.6 服务水平

金鼎级百货店服务水平应符合以下要求：

a) VIP 顾客：设有 VIP 顾客接待室并有专人负责和接待，对 VIP 顾客实行分级管理。有 VIP 顾客管理制度和定期回访制度，建立 VIP 顾客档案，定期发送商品信息。VIP 顾客消费占年销售额的30%以上。每年组织 VIP 顾客活动不少于4次；
b) 总服务台：总服务台能使用英语、手语接待顾客；
c) 售后服务接待室：实行先行负责制，无障碍退换货；
d) 附加服务：提供商品邮寄服务、特殊商品回访服务并有记录，提供五种以上免费附加服务。设有客户服务热线。能不断创新服务内涵，有本企业特殊服务项目。

6.2.7 诚信经营

消费者、供应商满意度达75%以上，员工满意度达80%以上。

6.2.8 信息化建设

金鼎级百货店信息化建设应符合以下要求：

a) 信息化水平：建有企业自己的局域网，对百货店的经营活动和商户的管理实现数字化并建有完备的信息系统，建有企业自己的网站并可以做到及时更新信息。可实现供应商的信息查询；
b) 电子商务：开展 B2B、B2C 业务。进行网上交易、网上支付，实现支付型电子商务。

6.2.9 节能降耗

百货店内70%以上照明采用节能设备，创造条件做好自然采光设计和改造。空调运行等动力设施采用节能装备。

附 录 A
（规范性附录）
达标级百货店评定细则

A.1 评分方法

A.1.1 满分为200分。

A.1.2 记分方法：总得分为各项四级指标得分之和。

A.1.3 总得分超过150分（含）以上可列入达标级百货店备选名单。

A.1.4 当年发生火灾、重大商品质量事故、重大价格欺诈事故、重大环保事故、伤亡事故的百货店一票否决，不能参加考评。

A.2 评定指标及分值（表A.1）

表A.1 评定指标及分值

<table>
<tr><th>一级指标</th><th>二级指标</th><th>三级指标</th><th>四级指标</th><th>分值</th><th>说明</th></tr>
<tr><td rowspan="10">服务25%
（50分）</td><td rowspan="10">商品服务</td><td rowspan="4">1.有完善的商品质量管理机制</td><td>a) 认真执行国家相关法律、法规（相关内容参见文献[8]《产品质量法》[11]《食品卫生法》）；</td><td>1</td><td>相关执法部门检查是否合格</td></tr>
<tr><td>b) 有商品质量保证制度；</td><td>1</td><td>检查整套制度及制度名录</td></tr>
<tr><td>c) 有商品质量管理部门和各级商品质量管理人员以及奖惩措施；</td><td>2</td><td>实地查看管理部门、部门职责及人员配备</td></tr>
<tr><td>d) 有质量检查和考核办法，有翔实的文字记录</td><td>2</td><td>检查各种质量的检查登级、记载</td></tr>
<tr><td rowspan="6">2.有健全的商品质量保障措施</td><td>a) 对商品进货、验收、上柜、销售各环节严格把关，审核手续完备；</td><td>2</td><td>检查商品的进销环节登记完整</td></tr>
<tr><td>b) 落实商品索证制度，所进商品有合法性证明文件，包括生产许可证、产品合格证、质量检测证明、卫生合格证、商标注册证明等；</td><td>1</td><td>检查各项证照存档材料</td></tr>
<tr><td>c) 进口商品具备海关证明（报关单、完税单）、商检部门证明（商检证、安全质量许可证）；</td><td>1</td><td>资料齐全备查</td></tr>
<tr><td>d) 执行国家环保标准，商品具备国家规定检测部门出具的质量检验合格证书；</td><td>1</td><td>查验合格证书</td></tr>
<tr><td>e) 家电、家具、厨具等大件耐用消费品提供中文使用、安装说明书；</td><td>1</td><td>抽检商品使用安装说明书</td></tr>
<tr><td>f) 家电商品应经过3C认证，有认证书；</td><td>1</td><td>有认证书备查</td></tr>
</table>

表 A.1（续）

一级指标	二级指标	三级指标	四级指标	分值	说明
服务25%（50分）	商品服务	2.有健全的商品质量保障措施	g) 食品类商品符合国家食品卫生和食品安全标准；	1	
			h) 所售商品都有产品质量合格证；	1	抽检商品合格证
			i) 抽检商品质量合格率不低于90%	2	相关部门抽检商品检查登记。每高于1%增加0.1分。低于90%的此项零分
	售货服务	3.有全面的售前服务制度	a) 有保证服务质量的规章制度和服务手册；	1	查验制度和服务手册
			b) 有员工岗位技能分级考核办法；	2	考察办法及实施情况
			c) 设有总服务台，配有专门接待服务人员，提供咨询、导购、接待、租借、寻人等便民服务，并备有便民服务相关用品	2	实地检查。听、看、问
		4. 售中服务行为规范	a) 员工着装统一、整洁，佩戴胸卡；	1	路遇员工检查
			b) 销售食品、化妆品的员工有健康证；	1	抽检食品、化妆品岗位员工
			c) 员工接待顾客文明礼貌，规范运用问候语、应答语、道歉语、告别语等服务用语；	1	实地抽检。查看相关制度、登记
			d) 售出商品主动为顾客提供销售凭据或发票	1	抽检销售票据存根、路遇随机访问等
		5. 有完善的售后服务措施	a) 依照法律规定，实行三包，有退换货制度；	2	抽检相关制度、退换货处理登记
			b) 大宗商品实行送货上门，提供售后技术服务；	1	抽检销售登记与送货登记
			c) 接受社会监督，公布监督电话，设立意见簿、评议箱	1	实地检查。看意见簿、评议箱，试打监督电话
	信息服务	6. 执行国家有关价格方面的规定及其他相关的法律、法规，提供真实的商品价格信息（相关内容参见文献[13]《价格法》）	a) 有物价、计量管理制度和完善的监督机制；	1	抽查物价、计量制度汇编
			b) 有专门管理物价、计量部门和人员；	1	实地检查物价、计量部门制度及工作情况
			c) 有健全的价格管理档案；	1	抽检商品价格档案
			d) 为消费者提供真实的商品价格信息；	1	实地检查。听、看、问
			e) 商品实行明码标价，一货一卡，价签填写内容真实、字迹清晰，由物价部门盖章；	2	抽检商品价签。每检出一处不规范的扣0.2分
			f) 降价商品价签应标明原价、现价及原因。无价格欺诈行为，无顾客投诉价格	1	抽检商品价签、投诉记录。每检出一处不规范的扣0.2分

表 A.1（续）

一级指标	二级指标	三级指标	四级指标	分值	说明
服务 25%（50分）	信息服务	7. 遵守国家对促销行为的有关规定（相关内容参见文献[20]《零售商促销行为管理办法》）	a) 促销活动具备相应的安全设备和管理措施，保证良好购物秩序，防止交通拥堵、秩序混乱等问题发生；	2	检查预案。相关活动记录、总结
			b) 大型促销活动有安全应急预案；	1	检查预案
			c) 促销活动的宣传内容真实、合法，不利用虚构原价或使人误解的标价形式欺骗、诱导消费者；	2	抽检，查投诉记录
			d) 保证促销商品的质量和售后服务水平；	1	抽检，查投诉记录
			e) 大型促销活动按规定备案	2	当地商务部门查验
		8. 开展电子商务，实现信息流的网络化	a) 进行网上发布商品信息，开展网上营销活动等非支付型电子商务；	2	上网考察
			b) 网上收集客户信息、网上洽谈签约；	1	上网考察，查看客户记录
			c) 有企业内部信息管理系统	2	上内部网考察
管理 15%（30分）	管理制度	9. 有完善的经营管理制度	a) 有中长期经营规划、年度经营计划；	1	实地检查存档
			b) 有考核办法和检查措施；	2	实地检查存档
			c) 有月度经营情况分析报告；	1	实地检查存档
			d) 有每日销售日报；	1	实地检查存档
			e) 有品牌经营分析报告	1	实地检查存档
		10. 有完善的财务管理制度	a) 有明确的财务流程管理办法；	1	实地检查存档文件
			b) 有长、短期财务计划；	1	实地检查存档文件
			c) 按年、季、月对财务指标进行分解；	1	实地检查存档文件
			d) 有月度财务分析报告；	1	实地检查存档文件
			e) 有资金周转分析报告	2	实地检查存档文件
		11. 有完善的人力资源管理制度	a) 有企业用工管理办法（招聘、晋升、解聘办法）；	1	实地检查存档文件
			b) 有完善的劳动工资管理制度和保障措施；	2	实地检查存档文件
			c) 有员工考核、奖惩制度和表彰宣传措施；	1	实地检查存档文件
			d) 有培训制度和培训计划；	1	实地检查存档文件
			e) 有负责培训管理部门和专职人员；	1	实地检查存档文件
			f) 年度员工每人参加培训不少于24学时；	2	实地检查存档文件。抽检员工。查看记录
			g) 中层以上管理人员年度每人参加培训不少于40学时；	2	实地检查存档文件。抽检管理人员。查看记录
			h) 开展服务技能竞赛，有评优创先进活动	2	查看竞赛及表彰记录

表 A.1（续）

一级指标	二级指标	三级指标	四 级 指 标	分值	说 明
管理 15%（30分）	企业文化	12. 有鲜明的企业文化和经营理念	a) 有企业文化的文字表述；	1	实地检查，路遇员工检查
			b) 有企业文化的展示	1	路遇员工检查
		13. 注重企业文化的宣传推广	a) 通过媒体和开展各类活动等途径展示、宣传企业文化；	1	实地考察，各种活动记载
			b) 每年至少参与一次社会捐助活动；	2	看公益活动证书及记载
			c) 参加其他社会公益活动	1	看公益活动记载
诚信 20%（40分）	诚信经营	14. 维护员工合法权益	a) 定期签定全员劳动合同；	1	抽检员工劳动合同
			b) 按期给员工上国家规定的保险，有劳动保护管理制度；	2	抽检劳保制度、保险支付情况
			c) 员工满意度在70%以上（满意度应由第三方测评）	5	抽查测评结果。低于70%的记零分。每超过1%增加0.1分
		15. 维护消费者合法权益	a) 有对消费者真实可行的服务承诺；	1	查看服务承诺
			b) 设专门投诉接待部门和人员，有投诉完结记录，完结率100%；	1	检查投诉登记及处理情况
			c) 投诉处理满意率在90%以上；	2	检查投诉登记及处理情况。每少1%扣0.1分
			d) 消费者满意度在70%以上（满意度应由第三方测评）	5	抽查测评结果。低于70%的记零分。每超过1%增加0.1分
		16. 维护公平交易秩序	a) 有完善的供应商管理制度，建立供应商档案和跟踪管理措施；	2	抽检供应商档案资料
			b) 执行与供应商协议约定的货款支付的期限、不拖欠货款，约定的支付期限最长不超过收货后60天；	2	检查支付记录，抽测供应商反馈情况
			c) 向供应商收取促销服务费等，应事先征得供应商的同意，订立合同，不搞协议外收费；	1	抽检记录，抽测供应商反馈情况
			d) 与供应商诚信合作，定期沟通；	1	抽检记录
			e) 供应商满意度在70%以上（满意度应由第三方测评）	5	查看测评记录。低于70%的记零分。每超过1%增加0.1分
	监管部门认可	17. 工商、质检、卫生、税务等监管部门和银行认可	a) 两年内在工商、质检部门无违法记录；	2	抽查记录
			b) 两年内在卫生、环保监督管理部门无违法记录；	2	抽查记录
			c) 能按时、足额缴纳各种税费，不偷逃税款；	2	税务记录
			d) 银行信用达到3B以上	2	银行证明
	知识产权保护	18. 执行国家保护知识产权的相关法律	a) 经营国家规定应使用注册商标的商品，商标注册率100%；	2	抽检经营商品
			b) 经营商品两年内无仿冒、无侵权投诉记录	2	抽检记录

表 A.1（续）

一级指标	二级指标	三级指标	四级指标	分值	说明
环境 15%（30 分）	经营环境	19. 百货店周边交通便利	a) 有多种公共交通工具可以到达；	0.5	实地考察。听介绍
			b) 有停车场或停车位（位于步行街视同有停车位，应引导顾客使用社会公共停车场）	0.5	实地考察。听介绍
		20. 营业场所功能分区、布局合理	a) 营业面积 6 000 m^2 以上；	0.5	看房产证或租赁合同
			b) 百货店内交易区、服务区、休息区分区明确；	0.5	实地考察。听介绍
			c) 休息区不低于整个营业场所面积的 0.5%；	0.5	实地考察。听介绍
			d) 休息区备有座椅等供顾客休息的设施	0.5	实地考察。听介绍
		21. 百货店内标识清晰、明确、图形化	a) 百货店内合理设置导向标志、警示标志以及告知性标志，对顾客给予引导、提示；	0.5	实地查看各类标志，模拟试行
			b) 各类公共标识符合 GB/T 10001.1的规定，图形、字体、颜色规范统一；	0.5	对照国家标准，实地考察
			c) 品牌标识（含专柜）：中英文规范、准确，清洁、美观；	0.5	实地考察
			d) 首层有整体导购图，各楼层有本层导购图，位置醒目；	0.5	实地查看
			e) 在出入口、电梯口、不同区域连接处、主要通道、各种设施处（安全出口、收银台、卫生间等），均设置相应标识	0.5	实地考查
		22. 百货店内环境舒适、通透、明亮、整洁	a) 执行国家有关环境卫生方面的法律法规（相关内容参见文献[6]《传染病防治法》[7]《环境保护法》[12]《环境噪声污染防治法》），空气质量符合 GB/T 18883 和国家卫生主管部门的有关规定和要求；	1	看、听、问实地考察
			b) 保持百货店空气流通，新风量在 30 $m^3/(h \cdot p)$[立方米/（每小时·每人）]以上；	1	查看通风状况记录
			c) 百货店内噪声控制在 60 dB 以下；	1	实地勘测，听介绍
			d) 温湿度执行国家有关标准：夏季空调温度 22 ℃～28 ℃，相对湿度 40%～80%；冬季采暖温度 16 ℃～24 ℃，相对湿度 30%～60%	1	实地检查，听介绍
		23. 商品陈列美观、彰显特性	a) 根据商品特性，配备展示设备，陈列设备牢固安全，密度适中；	0.5	实地检查，听介绍
			b) 商品陈列应整齐、新颖、美观、突出品牌个性；	0.5	实地检查，听介绍
			c) 橱窗展示陈列应主题新颖、创意时尚，艺术性强	0.5	实地检查，听介绍

表 A.1（续）

一级指标	二级指标	三级指标	四级指标	分值	说明
环境 15%（30 分）	环境卫生	24. 执行国家有关公共场所卫生管理规定，保持营业场所清洁卫生（相关内容参见文献[14]）	a） 卫生制度健全完善；	1	查看制度、制度名录
			b） 有专职保洁人员；	1	实地检查，听介绍
			c） 保持地面清洁、玻璃光亮，及时清理干湿垃圾，卫生无死角；	1	实地检查
			d） 经营场所及设施、设备（货架、通道、卫生间、试衣间、收银台等）清洁卫生，定期消毒；	1	实地检查，查看相关记录
			e） 有城管、卫生部门对门前三包达标的监督检查	1	实地检查，查看相关记录
	重点设施	25. 无障碍设施符合 JGJ 50的要求	a） 经营场所出入口、通道、电梯、卫生间、停车场等处有无障碍通道，保持畅通，不堆放杂物；	1	实地考察
			b） 在服务台、收银台、公用电话等设施处设低位装置；	1	实地考察
			c） 卫生间有残疾人厕位；	1	实地考察
			d） 有供残疾人使用的电梯	1	实地考察
		26. 试衣间设施	a） 试衣间备有衣帽钩、备用鞋、椅凳等；	1	实地考察
			b） 试衣间内不堆放杂物，不裸露电线、电闸等设备	1	实地考察
		27. 卫生间设施	a） 每层设有卫生间，数量、男女厕位、内部设施能够满足顾客实际需要；	1	实地考察，与客流量对比测算
			b） 卫生间设施定期维护，保持完好；	1	实地检查
			c） 卫生间有专人打扫，清洁无异味	1	实地考察
		28. 收银台	a） 每层设有收银台，分布合理；	1	实地考察。听介绍
			b） 收银台备有 POS 机、验钞机、点钞机；	1	实地考察。听介绍
			c） 结算便利，可用信用卡结算	1	实地考察。听介绍
		29. 其他设施	a） 有空调设备；	1	实地考察。听介绍
			b） 多层店堂有电动扶梯、货梯	1	实地考察。听介绍
安全 15%（30 分）	消防安全	30. 消防制度健全，设备完好	a） 有消防安全管理制度；	1	查看制度及制度名录
			b） 设有消防的专门管理部门和人员；	2	实地查看
			c） 有消防应急预案；	2	查看预案及落实情况
			d） 有消防责任制并落实到每个员工；	2	实地检查，抽检记录
			e） 按规定配备消防设施、器材，落实定期检查，维护管理，保持完好，有记录；	2	实地检查，抽检记录

表 A.1(续)

一级指标	二级指标	三级指标	四级指标	分值	说明
安全 15%(30 分)	消防安全	30. 消防制度健全,设备完好	f) 每年对全体员工进行消防知识培训,定期进行演练,有详细记录;	2	实地检查,抽检记录
			g) 遵循"顾客安全第一"的理念,培养员工处置突发事件的能力,掌握处置应急事件常识、预案;	2	实地检查,抽检记录
			h) 安全通道出口数量、疏散距离等符合国家标准,并保持畅通;	2	实地检查,抽检记录
			i) 经营场所内主通道宽度在 2.4 m 以上,辅通道宽度在 2 m 以上;	1	实地检查
			j) 建立消防档案,一年内无火灾事故	3	实地检查,抽检消防档案
	治安安全	31. 治安管理部门健全,安全防范制度完善	a) 百货店大型活动有活动空间和完备的应急预案,确保安全;	2	实地检查场地及预案
			b) 有安全防范制度和措施;	1	查看制度
			c) 安装并运用监控装置,有应急照明设备;	1	实地检查
			d) 扶梯、台阶、易滑路面、玻璃门等易出事故部位,要有明显警示标志;	1	实地检查。雨雪天气有防滑的措施
			e) 保安人员统一着装、持证上岗;	1	实地检查
			f) 对保安人员定期进行专业知识培训、有培训记录;	2	查看记录听汇报
			g) 连续两年内无安全事故	3	查看记录听汇报
节能 10%(20 分)	节能制度	32. 建立节能目标责任制	a) 水、电、气、煤、油等主要能源消耗有年度节能目标;	1	查看目标,听汇报
			b) 对水、电、气、煤、油等主要能耗节能目标进行年度考核并有严格的奖惩制度;	1	查看记录听汇报
			c) 有专门的部门或人员负责百货店节能工作	2	查看记录听汇报
		33. 有明确的节能操作规范	a) 百货店各主要能耗部门(各卖场、设备运营部门、大宗货物运送部门等)有节能操作规范;	2	察看规范
			b) 定期对空调、供热、照明灯用能设备进行检查调试和维护	1	察看规范。实地检查
		34. 开展节能培训	加强宣传和培训,提高员工的节能意识和技能	1	查看培训记录,路遇员工询问
	节能措施	35. 节约用水	a) 采用中水系统,使用中水冲厕、清扫等;	1	实地查看系统设计方案,节约成效
			b) 使用感应式、按压式水龙头和节水型抽水马桶等节水装置;	1	实地查看系统设计方案,节约成效
			c) 有雨水收集系统	1	实地查看系统设计方案,节约成效

表 A.1（续）

一级指标	二级指标	三级指标	四级指标	分值	说明
节能 10%（20 分）	节能措施	36. 节约用电	a) 店内节能灯使用比例不低于 50%；	1	实地查看系统设计方案，节约成效
			b) 店内夏季温度设置不低于 26 ℃，冬季温度不高于 20 ℃	1	实地查看系统设计方案，节约成效
		37. 节约用材	a) 降低包装物的使用量，有鼓励废旧物资再利用的措施；	1	实地考察，抽检方案
			b) 百货店建设或改造中有隔热、降噪、保温材料的设计运用	1	实地考察，抽检方案
		38. 其他节能措施	采用其他水、电、气节约新技术和新方法	1	实地考察，抽检方案
	节能宣传推广	39. 节能宣传	a) 有对社会和消费者宣传节能的计划；	1	考察宣传方案、计划
			b) 有节能宣传手册或在公开场合进行节能降耗的宣传	1	考察方案、计划。查看记载
		40. 推广节能新产品	a) 积极推广促销节能环保商品；	1	考察方案、计划
			b) 不销售违反国家能耗标准的商品	1	考察方案、计划

附　录　B
（规范性附录）
金鼎级百货店评定细则

B.1　评分方法

B.1.1　金鼎级百货店在达标级百货店的基础上产生。

B.1.2　满分为 100 分。

B.1.3　记分方法：总得分为各项三级指标得分之和。

B.1.4　总得分超过 90 分（含）以上可列入金鼎百货店备选名单。

B.2　评定指标及分值（表 B.1）

表 B.1　评定指标及分值

一级指标	二级指标	三级指标	指标分解	分值	说明
经营规模（8%）（经营规模从一定程度上体现了百货店业态的发展水平。）	营业面积	营业面积 10 000 m^2 以上	10 000 m^2～15 000 m^2（含）；	0.5	看房产证或租凭合同。属于某一档的即得某一档的分值
			15 000 m^2～20 000 m^2（含）；	1	
			20 000 m^2 以上	1.5	
	销售规模	年销售额 2 亿元以上	2 亿～5 亿（含）；	0.5	查看财务指标数据
			5 亿～10 亿（含）；	1.5	
			10 亿以上	3	
财务指标（8%）（财务指标反映经营效益情况，三项指标能反映企业的综合经营能力，最低指标为多数百货店都能达到的水平。）	财务指标	a）　每平方米销售额 1.5 万元/年以上；		2	查看财务指标数据，测算
		b）　销售利润率 3% 以上；		2	查看财务指标数据
		c）　销售费用率 7% 以下；		2	查看财务指标数据
		d）　能实现年度财务计划指标		2	查看财务计划记录
商品结构（7%）（品牌比例反映百货店的经营定位。）	品牌商品	a）　知名品牌达到 75% 以上；		2	查看品牌的记录，测算
		b）　有自有品牌；		3	查看品牌的记录
		c）　自有品牌有开发管理部门、开发计划，有质量标准、质量检测监控措施；		1	实地查看
		d）　自有品牌商标在工商部门注册		1	实地查看

表 B.1（续）

一级指标	二级指标	三级指标	指标分解	分值	说 明
经营环境（15%）（经营环境是反映百货店竞争力的重要因素，体现出消费者购物的舒适性和便利性。）	休息场所	a) 休息场所面积占经营面积的1%以上；		1	听介绍，实地察看
		b) 休息场所有饮水机、纸杯、备有公用电话、充电器等设施	休息场所有饮水机、纸杯；	0.5	听介绍，实地察看
			休息场所有公用电话；	0.5	
			休息场所有手机充电器等设施；	0.5	
			提供阅读、休闲物品	0.5	
	商品陈列	陈列商品橱窗定期更换		1	听介绍，实地察看
	收银台	提供各种信用卡结算服务		2	听介绍，实地察看，路遇消费者调查
	卫生间	a) 为顾客免费提供纸巾（烘干机）、洗手液；		1	听介绍，实地察看
		b) 备有婴、幼儿洗手间或厕位；		1	
		c) 卫生设备无触摸、无障碍		2	
	试衣间	试衣间内无电表、配电箱等设施		1	实地查看
	无障碍设施	a) 百货店内通道、电梯、楼梯、卫生间等处实现无障碍；		2	实地考察
		b) 服务台、公用电话等设施处设低位装置，收银台设低位收银窗口		1	
	停车场	设施完善，有无障碍设施，并提供引导泊车服务		1	实地检查，路遇消费者询问
企业管理（14%）	管理质量	a) 通过GB/T 19000质量管理体系系列标准认证；		2	国际标准认证书的有效期有效，证书覆盖的产品范围、企业地址等与实际相符
		b) 通过GB/T 24000环境管理体系系列标准认证；		1	同上
		c) 按照认证定期考核		1	看证书、考核记录
	自营水平	自营部分占百货店年销售额的3%以上	达到3%以上（含）；	2	自营指百货店完全买断商品而自身经营的部分 属于某一档的即得某一档的分值
			达到4%以上（含）；	3	
			达到5%以上。	4	

表 B.1（续）

一级指标	二级指标	三级指标	指标分解	分值	说明
企业管理（14%）	企业文化	有鲜明的企业文化和经营理念	全体员工熟知企业文化和经营理念；	0.5	实地检查，路遇员工询问
			团队建设稳定	0.5	
服务水平（20%）（服务水平是百货店评级的重要内容，服务创新是百货店发展的必然趋势，引导百货店价值竞争。）	VIP 顾客	a） VIP 顾客接待室有专人负责和接待；		1	查看 VIP 顾客接待中心（室），相关记录
		b） 定期将商品信息发送给 VIP 顾客；		1	查看登记等
		c） 有 VIP 顾客管理制度并建有 VIP 顾客档案和定期回访制度；		1	查看相关制度档案、记录
		d） VIP 顾客消费占年销售额的 30%以上；		1	查看相关记录
		e） 每年组织 VIP 顾客活动不少于 4 次；		1	查看相关记录
		f） 为高端 VIP 顾客提供专职导购、定制个性服务		1	查看相关记录
	总服务台	总服务台能使用英语、手语接待顾客	可以使用英语接待；	2	实地查看，现场测试（可多项选择）
			可以使用手语接待；	2	
			可以使用其他语言接待	2	
	售后服务接待室	实行先行负责制，无障碍退换货		3	查看相关记录，路遇顾客询问
	附加服务	a） 提供商品邮寄服务、特殊商品回访服务并有记录。能不断创新服务内涵，为顾客提供超值服务，有本企业特色服务项目；	提供邮寄商品服务；	1	实地检查，查看记录
			特殊商品回访服务；	1	
			本企业特色服务项目	1	
		b） 提供五种以上免费附加服务；		1	实地检查，查看记录
		c） 有客户服务热线和网上交流平台		1	试拨客服热线，查看网上交流平台
诚信经营（13%）（有助于构建和谐的商业氛围，引导企业诚信经营。）	满意度	a） 消费者满意度达 75%以上；	每超过 1%增加 0.1 分，低于 75%的不得分	5	查看第三方测评报告
		b） 供应商满意度达 75%以上；	每超过 1%增加 0.1 分，低于 75%的不得分	4	查看第三方测评报告
		c） 员工满意度达 80%以上	每超过 1%增加 0.1 分，低于 80%的不得分	4	查看第三方测评报告

表 B.1（续）

一级指标	二级指标	三级指标	指标分解	分值	说明
信息化建设(6%)（信息化和电子商务是百货店未来经营和竞争的基础，其发展水平是反映百货店现代化水平的重要指标。）	信息化水平（信息系统包括：OA系统、人力资源系统、财务管理系统、MIS系统、POS系统、物价管理系统、客户管理系统等。）	a) 建有企业自己的局域网，对百货店的经营活动和商户的管理实现数字化并建有完备的信息系统；		1	上网查看
		b) 建有企业自己的网站并可以做到及时更新信息；		1	上网查看
		c) 可实现供应商的信息查询		1	上网查看
	电子商务	a) 开展B2B、B2C业务；		2	上网查看
		b) 网上交易、网上支付，实现支付型电子商务		1	上网查看。查看相关记录
节能降耗(9%)（节能降耗是构建节约型社会、和谐商业的重要因素。）	节能水平	a) 店内70%以上照明采用节能设备；		2	实地查看，听设计介绍
		b) 空调运行等动力设施采用节能装备；		2	实地查看，听设计介绍
		c) 有自然采光设计；		1	实地考察
		d) 有太阳能装置；		1	实地考察，抽测
		e) 卫生间使用中水冲洗；		2	实地查看，听设计介绍
		f) 设有专门回收包装物料部门		1	实地检查

参 考 文 献

[1] GB 9670—1996 商场(店)、书店卫生标准

[2] GB/T 18106—2004 零售业态分类

[3] GB/T 19000 质量管理体系系列标准

[4] GB/T 24001 环境管理体系系列标准

[5] SB/T 10518—2009 电子商务模式规范

[6] 《传染病防治法》1989 年 2 月 21 日 第七届全国人民代表大会常务委员会第六次会议通过,2004 年 8 月 28 日第十届全国人民代表大会第十一次会议修订

[7] 《环境保护法》1989 年 12 月 26 日

[8] 《产品质量法》1993 年 2 月 22 日

[9] 《消费者权益保护法》1993 年 10 月 31 日

[10] 《劳动法》1994 年 7 月 5 日

[11] 《食品卫生法》1995 年 10 月 30 日

[12] 《环境噪声污染防治法》1996 年 10 月 29 日

[13] 《价格法》1997 年 12 月 29 日

[14] 《消防法》1998 年 4 月 29 日 第九届全国人民代表大会常务委员会第二次会议通过,2008 年10 月 28 日第十一届全国人民代表大会常务委员会第五次会议修订

[15] 《劳动合同法》2007 年 6 月 29 日

[16] 《食品安全法》2009 年 2 月 28 日

[17] 《公共场所卫生管理条例》1987 年 4 月 1 日 国务院颁布

[18] 《公共场所集中空调通风系统卫生管理办法》2006 年 2 月 10 日 卫生部颁布

[19] 《零售商供应商公平交易管理办法》2006 年 7 月 13 日 商务部、发改委、公安部、税务总局、工商总局联合发布

[20] 《零售商促销行为管理办法》2006 年 9 月 12 日 商务部、发改委、公安部、税务总局、工商总局联合发布

ICS 03.240
A 12

中华人民共和国国家标准

GB/T 27917.1—2011

快递服务　第1部分:基本术语

Express service—Part 1:Basic terminology

2011-12-30 发布　　2012-05-01 实施

中华人民共和国国家质量监督检验检疫总局
中国国家标准化管理委员会　发布

前　　言

GB/T 27917《快递服务》分为3个部分：

——第1部分：基本术语；

——第2部分：组织要求；

——第3部分：服务环节。

本部分为GB/T 27917的第1部分。

本部分按照GB/T 1.1—2009给出的规则起草。

本部分由国家邮政局提出。

本部分由全国邮政业标准化技术委员会(SAC/TC 462)归口。

本部分起草单位：中国标准化研究院。

本部分主要起草人：李涵、曾毅、曹俐莉、祝燕、王世川。

快递服务 第1部分：基本术语

1 范围

GB/T 27917 的本部分规定了快递服务的基础概念，以及与快递业务种类、服务要素、服务环节、服务质量相关的基本术语。

本部分适用于快递服务相关的经营、管理、教学、科研等活动。

2 基础概念

2.1

快递服务　express service; courier service

在承诺的时限内快速完成的寄递服务。

[GB/T 10757—2011，定义 2.6]

2.2

快递服务组织　express service organization

在中国境内依法注册的，提供**快递服务**(2.1)的企业及其加盟企业、代理企业。

注：快递服务组织包括快递企业和邮政企业提供快递服务的机构。

2.3

快件　express item

快递服务组织(2.2)依法递送的信件、包裹、印刷品等的统称。

注：改写 GB/T 10757—2011，定义 5.2.1。

2.4

快递业务员　operational express service provider

使用快递专用工具、设备和应用软件系统，按照快递属性要求，从事**快件**(2.3)收寄、**分拣**(5.2.2)、**封发**(5.2.3)、投递等工作的人员。

2.5

快递业务网络　express service network

快件(2.3)收寄、**分拣**(5.2.2)、**封发**(5.2.3)、运输、投递、查询等所依托的实体网路和信息网络的总称。

3 业务种类

3.1 按寄达范围划分的快递业务

3.1.1

国内快递　domestic express service

从收寄到投递的全过程均发生在中华人民共和国境内的快递业务。

3.1.1.1

同城快递　intra-city express service

寄件地和收件地在中华人民共和国境内同一城市的快递业务。

3.1.1.2

省内异地快递　intra-province express service

寄件地和收件地分别在中华人民共和国境内同一省、自治区中不同地区的快递业务。

3.1.1.3

省际快递　inter-province express service

寄件地和收件地分别在中华人民共和国境内不同省、自治区、直辖市的快递业务。

3.1.2

国际快递　international express service

寄件地和收件地分别在中华人民共和国境内和其他国家或地区(中国香港特别行政区、中国澳门特别行政区、中国台湾地区除外)的快递业务,以及其他国家或地区间用户相互寄递但通过中国境内经转的快递业务。

3.1.2.1

国际进境快递　international inbound express service

国际进口快递

收件地在中华人民共和国境内,寄件地在其他国家或地区(中国香港特别行政区、中国澳门特别行政区、中国台湾地区除外)的快递业务。

3.1.2.2

国际出境快递　international outbound express service

国际出口快递

寄件地在中华人民共和国境内,收件地在其他国家或地区(中国香港特别行政区、中国澳门特别行政区、中国台湾地区除外)的快递业务。

3.1.3

港澳台快递　express service to/from Hong Kong,Macao and Taiwan

寄件地和收件地分别在中华人民共和国境内和中国香港特别行政区、中国澳门特别行政区、中国台湾地区的快递业务。

3.2　快递增值业务

3.2.1

代收货款　cash on delivery

快递服务组织(2.2)接受委托,在投递**快件**(2.3)的同时,向收件人收取货款的业务。

3.2.2

签单返还　receipt collect service

快递服务组织(2.2)在投递**快件**(2.3)后,将收件人签收或盖章后的**回单**(4.3.4)返回寄件人的业务。

3.2.3

限时快递　time-definite express

快递服务组织(2.2)在限定的时间段内将**快件**(2.3)送达用户的快递业务。

3.2.4

专差快递　on board courier

快递服务组织(2.2)指派专人以随身行李的方式寄递**快件**(2.3)的快递业务。

4 服务要素

4.1 快件

4.1.1 按内件性质划分的快件

4.1.1.1

信件类快件 letters express item

以套封形式缄封的，内件是按照名址递送给特定个人或者单位的信息载体的**快件**(2.3)，不包括书籍、报纸、期刊等。

4.1.1.2

物品类快件 articles express item

用快递封装用品封装的，内件是按照名址递送给特定个人或者单位的商品等物品的**快件**(2.3)。

4.1.2 特殊快件

4.1.2.1

改寄件 express item with corrected address

快递服务组织(2.2)受用户委托，变更原投递地址，寄往新地址的**快件**(2.3)。

4.1.2.2

委托件 express item consigned by a third party

快递服务组织(2.2)受第三方委托，前往寄件人处**取件**(5.1.2)后送达收件人的**快件**(2.3)。

4.1.2.3

自取件 express item by self pick-up

到达约定目的地后，由收件人自行提取的**快件**(2.3)。

4.1.2.4

到付件 freight collect express item

由收件人支付快递费用的**快件**(2.3)。

4.1.3 异常快件

4.1.3.1

拒付件 freight collect refusal express item

收件人拒绝支付寄递约定的各种费用的**快件**(2.3)。

4.1.3.2

拒收件 signature refusal express item

收件人拒绝签收的**快件**(2.3)。

4.1.3.3

错发件 mis-delivered express item

实际送达名址与收件人名址不符的**快件**(2.3)。

4.1.3.4

无着快件 undeliverable express item

无法投递且无法退回寄件人、无法投递且寄件人声明放弃、无法投递且保管期满仍无人领取的**快件**(2.3)。

4.1.3.5

破损件　express item with damaged packing

因包装不良、操作不当等原因，导致包装破损的**快件**(2.3)。

4.1.3.6

损毁件　damaged express item

因包装不良、操作不当等原因，导致内件部分或全部价值损毁的**快件**(2.3)。

4.1.3.7

丢失件　lost express item

在寄递过程中单一**快件**(2.3)全部丢失，或其内件部分丢失的**快件**(2.3)。

4.2　服务人员

4.2.1

收派员　courier

从事上门揽收**快件**(2.3)和投递**快件**(2.3)工作的人员。

4.2.2

处理员　express item operator

从事**快件**(2.3)**分拣**(5.2.2)、**封发**(5.2.3)、转运等工作的人员。

4.2.3

客服人员　customer service representative

在**呼叫中心**(4.4.4)、**快递营业场所**(4.4.1)专门受理收寄、查询、**投诉**(5.6.1)、索赔等申请或业务咨询的人员。

4.2.4

国际快件报关员　customs broker

通过全国报关员资格考试，依法取得报关从业资格，并在海关注册登记，代表**快递服务组织**(2.2)向海关办理国际快件以及港澳台快件报关业务的人员。

4.3　服务单据

4.3.1

快递运单　express waybill

快件详情单

用于记录**快件**(2.3)原始收寄信息及服务约定的单据。

[GB/T 10757—2011，定义 4.12]

4.3.2

改寄申请单　application form for address correction

寄件人申请改变收件人地址所填写的单据。

4.3.3

索赔申告单　claim authorization form

用户申请**快件**(2.3)赔偿时所填写的单据。

4.3.4

回单　interchange receipt

应寄件人要求，在收件人签收**快件**(2.3)的同时，需收件人签名或盖章后返还给寄件人的单据。

4.3.5

快件报关单　customs declaration form

进出口快件用户或其代理人，按照海关规定的格式对进出口快件的实际情况做出书面申明，以此要求海关对其快件按适用的海关制度办理通关手续的单据。

4.3.6

形式发票　proforma invoice

按照海关要求提供的，证明所寄物品品名、数量、价值等，以便海关进行监管的报关文件。

4.4 服务设施设备及用品

4.4.1

快递营业场所　business premises for express service

快递服务组织(2.2)用于提供**快件**(2.3)收寄服务及其他相关服务的场所。

注：改写 GB/T 10757—2011，定义 4.9。

4.4.2

快件处理场所　express handling area

快递服务组织(2.2)专门用于**快件**(2.3)**分拣**(5.2.2)、**封发**(5.2.3)、交换、转运、投递等处理活动的场所。

注：改写 GB/T 10757—2011，定义 4.10。

4.4.3

海关快件监管场所　customs supervised area

快递服务组织(2.2)按照海关要求设置的用于办理国际快件及港澳台快件海关监管业务的场所。

4.4.4

呼叫中心　call center

快递服务组织(2.2)利用现代通信与计算机技术，主要处理**快件**(2.3)寄递过程中各种电话呼入和呼出业务的运营操作场所。

4.4.5

跟踪查询系统　express item tracking system

通过条码、阅读器等手段，记录**快件**(2.3)从收寄到投递全过程信息，供用户随时获取**快件**(2.3)寄递状态和结果的信息系统。

4.4.6

手持终端　personal digital assistant

在**快件**(2.3)收寄、**分拣**(5.2.2)和投递等过程中，用于扫描**快件**(2.3)条码进行相关信息处理的一种便携设备。

4.4.7

快递封套　envelope for express service

以纸板为主要原料，经模切、印刷和粘合等加工后，制成提供给用户使用的可装载**快件**(2.3)的信封式封装用品。

[GB/T 16606.1—2009，定义 3.1]

4.4.8

快递包装箱　packing boxes for express service

以瓦楞纸板为主要原料，经模切、压痕、印刷和钉合等加工后，制成提供给用户使用的可装载**快件**(2.3)的箱式封装用品。

[GB/T 16606.2—2009，定义 3.1]

4.4.9

快递包装袋 **packing bags for express service**

提供给用户使用的可装载**快件**(2.3)的袋式封装用品。

5 服务环节

5.1 收寄

5.1.1

接单 **order-taking**

快递服务组织(2.2)接受寄件人寄件要求,将寄件人信息录入、核实并下发给指定**收派员**(4.2.1)的过程。

5.1.2

取件 **pick up**

快递服务组织(2.2)收取**快件**(2.3)的过程。

5.1.3

验视 **content inspection**

快递服务组织(2.2)在收寄时查验用户交寄的**快件**(2.3)是否符合禁寄、限寄规定,以及用户在**快递运单**(4.3.1)上所填报的内容是否与其交寄的实物相符的过程。

注:改写 GB/T 10757—2011,定义 7.2。

5.1.4

封装 **packing**

根据内件性质、寄递要求等,选用适当包装材料对**快件**(2.3)进行包装的过程。

5.2 内部处理

5.2.1

快件编号 **tracking number of express item**

由一组阿拉伯数字和英文字母组成,印制在**快递运单**(4.3.1)上用于标识**快件**(2.3)的唯一代码。

5.2.2

分拣 **sorting**

将**快件**(2.3)按寄达地址信息进行分类的过程。

注:改写 GB/T 10757—2011,定义 7.3。

5.2.3

封发 **dispatching**

按发运路线将**快件**(2.3)进行**封装**(5.1.4)并交付运输的过程。

注:改写 GB/T 10757—2011,定义 7.4。

5.2.4

快件总包 **consolidated dispatch**

混装在一个容器内,同一路由、同一种类的**快件**(2.3)的集合。

5.3 报关与报检

5.3.1

报关 **customs declaration**

在**快件**(2.3)进出关境或国境时,由**快递服务组织**(2.2)或其代理报关人向海关申报,交验规定的单据和**快件**(2.3),申请办理进出口手续的过程。

5.3.2

通关　customs clearance

清关

海关对**快递服务组织**(2.2)或其代理报关人呈交的单据和**快件**(2.3)依法进行审核、查验、征收税费、批准进出口的全部过程。

5.3.3

报检　declaration for quarantine inspection

快递服务组织(2.2)或其代理报检人根据有关法律、法规的规定,向检验检疫机构申请对国际快件以及港澳台快件进行检验检疫、鉴定,以获得出入境的合法凭证及某种公证证明所必须履行的法定程序和手续。

5.4　投递

5.4.1

首次投递　first delivery

快递服务组织(2.2)按规定第一次将**快件**(2.3)投交收件人或其指定的代收人的过程。

5.4.2

复投　second delivery

快件(2.3)**首次投递**(5.4.1)未能投交,**快递服务组织**(2.2)进行的第二次投递。

5.5　查询

5.5.1

查询信息有效期　valid period for inquiry

自**快件**(2.3)收寄之日起,到**快递服务组织**(2.2)可受理用户查询的最长时间间隔。

5.6　投诉与申诉

5.6.1

投诉　complaint

用户对**快递服务组织**(2.2)提供的服务不满意,向**快递服务组织**(2.2)、快递协会或消费者协会提出请求处理的行为。

5.6.2

投诉有效期　valid period for complaint

自**快件**(2.3)收寄之日起,到**快递服务组织**(2.2)可受理用户**投诉**(5.6.1)的最长时间间隔。

5.6.3

申诉　appeal

用户**投诉**(5.6.1)后,在一定时间内没有得到处理,或对**投诉**(5.6.1)处理结果不满意,向邮政管理部门提出请求处理的行为。

5.6.4

申诉时限　time limit for appeal

自申诉事件发生之时起,到邮政管理部门可受理用户申诉的最长时间间隔。

5.7　赔偿

5.7.1

快件延误　delay of express item

快件(2.3)**首次投递**(5.4.1)时间超出**快递服务组织**(2.2)承诺的**快递服务时限**(6.1.1),但尚未超出彻底延误时限(6.1.3)。

5.7.2

快件丢失 **loss of express item**

快递服务组织(2.2)寄递**快件**(2.3)过程中发生的单一**快件**(2.3)全部丢失或**快件**(2.3)内件部分丢失。

5.7.3

快件损毁 **damaged to express item**

快递服务组织(2.2)寄递**快件**(2.3)过程中,**快件**(2.3)破损或毁坏致使**快件**(2.3)失去部分价值或全部价值。

5.7.4

内件不符 **unconformity of contents**

内件的品名、数量或重量与**快递运单**(4.3.1)信息不符。

6 服务质量

6.1 服务时限

6.1.1

快递服务时限 **time limit from pick-up to first delivery**

快件全程时限

快递服务组织(2.2)从收寄**快件**(2.3)到**首次投递**(5.4.1)的时间间隔。

注:改写 GB/T 10757—2011,定义 8.7。

6.1.2

查询答复时限 **time limit for inquiry reply**

快递服务组织(2.2)自受理**快件**(2.3)查询之时起,到答复用户查询结果的时间间隔。

6.1.3

彻底延误时限 **time limit for completely delayed service**

从**快递服务组织**(2.2)承诺的**快递服务时限**(6.1.1)到达之时起,到用户可以将**快件**(2.3)视为丢失的时间间隔。

6.1.4

投诉处理时限 **time limit for complaint handling**

快递服务组织(2.2)自受理用户**投诉**(5.6.1)之时起,到完成用户**投诉**(5.6.1)处理的时间间隔。

6.1.5

索赔处理时限 **time limit for claim handling**

快递服务组织(2.2)自受理用户索赔之时起,到答复用户赔偿方案的时间间隔。

6.2 服务评价

6.2.1

时限准时率 **on-time delivery rate**

在一段时期内,**快递服务组织**(2.2)准时投递**快件**(2.3)的件数与收寄**快件**(2.3)总件数的比率。

6.2.2

快件丢失率　rate of lost express items

在一段时期内，**快递服务组织**(2.2)**丢失件**(4.1.3.7)的件数与收寄**快件**(2.3)总件数的比率。

6.2.3

快件损毁率　rate of damaged express items

在一段时期内，**快递服务组织**(2.2)**损毁件**(4.1.3.6)的件数与收寄**快件**(2.3)总件数的比率。

6.2.4

用户投诉率　customer complaint rate

在一段时期内，**快递服务组织**(2.2)受理用户**投诉**(5.6.1)的**快件**(2.3)件数与收寄**快件**(2.3)总件数的比率。

参 考 文 献

[1] GB/T 10112—1999 术语工作 原则与方法
[2] GB/T 10757—2010 邮政业术语
[3] GB/T 15237.1—2000 术语工作 词汇 第1部分:理论与应用
[4] GB/T 16606.1—2009 快递封装用品 第1部分:封套
[5] GB/T 16606.2—2009 快递封装用品 第2部分:包装箱
[6] GB/T 16606.3—2009 快递封装用品 第3部分:包装袋
[7] GB/T 16785—1997 术语工作 概念与术语的协调
[8] GB/T 19100—2003 术语工作 概念体系的建立
[9] GB/T 20001.1—2001 标准编写规则 第1部分:术语
[10] YZ/T 0128—2007 快递服务
[11] 中华人民共和国邮政法 2009年4月24日
[12] 快递市场管理办法 中华人民共和国交通运输部 2008年7月12日
[13] 邮政业消费者申诉处理办法 国家邮政局 2008年4月1日
[14] 快递业务员国家职业技能标准(试行) 中华人民共和国人力资源和社会保障部.[M].北京:中国劳动社会保障出版社,2008年10月
[15] Vocabulaire polyglotte du service postal international International Bureau of UPU 1988
[16] TERMPOST OF UPU,2009
[17] Post Glossary of USPS,2009

索　引

汉语拼音索引

英文对应词索引

A

B

C

D

E

F

I

L

M

O

P

ICS 03.240
A 12

中华人民共和国国家标准

GB/T 27917.2—2011

快递服务　第2部分：组织要求

Express service—Part 2: Organization requirements

2011-12-30 发布　　　　2012-05-01 实施

中华人民共和国国家质量监督检验检疫总局
中国国家标准化管理委员会　发布

前　言

GB/T 27917《快递服务》分为3个部分：

——第1部分：基本术语；

——第2部分：组织要求；

——第3部分：服务环节。

本部分为GB/T 27917的第2部分。

本部分按照GB/T 1.1—2009给出的规则起草。

本部分由国家邮政局提出。

本部分由全国邮政业标准化技术委员会(SAC/TC 462)归口。

本部分起草单位：中国标准化研究院。

本部分主要起草人：曾毅、于学民、曹俐莉、李涵、王世川、祝燕。

快递服务　第2部分:组织要求

1　范围

GB/T 27917的本部分规定了快递服务组织的资质、组织文化、加盟企业管理与国际业务代理、服务场所、设备设施、信息管理、服务格式合同、安全、沟通、统计、档案以及服务质量等方面的基本要求。

本部分适用于提供国内、国际以及港澳台快递服务的组织和人员。

2　规范性引用文件

下列文件对于本文件的应用是必不可少的。凡是注日期的引用文件,仅注日期的版本适用于本文件。凡是不注日期的引用文件,其最新版本(包括所有的修改单)适用于本文件。

GB/T 27917.1　快递服务　第1部分:基本术语

GB/T 27917.3　快递服务　第3部分:服务环节

3　术语和定义

GB/T 27917.1界定的术语和定义适用于本文件。

4　总则

4.1　时效性

快件投递时间不应超出快递服务组织承诺或约定的时限。

4.2　准确性

快递服务组织应将快件投递到约定的收件地址和收件人(或收件人指定的代收人)。

4.3　安全性

快递服务组织应建立完备的安全保障机制,确保寄递安全和用户信息安全。

4.4　方便性

快递服务组织在设置服务场所、安排营业时间等方面,以及在收寄、投递、查询、投诉处理等环节,应考虑用户需求,以便为用户服务。

5　资质

5.1　市场准入

快递服务组织应依法取得邮政管理部门颁发的快递业务经营许可证,其分支机构应依法到所在地省、自治区、直辖市邮政管理部门备案。

5.2 法人资质

快递服务组织应具有工商行政管理机关注册登记的企业法人资质。

5.3 最低从业人数

在省、自治区、直辖市范围内经营快递业务的服务组织，其总部及分支机构的人员总和不应低于15人。

跨省、自治区、直辖市经营快递业务的服务组织，其总部及分支机构的人员总和不应低于100人。

经营国际及中国港澳台快递业务的组织，其总部及分支机构人员总和不应低于20人。

5.4 服务能力

5.4.1 在省、自治区、直辖市范围内经营快递业务的服务组织

在省、自治区、直辖市范围内经营快递业务的服务组织，应具备以下服务能力：

a) 具备在省、自治区、直辖市范围内经营快递业务的网络和运递能力；

b) 经营同城快递业务的，应提供寄递快件的电话查询服务；经营省内异地快递业务的，除提供电话查询服务外，还应有提供快件跟踪查询的信息网络；

c) 有符合《国家职业技能标准　快递业务员(试行)》并通过资格认定的快递业务员，经营同城快递业务的，快递业务员中具备初级以上资格的不应低于30%；经营省内异地快递业务的，快递业务员中具备初级以上资格的不应低于40%。

5.4.2 跨省、自治区、直辖市经营快递业务的服务组织

跨省、自治区、直辖市经营快递业务的服务组织，应具备以下服务能力：

a) 具备与经营地域范围相适应的网络和运递能力；

b) 有封闭的、面积适宜的快件处理场所，符合国务院邮政管理部门及国家安全机关依法履行职责的要求，并配备相应的处理设备、监控设备和消防设施；

c) 有统一的计算机管理系统，有可提供寄递快件跟踪查询的信息网络，并配备符合规定的数据接口，可根据要求向邮政管理部门提供快件的有关数据；

d) 有符合《国家职业技能标准　快递业务员(试行)》并通过资格认定的快递业务员，快递服务组织及其分支机构快递业务员中具备初级以上资格的均不应低于40%。

5.4.3 经营国际及中国港澳台快递业务的服务组织

经营国际及中国港澳台快递业务的服务组织，应具备以下服务能力：

a) 具备经营国际及中国港澳台快递业务的网络和运递能力；

b) 有封闭的、面积适宜的快件处理场所，符合国务院邮政管理部门及国家安全机关、海关依法履行职责的要求，并配备相应的处理设备、监控设备和消防设施；

c) 有统一的计算机管理系统，有可提供寄递快件跟踪查询的信息网络，并配备符合规定的数据接口，可根据要求向邮政管理部门和相关部门提供快件的相关数据；

d) 有符合《国家职业技能标准　快递业务员(试行)》并通过资格认定的快递业务员，快递服务组织及其分支机构快递业务员中具备初级以上资格的均不应低于50%；

e) 有获得专业资格的报关、报检、报验人员。

6 组织文化

6.1 经营理念

快递服务组织应建立服务社会、服务顾客的理念，围绕经营理念开展服务，并将组织的愿景、使命和价值观传递到每个员工。

6.2 社会责任

6.2.1 环境保护

快递服务组织应建立环保理念，在快递封装用品、运输车辆、服务场所、工作环境等方面达到环保要求。

6.2.2 员工发展

快递服务组织应制定员工发展规划，加强对员工的法制教育、职业道德教育和业务技能培训，促进员工成长。

6.3 诚实守信

快递服务组织应通过适当方式公布服务承诺，并遵循诚信原则，信守对用户的承诺。

6.4 公平竞争

快递服务组织应遵守国家法律法规及相关规定，合理定价，公平竞争。

7 加盟企业管理与国际业务代理

7.1 加盟企业管理

快递服务组织(总部)对加盟企业的管理，应满足以下要求：

a) 所选择的加盟企业具有企业法人资质，并取得邮政管理部门颁发的相应的快递业务经营许可证；

b) 建立加盟企业的遴选制度，确保所选择的加盟企业具备与经营地域范围相适应的运递能力；

c) 与加盟企业签订相关合同，明确责任和义务，合同宜符合国务院邮政管理部门及其他相关部门制定的《快递行业特许经营(加盟)合同》(示范文本)的要求；

d) 建立统一的作业规范，并对加盟企业进行业务指导与培训；

e) 建立评估制度，对加盟企业的服务意识、作业流程、内部管理、用户满意度等内容进行考核；

f) 妥善处理加盟企业之间的纠纷，并协调处理全网用户投诉；

g) 加强风险管理，制定风险管理预案。

7.2 国际业务代理

在境内代理国际快递业务的代理商，应满足以下要求：

——具有企业法人资格，并取得邮政管理部门颁发的国际快递业务经营许可证；

——具有代理收寄或投递国际快件的能力；

——与委托方签订代理协议，明确双方权利和义务。

8 服务场所

8.1 快递营业场所

快递服务组织宜具有固定的、易识别的营业场所，如营业场所搬迁或停业应通过各种渠道和有效方式告知用户。

快递营业场所应满足以下要求：

a) 有组织标识，并配备必要的服务设施；

b) 有符合相关规定的消防和监控设施；

c) 悬挂名称牌和营业时间牌，标牌保持干净、整洁；

d) 在显著位置公布：

  1) 服务种类；

  2) 资费标准；

  3) 服务承诺；

  4) 服务电话或者电子邮箱；

  5) 监督投诉电话或者电子邮箱；

e) 提供各种业务单据和填写样本；

f) 办理国际快递及港澳台快递业务的营业场所，备有中英文对照的服务说明，至少指定或设置一个收寄国际及港澳台快件的营业窗口。

8.2 快件处理场所

快递服务组织应根据快件业务量、业务开通区域等因素合理设置快件处理场所。所设置的快件处理场所应满足以下要求：

a) 封闭，且面积适宜；

b) 配备相应的符合国家标准的处理设备、监控设备和消防设施；

c) 对快件处理场所进行合理分区，并设置异常快件处理区；

d) 保持整洁，并悬挂组织标识；

e) 快件处理场所的设计和建设，应符合国家安全机关和海关依法履行职责的要求。

8.3 海关快件监管场所

经营国际快递及港澳台快递业务的服务组织应设置符合海关监管要求的快件监管场所。

其中，集中设置的海关快件监管场所应满足以下要求：

a) 具有独立的、面积适宜的封闭区域；

b) 安装具有存储功能的视频监控系统，供海关对监管场所进行监控，监管场所灯光及监控系统满足海关实施全方位 24 h 监控需要；

c) 配备计算机管理系统，并与海关计算机联网，能按照海关要求的格式实现相关电子数据的传送、交换。

9 设备设施

快递服务组织应具有与开办业务范围相适应的设备与设施。

快递服务组织的设备与设施包括以下要求：

a) 应配备必要的车辆，并满足：

1） 干线运输使用封闭式的车辆，符合安全卫生要求，宜有组织标识；
2） 收寄和投递快件的车辆宜根据服务区域的实际需要灵活配置，统一标识，并符合安全卫生要求，在城区内收寄和投递快件的车辆，使用符合城区通行标准的车型；
3） 报关过程使用的车辆符合海关监管要求。

b） 应配备一定数量的封装用品、通讯设备、办公设备等，快递封装用品应符合相关国家标准；
c） 应配备计算机管理系统，并与国务院邮政管理部门计算机系统联网，能按照要求的格式实现相关电子数据的传送、交换；
d） 应配备有国家计量检定合格证书的电子磅秤、电子台秤等计量器具；
e） 宜配备数据采集设备，包括手持终端、手持终端接收器等；
f） 所有设备应进行定期维护和更新。

10 信息管理

10.1 功能要求

快递服务组织按照不同的服务内容，应建立符合5.4.1b)、5.4.2c)、5.4.3c)要求的信息网络系统。

快递服务组织建立的信息网络系统还应满足以下功能：

a） 自动语音功能；
b） 人工话务员服务功能；
c） 记录快件状态的功能；
d） 受理投诉功能；
e） 快件查询功能。

快递服务组织的信息系统还可具有投诉处理、客户关系管理、业务统计分析等功能。

10.2 信息记录

快递服务组织建立的信息网络系统应记录快件寄递过程中的以下信息：

a） 收寄时间；
b） 分拣处理场所及时间；
c） 封发时间；
d） 转运时间；
e） 投递时间；
f） 投诉及处理信息。

11 服务格式合同

快递服务组织制定服务格式合同，其条款应符合法律规定，体现公平、公正的原则，文字表述应真实、简洁、易懂。

快递运单为服务格式合同，快递运单的内容应包括：

a） 快件编号；
b） 收件人/寄件人信息，主要包括：姓名、单位、地址、联系电话、收件人/寄件人签名；
c） 快递服务组织信息，主要包括：名称、标识、联系电话、地址和邮编；
d） 快件信息，主要包括：品名、快件内件数量、重量和体积、价值；对于国际快件和港澳台快件，快件信息还应包括内件分类、申报价值和原产地；
e） 费用信息，主要包括：计费项目及金额、付款方式、是否保价及保价金额；

f) 时限信息，主要包括收寄时间、投递时间；

g) 背书信息，主要包括：查询方式与期限；用户和快递服务组织双方权利与责任，包括用户和快递服务组织产生争议后的解决途径；赔偿的有关规定；对免除或限制快递服务组织责任及涉及快件损失赔偿的条款，应在快递运单上以醒目的方式列出，并予以特别说明；

h) 其他约定信息。

12 安全

12.1 总则

快递服务组织应设立安全部门，或配备安全管理人员，制定安全管理制度和应急预案，落实相关责任。

12.2 人员安全

快递服务组织在提供快递服务时，应：

a) 对员工进行交通法规和安全培训，确保交通安全；

b) 制定设备操作规程，并对员工进行安全操作培训，确保操作安全；

c) 在快件处理场所设置必要的防护设施、安全标志及警告牌，确保内部处理安全。

12.3 快件安全

快递服务组织应采取以下措施，确保快件安全：

a) 建立并严格执行快件收寄验视制度，遵守《中华人民共和国邮政法》、《禁寄物品指导目录及处理办法》的有关规定，确保收寄快件的安全；

b) 在收寄和投递环节，应确保快件不裸露在外；

c) 在分拣、封发、运输、报关等处理过程中，应制定完备的监控制度，配备必要的监控设备；不准许无关人员接触快件，不准许从业人员私拆、隐匿、毁弃、窃取快件，确保快件的处理安全；

d) 在分拣、封发、运输、报关等处理过程中，如发现问题快件，应及时做好记录并妥善处理；如需对快件进行开包，应由指定人员，在有关人员或设备的监控下进行，并做好记录；

e) 因停业、转产、破产等原因停止快递经营活动的，应及时妥善处理所收寄的快件，确保快件安全；

f) 除依法配合司法机关需要外，快递服务组织不应泄露和挪用寄件人、收件人和快件的相关信息，确保快件信息安全。

12.4 代收货款安全

快递服务组织提供代收货款服务的，应以自营方式提供代收货款服务，具备完善的风险控制措施和资金结算系统，并与委托方签订协议，明确与委托方和收件人之间的权利和义务。

收派员派送代收货款快件时，宜携带验钞机或 POS 机，快递服务组织应提供足够的防护措施，加强对收派员人身安全的保护。

代收货款的结算周期不应超过快件妥投后 1 个月，有条件的快递服务组织可适当缩短结算周期，与用户另有约定的从其约定。

快递服务组织应建立代收货款信息档案，如实记录寄件人、收件人信息和货款金额等内容，档案保存期限不应少于 1 年。

12.5 突发事件

快递服务组织应制定突发事件应急方案。

发生突发事件造成重大服务阻断时,快递服务组织应:

a) 按照有关规定及时报告相关部门;

b) 启动应急方案,采取必要的应急措施,确保人员和快件安全;

c) 以适当的方式及时告知用户。

在事件处理过程中,应对所有相关的资料进行记录和保存。相关资料和书面记录应至少保存 1 年。

12.6 其他

快递服务组织接受网络购物、电视购物和邮购等经营者委托提供快递服务的,应与委托方签订安全保障协议。

13 沟通

13.1 内部沟通

快递服务组织应通过会议、布告栏和内部刊物、声像资料、互联网、信函等形式,建立内部沟通机制。

13.2 用户沟通

13.2.1 沟通渠道

快递服务组织应提供与用户沟通的免费渠道,主要包括网络、电话、短信、信函等形式。

13.2.2 沟通内容

沟通应包括业务咨询、业务受理、快件查询、用户满意、用户投诉以及服务承诺等内容。

14 统计

快递服务组织应建立完备的统计制度,按邮政管理部门和相关部门要求报送有关经营情况的统计报表和报告。

从事国际快递和港澳台快递业务的快递服务组织,应按邮政管理部门和有关部门要求提供报关数据。

在建立统计制度时,快递服务组织应:

a) 按国家有关规定设置原始记录、统计台账,建立健全统计资料的审核、签署、交接、归档等管理制度;

b) 遵守国家有关统计报表和统计报告的编制规定;

c) 填报时进行数据审核,确保数据真实、准确和完整。

15 档案

15.1 档案的范围

快递服务组织应将运营过程中形成的各种记录进行分类、汇总、储存,形成档案,作为其经营管理的依据。

档案中各项记录的内容应真实、详细，能够记录快递服务组织和用户之间的交易过程，确保双方的权益不受侵害。

15.2 档案的管理

整理的档案应保持清晰、易于识别和检索，宜按照快递业务员、用户、业务、监控、财务、组织等分别组卷。

快递服务组织宜采用现代信息技术，建立档案数据库，实现档案的计算机管理和查询。

15.3 档案的保存期限

国内快递运单的实物保存期限，应满足快递纠纷及赔偿处理的需要，宜不少于1年，相应的电子档案保存期限不应少于2年。

国际快递、港澳台快递运单的实物保存期限不应少于6个月。其他档案的保存期限应满足相关法律法规要求。

16 服务质量

16.1 服务质量管理

16.1.1 作业规范

快递服务组织应识别快递服务的过程，并制定清晰的工作流程和完备的作业规范。作业规范应满足GB/T 27917.3的规定。

16.1.2 服务承诺

快递服务组织应在营业场所公示或以其他方式向社会公布其服务承诺，服务承诺应至少包括：服务种类、服务时限、服务价格、赔偿、投诉处理、附加服务的承诺。

16.1.3 快递服务时限

除了与用户有特殊约定（如偏远地区），快递服务时限应满足以下要求：

a） 同城快递服务时限不超过24 h；

b） 国内异地快递服务时限不超过72 h；

c） 港澳台快递服务时限不超过6个工作日；

d） 除出现海关清关障碍等因素外，寄达下列地区各国主要城市的国际快递服务时限应满足以下要求：

  1） 亚洲和北美洲地区快递服务时限不超过6个工作日；

  2） 欧洲地区快递服务时限不超过8个工作日；

  3） 大洋洲地区快递服务时限不超过9个工作日；

  4） 其他地区国际快递服务时限可视实际情况而定。

16.1.4 服务费用

16.1.4.1 服务费用设置原则

快递服务费用设置应遵循公平、合法、诚实、信用的原则。

快递服务组织不应相互串通，操纵市场价格，损害用户或者其他经营者的合法权益。

16.1.4.2 重量计费原则

计费重量应取快件的实际重量或体积重量。

16.1.5 用户投诉

快递服务组织应提供投诉的渠道,并通过各种方式告知用户。

快递服务组织应按照服务承诺和约定及时处理用户投诉,并对用户投诉进行统计和分析。

对消费者权益保护组织转办的投诉应及时处理。

非经投诉人同意,不应公开投诉人个人信息。

投诉处理还应符合 GB/T 27917.3 中 5.6.1 的要求。

16.1.6 赔偿

快递服务组织应对快件的延误、丢失、损毁以及内件不符进行赔偿。

赔偿应符合 GB/T 27917.3 附录 A 的规定。

16.2 服务质量评价

16.2.1 总则

快递服务组织应建立以用户满意度、时限准时率和用户投诉率为核心的快递服务质量评价体系,定期评估测试快递服务水平。

16.2.2 用户满意度

快递服务组织应测量用户满意度,发现用户的潜在需求,改进服务质量。

快递服务组织应收集用户满意信息,收集的方法主要包括:

a) 向用户发放问卷调查表;

b) 直接与用户沟通;

c) 收集各种媒体的报告;

d) 消费者权益保护组织反映的情况;

e) 其他。

用户满意的评价程序应包括:汇总用户满意的信息,利用适当的统计技术进行分析处理,确定用户的满意程度,找出提供的服务与用户期望的差距并制定改进措施。

16.2.3 用户服务类指标

快递服务组织应定期测算以时限准时率和用户投诉率为核心的用户服务类指标,分析存在的问题,并采取措施,不断予以改善。

用户服务类指标应包括:

a) 时限准时率;

b) 用户投诉率;

c) 快件丢失率;

d) 快件损毁率;

e) 信息上网及时率。

16.3 服务改进

快递服务组织应根据服务质量的评价结果,寻找与用户需求的差距,制定改进措施并予以实施,以提高服务水平。

参 考 文 献

［1］ 中华人民共和国邮政法 2009 年 4 月

［2］ 中华人民共和国劳动合同法 2007 年 6 月

［3］ 中华人民共和国劳动合同法实施条例. 国务院 2008 年 9 月

［4］ 快递市场管理办法. 交通运输部 2008 年 7 月

［5］ 快递业务经营许可管理办法. 交通运输部 2009 年 10 月

［6］ 人力资源和社会保障部. 国家职业技能标准 快递业务员(试行). 北京：中国劳动社会保障部出版社，2008 年 10 月

［7］ 徐家祥，曹伟，刘琮苓编. 速递业务员. 北京：人民邮电出版社，2006 年 10 月

［8］ 张兵编著. 快递概论. 北京：中国商务出版社，2006 年 5 月

［9］ 华中生编著. 物流服务运作管理. 北京：清华大学出版社，2009 年 1 月

ICS 03.240
A 12

中华人民共和国国家标准

GB/T 27917.3—2011

快递服务　第3部分:服务环节

Express service—Part 3:Service procedures

2011-12-30 发布　　2012-05-01 实施

中华人民共和国国家质量监督检验检疫总局
中国国家标准化管理委员会　发布

前　言

GB/T 27917《快递服务》分为3个部分：

——第1部分：基本术语；

——第2部分：组织要求；

——第3部分：服务环节。

本部分为GB/T 27917的第3部分。

本部分按照GB/T 1.1—2009给出的规则起草。

本部分由国家邮政局提出。

本部分由全国邮政业标准化技术委员会(SAC/TC 462)归口。

本部分起草单位：中国标准化研究院。

本部分主要起草人：曹俐莉、徐华荣、曾毅、李涵、祝燕、王世川。

快递服务　第3部分:服务环节

1　范围

GB/T 27917的本部分规定了国内快递业务服务环节,以及国际、中国港澳台快递业务在国内服务环节的具体要求。

本部分适用于提供国内、国际及中国港澳台快递服务的组织和人员。

2　规范性引用文件

下列文件对于本文件的应用是必不可少的。凡是注日期的引用文件,仅所注日期的版本适用于本文件。凡是不注日期的引月文件,其最新版本(包括所有的修改单)适用于本文件。

GB/T 27917.1　快递服务　第1部分:基本术语

3　术语和定义

GB/T 27917.1界定的术语和定义适用于本文件。

4　总则

4.1　系统优化

快递服务组织应制定完备的业务流程及操作规范,确保各环节密切配合,协调作业。

4.2　质控严格

各环节的操作应符合业务流程及操作规范的要求,确保快递服务质量。

4.3　信息完备与协调

各环节的作业信息应记录完整、清楚、准确,及时上传网络,确保快件及其相关信息协调一致。

4.4　作业安全

各环节作业过程中,应制定安全保障措施,确保快件寄递安全和用户信息安全。

5　国内快递业务

5.1　概述

国内快递业务的服务环节主要包括:收寄、分拣、封发、运输、投递,以及查询、投诉和赔偿等。

5.2　收寄

5.2.1　收寄形式

收寄应主要包括上门收寄和营业场所收寄两种形式。

5.2.2 上门收寄

5.2.2.1 接单

快递服务组织接单应满足以下要求：

a) 记录用户姓名、取件地址、联系方式、快递种类、快件品名、快件目的地等相关信息；

b) 约定取件时间；

c) 若不能提供快递服务，以适当的方式及时告知用户。

5.2.2.2 取件

快递服务组织接单后应立即通知收派员取件。

收派员取件包括以下要求：

a) 取件时间宜在 2 h 内，有约定的除外；

b) 应统一穿着具有组织标识的服装，并佩戴工号牌或胸卡；

c) 应携带必备的快递运单、快递封装用品和计量器具等；

d) 取件后，应及时将快件送交快递营业场所或快件处理场所。

5.2.3 营业场所收寄

在营业场所收寄时，快递服务组织应：

a) 告知服务范围、服务时限、服务费用、物品禁限寄规定等；

b) 为用户提供基本的用品用具。

5.2.4 验视

5.2.4.1 验视要求

收派员应要求用户如实告知快件内件的种类和性质。

对用户交寄的信件，必要时快递服务组织可要求用户开拆，进行验视，但不应检查信件内容。对用户交寄的信件以外的快件，快递服务组织收寄时应当场验视内件，用户拒绝验视的，不予收寄。

验视时，应满足以下要求：

a) 查验用户交寄的物品是否符合国家禁限寄规定以及是否与快递运单上所填报的内容相符；

b) 发现禁寄物品，应拒收并向寄件人说明原因；

c) 发现限寄物品，应告知寄件人处理方法及附加费用。

5.2.4.2 特殊情况

经验视，收派员仍不能确定安全性的存疑物品，应要求寄件人出具相关部门的安全证明，否则，不予收寄。

快递服务组织收寄已出具安全证明的物品时，应如实记录收寄物品的名称、规格、数量、收寄时间、寄件人和收件人名址等信息，记录保存期限应不少于 1 年。

5.2.5 封装

5.2.5.1 封装形式

快件的封装应主要包括快递业务员负责封装和寄件人自行封装两种形式。

5.2.5.2 重量与规格

快件的单件宜满足以下要求：

a) 单件质量不超过 50 kg；

b) 包装规格任何一边的长度不超过 150 cm，长、宽、高三边长度之和不超过 300 cm。

5.2.5.3 一般要求

封装时应使用符合国家标准和行业标准规定的快递封装用品。

封装时应防止快件：

a) 变形、破裂、损坏或变质；

b) 伤害用户、快递业务员或其他人；

c) 污染或损毁其他快件。

快递业务员负责封装，需要寄件人支付费用时，应在封装前告知用户所需费用。

5.2.5.4 具体要求

对信件、包裹和印刷品的封装，应满足以下要求：

a) 信件封装以不影响快递封套的正常封口为准，封装完成后，应在快递封套的显著位置标注“信件”字样，不应将信件打包后作为包裹寄递；

b) 包裹封装应综合考虑寄递物品的性质、状态、体积、质量、路程和运输方式等因素，选用适当的方式封装；

c) 印刷品应平直封装。

5.2.6 称重与计费

快递服务组织应使用秤、卷尺等计量用具测量快件的实际质量和体积质量，确定正确的计费质量，并根据计费质量、服务种类等确定服务费用。

快递服务组织应在提供服务前告知用户收费依据、收费标准或服务费用。

寄件人支付费用后，快递服务组织应向寄件人提供发票。

5.2.7 快递运单填写

5.2.7.1 提示

填写快递运单前，快递服务组织应提醒寄件人阅读快递运单的服务合同条款，并建议寄件人对贵重物品购买保价或保险服务。

5.2.7.2 填写要求

寄件人应按照相关要求填写快递运单，以确保：

a) 字迹清楚、工整；

b) 内件品名、种类、数量等信息填写准确；

c) 寄件人姓名、地址、联系方式，收件人姓名、地址、联系方式等内容填写完整。

5.2.8 录入收寄信息

快件收寄后，应及时录入收寄信息并按规定上传网络。

5.3 内部处理

5.3.1 概述

快件内部处理主要包括分拣、封发、运输等环节。

如在内部处理过程中发现禁寄物品，应立即停止寄递，对各种反动报刊、书籍、淫秽物品、毒品及其他危险品，应及时通知公安机关处理，并及时报告当地邮政管理部门。

5.3.2 分拣

分拣包括以下要求：

a) 应按收件地址、快件种类、服务时限要求等依据进行分拣；

b) 应分区作业；

c) 文明分拣，不应野蛮操作，快件分拣脱手时，离摆放快件的接触面之间的距离不应超过 30 cm，易碎件不应超过 10 cm；

d) 小件物品及文件类快件，不宜直接接触地面；

e) 应准确将快件分拣到位，避免出现错分滞留现象；

f) 应及时录入分拣信息，并按规定上传网络。

5.3.3 封发

封发包括以下要求：

a) 应准确封发，防止错发漏发；

b) 应对中途需要中转的以及小件物品，建立总包进行封发；

c) 应及时录入封发信息，并按规定上传网络。

5.3.4 运输

运输包括以下要求：

a) 在快件的装载和卸货环节，应确保快件不受损害，核对快件数量和质量，如发现异常快件，应及时记录，并注明处理情况；

b) 如需转运，应严格按照中转时限转发；

c) 应按照规定路由进行运输，若出现特殊情况，致使原规定的路由不适用时，可根据实际情况调整计划，并做好记录；

d) 应及时录入运输信息，并按规定上传网络。

5.4 投递

5.4.1 形式

投递形式应主要包括按名址面交、用户自取或与用户协商投递三种形式。

5.4.2 按名址面交

5.4.2.1 投递时间

快递服务组织投递应不超出向用户承诺的服务时限。

5.4.2.2 人员着装

收派员投递时应统一穿着具有组织标识的服装，并佩戴工号牌或胸卡。

5.4.2.3 投递次数

快递服务组织应对快件提供至少 2 次免费投递。

投递 2 次未能投交的快件，收件人仍需要快递服务组织投递的，快递服务组织可收取额外费用，但应事先告知收件人收费标准。

5.4.2.4 快件签收

5.4.2.4.1 验收

收派员将快件交给收件人时，应告知收件人当面验收快件。快件外包装完好，由收件人签字确认。如果外包装出现明显破损等异常情况的，收派员应告知收件人先验收内件再签收；快递服务组织与寄件人另有约定的除外。

对于网络购物、代收货款以及与客户有特殊约定的其他快件，快递服务组织应按照国家有关规定，与寄件人（商家）签订合同，明确快递服务组织与寄件人（商家）在快件投递时验收环节的权利义务关系，并提供符合合同要求的验收服务；寄件人（商家）应当将验收的具体程序等要求以适当的方式告知收件人，快递服务组织在投递时也可予以提示；验收无异议后，由收件人签字确认。

国家相关部门对快件验收另有规定的，从其规定。

5.4.2.4.2 代收

若收件人本人无法签收时，经收件人（寄件人）允许，可由其他人代为签收。代收时，收派员应核实代收人身份，并告知代收人代收责任。

5.4.2.4.3 例外情况

在验收过程中，若发现快件损坏等异常情况，收派员应在快递运单上注明情况，并由收件人（代收人）和收派员共同签字；收件人（代收人）拒绝签字的，收派员应予以注明。

5.4.2.5 费用收取

收件人（代收人）支付费用后，快递服务组织应提供发票。

5.4.3 用户自取

用户自取主要适用于以下情况：

a) 投递2次仍无法投递的快件；

b) 相关政府部门（如海关、公安等）提出要求的。

5.4.4 与用户协商

对有特殊需求的用户，快递服务组织可与用户协商，采取其他方式妥投用户。

5.4.5 无法投递快件

快递服务组织应在投递前联系收件人，当出现快件无法投递情况时，应采取以下措施：

a) 首次无法投递时，应主动联系收件人，通知复投的时间及联系方法，若未联系到收件人，可在收件地点留下派送通知单，将复投的时间及联系方法等相关信息告知收件人；

b) 复投仍无法投递，可通知收件人采用自取的方式，并告知收件人自取的地点和工作时间。收件人仍需要投递的，快递服务组织可提供相关服务，但应事先告知收件人收费标准和服务费用；

c) 若联系不到收件人，或收件人拒收快件，快递服务组织应在彻底延误时限到达之前联系寄件人，协商处理办法和费用，主要包括：

   1) 寄件人放弃快件的，应在快递服务组织的放弃快件声明上签字，快递服务组织凭放弃快件声明处理快件；

2） 寄件人需要将快件退回的，应支付退回的费用。

5.4.6 无着快件

5.4.6.1 处理方式

快递服务组织应及时登记无着快件，并将无着快件每半年1次集中到省级邮政管理部门所在地或其办事处所在地，申请集中处理。

5.4.6.2 期限

无着快件的信件，自快递服务组织确认无法退回之日起超过6个月无人认领的，由快递服务组织在邮政管理部门的监督下销毁。

无着快件的其他快件，自快递服务组织确认无法退回之日起超过6个月无人认领的，由快递服务组织在邮政管理部门的监督下进行开拆处理，不宜保存的物品除外。

5.4.6.3 处置

对因寄件人或收件人信息缺失而导致的无着快件，能从拆出的物品中寻找收件人或寄件人信息的，应继续尝试投递或退回。除此以外，对于能够变卖的物品，应交当地有关部门收购，价款上缴国库；不能变卖的，应按以下要求处置：

a） 存款单、存折、支票，应寄交当地人民银行处理，其他实名登记的有价证券，应寄往发行证券的机构处理；
b） 金银饰品，应由邮政管理部门指定的机构收购后，由邮政管理部门上缴国库；
c） 本国货币，应由邮政管理部门上缴国库，外国货币，应兑换成人民币后由邮政管理部门上缴国库；
d） 户口迁移证、护照和其他各种证书，应送发证机关处理；
e） 其他不能变卖的物品，根据具体情况，妥为处理。

5.4.7 彻底延误时限

彻底延误的快件，快递服务组织应根据有关规定予以赔偿。

根据国内快递服务的类型，彻底延误时限应主要包括：

a） 同城快件为3个日历天；
b） 省内异地和省际快件为7个日历天。

注：彻底延误时限是指从快递服务组织承诺的快递服务时限到达之时起，到用户可以将快件视为丢失的时间间隔。例如，某一快递服务组织承诺的省际快件服务时限为A个日历天，则从其交寄之日起，A+7个日历天后，快件仍未达到，则可视为该快件彻底延误（丢失），其余类型的快件以此类推。

5.4.8 录入投递信息

收派员投递快件后，应及时录入投递信息并上传网络。

5.5 查询

5.5.1 查询渠道

快递服务组织应根据业务种类向顾客提供电话或互联网等免费查询渠道。

5.5.2 查询凭证

快件收寄后，用户可凭借快递运单对快件进行查询。

5.5.3 查询内容

查询内容应包括快件当前所处服务环节及所在位置。

对于国内异地快件,快递服务组织宜提供全程跟踪的即时查询服务。

5.5.4 查询受理时间

国内快件互联网查询受理时间应为一周 7 天,每天 24 h;国内快件电话人工查询受理时间应为一周 7 天,每天应不少于 8 h。

5.5.5 查询答复时限

对于通过互联网不能查找的快件,用户电话查询时,快递服务组织应在 30 min 内告知用户,告知的内容应主要包括:

a) 快件所处的服务环节及所在位置;

b) 不能提供快件即时信息的,告知用户彻底延误时限及索赔程序。

5.5.6 查询信息有效期

国内快件查询信息有效期应为 1 年。

5.6 投诉与申诉

5.6.1 投诉

5.6.1.1 投诉受理

快递服务组织应提供用户投诉的渠道,主要包括互联网、电话、信函等形式。

国内快件的投诉有效期为 1 年。

受理投诉时,快递服务组织应记录如下信息:

a) 投诉人的姓名、地址和联系方式;

b) 投诉的理由、目的、要求;

c) 其他投诉细节。

快递服务组织在记录的过程中,应与投诉人核对信息,以保证信息的准确性。

5.6.1.2 投诉处理时限

国内快递服务投诉处理时限应不超过 30 个日历天,与投诉人有特殊约定除外。

5.6.1.3 投诉处理

快递服务组织应对投诉信息进行分析,提出处理方案,制定补救措施,按服务承诺及时处理。

投诉处理完毕,快递服务组织应在处理时限内及时将处理结果告知投诉人。

若投诉人对处理结果不满意,应告知其他可用的处理方式。

快递服务组织应根据投诉信息统计分析结果,采取措施改进服务质量。

5.6.2 申诉

用户向快递服务组织投诉后 30 个日历天未作出答复的,或对快递服务组织处理和答复不满意的,可向邮政管理部门提出申诉。

国内快递服务申诉时限为 1 年。

5.7 赔偿

发生快件延误、丢失、损毁和内件不符时，快递服务组织应予以赔偿(具体规定见附录A)。

5.8 例外情况

5.8.1 改寄

在国内快件尚未完成投递前，如寄件人提出申请，快递服务组织可提供改寄服务(可更改收件地址，但不可更改收件人)，提供改寄服务时，快递服务组织应告知寄件人需要承担的改寄费用并告知收费标准。

5.8.2 撤回

对尚未首次投递的国内快件，如寄件人提出申请，快递服务组织可提供撤回服务，提供撤回服务时，快递服务组织应告知寄件人需要承担的费用并告知收费标准。

6 国际快递业务

6.1 概述

国际快递业务包括国际出境快递业务和国际进境快递业务。

国际出境快递业务的国内服务环节主要包括：收寄、分拣、封发、运输、出口报关，以及查询、投诉和赔偿等。

国际进境快递业务的国内服务环节主要包括：进口报关、运输、分拣、投递等。

除另有规定外，港澳台快递业务应遵照国际快递业务规定执行。

6.2 国际出境快递

6.2.1 收寄

6.2.1.1 一般规定

国际出境快件的收寄，应符合5.2的规定。

6.2.1.2 特殊规定

6.2.1.2.1 接单

对于国际出境快件，在接单时，还应满足以下要求：

a) 协助用户了解寄达国或地区对快件的特殊规定；

b) 对于物品类快件，应提示寄件人准备海关需要的相关单证。

6.2.1.2.2 验视

检查所寄的快件是否符合我国及寄达国或地区规定。

对于国际出境快件，验视时还应检查物品类快件所需的单证是否符合要求，如不符合要求，可拒收快件。

6.2.1.2.3 重量与规格

国际快件的重量与规格，如有双边特别约定，可按约定执行。

6.2.1.2.4 计费

快递服务组织应明确告知寄件人国际快递业务可能产生的额外费用，主要包括：

a) 国际航空燃油附加费；
b) 物品类快件所需的报关费用；
c) 其他需要用户支付的费用。

6.2.1.2.5 快递运单的填写

收派员宜指导用户正确填写国际快递运单。

6.2.2 分拣、封发和运输

国际出境快件的分拣和运输应分别符合5.3.2和5.3.4的要求。

封发时，国际快件应单独装袋封发，不应同国内快件混封。

6.2.3 出口报关

6.2.3.1 概述

国际出境快件应按有关法律法规规定向海关申报出口。

对国际出境快件的报关可采用代理报关的方式。

快递服务组织可设立报关部门，配备报关员，向当地海关申请代理报关资格，办理代理报关业务，并配合海关对受海关监管的进出境国际快件实施查验放行工作。

6.2.3.2 报关要求

快递服务组织报关时，应满足以下要求：

a) 在快件的外包装上标有符合海关自动化检查要求的条形码；
b) 用户交寄的需要进行卫生检疫或者动植物检疫的快件，应附有检疫证书；
c) 及时向海关呈交快件报关所需的单证、资料，并如实申报所承运的快件；
d) 国际出境快件自向海关申报起到出境止，应存放于海关快件监管场所，并妥为保管；
e) 未经海关许可，不应将监管时限内的快件进行装卸、开拆、重换包装、提取、派送、发运或进行其他作业；
f) 海关将部分内件或整件扣留没收时，应将海关签发的扣留通知单及时送达寄件人。

6.2.4 查询

对于国际出境快件，快递服务组织宜提供全程跟踪的即时查询服务，并符合5.5.1、5.5.2、5.5.3和5.5.5的要求。

国际快件查询信息有效期为6个月。

国际快件电话人工查询受理时间一周5天，每天应不少于8 h。

对于通过代理方式开展国际快递业务的，快递服务组织应及时将快件信息与国外代理组织进行交换传输和跟踪查询。

6.2.5 彻底延误时限

国际快递彻底延误时限为21个日历天。

6.2.6 投诉和申诉

6.2.6.1 投诉受理

快递服务组织应提供用户投诉的渠道，主要包括互联网、电话、信函等形式。

国际快件的投诉有效期为6个月。

受理投诉时，快递服务组织应记录如下信息：

a） 投诉人的姓名、地址和联系方式；

b） 投诉的理由、目的、要求；

c） 其他投诉细节。

快递服务组织在记录的过程中，应与投诉人核对信息，以保证信息的准确性。

6.2.6.2 投诉处理

国际快件的投诉处理应符合5.6.1.3的要求。

国际及港澳台快件投诉处理时限应不超过：

a） 国际快件为60个日历天；

b） 港澳台快件为30个日历天。

6.2.6.3 申诉

用户向快递服务组织投诉后60个日历天未作出答复的，或对快递服务组织处理和答复不满意的可向邮政管理部门提出申诉。

国际快递申诉时限为6个月。

6.2.7 撤回

国际快件尚未验关前，快递服务组织可提供撤回服务。

寄件人在向快递服务组织提出撤回申请时，快递服务组织应告知寄件人需要承担撤回费用并告知收费标准。

6.2.8 赔偿

发生快件延误、丢失、损毁和内件不符时，快递服务组织应予以赔偿(具体规定见附录A)。

6.3 国际进境快递

6.3.1 进口报关

国际进境快件报关应符合6.2.3.2中a)、b)、c)、e)列项的要求。

国际进境快件自向海关申报起到完成清关，应存放于海关快件监管场所，并妥为保管。

海关将部分内件或整件扣留没收时，应将海关签发的扣留通知单及时送达收件人。

6.3.2 分拣和运输

国际进境快件的分拣和运输应分别符合5.3.2和5.3.4的要求。

国际进境快件分拣时应按海关要求将快递运单相关信息翻译成中文。

6.3.3 投递

国际进境快件的投递，应符合5.4的要求。

国际进境无着快件，快递服务组织保管期满3个月后，应按5.4.6.1和5.4.6.3的规定进行处理；对于处于报关阶段的无着快件，应由海关依法进行处理。

附　录　A
（规范性附录）
快件赔偿规定

A.1　赔付对象

快件赔付的对象应为寄件人或寄件人指定的受益人。

A.2　赔偿条件

在寄递过程中，发生延误、丢失、损毁、内件不符时，快递服务组织应予以赔偿。

属于下列情况的，快递服务组织可不负赔偿责任：

a）　所寄物品本身的自然性质或者合理损耗造成快件损失的；

b）　由于不可抗力的原因造成损失的（保价快件除外）；

c）　寄件人、收件人的过错造成损失的。

A.3　赔偿原则

A.3.1　总则

快递服务组织与用户之间有约定的应从约定，没有约定的可按以下原则执行。

A.3.2　快件延误

延误的赔偿应为免除本次服务费用（不含保价等附加费用）。

由于延误导致内件直接价值丧失，应按照快件丢失或损毁进行赔偿。

A.3.3　快件丢失

快件发生丢失时，应免除本次服务费用（不含保价等附加费用），此外，还应：

a）　对于购买保价的快件，快递服务组织按照被保价金额进行赔偿；

b）　对于没有购买保价的快件，按照《中华人民共和国邮政法》、《中华人民共和国合同法》等相关法律规定赔偿；

c）　造成用户其他损失的，按照相关民事法律法规赔偿。

A.3.4　快件损毁

快件损毁赔偿应主要包括：

a）　完全损毁，指快件价值完全丧失，参照快件丢失赔偿的规定执行；

b）　部分损毁，指快件价值部分丧失，依据快件丧失价值占总价值的比例，按照快件丢失赔偿额度的相同比例进行赔偿。

A.3.5　内件不符

内件不符赔偿应主要包括：

a) 内件品名与寄件人填写品名不符，按照完全损毁赔偿；

b) 内件品名相同，数量和重量不符，按照部分损毁赔偿。

A.4 索赔程序

A.4.1 索赔申告

寄件人在快件发生延误、丢失、损毁、内件不符时，可以依据赔偿规定向快递服务组织提出索赔申告。快递服务组织应提供索赔申告单给寄件人，寄件人填写后递交给快递服务组织。

A.4.2 索赔受理

快递服务组织应在收到寄件人的索赔申告单 24 h 内答复寄件人，并告知寄件人索赔处理时限。

A.4.3 索赔处理时限

快递服务组织除了与寄件人有特殊约定外，索赔处理时限应不超过：

a) 同城和国内异地快件为 30 个日历天；

b) 港澳台快件为 30 个日历天；

c) 国际快件为 60 个日历天。

A.4.4 赔金支付

快递服务组织与寄件人就赔偿事宜达成一致后，应在 7 个工作日内向寄件人或寄件人指定的受益人支付赔金，与用户有约定的除外。

A.4.5 索赔争议的解决

寄件人与快递服务组织就是否赔偿、赔偿金额或赔金支付等问题可先行协商，协商不一致的，可依相关规定选择投诉、申诉、仲裁、诉讼等方式，如选择仲裁，应在收寄时约定仲裁地点和仲裁机构。

参 考 文 献

[1] GB/T 19012—2008 质量管理 顾客满意 组织处理投诉指南(ISO 10002:2004,IDT)
[2] 中华人民共和国邮政法 2009年4月24日
[3] 中华人民共和国合同法 1999年
[4] 快递市场管理办法 中华人民共和国交通运输部 2008年7月12日
[5] 国内邮件处理规则 2000年12月
[6] 寄递服务企业收寄物品安全管理规定(试行) 国家邮政局 2008年4月22日
[7] 邮政业消费者申诉处理办法 国家邮政局 2008年4月1日
[8] 快递业务员国家职业技能标准(试行) 中华人民共和国人力资源和社会保障部.[M].北京:中国劳动社会保障出版社,2008年10月

ICS 35.240.70;07.040
A 75

中华人民共和国国家标准

GB/T 27918—2011/ISO 19132:2007

地理信息 基于位置服务 参考模型

Geographic information—Location based services—Reference model

(ISO 19132:2007,IDT)

2011-12-30 发布

2012-02-01 实施

中华人民共和国国家质量监督检验检疫总局
中国国家标准化管理委员会 发布

前　言

本标准按照 GB/T 1.1—2009 给出的规则起草。

本标准使用翻译法等同采用国际化标准组织地理信息标准化技术委员会(ISO/TC 211)制定的 ISO 19132:2007《地理信息　基于位置服务　参考模型》。根据我国国情,对该国际标准进行了以下编辑性修改:

——标准的编写方法执行 GB/T 1.1—2009《标准化工作导则　第 1 部分:标准的结构和编写》、GB/T 20000.2—2009《标准化工作指南　第 2 部分:采用国际标准》的要求;

——删除了该国际标准的前言;

——本标准的引言采用了 ISO 19132:2007 的引言,但作了少量修改;

——对于 ISO 19132:2007 引用的其他国际标准被采用为我国标准的,本标准直接引用我国标准代替对应的国际标准;

——修改了原文中与最新技术应用情况不相适应的相关描述:原文中附录 C.6 的一段译文大意为"这些信息理想的细节和形式取决于用户和访问服务的平台,通过手机的访问只限于文字或语音信息,而通过 PDA 或类似设备的访问可获得旅程的全彩色地图";目前,3G 手机已经能够提供图形服务,原文已不符合目前技术应用情况,本标准以增加标注的方式进行说明;

——为保持参考文献的可追溯性,对词条的引用文献使用原外文标注。

本标准由国家测绘局提出。

本标准由全国地理信息标准化委员会(SAC/TC 230)归口。

本标准起草单位:北京四维图新科技股份有限公司、国家基础地理信息中心、北京超图地理信息技术有限公司、武汉大学。

本标准起草人:黄栋、李莉、孙玉国、曹晓航、李霖、李楷。

引　言

本标准建立了支持基于位置服务(LBS)开发的系统框架。LBS 是一种软件服务,它的请求和响应模式取决于某些特定事物的位置,这些事物可以是真实的或概念性的。例如,在 ISO 19133 中定义的跟踪和导航都是基于位置服务。由于应急响应服务的位置不变性,即总是相当接近请求者发出请求时的位置,因此也是基于位置服务。环境监测与纠正也是依赖于污染源的位置和运动或其他持续变化过程。甚至当请求者为获得特定商品或服务而搜索便利的商务位置时,黄页分类目录服务也依赖于位置或者是试探性的未来位置,这些位置可能在请求者的当前位置或其规划路线附近。

参考模型是由一套包括架构和策略两方面系统决策组成的概念性框架,目的是为特定领域中的一组应用和过程构筑逻辑环境。一个框架包含或涉及用来定义目标领域的术语分类法和本体论。它还可能包含或涉及为相关应用和设计模式服务的其他框架。LBS 框架可能与地理信息服务框架相关,因为大量的 LBS 活动都是与位置表述的操作相关联,位置的使用是其他服务的关键所在。框架模型以各种层次的抽象形式存在,每一层次都是更详细层级模型的泛化,同时又是更抽象模型的特化。在最高层级,唯一关注的视角是表现各参考模型的关联框架。如图 1 所示。

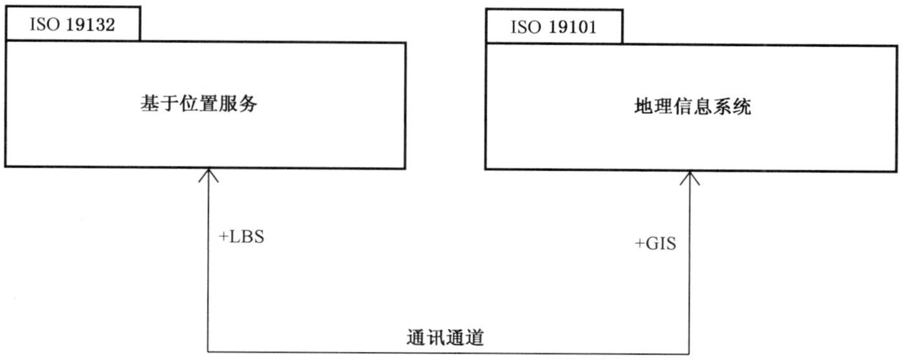

图 1　LBS 与 GIS 关系

简捷地说,上述两个框架是相互耦合的,即双方都需要调用对方所提供的服务(功能),因而在形式上的依赖比功能上的依赖更紧密。本标准按照图 1 所描述的通道处理框架间的通讯问题。以上处理是通过创建基于位置服务框架的参考模型,并将其与 ISO 19101 和 ISO 19101-2 中定义的参考模型相关联来实现的。

LBS 服务[1]和 GIS 服务[2]的差异。第一,LBS 服务通常有较大的粒度和相当数量的非空间信息组件,因此能够与地理数据框架和包含非空间数据的通用信息框架相交互。这些数据可能以非传统的方式与地理信息系统建立空间联系,如邮政地址或电话号码。第二,LBS 服务必须具备比 GIS 框架更有效的传输机制。LBS 的客户端可能包括采用多种网络类型并具有多种性能的移动设备,一般对每一类客户端需求和功能都需要一个定制接口,因此需要 LBS 框架能够实现多种不同接口协议以支持同一个

1) 术语 LBS 包含了"服务"这个词,所以短语"LBS service"在逻辑和文法上是冗余的。但在讨论 LBS 与其他软件组件的关系时,为保持表达的流畅性和对称性,可以使用短语"LBS service"。

2) 将 GIS 重新定义为"地理信息服务"是有益的,但是以前试图从定义上用"地理信息科学"覆盖"地理信息系统"的尝试被证明是无效的。在本标准中,所有的软件组件被看作是服务,所以提及到"GIS"将被认为是"GIS 功能的服务实现"。

服务。尽管各客户端设备的接口协议细节超出了本标准范围，但对本领域内的应用定义一套可扩展的共同模版，可以实现对所有LBS客户端的共同语义的统一。

本标准所附的两个附录强调在LBS领域开发过程中的协调问题。制定LBS标准的组织需了解一些其他相关活动。附录D列举了一些重要的标准制定机构。附录E提供了地理信息和智能交通系统领域的共同术语对照。不同领域的共同术语对照对于语义互操作性来说是非常重要的。ITS仅作为一种对照实例。

地理信息 基于位置服务 参考模型

1 范围

本标准定义基于位置服务(LBS)的参考模型和概念框架,并且描述针对LBS应用实行互操作的基本原则。该概念框架涉及或包含了本体论、分类系统、设计模式和用UML表示的核心LBS服务抽象规范。本标准还对该概念框架与其他框架之间的关系、地理信息应用与服务以及客户端应用作了进一步说明。

本标准讨论关于LBS系统在开放式分布计算参考模型(RM-ODP,参见ISO/IEC 10746-1)中所定义的前三个基本视角,它们是:

a) 企业视角——细化系统的目标、范围和方针。

b) 信息视角——细化信息的语义和系统的处理过程。

c) 计算视角——细化系统的功能分解。

其余的两个视角仅针对需求或范例,它们是:

d) 工程视角——细化基础设施的部署。

e) 技术视角——细化实现技术。

参考模型和框架可以从概念设计到软件文档的各个层次进行定义。本标准中:

——定义包含在LBS中的概念框架和应用类型;

——建立同时适用于移动和固定客户端的LBS通用原则;

——规定在漫游时的数据存取接口;

——定义与其他ISO地理信息标准在架构上的关系;

——确定在LBS领域中需进一步标准化的其他方面。

本标准不讨论下列问题:

——开发LBS的规则;

——针对移动客户端和跟踪目标漫游协议的通用原则。

2 一致性

任何声明与本标准一致的产品应当满足规范性条款及附录的要求。

本标准中的一致性具有多种含义,取决于所声明的实体类型。

——语义一致性 术语的选择使用尽可能与本标准对应;

——数据一致性 正如UML中可以用一个类来实现一种类型,应用模式或设计规范中数据类型的使用可以映射到本标准中的类型;

——服务一致性 消息请求响应接口的使用要保持一致性,且接口消息包的数据要保持一致性。

一致性可以通过标准、数据结构、数据模式(例如编码定义)或软件模式来声明。在所有案例中,语义和数据的一致性是可实现的。服务的一致性仅限于面向服务架构的软件或接口规范。在服务一致性中,数据结构作为更大层次操作结构的一部分声明其一致性。(例如XML在基于SOAP的SOA应用中的角色。)

关于一致性测试的细节在附录A中给出。

3 规范性引用文件

下列文件对于本文件的应用是必不可少的。凡是注日期的引用文件，仅注日期的版本适用于本文件。凡是不注日期的引用文件，其最新版本(包括所有的修改单)适用于本文件。

GB/T 23707—2009 地理信息 空间模式(ISO 19107:2003,IDT)

GB/T 23708—2009 地理信息 地理标识语言(GML)(ISO 19136:2007,IDT)

ISO 19109 地理信息 应用模式规则(Geographic information—Rules for application schema)

ISO 19110 地理信息 要素编目方法(Geographic information—Methodology for feature cataloguing)

ISO 19112 地理信息 基于地理标识符的空间参照(Geographic information—Spatial referencing by geographic identifiers)

ISO 19133 地理信息 基于位置服务 跟踪与导航(Geographic information—Location based services—Tracking and navigation)

4 术语和定义

下列术语和定义适用于本文件。

4.1

主动对象 active object

具有独立行为能力的对象，不需要直接的外部刺激就能发生与其他对象间的交互活动。

参见：**被动对象**(4.35)。

注：主动对象可以代表用户，或主动服务，用户或主动服务由内部触发(不可见的)而启动。对同一对象而言，主动和被动状态能够在同一对象上并存，并且此服务可以用来激活或解除激活操作协议的调用在两种状态间转换。

4.2

基本服务 basic service

以函数方式为其他服务或应用提供基本功能的服务。

参见：**互操作**(4.18)。

注：基本服务缺乏持久性，也缺乏具体用户间调用的状态信息，这意味着用户可直接访问。因为这种服务可能以函数的方式运动，在执行过程中随时可能被其他使用相同接口的服务所取代。

4.3

备选路径 candidate route

除了最优成本函数的路径之外，还包含满足路径计算请求所有限制条件的路径。

[ISO 19133]

注：导航就是在备选路径上寻找最优化成本函数的过程。

4.4

簇 cluster

位于小范围相邻区域内的不同种类(分别满足不同的查询准则)的目标集合。

4.5

限制 constraint

对车辆经过的有向路段或转向处的约束。例如车辆分类约束，物理或时间的约束。

[ISO 19133]

4.6

连续变化　continuous change

带有距离度量类型的属性的变化，该值可在两个已知量测值间取值。

注：作连续变化的插值被视为时间函数值，通常是考虑了连接两个取值点（time1，value1）和（time2，value2）的“曲线”的限制而实现的。例如，如果是车辆运动的连续变化，则必须考虑对客观环境和车辆相适应的路径限制。

4.7

成本函数　cost function

与路径相联的成本的函数。

[ISO 19133]

注：通常的做法是给路径的每一部分赋一个成本值，把总路径成本值定义为各部分成本的总和。这一函数对于大多数常用导航算法是很有必要的。成本函数的单位不仅局限于货币的成本和价值，而且还包括诸如时间、距离和其他可能的度量。唯一的要求是增函数，且至少是非负函数。非负这一要求可以弱化为网络中与任意环路相关的成本值非零或非负，以防止“减小成本”的路径存在。

4.8

耦合　coupling

通过信息传递或消息通讯，实现两个或多个软件系统的连接。

注1：与集成比较而言，耦合所传输信息的概念模式应在某些层次上一致。只要语义内容正确，并且可映射到规范的概念模式的表达，在信息数据表示中耦合的应用可以并且经常是灵活的。用于XML消息的最常见的映射技术是XSLT，转换样式表单可以由服务代理或服务提供者提供。对服务提供者来说，通过几个逻辑等价信息API提供它的功能。每一个功能由不同的URI连接到XSLT转换桥上，并通过同一内码实现，这种办法被认为是最佳做法。

注2：在文献中，目前，松耦合和紧耦合是没有明确定义的术语。一般来说，通常“紧”耦合在请求者和响应者间存在由于使用接口引发的各种依赖，而“松”耦合并没有这种依赖性。这种依赖的本质并没有在设计者间一致定义。在这种情况下，“紧”耦合或“紧”集成都不是好做法，这是自这两个术语提出后的共识。有些文献将集成当成“紧耦合”，这是不准确的描述。

4.9

数据项　digital item

结构化数字对象〔资产、工作、服务、数据或信息〕，它具有标准表达、标识和元数据框架。

[ISO 21000-1]

4.10

离散变化　discrete change

不在两个已知量测值之间取值的属性值的变化。

注：地块的合法变化是离散的，并在某一特定时间发生。

4.11

离散时空对象　discrete spatiotemporal object

表示对象的时间序列，在不同时间点上描述同一空间要素。

注：见 Theodoridis，1999[31]。

4.12

距离度量　distance measure，distance metric

取值为正、对称且满足三角不等式的一对属性类值的度量。

注：对任意 x，y，当 $d(x,y)>0$，$x\neq y$ 且 $d(x,x)=0$，则度量“d”为正。对任意的 x，y，当 $d(x,y)=d(y,x)$，则度量“d”为对称。对任意的 a，x，y，当 $d(x,y)\leqslant d(x,a)+d(a,y)$，则度量“$d$”满足三角形不等式。所有数值或向量属性都有这样的度量，最常见的欧几里德度量基于在每个维度上数值平方和的平方根。非欧几里德度量计算“空间曲率”（如沿球体的表面）。

4.13

地理编码 geocoding

一种位置形式到另一种位置形式的转换。

[ISO 19133]

注：地理编码通常指的是将“地址”或者“交叉路口”转换为“直接位置”。很多服务提供商还在他们的地理编码器中添加了“反向地理编码”接口，这样就把地理编码服务的定义拓展为通用的位置转换器。因为路径计算服务程序使用内部位置编码，通常不向他人提供，所以地理编码器就成为这种服务内在的不可或缺的一部分。

4.14

标识 identity

在一段时间内，能充分识别一个对象的数据，而与对象状态无关。

注：标识通常是持续的及持久不变的关键成员对象的属性值。因为表示不随时间变化，且具有唯一性，它在任何状态下都与该对象关联，不管该对象的时间戳。一个运动物体的标识是独立于时间和地点的。

4.15

例示 instantiate

通过创建具体的实例或者创建实例的能力来表示抽象的事物。

[ISO 19133]

注：一个类或者数据元素定义例示了一个类型，如果它具有分别创建对象或数据元素的能力，该类型定义可表示概念(实例数据和/或运算)。如果该类定义了对象的结构和函数，那么就用一个对象对该类作例示。如果数据模式定义了数据元素的结构，那么就用一个数据元素对该数据模式作例示。

4.16

集成 integration

使用共同数据库和方法库的两个或多个软件系统的链接。

注：参见**耦合**(4.8)，集成和耦合是系统间互操作的两种主要机制。

4.17

互操作性 interoperability

使用户无需了解，或者完全不了解各功能单元的独特特征的情况下，能在这些功能单元之间进行通讯、执行程序或传送数据的能力。

[ISO 2382-1]

4.18

互操作 interoperate

用户不需要了解各功能单元的独有特征就能够在各功能单元间通讯、执行程序或转换数据。

参见：**互操作性**(4.17)。

4.19

连接点 junction

网络中的单个拓扑结点，有与之相关联的转向、入口路段和出口路段的连接集合。

[ISO 19133]

注：连接点是结点的别名。

4.20

许可证 license

由主管机关授权的系统参与方行使权限的许可或证明，不在授权范围内的权限是不允许的或违法的。

4.21

线性参照系 linear referencing system

线性定位系统(ISO 19116) linear positioning system (ISO 19116)

从参照点开始沿着一条路径(要素)测量距离的定位系统。

[ISO 19133]

注：该系统包括确定和维护沿线性要素上特定点记录的全部流程，例如位置参照方法，以及公路上点和线段的位置信息存储、维护和检索的全过程。参见 NCHRP Synthesis 21，1974[25]。

4.22

有向路段　link

两个结点（连接点）之间的有向拓扑连接，由一条边和一个方向组成。

[ISO 19133]

注：有向路段是有向边的别名。

4.23

有向路段位置　link position

网络中一条有向路段上的位置，通过某种与该有向路段相关的严格度量方法定义。

[ISO 19133]

注：路段位置通常与不属于网络中的目标地理要素相关。路段位置最常见的度量就是从起始结点或地址到该位置的距离。路段位置最常用于确定一个"地址"的地理位置。

4.24

地点　location

地理上可识别的地方。

[ISO 19112]

示例："天安门"、"北京"、"新疆"。

4.25

基于位置服务　location based service

LBS

基于请求服务的客户端位置或者其他事物、对象或个人的位置，给予的服务或其他属性。

[ISO 19133]

4.26

依赖位置服务　location-dependent service

LDS

服务的有效性依赖于客户端位置的服务。

[ISO 19133]

4.27

松耦合接口　loosely-coupled interface

基于消息的服务接口，该接口以公用的分类定义作为基础，且不受消息格式的细节或表示以及该服务的内部执行的影响。

参见：**耦合**（4.8）。

4.28

主路规则　main-road rule

在转向处采用的路径指令准则；在结点处采用的缺省指令。

[ISO 19133]

注：假设已经确定入口路段，这一规则描述了在结点（交叉口）处"最自然"的做法。最常见的规则是"尽可能直行"，或者选择进入最明显延伸方向的街道入口，通常情况下进出路口的两条街道名称相同，但也并非总是这样。在路径上的每一个结点的导航要么采用节点的相关指令，要么采用主路规则。

4.29

行进策略　maneuver US；manoeuvre GB

在组合路径中所使用的与有向路段和转向相关的集合。

[ISO 19133]

注：行进策略用于将多个转向分解为方便的合法的组合。他们可以简单为只是一个单一转向或是快速转向组合（在美国中西部“jogs”由一个转向紧跟一个反方向转向组成），也可能是由入口、出口和连接车道构成的非常复杂的组合（在英国称为“magic roundabouts”）。

4.30

运动 motion

用相对于特定参照框架的坐标值的变化表示经过一段时间的对象的位置变化。

[ISO 19116]

4.31

导航 navigation

路径计算、路径遍历和跟踪的组合。

[ISO 19133]

注：最基本的导航通用术语，但本定义按照 ISO 19133 包的说明将其他分解。

4.32

邻域 neighbourhood

在其内部包含指定的直接位置，并且包含至所指定直接位置都在一个给定的距离之内的所有直接位置的几何集。

[GB/T 23707—2009]

4.33

网络 network

由一系列被称为连接点的 0 维对象和一系列连接这些连接点的有向路段的 1 维对象所组成的抽象结构，每个有向路段与起始（原点，发起）连接点和终点（目的地，接收点）连接点相关。

[ISO 19133]

注：网络是导航问题的基本论域。网络是一种 1 维拓扑复形。鉴于此，连接点和拓扑结点是同义词，就像有向路段和有向边一样。

4.34

被动跟踪 passive tracking

依赖外部固定传感器对车辆和出行者进行的跟踪，当车辆和出行者的跟踪装置通过已知位置的外部传感器区域时，其位置可被量测。

4.35

被动对象 passive object

只能响应外界刺激，不能主动发起动作的对象。

注：被动对象通常通过外部接口被访问，通过外部接口接收请求、处理请求并返回数据作为对请求的响应。由于对象可以实现多个类型，因此，单个对象可能经历主动和被动状态。比如，除非跟踪请求处于激活期。否则跟踪服务就处于不活动状态。这里，激活期是指根据内部触发器指定的请求，对象的内部将进行跟踪活动的时段。当跟踪请求取消时，该对象可返回到被动状态。

4.36

位置 position

描述一个点、或者一个对象或人可能占据的几何空间的数据类型。

[ISO 19133]

注：直接位置是位置的一种语义子类型。直接位置只能描述一个确定点，因此并不是所有的位置都可以由直接位置来表示。这与相关“类型”的关系相符合。GB/T 23707—2009 中的几何也是位置，但不是直接位置。

4.37

资源 resource

〈ICT〉被系统参与方控制的数据项。

4.38

权限 right

系统参与方可以执行或使用相关资源的行为、活动或类行动。

4.39

权限管理 rights management

对系统参与方的权限进行控制、管理、分配和跟踪。

4.40

路径 route

有向路段和/或部分有向路段的序列，描述了在网络中通常介于两个位置之间的一条路线。

[ISO 19133]

4.41

路径指令 route instruction

在允许路径遍历的网络中，沿路径上的点继续行进所需要的信息。

[ISO 19133]

注：为了尽量减少完成路径遍历所需要的指令数量，把缺省的指令认定为是一组没有特殊关联指令的连接点。这个缺省指令被称为主路规则。

4.42

路径遍历 route traversal

沿着路径行进的过程。

[ISO 19133]

4.43

路径计算 routing

搜索网络中的位置之间的最优(最小成本函数)路径。

[ISO 19133]

4.44

段 segment

集合中的点或多边形。

4.45

服务 service

实体通过接口提供的功能的可区分部分。

[ISO/IEC TR 14252]

4.46

服务代理 service brokers

为特定用户的需求提供或组合基本服务的应用。

4.47

面向服务的架构 service oriented architecture

SOA

耦合服务组成的软件架构。

注：当今最常用的 SOA 是网络服务(使用 SOAP，UDDI，和 WSDL)，CORBA 和 DCOM。

4.48

坡度 slope

相对于曲线长度的高度变化率。

[ISO 19133]

4.49

空间戳　spacestamp

某一对象在特定时刻的空间属性值，此时量测和记录了对象状态。

注：参见**时间戳**(4.53)。

4.50

状态　state

〈of an object〉持续数据对象，反映某一对象在给定时间的所有成员属性的内部值或可量测的描述。

注：状态通常与对象的标识和对象的时间戳有关。

4.51

目标　target

被定位的对象或人。

注：从逻辑上看，**出行者**(4.56)和目标间没有很大的差别，只有当出行者作为一个移动对象被跟踪，并且目标作为一个静止的对象或需要一次性定位的对象时，才有细微差别。出行者是跟踪服务的主题，目标是定位服务的主题。由于 ISO 19132 标准对这些逻辑上的类似服务的协议没有区分，但确实需要对跟踪服务和定位服务这两个概念区分，并且需要对它们适用的语义场景进行区分。因为所有这些术语是指系统中对象所表示的实体，它们可以和定义对象的形容词组合。所以，主动目标(主动对象所表示的目标)可被用来表示一个移动物体，因为运动的动作改变了对象的内部状态，并因此诱发动作。

4.52

时间序列　temporal sequence

按时间戳排序的序列，这些时间戳与同一对象所表示的序列关联。

注：设假定时间序列为均匀的时间或空间间隔。对离散变化而言，如果可能，默认逻辑操作是对时间点的变化采样，因此该时间戳成为第一时间实例，其中所列出的属性取的值是多个值的组合。为节省空间，序列中的一些样本只列出瞬间先于时间样本的变化值。为此，只应在包含序列的环境中才考虑样本。对于刚体运动(如车辆跟踪)而言，时间序列只需要中线点(点值)和定向(旅行方向)来描述地点和空间范围。对在运动过程中发生变化的对象，时间序列将需要更多的信息。

4.53

时间戳　timestamp

量测和记录某一对象状态时的时间值。

4.54

跟踪　tracking

对车辆位置的监控和报告。

[ISO 19133]

4.55

跟踪装置　tracking device

车辆所携带的能通过它来判断其地点或感知定位外部对象的装置(标记)。

注1：最常见的跟踪装置是手机、GNSS(全球导航卫星系统)芯片、RFID(无线电频率 ID)标记，或通过光学传感器扫描感应的印刷标记，如“条码”。

注2：“车辆”通常是指一种“运输工具的形式”，或更简单地说是“运送(装载)物品的工具”。据此，带有跟踪装置的跟踪对象(以使它能被跟踪)就是一种运输工具或车辆。所以带有 GNSS(全球导航卫星系统)的手机，就是一种跟踪装置，同时携带了手机的出行者，如果允许被跟踪的话，那么相对于手机和手机内的所有内部电子而言，出行者亦可视为“车辆”。

4.56

出行者　traveller

被导航或被跟踪的人。

参见：**车辆**(4.59)。

[ISO 19133]

4.57

转向　turn

路径或网络的组成部分，由连接点地点及连接点进出的有向路段组成。

[ISO 19133]

4.58

用户　user

能向系统发起服务请求的主动对象。

注：用户通常充当为人们获取系统功能代理人的对象。

4.59

车辆　vehicle

被导航或跟踪的对象。

参见：**出行者**(4.56)。

[ISO 19133]

注：包括行人。参见 ISO 14825。在该国际标准中，车辆可被出行者代替而不改变含义。

4.60

车辆分类　vehicle classification

基于构造性质或设计用途的车辆类型。

[ISO 19133]

注：基于构造的分类包括汽车、卡车、公交车、自行车等。基于用途的分类包括出租车和救护车。车辆分类可应用于决定导航限制。

4.61

版本(时间)　version(temporal)

对象给定实例的及时地完整表示。

注：时间版本与样品不同，主要在于时间版本需要一个完整的描述。从这个意义讲，一个版本是一个完整的样本，它原本属于时间序列域，但可以认为它在时间序列域外。

4.62

途经点　waypoint

用于选择满足路径计算请求的可行的备选路径网络上的某个位置。

[ISO 19133]

5　符号与缩略语

5.1　缩略语

下列缩略语适用于本标准。

3GPP　第三代通讯合作项目　3rd generation partnership program

API　应用程序接口　application programming interface

ARIB　无线电通讯工商协会　Association of Radio Industries and Businesses

CALM　中远程连续空间通信接口　continuous air-interface long and medium range

CORBA　公共对象请求代理体系　common object request broker architecture

CRS　坐标参照系　coordinate reference system

CSL　概念模式语言　conceptual schema language

CTIA　蜂窝电信工业协会　Cellular Telecommunications Industry Association

CWTS　中国无线通信标准组织　China Wireless Telecommunication Standard group

ECCMA　电子商务代码管理协会　Electronic Commerce Code Management Association

EM　电磁　electromagnetic

ETSI　欧洲电讯标准学会　European Telecommunications Standards Institute

FGDC　联邦地理数据委员会　Federal Geographic Data Committee

GDF　地理数据文件　geographic data files

GI　地理信息　geographic information

GML　地理标记语言　geography markup language

GNSS　全球导航卫星系统(以前是 GPS-全球定位系统)　global navigation satellite systems (formerly GPS-global positioning system

G-XML　地理学可扩展标记语言　geographic XML

IAEC　国际地址元素代码　international address element code

ICT　信息通讯技术　information communication technology

IETF　网络工程工作小组　internet engineering task force

LAN　局域网　local area network

LBS　基于位置服务　location based service

LDS　依赖位置服务　location dependent service

LIF　位置互用论坛　location interoperability forum

LRM　线性参照方法　linear referencing method

LRS　线性参照系　linear reference system

MMS　多媒体信息服务　multimedia messaging services

OGC　开放地理空间联盟[2004 年 8 月从 OpenGIS 联盟(目前已取消)更名而来]　open geospatial consortium

OMA　开放移动联盟　open mobile alliance

PDA　个人数字助理　personal digital assistant

POI　兴趣点　point of interest

RFID　无线射频识别　radio frequency identification

RDF　资源描述框架　resource description format

RM-ODP　开放式分布处理的参考模型(ISO/IEC 10746)　reference model for open distributed processing(ISO/IEC 10746)

SDTS　空间数据传送标准　spatial data transfer standard

SOAP　简单对象访问协议　simple object access protocol

SVG　可缩放矢量图形　scalable vector graphics

T1　电讯标准委员会　Standards Committee T1 Telecommunications T1

TIA　电讯产业协会　Telecommunications Industry Association

TTA　电讯技术协会　Telecommunications Technology Association

TTC　电讯技术委员会　Telecommunication Technology Committee

UDDI　统一描述、发现和集成协议　universal description discovery and integration

UML　统一建模语言　unified modeling language

USNG　美国国家电网　US National Grid

W3C　万维网联盟　World Wide Web Consortium
WAP　无线应用协议　wireless application protocol
WIN　无线智能网　wireless intelligent network
WSDL　网络服务描述语言　web services description laguage
XML　可扩展标记语言　extensible markup language

5.2 UML 符号

本标准所使用的 UML 符号详见 ISO/TS 19103，与标准 UML(ISO/IEC 19501)的差别仅在于对一些特殊原型的解释，特别是“代码表”、“联合”以及在“数据类型”使用上放宽了限制。

术语“关系图”在本标准中广泛应用于图命名，意味着指定主要类型间的关系图解，类型的关系至少包括其属性、操作和关联目标。这对主要类的实现来说是最有用的信息。如果它同时描述主要类型信息的语义，还可包含其他类型信息。

5.3 数据和服务分类：映射到 RDF

本标准主要讨论以数据对象表示的语义信息实体，以及这些实体间的信息的(持久的存储)或功能的(按需要计算)关系。在抽象模型层次上看，分类和对象实体关联之间的 UML 关系代表信息关系。语义上关联的对象之间的过程服务映射代表功能关系。

因而，构成本框架的分类学可以以一个 RDF 图形数据模型表示，参见 W3C[35]。分类器的内部成员、分类器间关系和操作，各自代表 RDF 曲线图中主语与宾语间的一条弧线(一个“谓语”)。用 RDF 图表示的导航服务调用的简单实例如图 2 所示。黑线部分的谓语是功能性的，而其他部分主要是信息方面的。

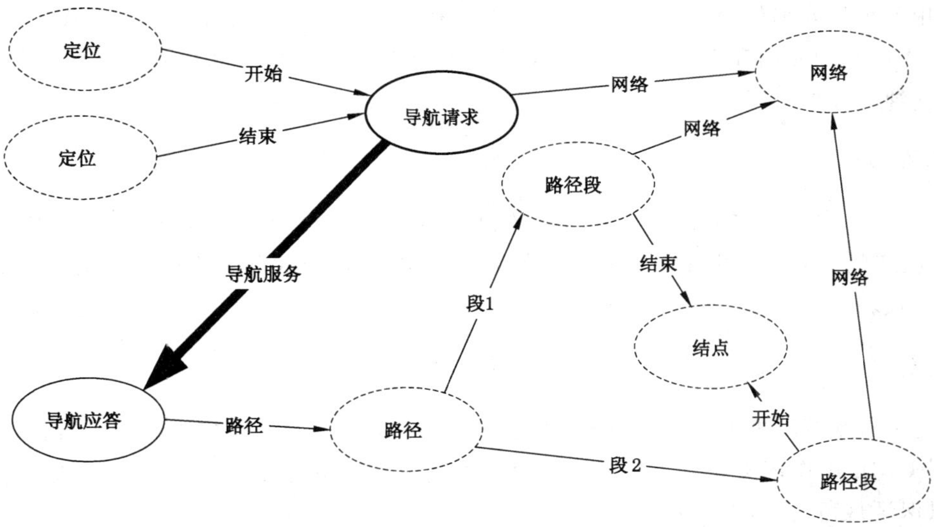

图 2　用 RDF 图表示的简化导航服务

服务常常需要特殊形式的信息，或者需要对输入信息预处理。这个结果在 RDF 图里分解为更多的原始操作，参见图 3 的例子。

为实现将简单服务合成复杂服务的业务流程，必须将用户请求匹配到对应的服务输入，并最终将用户响应需求匹配到服务链中的最终服务请求输出。只要用户请求中的位置形式与原始、基本服务的位置形式无法匹配，就必须重复图 3 中的服务模式。

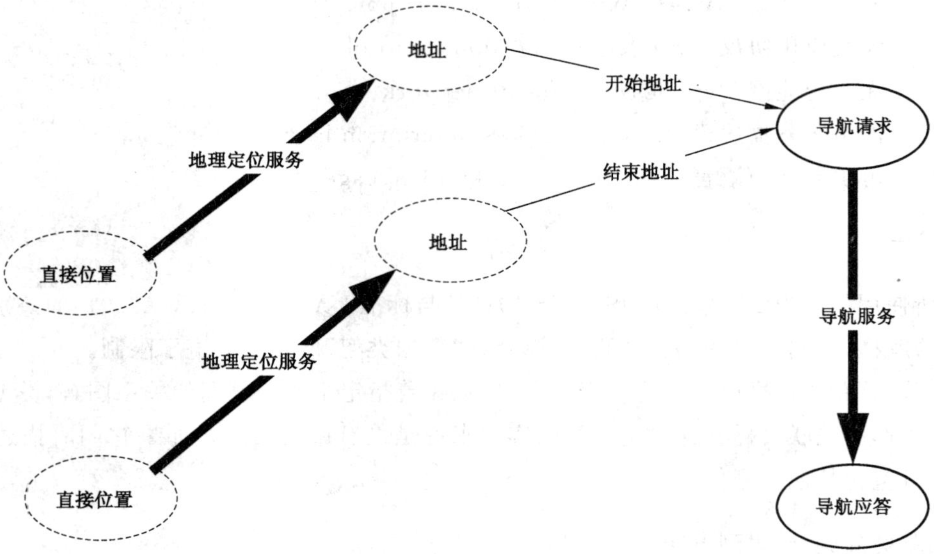

图 3 服务构成的示例

6 ODP(开放式分布处理)视角

6.1 企业规范

企业规范提供了一种源于环境作用于系统之上的目标和需求(ISO/IEC 10746-1)的描述。企业对象中的企业概念,可作为与行动相关联角色,用于描述上述系统概念中内在的多方服务组合。在位置服务中的利益相关角色分别是用户、服务代理商和服务提供商。对于应用和辅助服务代理体系,该规范通过应用(服务代理商和应用提供商)识别消费对象(用户)和管理用户对象。为支撑网络基础设施,服务提供商对象管理所绑定对象。

6.2 信息规范

在信息规范中,规定了服务信息处理的语义和需求。以上规定在本标准框架条款中(第 8 章和第 9 章)用 UML 模式定义完成。由于系统参与方的不同视角,在用户代理和代理服务交互作用时可能需要截然不同的模式。

6.3 计算规范

计算规范是对系统功能的描述,与企业规范及信息规范一致。这些描述在本标准框架条款(第 8 章和第 9 章)用 UML 操作定义完成。每个用例应分别定义信息规范中的对象与计算规范中的对象间的对应关系,以保证规范之间的一致性。

7 参与模型

7.1 模型概述—包:ISO 19132(本标准)

支持本标准的模型由描述 LBS 各参与方及其使用的数据和服务等若干包构成。对本标准的包结构详细描述参见图 4。包的内容在在本条款余下部分(LBS 参与方)、其他条款(描述 LBS 服务和消息数据类型的包)中进行描述。

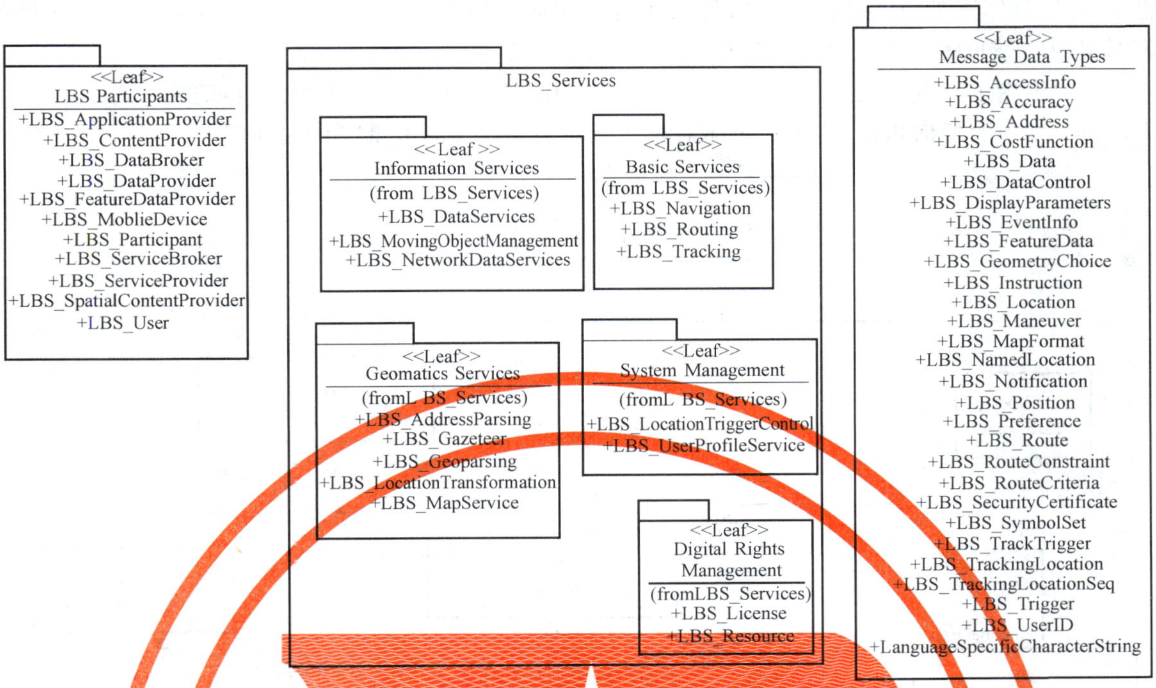

图 4　UML 包结构概述

图 5 描述本标准与其他 ISO 标准中定义的模型间的依赖关系。

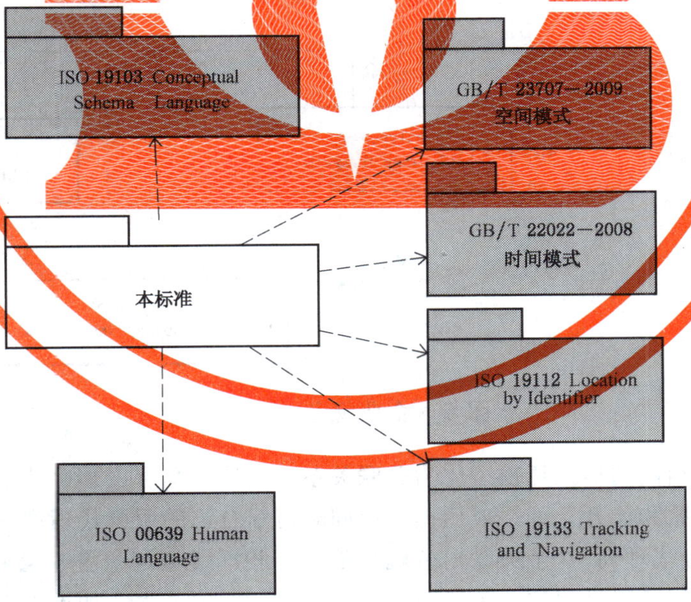

图 5　与其他 ISO 标准的包依赖关系

7.2　包—LBS Participants(LBS 参与方)

7.2.1　场景和语义

基于位置服务,可认为主要是服务移动客户端的应用,也包括围绕固定和移动物体的空间关系变化的应用。如同附录 C 所述,这些应用场景可包含对一些位置信息的"拉"和"推",与上述位置信息相关联的有居民、自然灾难、社会紧急事故、公交运输和交通车辆等。尽管如此，以上关联列表仅仅强调了LBS框架(和架构)所需要包含的服务范围，并不是详尽的。

图6中给出了企业视角的参与方类型。通过使用UML类型和对角色进行归类，允许每个参与方扮演其超类型中的任何角色，可表达个体对象的潜在的和逻辑的多重“角色扮演”。

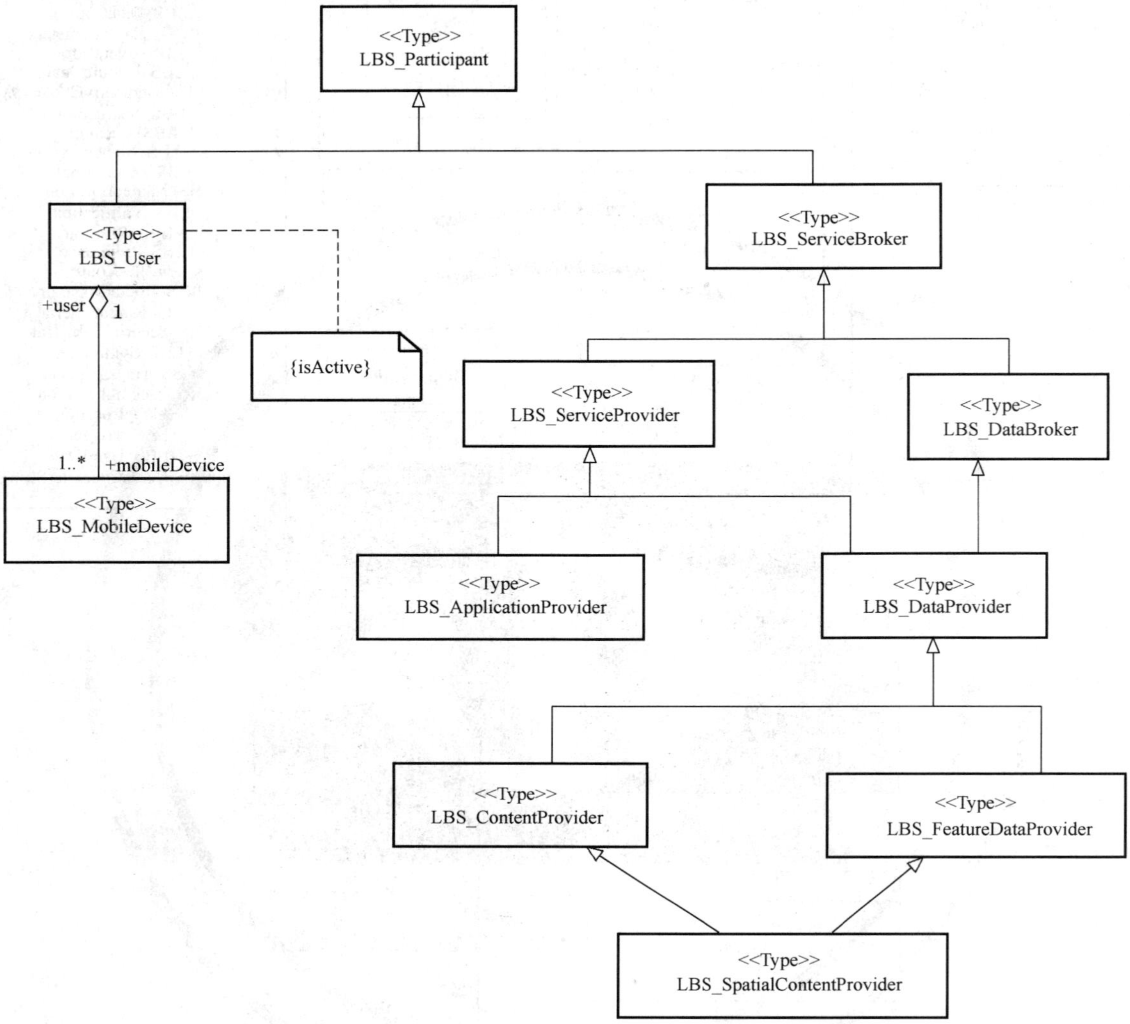

图6　企业视角中的角色

图7中，将企业视角的通信频道模型化为关联关系。使用该图可以理解特定应用的“调用树”，可以出现两种图形操作：折叠和展开。如果应用提供商同时扮演自己的服务代理商，那么调用树的这两步就可以互相折叠，而“服务代理商”这个关联角色就会消失。相同类型的折叠也会在服务提供商扮演自己的代理商时发生，此时服务提供商这个关联角色就会从实例图中消失。如果以上两种情况同时发生，并且应用提供商为用户提供“内部的”解决方案，那么只有用户和应用提供商(角色和实例)在调用树中直接可见。

第二种图形操作是对象在不同服务中扮演多个角色的情形。如果代理商绑定了多个服务实例，那么从代理商到服务商的关联就会展开，显示那种链接类型的多个实例。另一种展开在服务提供商同时成为其他服务提供商的代理商时发生。此时会在调用树中出现级联状态的服务提供商链接。有两种独特但等效的UML机制可为第二种展开建模：多重继承与多重实例化。多重继承中，新的分类器同时实现可能提供不同服务的服务提供商和服务代理商类型。在类似Java这样不支持多重继承的语言中，多重基层机制可以用几种不同的方式实现，而最常用的是使用接口。Java类能够实现多重接口是因为其并不把多重内部结构要求放在类中。根据实现的要求，接口可以用不同的方式处理。

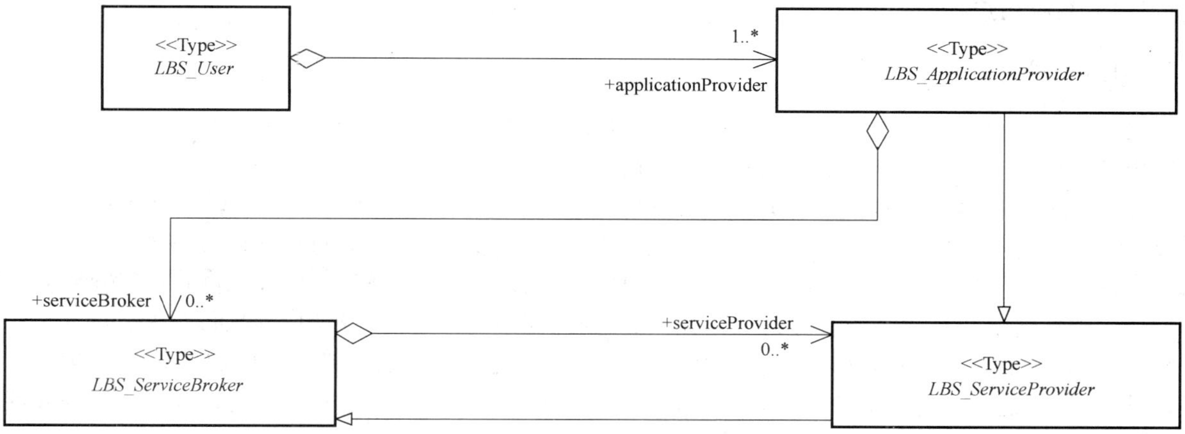

图7 企业视角中关联的通讯通道

多重实例化中，单一对象可以在不同且无关的操作协议下正确工作。互联网服务非常普遍地使用相同URI处理多种类型的服务请求“封装”。在内部，可能具有委托任务到合适内部对象的逻辑，例如通过一张动态分配虚拟表，将接口“事件”关联到合适的“事件处理器”上。本标准不定义实例化需求，且其关联材料也不定义该需求的实现方式。

本UML包为上面描述的参与方建模。它包含的分类器有LBS_ApplicationProvider(LBS_应用提供商)、LBS_SpatialContentProvider(LBS_空间内容提供商)、LBS_FeatureDataProvider(LBS_应用提供商)、LBS_ContentProvider(LBS_内容提供商)、LBS_ServiceProvider(LBS_服务提供商)、LBS_ServiceBroker(LBS_服务代理商)、LBS_DataProvider(LBS_数据提供商)、LBS_User(LBS_用户)、LBS_Participant(LBS_参与方)、LBS_MobileDevice(LBS_移动设备)和LBS_DataBroker(LBS_数据代理商)。

图6和图7提供了参与方模型的概览。图7描述主要通讯通道关系，图6表示各类型间的子类型化关系。两个结构以及可实现的多重实例化(实现多重接口类型的一个具体参与方类)，都支持潜在的LBS系统中客户端(用户)和服务器(供应商)之间广泛多样的通讯结构。以上两个图为后续的类型分类器提供了足够的信息，通常不需要再提供单独的关系图。

通讯通道的关联是单向的，以便与操作和服务调用的“请求”方向相符合。应答将使用请求中包含的“返回”信息，所以不需要后续的关联。

7.2.2 类型—LBS_Participant(LBS_参与方)

7.2.2.1 类语义

参与方类提供了LBS服务所有成员的抽象根。

7.2.2.2 关联角色—license(证书)

参与方使用证书角色跟踪通过关联赋予它们的权限，见图8。

LBS_Participant::license[0..*]:LBS_License

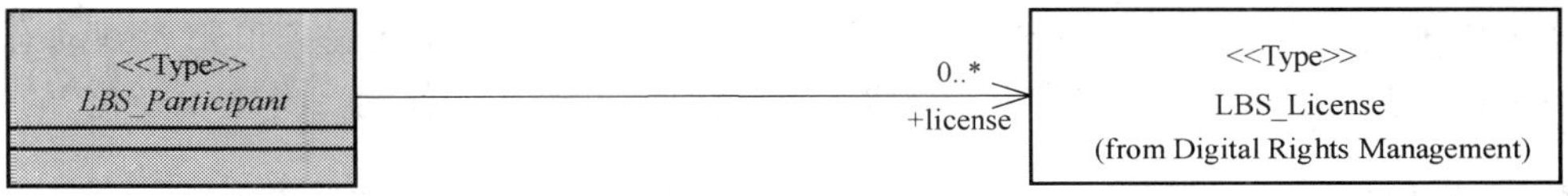

图8 LBS_Participant的证书关联

7.2.3 类型—LBS_User(LBS_用户)

7.2.3.1 系统用户视角

7.2.3.1.1 用户

在模型中用户是终极主动对象,它直接或间接地发起系统中的所有动作,为个人基于轻量级浏览器的应用发出信息请求。所以在本标准模型中它被定义为主动对象。

服务请求通过由应用提供商提供的网络发出(见图9)。该网络对硬件设备来说通常是持续运行的系统。这些设备和应用的网络提供商直接向用户提供一些服务,通过访问互联网服务提供商(ISP)为用户提供其他位置服务,并集成其应用功能以支持用户请求。应用和网络提供商对用户承担最终责任,并且在多数情况下是一些关键服务的唯一提供商,因此在系统中起关键作用。例如,对没有安装GNSS系统(全球导航卫星系统)的移动电话,网络提供商是唯一支持所请求位置服务的跟踪信息提供者。此外,应用提供商是服务的终极仲裁者,根据用户的位置相关信息和用户偏好信息决定选择不同的互联网服务提供商。

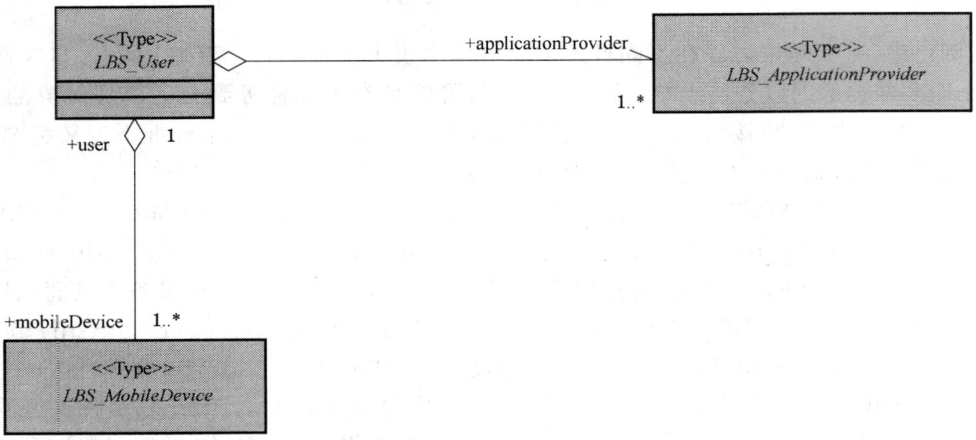

图 9 LBS_User 关联

7.2.3.1.2 基于位置服务

7.2.3.1.2.1 问题类型

在物体移动或可移动的环境中,环境空间组态的变化会引起简单问题的答案改变,例如:

——我在哪里?

——下一辆公交车何时到达?

——午餐菜单上有牛排供应的最近的饭店在哪里?

——我的车钥匙在哪里?

——最近的剧院在放什么电影?

——我怎样才能关闭(打开)最近的灯?

任何一个和某个直接或间接参与请求的事物相关的对于问题或动作的请求,可归属到位置服务框架之内。如果服务请求中的任何一项或多项是运动的或可移动的,那么服务可归属到动态框架中,本质上应在请求中增加"告诉我这些对象状态的能引起当前应答改变的任何一个重要变化"的命令语句。

7.2.3.1.2.2 操作范围

LBS服务的操作并不改变LBS服务所在范围的状态。例如,下列问题有不同的关联操作范围:

——伦敦在哪里？—世界范围

——附近最好的中餐馆在哪里？—周边范围

——我的车在哪里？—建筑周围

——我的车钥匙在哪里？—个人周围

有些服务在本质上范围是“宏观”的，例如查询波士顿到北京之间的往返机票。而有些服务是限制在周边区域的，例如查找交通便利的高档中餐馆的位置。不管北京餐馆的档次如何，我们都不会要求订购波士顿到北京的票去吃午餐。有些服务相当程度地局限于个人周围，例如查找应该离自己相当近的车钥匙。

7.2.3.1.3 移动设备

移动设备为用户提供对服务和数据的访问。在基于位置服务的虚拟且可移动的空间世界里，操作能力取决于移动设备和网络的能力，而网络就是服务代理商和服务提供商的网关。其最低要求是设备能够自己定位或通过网络定位，且精度能够达到服务提供商实现基于位置功能的程度。位置报告要提供定位对象的信息和定位精度估计（见 ISO 19133）。定位精度应达到足够接近移动设备的地图位置，因而能够给出其用户或携带者的近似地图位置。

定位性能基本可以分为 3 种基本类型：

a) 自定位设备，通常基于嵌入式 GNSS 系统；

b) 网络定位设备，通常由网络通信系统接收机根据信号强度或方向定位，例如手机或覆盖主要区域的带有多单元天线的无线电网络（用于定位）；

c) 被动设备，如 RFID 或条码标签等可以使用外部电子、光学传感器或其他传感设备探测。

——被动设备或携带用户信息的标签用作跟踪设备，在已知位置的地点通过传感器扫描标签报告位置信息；

——将传感器作为跟踪设备，而标签是固定的并携带位置信息（实质上作为位置跟踪服务的“基准点”），传感器通过标签时从标签导出位置信息并报告。

在所有案例中，特别是被动设备，可以用其他手段增强定位能力。例如：

——按规划路径跟踪，在为车辆或设备规划好的路径上，通过前一个位置及时间表外推或内插估计当前位置（规划路径可以是类似道路或铁路那样有物理限制，或者是已经提交的旅行计划路径）；

——车载惯导设备，根据基准点位置和速度、方向外推当前位置。

移动设备可以进一步通过其他对各类服务提供商有价值的信息增强定位能力。这些附加信息包括：

——设备的垂直位置，允许在基于位置服务的三维空间中定位用户位置；

——设备的前进方向（可以是用户的当前运动方向或视角方向），允许基于位置服务在指北方向（东，南，西，北）和车头参照方向（左，右）间进行转换；允许该设备在二维空间中作为一个定点设备；

——设备的倾角和前进方向，使设备具有在三维空间中作为定点设备的能力；

——前方影像（如来源于带摄像头的电话）；

——具有某种虚拟现实或影像显示功能的显示信息；

——基于语音接口的音频传输和接收。

7.2.3.1.4 跟踪设备

跟踪移动物体的策略不仅依赖于应用类型或范围，还应兼顾信息需求、经济或其他基于实用的考虑。在与出行者车辆关联的 LBS 中，最合适的定位机制可能是一个用电子罗盘增强的 GNSS。GNSS

还可能进一步与惯性测量设备相关联，在受到类似物理隔挡或来自非 GNSS 源的 EM 等信号干扰而造成卫星信号丢失的情况下，该设备可作为其辅助手段。

在其他实例中，像无动力源的 RFID 标签之类的被动响应者，适用于对车辆的以下测量，即精度要求仅是确认车辆是否已经过像收费亭之类的设定地点。

如果包裹或家居用品涉及到微观 LBS 的环境、经济或用途，在跟踪时可能需要使用 RFID。在以上两种应用范围，需要在外界安装足够的跟踪传感器，以便当一个 RFID 通过重要的“阻塞点”时进行识别。“阻塞点”可以是房间之间的门口过道，也可以是包裹传输服务分检设施中的分检点。这种途径限制了对跟踪“最后目击”陈述请求可能的响应类型，例如：

请求：包裹在哪里？

响应：已经装载在下午 3 点前往上海的货车上。按时间表火车将在下午 7:30 到达。

请求：我的车钥匙在哪里？

响应：最后一次看到是在昨天下午 7 点进入厨房时。

只要系统“看到”和这种位置“状态描述”相关的出口点时，就应当提供可以满足预定目标的响应。由于 RFID 小到可以嵌在商务卡上，价格也是如此低廉，经济上的投资回报率可以抵偿这些系统在空间和时间精度上的明显不足。

7.2.3.1.5 位置基准点和混合系统

标签（RFID，或光学码如条形码）可以携带任意类型的信息。在被动跟踪的情况下，标签带有用户 ID 信息，当阅读器感知到该信息时就可以确认出行者（标记的车辆）的位置。角色反转一下，标记这个位置且使用传感器作为定位设备，位置将作为数据被读出，然后传感器就可以确定出行者所在的位置。

在 GNSS 和 ID 标签阅读器组合跟踪的混合定位系统中，传感器可以将基准点的位置传入处理器以获得 GNSS 设备的系统误差。因此，差分 GNSS 可以提高 GNSS 系统位置信息的精度。对这个概念稍作调整，通过与 GNSS 系统相关的惯性系统可以读取车道的形态（转向和曲线的位置），再与本地地图数据在一段时间内进行匹配，获得的结果可以修正 GNSS 记录，这样就能够使车辆路径和地图几何特征达到“最适配”。

7.2.3.2 用户基本要求

LBS 用户可能是移动的，因而其网络连接可能是间断的；但在其从一个区域移动到另一个区域时，仍要求能获得位置相关服务。这样对 LBS 框架和它的某些基础服务提出了一些特定要求：

1） 用户需要接收和设备无关的输出；

2） 用户需要单一登陆的服务代理商；

3） 用户需要代理商进行身份认证管理以保证安全性；

4） 移动客户端不应受到消息遗漏和重复的影响；

5） 服务应该与要求的实现及所调用的服务接口细节松散耦合。

7.2.3.3 关联角色—applicationProvider（服务提供商）

用户与进入系统网关的应用直接关联。该应用可能象浏览器一样简单，也可能像完整的 GIS 应用系统一样复杂。

LBS_User::applicationProvider[1..*]:LBS_ApplicationProvider

7.2.3.4 关联角色—mobileDevice（移动设备）

用户也与移动设备或类似移动设备直接关联。非移动设备可以通过提供实际位置或假定位置调用 LBS 服务和操作。以上两种情况的系统行为并无明显不同，除非数字权限限定用户必须提供真实位置才能通过鉴定。该关联是双向的,用户设备必须能识别用户以确认其数字权限。

LBS_User::mobileDevice[1.. *]:LBS_MobileDevice

7.2.4 类型—LBS_ApplicationProvider(LBS_应用提供商)

7.2.4.1 类语义

应用提供商是对特定用户类型提供服务的服务提供商,通常将相关数据和服务与面向特定需求的可用功能套件绑定(见图10)。应用提供商既可以通过服务代理商提供,也可以自行服务。每个用户至少有一种直接关联的应用,而且该应用可以从用户出发,向作为服务委托链中一部分的其他服务提供商传递请求。

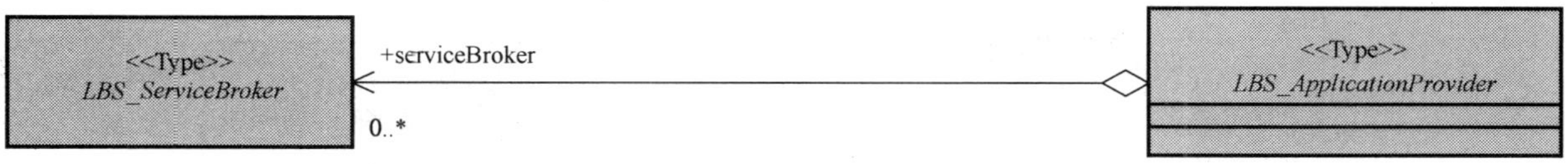

图 10 LBS_ApplicationProvider 关联

7.2.4.2 关联角色—serviceBroker(服务代理商)

服务代理商聚合应用所使用的代理商(或直接的服务提供商)。其关联不是双向的,因为代理商到客户端应用的所有通信是由"功能"或"服务"响应完成的。

LBS_ApplicationProvider::serviceBroker[0.. *]:LBS_ServiceBroker

7.2.5 类型—LBS_DataProvider(LBS_数据提供商)

数据提供商是提供数据访问的服务提供商。数据提供商基于查询和简单的响应,以数据的形式提供服务。就像其超类服务提供商那样,可以通过代理商或自己扮演代理商提供服务。服务使用的接口既可以是自由格式查询,也可以是由用户输入参数值的模板式查询。

7.2.6 类型—LBS_FeatureDataProvider(LBS_要素数据提供商)

要素数据提供商是在查询接口中支持空间扩展的数据提供商,其查询接口可使用空间查询语言,也可使用带有空间参数的查询模板。要素数据提供商提供"要素"格式的数据,这些数据包描述和表示了其应用模式定义的任意项(见ISO 19109 和 ISO 19110 对要素模式的定义)。

7.2.7 类型—LBS_ContentProvider(LBS_内容提供商)

内容提供商是通过标准网页提供数据的数据提供商。该数据是使用固定标签(如URL)的非要素格式(如HTML或XML)的。该数据内容预先执行、预先存储和预先格式化。

7.2.8 类型—LBS_SpatialContentProvider(LBS_空间内容提供商)

空间内容提供商是提供空间内容的服务提供商。空间内容是基于web的空间数据,以及通过空间查询或固定标签获取的空间相关数据。空间内容通常与统一资源定位符(URL)或web服务相关联。它可能同时包含要素和非要素内容,这些内容相互关联,构成对实际情况关联一致的表述。

7.2.9 类型—LBS_ServiceProvider(LBS_服务提供商)

7.2.9.1 类语义

互联网服务提供商通过标准协议提供位置服务。这些服务提供商通过与服务代理商和应用提供商建立契约关系以设定特定区域,并在该特定区域内提供具体服务。因为应用存在设备相关和功能绑定的特性，互联网服务提供商和应用提供商一般不会在用户层面直接竞争。有时应用提供商可能选择直接向其用户提供多种服务，但是维护质量合格的服务就带来巨大的数据需求，对于支持大区域用户服务的数据需求来说，与直接维护大区域覆盖率数据库的昂贵成本相比，本地数据和服务商签订合作协议的方式更有吸引力。服务提供商至少可以充当自己的服务代理商。

7.2.9.2 关联角色—dataProvider（数据提供商）

服务提供商必须通过访问相关数据以支持其操作。于是需要连接（内部或外部）数据提供商的相关信息。服务提供商和接入数据提供商之间要建立关联关系，所以要定义数字权限管理事务及安排商定处理流程。（见图 11）。

LBS_ServiceProvider::dataProvider[0..*]:LBS_DataProvider

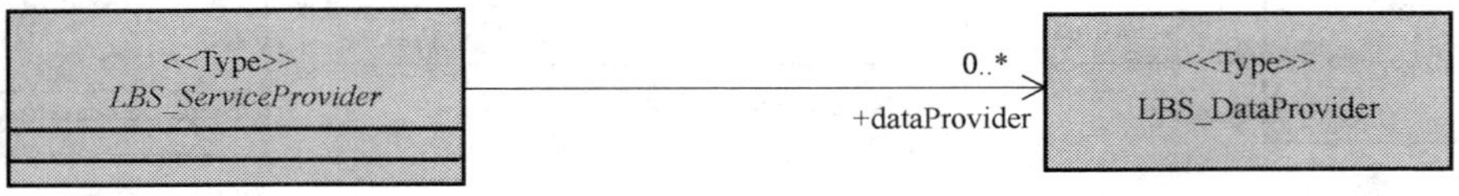

图 11 服务提供商关联

7.2.10 类型—LBS_ServiceBroker（LBS_服务代理商）

7.2.10.1 类语义

服务代理商类似于应用提供商，不同之处是它通过特定的 API 连接其他服务和应用提供商提供服务（见图 12）。代理的主要目的是隐藏更原始服务的实际位置与接口。服务代理商还可以修改 API 的细节，以便将服务提供商的实际细节完全隐藏。于是，服务代理商既是业务发起者，也是 ODP（开放式目录管理）集成者。如果服务和应用提供商自己扮演代理商角色，那么服务代理商将无法存在。

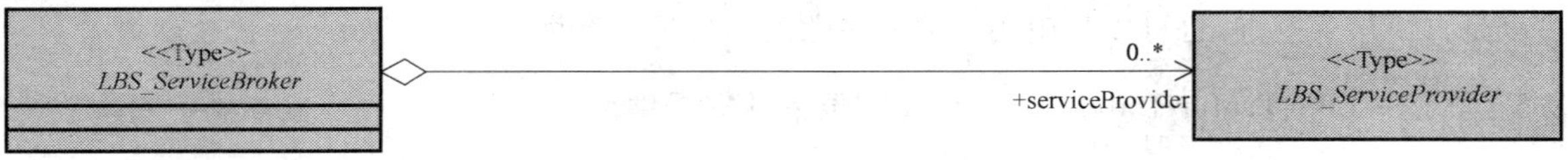

图 12 服务代理商关联

7.2.10.2 关联角色—serviceProvider（服务提供商）

服务提供商聚合角色提供与支持代理业务的服务提供商的连接。

LBS_ServiceBroker::serviceProvider[0..*]:LBS_ServiceProvider

7.2.11 类型—LBS_MobileDevice（LBS_移动设备）

7.2.11.1 类语义

移动设备类型是用户访问方式的抽象，并决定了能否实现跟踪。在假定设备和其用户位置重合的前提下，需要跟踪的就是移动设备（见图 13）。

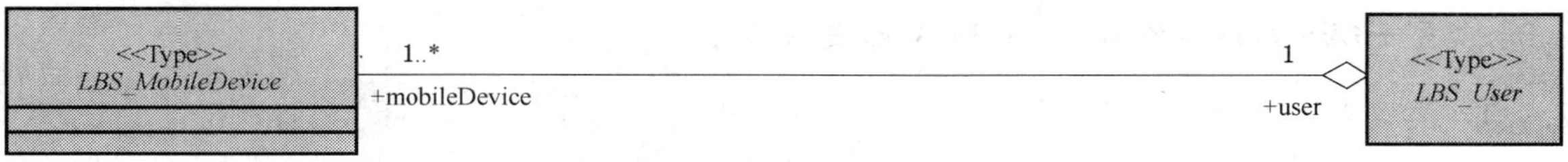

图 13 移动设备关联

7.2.11.2 关联角色—user(用户)

用户角色将设备关联到用户信息,并允许其使用用户的证书和权限。

LBS_MobileDevice::user:LBS_User

7.2.12 类型—LBS_DataBroker(LBS_数据代理商)—类语义

互联网数据代理商类似于服务代理商,不同之处是它提供了代理数据服务。代理的主要目的是为用户和应用提供单一访问点,以确认数据使用相关的证书。数据代理商还可以修改 API 的细节,以便将数据提供商的实际细节完全隐藏。于是,服务代理商既是业务发起者,也是 ODP(开放式目录管理)集成者。

8 服务模型

8.1 包—LBS_Services(LBS_服务)

8.1.1 包结构

LBS 根服务是在该包的子包中。这些子包包括:基础服务、空间信息服务、信息服务系统管理和数字权限管理。图 14 展示了这些包的内容。这些服务整合的级别与相应系统的结构有关。但用户应用不应依赖于内部服务的实现,尽管会与服务有松散合作。

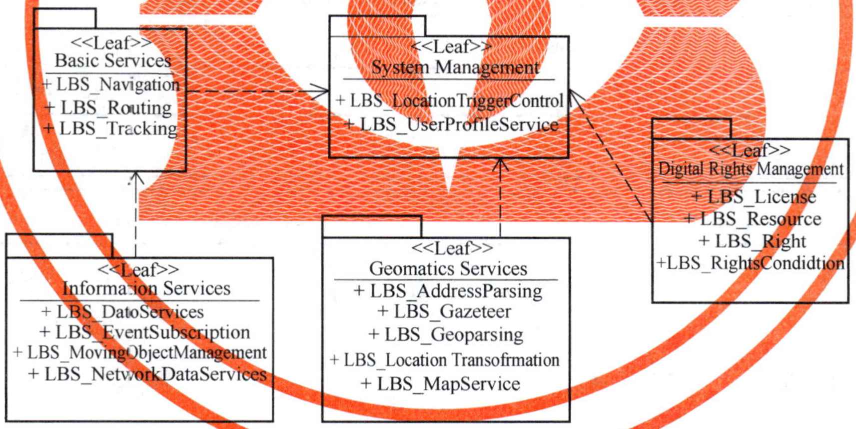

图 14 LBS_Services 的子包

8.1.2 服务分类

LBS 应用所使用的非复合服务可以分为四种子类型:

——位置服务(见 8.2);

——空间信息服务(见 8.3);

——信息服务(见 8.4);

——系统和用户管理(见 8.5)。

在多个场景下实现功能的混合服务在本质上是复合服务。实现这种服务,要选择在混合服务中所使用的多种基础服务间可切换通信的机制。

8.2 包—Basic Service(基础服务)

8.2.1 包结构

基础服务的包包含 LBS 基础服务的根类。这些类包括 LBS_Tracking(LBS_跟踪、LBS_Routing(LBS_路径规划)和 LBS_Navigation(LBS_导航),如图 15 所示。在数字权限管理系统下,这些服务及相关的数字项(数据,元数据,身份识别和安全令牌等)是需要交换许可证书的资源。

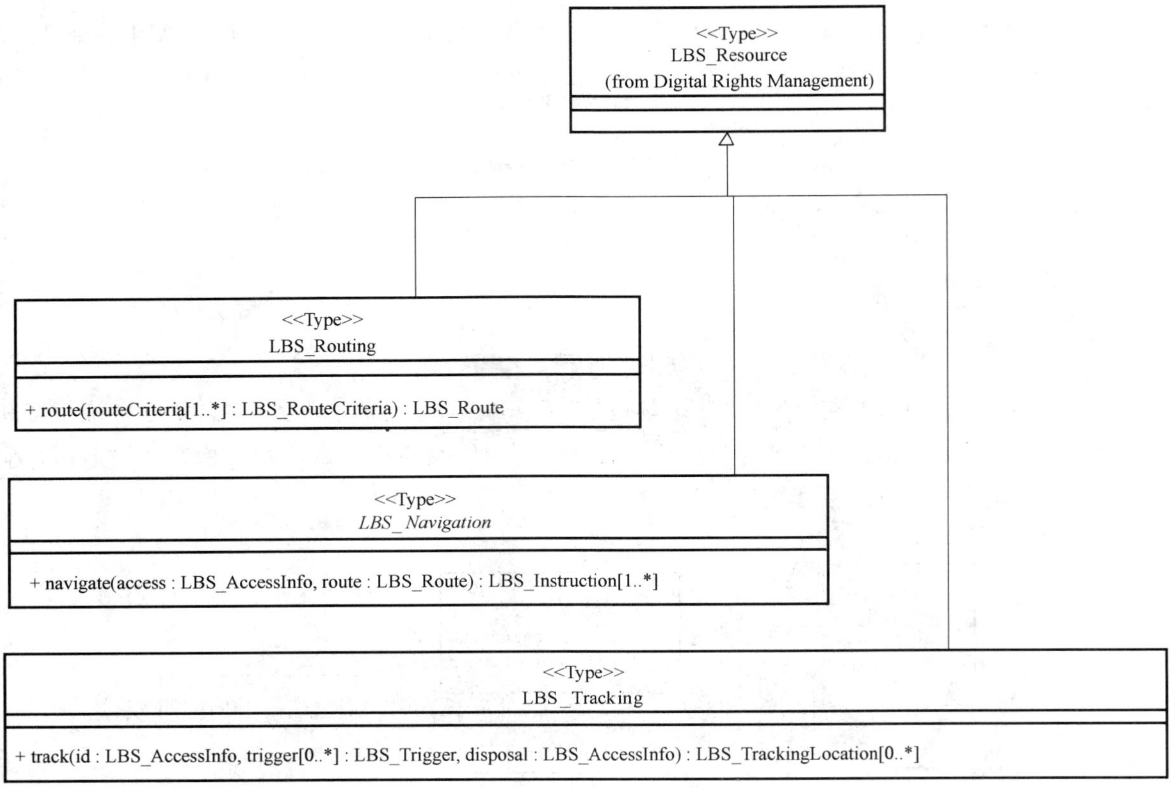

图 15 基础服务

8.2.2 类型—LBS_Tracking(LBS_跟踪)

8.2.2.1 跟踪移动设备

无论可移动装置是否能定位自己的地点(例如这些装备在 GNSS 系统内),无论可移动装置是否必须通过网络定位(例如基于超过一个接受点信号强度手机的三角测量),接口到位置的测定(定位)都是一致的。这些输入是:

a) 移动客户标识;

b) 访问信息(以获得访问移动终端信息的许可);

c) 触发信息(如果有多个位置请求);

d) 处理指令。

这些跟踪请求的输出是一组产生于顾客设备发出处理指令时的位置序列。

在被动对象跟踪的情况下(例如那些基于 RFID 的情况),触发机制必须是使对象进入传感器的范围。通过数据的存储可以维护跟踪的历史记录。跟踪所包含的细节内容在 ISO 19133 内。

8.2.2.2 类语义

“LBS Tracking”服务检查核对请求者的资格，如果通过，按照触发器在请求中的定义报告使用者所在位置。

8.2.2.3 操作—track(跟踪)

操作“track”使用 id:LBS_AccessInfo 去识别项目，并确认跟踪这些项目的数字权限和触发列表(trigger[0.. *]:LBS_Trigger)，触发列表决定何时报告位置并发送处理信息(disposal:LBS_AccessInfo)。它返回一个跟踪位置的顺序(可能异步传输)。图 16 是跟踪的 UML 关系图。

LBS_Tracking::track(id:LBS_AccessInfo,trigger[0.. *]:LBS_Trigger,disposal:LBS_AccessInfo):LSB_TrackingLocation[0.. *]

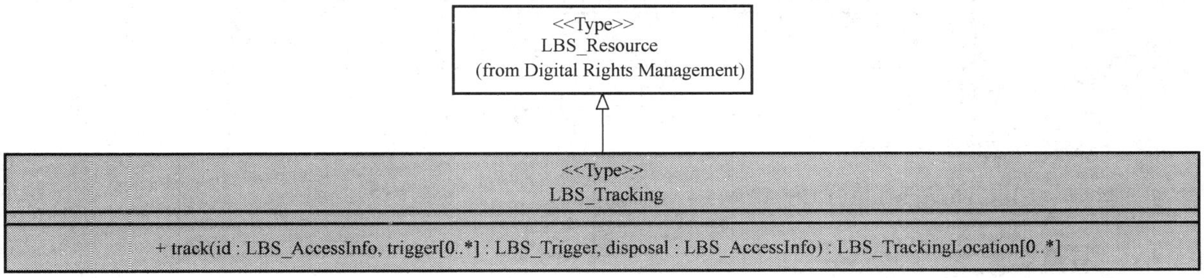

图 16 关系图:LBS_Tracking

8.2.3 类型—LBS_Routing(LBS_路径规划)

8.2.3.1 路径服务

一个路径服务通常在一个网络内部计算一个最优路线。这类服务输入的是：

a) 起点；

b) 途经点；

c) 终点；

d) 优先选择。

返回的响应包括:路径描述或句柄。

路径规划在 ISO 19133 和 ISO 19134 中定义。

8.2.3.2 类语义

“LBS 路径规划”服务功能是搜索尽可能符合请求的多个规则，且选择最优或接近最优的路径。可设定的请求类型的具体内容，可使用的成本函数的类型，可指定的限制、参数和优先选择类型，都必须是路径服务的注册元数据中的组成部分。图 17 是路径规划的 UML 关系图。

8.2.3.3 操作—route(路径规划)

路径服务中的操作“route”，是搜索最优的或接近最优的尽可能符合请求规则的路径。返回的路径必须通过所选的起点和终点，并经过所选的途经点，同时符合路径规则及系统偏好设置。路径规则可能是一系列单独的子路径，前一个子路径的终点是下一个路径的起点。如果要求规划或节点列表必须按规定的顺序到达，则此规则是非常有用的。最终的合成路径应该满足旅程的每个路段或子路径的规则。

“路径规则”(routeCriteria[1.. *]:LBS_RouteCriteria)的参数包含了旅程中每个路段，将导致返回路径中有一系列连续的子路径。每个子路径将是此地域中最优的或接近最优的符合规则的路径。对全部规则或单独规则的处理机制是由服务来完成的。

返回的“LBS_Route”是一个针对所请求问题的最优的或接近最优的解决方案。虽然采用的算法通常有能力在网络中找到最优解决方案，但如果尝试引入满足“模糊”限制的或多个非统一的成本函数，可能增加解算过程的不确定性。

LBS_Routing::route(routeCriteria[1.. *]:LBS_RouteCriteria):LBS_Route

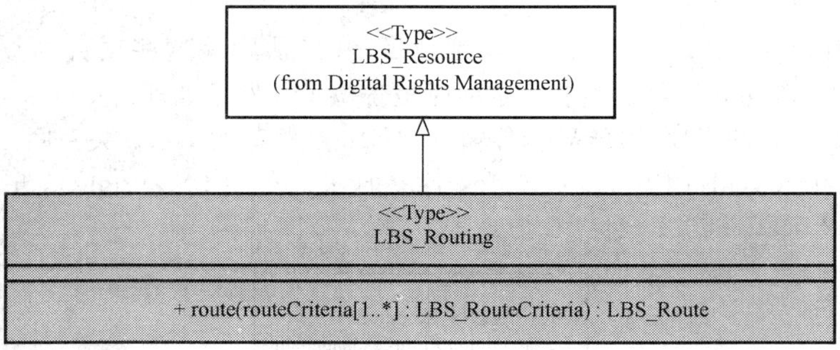

图 17 关系图:LBS_Routing

8.2.4 类型—LBS_Navigation(LBS_导航)

8.2.4.1 导航服务

导航是一条路径的执行过程。导航服务是给定一条路径和跟踪信息，返回一系列路径跟踪指令或根据返回位置重新搜索合适的路径。指令可以包括执行该路径需要的当地导航地图或卡通图(简单的仿真视图)。服务的输入包括:

a) 路径;

b) 跟踪标识;

c) 访问信息。

详细的驾驶或步行引导指令服务是针对具体客户返回指令的服务。这些服务必须遵循上述模式。

导航在 ISO 19133 和 ISO 19134 中进行了说明。

8.2.4.2 类语义

类“LBS_Navigation”是基本导航服务的接口。导航是一个计算路径的执行过程。动态导航是在执行过程中路径一直随着环境变化而变化的导航。图 18 是一个关于导航的 UML 关系图。

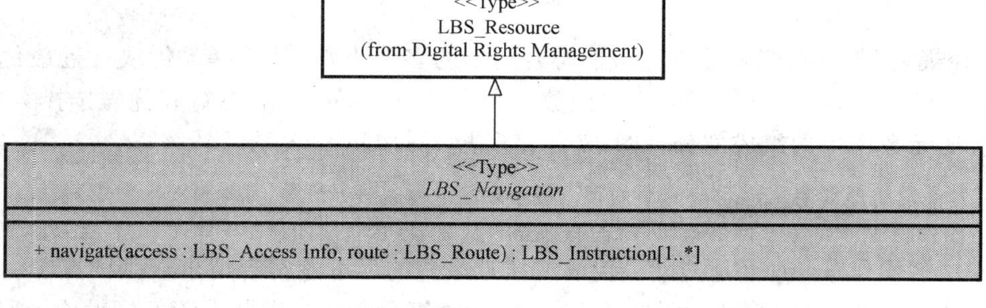

图 18 关系图:LBS_Navigation

8.2.4.3 操作—navigate(导航)

操作“navigate”使用访问信息(access:LBS_AccessInfo)和路径信息(route:LBS_Route)产生一系

列的指令来完成路径遍历(LBS_Instruction)。

LBS_Navigation::navigate(access:LBS_AccessInfo,route:LBS_Route):LBS_Instruction[1.. *]

8.3 包—Geomatics Services(地理信息服务)

8.3.1 包结构

空间信息服务包所包含的针对各个 LBS 服务的根类,来源于更为标准化的地理信息技术。这些类包括 LBS_LocationTransformation(LBS_位置转换)、LBS_AddressParsing(LBS_地址解析)、LBS_Geoparsing(LBS_地理解析)、LBS_Gazetteer(LBS_地名词典)和 LBS_MapService(LBS_地图服务)。图 19 是这些服务的概览。

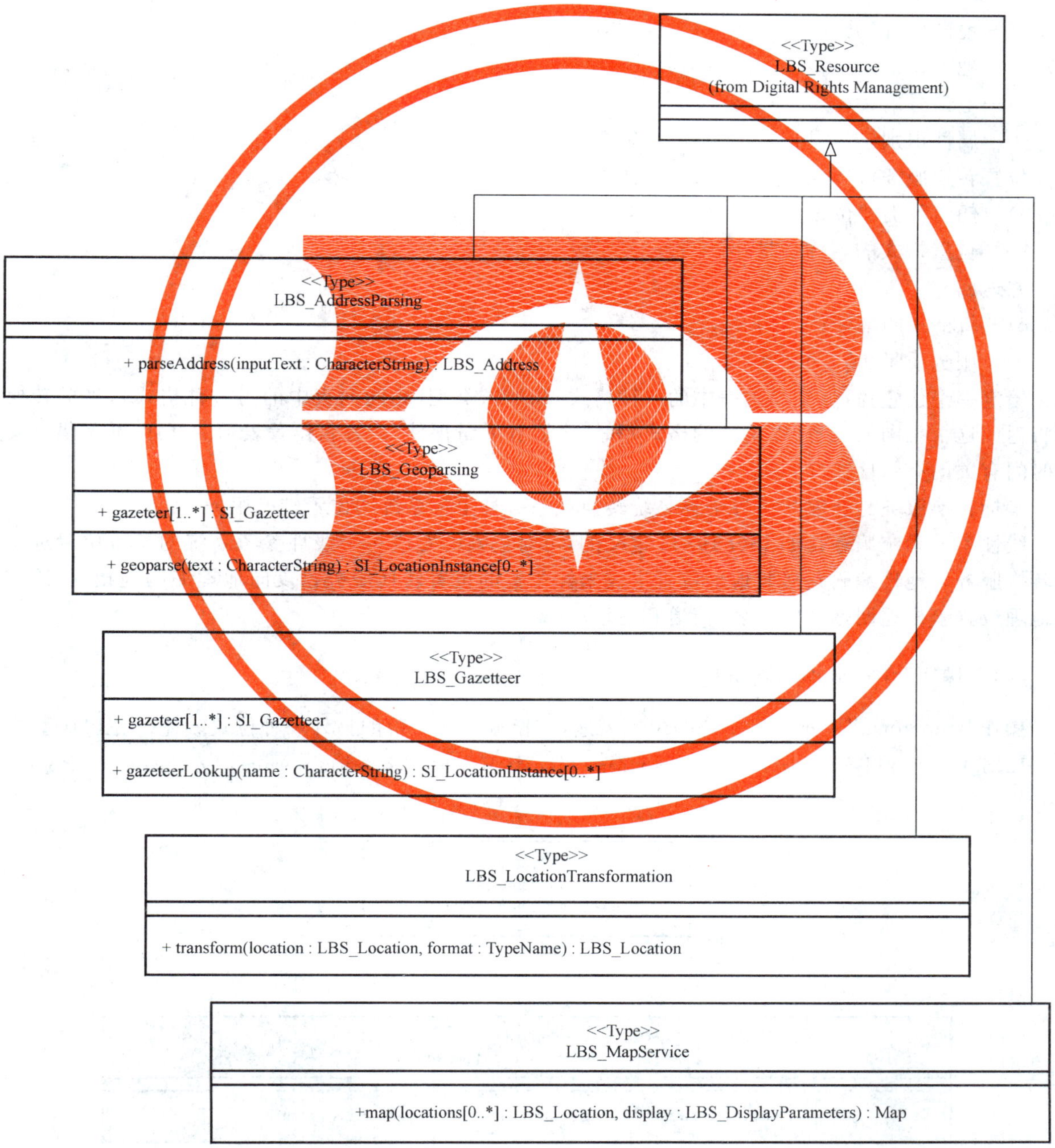

图 19 地理信息服务

8.3.2 类型—LBS_Location Transformation(LBS_位置转换)

8.3.2.1 位置转换

位置可由多种方法表示，其中包括解析方式(通过坐标系统)和叙述方式，如地点名称等。上述任一种都是可行的位置参照。其中，

位置参照包括：

——用坐标参考系 ID 表述的直接位置；

——线性参考系定位规范；

——地名；

——地图位置(见 8.3.6.1)；

——地址；

——电话号码；

——属性识别。

位置转换服务可接收：

a) 任何种类的位置；

b) 位置格式的名称或描述；

并返回：

c) 新格式的坐标；

d) 服务质量(精度)评估。

给定一个位置描述(类型列表中的一种格式)和请求类型(相同列表中的另一种格式)，坐标转换服务将返回这个相同的位置(以请求的格式)和一个服务质量评估(回答新位置表示的好坏，并提供必要的和时间有关的有效性窗口)。

坐标转换服务是能够从一种坐标系统转换成另一种坐标系统的位置转换服务。

线性参考系统服务是如 ISO 19133 定义的，可对输入的对应一个线性参考系统的参考位置进行位置转换服务。地理编码是接收地址位置生成坐标位置的位置转换服务。反向地理编码则相反：给定一个地理位置坐标返回标准的地名/街道和地址/邮编。

8.3.2.2 操作—transform(转换)

操作“transform”接收任意支持的位置表述，转换成基本等价的另外一种位置表述(见图 20)。

LBS_LocationTransformation::transform(location:LBS_Location,format:TypeName):LBS_Location

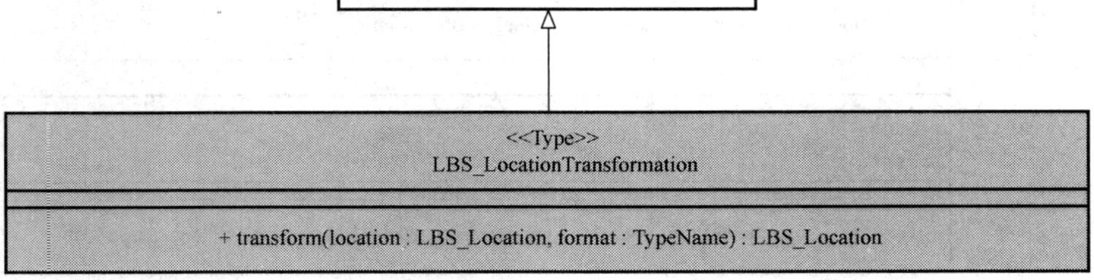

图 20 关系图:LBS_LocationTransformation

8.3.3 类型—LBS_AddressParsing(LBS_地址解析)

8.3.3.1 地址解析

地址解析服务接收地址的文字描述,根据具体国家的地址格式进行解析,生成一个已解析的可识别地址元素及子元素的地址。例如,地址元素可以识别为街道、城市、州和邮政编码。这有助于数据清理和地址数据库标准化,以便于用户在线查找地址。

8.3.3.2 操作—parseAddress(解析地址)

"parseAddress"将一个自由格式的地址字符串解析成地址元素。图 21 是 LBS_AddressParsing 的 UML 关系图。

LBS_AddressParsing::parseAddress(inputText:CharacterString):LBS_Address

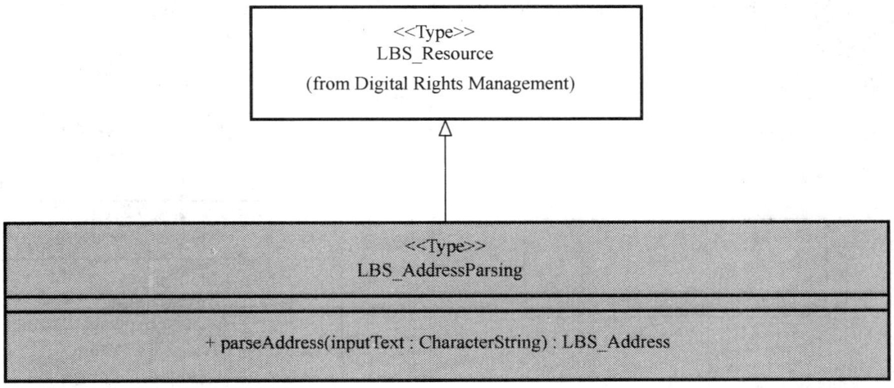

图 21 关系图:LBS_AddressParsing

8.3.4 类型—LBS_Geoparsing(LBS_地理解析)

8.3.4.1 地理解析

地理解析服务的输入是:包含位置参照的文字,如地名、地址、电话号码或邮政编码。

地理解析服务的返回是:位置参照或坐标。

图 22 是 LBS_Geoparsing 的 UML 关系图。

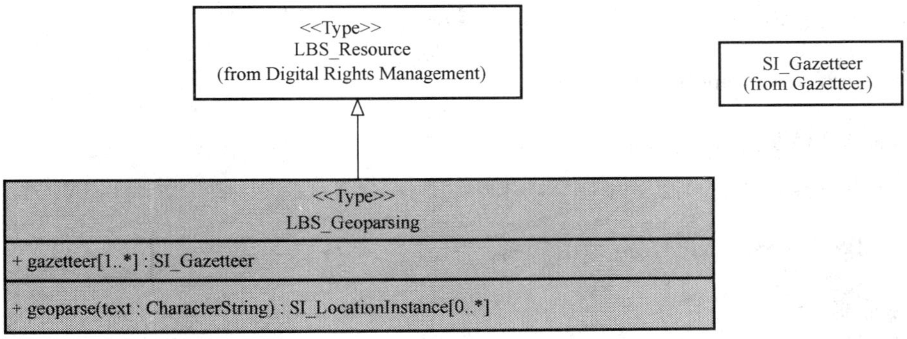

图 22 关系图:LBS_Geoparsing

8.3.4.2 属性—gazetteer(地名词典)

"gazetteer"属性列出地理解析器用到的各种位置地名词典。

LBS_Geoparsing::gazetteer[1..*]:SI_Gazetteer

8.3.4.3 操作—geoparse(地理解析)

操作"geoparse"输入文字并返回文字中包含的位置参照列表。

LBS_Geoparsing::geoparse(text:CharacterString):SI_LocationInstance[0..*]

8.3.5 类型—LBS_Gazetteer(LBS_地名词典)

8.3.5.1 地名词典

地名词典服务的输入是:

a) 地名或地标,如名称或基于名称和描述的查询;

b) 请求的格式。

地名词典服务返回以地址或其他位置格式表示的地标地址。

在 ISO 19112 中定义了地名词典功能。图 23 是 LBS_Gazetteer 的 UML 关系图。

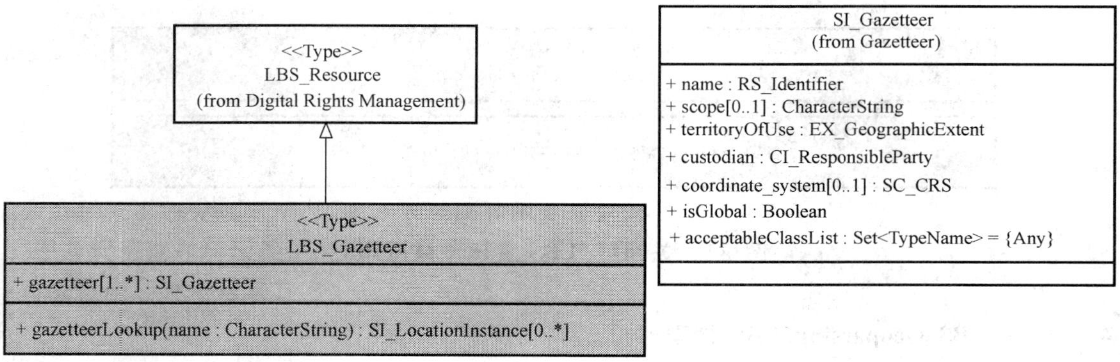

图 23 关系图:LBS_Gazetteer

8.3.5.2 属性—gazetteer(地名词典)

属性"gazetteer"列出该服务可访问的地名词典。

LBS_Gazetteer::gazetteer[1..*]:SI_Gazetteer

8.3.5.3 操作—gazetteerLookup(查找地名词典)

操作"gazetteerLookup"输入地名并返回位置实例,通常是几何对象或直接位置。

LBS_Gazetteer::gazetteerLookup(name:CharacterString):SI_LocationInstance[0..*]

8.3.6 类型—LBS_MapService(LBS_地图服务)

8.3.6.1 地图服务

如图 24 所示的地图服务,可获取或创建一个 2 维地图或 3 维虚拟现实地图,并进行显示。服务的请求输入包括:

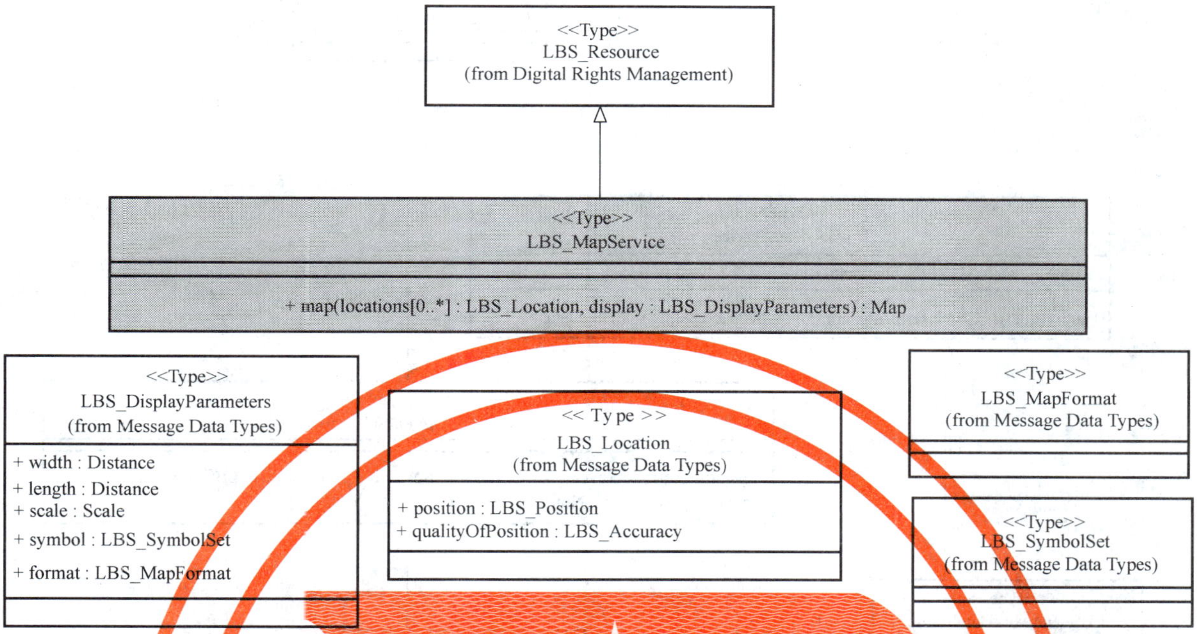

图 24　关系图:LBS_MapService

a)　等同位置(跟踪信息或位置);

b)　比例尺和大小;

c)　显示参数(依赖于格式类型可选);

d)　所请求地图的格式。

服务输出是一个可显示的 2 维或 3 维图像文件,该图像文件是以所请求格式、比例大小和地图中心位置显示的地图。

如果该可显示图像是可交互的,那么要求移动设备应能够在图像上选择位置,并将其作为服务请求中的附加位置参数传输(包括初始地图参数以便允许服务提供者确认所选位置)。这个请求的响应可能是一个地图更新,也可能是针对任意指定位置的地图服务。

如果请求的格式是基础地图,服务将提供预先编译和存储的标准地图。

8.3.6.2　操作—map(地图)

“map”操作生成包含有位置参数(该位置参数使用传入的显示参数)中指定位置的地图。该地图可以是任何可显示的数据类型,如图像或矢量地图。

LBS_MapService::map(locations[0..*]:LBS_Location,display:LBS_DisplayParameters):Map

8.4　包—Information Services(信息服务)

8.4.1　包的结构

信息服务的包包含了资料检索(查询)服务,包括:LBS_DataService(LBS_数据服务)、LBS_NetworkDataService(LBS_网络数据服务)、LBS_MovingObjectManagement(LBS_移动对象管理)和 LBS_EventSubscription(LBS_事件定阅),见图 25。

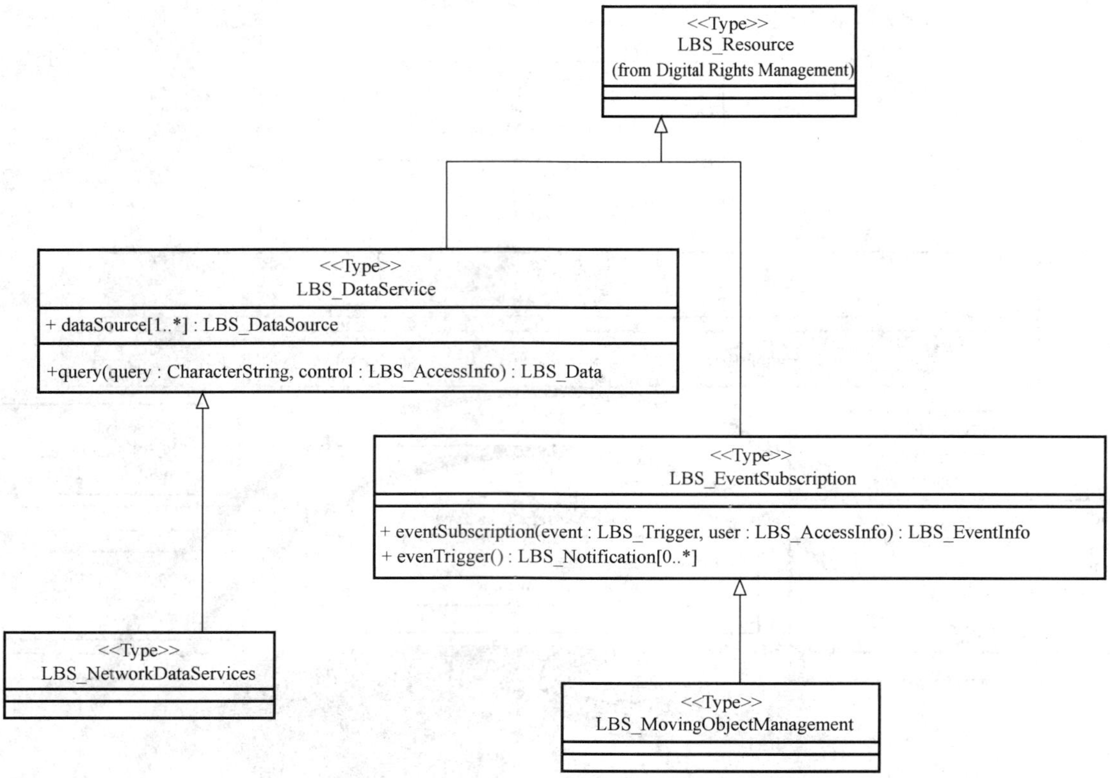

图 25 信息服务

8.4.2 类型—LBS_DataService(LBS_数据服务)

8.4.2.1 数据服务语义

数据服务(图 26)支持基于特征或其他数据模式进行查询,同时查询结果按客户请求的格式返回。数据服务的输入包括:

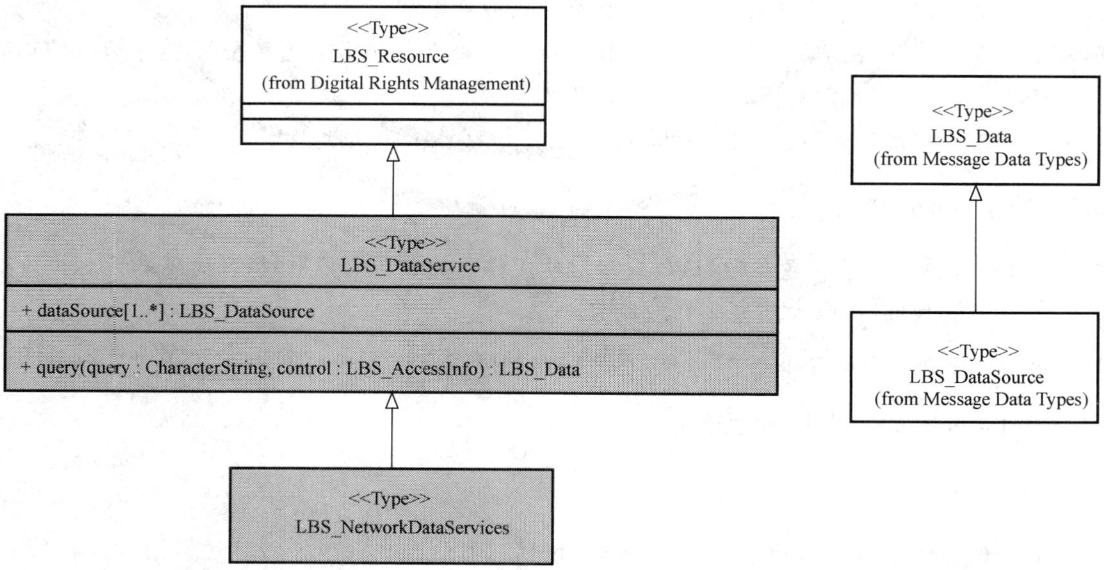

图 26 关系图:LBS_DataService

a) 在服务支持模式下的查询；

b) 数据如何返回的控制信息，包括如数据格式和每个返回块的回答的个数等信息。

服务的返回包括：

1) 以请求模式和请求格式组织的数据集；

2) 可选信息流(如果只返回部分结果)。

兴趣点(place of interest，POI)服务是著名的属性类型，是包含地点(用特定属性类型定义)的模式数据服务，该地点通常用于应用检索。例如，“查找所有机场内的ATM机”，“查找我的约会地点附近的所有饭店”或“查找我的旅店附近可以晨跑的地方”。查找兴趣点可以沿一个特定的路线附近执行。

“查找附近地点”服务应为移动用户搜索一个基准点附近的邻近点，同时返回它的描述和邻近距离属性。返回列表能根据选择点的邻近距离属性进行排序。

8.4.2.2 属性—dataSource(数据源)

属性“dataSource”携带支持数据服务的数据来源信息。

LBS_DataService::dataSource[1..*]:LBS_DataSource

8.4.2.3 操作—query(查询)

操作“query”是用于通过查询进行数据存取的功能协议。支持的查询语言应该是由ISO/IEC 9075定义的SQL的某个版本。

LBS_DataService::query(query:CharacterString,control:LBS_AccessInfo):LBS_Data

8.4.3 类型—LBS_NetworkDataService(LBS_网络数据服务)—语义

网络数据服务(图27)支持客户端导航和其他类似应用。该服务提供覆盖任意大小区域的数据集，最小的数据集是单一记录，而较大的足以支持ISO 19133中所定义的导航网络数据结构。该请求的输入如下：

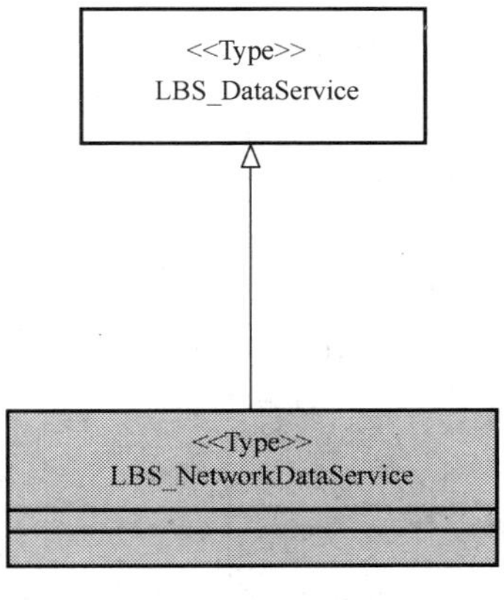

图27 关系图：LBS_NetworkDataService

a) 位置或范围的描述；

b) 使用上述位置作为参数的查询，以及模式信息。

该请求的返回组成如下：符合请求模式的网络数据集。

属性和网络数据结构必须与ISO 19109、ISO 19110、ISO 19133和GB/T 23708—2009中可适用部分一致。

8.4.4 类型—LBS_EventSubscription(LBS_事件订阅)

8.4.4.1 事件信息或订阅服务

事件信息服务(图 28)是当事件发生时通知用户的订阅服务。订阅的输入是:

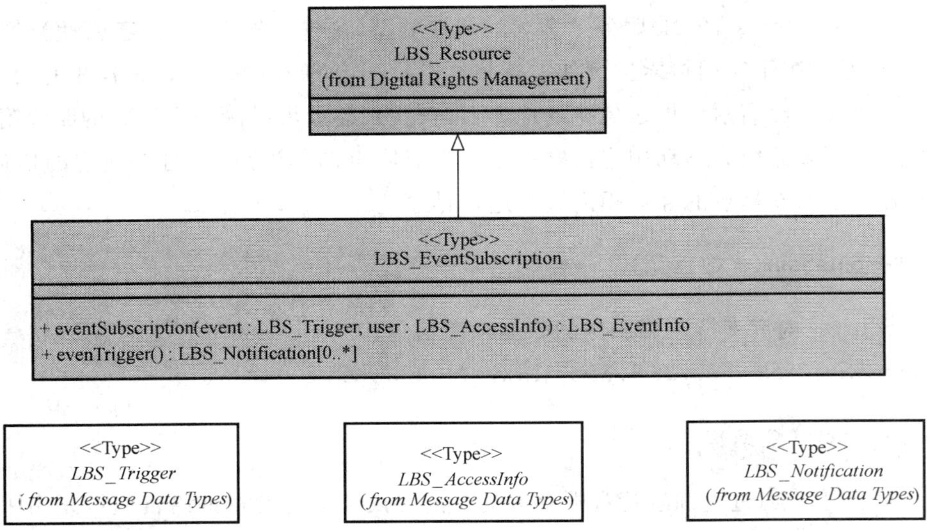

图 28 关系图:LBS_EventSubscription

a) 如何识别需要通知的触发事件的查询;

b) 如果需要用户位置触发,应提供跟踪标识和访问信息;

c) 触发测试的定时信息;

d) 包括触发要回答查询的处理指令。

返回的响应包括:

a) 事件的时间和地点;

b) 每个触发查询的附加信息。

8.4.4.2 操作—eventSubscription(事件订阅)

"eventSubscription"操作专注于对通知用户(由访问信息确认)的触发事件的监控。

LBS_EventSubscription::eventSubscription(event:LBS_Trigger,user:LBS_AccessInfo):LBS_EventInfo

8.4.4.3 操作—eventTrigger(事件触发器)

"eventTrigger"设置一个订阅服务,用户在相关的特定事件发生时可接收到所订阅的通知。该通知通常为异步的。

LBS_EventSubscription::eventTrigger():LBS_Notification[0..*]

8.4.5 类型—LBS_MovingObjectManagement(LBS_移动对象管理)

多个移动对象的管理通过类型"LBS MovingObjectManagement"(图 29)实现。只要代理商具有对这些对象合适的访问信息和权限,就可允许他们订阅对多个对象的跟踪。

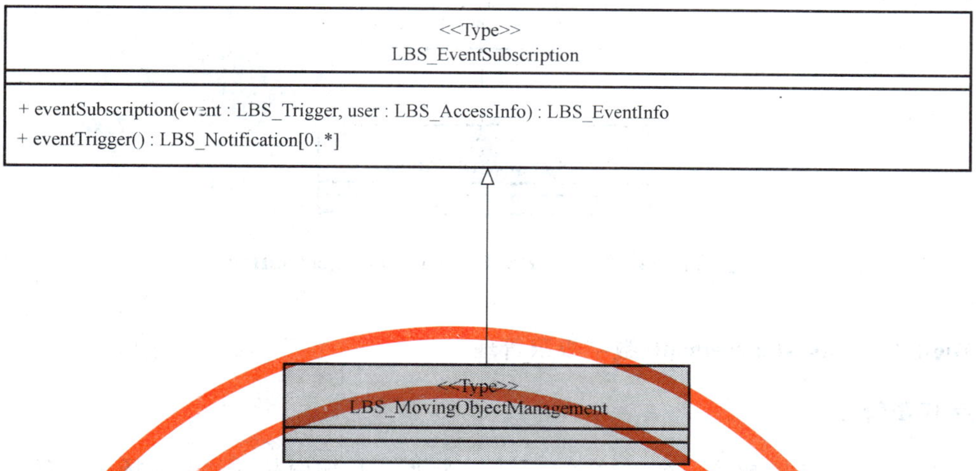

图 29　关系图:**LBS_MovingObjectManagement**

8.5　包—System Management(系统管理)

8.5.1　管理用户和组

系统应能够跟踪用户的身份,维护他们的授权访问信息,并且对用户处理指令请求进行响应。当一个授权的请求到达时,系统应能够维护该应用所使用的由用户指定的跟踪位置序列。跟踪触发器将监视这个序列,而系统将负责维护用户指定的当前的和缺省的触发器。

在类似车队管理和包裹跟踪等的第三方追踪应用中,系统能够使用一个单独用户 ID 将一组跟踪车辆作为一个单元管理。

除了用户管理,系统可以存储、获取和更新与用户关联的数据,如查询和存取资源信息、用户设置的个人信息以及应用中使用的自定义位置等。

8.5.2　类型—LBS_UserProfileService(LBS_用户专用标准服务)

类型“LBS_UserProfileService”(图 30)是支持用户专用标准的数据服务。

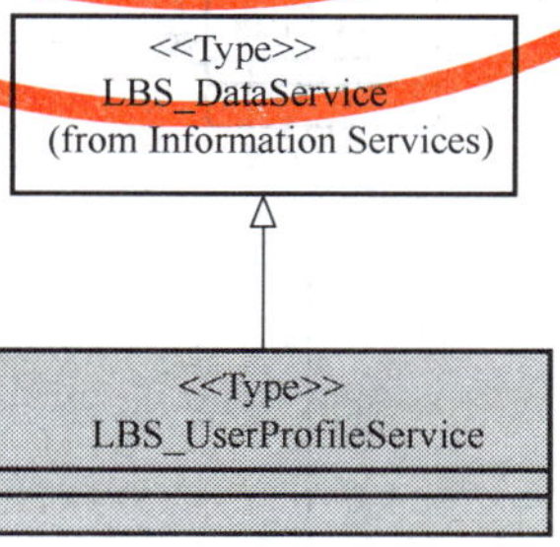

图 30　关系图:**LBS_UserProfileService**

8.5.3　类型—LBS_LocationTriggerControl(LBS_位置触发器控制)

类型“LBS_LocationTriggerControl”(图 31)是支持触发信息的数据服务。

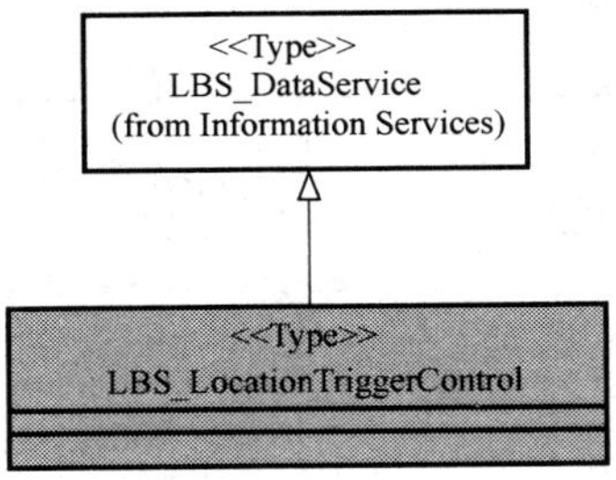

图 31 关系图:LBS_LocationTriggerControl

8.6 包—Digital Rights Management(数字权限管理)

8.6.1 数字权限管理

参与方的活动和行为组成了一个以数字而不是实物形式传输商品的商业市场。只有当数据和服务的所有者的权限受到保护时,这个市场才能生存。这些权限的管理遵守 ISO/IEC 21000。这些权限以数字格式的表示在 ISO/IEC 21000-5 中有定义。

与这些权限相关的每一个实体都被认为是一个资源。本质上,数字权限的管理要求一系列的控制数据,并作为资源不同客户端的证书产生作用。使用作为请求的一部分出现的资源,要求资源的客户端出现在所请求动作的证书(权限)之中。除用户之外,所有的参与方视情况都可被认为是资源。

这个包包括类型 LBS_Resource(LBS_资源)、LBS_License(LBS_许可证)、LBS_Right(LBS_权限)和 LBS_RightsCondition(LBS_权限条件),见图 32。这部分标准的执行要遵守 ISO/IEC 21000 的相关部分。

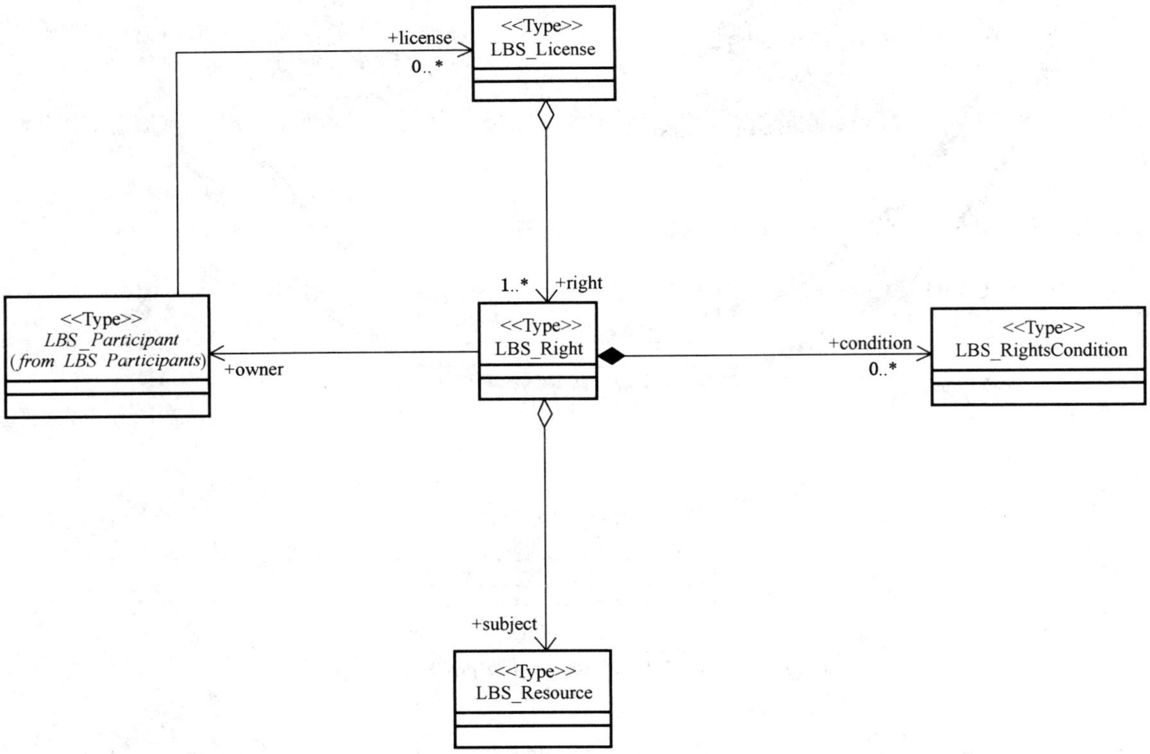

图 32 数字权限管理类型

8.6.2 类型—LBS_Resource(LBS_资源)

类型"LBS_Resource"是系统内任何可被访问对象的抽象根类,包括服务、代理商和数据存储。

8.6.3 类型—LBS_License(LBS_许可证)

8.6.3.1 类语义

类型"LBS_License"是任何包含访问资源权限的数字表达式的抽象根类。

8.6.3.2 关联角色—right(权限)

关联角色"right"在许可证和表达权限的集合间建立连接。

LBS_License::right[1..*]:LBS_Right

8.6.4 类型—LBS_Right(LBS_权限)

8.6.4.1 类语义

类型"LBS_Right"是允许用户做(可能需要在拥有资源的条件下)的任意事情的抽象根类。权限的类型随资源的不同而不同。以一个数据库为例,用户将有权限在这个数据库内(包括应用模式)读取、更新、修改或删除数据或元数据存储。对系统的用户来说,每一种权限都可以指定有或没有限制。

8.6.4.2 关联角色—subject(主题)

关联角色"subject"关联权限到相关资源。

LBS_Right::subject[]:LBS_Resource

8.6.4.3 关联角色—condition(条件)

关联角色"condition"关联权限到任意合法条件,系统必须检查这些条件以确认用户权限。例如:资源权限可能依赖于用户的位置,或在有权访问此资源的时间和日期内。

LBS_Right::condition[0..*]:LBS_RightsCondition

8.6.4.4 关联角色—owner(所有者)

关联角色"owner"关联权限到权限的所有者,该所有者应是系统的某些参与方,或者是希望访问资源的用户和代理商之一。

LBS_Right::owner[]:LBS_Participant

8.6.5 类型—LBS_RightsCondition(LBS_权限条件)

类型"LBS_RightsCondition"(图 32)是任何包含访问资源权限条件的数字表达式的抽象根类。

9 Message Data Model(消息数据模型)

9.1 语义

本章描述在参与方(包括前几章描述的服务中请求方和响应方)间的消息模型,该模型针对应用于这些消息的抽象数据类型。

9.2 包—Package—Message Data Types(消息数据类型)

9.2.1 包结构

消息数据类型包(图 33)包含了用于 LBS 操作的数据类型。这些类型包括:

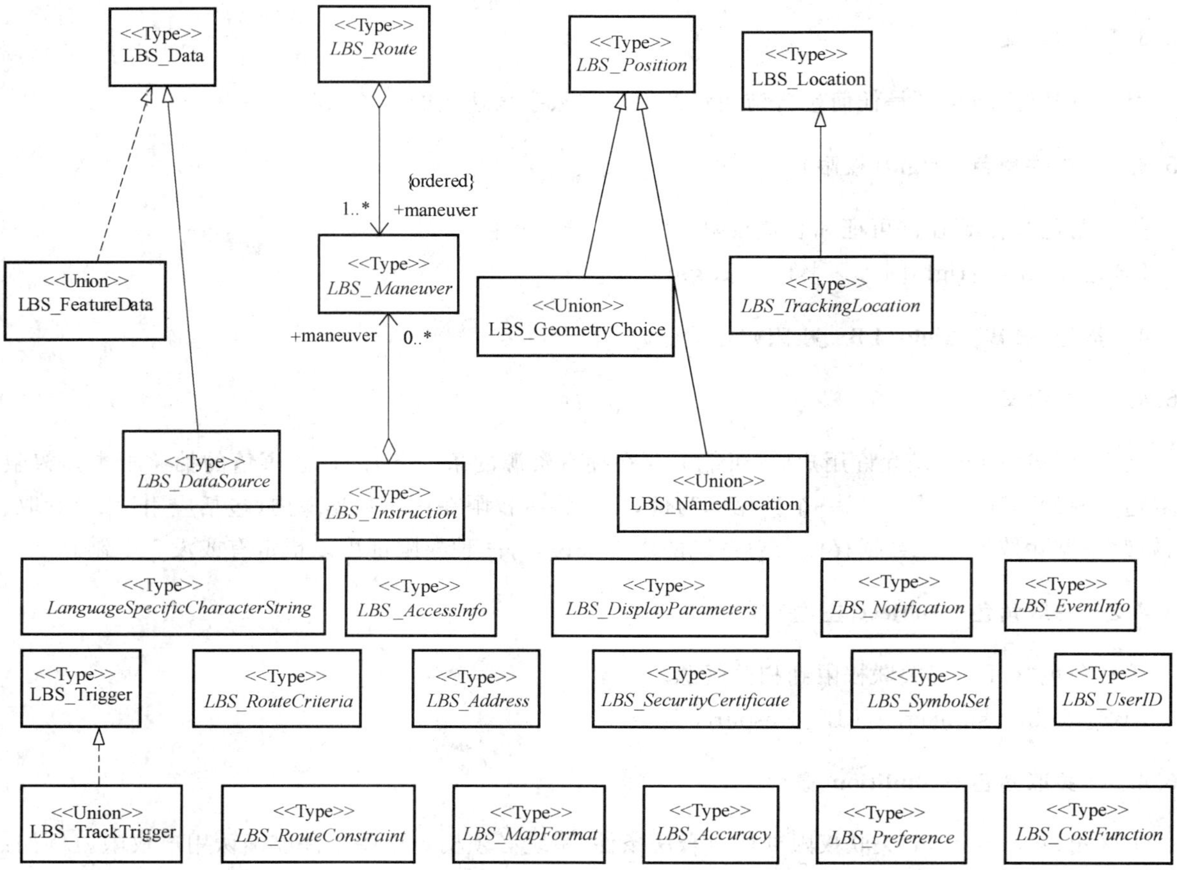

图 33 消息数据类型

LBS_Position(LBS_位置)、LBS_Location(LBS_定位)、LBS_Accuracy(LBS_精度)、LBS_Instruction(LBS_指令)、LBS_Maneuver(LBS_行进策略)、LBS_Route(LBS_路径)、LBS_RouteCriteria(LBS_路径准则)、LBS_SecurityCertificate(LBS_安全准则)、LBS_TrackingLocation(LBS_跟踪定位)、LBS_Trigger(LBS_触发器)、LBS_UserID(LBS_用户标识)、LBS_AccessInfo(LBS_访问信息)、LBS_GeometryChoice(LBS_几何模型选择)、LBS_NamedLocation(LBS_名称引用定位)、LBS_MapFormat(LBS_地图格式)、LBS_SymbolSet(LBS_符号集合)、LBS_DisplayParameters(LBS_显示参数)、LBS_Data(LBS_数据)、LBS_DataSource(LBS_数据源)、LBS_TrackTrigger(LBS_跟踪触发器)、LBS_FeatureData(LBS_要素数据)、LBS_EventInfo(LBS_事件信息)、LBS_Notification(LBS_通知)、LBS_Address(LBS_地址)、LBS_RouteConstraint(LBS_路径限制)、LBS_Preference(LBS_偏好)、LBS_CostFunction(LBS_成本函数)和 LanguageSpecificCharacterString(特定语言字符串)。

图 33 包含了该包的 UML 总览。

9.2.2 类型—LanguageSpecificCharacterString(特定语言字符串)

9.2.2.1 类语义

多数消息通讯是以文本数据形式(注释或编码数据之一)传递的。定义这些字符串的特定语言对接收者的应用来说很重要(消息包中可能传输多种语言字符串,这些字符串可供应用软件的本地化版本使用)。本扩展类型可作为在 ISO/TS 19103 中定义的通用数据类型的补充,而且通过类型替换,本类型可适用于应用字符串类型(CharacterString)的任何地方。

9.2.2.2 属性—language(语言)

LanguageSpecificCharacterString(图 34)支持附加属性,为相关字符串指定 ISO 639 语言代码。

LanguageSpecificCharacterString::language:LanguageCode

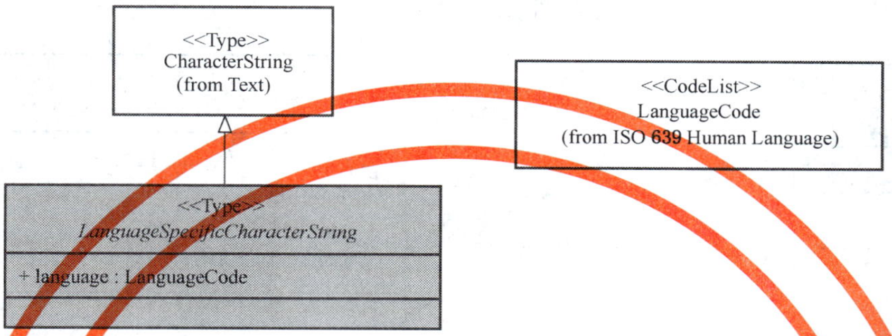

图 34 关系图:LanguageSpecificCharacterString

9.2.3 类型—LBS_AcessInfo(LBS_访问信息)

9.2.3.1 类语义

抽象类“LBS_AccessInfo”(图 35)保存和信息请求者相关的信息,包括请求的目标和足以验证合法存取权限的安全信息,这些信息依赖于服务和使用的服务器。

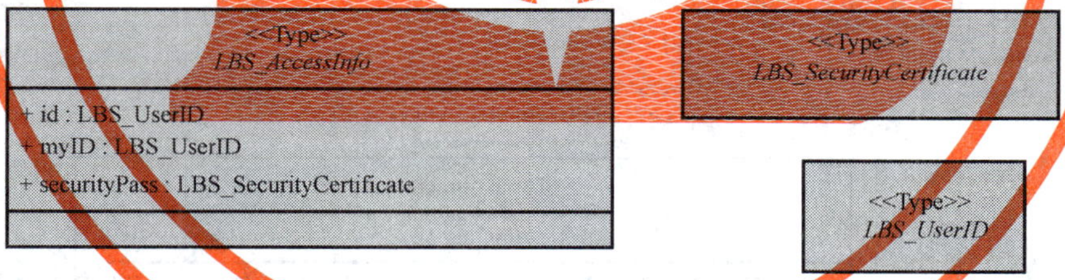

图 35 关系图:LBS_AccessInfo

9.2.3.2 属性—唯一标识

属性“id”为服务提供了足够的信息,使其能够识别需给予应答的终端用户,而且将它和其他用户区分开,并可实现验证权限和取回任意的已存储偏好。

LBS_AcceInfo::id:LBS_UserID

9.2.3.3 属性—myID(用户唯一标识)

属性“myID”识别请求服务的用户。通常它是在用户和服务之间扮演调停者的服务代理商的标识。

LBS_AcceInfo::myID:LBS_UserID

9.2.3.4 属性—securityPass(安全证书)

属性“security”必须包含请求用户“myID”有权访问的信息种类的证明,同时上述作为目标的信息种类的“id”也是请求服务所必须的。安全证书机制可以包含加密信息，该信息仅能被访问目标的请求者加密。本标准优先推荐使用公钥(PK)、单向、实时加密或其他安全方法。

LBS_AcceInfo::securityPass:LBS_SecurityCertificate

9.2.4 类型—LBS_Accuracy(LBS_精度)—类语义

“LBS_Accuracy”(图 36)是一个抽象类，可以通过任何能描述位置表示精度的类来实现。ISO 19133 中的精度表示 TK_Accuracy(TK_精度)是 LBS_Accuracy 的精度实现方法的默认表示。

图 36 是 LBS_Accuracy 的 UML 关系图。

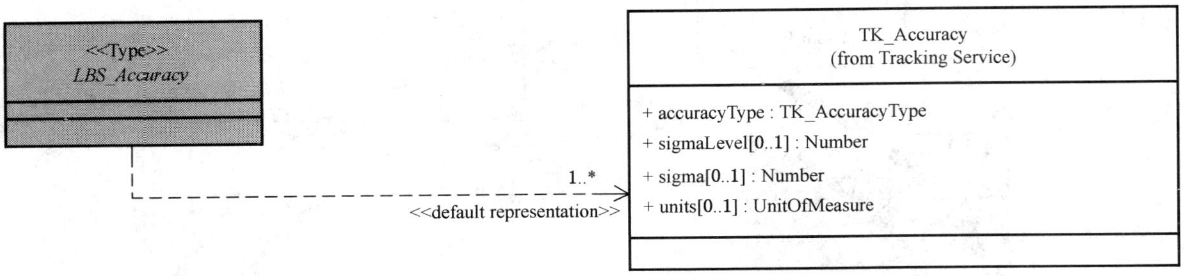

图 36 关系图:LBS_Accuracy

9.2.5 类型—LBS_Address(LBS_地址)

类型“LBS_Address”(图 37)是任何能携带地址信息的实现类的抽象类。其缺省表示是 ISO 19133 的 AD_AbstractAddress 的子类。

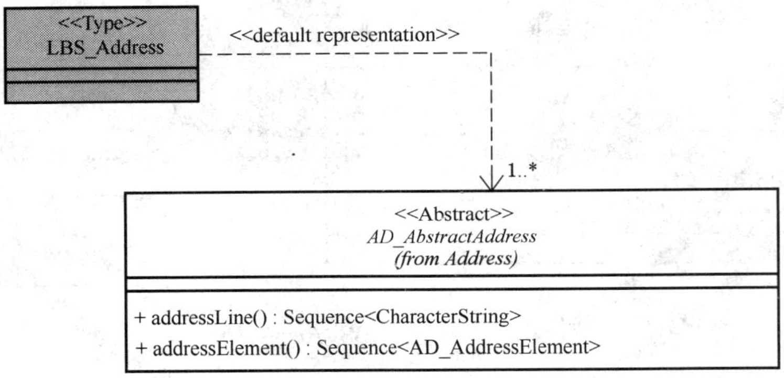

图 37 关系图:LBS_Address

9.2.6 类型—LBS_CostFunction(LBS_成本函数)

类型“LBS_CostFunction”(图 38)是任何能携带成本函数描述信息的实现类的抽象类，该成本函数用于在导航服务中选择最优路径。其缺省表示是来自 ISO 19133 的 NS_CostFunction(NS_成本函数)的子类。

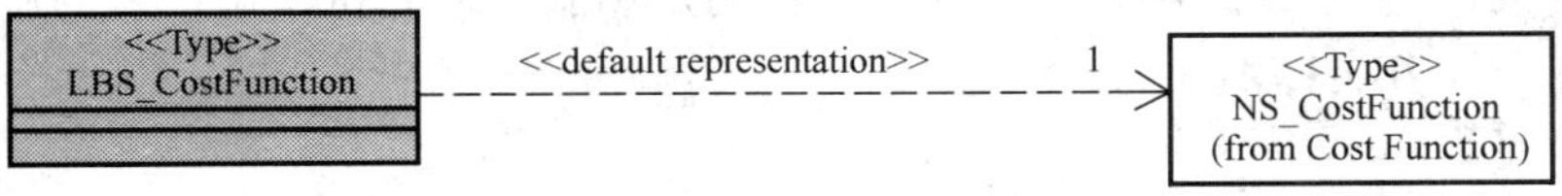

图 38 关系图:LBS_CostFunction

9.2.7 类型—LBS_Data(LBS_数据)

类型“LBS_Data”(图 39)是任何能携带数据的实现类的抽象类,该数据面向任意需支持的服务。其格式来自 GB/T 23708—2009 的 GML,或者来自某个依赖于传输数据类型的标准格式。

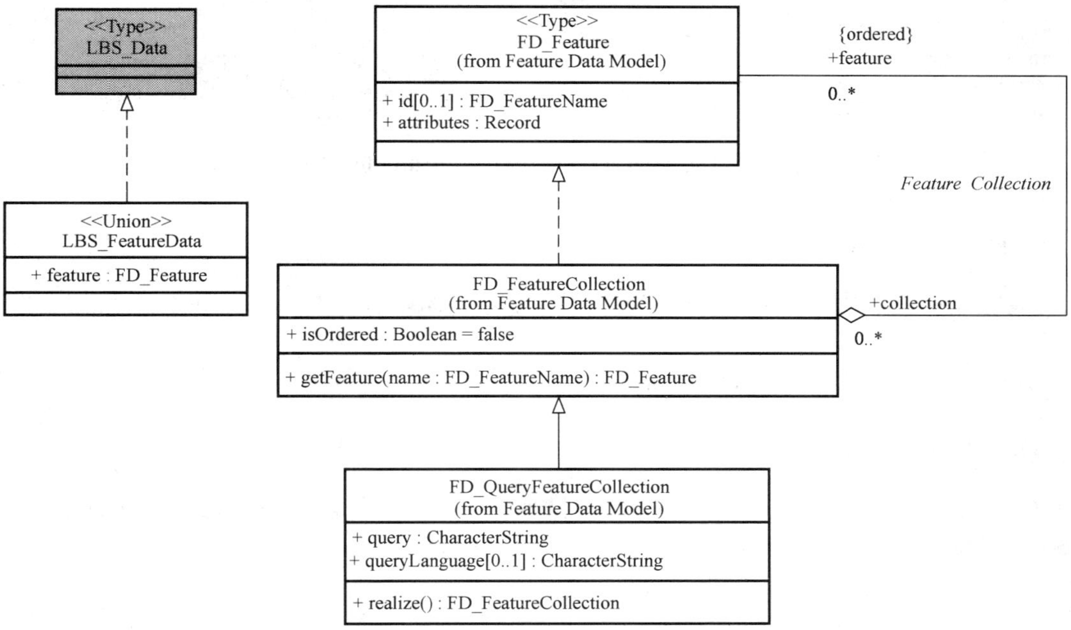

图 39 关系图:LBS_Data

9.2.8 类型—LBS_DataSource(LBS_数据源)

类型“LBS_DataSource”(图 40)是一个任意数据资源的抽象类,该数据资源能代管数据以支持任意服务。其格式来自 GB/T 23708—2009 的 GML,或者来自其他依赖于传输数据类型的标准格式。

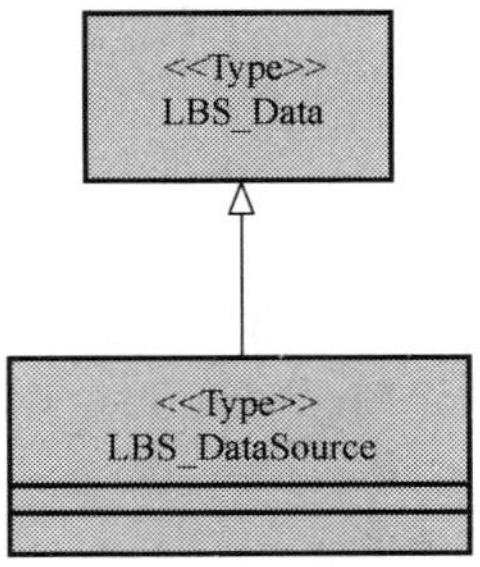

图 40 关系图:LBS_DataSource

9.2.9 类型—LBS_DisplayParameters(LBS_显示参数)

9.2.9.1 类语义

显示参数类(图 41)携带任意地图或其他渲染表示数据的请求格式信息。

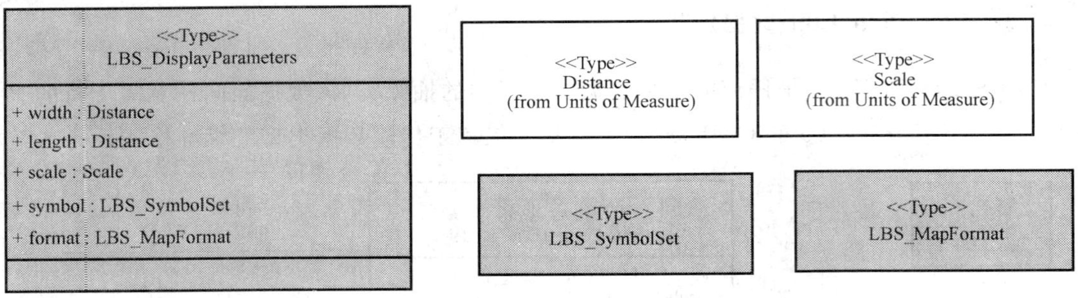

图 41 关系图:LBS_DisplayParameters

9.2.9.2 属性—width(宽度)

“width”属性表示显示的水平宽度。距离的度量单位可以是适合显示的任意单位(和原始数据形成对照)。

LBS_DisplayParameters::width:Distance

9.2.9.3 属性—length(长度)

“length”属性表示显示的垂直长度或者高度。显示的度量单位可以是适合显示的任意单位(和原始数据形成对照)。

LBS_DisplayParameters::length:Distance

9.2.9.4 属性—scale(比例尺)

“scale”属性表示显示对应的比例尺。比例尺通常是个小于 1 的数字,通过该数字在真实世界距离和显示距离之间建立映射关系。当应用同时需要多个比例尺时,必须将“scale”数据类型子类化(扩展到所需的维数)。

LBS_DisplayParameters::scale:Scale

9.2.9.5 属性—symbol(符号)

“symbol”属性保存了一个用于显示的符号集合。可参照已知的符号集实现。

LBS_DisplayParameters::symbol:LBS_SymbolSet

9.2.9.6 属性—format(格式)

属性“format”给出了地图的数据格式。常用格式包括图片和可选的要素数据格式。

LBS_DisplayParameters::format:LBS_MapFormat

9.2.10 类型—LBS_EventInfo(LBS_事件信息)

9.2.10.1 类语义

类型“LBS_EventInfo”(图 42)是所有事件信息表示类的抽象根类。事件类型将影响它们关联事件信息类型的内容。在这个抽象类中包括的属性应该是在任何情况下可以适用的。

9.2.10.2 属性—description(描述)

“description”属性应包含对事件的概要描述。属性可能是对于人类可读的,而且可能是针对某种特定的语言。语言的选择应符合终端用户的偏好。

LBS_EventInfo::description:CharacterString

9.2.10.3 属性—time(时间)

“time”属性应包含在事件发生或预定发生的时间。

LBS_EventInfo::time[0.. *]:TM_Primitive

9.2.10.4 属性—place(地点)

“place”属性应包含事件发生时或预定发生时的位置。多重地点应与时间属性中的多重时间相关，并且在该情况下，上述两个属性值列表的次序和数字应一致。

LBS_EventInfo::place[0.. *]:LBS_Location

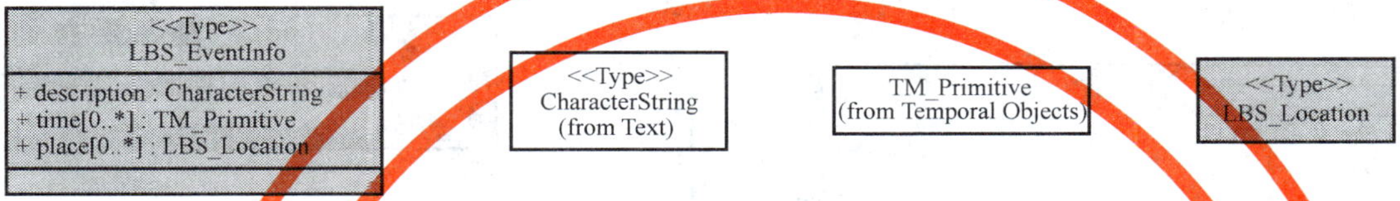

图 42 关系图:LBS_EventInfo

9.2.11 类型—LBS_Instruction(LBS_指令)

9.2.11.1 类语义

“LBS_Instruction”是出行者在路径上单步执行路径遍历的必要信息。这个抽象类实现的内容将依赖于导航类型和网络类型，或者其他和导航相关的几何关系。来自ISO 19133的指令表示NS_Instruction(NS_指令)是LBS_Instruction的指令实现的缺省表示。图43是LBS_Instruction的UML关系图。指令的缺省数据类型见ISO 19133。

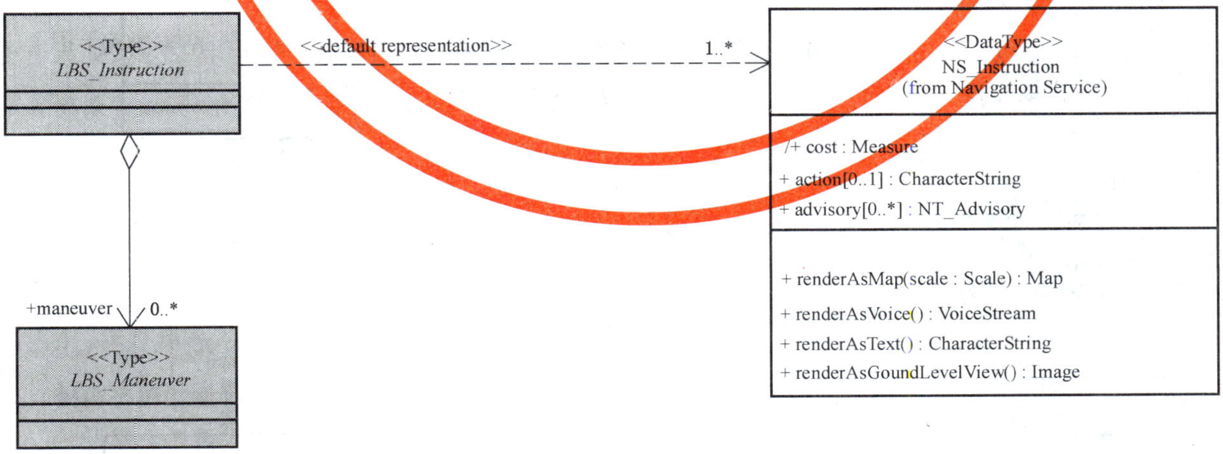

图 43 关系图:LBS_Instruction

9.2.11.2 关联角色—maneuver(行进策略)

角色“maneuver”给出关联到该指令的转向策略。

9.2.12 类型—LBS_Location(LBS_定位)

9.2.12.1 类语义

该类型的每个实例都定义一次定位和该定位的精确度。图 44 是 LBS_Location 关系图。

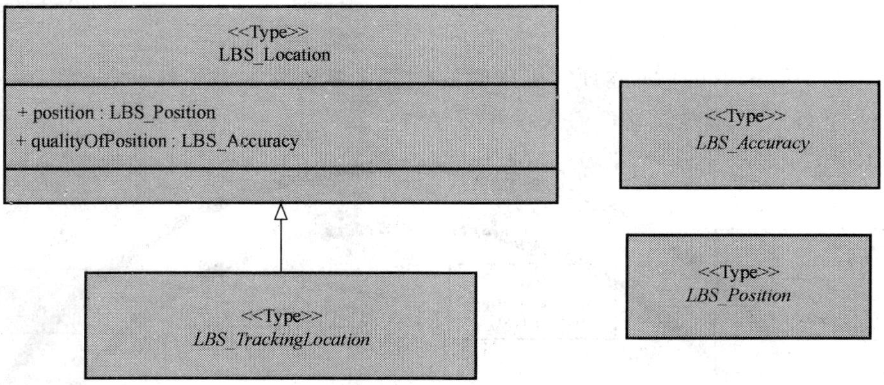

图 44 关系图:LBS_Location

9.2.12.2 属性—position(位置)

“position”属性描述了该定位的位置估计值。

LBS_Location::position:LBS_Position

9.2.12.3 属性—qualityOfPostion(位置质量)

“qualityOfPosition”属性描述该定位的估计位置的质量。

LBS_Location::qualityOfPosition:LBS_Accuracy

9.2.13 类型—LBS_Maneuver(LBS_行进策略)

类型 LBS_Maneuver(图 45)的实现描述执行全部或部分路径遍历的方式。其相关指令(如果有的话)以某种方式细化该策略。如果策略没有相关指令,那么应该返回路径/网络的主路规则。

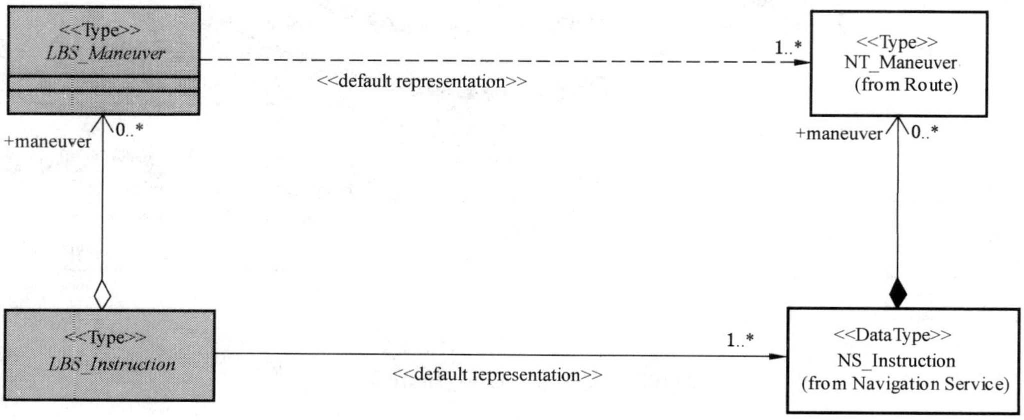

图 45 关系图:LBS_Maneuver

策略的缺省表示来自 ISO 19133 的 NT_Maneuver(NT_行进策略)类型。

9.2.14 类型—LBS_MapFormat(LBS_地图格式)

类型"LBS_MapFormat"(图46)是任何可用于描述地图数据格式的类的抽象根类。它与特定应用相关,见ISO 19128和ISO 19117。

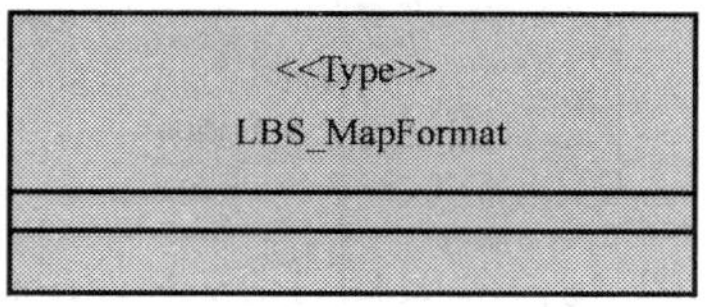

图46 关系图:LBS_MapFormat

9.2.15 类型—LBS_Notification(LBS_通知)

9.2.15.1 类语义

类型"LBS_Nofification"(图47)的实现将描述一个事件通知。

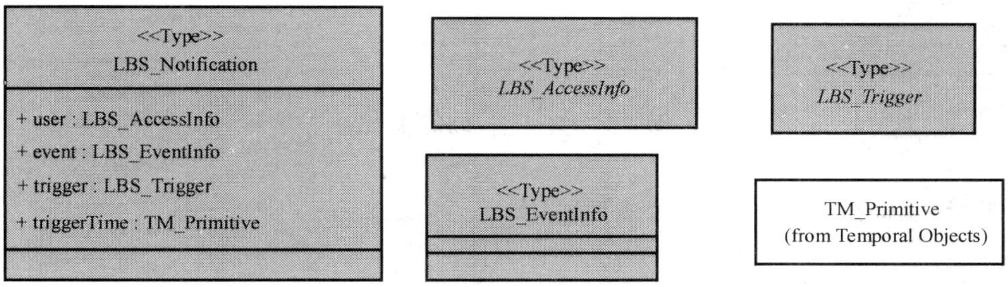

图47 关系图:LBS_Notification

9.2.15.2 属性—user(用户)

"user"属性描述事件需通知的目标客户。

LBS_Notification::user:LBS_AccessInfo

9.2.15.3 属性—event(事件)

"event"属性描述事件的类型、地点和时间等。

LBS_Notification::event:LBS_EventInfo

9.2.15.4 属性—trigger(触发器)

"trigger"属性描述了引起该事件产生并传输的触发条件。

LBS_Notification::trigger:LBS_Trigger

9.2.15.5 属性—triggerTime(触发器时间)

"triggerTime"属性描述满足触发条件并发出通知的时间。

LBS_Notification::triggerTime:TM_Primitive

9.2.16 类型—LBS_Position(LBS_位置)

"LBS_Position"是所有实现描述位置的类的抽象类。图48是LBS_Position的UML关系图。

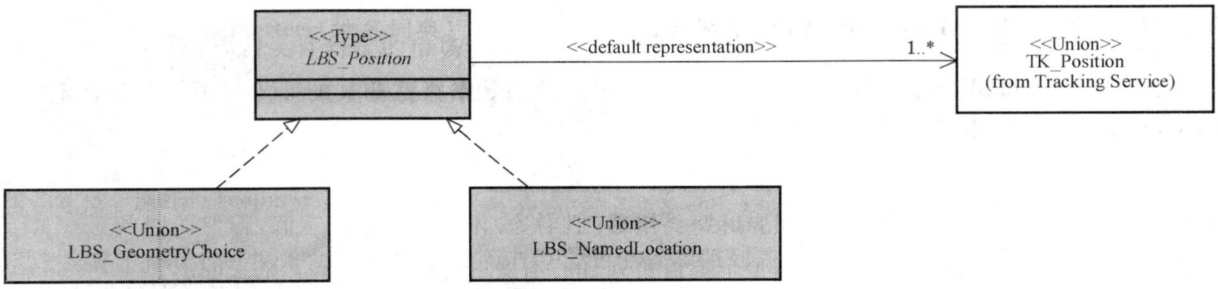

图 48　关系图:**LBS_Position**

9.2.17　类型—LBS_Preference(LBS_偏好)

"LBS_Preference"(图 49)是 LBS 服务中所有表示用户优先选择的实现类的抽象类。LBS_Preferencer 缺省表示在 ISO 19133 中的代码表 NS_RoutePreferences(NS_路径偏好)。

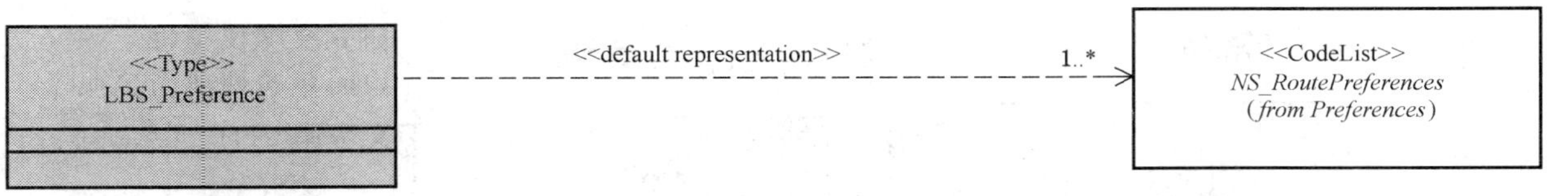

图 49　关系图:**LBS_Preference**

9.2.18　类型—LBS_Route(LBS_路径规划)

9.2.18.1　类语义

"LBS_Route"类(图 50)由一系列的策略组成,将旅行者从在路径请求中指定的一个位置引导到下一位置。路径请求的位置目标可由一些特定的位置、命名对象或特定对象集合中的某个位置组成。

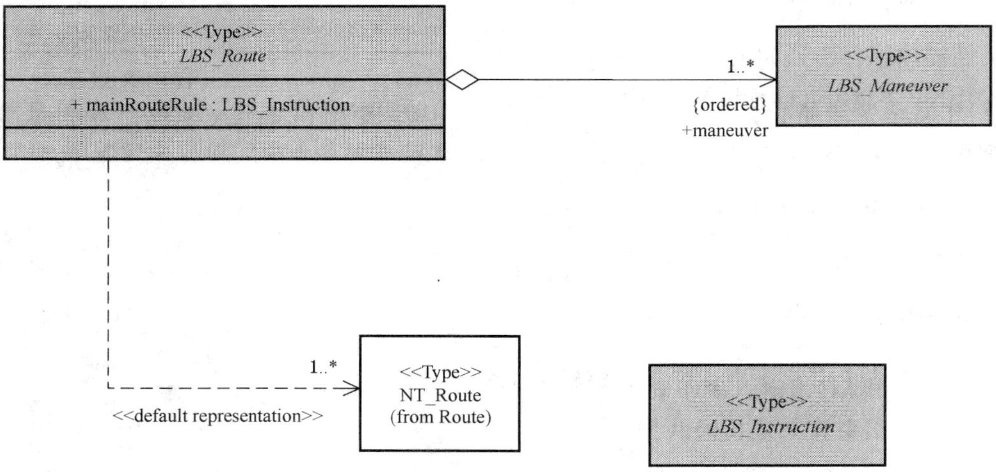

图 50　关系图:**LBS_Route**

9.2.18.2　属性—mainRouteRule(主路规则)

"mainRouteRule"是缺省的路径指令。当在执行路径遍历过程中,任何一步没有指定具体路径的指令，都应当遵循主路规则。例如在高速公路导航中，主路规则指示一些方法来判断哪条道路是“顺向行驶”。除非存在明确的导航标识指示应转向，否则采用的规则应是“尽可能直行”。也就是说当主路规则不符合实际的行进策略时，必须提供具体的路径执行指令。

LBS_Route::mainRouteRule:LBS_Instruction

9.2.18.3 关联角色—maneuver(行进策略)

关联角色“maneuver”列出了沿当前路径应执行的行进策略。

LBS_Route::maneuver[1..*]:LBS_Maneuver

9.2.19 类型—LBS_RouteConstraint

“LBS_RouteConstraint”类型(图51)是在LBS服务中表达路径限制的所有实现类的抽象类。其缺省实现是ISO 19133中的数据类型NT_Contraint(NT_限制)。

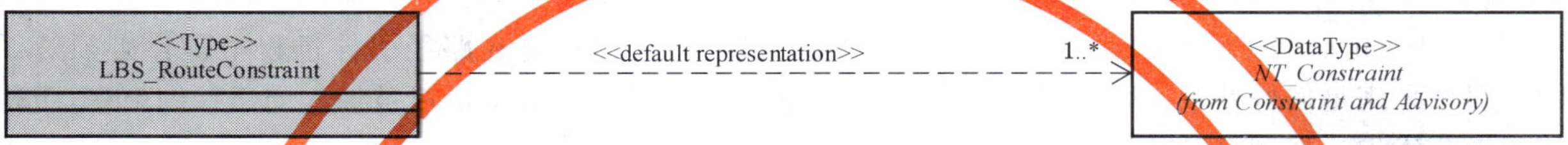

图51 关系图:LBS_RouteConstraint

9.2.20 类型—LBS_RouteCriteria(LBS_路径准则)

9.2.20.1 类语义

“LBS_RouteCriteria”(图52)是对路径某个侧面的描述，指出在该路径请求中哪些路径可被接受以及以哪种最优成本衡量。限制类型通常是针对应用特定的。例子和缺省表示参见ISO 19133和ISO 19134。

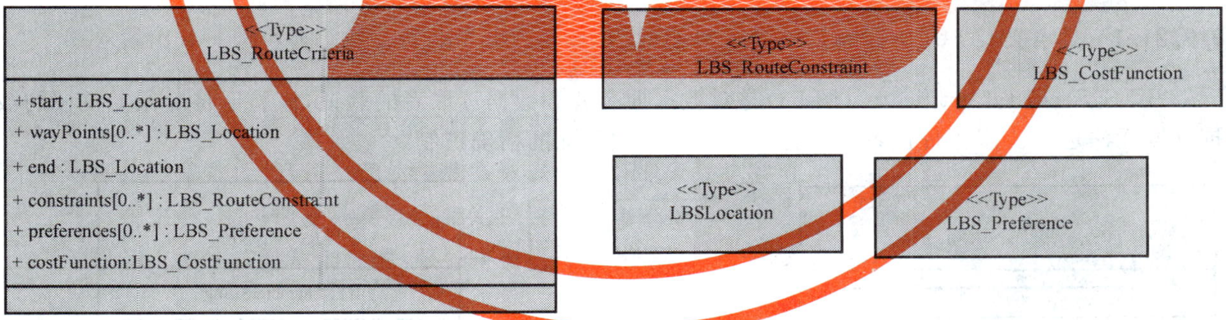

图52 关系图:LBS_RouteCriteria

9.2.20.2 属性—start(起点)

“Start”属性是出行者计划开始导航的当前位置。

LBS_RouteCriteria::start:LBS_Location

9.2.20.3 属性—wayPoints(途径点)

“wayPoints”属性是出行者要求路径经过的多个地点。同时可以规定约束，指示这些内部的途经点(不包括“出发地”和“目的地”)是否应按顺序被导航。缺省情况下是不按顺序导航，因为按序导航的限制可以通过同时请求多个路径的方式来等价实现。

LBS_RouteCriteria::wayPoints[0..*]:LBS_Location

9.2.20.4 属性—end(终点)

“end”属性是出行者计划结束导航的最终地点。

LBS_RouteCriteria::end:LBS_Location

9.2.20.5 属性—constraints(限制)

“constraints”属性指出路径上合理的、合法的或临时的限制。例如在车辆导航中,车辆的类型或物理上的限制将会应用于路径上的各类路段。在多模式导航中,如果出行者有残障,将会有使用方面的限制。

LBS_RouteCriteria::constraints[0..*]:LBS_RouteConstraint

9.2.20.6 属性—preferences(偏好)

“preferences”属性与“constraints”属性相比作用较弱,它们不是在路径引导过程中逻辑必须遵循的。但如果满足偏好并没有带来过高的成本(偏好由用户设置),它们就可以被加入到路径约束中,于是使用者会优先选择满足其偏好的路径。

LBS_RouteCriteria::preferences[0..*]:LBS_Preference

9.2.20.7 属性—costFunction(成本函数)

“costFunction”属性向导航服务表明用户希望的最优成本衡量条件。除了偏好以外,路径将会在所有满足规划请求相关约束的方案中,遴选出一条从起点开始、经过途经点并在终点结束的最优或接近最优的路径。

LBS_RouteCriteria::costFunction:LBS_CostFunction

9.2.21 类型—LBS_SecurityCertificate(LBS_安全验证)

9.2.21.1 类语义

“LBS_SecurityCertificate”(图 53)是对数据拥有者和数据读取者的验证,该验证将确保无授权的数据存取无法进行。服务提供者的安全模型决定了此验证的精确机制。

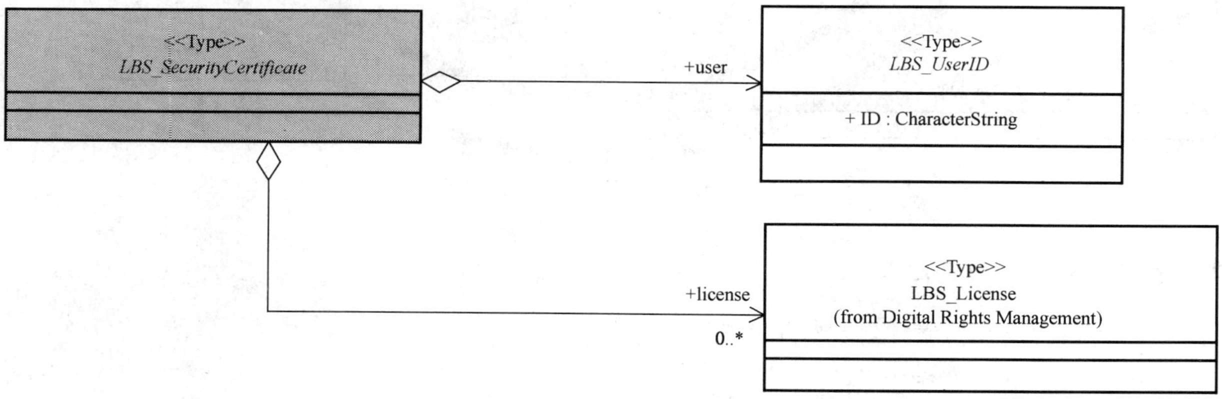

图 53 关系图:LBS_SecurityCertificate

9.2.21.2 关联角色—user(用户)

关联角色“user”包含了在安全认证系统中许可证拥有者的信息。

LBS_SecurityCertificate::user:LBS_UserID

9.2.21.3 关联角色—license(许可证)

关联角色“license”包含了在安全认证中的许可证信息。

LBS_SecurityCertificate::user[0..*]:LBS_License

9.2.22 类型—LBS_SymbolSet(LBS_符号集合)

“LBS_SymbolSet”(图 54)是在特定类型地图上实现枚举图标符号机制的抽象根类。参见 ISO 19117 和 ISO 19128 中地图符号体系和图表的更多信息。

图 54 关系图:LBS_SymbolSet

9.2.23 类型—LBS_TrackingLocation(LBS_跟踪定位)

9.2.23.1 类语义

“LBS_TrackingLocation”类的实现(图 55)描述了一个对象在被跟踪时间段中某点的位置、精度范围和潜在的触发事件。位置可以被聚集为序列来表示跟踪的结果。这些序列是离散化的时间对象和记录对象,在每个跟踪位置都包含相应的空间戳和时间戳,以表示离散的时间变化。

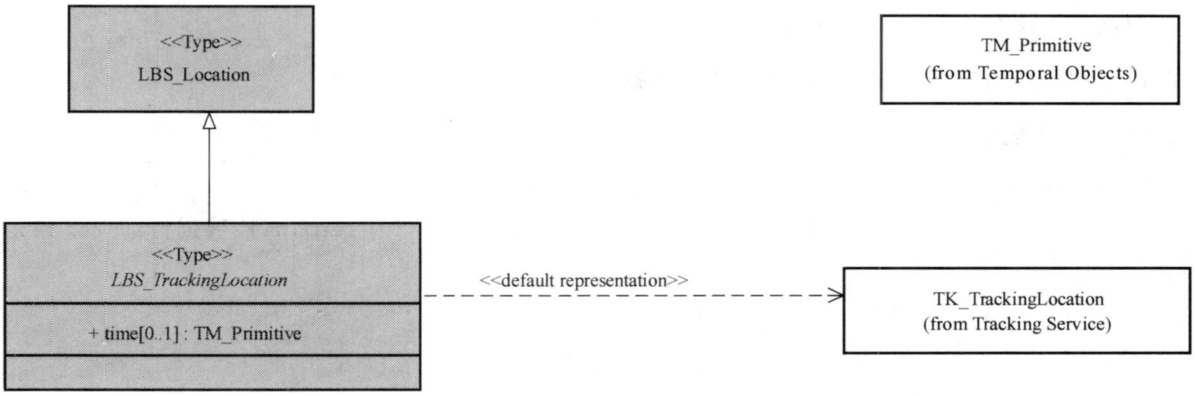

图 55 关系图:LBS_TrackingLocation

9.2.23.2 属性—time(时间)

LBS_TrackingLocation::time[0..*]:TM_Primitive

9.2.24 类型—LBS_Trigger(LBS_触发器)

抽象类型“LBS_Trigger”(图 56)的实现描述引起某一动作发生的事件,该实现通常给签约用户传递事件和事件发生位置的通知。缺省实现参见 ISO 19133 中的 TK_Trigger(TK_触发器)。

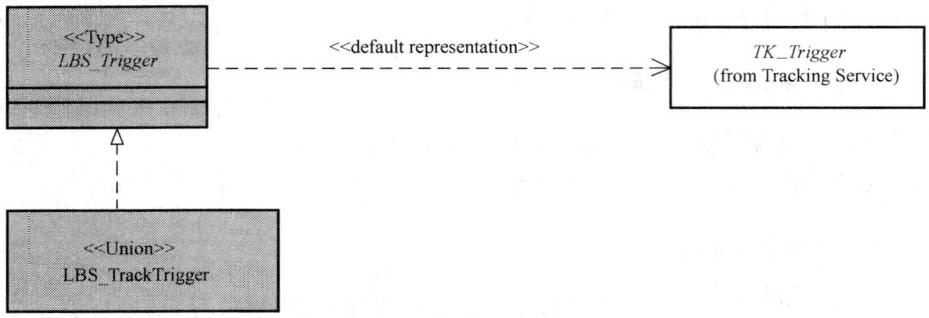

图 56　关系图:**LBS_Trigger**

9.2.25　类型—LBS_UserID(LBS_用户标识)

9.2.25.1　类语义

“LBS_UserID”(图 57)类包含足够的信息来识别用户或请求跟踪对象。类型的具体内容由系统安全模型决定,可以在代理者和提供者之间切换。

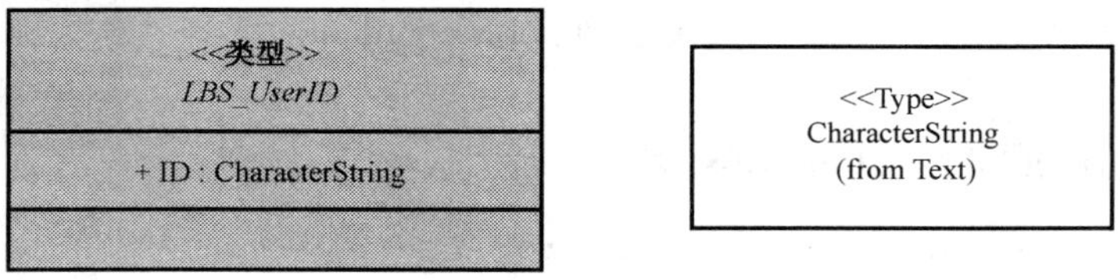

图 57　关系图:**LBS_UserID**

9.2.25.2　属性—ID(用户标识)

“ID”属性是以特征字符串表示的用户标识。

LBS_UserID::ID:CharacterString

9.2.26　联合—LBS_FeatureData(LBS_要素数据)

9.2.26.1　类语义

联合类“LBS_FeatureData”(图 58)是要素类集合和容器的数据表示的抽象根类。缺省的表示来自 GB/T 23708—2009。概念特征模型的详细 UML 表示在 ISO 19133 中给出,属性数据详细模型和元数据模型参见 ISO 19109 和 ISO 19110。

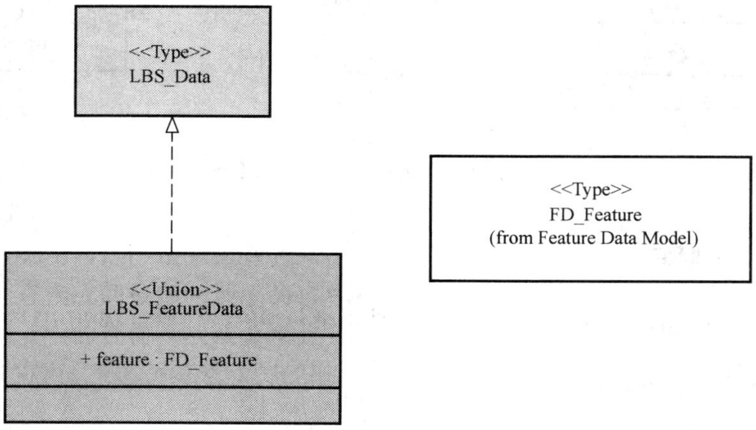

图 58　关系图:**LBS_FeatureData**

9.2.26.2 **属性—feature(要素)**

"LBS_Feature"表示的缺省选择是要素。应用能通过扩展选择的范围以包括其他表示方式。

LBS_FeatureData::feature:FD_Feature

9.2.27 **联合—LBS_GeometryChoice(LBS_几何选择)**

9.2.27.1 **类语义**

联合类"LBS_GeometryChoice"(图 59)允许位置采用不同的几何模型表示，既可以直接采用坐标，也可采用 GB/T 23707—2009 或者其他国际标准如 ISO 19141(定义了 GB/T 23707—2009 中几何和拓扑对象的子类型)中的几何或拓扑对象。

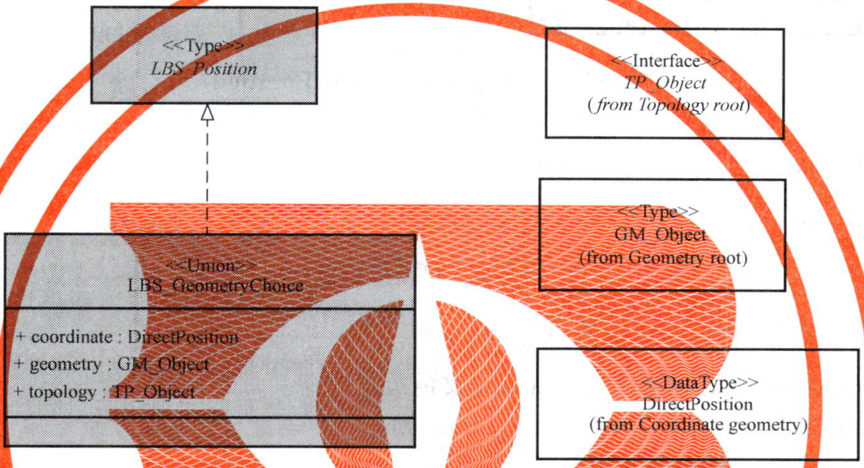

图 59 关系图:LBS_GeometryChoice

9.2.27.2 **属性—coordinate(坐标)**

"coordinate"选项允许将位置直接表示为任何可接受的坐标参照系中的坐标元组。参见 ISO 19111 中的坐标系统的细节。

LBS_GeometryChoice::coordinate:DirectPosition

9.2.27.3 **属性—geometry(几何)**

"geometry"选项允许将位置表示为在 GB/T 23707—2009 中定义的几何对象。

LBS_GeometryChoice::geometry:GM_Object

9.2.27.4 **属性—topology(拓扑)**

"topology"选项允许将位置表示为在 GB/T 23707—2009 中定义的拓扑对象。

LBS_GeometryChoice::topology:TP_Object

9.2.28 **联合—LBS_NamedLocation(LBS_命名位置)**

9.2.28.1 **类语义**

联合类"LBS_NamedLocation"(图 60)允许通过基于名称方式引用一个位置，该引用方式可通过地名辞典的条目或通过车辆(等同于用户)跟踪位置实现。

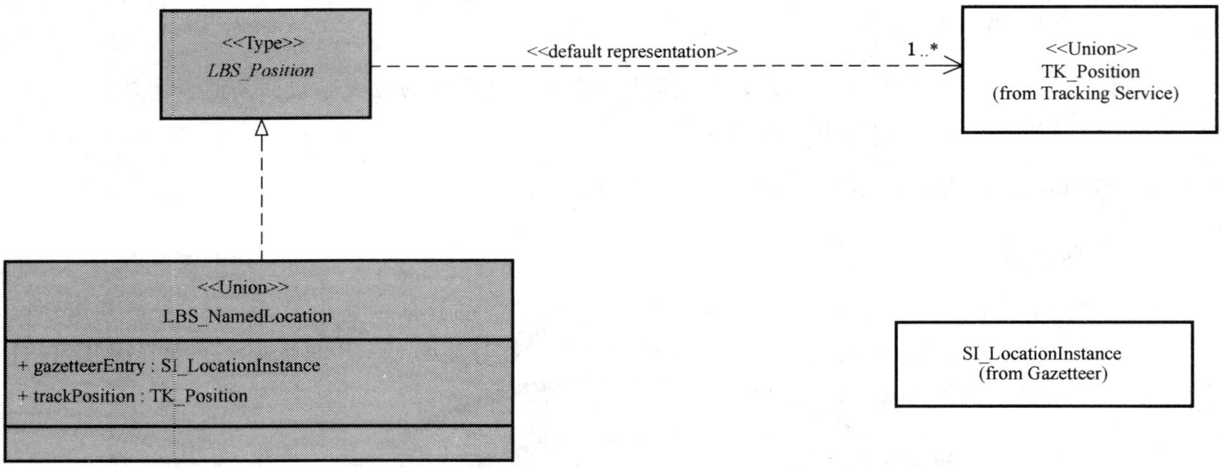

图 60 关系图:**LBS_NamedLocation**

9.2.28.2 属性—gazetteerEntry(地名辞典入口)

“gazetteerEntry”选项将使用在 ISO 19112 中定义的命名位置。

LBS_NamedLocation::gazetteerEntry:SI_LocationInstance

9.2.28.3 属性—trackPosition(跟踪位置)

“trackPosition”选项将使用 ISO 19133 中定义的跟踪位置。

LBS_NamedLocation::trackPosition:TK_Position

9.2.29 联合—LBS_TrackTrigger(LBS_触发器)

9.2.29.1 类语义

联合类“LBS_TrackTrigger”(图 61)作为定义跟踪过程中触发类型选项的根类。除了缺省的 ISO 19133 中 TK_Trigger(TK_触发器)外,应用还可以增加其他选项扩展这个联合类型。

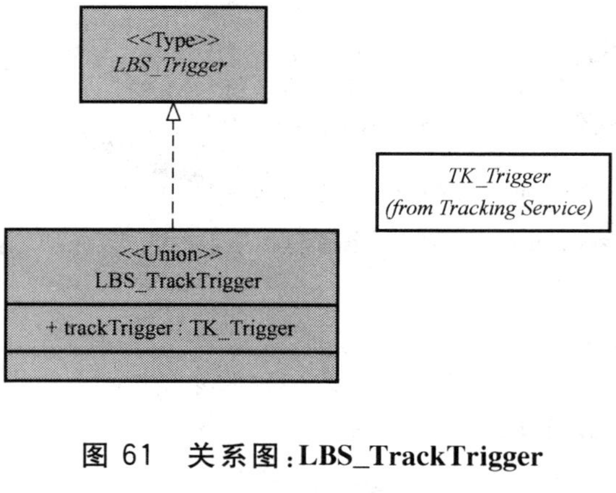

图 61 关系图:**LBS_TrackTrigger**

9.2.29.2 属性—trackTrigger(跟踪触发器)

选项“trackTrigger”是触发器的缺省表述。

LBS_TrackTrigger::trackTrigger:TK_Trigger

附 录 A
（规范性附录）
测 试 套 件

A.1 语义

本标准的实现、实现规范或其他标准的一致性包含:语义一致性、数据一致性和服务一致性的组合。

语义一致性的含义是新规范(标准)所用的术语应明确对应本标准。

数据一致性的含义是应用模式的数据类型的使用或设计规格(“应用类型”)可以映射到本标准中的类型(“标准类型”)。在这里,“可映射”的含义是本标准相应部分的标准类型之间的对应关系,并且应用类型在形式上可以将标准类型视为超类、实现类型或应用类型规格。这意味着与标准类型对应的应用类型包含足够的数据能够重建标准类型的信息内容,而应用类型在其操作中完全反应标准类型的特征。在所有实现关系中,单一的应用类型可显示多个标准类型,或多个应用类型可以实现单一标准类型。

服务一致性意味着既要求基于消息的“请求—响应”界面使用的一致性,又要求界面所使用消息的数据一致性。“请求—响应”对的结构应满足如上所述的数据一致性规则。

A.2 语义一致性

A.2.1 术语

参照要与本标准中的保持术语一致性的规范,本标准第 4 章的术语或直接在适当的场合使用,或关联到新规范中的附属条款。

a) 测试目的:验证术语一致性。在新规范中使用的每个术语都与本标准的术语相对应,且与本标准第 4 章中的术语明确关联。术语之间的关系必须给出详细解释,以避免在解释多个规范术语一致性时产生混乱。

b) 测试方法:通过检查,确保规范性文件能够清晰表达出所要求的术语对应关系。

c) 参考:第 4 章。

d) 测试类型:功能。

A.2.2 包—LBS 参与方

参照要与本标准中的术语保持一致性的规范,对活动参与方的描述应尽可能使用本标准的参与方模型。这种描述不一定是参与方的主要模式。本标准第 7 章定义的语义表达了参与方最常见分类的语义。

a) 测试目的:验证参与方模式。不论是 UML 还是其他相关语言定义,每个参与方都应该使用本标准的基本模型的扩展定义。

b) 测试方法:通过检查以确保规范性文件能够清晰表达出所要求的术语对应关系。

c) 参考:第 7 章所定义的以下条款:

1)	Type-LBS_Participant	7.2.2
2)	Type-LBS_User	7.2.3
3)	Type-LBS_ApplicationProvider	7.2.4
4)	Type-LBS_DataProvider	7.2.5

5） Type-LBS_FeatureDataProvider 7.2.6
6） Type-LBS_ContentProvider 7.2.7
7） Type-LBS_SpatialContentProvider 7.2.8
8） Type-LBS_ServiceProvider 7.2.9
9） Type-LBS_ServiceBroker 7.2.10
10） Type-LBS_MobileDevice 7.2.11
11） Type-LBS_DataBroker 7.2.12

d） 测试类型:功能。

A.3 服务一致性

与本标准保持服务一致性的规范或标准要求在标准化活动中酌情使用标准服务类型。本标准第8章中定义的语义描述了大部分通用服务的基本语义。

a） 测试目的:验证基本服务的使用。在使用下列服务时,服务的实现或服务的组件应当是本标准定义的相关服务的子类型的实例。

b） 测试方法:通过检查以确保规范性文件清晰表达出所要求的术语对应关系。

c） 参考:第8章所定义的以下条款:

1） Type-LBS_Tracking 8.2.2
2） Type-LBS_Routing 8.2.3
3） Type—LBS_Navigation 8.2.4
4） Type—LBS_LocationTransformation 8.3.2
5） Type—LBS_AddressParsing 8.3.3
6） Type—LBS_Geoparsing 8.3.4
7） Type—LBS_Gazetteer 8.3.5
8） Type—LBS_MapService 8.3.6
9） Type—LBS_DataService 8.4.2
10） Type—LBS_NetworkDataService 8.4.3
11） Type—LBS_EventSubscription 8.4.4
12） Type—LBS_MovingObjectManagement 8.4.5
13） Type—LBS_UserProfileService 8.5.2
14） Type—LBS_LocationTriggerControl 8.5.3
15） Type—LBS_Resource 8.6.2
16） Type—LBS_License 8.6.3
17） Type—LBS_Right 8.6.4
18） Type—LBS_RightsCondition 8.6.5

d） 测试类型:功能。

A.4 数据一致性

与本标准保持数据一致性的规范或标准,要求在标准化活动中酌情使用标准数据类型。本标准第9章中定义的语义描述了大部分通用服务的基本语义。

a） 测试目的:验证基本数据类型的使用。当数据元素是下列类型之一,或要求使用下列类型之一时,元素的实现或元素的组件应当是本标准定义的相关类型的子类型的实例。

b) 测试方法:通过检查以确保规范性文件能够清晰表达出所要求的术语对应关系。

c) 参考:第9章所定义的以下条款:

1) Type—LanguageSpecificCharacterString 9.2.2
2) Type—LBS_AccessInfo 9.2.3
3) Type—LBS_Accuracy 9.2.4
4) Type—LBS_Address 9.2.5
5) Type—LBS_CostFunction 9.2.6
6) Type—LBS_Data 9.2.7
7) Type—LBS_DataSource 9.2.8
8) Type—LBS_DisplayParameters 9.2.9
9) Type—LBS_EventInfo 9.2.10
10) Type—LBS_Instruction 9.2.11
11) Type—LBS_Location 9.2.12
12) Type—LBS_Maneuver 9.2.13
13) Type—LBS_MapFormat 9.2.14
14) Type—LBS_Notification 9.2.15
15) Type—LBS_Position 9.2.16
16) Type—LBS_Preference 9.2.17
17) Type—LBS_Route 9.2.18
18) Type—LBS_RouteConstraint 9.2.19
19) Type—LBS_RouteCriteria 9.2.20
20) Type—LBS_SecurityCertificate 9.2.21
21) Type—LBS_SymbolSet 9.2.22
22) Type—LBS_TrackingLocation 9.2.23
23) Type—LBS_Trigger 9.2.24
24) Type—LBS_UserID 9.2.25
25) Union—LBS_FeatureData 9.2.26
26) Union—LBS_GeometryChoice 9.2.27
27) Union—LBS_NamedLocation 9.2.28
28) Union—LBS_TrackTrigger 9.2.29

d) 测试类型:功能。

附 录 B
（资料性附录）
架 构

B.1 LBS 模型

本附录是对支持位置服务的数据、服务和框架结构的简要概述。

概念结构如图 B.1 所示。其基本假设是移动设备可以通过类似在线用户的方式通过网络获得服务。移动客户端所需要的网上代理服务应用程序起到了服务和移动客户端之间的信息和数据流转换器(transformer)的作用。移动客户端和网上代理服务器之间的接口不在本标准讨论范围之内，而是在OGC:OLS 传输标准的覆盖范围内。移动设备可包含笔记本电脑，它可以以任何形式接入网络。

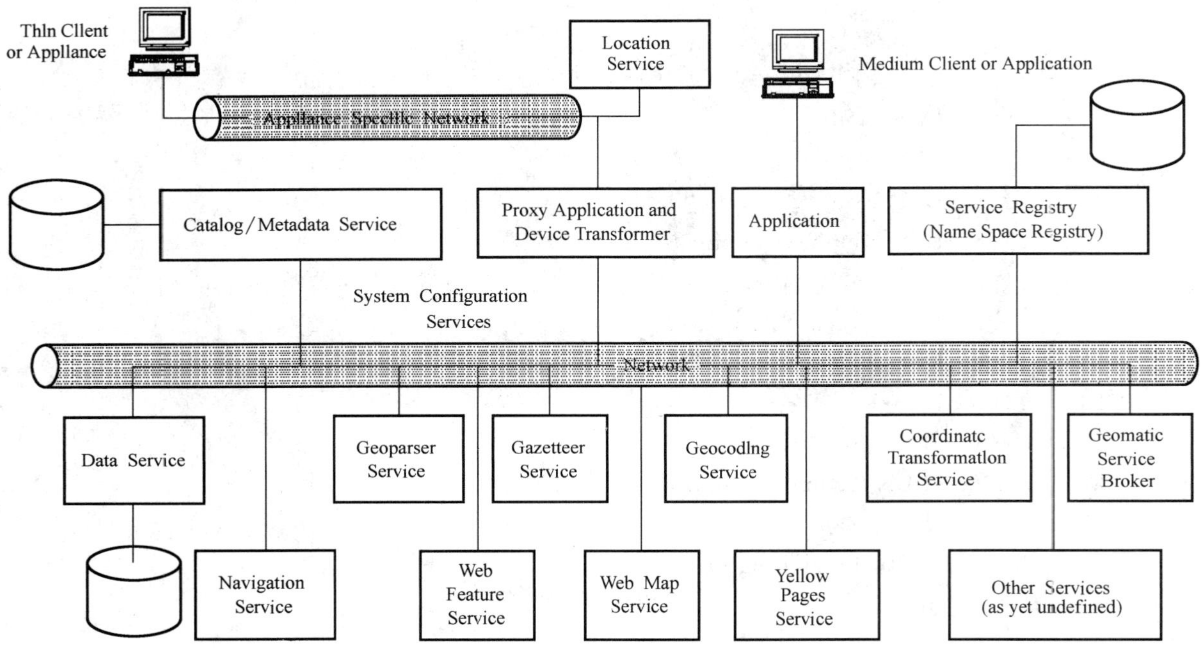

图 B.1 概念结构等同的移动和非移动服务

第二个假设是移动客户端的状态由客户端应用程序或网上代理服务应用程序管理。这意味着所有的服务请求应完全包含在一个请求—响应对中。客户端或服务端的状态信息要存储在客户端、代理服务应用程序或服务器中；如果需要，同步状态变量标识数据将作为其服务接口的一部分。

B.2 LBS 接口模式

本附录将对上述概念结构的部分组件做更详细的解释。图 B.2 所示接口模式将用户与其需要的数据连接起来。虚线框所示项目为确认需要标准化的内容。

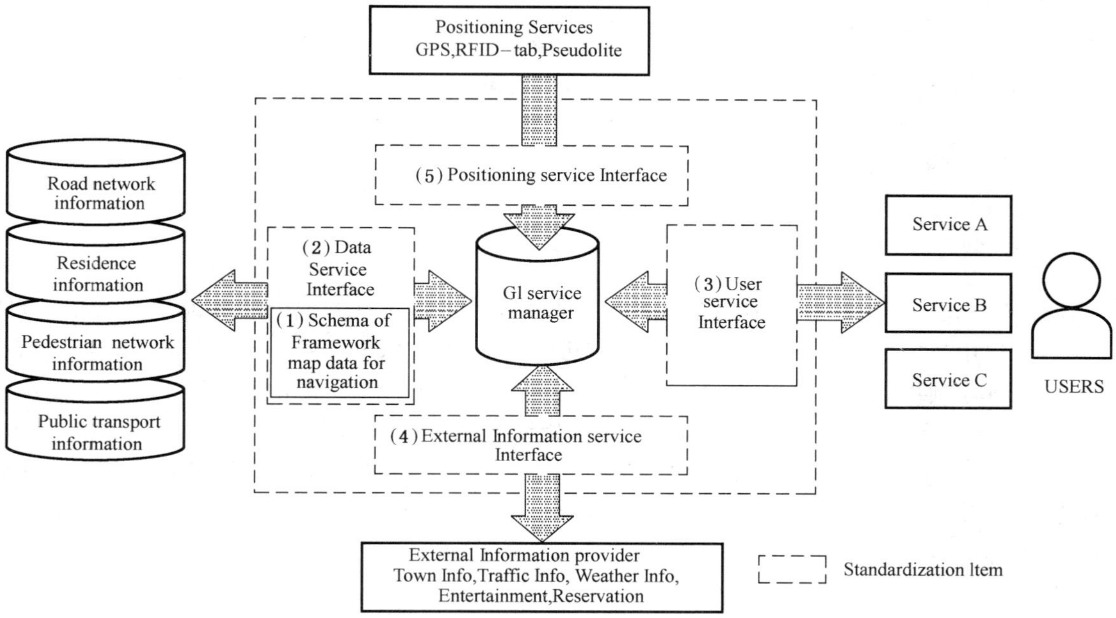

图 B.2　LBS 接口模式与暂定标准项

GI(地理信息)服务管理程序连接位置服务的其他三个基础组件。这三个组件是地图数据服务接口(合并模式或导航框架地图数据):(1)和(2)、外部信息服务接口(4)及定位服务接口(5)。用户服务接口(3)是服务中 GI(地理信息)服务管理程序与用户交互请求的一个接口。这个接口接收用户请求,并通过 GI(地理信息)服务管理程序将请求分配到适当的基础服务组件中。

表 B.1　LBS 基本组件

序号	关键标准项	描　　述
(1)	框架地图数据模式	支持地图数据服务接口的数据存储逻辑模式
(2)	地图数据服务接口	GML,G-XML,SVG
(3)	用户服务接口	POI 服务、定位服务、导航与跟踪服务、推送服务
(4)	外部信息服务接口	交通信息、公交信息
(5)	定位服务接口(GNSS、手机、无线局域网、POI)	定位数据(X,Y,Z 坐标及精度)定位参照

外部信息服务包含了网络服务,如城镇的资讯、娱乐及导游预约订票。此处假定外部信息服务可以通过兴趣点(POI)进行信息连接。

除上述服务接口,还须规范个人导航服务的框架地图数据模式。框架地图数据应包括多模式网络数据,包括道路、人行道及公共交通。利于导航服务企业发展的要素目录和多模式数据的共享问题也应得到关注。

附　录　C
（资料性附录）
应 用 场 景

C.1　语义

为评价位置服务通用框架元素的多样性，所编写的一系列样例。位置服务大致分为推、拉两种服务：推——根据用户的位置或接近的目标提供信息；拉——要求用户正式提出请求以启动位置信息的使用（用户的位置起到信息过滤器的作用）。以下段落描述的应用场景通常建议采用推拉服务的组合。

每一个应用场景都需要具备所推荐的LBS框架元素。某些应用场景可能只有框架的一个组件，而其他的可能用到多个组件。服务范围及其关联的框架元素凸显出有效的位置服务对交互操作的系列相关标准的迫切需求。

C.2　灾难管理

灾难是不可预见事件，可能以不同的方式和形式发生。术语“灾难”可以包含的事件有：地震、水灾、恐怖袭击、龙卷风、飓风、核爆炸、森林火灾、有毒物品及环境污染等。例如，核电站泄漏或包含有毒物品的火车出轨。当面临一个灾难境况的时候，有效和快速的反应对救护生命和减小灾难的传播是很有必要的。

位置服务必须适用于各种情况，才是对救援服务团队有帮助的。它们必须支持所有工作在同一个问题事件周围的人彼此传送危急的信息，例如：哪里是受影响区域，哪里是受限制区域，哪些设备仍可使用及使用的范围，在一个特定区域内有多少受伤人员，需要何种救援人员，目标区域的优先次序等。简言之，大量的各种类型的灾难信息需要被共享。

某些应用已经通过网络地图服务器和网路要素服务器得以实现。这些应用软件可以将不同来源的信息结合起来，例如：气象服务中心预测的地图、当前的水道地图、统计扩散仿真、市政地图、战略设施及其容量信息等。下一步是处理新的信息（推操作）如GNSS轨迹经过的区域或高优先级区域，有多少人在医院、学校或教会等收容场所，现场各紧急救援小组的种类和位置。完成后，这些信息将实时提供给救援人员、救援队和控制中心，以排除发生延误的可能。

C.3　山地救援

当人们徒步旅行或在山区旅行时，因迷路、受伤或受到突发急病困扰时，位置服务可作为一种定位和救援的手段。从更广泛的意义上说，LBS作为导航工具和地理信息代理服务可以避免迷路的发生。其包括引导人们沿安全路径行进，显示山区旅馆和其他重要兴趣点，在危险的断崖绝壁前发出警告等。

从严格意义上说，LBS的山地救援将在这类事件发生后使用。第一项任务是定位需要帮助的人。山区自然环境下，树木茂密，只使用卫星定位技术可能不足以定位。在这种情况下，定位可看作是一种特殊情况下的跟踪服务，徒步旅行者在事故前沿某条道路步行的“历史”称为重要的信息。此外，预定行程路线也很重要。第二项任务是定位周边有效距离内的所有设施（包括医疗、运输、基础设施等）。第三项任务是显示搜索人员到达路径，及前往救援中心的路径。这就需要全部的GIS时空语义信息的支持。因为山区路径的数字空间信息不像道路网络那样容易获得，这将扩展设定路径的跟踪范围。

从更广泛的意义上说，跟踪不限地点和时间，可以包括人的重要医疗特性的跟踪（例如血压监测等)。LBS可以视为人们在山区的网上风险监测系统,这些风险可能来自医学、地理、气象等原因,或这些风险的组合。

C.4 智能路径规划

出行者从出发地到目的地(当前位置是出发地时不需要定义),可以模糊或详细定义限制或要求,动态或静态。出行者可以是有决策能力的人(无论是否乘坐交通工具),或者是进入某个系统的非智能物体(如包裹或货物)。任何情况下,路径规划都是自动实现的。需要考虑的因素包括:

——时间相关:出行者从出发地点到目的地或访问途经路径点(经过的检查点,出行者不停留)或途经地点(出行者停留办事的地点,不是必须停留)的范围;

——静态数据:不经常变化的路径数据,如道路面和坡度、桥梁(对应浅滩)、航线、火车、公交和渡口时刻表等;

——动态数据:经常变化的路径数据,例如道路施工、交通事故(撞车)、交通拥堵及其他交通数据;

——事件:影响出行者备选路径的特殊事件,例如大型运动会、示威游行、节日庆典、阅兵式等;

——代理服务数据:动态数据的统计评估可以提供动态数据或事件的代理服务,例如交通高峰时段;

——路径点和途经点:经过或停留的地点,可以是详细定义的(例如地址)、通用的(任一加油站)或抽象的(例如用户选择点构成合成路径);

——交通限制:出行者希望避开的点、线或区域,例如路口、不平的道路或犯罪高发区;

——路径要求:出行者要求的特性,例如有风景的路径、极难通行的路径(以使车辆功能极限发挥)、穿过历史遗迹的路径、交通量低的路径等;

——可选路径:如果"优化"路径失去优势或出行者"迷路"(离开路径)时,重新选择的路径,可以返回原始路径,也可以生成新的路径;

——进度监控:随某些因素变化的出行者进展速率(出行者速度,在路径上的跟踪记录等),出行者被跟踪的技术限制(例如GNSS在隧道中不工作);

——提供反馈:出行者进度反馈速度;

——在以下两节中更详细地描述了位置服务的智能导航领域的实例场景。

C.5 弱视者的个人导航

一个具体的位置服务应用场景,作为智能路径规划的扩展,是弱势或老年出行者的个人和/或公交导航服务。此类应用有效地增强了弱视步行者的活动能力,特别是在未知的都市环境下。为了达到这个目标,需要将出行前规划、出行中定位及路径规划结合使用。出行规划及导航必须满足弱视人群的特殊需求,包括在选择最优路径、引导沿路径行走和提示避让沿途物体等方面。

作为系统的必要组件,视觉传感器及数字三维城市模型的使用,可以弥补残疾人感知能力的差距。在传统的卫星定位和地面定位传感器的支持下,通过识别人行道上大的障碍物、识别重要的报警信息和标志,实现该目标。

安装在路边的RFID通过提供最近一分钟的本地信息增强出行者的体验,这些信息可以通过出行者跟踪设备传感器关联的读卡器获得。

C.6 公共交通

智能路径规划的另一具体扩展应用场景是在特定城市公交系统的出行。大都市区域为出行者提供多种选择,包括汽车(私家车或出租车)、公交车(包括公共汽车和轨道交通)以及步行。通常的解决方式(或组合模式)的选择标准是旅行时间或旅行费用。

位置服务可为出行者提供实时交通路况、公交车辆实时位置、行人导航指令,帮助出行者解决路径规划问题。

当出行者选择公共交通作为出行方式时,所需要的 LBS 是:

——确定适当的出行模式和/或路线行程;

——限制其行程包括或排除特定的模式和/或路线;

——协助规划旅程,或调查可选择的旅行路线;

——提供附近站点的时刻表以供查询。

在所有情况下,出行者需要的路线信息包括:站点标识、模式、车辆设施(如方便轮椅/婴儿车进入的、语音提示站点和车厢号、及其他辅助的低层设施)、到站和出站(到港和离港)时间、路程确认(如到站计数直到终点)、导航信息(如果旅程的出发地/目的地与公共交通上车站/下车站无关)。这些信息理想的细节和形式取决于用户和访问服务的平台,通过手机的访问只限于文字或语音信息,而通过 PDA 或类似设备的访问可获得旅程的全彩色地图[3)]。

上述场景可以分为预定旅行计划和执行旅行计划两种情况。在预定旅行计划时,用实时信息补充静态时刻表信息,以提高预计公共交通工具到达和离开时间的准确性。用户旅途中的跟踪可以提示用户下站到达;如果在旅行途中服务被取消或中断,仍能为用户规划可选路径。

此外,在一些地区,运输服务(门到门)提供了另一种形式的公共交通工具。这些车辆不按固定路线和时间运营,而是根据顾客要求和需要选择不同路径。此时车辆跟踪和当前顾客属性是需要考虑的重要因素,也应纳入位置服务范围之内。

C.7 跟踪监控

跟踪某一个对象或人在一段时间内移动的位置是位置服务的核心内容。跟踪可以由一些事件或时间触发,这取决于应用场景。例如,自然灾害事件能触发跟踪灾害及模拟灾害,以便向受到影响的区域的人们发出警告。在小尺度上,跟踪公共运输车辆和乘客可以用来帮助车辆在延迟时选择替代路线。

跟踪位置的形式取决于被追踪的对象或人,它可以是特定参照系的坐标、位置、地址、受影响的面或多边形范围。

C.8 室内 LBS 与商务应用

通过使用 RFID 标签或类似装置,房主可以将存放的所有可移动物品加标签管理。通过安装在所有门口的标签阅读器,室内计算机系统可以跟踪房间内每个物品的位置,可以以此监管重要的家庭或个人用品。

同样,商业标签可用于所有可移动的物品和库存。它可以集成跟踪和销售系统,在扫描商品时生成销售发票;通过跟踪加标签的物品从仓库到货架或其他地方的过程,可以提供简便的库存管理能力。

C.9 道路维护与智能交通运输系统(ITS)

C.9.1 综述

智能交通运输系统(ITS)通常是更大范围道路管理和维护的一部分。从 ITS 的角度看,LBS 包含

---

3) 由于目前 3G 手机为提供图形服务提供了便利,此句已不能准确反映客观现实情况。

道路维护和运营:LBS功能用于管理和获得维护状态信息、道路所有者和承运者细化路网所有路段的详细信息。

交通管理:LBS功能用于获得和报告路网所有位置的道路交通信息。

电子安全:LBS功能用于支持车载事故预防系统和提供安全支持的智能道路。

ITS(智能交通运输系统):LBS功能用于以有效的方式向用户提供路网指令。例如RFlD或类似的数据传输机制。(见CALM)沿途提供道路和驾驶条件信息。可将道路指令和道路限制在车辆经过时传送到车上。

此处没有车载系统和便携系统的区别。两者可以同时存在和使用。通常,假定车辆通过线性参照系,RFID或GNSS与车载系统和便携系统的地理数据结合定位。RFID通过车辆唯一的标识访问其信息,并根据该标识从数据库中获得其位置和所有相关信息。

C.9.2 ITS

车载导航系统依赖道�指令和交通限制。这些指令和限制基本上是静态的。同时,通过安置在路边的RFID,由计划中的或意外的道路施工引起的变化也会定向传输到导航系统中。导航系统接收并能够向驾驶者告警、重新规划路径并给出正确的建议。

导航数据在路上的实时更正。在检测车辆发现数据存在错误时,可以直接更正道路指令和限制,返回在车辆经过路径上的隧道名、桥梁名、站点名、POI和地名的服务。

车与车之间的通信服务。例如,前面的车辆为后面的车辆更新车载导航系统中的交通事故、拥堵和气象信息等。

C.9.3 ITS与电子安全

eSafety电子安全表示系统和设备基于道路前方已知安全属性,帮助驾驶员防止事故发生。建议属性为:

a) 速度限制;

b) 交通标志和交通灯;

c) 坡度;

d) 人行横道;

e) 路面条件;

f) 路口交通容量;

g) 校园、幼儿园和商业街的复杂交通情况。

这些属性是在变化的。LBS的含义可通过多种方式,从国家道路数据库向行驶中车辆的车载系统实时传输或更新这些属性。

C.9.4 道路所有者、维护者和承运者

道路设备的智能标签将得以使用。RFID将与小传感器组合,这些传感器能测量温度、结冰、光敏以及道路标志反射。这种组合使设备检测更快。

设想已RFID安装在路侧固定设备中。这将简化各种评估工作,通过设备获得自己的维修状况和历史,包括道路所有者和承运者信息,还可以定位隐藏的设备。

C.9.5 微观LBS

微观LBS:在火灾或其他事故情况下引导离开隧道的紧急救援。

可应用于隧道、船只、医院、旅馆、写字楼和机场等。

C.9.6 宏观 LBS

到达一个国家，获取基本信息，如按照新的时区配置电子设备、语言、文化和行为信息、左/右驾驶和货币汇率等。

这些都应该在框架中定义和解释。有很多服务取决于时间和位置。在 ITS 中，大部分 LBS 取决于请求服务的时间。微观 LBS 和 LBS 的大部分情况都是如此。

附　录　D
（资料性附录）
LBS 相关标准

D.1　标准组织

表 D.1 是与 LBS 有关的国际标准化组织。

表 D.1　LBS 标准组织

组　　织	网　　站
第三代合作伙伴计划(3GPP)	http://www.3gpp.org/
欧洲标准委员会(CEN)	http://www.cenorm.be/
联邦地理数据委员会(FGDC)	http://www.fgdc.gov/
互联网工程任务组(IETF)	http://www.ietf.org/
ISO TC 204 —智能交通运输系统	http://isotc.iso.org/livelink/livelink?func=11&objId=138484&objAction=brows e&sort=name
区域互用性论坛(LIF)	http://www.locationforum.org/
开放地理空间联盟(OGC)	http://www.opengeospatial.org/
开放式位置服务计划(OpenLS)	http://www.openls.org/
开放移动联盟(OMA)	http://www.openmobilealliance.org/
信息同步标记语言(SyncML)	http://www.syncml.org/
电信行业协会(TIA)	http://www.tiaonline.org/
万维网联盟(W3C)	http://www.w3.org/

注：信息同步标记语言(SyncML)和位置信息互操作论坛(LIF)已经并入开放移动联盟(OMA)中；开放式位置服务活动(OLS)属于开放地理空间联盟(OGC)。

D.2　LBS 已有标准

D.2.1　ISO 14825：智能运输系统　地理数据文件　全数据规范(GDF)

该国际标准定义了用于智能交通应用的地理信息数据库的概念、逻辑数据模型及交换格式。

包括数据库内容规格(要素、属性和关系)、表示规格及相关信息的定义(元数据)。

该国际标准定位于 ITS 应用，重视道路和道路相关信息。ITS 应用还需要道路和道路相关信息以外的信息。

例 1：1TS 应用需要地址信息以便定义位置和/或目的地。因此行政和邮政分区是必要的。

例 2：地图显示是 ITS 应用的重要组件。其包含陆地和水系，是地图正确显示的基础。

例 3：兴趣点(POI)或服务信息是出行者信息的关键要素。它增加了 ITS 应用对终端用户的使用价值。

概念数据模型明确着重于ITS应用,是一项独立的应用。该国际标准将与其他地理数据标准协调一致。

D.2.2 ISO TC 204 导航应用程序接口(制订中)

该国际标准定义了面向交通和移动应用的导航和其他位置服务的应用程序接口(API),该标准的目标是通过定义标准的接口,使应用开发成本更低、速度更快,从而促进导航和通信、汽车电子产品与服务的国际市场的增长。在该标准下,应用开发商可以不考虑地图数据来源和格式而独立工作。它还使应用开发商避免或减少在已知的或可预知的应用领域进行底层的导航数据访问和一些路径规划函数相关的复杂的软件开发工作。

可能分离的数据存储设备有几个后果,应用不必关联数据的物理结构,高层界面无需考虑许多底层需求,因为每次计算需要它支持的调用较少。事实上,需要更少、更高层的调用以降低通信成本。

API主要是面向自主车载系统,期望可以以同样的方式在其他使用地图数据的应用中使用。例如在客户机/服务器或分布式导航系统以及位置服务中使用,而不必做进一步的专业化开发。

D.2.3 开放地理空间联盟/开放式定位服务(OGC/OLS):

该OpenGIS实现规范描述了开放式定位服务(OpernLS)、核心服务(Core Services),又称GeoMobility Server(GMS),是基于位置的应用服务的开放平台。该规范也定义了范围和OpenLS与其他规范和标准化活动的关系。规范包含下列服务:

a) 目录;

b) 定位网关;

c) 定位工具(地理编码和反向编码);

d) 展现(地图显示);

e) 路径规划;

f) 导航(待开发)。

OpenLS的主要目标是定义对核心服务和抽象数据类型(ADT)的访问,这些内容构成了开放式定位服务平台GeoMobility Server(地理移动服务器)。

附 录 E
(资料性附录)
ISO/TC 211 和 ISO/TC 204 术语跟踪

E.1 通用术语和概念

ISO/TC 211 和 ISO/TC 204 使用了很多相同的概念,建立通用词汇和概念对应关系是很重要的。本附录的目的就是建立关联列表,表示两个系列标准之间的对照关系以便相互关联和使用。

E.1.1 概述

ISO/TC 211 和 ISO/TC 204 同意共同工作、协调功能交叠的相关标准。ISO 19132 被确认为 ISO/TC 211 中需要协调的标准之一。协调内容除了重叠术语,还有重叠的数据模型、概念和功能。鉴于这种共同性,比较分析各自的概念,将有益于两套标准的用户。

E.1.2 ISO/TC 211 和 ISO/TC 204 术语和概念的比较分析

本附录描述了 ISO/TC 211 和 ISO/TC 204 已经开发或正在开发的各种功能类似的标准术语和概念上的差异和共性。以下 ISO/TC 211 文档都在分析范围之内:

——ISO/TS 19103 地理信息 概念模式语言;
——ISO 19107 地理信息 空间模式;
——ISO 19109 地理信息 应用模式规则;
——ISO 19110 地理信息 要素编目方法;
——ISO 19132 地理信息 位置服务 参考模型;
——ISO 19133 地理信息 位置服务 跟踪与导航;
——ISO 19134 地理信息 位置服务 多模式路径规划与导航。

以下 ISO/TC 204 文档都在分析范围之内:

——ISO 14825 智能交通系统 地理数据文件 全数据规范(GDF);
——ISO/TS 17262 车辆与设备的自助识别 联合货运 数字与数据结构。

以下其他来源的 ISO 文档也在分析范围之内:

——ISO/IEC 11404 信息技术 通用数据类型;
——ISO/IEC TR 10000 信息技术 专用国际标准的框架与分类;
——ISO/IEC 19501 信息技术 开放分布计算 统一建模语言。

这些标准的目的是用类似的功能支持应用。本分析的目的是告知用户在标准术语和概念模型上的不同,从而减少混淆。

E.1.3 建模的差别

ISO/TC 211 和 ISO/TC 204 相关数据模型在概念方法上有明显的差异。

ISO/TC 211 以要素的概念为基础数据模型的中心,借助于所有数据和与要素相关的核心概念构建模型。这是因为在 ISO/TC 211 的概念框架中,一切都是通过定义要素来描述的。几何拓扑,是几何学的分支,通常视为确定类型,其实例是描述要素的特性的值,而离开要素它是不存在的。

而 ISO/TC 204 的观点,要素以及几何拓扑对象,对数据模型没有那么重要,只将其视为能够独立存在的抽象结构,必须建立抽象结构的每个类型之间的逻辑连接,以构建一致的现实世界的模型。因此，一些名称相同的术语在ISO/TC 211和ISO/TC 204中分别表示不同的意义，而一些类似的定义却使用不同的术语。

ISO/TC 211所使用的术语大部分来自自然科学的数学用语，以便能够通用于所有模型的概念组件。例如，不管是要素还是几何，在两个实体相交时，ISO/TC 211都使用术语“junction”。比较而言，ISO/TC 204构造术语的原则是，基于术语使用的具体组件，相似概念可以使用不同术语。例如，坐标“coordinate”、节点“node”、点要素“point feature”是类似概念，分别用于几何、拓扑和要素对象。

这些概念方法上的差异并不妨碍双方的技术协调，归功于ISO/TC 211所使用的ISO/TS 19103定义的UML模型的很好的适用性，以及ISO/TC 211协调模型(Harmonized Model)的使用。ISO/TS 19103引用了UML基础类型和接口(作为类元的构造型stereotypes on classifiers)作为UML 2.0接口，表述ISO地理信息标准中模型的所有元素。在结合多重继承/实现/抽象的使用中，类元通常被视为“抽象(abstractions)”，它允许使用应用模式或相应专用标准和这些标准的外延，以方便映射到ISO/TC 211定义的结构的方式，去重建其内部概念。例如，如果一个应用模式希望表达有ISO/TC 211拓扑节点功能的独立对象时，它可以同时实现要素接口和拓扑节点接口。

ISO/TC 211中的要素“feature”可以用在任何表达现实世界现象的事物上。将ISO/TC 204的任何事物归类为ISO/TC 211中的要素，“feature”与ISO/TC 211术语一致。通过与要素表示的继承关系的使用，建模与ISO/TC 211协调模型形成一致，其类似于ISO 19110要素目录定义的ISO 19109中的元类的实例，以及ISO 19107几何类型的特性的表示。这意味着ISO/TC 204和ISO/TC 211标准的组合使用必须面对具体语境的“模糊(confused)”术语，而技术层的建模不受负面的影响。

根据ISO/TC 204要素和ISO/TC 211要素“拆分(disconnect)”，应用可以定义“TC 204要素”和“TC 211要素”类型。如前文所述，ISO/TC 211标准要求是“ISO/TC 211要素”实现的前提，任何事物都有可分的存在；而ISO/TC 204标准允许“非ISO/TC 204要素”有独立的身份和存在。这样制作和构建的模式在两个世界都能生存，差别是ISO/TC 211和ISO/TC 204所用名字的兼容测试。

E.2 ISO/TC 211术语与ISO/TC 204术语对照表

下表是这两个机构共同使用的术语。为便于理解，对术语做了细分。

表E.1 数据模型术语

术语	ISO/TC 204定义	ISO/TC 211定义	备注
Attribute属性	与其他要素无关的要素特征[GDF]	要素属性(Feature attribute)：要素的特征[ISO 19101]	两个定义的UML是一致的，认同属性值的存储是独立的，但允许之间存在依赖关系，通常用OCL表示
Attribute Code属性代码	属性类型的数字字符标识[GDF]	属性名的别名。ISO 19110定义了要素类型及属性的别名，是模式描述类的一部分(按照定义，这些类型是“元类(metaclasses)”且与ISO 19109的扩展一致)	
Attribute Name属性名称	与属性类型相关联的名称[GDF]	ISO/TC 211使用UML命名逻辑，是一致的。术语和属性类型之间有些模糊。在UML中，类型的重用并不要求名称的重用。在ISO/TC 204中也是如此，但是定义的措辞有不明确的地方。这里的解释是，名称是在本地的包含类型的名称空间中，该定义只能应用于此名称空间。这与通用的编程语言范围逻辑和通用的工程实践一致	

表 E.1（续）

术　语	ISO/TC 204 定义	ISO/TC 211 定义	备　注
Attribute Type 属性类型	所定义的要素特征，与其他要素无关[GDF]	特征化现实世界现象的特性分类	两个定义与 UML 的"属性(attribute)"含义等同
Attribute Value 属性值	指派到属性的具体数量或质量[GDF]	ISO/TC 211 使用 UML 概念，逻辑上等同	
Feature 要素	表示现实世界的数据集	现实世界现象的抽象	是不是要素的选择是 ISO 19109 中定义的应用模式的基本内容
Feature Simple 简单要素	用基本构造块定义的要素(几何)[GDF]	ISO/TC 211 要素的特化。这是应用模式的专用标准。类似于 ISO 19107 中提出的微型拓扑(MiniTopo)的专用标准。微型拓扑 1984 年定义，并用符号类型规定了要素分类的通用图例。单一地图上有混合符号类型的要素视为简单纯组件的聚合，即"复杂要素"。在微型拓扑定义后，要素、要素组件和复杂要素的分级模式被用于 MC&C. DIGEST 及很多其他标准中	
Feature Point 点要素	用节点定义的零维要素[GDF]		
Feature Line 线要素	用一个或多个边的序列定义的一维要素[GDF]		
Feature Area 面要素	用一个或多个面定义的二维要素[GDF]		
Feature Complex 复杂要素	要素聚合(简单要素和/或复杂要素)[GDF]		
Record 记录	依赖一个或多个可识别的相关领域的集合组成的构造的实现[CDF]	相关项的有限的，命名的集合(对象或值)	在 ISO/TS 19103 和在 ISO/IEC 11404 中记录有各种形式的等同定义。ISO/TC 204 的定义使用了关联数据域(空间)和其内容(占据该空间的事物)的通用修辞。虽然语义上感觉不够贴切，但含义不易曲解，所以是一个有效的、不易误解的定义
Relationship 关系	一个要素影响其他要素的特征[GDF]	要素关联关系，要素类型实例与相同或不同要素类型实例的联系	UML 中使用"association(关联)"代替关系。其目的相同
Relationship Code 关系代码	关系的文字数字标识符[GDF]	所用代码是 ISO 19110 中应用模式所定义的别名	属性的相同问题。在 ISO/TC 211 中使用了 UML 定义，与 ISO/TC 204 的使用目的一致。ISO 19110 确认了名称别名的使用
Relationship Name 关系名称	关联关系类型的名称[GDF]		
Relationship Type 关系类型	所定义的与其他要素相关的要素特征[GDF]	在 UML 中关系类型与关联角色的目标类型相关	

表 E.1（续）

<table>
<tr><th>术　语</th><th>ISO/TC 204 定义</th><th>ISO/TC 211 定义</th><th>备　注</th></tr>
<tr><td>Section 段</td><td>数据集的空间子集[GDF]</td><td colspan="2" rowspan="2">这些是数据组织基元，在 ISO/TC 211 中没有对应术语。“Layer 层)”经常用于图示单元，信息内容准则决定符号选择或优先。这与 ISO/TC 211 标准不是一个层次上的问题。“Section”类似于数据库的分区。GI 中的通用含义是空间分区，但并不总是如此，可以按其他准则分区，包括“layer”</td></tr>
<tr><td>Layer 层</td><td>依赖信息内容的数据集子集[GDF]</td></tr>
</table>

表 E.2　数学术语

<table>
<tr><th>术　语</th><th>ISO/TC 204 定义</th><th>ISO/TC 211 定义</th><th>备　注</th></tr>
<tr><td>Graph 曲线图</td><td>由点集和箭头集组成，其中箭头将一个点指向其他点。点称为曲线图的点，箭头称为曲线图的边[GDF]</td><td>用边连接部分点的点集</td><td>ISO/TC 204 的定义完全是现代曲线图的定义，而 ISO/TC 211 的定义(包含边和点)反映了数学界最初普遍使用的定义，新的定义 80 年代后期才提出。引用新的定义的原因是允许曲线图用于非常抽象的“范畴论”中。语言上的差异对地理信息不是特别重要，而两种定义形式的使用是相同的</td></tr>
<tr><td>Graph，Connectivity 曲线图连通性</td><td>(交通运运输网络)现实世界交通运输网络的抽象(模型)，包含导航意义的拓扑而不是形状。曲线图由点和线组成。点由有向路段连接起来，并定位于交通元素相交的位置[API]</td><td colspan="2">因为在 ISO 19133 没有说明，本标准意图使用曲线图拓扑。TC 204 使得 ISO 19133 固有的和必要的假设更为明确</td></tr>
<tr><td>Generalization Level 泛化层</td><td>要素和变量精确度的子集，常用于表示在不同比例尺地图上的现实世界[API]</td><td colspan="2">通用地图使用，在 ISO/TC 211 标准中未明确定义，假定是读者已知的背景知识。基于标准尽可能简洁的需要，ISO/TC 211 标准中尽量避免加入指南(基础知识培训)的内容</td></tr>
<tr><td>Geometry 几何学</td><td>研究空间图形特征的科学[18]</td><td>描述几何要素位置、形状、区域的对象的类。在 GML 3.0 几何模式中描述了几何类的各种类型(每一种都是几何)</td><td>只是修辞上的差别。在此情形下，空间图形的学科名称只是用于该学科基本对象的命名</td></tr>
</table>

表 E.2（续）

术　　语	ISO/TC 204 定义	ISO/TC 211 定义	备　　注
Topology 拓扑	连续性变化后依然保持的几何结构特征[GDF]	接近拓扑的传统定义。重述上述修辞，严格的说，拓扑是对经过连续变换后的保持的空间图形特性的研究。使用这个名称去命名对象是明确的	
Precision 精确度	同样条件同样技术同一现象的重复测量结果的接近程度[GDF]	一组量测结果可重复性的度量	两个定义是简单重述
Resolution 分辨率	可测的最小单位，它决定了精确度和准确度的下限[GDF]	像素的大小	ISO/TC 204 的定义更普遍。ISO/TC 211 的定义是地理栅格数据环境中的定义，而且限于此领域的定义。在更通用的环境下，ISO/TC 204 用法是公认的"分辨率"的含义

表 E.3　测绘术语

术　　语	ISO/TC 204 定义	ISO/TC 211 定义	备　　注
Control Point 控制点	现实世界中已知其坐标的点，可以在地图或航空照片或卫星照片上标识其对应点	定义曲线段或面的点的序列， 用插值方法的附加信息拼接。	在 ISO/TC 204 中可能更通用的定义是"tie points"。该术语用于标识影像或地图的已知测绘点，且用于创建从影像空间向地理空间坐标的坐标映射。ISO/TC 211 在 ISO 19107 对几何对象使用。这种情况下术语来自样条插值理论(Spline Theory)，此时 spline 插值使用的点称为 spline 控制点
Geodetic datum 大地基准	近似表示地面的数学面	描述地球与坐标系关系的基准	这两个定义关注同一过程的不同部分。在 ISO/TC 204 的定义中，面有优先级，而在 ISO/TC 211 的定义中，近似方法有优先级。这是通用的修辞表达，而"重要"的是用于命名整个聚合

表 E.3（续）

术　　语	ISO/TC 204 定义	ISO/TC 211 定义	备　　注
Geoid 大地水准面	与平均海平面一致的地球外形的模型，是假想海平面表面在陆地上的延伸。在任意地点都与地心引力垂直。形状不规则，但可以近似为扁圆椭圆体[GDF]	与局部或全球平均海平面最佳拟合的水准面	逻辑上这两个定义是对对方的重述。所以是等同定义
Spheroid，Ellipsoid 椭球		绕椭圆的一个主轴旋转所形成的表面。注：ISO 19111 中椭球是扁圆的，意即旋转轴为短轴	这二个术语是常用的可互换的参照地球的术语(考虑表面低偏心率的适用性)。解释为对地球形状的数学近似是合适的
Height 高度	点到参考面或参考椭球体的(垂直)距离。在陆地地图上的参考水平面通常是平均海平面[GDF]	点到参考面的垂直距离。ISO 19111 的定义：垂直于椭球面的向上或向外为正的点到椭球面的测量距离。注：作为三维大地坐标系使用，但不限于此	因为在问题中大地面是通用面，定义一般是等同的。如果不是通常所用的(大地)面，应使用适当的形容词
Ellipsoidal Height 椭球面高，或大地高	点到参照椭球体的距离(沿椭球体法线方向)	ISO 19111 的定义：ellipsoidal height 椭球面高 geodetic height 大地高沿从椭球面到点的法线方向量测的该点到椭球面的距离，向上或向外为正	等同定义
Map Projection 地图投影	用于在平面上表示地球表面的转换方法	从测量坐标系向平面坐标系的坐标转换	等同定义

表 E.4　几何术语

术　　语	ISO/TC 204 定义	ISO/TC 211 定义	备　　注
Node 结点	零维元素，是两个或多个边的拓扑连接点，或是边的端点。[GDF]	零维拓扑单形	等同定义
Edge 边	两端有结点的不相交线段的有向序列。[GDF]	一维拓扑单形	定义等同。ISO/TC 211 的边是更宽泛的概念，可以定义的与 ISO/TC 204 不一致，例如边不必由直线段构成

表 E.4（续）

术语	ISO/TC 204 定义	ISO/TC 211 定义	备注
face 面	边的闭合序列，和在第一个边的序列内 0 个或多个不相交的边的闭合序列包围的二维元素。面是原子级二维元素	二维拓扑单形	等同定义。ISO/TC 211 的面是更宽泛的概念，可以定义的与 ISO/TC 204 不一致，例如面不必由序列边构成。它们本来是合成的，但是定义不是合成而是关联的。TC 204 使用表示语言同时也在 ISO/TC 211 中使用
Point 点（又称 Dot）	定义几何位置的零维元素。用两个或三个坐标定义位置。这是定义形状点和/或节点定位建筑区的方法，它们可以排列为一个序列，以定义边定位建筑区。[GDF]	表示一个点的零维拓扑单形	等同定义

表 E.5 世界模型（要素）定义

术语	ISO/TC 204 定义	ISO/TC 211 定义	备注
Junction 连接点	关联道路元素或渡口连接（元素）的要素。道路元素（或渡口连接）构成了两个连接点之间的连接线。道路元素（或渡口连接）总是在两个连接点之间。连接点要素表示了两个邻接道路元素（或渡口连接）的物理连接[CDF]	网络中的单一拓扑节点以及与之相关联的转向、入口路段和出口路段的连接集合	忽略要素与非要素，两者是相同的，无论在 ISO/TC 204 中是道路或渡口的连接
Intersection 交叉点	表示路口的复杂要素。交叉点可以是复杂要素网络的绑定道路（或渡口）的部分。交叉点是由一个或多个简单要素连接点、道路元素和闭合交通区域组成的复杂要素[GDF]	几何或要素对拓扑结构的映射取决于应用的工作。例如，在分级网络中能将复杂交叉点和转换路段定义为简单结点、完成路径规划。当调用导航辅助过程时，同一构造将分解成多个路段以便创建更明确的复合行进策略执行指令。ISO 19133 部处理这个分层步骤，但允许定义多个拓扑网络关联到简单几何集（如 ISO 19107 中所定义的）。复杂要素的使用支持拓扑单形是简单要素的观点	
Interchange 转换路段	路段的集合。使两个以上道路交叉口能够通行的路段[GDF]		

表 E.5（续）

术　语	ISO/TC 204 定义	ISO/TC 211 定义	备　注
Element 道路元素	设计用于车辆行驶的陆地上的线性部分。作为道路网络的最小单位使用，是独立的两端有连接点的简单要素[GDF]	几何或要素对拓扑结构的映射取决于应用的工作。例如，在分级网络中能将复杂交叉点和转换路段定义为简单结点、完成路径规划。当调用导航辅助过程时，同一构造将分解成多个路段以便创建更明确的复合行进策略执行指令。ISO 19133 部处理这个分层步骤，但允许定义多个拓扑网络关联到简单几何集（如 ISO 19107 中所定义的）。复杂要素的使用支持拓扑单形是简单要素的观点	
Road 道路	复杂要素，由一个道路元素、多个道路元素、或无道路元素而是两个路口的连接组成。作为道路网络最小的独立单位的复杂元素使用[GDF]		
Point of Interest 兴趣点	目的地和/或出行者非商务原因感兴趣的场所[GDF]	“兴趣点（POI）是 ISO/TC 211 术语中的要素类型（更象要素类型集）。作为路径目的地、出发地或途经地点并无不同。在增强路径规划和 POI 目录服务的互操作性上实现了 ISO/TC 211 和 ISO/TC 204 在路径规划与导航模式的这个重要部分的标准化的一致性	
Service　服务	在特定位置活动的通用术语[GDF]	ISO/TC 211 中的术语服务是使用 ISO 19119 中定义的面向服务架构（SOA）的软件组件可提供的功能。ISO/TC 204 中的术语服务是在不同的语境中，表示要执行的自然行为，类似出行者后勤支持的商务活动	

表 E.6　功能定义

术　语	ISO/TC 204 定义	ISO/TC 19132 定义	备　注
Address Location 地址位置（定位地址的结果）	用地图数据表示术语描述真实世界位置的处理方法［API］	ISO 19133 中的地址类型	地址是 ISO 19133 中定义的位置类型，是用 AD Address 的类定义的
Area of Interest 兴趣区（与兴趣点无关）	用户定义的区域（用绑定的方框、圆或多边型表示）。通常在查询中作为过滤器使用[OLS]	要素类型，网络服务中特定的要素类型	
Direction of Traffic Flow 交通流方向	道路元素（或渡口元素）上允许的交通流方向[GDF]		在 ISO 19133 中“有向路段（links）”的方向中固有的信息
Functional Road Classifl-cation 功能道路等级	根据道路元素在满足道路网络连通性中的重要性的分类[GDF]		类似 ISO 19133 中代码表所列“路径路段种类”。作为代码表，可以被应用模式扩展或剖分，象在 ISO/TC 204 中那样使用

表 E.6（续）

<table>
<tr><th>术　语</th><th>ISO/TC 204 定义</th><th>ISO/TC 19132 定义</th><th>备　注</th></tr>
<tr><td>Geocoding 地理编码</td><td>从街道地址或其他地理实体向地图数据库匹配的软件过程，目的是从地址或相关街道路段导出地理坐标[API]</td><td>一种位置形式到另一种位置形式的转换</td><td rowspan="2">来自 ISO/TC 211 的 ISO 19133 的术语被泛化以包含其他位置表示。不明确的时候使用更通用的术语“位置转换”(location Transformation)</td></tr>
<tr><td>Geocoding Reverse 反向地理编码</td><td>用有向路段、结点、地点、代表点(representative point)、面或经纬度确定地址表示。[API]</td><td></td></tr>
<tr><td>Maneuver 行进策略</td><td>道路元素、连接点、一个或多个道路元素的序列[GDF]</td><td>在组合路径中所使用的有关有向路段和转向的集合</td><td>等同定义</td></tr>
<tr><td>Maneuver Allowed 允许行进策略</td><td>是用交通标志表示的允许通行的行进策略[GDF，API]</td><td colspan="2" rowspan="3">ISO 19133 中的转向、行进策略和大部分内容支持可通行标签和限制，包括约束、禁止和允许</td></tr>
<tr><td>Maneuver Prohibited 禁止行进策略</td><td>是用交通标志表示的物理上可以通行但法律上禁止的行进策略[GDF]</td></tr>
<tr><td>Maneuver Restricted 限制行进策略</td><td>是用交通标志、时间段和/或车辆类型表示的允许通行的行进策略[GDF]</td></tr>
<tr><td>POI and Services Access POI 和服务访问</td><td>提供 POI 信息的处理过程[API]</td><td colspan="2">在 ISO 19133 中并未与其他要素分开。这是应用模式的一部分</td></tr>
<tr><td>Positioning 定位</td><td>用于确认位置，例如道路的经纬度(或渡口)，不需要与地图匹配的网络实体[API]</td><td colspan="2">定位是 ISO/TC 211 地理信息环境中固有的内容</td></tr>
<tr><td>Road Access Conditions 道路访问条件</td><td>确认在什么时间、什么方向、何种车辆可以访问道路元素的条件[API]</td><td colspan="2">ISO 19133 用限制表示此功能</td></tr>
<tr><td>Route Guidance 路径引导</td><td>沿规划路径生成图示、字符和/或语音指令的处理过程[API]</td><td colspan="2">导航的一部分，是规划路径后后续内容</td></tr>
<tr><td>Route Planning 路径规划</td><td>在指定点之间确定路径的处理过程[API]</td><td colspan="2">ISO 19133 中称为“路径规划(routing)”</td></tr>
</table>

表 E.6（续）

术　语	ISO/TC 204 定义	ISO/TC 19132 定义	备　注
Turn 转向	由道路元素、连接点、道路元素组成的序列[GDF]	路径或网络的组成部分，由连接点位置及连接点进出的有向路段组成	表示上略有变化的等同定义。在 ISO/TC 204 中用“order”（次序），而在 ISO/TC 211 用“names”（名称）
Vehicle Type 车辆类型	车辆类型，用于定义行进策略和访问条件[GDF]	ISO 19133 中的代码列表类型	

E.3 结论

ISO/TC 211 和 ISO/TC 204 之间的差别，通常表示在惊人相似的技术方法描述中的不同选择，但不会在概念和使用上形成变化。

GDF 是基于 ISO 19109 和 ISO 19110 的应用模式，但实质上是 ISO/TC 211 标准的专用标准（profile）。专用标准（ISO 10000）允许在基础标准中选择参数和选项，其中包括 ISO 19110 中定义的应用模式规范。GDF 反映了在数字化制图中的制图传统及可追溯至少 20 年的、包括 DIGEST、MC&G 和 MiniTopo 等系列先驱工作的技术方法。

附 录 F
（资料性附录）
基于位置服务的用例

F.1 概述

本附录描述了两个基于位置服务的用例，它们符合本标准 ISO 19133 及 ISO 19134。

ISO 19133 和 ISO 19134 用于处理语义信息实体，以及这些实体中和以下四种服务相关的信息化和功能性关系：跟踪、位置转换、导航和渲染服务。关于 ISO 19133 和 ISO 19134 提供的服务的详细描述，可以参见 ISO 19133:2005 的附录 C。鉴于如果读者不了解这些服务角色，就无法完整地理解以下将描述的用例，因此在这里对这四个服务进行简要介绍。

a) “跟踪服务”(TK_TrackingService)提供跟踪服务的接口。它处理定位和跟踪相关移动用户(车辆和旅行者)。在 ISO 19133 和 ISO 19134 中，它生成移动用户的“跟踪位置”(TK_TrackingLocatoin)和“跟踪位置序列”(TK_TrackingLocatoinSequence)。TK_TrackingLocatoin 包括一个称为“位置”的属性，该属性返回“位置”(TK_Position)。TK_Position 表示跟踪和相关应用中的位置。允许的位置类型有：坐标、地名、特征、线性参考位置、网络位置、地址和电话号码。可将上述类型的任何一个或数个类型的组合理解为坐标位置、网络位置和地址。TK_TrackingLocationSequence 为移动客户的持续跟踪服务提供访问机制。

b) “位置转换服务”(LT_LocationTransformationService)提供从一种位置形式转换到另一种位置形式的服务接口。它可以将任何一种合理的 TK_TrackingLocation 转换为另一类型的 TK_TrackingLocation。

c) “导航服务”(NS_NavigationService)为导航和跟踪单一目标的业务中心提供接口。基于成本函数和专有算法(如基本、预测、动态和组合)，导航服务告诉用户哪些路径规划请求类型可以得到处理。对于一个具体的请求(在 ISO 19133 中的“路径请求”NS_RouteRequest，ISO 19134 中的“路径请求”MN_RouteRequest)，导航服务将以返回一条推荐的最优路径作为响应(ISO 19133 和 ISO 19134 中的“路径响应”NT_RouteResponse)。同时，导航服务将调用“渲染服务”(rendering service)以显示推荐路径。

d) 渲染服务(NS_RenderingService)提供显示服务接口，以符合用户界面需求的形式显示所计算的最优路径：该形式是地图、语音、文字、地面层视图和转弯策略指令的组合。

F.2 用例 1

出行者或终端用户，需要获得在使用各种可利用交通模式下的从当前位置到目的地的最优路径(最经济或最快)：

a) 移动用户获取 LBS 服务供应商的“功能表”。

b) LBS 服务供应商认证移动用户(本步骤在本标准范围之外)。

c) 所选 LBS 服务供应商以它所能提供的“基础”级导航服务进行应答。

d) 移动用户的接口应用程序要求终端用户提供(输入)路径请求的基本信息。

1) 路径请求类型：移动用户接口应用程序根据 LBS 服务供应商的功能进行规定。此场景下只提供“基础”级导航服务。

2) 途经点

i) 起始位置(出发地)是移动用户的当前位置或任何终端用户指定的位置。LBS 服务提供商通过跟踪服务和位置转换服务获得即时位置。

ii) 对于终点位置(目的地),终端用户一般通过地名、要素名称、地址或电话号码指定。

iii) 用户界面应用程序即时向 LBS 服务提供商传递信息确认位置。具体地说,通过 LBS 服务提供商应用程序中的第三方黄页服务,跟踪服务和位置转换服务可以处理这一过程。在 LBS 服务提供商应用程序帮助下,终端用户可以定位他/她的途经点。

iv) 输入机制取决于移动用户应用程序的功能。可以输入字符串、在地图上点取或从列表中选取位置。

v) 在此场景下,起点和终点之间没有中间途经点。

3) 如果存在终端用户希望避让的任何位置,该位置列表应包含在请求信息中。

4) 终端用户可以选择 LBS 服务供应商提供的路径信息类型,该类型可以是转向序列(turn-by-turn)指令、一组地图数据、及推荐最优路径的几何形状。

5) 不管是终端用户还是移动用户,应用程序都定义不同种类的路径提示。

6) 不管是终端用户还是移动用户,应用程序都定义成本函数的度量方法。多模式导航的缺省量度是“时间”,其他可选项是“距离”、“转向次数”、“换乘次数”和“总费用”。

7) 不管是终端用户还是移动用户,应用程序都可以定义路径优先条件类型(例如风景好、最舒适、主干道优先、不走高速路)。多模式导航情况下可以增加“最快”、“最经济”和“最少换乘”等选择类型。

8) 终端用户可以定义他/她希望选择或避开的交通运输模式。

e) LBS 服务供应商应用程序的导航服务根据路径请求消息计算最优路径。

f) 导航服务通过调用渲染服务(rendering service)生成所规划最优路径的图示。图示类型由 LBS 服务供应商或终端用户定义。获得的路径渲染类型可以是地图、语音、文本、地面层视图以及转向指令的任意组合。

g) LBS 服务供应商将最优路径信息及其图示传输给移动用户。LBS 服务供应商根据嵌入设备提供路径信息及其图示列表。

h) 终端用户选择最优路径或可选路径列表中的一条路径。

i) 移动用户沿所选路径向设定的途经点移动时,LBS 服务供应商将更新路径信息及其图示。

F.3 用例 2

终端用户使用不同交通方式从当前位置(例如其工作场所)前往目的地(例如回家)。与用例 1 不同的是,在前往目的地途中,终端用户要采购数种物品(例如一束玫瑰花、一张新版 DVD)。终端用户需要知道在路上能否得到需要的物品及物品价格。

a) 移动用户获取几家 LBS 服务供应商的“功能”。

b) LBS 服务供应商认证移动用户(本标准范围之外)。

c) 部分 LBS 服务供应商响应能提供“复杂”级导航服务。

d) 终端用户选择一家 LBS 服务供应商。

e) 移动用户接口应用程序要求用户输入路径请求的基本信息:

1) 路径请求类型:移动用户接口应用程序根据 LBS 服务供应商的功能定义。

2) 路径点

i) 开始位置(出发地)是移动用户的当前位置或任何终端用户定义的位置。设定场景下,出发地假定是移动用户当前位置。LBS 服务提供商通过跟踪服务和位置转换服务获得即时位置。

ii) 终点位置(目的地)。通过提供的一个地名、要素名称、地址或电话号码,最终用户定义的终点位置。设定场景下,终端用户目的地,输入自由文本格式的地址。

iii) 用户界面应用程序即时向 LBS 服务提供商传递信息确认位置。通过跟踪服务和位置转换服务,借助于第三方黄页服务,获得即时位置。

iv) 输入机制取决于移动用户应用程序的功能。例如字符串、地图上点取或从列表中选取位置。

v) 在此场景下,LBS 服务提供商根据设定的准则选择途经点(例如,备选路径边的便宜花店或音像店)。移动用户接口应用程序应有兴趣点及其规则的输入机制。

3) 如果有终端用户希望避开的任何位置,其列表应包括在请求消息中。

4) 终端用户可以选择 LBS 服务供应商提供的路径信息类型,可以是全路径指令、一组地图数据、或推荐最优路径的几何形状。

5) 不管是终端用户还是移动用户,应用程序都定义各种路径提示。

6) 不管是终端用户还是移动用户,应用程序都定义成本函数的量度。多模式导航的缺省量度是"时间",其他可选项是"距离"、"转向次数"、"换乘次数"和"总费用"。

7) 不管是终端用户还是移动用户,应用程序都定义路径优先类型(例如风景、最方便、主路优先、不走高速路)。多模式导航情况下可以增加"最快"、"最经济"和"最少换乘"。

8) 终端用户可以定义选择或避开交通运输模式类型。

f) LBS 服务供应商应用程序的导航服务根据成本函数及程序中支持的专用算法计算最优路径。但是,这一步骤将相当复杂,因为 LBS 服务供应商应考虑沿途就近商店的信息。为了做到这一点,导航服务有经第三方目录服务获取产品价格或状况的访问机制。

g) 导航服务调用渲染服务(rendering service)生成所计算最优路径的图示。图示类型由 LBS 服务供应商或终端用户定义。可获得的路径演示类型是地图、语音、字符、地面层、以及转向策略指令的任意组合。此外渲染服务需要扩展到演示终端用户请求的商品的库存状况和价格。

h) LBS 服务供应商用最优路径信息及其图示响应移动用户,其中包含商品的库存和价格信息。LBS 服务供应商根据嵌入设备提供多条可选路径信息及其图示列表。

i) 终端用户选择最优路径或可选路径列表中的一条路径。

j) 移动用户沿所选路径向目的地行驶时,LBS 服务供应商提供更新路径信息及其图示,而商品的库存和价格信息在用户行驶途中可能发生变化。

参 考 文 献

[1] 3GPP(2002),3GPP—Shaping the future of mobile communication standards,3GPP. Available at http://www.3gpp.org/(1 November 2002).

[2] EDWARDES,A.(2001),Interoperability Pieces Together Location-based Services,Business Geographics. Available at:http://www.geoplace.com(10 June 2001).

[3] FGDC(2002),Standard for a United States National Grid,FGDC-STD-011-2001,FGDC. Available at http://www.fgdc.gov(30 October 2003).

[4] GeoEurope(2001),Location Based Services:Heading in the right direction,GeoEurope. Available at http://www.geoplace.com(20 June 2003).

[5] International Engineering Consortium(2002),Wireless Intelligent Network(WIN),International Engineering Consortium. Available at http://www.iec.org/online/tutorials/win/(1 November 2002).

[6] Internet Engineering Task Force(2002a),Geographic Location/Privacy(geopriv),IETF. Available at http://www.ietf.org/html.charters/geopriv-charter.html(30 October 2003).

[7] Internet Engineering Task Force(2002b),The Internet Engineering Task Force,IETF. Available at http://www.ietf.org/(1 November 2003).

[8] ISO 3166-1 Codes for the representation of names of countries and their subdivisions—Part 1:Country codes

[9] ISO/IEC 9075(all parts) Information technology—Database languages—SQL

[10] ISO/IEC 10746-1 Information technology—Open Distributed Processing—Reference model:Overview—Part 1

[11] ISO/IEC 11404 Information technology—Programming languages,their environments and system software interfaces—Language-independent datatypes

[12] ISO 14825 Intelligent transport systems—Geographic Data Files(GDF)—Overall data specification

[13] ISO 19101 Geographic information—Reference model

[14] ISO/TS 19101-2 Geographic information—Reference model—Part 2:Imagery

[15] ISO 19115 Geographic information—Metadata

[16] ISO 19116 Geographic information—Positioning services

[17] ISO 19118 Geographic information—Encoding

[18] ISO 19119 Geographic information—Services

[19] ISO 19141 Geographic information—Schema for moving features

[20] Java.sun.com(2002),The JAIN APIs,Java.sun.com. Available at http://java.sun.com/products/jain/(30 October 2003).

[21] Location Interoperability Forum(2001),What's LIF,LIF. Available at http://www.locationforum.org/(31 July 2003). ISO 19132:2007(E) 92 . ISO 2007-All rights reserved.

[22] Location Interoperability Forum(2002),Mobile Location Protocol,LIF TS 101 Specification,Location Interoperability Forum. Available at http://www.locationforum.org/(30 October 2003).

[23] MAGIC Services Forum(2001),MAGIC Services Forum—Enabling Location Based Services,MAGIC Services Forum. Available at http://www.mobilequis.com/openLS.html(2 August

2003).

[24] mobileIN. com(2002), Wireless Emergency Services, Mobile In a Minute. Available at http://www.mobilein.com/wireless_emergency_services.htm(6 October 2003).

[25] National Cooperative Highway Research Program, Highway Location Reference Methods: Synthesis of Highway Practice, Transportation Research Board, National Academy of Sciences, Washington, D. C., 1974.

[26] OGC(2002), OGC's OpenLS Initiative: Building a Foundation for Location Services, OGC. Available at http://www.mobilequis.com/openLS.html(1 November 2003).

[27] Open GIS Consortium(2002), About OGC, OGC. Available at http://www.opengis.org/ (1 November 2003).

[28] Open Mobile Alliance(2002), Welcome to the Open Mobile Alliance, OMA. Available at http://www.openmobilealliance.org/(1 November 2003).

[29] Oracle(2002), Oracle Spatial & Locator: Location-Based Services for Oracle9i, Oracle. Available at http://technet.oracle.com/products/oracle9i/daily/jun21.html(30 October).

[30] REED, C. (2001), Are Mobile Wireless Location-based Services Hype or Reality, Business Geographics. Available at http://www.geoplace.com(6 October 2001).

[31] THEODORIDIS YANNIS, JEFFERSON R. O. SILVA, and MARIO A. NASCIMENTO (1999), On the Generation of Spatiotemporal Datasets, Proceedings of the 6th International Symposium on Large Spatial Databases(SSD), Hong Kong, China, July 20-23, 1999, Springer-Verlag LNCS Series.

[32] VAN DER MEER, J. (2002), Ubiquitous Wireless Location Interoperability, Directions Magazine. Available at http://www.directionsmag.com/article.php?article_id=236(23 July 2002).

[33] World Wide Web Consortium(2004), Resource Description Framework(RDF): Concepts and Abstract Syntax, W3C. Available at http://www.w3.org/TR/rdf-concepts/(10 February 2004).

[34] World Wide Web Consortium(2004), Web Services Glossary, W3C. Available at 〈http://www.w3.org/TR/ws-gloss/〉(11 February 2004).

[35] World Wide Web Consortium(2001), Mobile Access, W3C. Available at http://www.w3.org/Mobile/(1 November 2003).

[36] World Wide Web Consortium(2002a), Device Independence Activity, W3C. Available at http://www.w3.org/2001/di/(1 November 2003).

[37] ISO 639(all parts) Codes for the representation of names of languages

[38] ISO/IEC 2382-1 Information technology—Vocabulary—Part 1: Fundamental terms

[39] ISO/TS 19103 Geographic information—Conceptual schema language

[40] GB/T 22022—2008 地理信息 时间模式(ISO 19108:2002, IDT)

[41] ISO 19111 Geographic information—Spatial referencing by coordinates

[42] ISO 19117 Geographic information—Portrayal

[43] ISO 19128 Geographic information—Web map server interface

[44] ISO 19134 Geographic information—Location-based services—Multimodal routing and navigation

[45] ISO/IEC TR 10000(all parts) Information technology—Framework and taxonomy of International Standardized Profiles

[46] ISO/IEC TR 14252 Information technology—Guide to the POSIX Open System Environment(OSE) 4)

[47] ISO/IEC 19501 Information technology—Open Distributed Processing—Unified Modeling

Language(UML) Version 1.4.2

[48] ISO/IEC TR 21000-1 Information technology—Multimedia framework(MPEG-21)—Part 1:Vision,Technologies and Strategy

[49] ISO/IEC 21000-5 Information technology—Multimedia framework(MPEG-21)—Part 5: Rights Expression Language

ICS 07.040
A 77

中华人民共和国国家标准

GB/T 27919—2011

IMU/GPS辅助航空摄影技术规范

Specifications for IMU/GPS supported aerial photography

2011-12-30 发布 2012-02-01 实施

中华人民共和国国家质量监督检验检疫总局
中国国家标准化管理委员会 发布

前　言

本标准按照 GB/T 1.1—2009 给出的规则起草。

本标准由国家测绘局提出。

本标准由全国地理信息标准化技术委员会(SAC/TC 230)归口。

本标准起草单位:中测新图(北京)遥感技术有限责任公司、国家基础地理信息中心、中国测绘科学研究院。

本标准主要起草人:李英成、廖明、薛艳丽、朱祥娥、丁晓波、郭童英、张丽娜、曾云、郑安武、廖安平、王瑞幺、武军郦。

IMU/GPS 辅助航空摄影技术规范

1 范围

本标准规定了 IMU/GPS 辅助航空摄影的航摄系统、航摄计划与航摄设计、航摄飞行及质量、IMU/GPS 数据处理、成果质量检查、成果整理和验收的基本要求。

本标准适用于 IMU/GPS 辅助框幅式航空摄影。在航空遥感应用中，类似技术可参照此标准执行。

2 规范性引用文件

下列文件对于本文件的应用是必不可少的。凡是注日期的引用文件，仅注日期的版本适用于本文件。凡是不注日期的引用文件，其最新版本(包括所有的修改单)适用于本文件。

GB/T 6962 1∶500、1∶1 000、1∶2 000 比例尺地形图航空摄影规范

GB/T 7931 1∶500、1∶1 000、1∶2 000 地形图航空摄影测量外业规范

GB/T 12341 1∶25 000、1∶50 000、1∶100 000 地形图航空摄影测量外业规范

GB/T 13977 1∶5 000、1∶10 000 地形图航空摄影测量外业规范

GB/T 15661 1∶5 000、1∶10 000、1∶25 000、1∶50 000、1∶100 000 地形图航空摄影规范

GB/T 18314 全球定位系统(GPS)测量规范

GB/T 19294 航空摄影技术设计规范

GB/T 24356 测绘成果质量检查与验收

GB/T 27920.1 数字航空摄影规范 第1部分:框幅式数字航空摄影

CH 8016 全球定位系统(GPS)测量型接收机检定规程

3 术语和定义

下列术语和定义适用于本文件。

3.1

IMU/GPS 辅助航空摄影 IMU/GPS-supported aerial photography

利用惯性测量单元(IMU)和全球定位系统(GPS)的组合测量技术，获取摄影瞬间摄影中心的位置参数及影像的姿态参数的一种航空摄影技术。

3.2

直接定向法 direct georeferencing;DG

采用 IMU/GPS 辅助航空摄影技术，得到每张像片的外方位元素，实现无需地面控制点的航空摄影测量方法。

3.3

辅助定向法 integrated sensor orientation;ISO

采用 IMU/GPS 辅助航空摄影技术，得到每张像片的外方位元素，与地面控制点共同参与空中三角测量，再进行定向测图的航空摄影测量方法。

3.4

IMU 偏心分量 IMU lever arms

在以摄影中心为原点，摄影主光轴方向为 Z 轴(天顶方向为正)，X、Y 轴平行于像平面坐标系相应

轴的右旋坐标系中(参见附录 A 图 A.1),IMU 测量中心的三维坐标(u_{IMU},v_{IMU},w_{IMU})。

3.5

GPS 偏心分量　GPS lever arms

在以摄影中心为原点,摄影主光轴方向为 Z 轴(天顶方向为正),X、Y 轴平行于像平面坐标系相应轴的右旋坐标系中(参见附录 A 图 A.1),GPS 天线相位中心的三维坐标(u_{GPS},v_{GPS},w_{GPS})。

3.6

地面基站　base station

在摄区内(或摄区附近)设立的,与机载 GPS 接收机同步并连续采集 GPS 观测数据的固定 GPS 观测站。

3.7

偏心角　boresight misalignment angle

IMU 与航摄仪紧密固连后,IMU 的三个理想轴以摄影中心为原点,摄影主光轴方向为 Z 轴(天顶方向为正),X、Y 轴平行于像平面坐标系相应轴的右旋坐标系同名轴之间形成的夹角。

3.8

曝光时标　event mark

在航摄仪曝光时,通过专门设备记录并写入数据流中的快门开启脉冲信号。

3.9

检校场　calibration field

为建立 IMU、GPS 设备自身量测坐标系与用户坐标系之间的相互关系,消除系统误差,在摄区内或摄区附近选取的航空摄影区域。

4　航摄系统要求

4.1　系统组成和要求

4.1.1　系统组成

系统一般由航摄仪、机载 IMU/GPS 系统和地面基站组成,当采用 GPS 精密单点定位技术时无需地面基站。

4.1.2　系统要求

4.1.2.1　航摄仪的要求

航摄仪的选择按照 GB/T 6962、GB/T 15661 和 GB/T 27920.1 的相应规定执行,同时该航摄仪应能稳定输出曝光脉冲信号。

4.1.2.2　机载 IMU/GPS 系统的要求

机载 IMU/GPS 系统应符合以下要求:

a) 机载 GPS 接收机应符合 CH 8016 的相关要求;
b) 机载 GPS 接收机应为动态测量型双频 GPS 接收机,最小采样间隔不应大于 1 s;
c) 机载 GPS 接收机天线应采用航空型产品,具有动态双频数据接收能力,并有精确定义和稳定的相位中心,能在高空、高速飞行状态下正常工作;
d) IMU 应按相关规定进行检定;
e) IMU 测角中误差:侧滚角和俯仰角不应大于 0.01°,航偏角不应大于 0.02°;
f) IMU 数据记录频率不应小于 64 Hz;

g) 具有 event mark 信号接口，能将航摄仪曝光时刻通过接口准确写入 GPS 数据流；

h) 存储器应能够记录和存储一个满架次航摄作业的所有 IMU/GPS 数据、event mark 数据及其他必要数据。

4.1.2.3 地面基站 GPS 的要求

地面基站 GPS 应符合以下要求：

a) 基站 GPS 接收机应符合 CH 8016 的相关要求；

b) 基站 GPS 接收机应为测量型双频 GPS 接收机，最小采样间隔不应大于 1 s；

c) GPS 接收机天线应带有抑径板或抑径圈，具有双频数据接收能力；

d) 应配有充足的电池或电源系统，能保证航摄作业中供电不间断；

e) 应配有能适应满架次作业所需地面观测数据存储要求的存储器。

4.2 系统安装

4.2.1 IMU 与航摄仪应刚性固连。

4.2.2 GPS 接收机天线安装应满足下列要求：

a) 应稳定安装在飞机顶部外表面，靠近航摄仪主光轴位置；

b) 安装位置应便于偏心分量的测量；

c) 飞机机体对 GPS 信号造成的遮挡最小；

d) 天线在飞机平飞状态时应处于水平；

e) 应尽量避免飞机无线电信号的串扰；

f) 当采用直接定向法航测成图、且没有姿态改正记录装置时，GPS 偏心分量 u_{GPS}、v_{GPS} 一般不应大于 20 cm。

4.2.3 机载 IMU/GPS 系统及航摄仪安装后，应测定偏心分量，从 GPS 天线相位中心或 IMU 测量中心测至相机的量测参考点，再换算至摄影中心。GPS 偏心分量 3 次测量的较差一般不应大于 5 cm，IMU 偏心分量 3 次测量的较差一般不应大于 1 cm，并填写偏心分量测定表（参见附录 A）。

4.2.4 航摄系统安装、连接后，应在地面对整个系统通电测试，检查其工作是否正常。

5 航摄计划与航摄设计

5.1 航摄计划的程序及要求

航摄计划的程序和要求依据航摄仪的类型和成图比例尺分别按照 GB/T 6962、GB/T 15661、GB/T 19294 和 GB/T 27920.1 的相应规定执行。

5.2 航摄设计

5.2.1 航摄分区与航线敷设

在航线敷设时，每条航线直线飞行时间不应大于 30 min。航摄分区与航线敷设其他要求依据航摄仪的类型和成图比例尺，分别按照 GB/T 6962、GB/T 15661、GB/T 19294 和 GB/T 27920.1 的相应规定执行。

5.2.2 检校场设计

5.2.2.1 检校场布设原则

检校场应按下列原则布设：

a） 检校场应尽量布设在摄区内，也可布设在摄区附近，所选区域应能够实施野外像片控制测量；

b） 摄区可布设一个或多个检校场；

c） 检校场的基准面应尽量与摄区基准面一致。

5.2.2.2 检校场和像控点布设方法

检校场有多种布设方案，一般可从下列方案中选取：

a） 2条航线方案

设置2条连续对向飞行航线，每条航线不宜少于10个像对；像片航向和旁向重叠度均按60%设计；每个检校场须布设不应少于6个像控点，像控点间隔不应超过3条基线，点位位于像片标准点位处（参见图1）；每个检校场在像控点区域内布设不少于2个平高点作为检核。

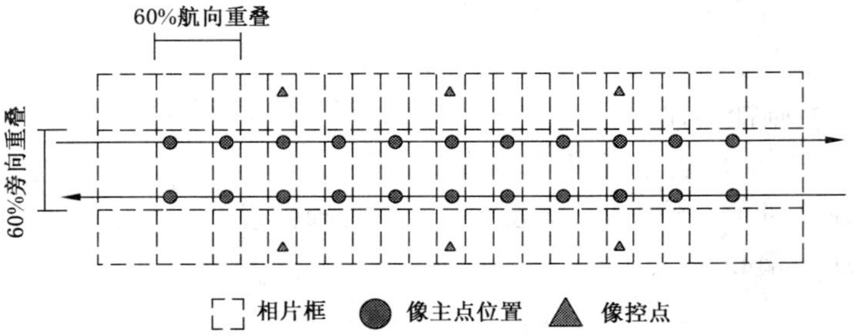

图1 2条航线检校场布设方案示意图

b） 4条航线方案

设置4条连续对向飞行航线，每条航线不宜少于6个像对；像片按航向重叠度60%、旁向重叠度不小于30%设计；每个检校场须布设不应少于9个像控点，像控点间隔不应超过3条基线，点位位于像片标准点位处（参见图2）；每个检校场像控点区域内布设不少于2个平高点作为检核。

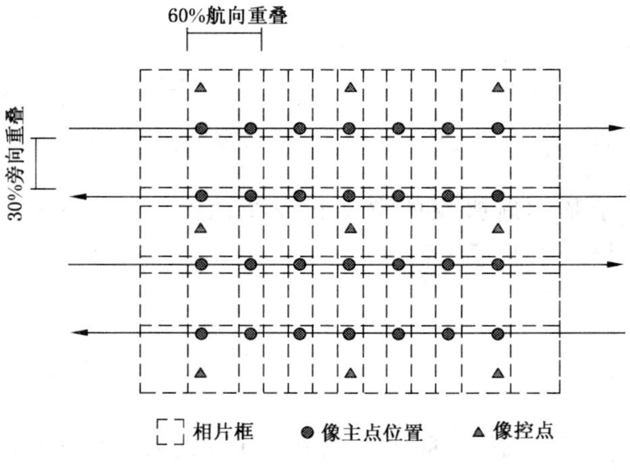

图2 4条航线检校场布设方案示意图

5.2.2.3 检校场像控点、检查点点位选取

检校场像控点、检查点点位应可清晰成像、能精确定位、GPS测量施测方便，且位于像片成像的重叠区。当经摄区踏勘发现无法选取满足上述要求的点位时，应在正式航空摄影前布设人工标志（标志形

状见图3,标志大小应满足其在航摄影像上可准确辨认和量测),且应采取必要的措施,确保航摄期间所有标志完好无损。

图3　人工标志形状

5.2.2.4　检校场像控点、检查点测量

像控点、检查点测量应按下列要求进行:

a) 像控点、检查点平面测量:采用常规测量方法,根据成图比例尺,分别按照 GB/T 7931、GB/T 12341 和 GB/T 13977 的规定进行测量;采用 GPS 测量时,按照 GB/T 18314 规定的 E 级(含 E 级)以上级别的要求进行测量,参照附录 B 填写点之记;

b) 像控点、检查点高程测量:检校场像控点、检查点应联测等外以上水准获得高程,特殊困难地区(大面积的森林、沙漠、戈壁、沼泽、沿海滩涂和岛礁等)可采用高精度似大地水准面模型拟合方法获得高程。

5.2.2.5　检校场航摄方案

检校场航摄时应满足:

a) 航摄比例尺或地面分辨率应与摄区尽量接近。

b) 当采用直接定向法测图时,应每架次航摄检校场。

c) 当采用辅助定向法测图时,应至少航摄一次检校场。当机载 IMU/GPS 系统或航摄仪发生外力碰撞、重新安装、气候变化较大或航摄间隔时间较长等情况,可能引起系统间相对空间关系发生变化时,应重新航摄检校场。

5.3　地面基站设计

5.3.1　基站布设原则

5.3.1.1　当采用差分 GPS 定位技术时应布设地面基站,采用 GPS 精密单点定位技术时无需布设。

5.3.1.2　根据航摄区域大小、航摄成图比例尺合理布设地面基站,摄区内任意位置与最近基站间的距离不应大于表1的规定。每一摄区基站数量不应少于1个。

表1　摄区内任意位置与最近基站间距离要求表

成图比例尺	1∶100 000	1∶50 000	1∶25 000	1∶10 000	1∶5 000	1∶2 000	1∶1 000	1∶500
摄区内任意位置与最近基站间距离/km	400		300		100		50	

5.3.2 基站选址

5.3.2.1 选址前准备

基站选址人员在实地选址前，应收集测区 1∶50 000 或更大比例尺地形图、已有各类控制点等资料，充分了解和研究测区地形、交通、通讯、供电、气象等情况，设计摄区基站分布图，作为基站实地选址参考。

5.3.2.2 选址要求

基站选址应满足下列要求：

a) 周围应便于安置接收设备和操作，视野开阔，视场内障碍物的高度角不宜超过 15°；
b) 远离大功率无线电发射源（如电视台、电台、微波站等），其距离不应小于 200 m；远离高压输电线和微波无线电信号传送通道，其距离不应小于 50 m；
c) 附近不应有强烈反射卫星信号的物件（如大型建筑物等）；
d) 交通方便，并有利于其他测量手段扩展和联测；
e) 地面基础稳定，易于点的保存；
f) 应充分利用符合要求的已有控制点（要求 GPS C 级或 C 级以上）；
g) 尽可能使测站附近的小环境（地形、地貌、植被等）与周围的大环境保持一致，以减少气象元素的代表性误差；
h) 周围应具有可靠电源，以保障设备用电。

5.3.3 基站布设

5.3.3.1 基站位置选定后，应制作固定的中心标识，要求地基稳固、标识清晰、便于仪器架设和对中，同时应保证整个航摄期间内不移位、不丢失。

5.3.3.2 基站布设完毕后应参照附录 B 填写点之记，并拍摄基站现场数码照片。照片分别采用远景和近景的全景拍摄，拍摄方向从南向北。当个别点位无法从南向北拍摄时，可选择其他方向拍摄，但应在照片上标注方向。照片采用基站站名以 JPG 格式存储。

5.3.4 基站点位测量

采用已有控制点（要求 GPS C 级或 C 级以上）的地面基站不需进行点位测量。新选地面基站需按照 GPS C 级或 C 级以上的要求进行观测。具体要求见 GB/T 18314，基站命名应符合附录 C 中的测站名规定。

6 航摄飞行及质量要求

6.1 飞行准备

6.1.1 飞机停机位四周应视野开阔，视场内障碍物的高度角不应大于 15°。

6.1.2 所有基站须在航摄飞行前完成电源、存储系统等检查，做好观测准备。

6.1.3 基站 GPS 接收机开机应早于机载 GPS 接收机开机。

6.2 飞行要求

6.2.1 应待飞机上所有发动机启动后，方可打开航摄系统的电源开关。

6.2.2 机载设备开机后，进行 5 min 以上的初始化和静态观测，飞机方能滑行。

6.2.3 飞行期间基站和机载 GPS 接收机数据采样间隔均不应大于 1 s。

6.2.4 飞机上升、下降速率不应大于 10 m/s，且飞行过程中转弯坡度不宜超过 20°。

6.2.5 检校场航摄一般应安排在进入摄区航线之前；如果一个架次内需要进行多种航摄比例尺的飞行，则在每个比例尺航摄高度上都应进行检校场航摄。

6.2.6 进入摄区航线时，应采用左转弯和右转弯交替方式飞行，且每次直线飞行时间不应大于 30 min。

6.2.7 航摄飞行过程中应及时观察系统的工作情况，重点观察 GPS 信号失锁现象，根据实际情况及时处理。出现 GPS 信号失锁时，应立即中止摄影，并在信号恢复正常 5 min 后再进入航线进行摄影，若 GPS 信号始终无法恢复正常，应立即终止本架次飞行，并查明原因。

6.2.8 飞机停稳后，IMU/GPS 系统应继续观测 2 min 以上，再关闭航摄系统，最后关闭飞机发动机。

6.2.9 基站 GPS 接收机关机应在机载 GPS 接收机关机后，并填写基站同步观测记录表（参见附录 D）。

6.2.10 飞行结束后，填写航摄飞行 IMU/GPS 记录表（参见附录 E）。

6.3 飞行质量与摄影质量

依据航摄仪的类型和成图比例尺，飞行质量与摄影质量要求分别按 GB/T 6962、GB/T 15661 和 GB/T 27920.1 执行。

6.4 补摄与重摄

6.4.1 机载 GPS 信号失锁或数据无记录造成摄站位置无法解算，需对此区间进行补摄；整条航线机载 GPS 信号失锁或数据无记录，需整条航线重摄。

6.4.2 地面基站 GPS 信号失锁、中断或其他原因致摄站位置无法解算时，若采用辅助定向法，可采用 GPS 精密单点定位技术进行解算，当解算精度不能满足要求时，应根据无法解算范围的大小，进行补摄或重摄；若采用直接定向法，需进行补摄或重摄。

6.4.3 因 IMU 数据记录中断、初始化不充分、IMU 硬件松动等原因造成整架次数据无法正确解算时，需重摄。

6.4.4 IMU/GPS 数据在曝光时刻的解算精度一般应满足 7.2 的规定，当一条航线连续超过三片的解算精度超出限值的 50%时，需补摄。

6.4.5 由于相机脉冲输出装置故障，致使一条航线上连续超过三片 event mark 信号丢失，需在 event mark 信号丢失区间进行补摄。

6.4.6 不用于测图的检校场航线，在 IMU/GPS 数据正常的情况下，如果出现局部相对漏洞或有其他缺陷（如云影、密度差、脱胶等），在不影响整条航线进行检校场空中三角测量与后续作业的情况下，可不补摄。

6.4.7 补摄航线的两端一般应超出补摄范围外 1 条基线，同一航线补摄不应超过 2 处；重摄应按照原方案进行。

6.4.8 因飞行质量或摄影质量存在缺陷需补摄或重摄时，依据航摄仪的类型和成图比例尺分别按 GB/T 6962、GB/T 15661 和 GB/T 27920.1 执行。

7 IMU/GPS 数据处理

7.1 数据预处理

对 IMU/GPS 原始观测数据应进行预处理，分离 GPS 观测数据、IMU 记录数据和 event mark 数据，并填写 IMU/GPS 辅助航摄飞行数据检查结果分析表（参见附录 F）。

7.2 IMU和GPS数据联合解算

7.2.1 将GPS数据与IMU数据进行联合处理，解算出每张像片的6个外方位元素，转换至用户使用的坐标系坐标，并填写IMU/GPS数据处理检查手簿(参见附录G)。

7.2.2 采用差分GPS定位，IMU和GPS数据联合解算的平面、高程和速度偏差不应大于表2的规定。

表2 IMU和GPS数据联合解算偏差限值

成图比例尺	平面偏差限值/m	高程偏差限值/m	速度偏差限值/m/s
1∶100 000 1∶50 000	0.15	0.8	0.7
1∶25 000 1∶10 000	0.15	0.5	0.6
1∶5 000 1∶2 000	0.1	0.4	0.5
1∶1 000 1∶500	0.08	0.3	0.4

7.2.3 采用GPS精密单点定位，IMU和GPS数据联合解算的平面位置偏差不应大于0.15 m，高程位置偏差不应大于0.5 m，速度偏差不应大于0.6 m/s。

7.3 检校计算

7.3.1 对检校场进行空中三角测量，计算偏心角以及线元素偏移值。偏心角及线元素偏移值的解算中误差不应大于表3的规定。

7.3.2 用偏心角和线元素偏移值改正摄区每张像片的位置和姿态，得到每张像片的6个外方位元素。

表3 偏心角及线元素偏移值中误差限值

成图比例尺	线元素偏移值 平面中误差限值/m	线元素偏移值 高程中误差限值/m	偏心角侧滚角、俯仰角中误差限值/°	偏心角航偏角 中误差限值/°
1∶100 000 1∶50 000	3.0	1.5	0.05	0.05
1∶25 000 1∶10 000	2.0	1.0	0.04	0.04
1∶5 000 1∶2 000	1.0	0.8	0.03	0.03
1∶1 000 1∶500	0.5	0.5	0.03	0.02

8 成果质量检查

8.1 数据质量的检查

8.1.1 IMU/GPS 数据质量检查

IMU/GPS 数据质量检查的主要内容包括：

a) 偏心分量测定精度是否满足要求；

b) 基站 GPS 和机载 GPS 卫星信号有无失锁、缺失；

c) event mark 信号有无重复和丢失；

d) IMU 数据是否正常和连续，并与 GPS 时间同步；

e) IMU/GPS 数据处理精度是否满足要求。

注：当采用 GPS 精密单点定位技术时，无基站 GPS 相关检查内容。

8.1.2 基站点位测量和检校场控制测量质量的检查

检查的主要内容包括：

a) 基站点位的测量是否满足精度要求；

b) 检校场控制测量的精度。

注：当采用 GPS 精密单点定位技术时，无基站点位测量相关检查内容。

8.2 飞行质量和摄影质量的检查

8.2.1 检校场的航摄飞行是否按照设计方案进行。

8.2.2 检校场的航摄影像中含有少量云或雾，但不影响空中三角测量与后续作业，亦为合格。

8.2.3 其他飞行质量和摄影质量依据采用的航摄仪类型及成图比例尺，分别按照 GB/T 6962、GB/T 15661 和 GB/T 27920.1 的相应规定执行。

8.3 附件质量的检查

各种表格、图件、报告、记录和包装等附件是否填写正确、完整。

9 成果整理和验收

9.1 成果整理

9.1.1 IMU/GPS 辅助航空摄影成果按照 IMU/GPS 相关纸质文档资料、地面控制测量相关纸质文档资料、刺点片、数据资料等分开装盒组卷。卷外包装中间位置应粘贴标签，标签应注记卷名、摄区名称、摄区代号、航摄比例尺（地面分辨率）、航摄时间和航摄单位等内容。

9.1.2 IMU/GPS 相关纸质文档资料和地面控制测量相关纸质文档资料应分项单独装订成册，存放在 A4 幅面的档案盒内；每份档案盒中必须包含资料清单。

9.1.3 IMU/GPS 相关报告应参照附录 H 的要求编写。

9.1.4 刺点片应采用与刺点片幅面尺寸相适应的像片盒存放，并在盒外标签注记，注记应包含摄区名称、摄区代号、航摄比例尺或地面分辨率、航摄时间、航摄单位、像片总数和像片号等内容。

9.1.5 数据资料目录结构与存储要求参照附录 I 执行。

9.1.6 数据资料中的电子文档的名称和内容应与纸质文档一致。

9.1.7 数据资料中除必须采用特定格式的文件外，一般应采用纯文本文件格式进行存储，同时提供数据格式说明。

9.1.8 设计书、各种报告等电子文档资料需提交word和PDF两种格式。

9.1.9 所有GPS观测数据需提交原始数据和RINEX数据两种格式,RINEX数据文件命名参见附录C。

9.1.10 其他成果资料的整理依据采用的航摄仪类型及成图比例尺,分别按照GB/T 6962、GB/T 15661和GB/T 27920.1的相应规定执行。

9.2 验收

9.2.1 验收程序

9.2.1.1 航摄执行单位按本标准和摄区合同的规定对全部航摄成果资料逐项进行认真的检查,并详细填写检查记录手簿。

9.2.1.2 航摄执行单位质检合格后,将全部成果资料整理齐全,移交委托单位代表验收。

9.2.1.3 航摄委托单位代表依据本标准、航摄合同及GB/T 24356的规定对全部成果资料进行验收,双方代表协商处理检查验收工作中发现的问题,航摄委托单位代表最终给出成果资料的质量评定结果。

9.2.1.4 成果质量验收合格后,双方在移交书上签字,并办理移交手续。

9.2.2 移交的资料

9.2.2.1 IMU/GPS相关纸质文档资料

提交的IMU/GPS相关纸质文档资料应包括:

a) IMU/GPS辅助航空摄影技术设计书;
b) IMU/GPS设备检定资料;
c) 航摄飞行IMU/GPS记录报告;
d) 检校场影像资料清单;
e) 像片外方位元素成果表;
f) IMU/GPS数据处理检查手簿;
g) IMU/GPS辅助航空摄影项目工作总结报告;
h) IMU/GPS辅助航空摄影资料移交书;
i) 其他相关资料。

9.2.2.2 地面控制测量相关纸质文档资料

提交的地面控制测量相关纸质文档资料应包括:

a) IMU/GPS辅助航空摄影地面测量技术设计书;
b) 地面测量设备检定资料;
c) 基站、像控点和检查点点之记;
d) 基站、像控点和检查点GPS观测手簿;
e) 联测国家大地点的GPS观测手簿;
f) 水准联测记录手簿;
g) 地面基站点位测量报告;
h) 基站、像控点和检查点GPS成果,含联测网图;
i) 水准联测成果,含水准路线图;
j) 地面测量资料检查报告;
k) IMU/GPS辅助航空摄影地面测量技术总结报告;

l) 其他相关资料。

注 1：当地面基站采用已有控制点时，成果中不含 g)。

注 2：当采用 GPS 精密单点定位技术时，成果中不含基站相关内容。

9.2.2.3 刺点片

刺点片应包括检校场像控点和检查点刺点片。

9.2.2.4 数据资料

提交的数据资料应包括：

a) 机载 IMU/GPS 原始观测数据；
b) 基站同步观测数据；
c) 基站、像控点和检查点 GPS 观测数据；
d) 联测国家大地点的 GPS 观测数据；
e) GPS 观测现场照片；
f) 检校场航摄影像数据；
g) 9.2.2.1 和 9.2.2.2 中除手簿外的所有电子文档资料；
h) 其他相关资料。

注 1：当地面基站采用已有控制点时，c)中不含基站相关内容。

注 2：当采用 GPS 精密单点定位技术时，成果中不含基站相关内容。

9.2.2.5 其他资料

移交的其他资料依据采用的航摄仪类型及成图比例尺，分别按照 GB/T 6962、GB/T 15661 和 GB/T 27920.1 的相应规定执行。

9.2.3 验收报告

航摄委托单位代表完成验收后，应写出验收报告。报告的主要内容应包括：

a) 航摄的依据；
b) 完成的航摄图幅数和面积；
c) 对成果资料质量的基本评价，包括对 IMU/GPS 数据、外方位元素成果的质量评价；
d) 存在的问题及处理意见等。

附　录　A
（资料性附录）
偏心分量测定表

<table>
<tr><td rowspan="6">基本信息</td><td>摄区代号</td><td></td><td>摄区名称</td><td></td></tr>
<tr><td>飞机型号</td><td></td><td>飞机编号</td><td></td></tr>
<tr><td>IMU 型号</td><td></td><td>IMU 编号</td><td></td></tr>
<tr><td>机载 GPS 接收机型号</td><td></td><td>机载 GPS 天线型号</td><td></td></tr>
<tr><td>航摄仪型号</td><td></td><td>航摄仪编号</td><td></td></tr>
<tr><td colspan="4">备注：</td></tr>
</table>

<table>
<tr><td colspan="3">偏心分量</td><td>u/m</td><td>v/m</td><td>w/m</td></tr>
<tr><td rowspan="6">GPS 偏心分量</td><td rowspan="4">天线相位中心相对相机量测参考点</td><td>1</td><td></td><td></td><td></td></tr>
<tr><td>2</td><td></td><td></td><td></td></tr>
<tr><td>3</td><td></td><td></td><td></td></tr>
<tr><td>平均值</td><td></td><td></td><td></td></tr>
<tr><td colspan="2">相机量测参考点相对摄影中心</td><td></td><td></td><td></td></tr>
<tr><td colspan="2">结果</td><td></td><td></td><td></td></tr>
<tr><td rowspan="6">IMU 偏心分量</td><td rowspan="4">IMU 测量中心相对相机量测参考点</td><td>1</td><td></td><td></td><td></td></tr>
<tr><td>2</td><td></td><td></td><td></td></tr>
<tr><td>3</td><td></td><td></td><td></td></tr>
<tr><td>平均值</td><td></td><td></td><td></td></tr>
<tr><td colspan="2">相机量测参考点相对摄影中心</td><td></td><td></td><td></td></tr>
<tr><td colspan="2">结果</td><td></td><td></td><td></td></tr>
</table>

测量员：　　　　　　　　　　　　**检查员：**

年　月　日　　　　　　　　　　　　年　月　日

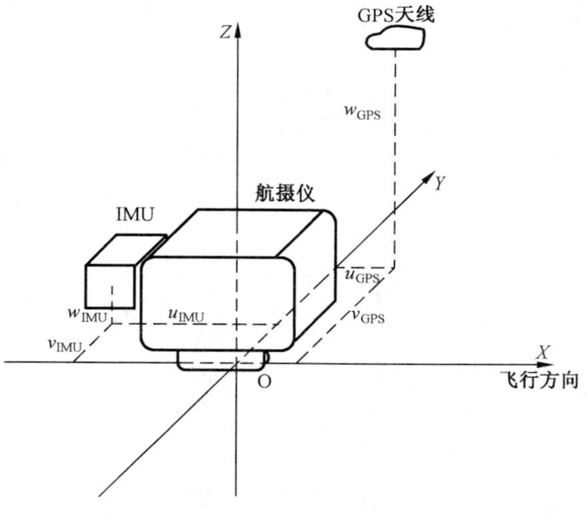

图 A.1

附　录　B
（资料性附录）
点　之　记

<table>
<tr><td>点名</td><td></td><td>点号</td><td></td><td colspan="2">所在图幅(1∶50 000)</td><td></td></tr>
<tr><td>概略纬度</td><td colspan="3"></td><td colspan="3" rowspan="8">交通路线图</td></tr>
<tr><td>概略经度</td><td colspan="3"></td></tr>
<tr><td>概略高程</td><td colspan="3"></td></tr>
<tr><td>站址所在地</td><td colspan="3"></td></tr>
<tr><td>最近水源</td><td colspan="3"></td></tr>
<tr><td>最近住所</td><td colspan="3"></td></tr>
<tr><td>供电系统</td><td colspan="3"></td></tr>
<tr><td>邮电通讯</td><td colspan="3"></td></tr>
<tr><td>点位描述</td><td colspan="3"></td><td>点位略图</td><td colspan="2"></td></tr>
<tr><td colspan="4">实地照片 1</td><td colspan="3">实地照片 2</td></tr>
<tr><td colspan="4">选点人：　　　　单位：</td><td colspan="3">检查人：　　　　单位：</td></tr>
<tr><td colspan="4">时　间：</td><td colspan="3">时　间：</td></tr>
<tr><td colspan="7">备　注：</td></tr>
</table>

附　录　C
(规范性附录)
GPS 观测数据文件名命名规则

标准的 RINEX 数据文件名一般格式为：

SSSSDDDA. YYT

这里，SSSS 表示测站(测点)名称，4 个字符，唯一的点名；

DDD 表示年积日，3 个字符；

A 表示时段号，1 个字符；

YY 表示年份，2 个字符；

T 表示文件类型，1 个字符，为 O 或 N。其中，O 代表观测数据，N 代表星历数据。

附　录　D
（资料性附录）
基站同步观测记录表

摄区代号/任务代号				
观测日期				
天气情况				
接收机型号				
接收机编号				
天线型号				
天线编号				
基站编号				
卫星高度截止角/°				
采样间隔/s				
基站开机时间		天线高/m		垂高 □ 斜高 □
基站关机时间		天线高/m		
数据目录名				
数据文件名				
数据量/MB				
备注				
GPS 观测时异常记录				

记录员：　　　　年　月　日

检查员：　　　　年　月　日

附　录　E
（资料性附录）
航摄飞行 IMU/GPS 记录表

摄区代号：________________　　机组：________________　　　　年　　月　　日

机载 GPS	接收机型号		数据采样频率/Hz			
	接收机编号		卫星高度截止角/°			
机载 IMU	IMU 型号		IMU 编号		采样频率/Hz	
飞行时间	开机时间		关机时间			
飞行序号	飞行高度/m	航摄分区[注]	event mark 号	两端像片号	像片数	备注
1		检校场 条	～	～		××××检校场
2		检校场 条	～	～		
3		分区 条	～	～		××××摄区
4		分区 条	～	～		
5		分区 条	～	～		
6		分区 条	～	～		
7		分区 条	～	～		
8		分区 条	～	～		
10		分区 条	～	～		
11		分区 条	～	～		

注：东西向飞行时：航摄分区中××条数字前面的“＋”号代表飞行方向 90°，“－”号代表飞行方向 270°。
南北向飞行时：航摄分区中××条数字前面的“＋”号代表飞行方向 0°，“－”号代表飞行方向 180°。

记录员：　　　　　　　　　　　　　　　　**检查员**：

年　月　日　　　　　　　　　　　　　　　　年　月　日

附　录　F
（资料性附录）
IMU/GPS 辅助航摄飞行数据检查结果分析表

摄区代号：________　　机组：________　　　年　　月　　日

<table>
<tr><td rowspan="6">基站数据检查</td><td>序号</td><td>基站编号</td><td>数据目录名</td><td colspan="2">数据量/MB</td><td>有无异常</td></tr>
<tr><td>1</td><td></td><td></td><td colspan="2"></td><td></td></tr>
<tr><td>2</td><td></td><td></td><td colspan="2"></td><td></td></tr>
<tr><td>3</td><td></td><td></td><td colspan="2"></td><td></td></tr>
<tr><td>评价分析</td><td colspan="5">1. 无异常，可进行后续处理。□　2. 部分基站有异常，可进行后续处理。□
3. 所有数据有异常，不能进行后续处理。□　4. 其他：________。□</td></tr>
<tr><td>备注</td><td colspan="5">采用 GPS 精密单点定位技术时可不填写本项内容。</td></tr>
<tr><td rowspan="9">机载数据检查</td><td rowspan="5">机载 GPS 数据</td><td rowspan="5">有无失锁发生</td><td rowspan="5">失锁区间</td><td></td><td>所在区间¹</td><td>时间/s</td></tr>
<tr><td>1</td><td></td><td></td></tr>
<tr><td>2</td><td></td><td></td></tr>
<tr><td>3</td><td></td><td></td></tr>
<tr><td>4</td><td></td><td></td></tr>
<tr><td>评价分析</td><td colspan="5">1. 无失锁，可进行后续处理。□
2. 失锁时间较短，且在非航摄区域，可进行后续处理。□
3. 在航线上失锁时间较短，可进行后续处理。□
4. 失锁时间长，部分区间无法后续处理，建议补摄________。□
5. 其他：________。□</td></tr>
<tr><td colspan="2">IMU 数据</td><td>有无异常</td><td colspan="3"></td></tr>
<tr><td colspan="2">event mark 值</td><td>有无异常</td><td colspan="3"></td></tr>
<tr><td colspan="6"></td></tr>
<tr><td>其他</td><td colspan="6"></td></tr>
<tr><td>分析结果</td><td colspan="6">1. 数据记录连续无失锁，或有失锁现象，但失锁时间较短，可进行后续处理。□
2. 数据记录部分失锁或中断，需对________补摄。□
3. 其他________。□</td></tr>
<tr><td colspan="7">备注：可选如下区间：A—非摄区区间　B—航线上　C—航线转弯　D—________（其他）</td></tr>
</table>

记录员：　　　　　　　　　　　　**检查员：**

年　月　日　　　　　　　　　　　　年　月　日

附　录　G
（资料性附录）
IMU/GPS 数据处理检查手簿

摄区：________　　架次：________

一、IMU/GPS 数据预处理

检查项名称	异常情况	处理方案	√或×
GPS 数据			
IMU 数据			
event mark			

二、IMU 和 GPS 数据联合解算

1. 处理设置

设置项名称	采用选项(值)			√或×
工作目录				
IMU	IMU 型号：		GPS 型号：	
	轴的指向	轴‘1’：	轴‘2’：	
GPS 偏心分量/m	u：	v：	w：	
IMU 偏心分量/m	u：	v：	w：	
IMU 检校数据文件				

2. 处理精度

航线数/计算次数：　□

精度指标	精度值			是否合格	√或×
位置偏差/m	北：	东：	高：		
速度偏差/m/s	北：	东：	高：		
情况说明					

3. 检校计算

检校场飞行次数：　□

	位置/m			角度/deg			√或×
改正值	北：	东：	高：	侧滚：	俯仰：	旋偏：	
中误差	北：	东：	高：	侧滚：	俯仰：	旋偏：	
说　明							

4. 外方位元素输出

输出外方位元素成果名：　□

5. 异常情况记录

异常情况	处理方案	√或×

三、检查意见

□解算成果全部合格，可采用　□部分合格，部分可采用　□成果质量全部不合格，不可用

注：处理员据实填写手簿，检查员经检查无误画√、否则画×。

处理员：　　　　　　　　　　　　　　　　**检查员：**

年　月　日　　　　　　　　　　　　　　　　年　月　日

附 录 H
（资料性附录）
IMU/GPS 相关资料编写要求

H.1 IMU/GPS 辅助航空摄影技术设计书

IMU/GPS 辅助航空摄影技术设计书应包含如下内容：

a） IMU/GPS 辅助航空摄影测量方案；

b） 基站设计（包括站址选择、仪器选择、基站坐标测量、观测方法等）；

c） 检校场设计（包括检校场航线设计、像控点设计与野外测量方案等）；

d） IMU/GPS 设备以及软件选择；

e） 飞行实施方案；

f） 预期成果；

g） 其他航摄设计内容应按照 GB/T 19294 要求编写。

H.2 航摄飞行 IMU/GPS 记录报告

航摄飞行 IMU/GPS 记录报告应包括：

a） 偏心分量测定表；

b） 基站同步观测记录表；

c） 航摄飞行 IMU/GPS 记录表；

d） IMU/GPS 辅助航摄飞行数据检查结果分析表。

注：其中 b）、c）、d）项每个架次必须填写。

H.3 地面基站点位测量报告

地面基站点位测量报告应包括：

a） 基站点位测量说明及精度报告；

b） 坐标成果。

H.4 IMU/GPS 辅助航空摄影项目工作总结报告

IMU/GPS 辅助航空摄影项目工作总结报告应包括：

a） 空中部分：包括摄区基本情况、航摄设备、航空摄影基本参数、飞行中异常情况说明等；

b） 地面控制测量部分：包括基站、检校场像控点和检查点等的设计、测量及计算等情况；

c） IMU/GPS 数据处理部分：包括数据预处理、检校场空中三角测量、IMU 和 GPS 数据解算、检校计算及外方位元素输出情况等。

注 1：采用 GPS 精密单点定位技术时，无基站相关内容。

注 2：地面基站采用已有控制点时，无地面基站点位测量报告。

附　录　I
（资料性附录）
数据成果目录结构及存储要求

I.1　数据目录结构

按方便组织和查找的原则，“IMU-GPS 辅助航空摄影数据资料”总目录下分为“IMU-GPS 数据”、“地面控制测量数据”、“其他资料”等 3 个子目录。

I.2　“IMU-GPS 数据”

“IMU-GPS 数据”目录中包括“机载数据”、“基站同步观测数据”、“技术文档资料”，其目录结构分别为：

a)　“机载数据”：以观测日期为子目录存放，存放航摄期间机载 IMU 和 GPS 原始观测数据等；

b)　“基站同步观测数据”：以观测日期为子目录存放，存放航摄期间基站 GPS 设备同步观测数据（原始格式和 RINEX 格式）等，包含基站同步观测记录表；

c)　“技术文档资料”：存放技术设计书、设备检定资料、航摄飞行 IMU/GPS 记录报告、检校场影像资料清单、像片外方位元素成果表、项目工作总结、资料移交书等技术文档。

I.3　“地面控制测量数据”

地面控制测量数据目录中包括“GPS 观测数据”、“点之记”、“水准联测资料”、“GPS 数据处理资料”、“技术文档资料”等，其目录结构分别为：

a)　“GPS 观测数据”：“GPS 观测数据”目录中存放地面控制测量的 GPS 观测数据（原始数据和 RINEX 数据）。GPS 数据文件名采用标准命名方式，见附录 C，其余数据文件名和内容格式应配有说明文件。

b)　“点之记”：含“点之记”和“现场观测照片”两个目录，分别存放基站、检校场像控点和检查点的点之记电子文档和现场观测照片，文件名与点号一致。

c)　“水准联测资料”：含有“水准联测记录手簿”、“水准联测成果”和“水准路线图”，分别用于存放电子水准手簿（采用纸质记录手簿时无此项）、水准联测成果和水准路线图。

d)　“GPS 数据处理资料”：存放地面控制网的 GPS 成果等。

e)　“技术文档资料”：存放技术设计书、设备鉴定资料、地面基站点位测量报告、成果表、检查报告、技术总结等地面控制测量数据相关文档资料。

I.4　“其他资料”

包含检校场航摄影像数据等其他资料。

I.5　存储介质

数据成果按以下要求存储：

a) 电子数据的存储介质是根据数据量大小而合理选择的硬盘或光盘(DVD或者CD);

b) 硬盘采用纸质硬盒或硬质塑料盒存放,光盘采用硬质塑料盒存放;

c) 存储介质外注明摄区名称、摄区编号和资料名称等;

d) 外包装标签注记包含:总体信息部分(摄区名称、摄区代号、航摄比例尺或地面分辨率、航摄时间、面积、航摄单位等)和本盘装载内容部分(资料详细名称、目录结构等)。

注: 采用GPS精密单点定位技术时无基站相关内容。

ICS 07.040
A 77

中华人民共和国国家标准

GB/T 27920.1—2011

数字航空摄影规范 第1部分:框幅式数字航空摄影

**Specifications for digital aerial photography—
Part 1: Frame digital aerial photography**

2011-12-30 发布　　2012-02-01 实施

中华人民共和国国家质量监督检验检疫总局
中国国家标准化管理委员会　发布

前　言

GB/T 27920《数字航空摄影规范》分为两个部分：

——第1部分：框幅式数字航空摄影

——第2部分：推扫式数字航空摄影

本部分为GB/T 27920的第1部分。

本部分按照GB/T 1.1—2009给出的规则起草。

本部分由国家测绘局提出。

本部分由全国地理信息标准化技术委员会(SAC/TC 230)归口。

本部分起草单位：中测新图(北京)遥感技术有限责任公司、国家基础地理信息中心、中国测绘科学研究院。

本部分主要起草人：李英成、薛艳丽、朱祥娥、丁晓波、曾云、廖明、滕长胜、郑安武、王瑞幺、赵俊霞。

数字航空摄影规范 第1部分:框幅式数字航空摄影

1 范围

GB/T 27920的本部分规定了采用框幅式航摄仪开展航空摄影的技术要求、成果质量的检查方法及成果的整理验收要求。

本部分适用于测制1∶500至1∶50 000地形图和影像图的框幅式数字航空摄影工作。

2 规范性引用文件

下列文件对于本文件的应用是必不可少的。凡是注日期的引用文件,仅注日期的版本适用于本文件。凡是不注日期的引用文件,其最新版本(包括所有的修改单)适用于本文件。

GB/T 14950—2009 摄影测量与遥感术语

GB/T 6962 1∶500、1∶1 000、1∶2 000比例尺地形图航空摄影规范

GB/T 15661 1∶5 000 1∶10 000 1∶25 000 1∶50 000 1∶100 000地形图航空摄影规范

3 术语和定义

GB/T 14950—2009中界定的以及下列术语和定义适用于本文件。

3.1

综合分解力 compositive resolution

框幅式数字航摄仪系统中,衡量镜头、分光系统和探测器对黑白相间宽度相等的线状目标影像分辨的能力。

3.2

综合畸变差 integrative distortion

框幅式数字航摄仪系统中,由镜头、分光系统、探测器等造成的影像畸变,包括径向畸变、偏心畸变、成像面变形等。

3.3

拼接影像 mosaic imagery

虚拟影像

框幅式数字航摄仪系统中,由多个相机或者多个成像探测器同步获取的影像,经几何与辐射处理后形成的等效中心投影影像。

3.4

航摄漏洞 aerial photographic gap

航空摄影时,像片或影像重叠度过小或没有重叠的部分。

[GB/T 14950—2009,定义4.49]

3.5

相对漏洞 aerial photographic relative gap

航空摄影时,像片或影像航向重叠度和旁向重叠度小于规定域值的部分。

[GB/T 14950—2009,定义 4.50]

3.6

绝对漏洞　aerial photographic absolute gap

航空摄影时,摄区范围内缺失影像的部分。

[GB/T 14950—2009,定义 4.51]

3.7

框幅摄影　frame photography

曝光瞬间对整个幅面同时成像的摄影。

[GB/T 14950—2009,定义 4.13]

3.8

分区基准面　block datum plan

摄影分区的平均高度平面。

[GB/T 14950—2009,定义 4.36]

4　航摄计划与航摄设计

4.1　航摄计划的制定

根据测图需要制定航摄计划,航摄计划应包括以下内容:

a)　摄区范围;

b)　测图比例尺和摄影地面分辨率;

c)　航线敷设方法、像片航向和旁向重叠度;

d)　航摄仪类型、技术参数和航摄附属仪器参数;

e)　需提供的航摄成果名称和数量;

f)　执行航摄任务的季节和期限;

g)　其他技术要求。

4.2　航摄设计

4.2.1　设计用基础地理数据的选择

设计用基础地理数据应选择摄区最新制作的地形图、影像图或数字高程模型,其比例尺一般应根据测图比例尺按表 1 规定选用。

表 1　设计用基础地理数据

<table>
<tr><th>测图比例尺</th><th>设计用数字高程模型</th><th>设计用图比例尺</th></tr>
<tr><td>1∶500</td><td rowspan="5">≥1∶50 000</td><td rowspan="3">1∶10 000</td></tr>
<tr><td>1∶1 000</td></tr>
<tr><td>1∶2 000</td></tr>
<tr><td>1∶5 000</td><td rowspan="3">1∶50 000</td></tr>
<tr><td>1∶10 000</td></tr>
<tr><td>1∶25 000</td><td rowspan="2">≥1∶250 000</td></tr>
<tr><td>1∶50 000</td><td>1∶100 000</td></tr>
</table>

4.2.2 地面分辨率的选择

各摄影分区基准面的地面分辨率应根据不同比例尺航摄成图的要求，结合分区的地形条件、测图等高距、航摄基高比及影像用途等，在确保成图精度的前提下，本着有利于缩短成图周期、降低成本、提高测绘综合效益的原则在表2的范围内选择。

表2 地面分辨率

测图比例尺	地面分辨率值/cm
1∶500	<8
1∶1 000	8～10
1∶2 000	15～20
1∶5 000	20～40
1∶10 000	30～50
1∶25 000	40～60
1∶50 000	60～100

4.2.3 航摄分区的划分

划分航摄分区应遵循以下原则：

a) 分区界线应与图廓线相一致。

b) 当地面分辨率大于20 cm时，分区内的地形高差不应大于四分之一摄影航高；当地面分辨率小于或等于20 cm时，分区内的地形高差不应大于六分之一摄影航高。

c) 在地形高差符合b)条规定，且能够确保航线的直线性的情况下，分区的跨度应尽量划大。分区的最小范围1∶5 000测图不得小于两个图幅，1∶10 000、1∶25 000、1∶50 000测图不得小于一个图幅。

d) 当地面高差突变，地形特征差别显著或有特殊要求时，可以破图廓划分航摄分区。

4.2.4 分区基准面高度的确定

依据分区地形起伏、飞行安全条件等确定分区基准面高度，具体计算公式参见附录A。

4.2.5 航线敷设方法

航线敷设应遵循以下原则：

a) 航线一般按东西向平行于图廓线直线飞行，特定条件下亦可作南北向飞行或沿线路、河流、海岸、境界等方向飞行；

b) 曝光点应尽量采用数字高程模型依地形起伏逐点设计；

c) 进行水域、海区摄影时，应尽可能避免像主点落水，要确保所有岛屿达到完整覆盖，并能构成立体像对。

4.2.6 航摄季节和航摄时间的选择

航摄季节和航摄时间的选择应遵循以下原则：

a) 航摄季节应选择摄区最有利的气象条件，应尽量避免或减少地表植被和其他覆盖物(如：积雪、洪水、扬沙等)对摄影和测图的不利影响，确保航摄影像能够真实地显现地面细部。

b) 航摄时，既要保证具有充足的光照度，又要避免过大的阴影。航摄时间一般应根据表3规定的摄区太阳高度角和阴影倍数确定。

c) 沙漠、戈壁、森林、草地、大面积的盐滩、盐碱地，当地正午前后各2 h内不应摄影。

d) 陡峭山区和高层建筑物密集的大城市应在当地正午前后各1 h内摄影，条件允许时，可实施云下摄影。

表3 摄区太阳高度角和阴影倍数

地形类别	太阳高度角/°	阴影倍数/倍
平地	>20	<3
丘陵地和一般城镇	>25	<2.1
山地和大、中城市	≥40	≤1.2

4.2.7 铺设航摄地面标志

根据航摄的需要，需铺设地面标志的摄区，应按照以下原则铺设：

a) 地面标志应在正式航空摄影前铺设完毕，且妥善保护；

b) 地面标志的数量应根据航摄需要确定；

c) 地面标志的形状、规格应确保标志在航摄影像上可准确辨认和量测；

d) 地面标志的颜色应根据摄区地形景物的光谱特性选定，要确保其与周围地面具有良好的反差。

4.2.8 航摄仪的选择和检定

4.2.8.1 航摄仪的选择

航摄仪的选择主要根据飞行平台、地面分辨率和测图精度等要求综合考虑确定。所选航摄仪的基本性能不应低于以下要求：

a) 内方位元素可精确测定；

b) 综合分解力每毫米内不应少于40线对；

c) 单相机综合畸变差改正后的残差应小于0.3个像素；

d) 航摄仪的全色波段和天然真彩色波段的光谱响应范围应覆盖400 nm～700 nm，多光谱的近红外波段光谱响应范围应覆盖700 nm～900 nm；

e) 探测器面阵上连续出现的坏点数一般不应多于4个，总坏点数不应大于总像素数的百万分之一；

f) 灰度记录的动态范围，全色影像不应低于12 bit，天然真彩色或多光谱影像每通道不应低于12 bit；

g) 数据存储设备应满足一个满架次数据存储要求。

4.2.8.2 航摄仪的检定

航摄仪出现下列情况之一时需进行检定：

a) 新购或前次检定已超过两年；

b) 经过大修或主要部件进行拆卸更换后；

c) 在使用或运输过程中产生剧烈震动以后。

检定项目和检定方法按照数字航摄仪检定的相关标准执行。

4.2.9 航摄仪附件

航摄仪附件应齐全、性能良好，并满足以下要求：

a) 滤光镜的两表面应平整和相互平行，垂直入射的照准光线通过滤光镜所产生的偏转角不应大于 10″，整个滤光镜的偏转角之差不应大于 2″；

b) 航摄仪的各种数据显示和记录装置齐全；

c) 置平设备能对航摄仪俯仰角、侧滚角和旋偏角进行调整；

d) 控制设备能够利用设计文件进行定位导航与定点曝光。

5 飞行质量和影像质量要求

5.1 飞行质量要求

5.1.1 像片重叠度

5.1.1.1 航向重叠度一般应为 60%～65%，最小不应小于 53%。个别像对的航向重叠度虽然小于 53%，但应大于 51%，且其相邻像对的航向重叠度不应小于 58%，并能确保测图定向点和测绘工作边不超出像片边缘；

5.1.1.2 相邻航线的像片旁向重叠度一般应为 20%～30%，个别最小不应小于 13%，但不得连续出现；

5.1.1.3 制作真正射影像图时，航向重叠度一般应为 80%，旁向重叠度一般应为 60%。

5.1.2 像片倾斜角

像片倾斜角一般不应大于 2°，1∶500、1∶1 000、1∶2 000 测图最大不应大于 4°，1∶5 000、1∶10 000、1∶25 000、1∶50 000 测图最大不应大于 3°。

5.1.3 像片旋偏角

5.1.3.1 1∶500、1∶1 000、1∶2 000 测图旋偏角一般不应大于 15°，在确保像片航向和旁向重叠度满足要求的前提下最大不应大于 25°；1∶5 000、1∶10 000、1∶25 000、1∶50 000 测图旋偏角一般不应大于 10°，在确保像片航向和旁向重叠度满足要求的前提下最大不应大于 15°。

5.1.3.2 在一条航线上连续达到或接近最大旋偏角的像片数不应大于三片；在一个摄区内出现最大旋偏角的像片数不应大于摄区像片总数的 4%。

5.1.4 航线弯曲度

航线弯曲度一般不大于 1%，当航线长度小于 5 000 m 时，航线弯曲度最大不大于 3%。

5.1.5 航高保持

5.1.5.1 同一航线上相邻像片的航高差不应大于 30 m；最大航高与最小航高之差不应大于 50 m。

5.1.5.2 当相对航高小于等于 1 000 m 时，航摄分区内实际航高与设计航高之差不应大于 50 m；当相对航高大于 1 000 m 时，其实际航高与设计航高之差不应大于设计航高的 5%。

5.1.6 摄区、分区覆盖保证

5.1.6.1 摄区边界覆盖保证：航向覆盖超出摄区边界线不少于一条基线。旁向覆盖超出摄区边界线一般不少于像幅的 30%；在便于施测像片控制点及不影响内业正常加密时，旁向覆盖超出摄区边界线不

少于像幅的15%。

5.1.6.2 分区边界线覆盖保证:分区边界线覆盖应满足分区各自满幅的要求。

5.1.7 飞行记录资料的填写

每次飞行结束,应由摄影员填写航摄飞行记录表,航摄飞行记录表格式参见附录B。

5.2 影像质量要求

5.2.1 影像应清晰,层次丰富,反差适中,色调柔和;应能辨认出与地面分辨率相适应的细小地物影像,能够建立清晰的立体模型。

5.2.2 影像上不应有云、云影、烟、大面积反光、污点等缺陷。虽然存在少量缺陷,但不影响立体模型的连接和测绘时,则认为可以用于测制线划图。

5.2.3 确保因飞机地速的影响,在曝光瞬间造成的像点位移一般不应大于1个像素,最大不应大于1.5个像素。

5.2.4 拼接影像应无明显模糊、重影和错位现象。

5.2.5 融合形成的高分辨率彩色影像不应出现明显色彩偏移、重影、模糊现象。

5.3 补摄

5.3.1 航摄中出现的相对漏洞和绝对漏洞均应及时补摄。

5.3.2 应采用前一次航摄飞行的航摄仪补摄。

5.3.3 漏洞补摄应按原设计要求进行。

5.3.4 1∶500、1∶1 000、1∶2 000 测图时,补摄航线的两端应超出漏洞之外一条基线。

5.3.5 1∶5 000、1∶10 000 测图时,补摄航线的两端应超出1∶50 000地形图图廓线外一条基线;1∶25 000、1∶50 000 测图时,补摄航线的两端应超出1∶100 000地形图图廓线外一条基线。对不影响内业加密模型连接的相对漏洞,可只在漏洞处补摄,补摄航线的两端应超出漏洞之外一条基线。

6 成果质量检查

6.1 检查范围

航摄执行单位应按本标准第5章的要求对飞行质量和影像质量进行检查。

6.2 检查项目和方法

6.2.1 像片重叠度

6.2.1.1 采用数字像片输出片检查时,按照GB/T 6962、GB/T 15661的相关规定执行。

6.2.1.2 采用数字像片检查时,利用相应软件检查。

6.2.2 像片倾斜角

6.2.2.1 有像片倾斜角记录装置时,应根据像片倾斜角测量装置记录的数据检查。

6.2.2.2 无像片倾斜角记录装置时,可在已有的地形图上选择若干明显地物点作为控制点,用摄影测量方法进行测算检查。

6.2.3 像片旋偏角

6.2.3.1 采用数字像片输出片检查时,按照GB/T 6962、GB/T 15661的相关规定执行。

6.2.3.2 采用数字像片检查时,利用相应软件检查。

6.2.4 航线弯曲度

6.2.4.1 采用数字像片输出片检查时,按照 GB/T 6962、GB/T 15661 的相关规定执行。
6.2.4.2 采用数字像片检查时,利用相应软件检查。

6.2.5 航高保持

6.2.5.1 有定点曝光记录装置时,利用其记录的曝光点坐标通过相应软件检查。
6.2.5.2 无定点曝光记录装置时,按照 GB/T 6962、GB/T 15661 的相关规定执行。

6.2.6 摄区、分区覆盖保证

6.2.6.1 采用数字像片输出片检查时,按照 GB/T 6962、GB/T 15661 的相关规定执行。
6.2.6.2 采用数字像片检查时,利用相应软件检查。

6.2.7 影像质量

6.2.7.1 通过目视观察,检查影像的清晰度,层次的丰富性,色彩反差和色调柔的情况,影像有无缺陷,拼接影像拼接带有无明显模糊、重影和错位,融合形成的高分辨率彩色影像有无色彩偏移、重影和模糊现象。
6.2.7.2 像点位移根据飞机飞行速度、曝光时间和影像地面分辨率,利用附录 A 相应公式计算。最大像点位移以航摄分区最高点处对应的参数计算获得。

6.2.8 漏洞

6.2.8.1 按 6.2.1 规定的方法检查航摄相对漏洞。
6.2.8.2 按 6.2.1 和 6.2.6 规定的方法检查航摄绝对漏洞。

7 成果整理和验收

7.1 整理

7.1.1 数字航片整理

7.1.1.1 航片编号

航片编号方法为:

a) 航片编号由 12 位数字构成,采用以航线为单位的流水编号。航片编号自左至右 1～4 位为摄区代号,5～6 位为分区号,7～9 位为航线号,10～12 位为航片流水号。
b) 一般以飞行方向为编号的增长方向。
c) 同一航线内的航片编号不允许重复。
d) 当有补飞航线时,补飞航线的航片流水号在原流水号基础上加 500。

7.1.1.2 航片存储与外包装

7.1.1.2.1 当提交一种以上航片时,则根据真彩色、全色、彩红外等类别分别建立存储路径,将不同类别影像存储在相应路径下。
7.1.1.2.2 文件为非压缩的常规影像格式,文件名称与航片编号一致。
7.1.1.2.3 航片统一以正北、正东或相对于实地近北、近东方向存放。

7.1.1.2.4　一般应采用硬盘存储。硬盘存放于纸质或塑料包装盒内。

7.1.1.2.5　硬盘和其包装盒标签的注记内容应包括：

a)　总体信息部分：

1)　摄区名称；

2)　摄区代号；

3)　航摄仪类型及其编号；

4)　航摄仪主距；

5)　航摄时间；

6)　航线数和航片数；

7)　摄区面积；

8)　地面分辨率；

9)　航摄单位。

b)　本盘装载内容部分：

1)　盘号(分盘序号/总盘数)；

2)　影像类型；

3)　航线号；

4)　起止片号；

5)　备注。

7.1.2　航片输出片整理

7.1.2.1　航片输出片的制作

7.1.2.1.1　航片输出片以相纸输出。

7.1.2.1.2　航片输出片影像由高分辨率真彩色影像重采样获得。

7.1.2.1.3　航片输出片的幅面尺寸为：高 20 cm，宽 14 cm，四周侧边距 5 mm。各航摄仪获取的影像按比例缩放到此幅面，保证影像一向的尺寸符合要求，靠左上侧放置。

7.1.2.1.4　应在航片输出片上标注航片编号，航片编号要求：

a)　航片编号内容：与 7.1.1.1 规定的航片编号一致；

b)　航片编号的位置：东西方向飞行时应在输出像片西北角标注，字头统一朝北；南北方向飞行时应在输出像片东北角标注，字头统一朝东；其他方向飞行时，应在影像相对于实地近北或近东方向标注；

c)　航片编号字体为等线体，字高 4 mm。

7.1.2.1.5　航片输出片的主点用红色“＋”表示，线长 2 mm，粗 0.15 mm 或 1～2 个像素；像片在航向和旁向两侧边缘加画中线，线画长度分别为 6 mm 和 3 mm，粗 0.15 mm 或 1～2 个像素。

7.1.2.2　航片输出片的存储与外包装

7.1.2.2.1　采用与航片输出片的幅面尺寸适应规格的像片盒存放。

7.1.2.2.2　航片输出片应按摄区、分区、图幅分盒存放，面积较小或条带式的大比例尺摄影时可按摄区、航线存放。

7.1.2.2.3　像片盒标签注记要求：

a)　像片盒正面标签一式两份，一份放在像片盒中，一份粘贴在像片盒正面。标签注记内容应包括：

1)　摄区名称；

2） 摄区代号；
3） 分区编号；
4） 图幅编号；
5） 航线号；
6） 航线起止片号；
7） 航线对应像片片数；
8） 像片总片数；
9） 航摄单位。

b） 像片盒侧面标签一份，粘贴在像片盒侧面。标签注记内容应包括：
1） 摄区名称；
2） 摄区代号；
3） 分区编号；
4） 图幅编号。

7.1.3 浏览影像整理

浏览影像整理要求：

a） 浏览影像应与数字航片一一对应，由高分辨率真彩色影像重采样获得，文件大小一般应为100 K～300 K。

b） 浏览影像文件命名与其对应的数字航片文件命名一致。

7.1.4 文档资料整理

7.1.4.1 纸质文档资料的整理

纸质文档资料应按以下要求整理：

a） 所有文档应单独装订成册，存放在A4幅面的档案盒内；

b） 每份档案盒中必须包含资料清单。

7.1.4.2 电子文档资料的整理

电子文档资料应按以下要求整理：

a） 电子文档的名称和内容应与纸质文档一致，无电子格式的纸质文档应扫描成电子文档；

b） 电子文档的存储介质为光盘。光盘存放于方形硬质塑料盒内，盒外注明摄区名称、摄区代码和资料名称。

7.2 验收

7.2.1 验收程序

7.2.1.1 航摄执行单位按GB/T 27920本部分和摄区合同的规定对全部航摄成果资料逐项进行认真的检查，并详细填写检查记录手簿。

7.2.1.2 航摄执行单位质检合格后，将全部成果资料整理齐全，移交航摄委托单位代表验收。

7.2.1.3 航摄委托单位代表依据GB/T 27920本部分和航摄合同的规定对全部成果资料进行验收，双方代表协商处理检查验收工作中发现的问题，航摄委托单位代表最终给出成果资料的质量评定结果。

7.2.1.4 成果质量验收合格后，双方在移交书上签字，并办理移交手续。

7.2.2 移交的资料

移交的资料应包括：

a) 航摄技术设计书；

b) 航摄仪技术参数检定报告；

c) 航摄军区批文；

d) 航摄飞行记录；

e) 影像数据(一般为真彩色影像，根据需要含全色或彩红外影像)；

f) 航片输出片；

g) 浏览影像；

h) 航摄像片中心点坐标数据；

i) 航摄像片中心点结合图；

j) 航线、像片结合图；

k) 摄区范围完成情况图；

l) 航摄鉴定表；

m) 航摄资料移交书；

n) 航摄资料解密审查报告；

o) 其他有关资料。

7.2.3 验收报告

航摄委托单位代表完成验收后，应写出验收报告。报告的内容主要包括：

a) 航摄的依据——航摄合同和技术设计；

b) 完成的航摄图幅数和面积；

c) 对成果资料质量的基本评价；

d) 存在的问题及处理意见。

附 录 A
（资料性附录）
航摄常用计算公式

A.1 像点位移

$$\delta=\frac{v\times t}{GSD} \qquad \cdots\cdots\cdots(A.1)$$

式中：

v ——航摄飞机飞行速度，单位为米每秒(m/s)；

t ——曝光时间，单位为秒(s)；

GSD ——地面分辨率，单位为米(m)；

δ ——像点位移，单位为像素。

A.2 航高

$$H=\frac{f\times GSD}{a} \qquad \cdots\cdots\cdots(A.2)$$

式中：

H ——摄影航高，单位为米(m)；

f ——镜头焦距，单位为毫米(mm)；

a ——像元尺寸，单位为毫米(mm)；

GSD ——地面分辨率，单位为米(m)。

A.3 摄影基线和航线间隔

$$b_X=L_X(1-p_X)$$

$$d_Y=L_Y(1-q_Y) \qquad \cdots\cdots\cdots(A.3)$$

$$B_X=b_X\times\frac{H}{f}$$

$$D_Y=d_Y\times\frac{H}{f} \qquad \cdots\cdots\cdots(A.4)$$

式中：

b_X ——像片上的摄影基线长度，单位为毫米(mm)；

B_X ——实地上的摄影基线长度，单位为米(m)；

d_Y ——像片上的航线间隔宽度，单位为毫米(mm)；

D_Y ——实地上的航线间隔宽度，单位为米(m)；

L_X、L_Y ——像幅长度和宽度，单位为毫米(mm)；

p_X、q_Y ——像片航向和旁向重叠度(以百分比表示)；

f ——焦距，单位为毫米(mm)；

H ——摄影航高，单位为米(m)。

A.4 像片重叠度

$$p_X = p'_X + (1 - p'_X)\Delta h/H$$
$$q_Y = q'_Y + (1 - q'_Y)\Delta h/H \qquad \cdots\cdots(A.5)$$

式中：

p'_X、q'_Y——航摄像片的航向、旁向标准重叠度(以百分比表示)；

Δh ——相对于摄影基准面的高差，单位为米(m)。

A.5 相邻像片的曝光时间间隔

$$\Delta t = \frac{B_X}{W} \qquad \cdots\cdots(A.6)$$

式中：

Δt ——相邻像片曝光时间间隔，单位为秒(s)；

W ——飞机飞行时的地速，单位为米每秒(m/s)。

A.6 航线弯曲度

$$E = \frac{\Delta l}{L} \times 100\% \qquad \cdots\cdots(A.7)$$

式中：

E ——航线弯曲度；

Δl——像主点偏离航线首末像主点连线的最大距离，单位为毫米(mm)；

L ——航线首末像主点连线的长度，单位为毫米(mm)。

A.7 摄影分区基准面高程

A.7.1 摄影分区基准面高程是将分区个别突出最高点与最低点舍去不计外，使分区内高点平均高程与低点平均高程面积各占一半的平均高程平面。

A.7.2 采用DEM设计时，摄影分区基准面高程计算公式

$$h_{基} = \frac{\sum_{i=1}^{n} h_i}{n} \qquad \cdots\cdots(A.8)$$

式中：

$h_{基}$——摄影分区基准面高程，单位为米(m)；

h_i ——分区内DEM格网点的高程值，单位为米(m)。

A.7.3 在地形图上选择高程点计算分区平均平面高程公式。

A.7.3.1 在平原和地形高差不大的平缓地区，用下式计算：

$$h_{基} = \frac{h_{最高} + h_{最低}}{2} \qquad \cdots\cdots(A.9)$$

式中：

$h_{基}$ ——摄影分区基准面高程，单位为米(m)；

$h_{最高}$——分区内最高高程，单位为米(m)；

$h_{最低}$——分区内最低高程,单位为米(m)。

A.7.3.2 在丘陵和地形起伏较大的地区,用下式计算:

$$h_{基}=\frac{h_{高平均}+h_{低平均}}{2} \qquad \cdots\cdots(A.10)$$

$$h_{高平均}=\frac{\sum_{i=1}^{n}h_{i高}}{n} \qquad \cdots\cdots(A.11)$$

$$h_{低平均}=\frac{\sum_{i=1}^{n}h_{i低}}{n} \qquad \cdots\cdots(A.12)$$

式中:

$h_{基}$ ——摄影分区基准面高程,单位为米(m);

$h_{高平均}$ ——分区内高点平均高程,单位为米(m);

$h_{低平均}$ ——分区内低点平均高程,单位为米(m)。

附　录　B
（资料性附录）
航摄飞行记录表

机组________　　日期________　　从____时____分到____时____分

摄区	摄区名称		摄区代号		航摄分区		地面分辨率	
	绝对航高		摄影方向		航线条数		地形地貌	
飞机	飞机型号		飞机编号		导航仪			
航摄仪	航摄仪型号		航摄仪编号		焦距			
	滤光镜		光圈		曝光时间		感光度	
影像	盘号				摄影时间			
	摄影前试片				摄影后试片			
天气	天气状况		水平能见度		垂直能见度			
机组	机长		飞行员		领航员		摄影员	
航线飞行示意图								
备注：								

填表人________　　送片人________　　接片人________

附　录　C
（资料性附录）
航摄资料移交书

航摄资料移交书应包括航摄任务说明、航摄面积统计表和航摄资料统计表。具体格式和内容如下：

根据　　年　　月　　日____________合同执行____________摄区航空摄影任务，完成航摄面积及移交资料如下表：

表 C.1　航摄面积统计表

地区类别	完成航摄面积 km^2	地面分辨率 m	影像类型	像幅	航向重叠	旁向重叠	备注

表 C.2　航摄资料统计表

项　　目	规格	单位	份数	数量	备注
航摄技术设计书		本			附电子文档
航摄仪技术参数检定报告		张			附电子文档
航摄军区批文		套			附电子文档
航摄飞行记录		本			附电子文档
全色影像		套			
真彩色影像		套			
彩红外影像		套			
航片输出片		张			
浏览影像		张			
航摄像片中心点坐标数据		套			
航摄像片中心点结合图		张			附电子文档
航线、像片结合图		张			附电子文档
摄区范围完成情况图		张			附电子文档
航摄鉴定表		张			附电子文档
航摄资料移交书		本			附电子文档
航摄资料解密审查报告		套			附电子文档
其他					

以上经甲、乙双方代表确认，并核实清点无误。

接收单位（章）：　　　　　　　　交出单位（章）：

验收代表：　　　　　　　　　　　交出代表：

接收代表：　　　　　　　　　　　负责人：

年　　月　　日　　　　　　　　　年　　月　　日

附 录 D
（资料性附录）
航摄鉴定表

D.1 航摄鉴定表一般以 1∶10 000（当成图比例尺大于或等于 1∶10 000 时）或 1∶50 000（当成图比例尺小于 1∶10 000 大于 1∶50 000 时）标准图幅为整理单元。

D.2 航摄鉴定表示例：

航摄鉴定表

摄区　　　　　　　　　　　　　　　　　　　　　　　地面分辨率　　cm

分区　　　　　　　　　　　图幅编号　　　　　　　　绝对航高　　m

航线序号	航摄日期（年.月.日）	航摄仪型号及编号	航线两端号码	片数	图幅在测区（分区）的位置示意图
1					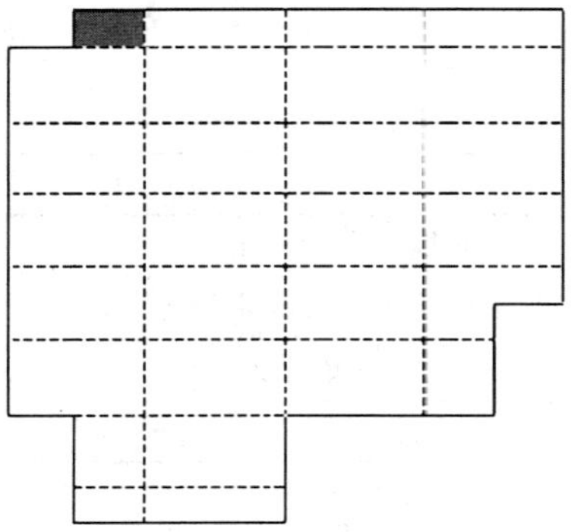
2					
3					
4					
5					
总片数					

航摄仪类型________号码________主距________ mm

像幅________像素×________像素，像素大小________ μm。

点名	x(mm)	y(mm)	说　明
PPA 自准直主点			
检查意见			
检查者		日期	

验收意见________________

验收单位：　　　　　　　验收代表：　　　　　　日期：

D.3 航摄鉴定表以摄区或分区为单元装订成册，封面设计如下：

航 摄 鉴 定 表

摄区名称：____________________

摄区代号：____________________

航摄单位：____________________

航摄日期：　　　年　　　月

附 录 E
（资料性附录）
航线、像片结合图

E.1 航线、像片结合图制作要求

E.1.1 制图单元

以摄区或分区为单元制作航线、像片结合图。

E.1.2 图面内容

图面内容主要包括：

a） 摄区范围线：连接摄区多边形拐点标绘摄区范围线，标注其拐点经纬度坐标；

b） 分区范围线：当摄区内有多个分区时，标绘分区范围线，并在分区内显著位置标注分区顺序号；若摄区只有一个分区时，可不予标注；

c） 最小图幅单元结合表：在摄区外接矩形范围内，一般以 1∶10 000（当成图比例尺大于或等于 1∶10 000 时）或 1∶50 000（当成图比例尺小于 1∶10 000 大于 1∶50 000 时）标准图幅为单元，绘制图幅结合表；

d） 标注图幅单元：以 1∶50 000（当成图比例尺大于或等于 1∶10 000 时）或 1∶100 000（当成图比例尺小于 1∶10 000 大于 1∶50 000 时）标准分幅作为标注图幅单元，以不同线型表示该图幅边界，并标注图幅号；

e） 航线：以最小单元图幅结合表为参考，绘制航线，并在各航线与摄区边界相交的一侧或两侧标注航线编号，补飞航线以不同颜色区分，不同航摄仪飞行的航线用不同的线型加以区分；

f） 像片号标注：在航线与标注图幅单元相交处两侧，标注像片编号；补飞像片号与正常飞像片号用不同颜色表示。

E.1.3 图外整饰

图外整饰内容主要包括：

a） 图形顶端居中处注图名：“××摄区××分区航线、像片结合图”。

b） 图形底部注记内容包括：

  1） 摄区名称；
  2） 摄区代号；
  3） 地面分辨率；
  4） 航摄仪类型；
  5） 相机主距；
  6） 航摄日期；
  7） 航摄单位；
  8） 制作者；
  9） 检查者。

E.1.4 图件输出

以 A4 纸幅面、300 dpi～500 dpi 输出。

E.2　航线、像片结合图示例

航线、像片结合图见图 E.1。

××摄区××分区航线、像片结合图

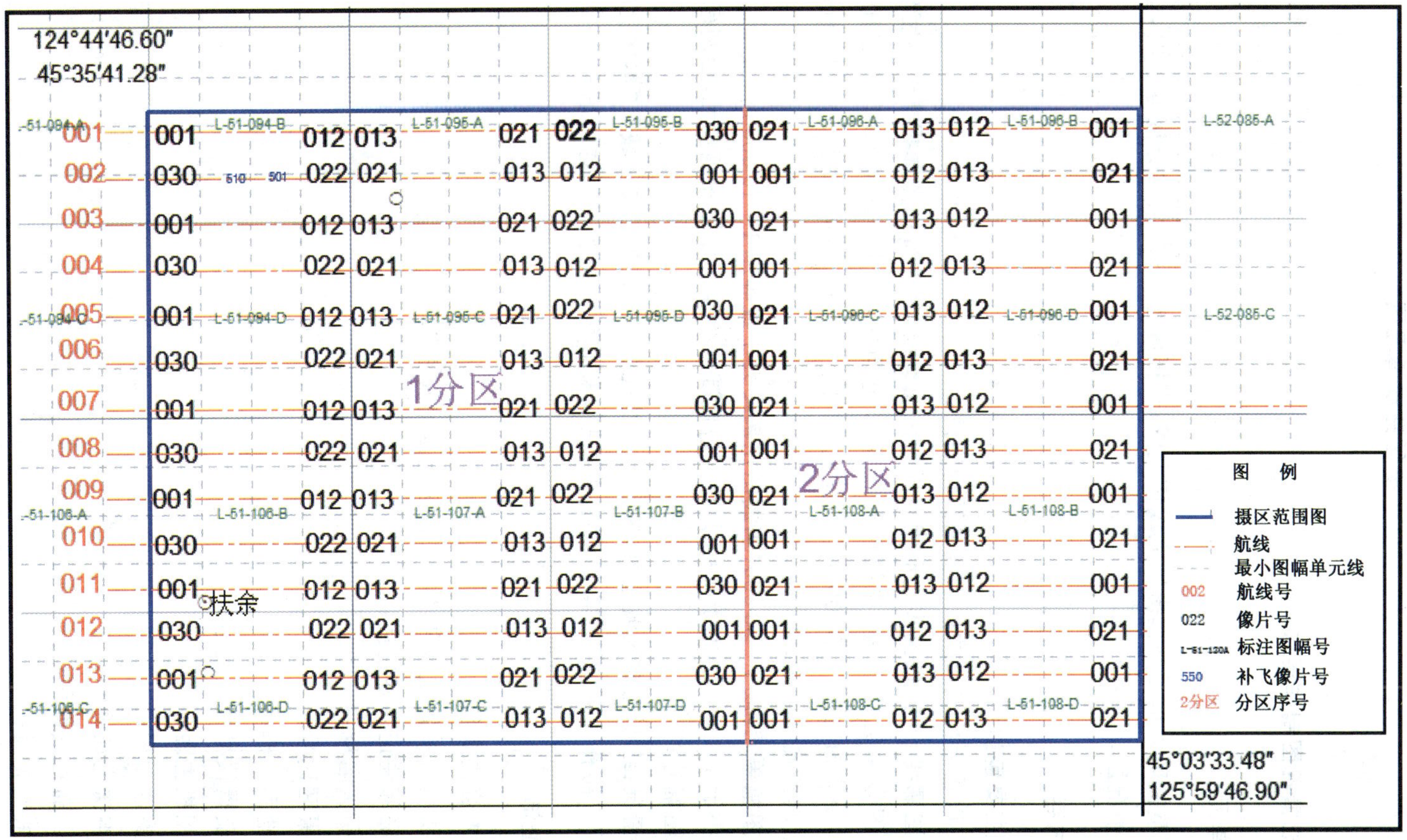

摄区名称：　　摄区代号：　　地面分辨率：　　航摄仪：　　相机主距：

航摄日期：　年　月—　年　月　航摄单位：　　制作者：　　检查者：

图 E.1　航线、像片结合图

附　录　F
（资料性附录）
摄区完成情况图

F.1　摄区完成情况图制作要求

F.1.1　制图单元

一般以完整摄区为单元制作摄区完成情况图；当摄区范围较大、或分区零散时，也可以分区为单元制作摄区完成情况图。

F.1.2　图面内容

图面内容主要包括：

a）底图：以适合比例尺的数字线划图为底图；

b）摄区图廓线：连接摄区多边形拐点成摄区图廓线，标注摄区图廓拐点经纬度坐标；

c）最小图幅单元结合表：在摄区外接矩形范围内，以 1∶10 000（当成图比例尺大于或等于 1∶10 000 时）或 1∶50 000（当成图比例尺小于 1∶10 000 大于 1∶50 000 时）标准图幅为单元，绘制图幅结合表；

d）标注图幅单元：以 1∶50 000（当成图比例尺大于或等于 1∶10 000 时）或 1∶100 000（当成图比例尺小于 1∶10 000 大于 1∶50 000 时）标准分幅作为标注图幅单元，绘制标注图幅结合表，并标注图幅号；

e）完成情况：绘制完成区域边界，按照完成情况分为"以前完成区域"、"本次完成区域"、"未完成区域"、"需补飞区域"、"禁飞区域"等类别，采用不同颜色 50％透明填充。

F.1.3　图外整饰

图外整饰内容主要包括：

a）图形顶端居中处注图名："××摄区完成情况图"。

b）图形底部注记内容包括：

1）摄区名称；

2）摄区代号；

3）地面分辨率；

4）航摄仪型号及编号；

5）相机主距；

6）摄区面积；

7）本次完成面积；

8）以前完成面积；

9）未完成面积；

10）需补飞面积；

11）禁飞面积；

12）航摄日期；

13）航摄单位；

14） 制作者；

15） 检查者。

F.1.4 图件输出

以 A4 纸幅面、300 dpi～500 dpi 输出。

F.2 摄区完成情况图示例

摄区完成情况图见图 F.1。

××摄区完成情况图

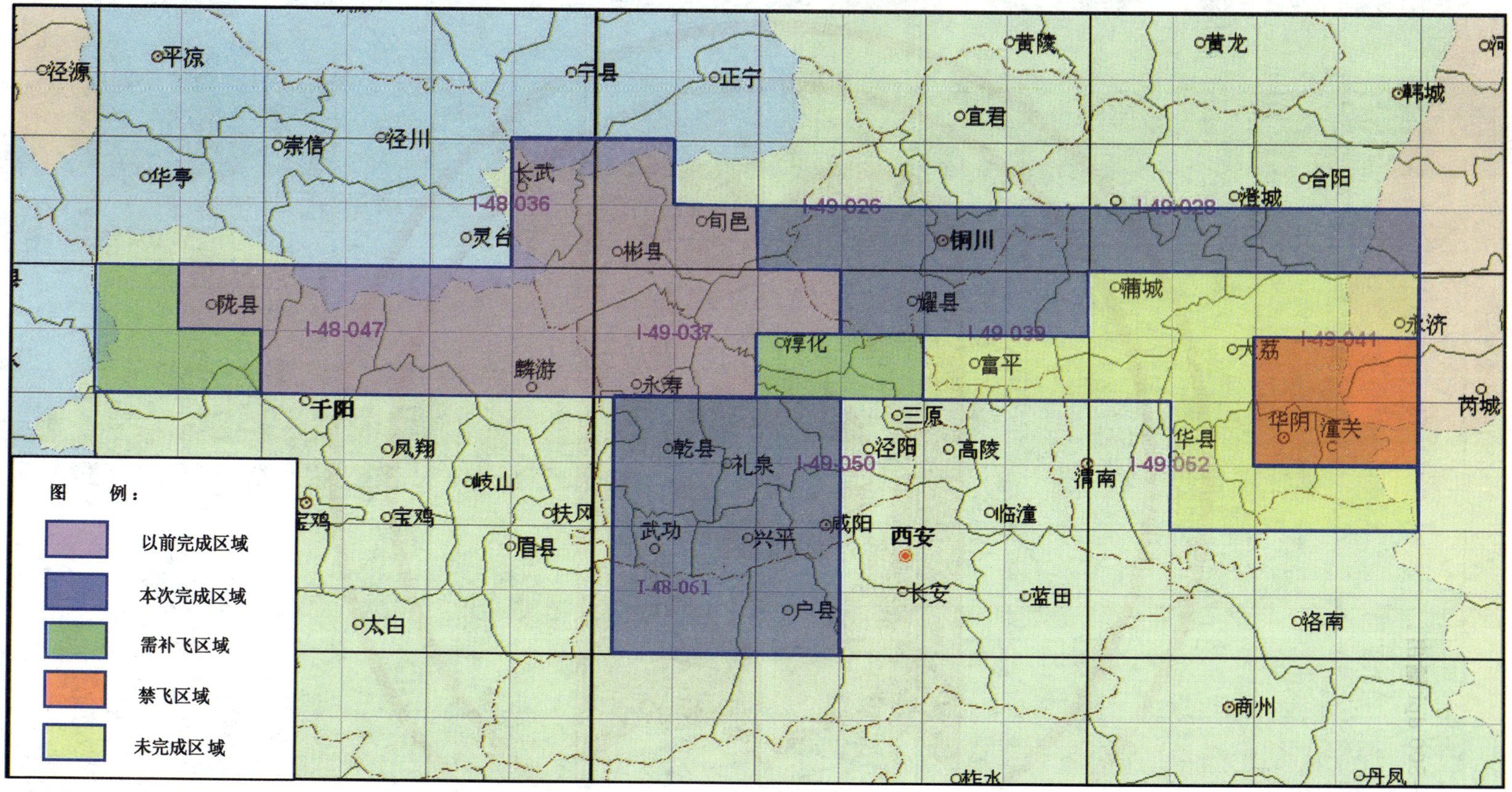

摄区名称：　　摄区代号：　　地面分辨率：　　航摄仪：　　相机主距：

摄区面积：　　本次完成面积：　　以前完成面积：　　未完成面积：　　需补飞面积：

禁飞面积：　　航摄日期：　年　　月—　　年　　月　　航摄单位：　　制作者：　　检查者：

图 F.1　摄区完成情况图

附 录 G
（资料性附录）
航摄像片中心点结合图

G.1 航摄像片中心点结合图的制作要求

G.1.1 制图单元

以图幅为单元制作航摄像片中心点结合图。当成图比例尺大于或等于1∶10 000时，以1∶10 000比例尺分幅为制图单元；当成图比例尺小于1∶10 000大于1∶50 000时，以1∶50 000比例尺分幅为制图单元。

G.1.2 图面内容

图面内容主要包括：

a) 底图：以适合比例尺的数字线划图为底图；

b) 制图单元图廓线：标绘制图单元图廓线；

c) 图廓线：将制图内容及图例等图外信息全部包含在内的最小外接矩形绘制成图廓线；

d) 像片中心点：在每张像片中心点位处，绘制“＋”字符号标识，并在“＋”上部标注每张像片片号；当采用IMU/GPS辅助航摄时，在“＋”下部以不同的颜色标注曝光时标号；补飞像片用不同的颜色加以区分；采用不同航摄仪航摄的像片中心点用不同的符号加以区分；当像片重叠度过大时，可隔片标注像片号；

e) 航线号：在每条航线的顶端标注航线号；补飞航线用不同颜色标注。

G.1.3 图外整饰

图外整饰内容主要包括：

a) 图形顶端居中处注图名：“像片中心点结合图”；

b) 图名下方注明：摄区名称、摄区代号、航摄分区号、地面分辨率；

c) 图廓内右侧注明：图幅号、航摄仪型号及编号、制作者、检查者。

G.1.4 图件输出

以A4幅面、300 dpi～500 dpi输出。

G.2 航摄像片中心点结合图示例

航摄像片中心点结合图示例见图G.1。

像片中心点结合图

摄区名称：＿＿＿＿＿＿　　摄区代号：＿＿＿＿＿＿　　航摄分区：＿＿＿＿＿＿　　地面分辨率：＿＿＿＿＿＿

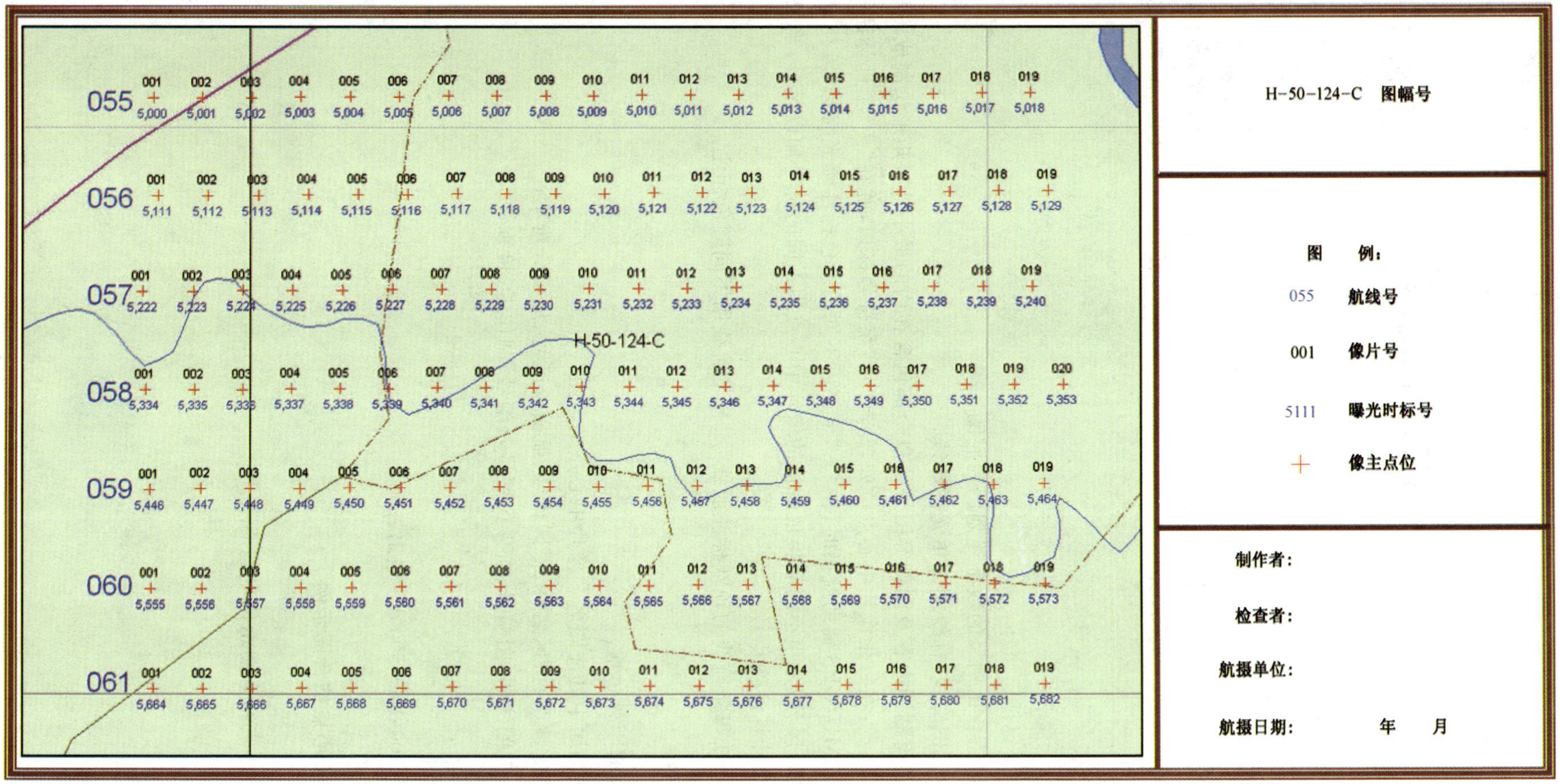

图 G.1　像片中心点结合图

G.3 像片中心点结合图装订

将摄区内所有像片中心点结合图装订成册，封面如下：

ICS 03.100.01
A 02

中华人民共和国国家标准

GB/T 27921—2011

风险管理　风险评估技术

Risk management—Risk assessment techniques

2011-12-30 发布　　　　2012-02-01 实施

中华人民共和国国家质量监督检验检疫总局
中国国家标准化管理委员会　发布

前　　言

本标准按照GB/T 1.1—2009给出的规则起草。

本标准参考ISO/IEC 31010:2009《风险管理　风险评估技术》(英文版)编制而成。

请注意本标准的某些内容可能涉及专利。本标准的发布机构不承担识别这些专利的责任。

本标准由全国风险管理标准化技术委员会(SAC/TC 310)提出并归口。

本标准起草单位:中国标准化研究院、第一会达风险管理科技有限公司、北京理工大学、中国科学院科技政策与管理科学研究所、北京大学。

本标准主要起草人:崔艳武、高晓红、汤万金、杨颖、吕多加、信春华、刘铁忠、李建平、刘新立。

引　　言

本标准为依据GB/T 24353—2009《风险管理　原则与实施指南》开展风险管理的组织提供支持，用于指导组织选择和应用风险评估技术。

各种类型及规模的组织都会面临各种各样的风险，这些风险有可能影响到其目标的实现。应当对组织各项活动中存在的风险进行有效管理。

风险管理主要涉及将逻辑性及系统性的方法应用于以下方面：

——贯穿风险管理过程的沟通和记录；

——明确组织环境信息，以便于识别、分析、评价、应对并监控与任何活动、过程、功能或产品等相关的风险；

——监督和检查风险；

——适当地报告和记录有关结果。

作为风险管理的组成部分，风险评估提供了一种结构化的过程以识别目标如何受各类不确定性因素的影响，并从后果和可能性两个方面来进行风险分析，然后确定是否需要进一步应对。

风险评估工作试图回答以下基本问题：

——会发生什么以及为什么发生？

——后果是什么？

——这些后果发生的可能性有多大？

——是否存在一些可以减轻风险后果或者降低风险可能性的因素？

——风险等级是否可容许或可接受？是否要求进一步的应对？

本标准旨在反映当前风险评估技术选择和应用的良好实践，但并未涉及那些新出现的、尚在发展中的等还未获得专业人员共识的评估技术概念。本标准的资料性附录中介绍了一系列的风险评估技术，在本标准参考的其他标准中对于这些技术的概念和应用有更详细的说明。

风险管理 风险评估技术

1 范围

本标准规定了风险评估技术的选择和应用指南。

本标准并未涉及风险评估的所有技术，标准中未予介绍的技术并不意味着其无效。

本标准适用于指导组织选择合适的风险评估技术，一般性的风险管理标准，以及各种类型和规模的组织。

本标准涉及安全方面的内容参见 GB/T 20000.4—2003。

2 规范性引用文件

下列文件对于本文件的应用是必不可少的。凡是注日期的引用文件，仅注日期的版本适用于本文件。凡是不注日期的引用文件，其最新版本(包括所有的修改单)适用于本文件。

GB/T 23694—2009 风险管理 术语(ISO/IEC Guide 73:2002)

GB/T 24353—2009 风险管理 原则与实施指南

3 术语和定义

GB/T 23694—2009 中界定的术语和定义适用于本文件。

4 风险评估概念

4.1 目的和作用

风险评估旨在为有效的风险应对提供基于证据的信息和分析。

风险评估的主要作用包括：

——认识风险及其对目标的潜在影响；

——为决策者提供相关信息；

——增进对风险的理解，以利于风险应对策略的正确选择；

——识别那些导致风险的主要因素，以及系统和组织的薄弱环节；

——沟通风险和不确定性；

——有助于建立优先顺序；

——帮助确定风险是否可接受；

——有助于通过事后调查来进行事故预防；

——选择风险应对的不同方式；

——满足监管要求。

4.2 风险评估和风险管理过程

4.2.1 概述

本标准所指的风险评估是在 GB/T 24353—2009 所描述的风险管理过程内展开的。GB/T 24353—

2009 中界定的风险管理过程包含以下要素：明确环境信息；风险评估（包括风险识别、风险分析与风险评价）；风险应对；监督和检查；沟通和记录。

在风险管理过程中，风险评估并非一项独立的活动，必须与风险管理过程的其他组成部分有效衔接。进行风险评估时尤其应该清楚以下事项：

——组织所处环境和组织目标；

——组织可容许风险的范围及类型，以及如何应对不可接受的风险；

——风险评估的方法和技术，及其对风险管理过程的促进作用；

——实施风险评估的义务、责任及权利；

——可用于风险评估的资源；

——如何进行风险评估的报告及检查；

——风险评估活动如何融入组织日常运行中。

4.2.2 明确环境信息

通过明确环境信息，组织可明确其风险管理的目标，确定与组织相关的内部和外部参数，并设定风险管理的范围和有关风险准则。

风险准则是组织用于评价风险重要程度的标准。因此，风险准则需体现组织的风险承受度，应反映组织的价值观、目标和资源。组织应根据所处环境和自身情况，合理确定本组织的风险准则。

在进行具体的风险评估活动时，明确环境信息应包括界定内外部环境、风险管理环境并确定风险准则。在此过程中，应确定风险评估目标及风险评估程序。

4.2.3 风险评估

风险评估包括风险识别、风险分析和风险评价 3 个步骤。

风险评估活动适用于组织的各个层级，评估范围可涵盖项目、单个活动或具体事项等。但是在不同情境中，所使用的评估工具和技术可能会有差异。

风险评估有助于决策者对风险及其原因、后果和发生可能性有更充分的理解。这可以为以下决策提供信息：

——是否应该开展某些活动；

——如何充分利用时机；

——是否需要应对风险；

——风险应对策略的选择；

——确定风险应对策略的优先顺序；

——选择最适合的风险应对策略，将风险的不利影响控制在可以接受的水平。

4.2.4 风险应对

风险应对是在完成风险评估之后，选择并执行一种或多种改变风险的措施，包括改变风险事件发生的可能性和/或后果。

风险应对是一个递进的循环过程，实施风险应对措施后，应依据风险准则，重新评估新的风险水平是否可以承受，从而确定是否需要进一步采取应对措施。

4.2.5 监督和检查

作为风险管理过程的组成部分，应定期对风险与控制进行监督和检查，以确认：

——有关风险的假定仍然有效；

——风险评估所依据的假定，包括内外部环境，仍然有效；

——正在实现预期结果；

——风险评估的结果符合实际经验；
——风险评估技术被正确使用；
——风险应对是有效的。

组织应确定监督和检查工作的责任。

4.2.6 沟通和记录

成功的风险评估依赖于与利益相关方的有效沟通与协商。

利益相关方参与风险管理过程将有助于：

——沟通计划的制定；
——合理地界定内外部环境；
——确保利益相关方的利益得到充分理解和考虑；
——汇集不同领域的专业知识以识别和分析风险；
——确保风险评价过程中不同的观点也能得到适当考虑；
——确保风险得到充分识别；
——确保风险应对计划得到认可和支持。

利益相关方应当设法促进风险评估与组织其他管理活动的有效融合，例如变革管理、项目和计划管理以及财务管理等。

5 风险评估过程

5.1 概述

通过风险评估，决策者及有关各方可以更深刻地理解那些可能影响组织目标实现的风险，以及现有风险控制措施的充分性和有效性，为确定最合适的风险应对方法奠定基础。风险评估的结果可作为组织决策过程的输入。

风险评估是由风险识别、风险分析和风险评价构成的一个完整过程（见图1）。风险评估活动内嵌于风险管理过程中，与其他风险管理活动紧密融合并互相推动。

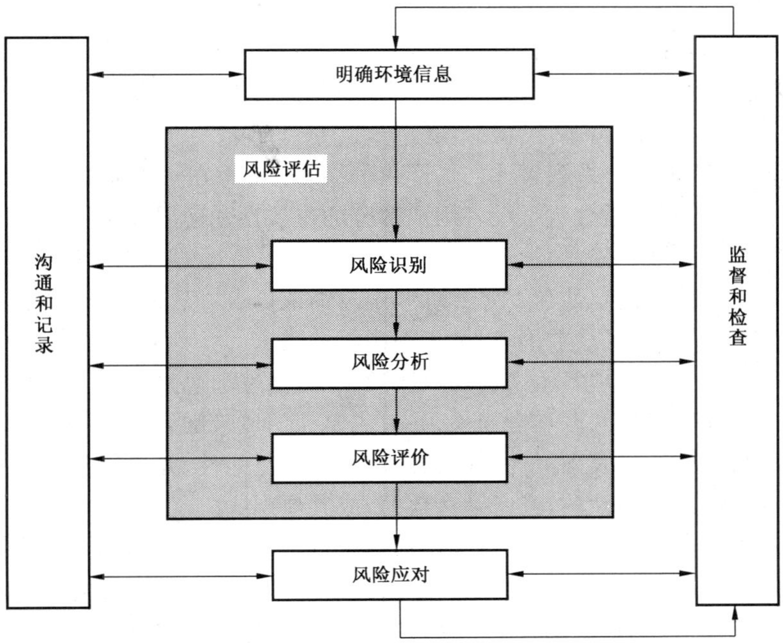

图1 风险评估对风险管理过程的推动作用

考虑到不同类型的风险差异较大，因此风险评估通常涉及到多学科方法的综合应用。风险评估活动的开展形式，不仅依赖于风险管理过程的背景，还取决于所使用的风险评估技术与方法。

5.2 风险识别

风险识别是发现、列举和描述风险要素的过程。

风险识别的目的是确定可能影响系统或组织目标得以实现的事件或情况。一旦风险得以识别，组织应对现有的控制措施（诸如设计特征、人员、过程和系统等）进行识别。

风险识别过程包括对风险源、风险事件及其原因和潜在后果的识别。

风险识别方法可能包括：

——基于证据的方法，例如检查表法以及对历史数据的评审；

——系统性的团队方法，例如一个专家团队遵循系统化的过程，通过一套结构化的提示或问题来识别风险；

——归纳推理技术，例如危险与可操作性分析方法（Hazard and operability study，HAZOP）等。

组织可利用各种支持性的技术来提高风险识别的准确性和完整性，包括头脑风暴法和德尔菲法等。

无论实际采用哪种技术，关键是在整个风险识别过程中要认识到人的因素和组织因素的重要性。因此，偏离预期的人为及组织因素也应被纳入风险识别的过程中。

5.3 风险分析

5.3.1 概述

风险分析是要增进对风险的理解。它为风险评价、决定风险是否需要应对以及最适当的应对策略和方法提供信息支持。

风险分析需要考虑导致风险的原因和风险源、风险事件的正面和负面的后果及其发生的可能性、影响后果和可能性的因素、不同风险及其风险源的相互关系以及风险的其他特性，还要考虑控制措施是否存在及其有效性。附录B提供了一些常用的风险分析方法。对于复杂的应用可能需要多种方法同时使用。

为确定风险等级，风险分析通常包括对风险的潜在后果范围和发生可能性的估计，该后果可能源于一个事件、情景或状况。然而，在某些情况下，如后果很不重要，或发生的可能性极小，这时单项参数的估计可能就足以进行决策。

在某些情况下，风险可能是一系列事件迭加产生的结果，或者由一些难以识别的特定事件所诱发。在这种情况下，风险评估的重点是分析系统各组成部分的重要性和薄弱环节，检查并确定相应的防护和补救措施。

用于风险分析的方法可以是定性的、半定量的、定量的或以上方法的组合。风险分析所需的详细程度取决于特定的用途、可获得的可靠数据，以及组织决策的需求。

定性的风险分析可通过重要性等级来确定风险后果、可能性和风险等级，如“高”、“中”、“低”3个重要性程度。可以将后果和可能性两者结合起来，并对照定性的风险准则来评价风险等级的结果。

半定量法可利用数字评级量表来测度风险的后果和发生可能性，并运用公式将二者结合起来，确定风险等级。量表的刻度可以是线性的，或者是对数的，或其他形式。

定量分析可估计出风险后果及其发生可能性的实际数值，并产生风险等级的数值。由于相关信息不够全面、缺乏数据、人为因素影响等，或是因为定量分析难以开展或没有必要，全面的定量分析未必都是可行的或值得的。在此情况下，由具有专业知识和经验的专家对风险进行半定量或者定性的分析可能已经足够有效。

如果是定性分析，那么应该对使用的术语和概念进行清晰的说明，并记录所有风险准则的设定基础。

即使已实现全面的定量分析，还应注意到，此时计算获得的风险等级值是估计值，应谨慎地确保其精确度不会与所使用的原始数据及分析方法的精确度存在偏差。

风险等级应当用与风险类型最为匹配的术语表达，以利于进一步的风险评价。在某些情况下，风险等级可以通过风险后果的可能性分布来表述。

5.3.2 控制措施评估

风险的等级水平不仅取决于风险本身，还与现有风险控制措施的充分性和有效性密切相关。

在进行控制措施评估时，需要解决的问题包括：

——对于一个具体的风险，现有的控制措施是什么？

——这些控制措施是否足以应对风险，是否可以将风险控制在可接受范围之内？

——在实际中，控制措施是否在以预定方式正常运行，当需要时，能否证明这些控制措施是有效的？

对于特定的控制措施或一套相关控制措施的有效性水平，可以进行定性、半定量或定量的表述。但在大多数情况下，难以保证高度的精确性。然而，表述和记录测量风险控制效果的有效性是有价值的。因为在改进现有控制措施以及实施不同的风险应对措施时，这些信息有助于决策者进行比较和判断。

5.3.3 后果分析

通过假设特定事件、情况或环境已经出现，后果分析可确定风险影响的性质和类型。某个事件可能会产生一系列不同严重程度的影响，也可能影响到一系列目标和不同利益相关方。在明确环境信息时，就应当确定所需要分析的后果的类型和受影响的利益相关方。

后果分析的形式较为灵活，可以是对后果的简单描述，也可能是制定详细的数量模型等。

影响可能是轻微后果高概率，或严重后果低概率，或某些中间状况。在某些情况下，应关注具有潜在严重后果的风险，因为这些风险往往是管理者最关心的。在其他情况下，同时分析具有严重后果和轻微后果的风险可能是重要的。例如，频繁而轻微的问题可能具有很大的累积或长期效应。另外，处理这两类截然不同的风险的应对措施往往有很大的区别，因此分别分析这两类风险是必要的。

后果分析应包括：

——考虑应对后果的现有控制措施，并关注可能影响后果的相关因素；

——将风险后果与最初目标联系起来；

——对马上出现的后果和那些经过一段时间后可能出现的后果两种情况要同等重视；

——不能忽视次要后果，例如那些影响相关系统、活动、设备或组织的次要后果。

5.3.4 可能性分析

通常主要使用三种方法来估计可能性。这些方法可单独或组合使用，包括：

a) 利用相关历史数据来识别那些过去发生的事件或情况，借此推断出它们在未来发生的可能性。所使用的数据应当与正在分析的系统、设备、组织或活动的类型有关。如果某些事件过去的发生频率很低，则任何可能性的估计都是不确定的。这一点尤其适用于从未发生的事件、情况或环境，人们无法推测其将来是否会发生。

b) 利用故障树和事件树等技术来预测可能性。当历史数据无法获取或不够充分时，有必要通过分析系统、活动、设备或组织及其相关的失效或成功状况来推断风险发生的可能性。

c) 系统化和结构化地利用专家观点来估计可能性。专家判断应利用一切现有的相关信息，包括历史的、特定系统的、具体组织的、实验及设计等方面的信息。获得专家判断的正式方法众多，常用的方法包括德尔菲法和层次分析法等。

5.3.5 初步分析

应对风险进行全面的筛选，以识别出最重大的风险或把不太重要和次要的风险排除，便于进一步的分析，由此确保组织资源能集中于应对最严重的风险。进行筛选时，应注意不要漏掉发生频率低但有重大累积效应的风险。

以上筛选活动应在明确环境信息时所确定的风险准则基础上进行。依据初步分析的结果，组织可能采取以下某个行动方案：

——无需进一步评估，立即进行风险应对；

——搁置暂不需应对的不重要风险；

——继续进行更细致的风险评估。

应记录最初的假定及结果。

5.3.6 不确定性及敏感性

在风险分析过程中经常会涉及到相当多的不确定性。认识这些不确定性对于有效地解释和沟通风险分析结果是必要的。这些不确定性与在风险识别和风险分析时所使用的数据、方法及模型有关。不确定性分析包括明确风险分析结果的方差或不准确性，它们可能来自于用于确定结果的参数和假设的共同偏差。

与不确定性分析密切相关的是敏感性分析。敏感性分析是确定某个参数输入的变化对风险等级的影响。这项分析可用来识别哪些数据是对结果影响较大的，从而更应确保其精确性。

应尽可能充分阐述风险分析的完整性及准确度。如有可能，应识别不确定性的起因，并阐述所使用数据、方法及模型的不确定性。敏感的参数及其敏感性程度应予以说明。

5.4 风险评价

风险评价包括将风险分析的结果与预先设定的风险准则相比较，或者在各种风险的分析结果之间进行比较，确定风险的等级。

风险评价利用风险分析过程中所获得的对风险的认识，对未来的行动进行决策。道德、法律、财务以及包括风险感知在内的其他因素，也是决策的参考信息。

决策包括：

——某个风险是否需要应对；

——风险的应对优先次序；

——是否应开展某项应对活动；

——应该采取哪种途径。

在明确环境信息时，需要做出的决策的性质以及决策所依据的准则都已得到确定。但是在风险评价阶段，需要对以上问题进行更深入的分析，毕竟此时对于已识别的具体风险有更为全面的了解。如果该风险是新识别的风险，则应当制定相应的风险准则，以便评价该风险。

最简单的风险评价结果，是仅将风险分为两种：需要应对与无需应对的。这样的方式无疑简单易行，但是其结果通常难以反映出风险估计时的不确定性，而且两类风险界限的准确界定也绝非易事。

是否以及如何应对风险的决策，也可能取决于承担风险的成本与收益以及实施应对措施的成本与收益。

依据风险的可容许程度，可以将风险划分为如下 3 个区域：

——不可接受区域。在该区域内无论相关活动可以带来什么收益，风险等级都是无法承受的，必须不惜代价进行风险应对；

——中间区域。对该区域内风险的应对需要考虑实施应对措施的成本与收益，并权衡机遇与潜在后果；

——广泛可接受区域。该区域中的风险等级微不足道，或者风险很小，无需采取任何风险应对措施。

安全工程领域的“最低合理可行”或 ALARP(As Low As Reasonably Practicable)准则即遵循了这一风险分级方式。在中间区域(或称 ALARP 区域)中，对于较低的风险可以直接进行应对措施的成本收益分析：如果增加安全的投入对安全效益的贡献不大，则可认为风险是可容许的；对于其中较高的风险，则需进一步实施应对措施，以使风险尽量向广泛可接受区域靠拢，直至风险降低的成本与获得的安全收益完全不成比例。

风险评价的结果应满足风险应对的需要，否则，应做进一步分析。

5.5 文件的归档

风险评估的过程和结果都应进行记录。风险应以可理解的术语来表达，同时风险等级的单位也应得到清晰表述。

风险评估记录文件的内容将取决于评估工作的目标及范围。除非进行很简单的评估，否则，记录文件需包括：

——目标及范围；

——系统相关部分的说明及它们的功能；

——组织的内外部环境描述以及被评估对象与内外环境的关联情况；

——所使用的风险准则及其合理性；

——局限性、假定及假设的合理性；

——评估方法；

——风险识别的结果；

——数据的来源与校验；

——风险分析的结果及评价；

——敏感性及不确定性分析；

——关键的假定和其他需要加以监测的因素；

——结果的讨论；

——结论和建议；

——参考资料。

如果需要风险评估来支持一个连续的风险管理过程，那么对于风险评估的记录工作应在系统、组织、设备或活动的整个生命周期内持续进行。如果出现重要的新信息或者环境发生变化，应根据管理的需要对风险评估进行更新。

5.6 风险评估的监督和检查

风险评估过程强调环境因素和其他因素，这些因素可能会随时间变化，并且可能使风险评估改变或失效。应当识别出这些因素进行持续的监督和检查，以便在必要时更新风险评估的信息。

应当识别和收集为改进风险评估而监测的数据。还应当监测和记录风险控制措施的效果，以便为风险分析提供数据。应当明确证据、文件的建立和检查的责任。

6 风险评估技术的选择

6.1 概述

选择合适的风险评估技术和方法，有助于组织及时高效地获取准确的评估结果。在具体实践中，风险评估的复杂及详细程度千差万别。风险评估的形式及结果应与组织的自身情况适合。

6.2 技术的选择

6.2.1 概述

一般来说,合适的技术应具备以下特征:

——适应组织的相关情况;

——得出的结果应加深对风险性质及如何应对风险的认识;

——应能按可追溯、可重复及可验证的方式使用。

应从相关性及适用性角度说明选择技术的原因。在综合不同研究的结果时,所采用的技术及结果应是可比较的。

一旦决定进行风险评估并且确定了风险评估的目标和范围,那么就可以依据如下因素,选择一种或多种评估技术:

——风险评估的目标,这对于使用的方法有直接影响;

——决策者的需要:某些情况下做出有效的决策需要充分的评估细节,而某些情况下可能只需要对总体情况进行大致了解;

——所分析风险的类型及范围;

——后果的潜在严重程度;

——专业知识、人员以及所需资源的程度;

——信息和数据的可获得性;

——修改/更新风险评估的必要性:一些评估结果可能在将来需要修改或更新。在这方面,某些方法比其他方法更易于调整;

——法律法规及合同要求等。

只要满足评估的目标和范围,简单方法应优先于复杂方法被采用。

此外,其他几类因素对风险评估技术选择的影响也值得关注,例如资源的可获得性、现有数据和信息中不确定性的性质和程度,以及在应用方面的复杂性。

6.2.2 资源的可获得性

可能影响风险评估技术选择的资源和能力包括:

——风险评估团队的技能、经验及能力;

——信息及数据的可获得性;

——时间和组织内其他资源的限制;

——需要外部资源时的可用预算。

6.2.3 不确定性的性质和程度

组织内外部环境中常常存在着不确定性。可获得的信息和数据并不总是可以对未来的预测提供可靠的基础。不确定性可能产生于信息的质量、数量和完整性,例如较差的数据质量或缺乏基本的、可靠的数据;某些风险可能缺少历史数据;数据收集的方式的有效性;或者是不同利益相关方会对现有数据做出不同的解释。进行风险评估的人员应理解不确定性的类型及性质,同时认识到风险评估结果可靠性的重大意义,并向决策者说明这些情况。

6.2.4 复杂性

风险自身经常具有复杂性的特征。例如,在复杂的系统中进行风险评估时,应对其系统总体进行评估，而不是孤立地对待系统中的每个部分，并忽视各部分之间的相互关系。在某些情况下，对某一风险采取应对措施可能会对其他活动产生影响。需要认识后果之间的相互影响和风险之间的相互依赖关系，以确保在管理一个风险时，不会导致在其他地方产生另一个不可容忍的风险。理解组织中单个或多个风险组合的复杂性，对于选择适当的风险评估技术和方法至关重要。

6.3 风险评估在生命周期各阶段的应用

许多活动、项目和产品被认为具有生命周期，从最初的概念和定义、实现到最终的完结。风险评估可以应用于生命周期的所有阶段，而且通常以不同的详细程度被应用多次，以便为每一阶段需做出的决策提供帮助。

生命周期各阶段对风险评估有不同的需求，并需要不同的评估技术。例如，在概念和定义阶段，当识别一个机会时，可以使用风险评估来决定是继续还是放弃。在有多个方案可供选择时，风险评估可以用于评价替代方案，帮助确定哪种方案能够提供最好的风险平衡。

在设计和开发阶段，风险评估有助于：

——保证系统风险是可接受的；

——精细化设计过程；

——成本的有效性研究；

——识别在后续阶段可能出现的风险。

在生命周期的其他阶段，可以用风险评估提供必要的信息，以便为正常情况和紧急情况制定程序。

6.4 风险评估技术的类型

为了更清晰地理解各类风险评估技术的特点，可以依据多种方式对这些技术方法进行分类。附录 A 按适用阶段和影响因素，对常用的风险评估技术进行了分类比较。

在附录 B 中，对这些常用的风险评估技术和方法展开了进一步的详述介绍，为组织如何在特定情况下选择合适的风险评估技术提供参考。复杂情况下可能需要同时采用多种评估技术和方法。

附　录　A
（资料性附录）
风险评估技术的比较

A.1　适用阶段

本附录描述了各类评估技术如何应用到风险评估过程的每一个阶段。风险评估过程如下所示：

——风险识别；
——风险分析：后果分析；
——风险分析：对发生可能性的定性、半定量或定量分析；
——风险分析：评估现有控制措施的有效性；
——风险分析：风险等级的估计；
——风险评价。

对于风险评估的每一阶段，各类技术的适用性被描述为非常适用、适用或者不适用（参见表 A.1）。

表 A.1　技术在风险评估各阶段的适用性

风险评估技术	风险评估过程					详述
	风险识别	风险分析			风险评价	
		后果	可能性	风险等级		
头脑风暴法	SA	A	A	A	A	B.1
结构化/半结构化访谈	SA	A	A	A	A	B.2
德尔菲法	SA	A	A	A	A	B.3
情景分析	SA	SA	A	A	A	B.4
检查表	SA	NA	NA	NA	NA	B.5
预先危险分析	SA	NA	NA	NA	NA	B.6
失效模式和效应分析	SA	SA	SA	SA	SA	B.7
危险与可操作性分析	SA	SA	A	A	A	B.8
危害分析与关键控制点	SA	SA	NA	NA	SA	B.9
结构化假设分析	SA	SA	SA	SA	SA	B.10
风险矩阵	SA	SA	SA	SA	A	B.11
人因可靠性分析	SA	SA	SA	SA	A	B.12
以可靠性为中心维修	SA	SA	SA	SA	SA	B.13
压力测试	SA	A	A	A	A	B.14
保护层分析法	A	SA	A	A	NA	B.15

表 A.1（续）

风险评估技术	风险评估过程					详述
	风险识别	风 险 分 析			风险评价	
		后果	可能性	风险等级		
业务影响分析	A	SA	A	A	A	B.16
潜在通路分析	A	NA	NA	NA	NA	B.17
风险指数	A	SA	SA	A	SA	B.18
故障树分析	A	NA	SA	A	A	B.19
事件树分析	A	SA	A	A	NA	B.20
因果分析	A	SA	SA	A	A	B.21
根原因分析	NA	SA	SA	SA	SA	B.22
决策树分析	NA	SA	SA	A	A	B.23
蝶形图法(Bow-tie)	NA	A	SA	SA	A	B.24
层次分析法(AHP)	NA	A	A	SA	SA	B.25
在险值法(VaR)	NA	A	A	SA	SA	B.26
均值-方差模型	NA	A	A	A	SA	B.27
资本资产定价模型	NA	NA	NA	NA	SA	B.28
FN 曲线	A	SA	SA	A	SA	B.29
马尔可夫分析法	A	SA	NA	NA	NA	B.30
蒙特卡罗模拟法	NA	NA	NA	NA	SA	B.31
贝叶斯分析	NA	SA	NA	NA	SA	B.32
注 1：SA 表示非常适用。 注 2：A 表示适用； 注 3：NA 表示不适用。						

A.2 影响因素

影响风险评估技术选择的因素有多种。在实践过程中，以下因素更应引起关注：

——所需资源的程度，主要涉及时间、专业知识水平、数据需求或评估成本等；

——不确定性的性质及程度；

——问题和所需分析方法的复杂性；

——方法是否可以提供定量结果。

基于以上方面，对各类风险评估技术特征的描述如表 A.2 所示。其中用高、中、低来表示每一种技术与影响因素的联系。

表 A.2 风险评估技术的特征

风险评估方法及技术	说明	影响因素			能否提供定量结果
		资源与能力	不确定性的性质与程度	复杂性	
头脑风暴法及结构化访谈	一种收集各种观点和评价在团队内进行评级的方法。头脑风暴法可由提示、一对一以及一对多的访谈技术所激发	低	低	低	否
德尔菲法	一种综合各类专家观点并促其一致的方法，这些观点有利于支持风险源及影响的识别、可能性与后果分析以及风险评价。需要独立分析和专家投票	中	中	中	否
情景分析	在想象和推测的基础上，对可能发生的未来情景加以描述。可以通过正式或非正式的、定性或定量的手段进行情景分析	中	高	中	否
检查表	一种简单的风险识别技术，提供了一系列典型的需要考虑的不确定性因素。使用者可参照以前的风险清单、规定或标准	低	低	低	否
预先危险分析(PHA)	PHA 是一种简单的归纳分析方法，其目标是识别风险以及可能危害特定活动、设备或系统的危险性情况及事项	低	高	中	否
失效模式和效应分析(FMEA)	FMEA 是一种识别失效模式、机制及其影响的技术。 有几类 FMEA：设计(或产品)FMEA，用于部件及产品；系统 FMEA；过程 FMEA，用于加工及组装过程；还有服务 FMEA 及软件 FMEA	中	中	中	是
危险与可操作性分析(HAZOP)	HAZOP 是一种综合性的风险识别过程，用于明确可能偏离预期绩效的偏差，并可评估偏离的危害度。它使用一种基于引导词的系统	中	高	高	否
危害分析与关键控制点(HACCP)	HACCP 是一种系统的、前瞻性及预防性的技术，通过测量并监控那些应处于规定限值内的具体特征来确保产品质量、可靠性以及过程的安全性	中	中	中	否
结构化假设分析(SWIFT)	一种激发团队识别风险的技术，通常在引导式研讨班上使用，并可用于风险分析及评价	中	中	任何	否
风险矩阵	风险矩阵(Risk Matrix)是一种将后果分级与风险可能性相结合的方式	中	中	中	是
人因可靠性分析	人因可靠性分析(HRA)主要关注系统绩效中人为因素的作用，可用于评价人为错误对系统的影响	中	中	中	是

表 A.2（续）

风险评估方法及技术	说　明	影响因素			能否提供定量结果
		资源与能力	不确定性的性质与程度	复杂性	
以可靠性为中心的维修	以可靠性为中心的维修(RCM)是一种基于可靠性分析方法实现维修策略优化的技术，其目标是在满足安全性、环境技术要求和使用工作要求的同时，获得产品的最小维修资源消耗。通过这项工作，用户可以找出系统组成中对系统性能影响最大的零部件及其维修工作方式	中	中	中	是
压力测试	压力测试是指在极端情景下(最不利的情形下)，评估系统运行的有效性，发现问题，制定改进措施的方法	中	中	中	是
保护层分析法	保护层分析，也被称作障碍分析，它可以对控制措施及其效果进行评价	中	中	中	是
业务影响分析	分析重要风险影响组织运营的方式，同时明确如何对这些风险进行管理	中	中	中	否
潜在通路分析	潜在分析(SA)是一种用于识别设计错误的技术。潜在通路是指能够导致非期望的功能或抑制期望功能的状态，这些不良状态的特点具有随意性，在最严格的标准化系统检查中也不一定检测到	中	中	中	否
风险指数	风险指数可以提供一种有效的划分风险等级的工具	中	低	中	是
故障树分析	始于不良事项(顶事件)的分析并确定该事件可能发生的所有方式，以逻辑树形图的形式进行展示。在建立起故障树后，就应考虑如何减轻或消除潜在的风险源	高	高	中	是
事件树分析	运用归纳推理方法将各类初始事件的可能性转化成可能发生的结果	中	中	中	是
因果分析	综合运用故障树分析和事件树分析，并允许时间延误。初始事件的原因和后果都要予以考虑	高	中	高	是
根原因分析	对发生的单项损失进行分析，以理解造成损失的原因以及如何改进系统或过程以避免未来出现类似的损失。分析应考虑发生损失时可使用的风险控制方法以及怎样改进风险控制方法	中	低	中	否
决策树分析	对于决策问题的细节提供了一种清楚的图解说明	高	中	中	是
蝶形图法(Bow-tie)	一种简单的图形描述方式，分析了风险从危险发展到后果的各类路径，并可审核风险控制措施。可将其视为分析事项起因(由蝶形图的结代表)的故障树和分析后果的事件树这两种方法的结合体	中	高	中	是

表 A.2（续）

风险评估方法及技术	说明	影响因素			能否提供定量结果
		资源与能力	不确定性的性质与程度	复杂性	
层次分析法（AHP）	定性与定量分析相结合，适合于多目标、多层次、多因素的复杂系统的决策	中	任何	任何	是
在险值（VaR）法	基于统计分析基础上的风险度量技术，可有效描述资产组合的整体市场风险状况	中	低	高	是
均值-方差模型	将收益和风险相平衡，可应用于投资和资产组合选择	中	低	中	是
资本资产定价模型	清晰地阐明了资本市场中风险与收益的关系	高	低	高	是
FN 曲线	FN 曲线通过区域块来表示风险，并可进行风险比较，可用于系统或过程设计以及现有系统的管理	高	中	中	是
马尔可夫分析法	马尔可夫分析通常用于对那些存在多种状态（包括各种降级使用状态）的可维修复杂系统进行分析	高	低	高	是
蒙特卡罗模拟法	蒙特卡罗模拟用于确定系统内的综合变化，该变化产生于多个输入数据的变化，其中每个输入数据都有确定的分布，而且输入数据与输出结果有着明确的关系。该方法能用于那些可将不同输入数据之间相互作用计算确定的具体模型。根据输入数据所代表的不确定性的特征，输入数据可以基于各种分布类型，风险评估中常用的是三角分布或贝塔分布	高	低	高	是
贝叶斯分析	贝叶斯分析是一种统计程序，利用先验分布数据来评估结果的可能性，其推断的准确程度依赖于先验分布的准确性。贝叶斯信念网通过捕捉那些能产生一定结果的各种输入数据之间的概率关系来对原因及效果进行模拟	高	低	高	是

附 录 B
（资料性附录）
风险评估技术

B.1 头脑风暴法

B.1.1 概述

头脑风暴法(Brainstorming)是指激励一群知识渊博的人员畅所欲言，以发现潜在的失效模式及相关危害、风险、决策准则及/或应对办法。“头脑风暴法”这个术语经常用来泛指任何形式的小组讨论。然而，真正的头脑风暴法包括一系列旨在确保人们的想象力因小组内其他成员的观点和言论而得到激发的专门技术。

在此类技术中，有效的引导非常重要，其中包括：在开始阶段创造自由讨论的氛围；会议期间对讨论进程进行有效控制和调节，使讨论不断进入新的阶段；筛选和捕捉讨论中产生的新设想和新议题。

B.1.2 用途

头脑风暴法可以与其他风险评估方法一起使用，也可以单独使用来激发风险管理过程任何阶段的想象力。头脑风暴法可以用作旨在发现问题的高层次讨论，也可以用作更细致的评审或是特殊问题的细节讨论。

B.1.3 输入

召集一个熟悉被评估的组织、系统、过程或应用的专家团队。

B.1.4 过程

头脑风暴法可以是正式的，也可以是非正式的。正式的头脑风暴法组织化程度很高，其中参与人员需要提前进行充分准备，而且会议的目的和结果都很明确，有具体的方法来评价讨论思路。非正式的头脑风暴法则组织化程度较低，通常针对性更强。

在一个正式的过程中，应至少包括以下环节：

——讨论会之前，主持人准备好与讨论内容相关的一系列问题及思考提示。

——确定讨论会的目标并解释规则。

——引导员首先介绍一系列想法，然后大家探讨各种观点，尽量多发现问题。此时无需讨论是否应该将某些事情记在清单上或是某句话究竟是什么意思，因为这样做会妨碍思绪的自由流动。一切输入都要接受，不要对任何观点加以批评；同时，小组思路快速推进，使这些观点激发出大家的横向思维。

——当某一方向的思想已经充分挖掘或是讨论偏离主题过远，那么引导员可以引导与会人员进入新的方向。其目的在于收集尽可能多的不同观点，以便进行后续分析。

B.1.5 输出

输出取决于该结果所应用的风险管理过程的阶段。例如，在识别阶段，该技术的输出可能是识别出的风险及当前控制措施的清单。

B.1.6 优点及局限

头脑风暴法的优点包括：

——激发了想象力，有助于发现新的风险和全新的解决方案；

——让主要的利益相关方参与其中，有助于进行全面沟通；

——速度较快并易于开展。

局限包括：

——参与者可能缺乏必要的技术及知识，无法提出有效的建议；

——由于头脑风暴法相对松散，因此较难保证过程及结果的全面性；

——可能会出现特殊的小组状况，导致某些有重要观点的人保持沉默而其他人成为讨论的主角。

B.2 结构化/半结构化访谈

B.2.1 概述

在结构化访谈(Structured interviews)中，访谈者会依据事先准备好的提纲向访谈对象提问一系列准备好的问题，从而获取访谈对象对某问题的看法。半结构化访谈(Semi-structured interviews)与结构化访谈类似，但是可以进行更自由的对话，以探讨可能出现的问题。

B.2.2 用途

如果人们很难聚在一起参加头脑风暴讨论会，或者小组内难以进行自由的讨论活动时，结构化和半结构化访谈就是一种有用的方法。该方法主要用于识别风险或是评估现有风险控制措施的效果，是为利益相关方提供数据来进行风险评估的有效方式，并且适用于某个项目或过程的任何阶段。

B.2.3 输入

输入数据包括：

——明确访谈目标；

——从利益相关方中挑选出被访谈者；

——准备问题清单。

B.2.4 过程

设计相关的访谈提纲以指导访谈者的访谈工作。问题应该是明确而简单的，利于访谈对象理解。也要准备可能的后续问题，用来补充说明该问题。为了保证访谈质量，问题最好只涉及一个方面的事务。

接着，将问题提交给访谈对象。在寻求问题的解答时，问题应该是开放式的，应注意不要“诱导”被访谈者。

考虑答复时应具有一定灵活性，以便有机会使访谈对象尽可能地表达其真实观点。

B.2.5 输出

输出结果是利益相关方对于作为访谈主题的问题所形成的看法。

B.2.6 优点及局限

结构化访谈的优点如下：

——结构化访谈可以使人们有时间专门考虑某个问题；

——通过一对一的沟通可以使双方有更多机会对某个问题进行深入思考；
——与只有小部分人员参与的头脑风暴法相比，结构化访谈可以让更多的利益相关方参与其中。
局限如下：
——通过这种方式获得各种观点所花费的时间较多；
——访谈对象的观点可能会存有偏见，因其没有通过小组讨论加以消除；
——无法实现头脑风暴法的一大特征——激发想象力。

B.3 德尔菲法

B.3.1 概述

德尔菲法(Delphi)是依据一套系统的程序在一组专家中取得可靠共识的技术。尽管该术语经常用来泛指任何形式的头脑风暴法，但是在形成之初，德尔菲法的根本特征是专家单独、匿名表达各自的观点。即在讨论过程中，团队成员之间不得互相讨论，只能与调查人员沟通。通过让团队成员填写问卷，集结意见，整理并共享，周而复始，最终获取共识。

B.3.2 用途

无论是否需要专家的共识，德尔菲法可以用于风险管理过程或系统生命周期的任何阶段。

B.3.3 输入

达成共识所需的一系列资源。

B.3.4 过程

使用半结构化问卷对一组专家进行提问。专家无需会面，保证其观点具有独立性。
具体步骤如下：
——组建专家团队，可能是一个或多个专家组；
——编制第一轮问卷调查表；
——将问卷调查表发给每位专家组成员，要求定期返回；
——对第一轮答复的信息进行分析、对比和汇总，并再次下发给专家组成员；让专家比较自己同他人的不同意见，修改或完善自己的意见和判断；在此过程中，只给出各种意见，但并不提供发表意见的专家姓名；
——专家组成员重新做出答复；
——循环以上过程，直到达成共识。

B.3.5 输出

逐渐对现有事项达成共识。

B.3.6 优点及局限

德尔菲法的优点包括：
——由于观点是匿名的，因此成员更有可能表达出那些不受欢迎的看法；
——所有观点都获得相同的重视，以避免某一权威占主导地位和话语权的问题；
——便于展开，成员不必一次聚集在某个地方。
局限包括：
——这是一项费力、耗时的工作；

——参与者需要进行清晰的书面表达。

B.4 情景分析

B.4.1 概述

情景分析(Scenario analysis)是指通过假设、预测、模拟等手段,对未来可能发生的各种情景以及各种情景可能产生的影响进行分析的方法。换句话说,情景分析法是类似"如果-怎样"的分析方法。未来总是不确定的,而情景分析使我们能够"预见"将来,对未来的不确定性有一个直观的认识。尽管情景分析法无法预测未来各类情景发生的可能性,但可以促使组织考虑哪些情景可能发生(诸如最佳情景、最差情景及期望情景),并且有助于组织提前对未来可能出现的情景进行准备。

B.4.2 用途

情景分析可用来帮助决策并规划未来战略,也可以用来分析现有的活动。它在风险评估过程的三个步骤中都可以发挥作用。

情景分析可用来预计威胁和机会可能发生的方式,并且适用于各类风险包括长期及短期风险的分析。在周期较短及数据充分的情况下,可以从现有情景中推断出可能出现的情景。对于周期较长或数据不充分的情况,情景分析的有效性更依赖于合乎情理的想象力。

如果积极后果和消极后果的分布存在比较大的差异,情景分析的应用效果会更为显著。

B.4.3 输入

情景分析的必要前提是要构建一支专家团队,其成员了解相关变化的特征(例如,可能的技术进步),同时需要具备丰富的想象力,可以有效预见未来发展。同时,掌握现有变化的文献和数据也很必要。

B.4.4 过程

情景分析的结构可以是正式的,也可以是非正式的。

在建立起团队和相关沟通渠道,同时确定了需要处理的问题和事件的背景之后,下一步就是识别可能出现变化的性质。这就要求研究人员对未来发展趋势及趋势变化的可能时机进行分析。

需要分析的变化可能包括:

——外部情况的变化(例如技术变化);

——不久将要做出的决定,而这些决定可能会产生各种不同的后果;

——利益相关方的需求以及需求可能的变化;

——宏观环境的变化(如政府监管及人口构成等),有些变化是必然的,而有些是不确定的。

有时,某种变化可能归因于另一个风险带来的结果。例如,气候变化的风险正在造成与食物链有关的消费需求发生变化,这样会改变哪些食品的出口会盈利以及哪些食品可能在当地生产。

局部及宏观因素或趋势可以按重要性和不确定性进行列举并排序。应特别关注那些最重要、最不确定的因素。可以绘制出关键因素或趋势的图形,以显示那些情景可以进行开发的区域。

建议使用一系列的情景,关注每个情景参数的合理变化。为每个情景编写一个"故事",讲述你如何从此时此地转向主题情景。这些故事可以包括那些能为情景带来附加值的合理细节。

现在,这些情景可以用来测试或评估最初的问题。这项测试需要考虑到任何重要但可预测的因素,然后通过"假定分析"分析组织现行策略在这种新情景中的"成功"概率。当对每个情景的问题或建议进行评估时,显然需要进行修正,以使其更为全面地反映现状。当情景正在发生变化时,可以找出一些能够表明变化的先行指标,监测先行指标并做出反应,可以为改变计划好的战略提供机会。

由于情景只是可能出现的未来经过界定的"片段",因此关键是要确定某个特定结果(情景)发生的可能性。例如,对于最佳情景、最差情景以及预期情景,应努力描述或说明每个情景发生的可能性。

B.4.5 输出

识别并描述未来可能发生的各类情景及发展趋势,并针对各类情景制定相应的应对措施。

B.4.6 优点及局限

尽管每个决策人员都希望情报人员能够预测出唯一准确的结果,但由于当前环境的复杂性,更需要情景分析法对几种可能发生的情况进行预测,并针对每种情景进行提前准备,这样更具客观性。

但是,与这种优点相关的缺点是:在存在较大不确定性的情况下,有些情景可能不够现实。如果将情景分析作为一种决策工具,其危险在于所用情景可能缺乏充分的基础,数据可能具有随机性,同时可能无法发现那些将来可能出现、但目前看起来不切实际的结果。

B.5 检查表法

B.5.1 概述

检查表(Check-lists)是一个危险、风险或控制故障的清单,而这些清单通常是凭经验(要么是根据以前的风险评估结果,要么是因为过去的故障)进行编制的。按此表进行检查,以"是/否"进行回答。

B.5.2 用途

检查表法可用来识别潜在危险、风险或者评估控制效果,适用于产品、过程或系统的生命周期的任何阶段。它们可以作为其他风险评估技术的组成部分进行使用。

B.5.3 输入

有关某个问题的事先信息及专业知识,例如可以选择或编制一个相关的、最好是经过验证的检查表。

B.5.4 过程

具体步骤如下:

——组成检查表编制组,确定活动范围;

——依据有关标准、规范、法律条款及过去经验,选择设计一个能充分涵盖整个范围的检查表;

——使用检查表的人员或团队应熟悉过程或系统的各个因素,同时审查检查表上的项目是否有缺失;

——按此表对系统进行检查。

B.5.5 输出

输出结果取决于应用该结果的风险管理过程的阶段。例如,输出结构可以是一个控制措施评估清单或是风险清单。

B.5.6 优点及局限

检查表的优点包括:

——简单明了,非专业人士也可以使用;

——如果编制精良,可将各种专业知识纳入到便于使用的系统中;

——有助于确保常见问题不会被遗漏。

局限包括：

——只可以进行定性分析；

——可能会限制风险识别过程中的想象力；

——鼓励“在方框内画勾”的习惯；

——往往基于已观察到的情况，不利于发现以往没有被观察到的问题。

B.6 预先危险分析(PHA)

B.6.1 概述

预先危险分析(Primary hazard analysis，简称 PHA)是一种简单易行的归纳分析法，其目标是识别危险以及可能给特定活动、设备或系统带来损害的危险情况及事项。

B.6.2 用途

这是一种在项目设计和开发初期最常用的方法。因为当时有关设计细节或操作程序的信息很少，所以这种方法经常成为进一步研究工作的前奏，同时也为系统设计规范提供必要信息。在分析现有系统，从而将需要进一步分析的危险和风险进行排序时，或是现实环境使更全面的技术无法使用时，这种方法会发挥更大的作用。

B.6.3 输入

输入包括：

——被评估系统的信息；

——可获得的与系统设计有关的细节。

B.6.4 过程

通过考虑如下因素来编制危险、一般性危险情况及风险的清单。

——使用或生产的材料及其反应性；

——使用的设备；

——运行环境；

——布局；

——系统组成要素之间的分界面等。

对不良事项结果及其可能性可进行定性分析，以识别那些需要进一步评估的风险。

若需要，在设计、建造和验收阶段都应展开预先危险分析，以探测新的危险并予以更正。获得的结果可以使用诸如表格和树状图之类的不同形式进行表示。

B.6.5 输出

输出包括：

——危险及风险清单。

——包括接受、建议控制、设计规范或更详细评估的请求等多种形式的建议。

B.6.6 优点及局限

PHA 的优点包括：

——在信息有限时可以使用；

——可以在系统生命周期的初期考虑风险。

局限包括：

——只能提供初步信息，其不够全面也无法提供有关风险及最佳风险预防措施方面的详细信息。

B.7 失效模式和效应分析(FMEA)

B.7.1 概述

失效模式和效应分析(Failure mode and effect analysis，简称 FMEA)是用来识别组件或系统是否达到设计意图的方法，广泛用于风险分析和风险评价中。FMEA 是一种归纳方法，其特点是从元件的故障开始逐级分析其原因、影响及应采取的应对措施，通过分析系统内部各个组件的失效模式并推断其对于整个系统的影响，考虑如何才能避免或减小损失。

FMEA 用于识别：

——系统各部分所有潜在的失效模式；

——这些故障对系统的影响；

——故障原因；

——如何避免故障及/或减弱故障对系统的影响。

失效模式、效应和危害度分析(Failure mode and effect and criticality analysis，简称 FMECA)拓展了 FMEA 的使用范围。根据其重要性和危害程度，FMECA 可对每种被识别的失效模式进行排序。如将 FMEA 和 FMECA 联合使用，其应用范围更为广泛。

FMEA 分析通常是定性或半定量的，在可以获得实际故障率数据的情况下也可以定量化。

B.7.2 用途

FMEA 方法大多用于实体系统中的组件故障，但是也可以用来识别人为失效模式及影响。该方法有几种应用：用于部件、产品的设计(或产品)FMEA；用于系统的系统 FMEA；用于制造和组装过程的过程 FMEA；服务 FMEA 和软件 FMEA。

FMEA/FMECA 可以在系统的设计、制造或运行过程中使用。然而，为了提高可靠性，改进在设计阶段更容易实施。FMEA/FMECA 也适用于过程和程序。例如，它被用来识别潜在医疗保健系统中的错误和维修程序中的失败。FMEA 及 FMECA 可以为其他分析技术，例如定性及定量的故障树分析提供输入数据。

FMEA/FMECA 可用来：

——协助挑选具有高可靠性的替代性设计方案；

——确保所有的失效模式及其对运行的影响得到分析；

——列出潜在的故障并识别其影响的严重性；

——为测试及维修工作的规划提供依据；

——为定量的可靠性及可用性分析提供依据。

B.7.3 输入数据

FMEA 及 FMECA 需要有关系统组件的充分信息，以便对各组件出现故障的方式进行详细分析。信息可能包括：

——正在分析的系统及系统组件的构成图，操作过程步骤的流程图；

——了解过程中每一步或系统组成部分的功能；

——可能影响运行的过程及环境参数的详细信息；

——对特定故障结果的了解；

——有关故障的历史信息,包括现有的故障率数据。

B.7.4 过程

FMEA 的步骤包括:

——确定分析对象;

——组建研究团队;

——将系统分成组件或步骤,确认:

- 各部分出现明显故障的方式是什么?
- 造成这些失效模式的具体机制?
- 故障可能产生的影响?
- 失败是无害的还是有破坏性的?
- 故障如何检测?

——确定故障补偿设计中的固有规定。

对于 FMECA,研究团队需接着根据故障结果的严重性,将每个识别出的失效模式进行分类。可以通过几种方法完成。常用方法包括:

——模式危险度指数;

——风险等级;

——风险优先数(The risk priority number)。

模式危险度是对所考虑的失效模式将导致整个系统发生故障的概率测量,其定义为故障影响率、失效率、系统操作时间三者的乘积。此定义经常应用于设备故障,其中每个术语可以定量地确定,而且失效模式都有同样的后果。

风险等级可通过故障模式后果与失效概率的组合获得。风险等级方法可应用于不同失效模式产生的不同后果,并且能够应用于设备系统或过程。风险等级可以定性地、半定量地或定量地表达。

风险优先数是一种半定量的危害度测量方法,其将故障后果、可能性和发现问题的能力(如果故障很难发现,则认为其优先级较高)进行等级赋值(通常在 1 到 10 之间)并相乘来获得危险度。这个方法经常用于质量保证的应用实践中。

一旦确定失效模式和机制,就可以界定和实施针对更重大失效模式的纠正措施。

失效模式报告记录的内容包括:

——所分析系统的详细说明;

——开展分析的方式;

——分析中的假设;

——数据来源;

——结果,包括完成的工作表;

——危害度(如果完成的话)以及界定危害度的方法;

——有关进一步分析、设计变更或者计划纳入测试计划的特征等方面的建议。

在完成了上述行动之后,可通过新一轮 FMEA 重新评估系统。

B.7.5 输出结果

FMEA 的主要输出结果是失效模式、失效机制及其对各组件或者系统或过程步骤影响的清单(可能包括故障可能性的信息),也可以提供有关故障原因及其对整个系统影响方面的信息。FMECA 的输出包括对于系统失效的可能性、失效模式导致的风险等级、风险等级和“探测到”的失效模式的组合等方面的重要性进行排序。

如果使用合适的故障率资料和定量后果,FMECA 可以输出定量结果。

B.7.6 优点及局限

FMEA 与 FMECA 的优点包括：

——广泛适用于人力、设备和系统失效模式，以及硬件、软件和程序；

——识别组件失效模式及其原因和对系统的影响，同时用可读性较强的形式表现出来；

——通过在设计初期发现问题，从而避免了开支较大的设备改造；

——识别单点失效模式以及对冗余或安全系统的需要；

——通过突出计划测试的关键特征，为开发测试计划提供输入数据。

局限包括：

——只能识别单个失效模式，无法同时识别多个失效模式；

——除非得到充分控制并集中充分精力，否则研究工作较为耗时，且开支较大；

——对于复杂的多层系统来说，这项工作可能艰难枯燥。

B.8 危险与可操作性分析(HAZOP)

B.8.1 概述

HAZOP 即危险与可操作性分析(Hazard and operability study)，是一种对规划或现有产品、过程、程序或体系的结构化及系统分析技术。该技术被广泛应用于识别人员、设备、环境及/或组织目标所面临的风险。分析团队应尽量提供解决方案，以消除风险。

HAZOP 过程是一种基于危险和可操作性研究的定性技术，它对设计、过程、程序或系统等各个步骤中是否能实现设计意图或运行条件的方式提出质疑。该方法通常由一支多专业团队通过多次会议进行。

HAZOP 与 FMEA 类似，都用于识别过程、系统或程序的失效模式、失效原因及后果。其不同之处在于 HAZOP 团队通过考虑当前结果与预期的结果之间的偏差以及所处环境条件等来分析可能的原因和失效模式，而 FMEA 则先确定失效模式，然后才开始。

B.8.2 用途

HAZOP 技术最初被应用于化学工艺系统的风险评估中。目前该技术目前已拓展到其他类型的系统及复杂的操作中，包括机械及电子系统、程序、软件系统，甚至包括组织变更及法律合同设计及评审。

HAZOP 过程可以处理由于设计、部件、计划程序和人为活动的缺陷所造成的各种形式的对设计意图的偏离。这种方法也广泛地用于软件设计评审中。当用于关键安全仪器控制及计算机系统时，该方法称作 CHAZOP(控制危险及可操作性分析或计算机危险及可操作性分析)。

HAZOP 分析通常在设计阶段开展，因为此时设计仍可进行调整。但是，随着设计的详细发展，可以对每个阶段用不同的导语分阶段进行。HAZOP 分析也可以在操作阶段进行，但是，该阶段的变更可能需要较大成本。

B.8.3 输入

HAZOP 分析的主要输入数据是有关计划审批的系统、过程或程序，以及设计意图与效果说明书的现有信息。输入数据可能包括说明书、工艺流程图、逻辑图、布局图、历史数据、操作及维修程序，以及紧急情况响应程序等。对于非硬件系统来说，HAZOP 的输入数据可以是描述所分析的系统或程序的功能和因素的任何文件。例如，输入数据可以是组织图或角色说明、合同草案甚至程序草案。

B.8.4 过程

HAZOP 依据设计图纸、流程说明、操作程序等对系统各组成部分进行审查，检查是否存在偏离预期效果的偏差、潜在原因以及偏差可能造成的结果。通过使用合适的引导词，对于系统、过程或程序的各个部分对关键参数变化的反应方式进行系统性分析，就可以实现上述目标。可以使用针对某个特殊系统、过程或程序的引导词，也可以使用能涵盖各类偏差的通用词。表 B.1 举例说明了技术系统常用的引导词。类似的导语如“过早”、“过迟”、“过多”、“过少”、“过长”、“过短”、“错误方向”、“错误目的”、“错误行动”可以用来标明人为错误的模式。

HAZOP 分析的一般步骤包括：

——确定研究目标及范围；

——成立多专业人员组成的团队开展 HAZOP 分析；

——建立一系列关键的引导词；

——收集必要的文件。

在研究团队的引导式研讨班上：

——将系统、过程或程序划分成更小的单元/子系统/过程，以进行具体的审核；

——约定各单元/子系统/过程的设计意图，然后对于各元件依次使用引导词，以描述那些会产生不良结果的可能偏差；

——如果发现不良结果，讨论可能的原因及结果，同时就处理方式提出建议，从而减少或消除影响；

——将讨论内容记录在案，同时约定用于处理被识别风险的具体行动。

表 B.1 HAZOP 引导词的例子

术　语	定　义
“无”或“不”(none)	计划结果根本没有实现或是计划条件缺失
过高(more)	输出结果或运行状况的量值增长
过低(less)	输出结果或运行状况的量值减少
伴随(as well as)	在完成既定要求的同时有多余事件发生
部分(part of)	部分达到设计要求
相逆(reverse)	出现与设计要求完全相反的事件
异常(other than)	出现和设计意图不相通的事件
兼容性(compatibility)	材料、环境等的兼容性能

注：引导词适用于下列参数：材料或过程的物理特征；温度、速度等物理条件；系统或设计组件的规定目的(例如，信息转化)；运行方面。

B.8.5 输出

对于每个评审点的项目，做好 HAZOP 会议的会议记录。这包括：使用的引导词、偏差、可能的原因、处理所发现问题的行动以及行动负责人。

对于任何无法纠正的偏差，需要对偏差造成的风险进行评估。

B.8.6 优点及局限

HAZOP 的优点包括：

——为系统、彻底地分析系统、过程或程序提供了有效的方法；

——涉及多专业团队，可处理复杂问题；

——形成了解决方案和风险应对行动方案；

——有机会对人为错误的原因及结果进行清晰的分析。

局限包括：

——耗时，成本较高；

——对文件或系统/过程以及程序规范的要求较高；

——主要重视的是找到解决方案，而不是质疑基本假设；

——讨论可能会集中在设计细节上，而不是在更宽泛或外部问题上；

——受制于设计（草案）及设计意图，以及传递给团队的范围及目标；

——过程对设计人员的专业知识要求较高，专业人员在寻找设计问题的过程中很难保证完全客观。

B.9 危害分析与关键控制点法（HACCP）

B.9.1 概述

危害分析与关键控制点法（Hazard analysis and critical control points，简称 HACCP）作为一种科学的、系统的方法，应用在从初级生产至最终消费过程中，为识别过程中各相关部分的风险并采取必要的控制措施提供了一个分析框架，以避免可能出现的危险，维护产品的质量可靠性和安全性。HACCP 其重点在于预防而不是依赖于对最终产品的测试。

B.9.2 用途

20 世纪 60 年代，美国宇航局最早开展了 HACCP，其本意是为了保证太空计划的食品质量。目前，该方法已被广泛应用于食品产业中，在食品生产过程的各个环节识别并采取适当的控制措施防止来自物理、化学或生物污染物带来的风险。HACCP 也被用于医药生产和医疗器械方面的危害识别、评价和控制方面。目前，HACCP 正逐渐从一种管理手段和方法演变为一种管理模式或者管理体系。

B.9.3 输入

应用 HACCP 方法，需要了解产品的生产过程流程，以及一切可能影响到产品质量、安全性或可靠性的危险因素的信息。

B.9.4 过程

HACCP 包括以下 7 项原则。

——进行危害分析，识别潜在危害及已有预防性措施；

——确定关键控制点（CCP）；

——确定关键限值，例如每个 CCP 必须在具体的参数范围内运行，这样才能保证危险得到控制；

——建立一个系统以监测关键控制点的控制情况；

——在监测结果表明某特定关键控制点失控时，确定应采取的纠正行动；

——建立审核程序；

——对于每一步都要实施记录和归档程序。

B.9.5 输出

归档记录包括危害分析工作表及 HACCP 计划。

危害分析工作表包含下列内容：

——某个步骤中可能引入、控制或加剧的危害；

——危险是否会带来严重的风险(通过经验、数据及文献等综合因素对结果和可能性进行分析)；

——对严重性做出判断；

——各种危险可能的预防措施；

——该步骤能否使用监控或控制措施(例如，它是 CCP 吗)。

HACCP 计划说明了后续程序，以确保对具体设计、产品、过程或程序的控制。这项计划包括一个涵盖所有 CCP 并针对各 CCP 的清单：

——预防措施的关键限值；

——监控及继续控制活动(包括开展监控活动的内容、方式及时机以及监控人员)；

——如果发现与关键限值存在偏差，需要采取的纠正行动；

——核实及记录活动。

B.9.6 优点及局限

HACCP 的优点包括：

——结构化的过程提供了质量控制以及识别和降低风险的归档证据；

——重点关注流程中预防危险和控制风险的方法及位置的可行性；

——鼓励在整个过程中进行风险控制，而不是依靠最终的产品检验；

——有能力识别由于人为行为带来的危险以及如何在引入点或随后对这些危险进行控制。

局限包括：

——HACCP 要求识别危险、界定它们代表的风险并认识它们作为输入数据的意义，也需要确定相应的控制措施。完成这些工作是为了确定 HACCP 过程中具体的临界控制点及控制参数。同时，还需要其他工具才能实现这个目标。

——如果等到控制参数超过了规定的限值时才采取行动，可能已经错过最佳控制时机。

B.10 结构化假设分析(SWIFT)

B.10.1 概述

最初，结构化假设分析(Structure "What if"，简称 SWIFT)是作为比 HAZOP 更简单的替代性方法推出的。它是一种系统的、团队合作式的研究方法，利用了引导员在讨论会上运用的一系列"提示"词或短语来激发参与者识别风险。引导员和团队使用标准的"假定分析"式短语以及提示词，来调查正常程序和行为的偏差对某个系统、设备组件、组织或程序产生影响的方式。通常，与 HAZOP 相比，SWIFT 用于某个系统的更多层面，同时细节要求较低。

B.10.2 用途

SWIFT 的设计初衷是针对化学及石化工厂的危险进行研究。目前该技术现在广泛地用于各种系统、设备组件、程序及组织的风险评估活动中，可用来分析变化的后果以及新产生的风险。

B.10.3 输入

在开始进行研究之前，必须对系统、设备组件、程序及/或变化进行严格界定。引导员应通过访谈以及对文件、计划和图纸的全面分析建立内外部背景。一般来说，研究涉及的项目、情况或系统应划分成节点或关键要素以便于开展分析过程，而这在 HAZOP 的界定层面中很少涉及。

另一个关键输入，是收集整理经过认真挑选的研究团队的专业知识和经验。其中，所有利益相关方的观点都要得到反映，如果可能的话，应当将其与拥有类似项目经验或情况经历的人员的观点统筹考虑。

B.10.4 过程

一般过程如下所示：

a) 在开展研究之前，引导员应准备一份相关的词语或短语提示单。该清单可以基于一系列标准的词语或短语，也可以是为便于对危险或风险进行综合分析而形成的词语或短语。
b) 讨论并约定项目、系统、变化或情况的内外部背景以及研究范围。
c) 引导员要求参与者提出并讨论：
   - 已知的风险和危险；
   - 以往的经历和事件；
   - 已知和现有的控制及保障措施；
   - 监管要求和限制措施。
d) 使用“假定分析”这样的短语及提示词或主题以形成问题，达到引导讨论的目的。计划使用的“假定分析”短语包括“要是…怎么办…”、“如果…会发生…”、“某人或某事会…”以及“有人或有事曾经…”。其目的是激发研究团队探讨潜在的情景及其原因和后果以及影响。
e) 总结风险，同时团队分析现有的控制措施。
f) 与团队确认风险及其原因、后果和预期控制的描述，并进行记录。
g) 分析控制措施是否充分有效。如果未达到满意的效果，团队应继续界定应采取的控制措施。
h) 在本次讨论中，提出更多的“假定分析”问题，以识别更多的风险。
i) 引导员利用提示单来监督讨论并建议团队讨论其他问题和情景。
j) 通常要使用定量或半定量风险评估方法来将行动进行等级划分，以确定行动优先级。一般来说，在使用这种风险评估方法时，要考虑现有的控制措施及其效果。

B.10.5 输出

输出结果是一个风险列表，记录了针对不同等级风险的行动或任务。这些任务可构成一个风险应对计划的基础。

B.10.6 优点及局限

SWIFT 的优点包括：

——广泛用于各种形式的物理设备或系统、情况或环境、组织或活动；
——对团队的准备工作要求较低；
——速度较快，同时重大危险及风险在讨论会上可以很快暴露出来；
——通过这项以“系统为导向”的研究，参与者可以分析系统对偏差的反应，而不只是分析组件故障的后果；
——可用来识别过程及系统改进的机会，通常可用来识别促进成功可能性的活动；
——使那些参与现有控制和进一步风险应对行动的人员参与到讨论会中，这样可以增强其责任感；

——可轻松地建立起风险登记表和风险应对计划。

局限包括：

——要求经验丰富、能力较强、工作效率高的引导员；

——需要精心的准备，这样才不会浪费讨论会团队的时间；

——如果讨论团队缺乏足够经验或是提示系统不够全面，那么有些风险或危险可能就无法识别；

——可能无法揭示那些复杂、详细或相关的原因。

B.11 风险矩阵

B.11.1 概述

风险矩阵(Risk matrix)是用于识别风险和对其进行优先排序的有效工具。风险矩阵可以直观地显现组织风险的分布情况，有助于管理者确定风险管理的关键控制点和风险应对方案。一旦组织的风险被识别以后，就可以依据其对组织目标的影响程度和发生的可能性等维度来绘制风险矩阵。

B.11.2 用途

风险矩阵通常作为一种筛查工具用来对风险进行排序，根据其在矩阵中所处的区域，确定哪些风险需要更细致的分析，或是应首先处理哪些风险。

风险矩阵也可以用于帮助在全组织内沟通对风险等级的共同理解。设定风险等级的方法和赋予他们的决策规则应当与组织的风险偏好一致。

B.11.3 输入

需要输入的数据为风险发生的可能性与后果严重程度的评估结果。

对风险发生可能性的高低、后果严重程度的评估有定性、定量等方法。定性方法是直接用文字描述风险发生可能性的高低、后果严重程度，如“极低”、“低”、“中等”、“高”、“极高”等。定量方法是对风险发生可能性的高低、后果严重程度用具有实际意义的数量描述，如对风险发生可能性的高低用概率来表示，对后果严重程度用损失金额来表示。等级标度可以为任何数量的点。最常见的是有3、4或5个点的等级，但各点定义应尽量避免含混不清。如表B.2和表B.3分别列出了某公司对风险发生可能性和对目标的影响程度的定性、定量评估标准及其相互对应关系，供实际操作中参考。

表B.2 风险发生可能性的评价标准

定量方法一	评分	1	2	3	4	5
定量方法二	一定时期发生的概率	10%以下	10%～30%	30%～70%	70%～90%	90%以上
定性方法	文字描述一	极低	低	中等	高	极高
	文字描述二	一般情况下不会发生	极少情况下才发生	某些情况下发生	较多情况下发生	常常会发生
	文字描述三	今后10年内发生的可能少于1次	今后5～10年内可能发生1次	今后2～5年内可能发生1次	今后1年内可能发生1次	今后1年内至少发生1次

表 B.3 风险对目标影响程度的评价标准

适用于所有行业	定量方法一	评分	1	2	3	4	5
	定量方法二	企业财务损失占税前利润的百分比(%)	1%以下	1%～5%	6%～10%	11%～20%	20%以上
	定性方法	文字描述一	极轻微的	轻微的	中等的	重大的	灾难性的
		文字描述二	极低	低	中等	高	极高
		文字描述三：日常运行	不受影响	轻度影响(造成轻微的人身伤害，情况立刻受到控制)	中度影响(造成一定人身伤害，需要医疗救援，需要外部支持才能控制情形)	严重影响(企业失去一些业务能力，造成严重人身伤害，情况失控，但无致命影响)	重大影响(重大业务失误，造成重大人身伤亡，情况失控，给企业致命影响)
		文字描述三：财务损失	较低的财务损失	轻微的财务损失	中等的财务损失	重大的财务损失	极大的财务损失
		文字描述三：企业声誉	负面消息在企业内部流传，企业声誉没有受损	负面消息在当地局部流传，企业声誉轻微损害	负面消息在某区域流传，企业声誉中等损害	负面消息在全国各地流传，对企业声誉造成重大损害	监管机构进行调查，公众关注，对企业声誉造成无法弥补的损害

B.11.4 过程

对风险发生可能性的高低和后果严重程度进行定性或定量评估后，依据评估结果绘制风险图谱。绘制矩阵时，一个坐标轴表示结果等级，另一个坐标轴表示可能性等级。

图 B.1 为一个风险矩阵示例，该矩阵带有 6 点结果等级和 5 点可能性等级。

可能性等级	1	2	3	4	5	6
E	Ⅳ	Ⅲ	Ⅱ	Ⅰ	Ⅰ	Ⅰ
D	Ⅳ	Ⅲ	Ⅲ	Ⅱ	Ⅰ	Ⅰ
C	Ⅴ	Ⅳ	Ⅲ	Ⅱ	Ⅱ	Ⅰ
B	Ⅴ	Ⅳ	Ⅲ	Ⅲ	Ⅱ	Ⅰ
A	Ⅴ	Ⅴ	Ⅳ	Ⅲ	Ⅱ	Ⅱ

结果等级

图 B.1 风险矩阵示例

矩阵定义的风险等级与组织的决策规则和风险偏好紧密相关，例如管理层关注度或应对所需的反应时间。

B.11.5 输出

输出结果是对各类风险的等级划分或是确定了重要性水平的、经分级的风险清单。

B.11.6 优点及局限

风险矩阵的优点包括：

——方法简单，易于使用；

——显示直观，可将风险很快划分为不同的重要性水平。

局限包括：

——必须设计出适合具体情况的矩阵，因此，很难有一个适用于组织各相关环境的通用系统；

——很难清晰地界定等级；

——该方法的主观色彩较强，不同决策者之间的等级划分结果会有明显的差别；

——无法对风险进行累计迭加（例如，人们无法将一定频率的低风险界定为中级风险）。

B.12 人因可靠性分析（HRA）

B.12.1 概述

人因可靠性分析（Human reliability analysis，简称 HRA）关注的是人因对系统绩效的影响，可以用来评估人为错误对系统的影响。很多过程都有可能出现人为错误，尤其是当操作人员可用的决策时间较短时。问题最终发展到严重地步的可能性或许不大，但是有时，人的行为是惟一能避免故障最终演变成事故的手段。

HRA 的重要性在各种事故中都得到了证明。在这些事故中，人为错误导致了一系列灾难性的事项。有些事故向人们敲响警钟，不要一味进行那些只关注系统软硬件的风险评估。它们证明了忽视人为错误这种诱因发生的可能性是多么危险的事情。

B.12.2 用途

HRA 可进行定性或定量使用。如果定性使用，HRA 可识别潜在的人为错误及其原因，降低人为错误发生的可能性；如果定量使用，HRA 可以为 FTA（故障树）或其他技术的人为故障提供基础数据。

B.12.3 输入

HRA 分析方法的输入包括：

——明确人们必须完成的任务的信息；

——实际发生及有可能发生的各类错误的经验；

——有关人为错误及其量化的专业知识。

B.12.4 过程

HRA 过程如下所示：

——问题界定：计划调查/评估过程中有哪种类型的人为参与？

——任务分析：如何执行任务？为了协助任务的执行，需要哪类帮助？

——人为错误分析：任务执行失败的原因？可能出现什么错误？怎样补救错误？

——表示：怎样将这些错误或任务执行故障与其他硬件、软件或环境事项整合起来，从而对整个系统故障的概率进行计算？

——筛查：有不需要细致量化的错误或任务吗？

——量化：人为错误和故障发生的可能性？

——影响程度评估：哪些错误或任务是最重要的？例如，哪些错误或任务最为危害系统可靠性？

——减少错误：如何提高人因可靠性？

——记录：有关 HRA 的哪些详情应记录在案？

在实践中，HRA 会分步骤进行，尽管某些部分（例如任务分析及错误识别）有时会与其他部分同步进行。

图 B.2 给出了过程示意。

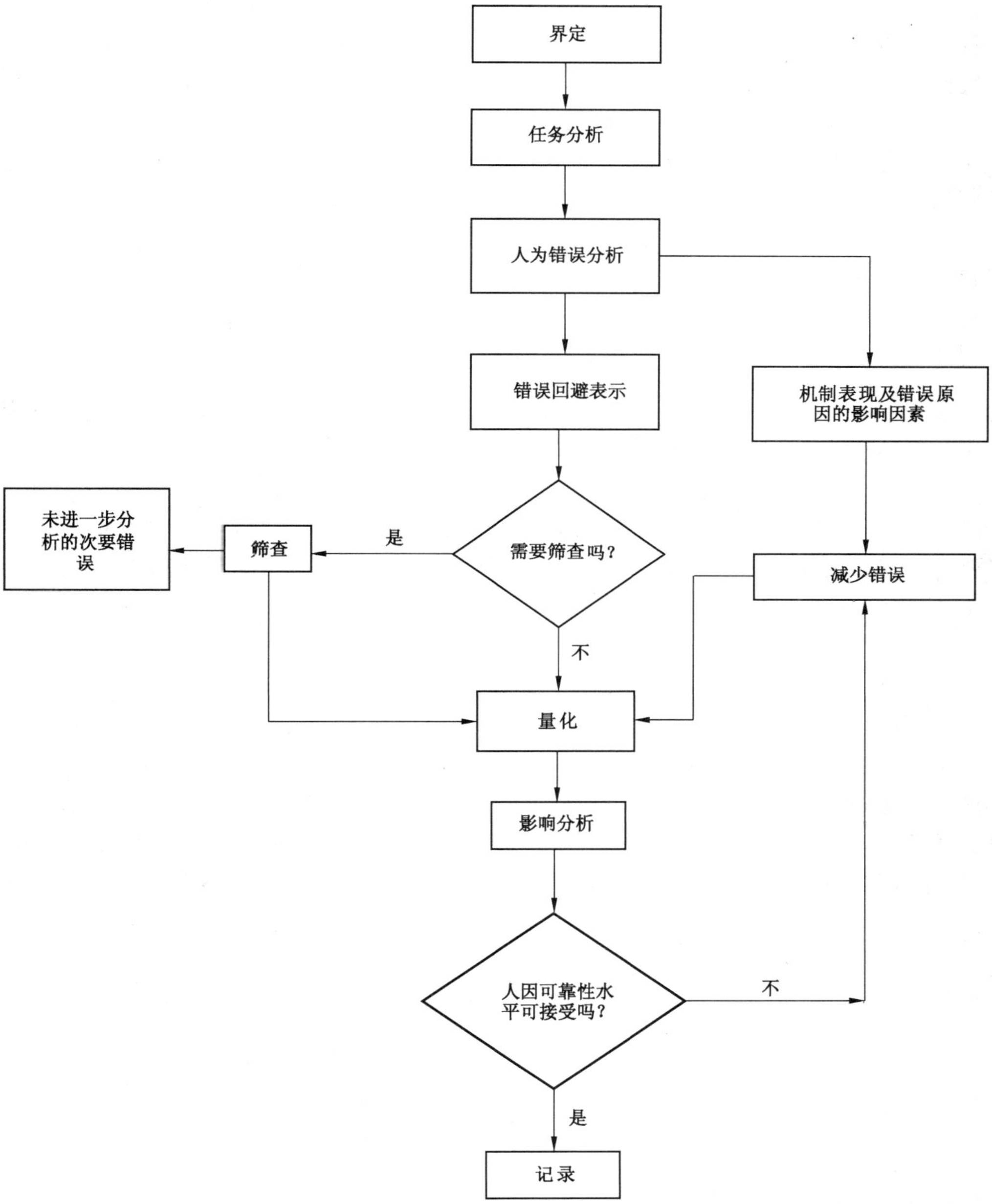

图 B.2 人因可靠性分析

B.12.5 输出

输出包括：

——可能会发生的错误清单以及减少损失的方法(最好通过系统的重新设计)；

——错误模式、错误类型、原因及结果；

——错误所造成风险的定性或定量评估。

B.12.6 优点及局限

HRA 的优点包括：

——HRA 提供了一种正式机制，将人为错误置于系统相关风险的分析中；

——对人为错误的正式分析有利于降低错误所致故障的可能性。

局限包括：

——人的复杂性及多变性导致很难确定那些简单的失效模式及概率；

——很多人为活动缺乏简单的通过/失败模式。HRA 较难处理由于质量或决策不当造成的局部故障或失效。

B.13 以可靠性为中心的维修

B.13.1 概述

以可靠性为中心的维修(Reliability centered maintenance，简称 RCM)是一种识别并确定故障管理策略的方法，目的是高效、有效地实现各类设备必要的安全性、可用性及运行经济性。

现在，RCM 已成为广泛用于各行业内并经过验证而被普遍接受的方法。

RCM 提供了一种决策过程，可以根据设备的安全、运行及经济结果，识别出设备适用且有效的预防性维修要求和退出机制。结束这个过程后，最终可以对执行维修任务或采取其他操作的必要性做出判断。关于使用和应用 RCM 的详细说明可参考 IEC 60300-3-11。

B.13.2 用途

一切任务都离不开人员及环境安全，也离不开关注的运行及经济问题。但是，应该注意的是，考虑的标准将取决于产品的性质及其应用。例如，生产过程在经济上应具有可行性，并且可能对严格的环境因素比较敏感。防护设备则首先应该保证正常运行，而在安全、经济及环境标准方面可能不够严格。通过重点分析故障可能产生严重的安全、环境、经济或运行影响的方面，有利于获得最大的成效。

RCM 用来确保可维护性，主要用于设计和开发阶段，然后在运行和维修阶段实施。

B.13.3 输入

成功地运用 RCM，需要了解设备和结构、运行环境和相关系统、子系统及设备可能的故障以及故障的结果。

B.13.4 过程

RCM 项目的基本步骤如下所示：

——启动和规划；

——功能故障分析；

——任务挑选；

——实施；

——不断完善。

RCM 与风险密切相关，因为它采用的就是风险评估的基本步骤。RCM 与风险评估与失效模式、效应和危害度分析(FMECA)有着相似的类型。

在某些情况下，通过执行维修任务可以消除潜在的故障或是降低其频率及/或结果，而风险识别关注的正是这种情况。这些工作可以通过识别必要的功能及性能标准以及妨碍功能实现的设备和组件故障得以实现。

RCM 的风险分析包括估算无需维修状态下各故障的频率。通过界定失败效果来获得结果。综合故障频率和危险度的风险矩阵有利于对风险进行分级。

随后，通过选择各失效模式适用的故障管理策略来进行风险评价。

整个 RCM 过程应做好大量的记录工作，以供将来参考和检查之用。故障及维修相关数据的采集有助于监督结果并实施改进措施。

B.13.5 输出

维修任务的界定，如状况监控、计划性恢复、计划性替换、故障查找或非预防性维修。这项分析可能带来的其他行动包括重新设计、调整运行或维修程序，或者额外培训。执行任务的时间间隔以及必要的资源都要得到确认。

B.14 压力测试

B.14.1 概述

压力测试是指在极端情景下(例如最不利的情形)，评估系统运行的有效性，及时发现问题和制定改进措施，目的是防止出现重大损失事件。

B.14.2 用途

压力测试广泛应用于各行业的风险评估中，尤其常见于金融、软件等行业。

B.14.3 输入

所需输入数据是：

——界定分析对象；

——召集相关专业人员；

——设想、模拟或试验可能出现的极端情形。

B.14.4 过程

压力测试的具体操作步骤如下：

——针对某一风险管理模型或内控流程，假设可能会发生哪些极端情景。极端情景是指在非正常情况下，发生概率很小，而一旦发生，后果十分严重的事情。假设极端情景时，不仅要考虑本企业或同类企业出现过的历史教训，还要考虑以往不曾出现但将来可能会出现的情形。

——评估极端情景发生时，该风险管理模型或内控流程是否有效，并分析对目标可能造成的损失。

——制定相应措施，进一步修改和完善风险管理模型或内控流程。

以信用风险管理为例。如：某银行拥有一批信用记录良好的客户，该类客户除非发生极端情景，一般不会违约。在日常交易中，该银行只需遵循常规的风险管理策略和内控流程即可。如采用压力测试方法，则设想该批客户在极端情景(如其财产毁于地震、火灾、被盗)下可能会出现违约事故。由此分析一旦出现类似情形，银行可能遭受何种类型和程度的损失。

实施压力测试，一般需要借助敏感性分析、情景分析、头脑风暴法等工具辅助进行。

B.14.5 输出

对潜在风险因素的认识和预防风险的措施建议。

B.14.6 优点及局限

压力测试的优点包括：

——关注非正常情况下的风险情形，是普通风险评估方法的有益补充；

——考虑不同风险之间的相互关系；

——加强对极端情形与潜在危机的认识，预防重大风险的发生。

压力测试不能取代一般的风险管理工具，频繁的进行压力测试并不能解决组织日常的风险管理问题。此外，压力测试的效果取决于是使用者是否可以构造合理、清晰、全面的情景。

B.15 保护层分析(LOPA)

B.15.1 概述

作为一种半定量方法，保护层分析法(Layer protection analysis，简称 LOPA)可估算与不期望事件或危险情景相关的风险，并且将其与风险容许界限比较，以确定现有的控制措施是否合适。

B.15.2 用途

LOPA 典型的应用是在执行了 PHA 之后，以 PHA 的信息为基础进一步考虑安全设计问题。

LOPA 可以定性使用，用来简单分析现有的危害防护措施。LOPA 也可以半定量使用，在应用完 HAZOP 或 PHA 之后进行更为严格的检查。

通过分析各防护措施产生的风险预防效力，LOPA 也可以用来对资源进行合理配置。

B.15.3 输入

LOPA 的输入包括：

——有关风险的基本信息；

——有关现有或建议控制措施的信息；

——原因事件概率、保护层故障、结果措施及可容许风险定义；

——初始原因概率、保护层故障、结果措施及可容许风险定义。

B.15.4 过程

LOPA 可以通过专家团队运用下列程序进行实施：

——识别不良结果的初始原因并查找有关其概率和结果的数据；

——选择一个因果对；

——识别现有的保护层，同时对它们的效力进行分析；

——识别独立保护层(保护层未必都是 IPL)；

——估计每个独立保护层失效的概率；

——保护层的综合影响应与风险承受度进行比较，以确定是否需要进一步的保护。

独立保护层(Independent protection layers，简称 IPL)是一种设备、系统或行动，其能避免某个情景演变成不良结果，并独立于初因事项或任何其他保护层。

IPL 包括：

——设计特点；
——实体保护装置；
——联锁及停机系统；
——临界报警与人工干预；
——事件后实物保护；
——应急反应系统(程序与检查不是 IPL)。

B.15.5 输出

可给出需要进一步采取的控制措施，以及这些控制措施在降低风险方面效果的建议。

B.15.6 优点及局限

LOPA 的优点包括：
——与故障树或其他定量风险分析方法相比，它需要更少的时间和资源，但是比定性的主观判断更为严格；
——它有助于识别并将资源集中在最关键的保护层上；
——它识别了那些缺乏充分安全措施的运行、系统及过程；
——它关注最严重的结果。
局限包括：
——LOPA 每次只能分析一个因果对和一个情景，并没有涉及风险或控制措施之间的相互影响；
——量化的风险可能没有考虑到普通模式的失效；
——LOPA 并不适用于很复杂的情景，例如有很多因果对的情景，或有多种结果影响不同利益相关方的情景。

B.16 业务影响分析(BIA)

B.16.1 概述

业务影响分析(Business impact analysis，简称 BIA)，也称作业务影响评估，旨在分析干扰性风险因素对组织运营的影响方式，同时识别组织是否具备必要的风险管理能力。
具体来说，BIA 可就以下问题达成一致认识：
——识别组织的关键经营过程及其临界状态、职能、相关资源，以及系统组件之间的关键依存关系；
——干扰性事项对组织重要经营目标的实现会产生怎样的影响；
——如何应对干扰因素的影响，以及如何使组织恢复到约定运行水平。

B.16.2 用途

BIA 方法可用来确定干扰性因素的危害性以及过程和相关资源(人员、设备、信息技术)的恢复时间，以确保目标的持续实现。而且，BIA 有助于确定过程、内外部各方以及供应链接口处之间的相互关系。

B.16.3 输入数据

输入包括：
——承担分析并制定计划的小组；
——关于目标、环境及运行和组织的相互依存关系的信息；
——有关组织活动及运行的详情，包括运行过程、辅助资源、与其他组织的关系、外包安排以及利益相关方；

——关键过程的失败造成的财务及运行结果；
——事先准备的调查问卷表；
——组织相关部门的受访者及/或计划联系的利益相关方的名单等。

B.16.4 过程

通过使用调查问卷表、访谈、结构化讨论会或综合运用上述三种方法，可以开展BIA活动，识别关键过程，分析这些过程失败可能产生的影响，确定必要的恢复时间范围及辅助资源。

关键步骤包括：
——根据脆弱性分析(Vulnerability assessment)，确认组织的关键过程和输出结果；
——确定在干扰规定的时期内对被识别的关键过程造成的财务及/或运行影响；
——识别关键利益相关方之间的相互依存关系。这可能包括通过供应链说明相互依存关系的性质；
——确定现有资源及干扰过后继续以最低容许水平运行所需的基本资源；
——确定目前使用或计划开发的替代性工作区域和程序。如果在干扰过程中资源或能力无法获得或不够充分，那么可能就要开发替代性的工作区域和程序；
——根据被识别的结果以及职能部门的关键成功因素，确定各过程的最大可容忍故障时间(Maximum acceptable outage time，简称MAO)，MAO代表组织所能容忍的能力损失的最大时间段；
——确定任何特定装备或信息技术的目标恢复时间(the recovery time objective，简称RTO)。RTO代表组织期望能够恢复运行能力的所需时间；
——确认关键过程的现期准备水平。这可能包括评估过程中的冗余能力(例如备用设备)或替代供应商的存在情况。

B.16.5 输出结果

输出结果包括：
——关键过程及相关依存关系的优先性清单；
——因关键过程失败而带来的财务及运行过程影响的记录；
——用于被识别的关键过程的辅助资源；
——关键过程的故障时间范围以及相关职能的恢复时间范围。

B.16.6 优点及局限

BIA的优点包括：
——对关键过程的认识，使组织有能力继续实现其既定目标；
——对资源的认识；
——有机会重新界定组织的运行过程，以增强组织的灵活性。

局限包括：
——那些参与完成调查问卷或讨论会的参与人员可能缺乏某些知识；
——小组气氛可能会影响到关键过程的全面分析；
——对恢复要求有简单化或过于乐观的期望；
——难以获得组织运行及活动的足够的认识水平。

B.17 潜在通路分析(SCA)

B.17.1 概述

潜在通路分析(Sneak circuit analysis，简称SCA)是一种用于识别系统设计错误的方法。潜在状态不是因部件故障产生的，而是一种可能会抑制预期功能或引起不良事项的潜在硬件、软件或集成的状态。这些状况的特点是具有随意性，在最严格的标准化系统检查中也很难检测出来。潜在状态可能会引起运行不当、系统可用性缺失、程序延时或者甚至造成人员伤亡。

B.17.2 用途

在20世纪60年代后期，潜在通路分析为美国航空航天局(NASA)所开发，用以核实产品设计的完整性及功能实现。潜在通路分析是一种发现非故意电路路径的有效工具，有利于设计出将各功能独立处理的解决方案。随着技术进步，潜在通路分析的工具也一定在发展，潜在分析(Sneak Analysis)是用来描述潜在通路分析扩大范围的术语。潜在分析涵盖并超出了潜在通路分析的范畴。潜在分析可以使用任何技术来确定软硬件问题。潜在分析工具可以将几种分析工具例如故障树、失效模式和效应分析(FMEA)、可靠性估计(Reliability estimates)等整合到一项分析中，从而节省时间和项目成本。

B.17.3 输入

潜在分析是一种独特的设计过程，因为它利用不同的工具(如网络树、网络森林、提示语和问题等，帮助分析者发现潜在状态)来发现具体的问题。网络树和森林是对实际系统进行的拓扑分组。每个网络树代表一种次级功能并显示了可能影响次级功能输出的所有输入数据。将那些促成特定系统输出的网络树结合起来就能建构森林。一个合适的网络森林可以说明系统输出所有相关的输入数据。

B.17.4 过程

开展潜在分析的基本步骤包括：

——数据准备；

——网络树的建构；

——网络路径的评估；

——最终建议与报告。

B.17.5 输出

潜在通路是系统内的意外路径或逻辑流。在特定状况下，意外路径或逻辑流会诱发不良功能或抑制预期功能。路径可能包括硬件、软件、操作人员行为以及这些因素的综合。潜在通路并不是硬件故障的结果，而是因设计疏忽而嵌入系统、通过编码进入软件程序，或者由于人为错误引发的潜在状况。四类潜在状况包括：

——潜在路径：电流、能量或逻辑顺序沿着非预计方向流动的意外路径；

——潜在时序：以意外或相互冲突的顺序发生的事项；

——潜在表述：对系统运行状况含混不清或错误的显示，可能会使系统或操作人员采取不当行为；

——潜在标识：对系统功能进行不正确或不准确的命名，例如，系统输入数据、控制措施及显示总线，可能会造成操作人员对系统的不当操作。

B.17.6 优点及局限

SCA 的优点包括：

——潜在分析有利于分析人员识别设计错误；

——与 HAZOP(危险与可操作性分析)一起使用时会有最佳效果；

——非常有利于处理那些有多重情况的系统，例如配料车间和半配料车间。

局限包括：

——将其应用于电路、加工厂、机械设备或软件时，分析过程会有所不同；

——使用效果依赖于是否可以建立起正确的网络树。

B.18 风险指数

B.18.1 概述

风险指数(Risk indices)是对风险的半定量测评,是利用顺序尺度的记分法得出的估算值。风险指数可以用来对使用相似准则的一系列风险进行比较。尽管是风险评估的组成部分,风险指数主要用于风险分析。尽管可以获得量化的结果,但风险指数本质上还是一种对风险进行分级和比较的定性方法,使用数字完全是为了便于操作。

B.18.2 用途

如果充分理解系统,可以用指数对与活动相关的不同风险分级。指数允许将影响风险等级的一系列因素整合为单一的风险等级数字。

风险指数可作为一种范围划定工具用于各种类型的风险,以根据风险水平划分风险。这可以确定哪些风险需要更深层次的分析以及可能进行定量评估。

B.18.3 输入

输入数据来源于对系统的分析,或者对背景的宽泛描述。这就要求很好地了解风险的各种来源、可能的路径以及可能影响到的方面。像故障树分析、事件树分析和一般的决策分析工具都可以用来支持风险指数的开发。

由于顺序尺度的选择在一定程度上具有任意性,因此,需要充分的数据来确认指数。

B.18.4 过程

第一步是理解并描述系统。一旦系统得到确认,就要对各组件确定得分,再将这些得分结合起来,以提供综合指数。例如,在环境背景中,来源、途径及接收方将被打分。在有些情况下,每个来源可能会有多种路径和接收方。根据考虑系统客观现状的计划将单个得分进行综合。关键是,系统各部分的得分(来源、途径及接收方)应在内部保持一致,同时保持其正确关系。对风险要素(例如,概率、暴露及后果)或是增加风险的因素打分。

可以设计合适的指数模型对各因素的得分进行加、减、乘及/或除的运算。通过将得分相加来考虑累积效果(例如,将不同路径的得分相加)。严格地讲,将数学公式用于顺序得分是无效的,因此,一旦打分系统得以建立,必须将该模型用于已知系统,以便确认其有效性。确定指数是一种迭代方法,在分析师人员得到满意的确认结果之前,可以尝试几种不同的系统以将得分进行综合。

B.18.5 输出

输出结果是与特定来源有关的一系列数字(综合指数),并可以与为其他来源开发的指数或是按相同方式建模的一系列数字进行比较。

B.18.6 优点及局限

风险指数的优点包括:

——风险指数可以提供一种有效的划分风险等级的工具;

——可以让影响风险等级的多种因素整合到对风险等级的分析中。

局限包括:

——如果过程(模式)及其输出结果未得到很好确认,那么可能使结果毫无意义。输出结果是风险值这一点可能会被误解和误用,例如在随后的成本效益分析中。

——在很多使用风险指数的情况下，缺乏一个基准模型来确定风险因素的单个尺度是线性的、对数的还是某个其他形式，也没有固定的模型可以确定如何将各因素综合起来。在这些情况下，评级本身是不可靠的，对实际数据进行确认就显得尤其重要。

B.19 故障树分析(FTA)

B.19.1 概述

故障树(Fault tree analysis，简称 FTA)是用来识别和分析造成特定不良事件(称作顶事件)的可能因素的技术。造成故障的原因因素可通过归纳法进行识别，也可以将特定事故与各层原因之间用逻辑门符号连接起来并用树形图进行表示。树形图描述了原因因素及其与重大事件的逻辑关系。

故障树中识别的因素可以是与硬件故障、人为错误或其他引起不良事项的相关事项。

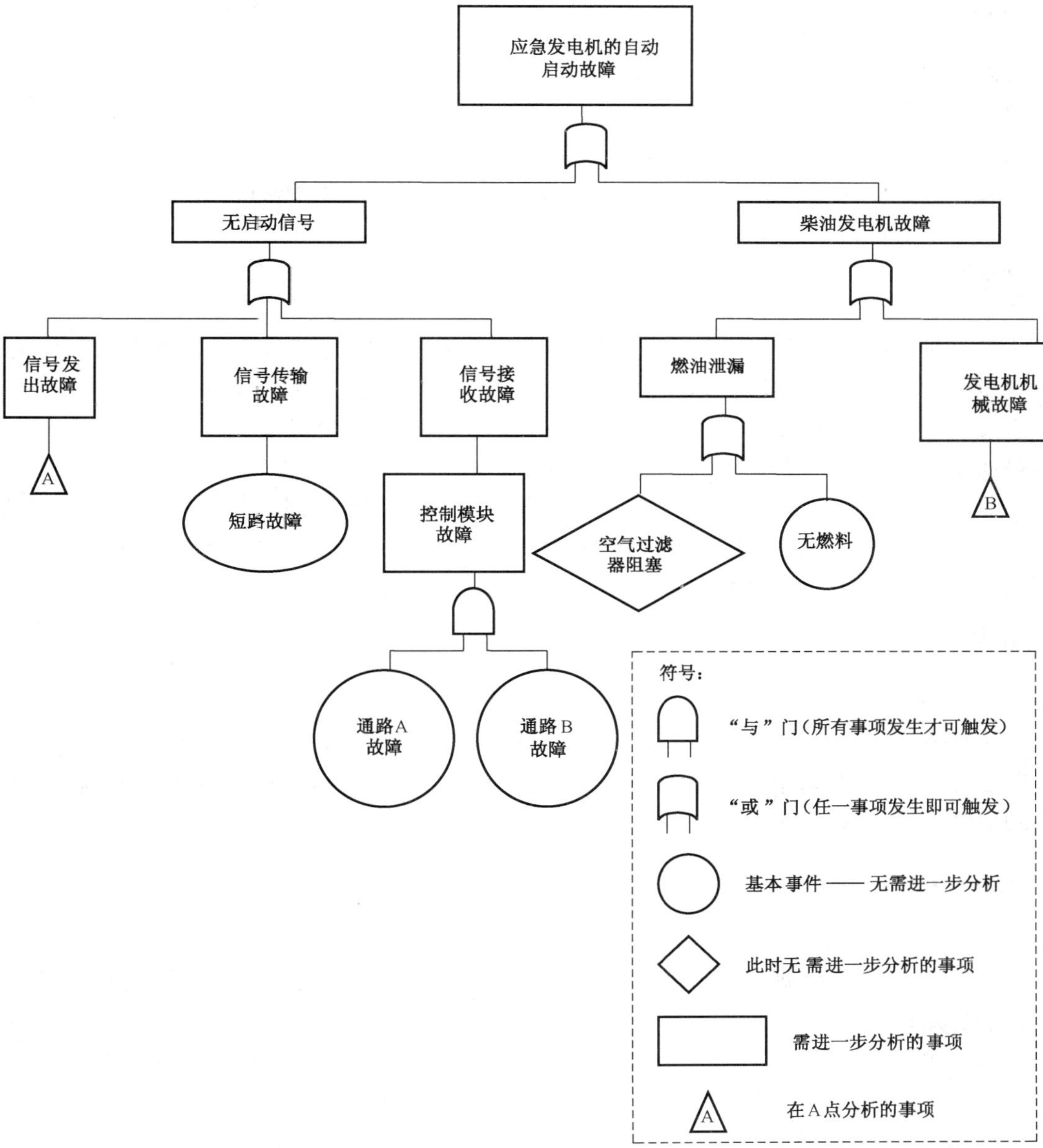

图 B.3 FTA 示例

B.19.2 用途

故障树可以用来对故障(顶事件)的潜在原因及途径进行定性分析,也可以在掌握原因事项概率的相关数据之后,定量计算重大事件的发生概率。图B.3是一个FTA的应用示例。

故障树可以在系统的设计阶段使用,以识别故障的潜在原因并在不同的设计方案中进行选择;也可以在运行阶段使用,以识别重大故障发生的方式和导致重大事件的各类路径的相对重要性;故障树还可以用来分析已出现的故障,以便通过图形来显示不同事项如何共同作用造成故障。

B.19.3 输入

对于定性分析,需要了解系统及故障原因、系统失效的方式;对于定量分析,需要了解故障树中各基本事件的故障率或者失效的可能性。

B.19.4 过程

建构故障树的步骤包括:

——界定分析对象系统和需要分析的各对象事件(顶事件);

——从顶事件入手,识别造成顶事件的直接原因或失效模式;

——调查原因事件,对每个原因/失效模式进行分析,以识别造成故障的原因(设备故障、人员失误以及环境不良因素等);

——分步骤地识别不良的系统操作方式,沿着系统自上而下地分析,直到进一步分析不会产生任何成效为止,处于分析中系统最低水平的事项及原因因素称作基本事件;

——定性分析,按故障树结构进行简化,求出最小割集和最小径集,确定各基本事件的结构重要度;

——定量分析,找出各基本事件的发生概率,计算出顶事件的发生概率,计算出概率重要度和临界重要度,对于每个控制节点而言,所有的输入数据都必不可少,并足以产生输出事项。对于故障树中的逻辑冗余部分,可以通过布尔代数运算法则来进行简化。

除了估算顶事件发生的可能性之外,还要识别那些形成顶事件独立路径的最小分割集合,并计算它们对顶事件的影响。除了简单的故障树之外,当故障树存在几处重复事件时,需要使用软件包正确处理计算,并计算最小割集。软件工具有助于保证一致性、正确性和可检验性。

B.19.5 输出

故障树分析的输出结果包括:

——顶事件发生方式的示意图,并可显示各路径之间的相互关系;

——最小分割集合清单(单个故障路径),并说明每个路径的发生概率(如果有相关数据);

——顶事件的发生概率。

B.19.6 优点及局限

故障树(FTA)的优点包括:

——它提供了一种系统、规范的方法,同时有足够的灵活性,可以对各种因素进行分析,包括人际交往和客观现象等;

——运用简单的"自上而下"方法,可以关注那些与顶事件直接相关故障的影响;

——FTA对具有许多界面和相互作用的分析系统特别有用;

——图形化表示有助于理解系统行为及所包含的因素;

——对故障树的逻辑分析和对分割集合的识别有利于识别高度复杂系统中的简单故障路径。

局限包括:

——如果基础事件的概率有较高的不确定性，计算出的顶事件的概率的不确定性也较高；

——有时很难确定顶事件的所有重要途径是否都包括在内；

——故障树是一个静态模型，无法处理时序上的相互关系；

——故障树只能处理二进制状态(有故障/无故障)；

——虽然定性故障树可以包括人为错误，但是一般来说，各种程度或性质的人为错误引起的故障无法包括在内；

——分析人员必须非常熟悉对象系统，具有丰富的实践经验。

B.20 事件树分析(ETA)

B.20.1 概述

事件树分析(Event tree analysis，简称 ETA)着眼于事故的起因，即初因事件。事件树从事件的起始状态出发，按照一定的顺序，分析初因事件可能导致的各种序列的结果，从而定性或定量地评价系统的特性。由于在该方法中事件的序列是以树图的形式表示，故称事件树。

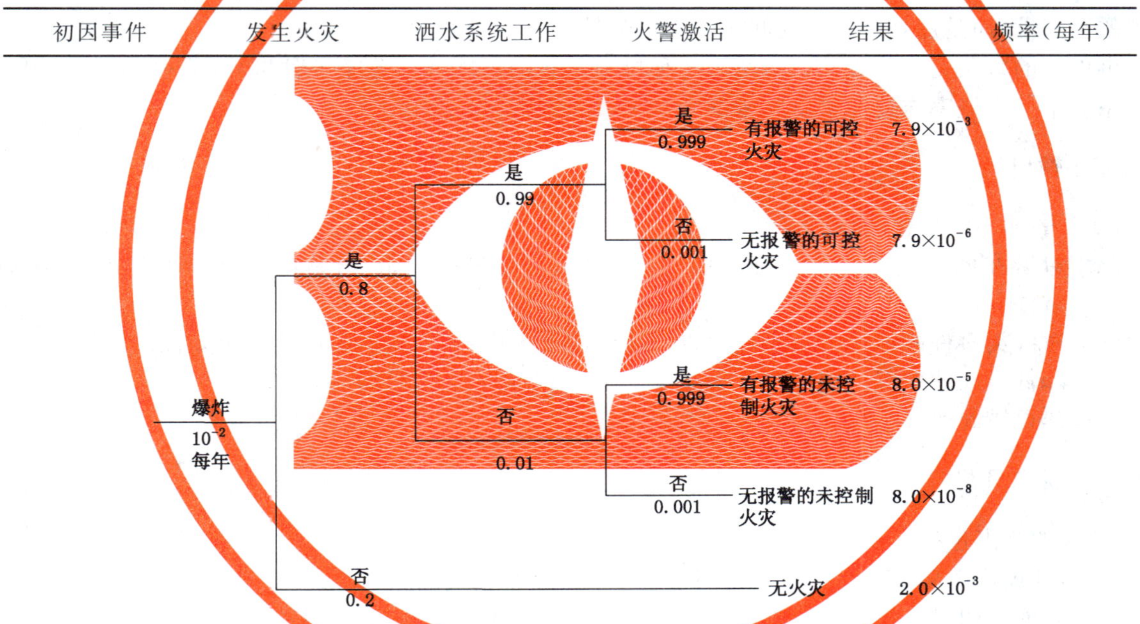

图 B.4 事件树示例

图 B.4 显示了一个事件树的简单示例。

ETA 具有散开的树形结构，考虑到其他系统、功能或障碍，ETA 能够反映出引起初因事件加剧或缓解的事件。

B.20.2 用途

ETA 分析适用于多环节事件或多重保护系统的风险分析和评价，既可用于定性分析，也可用于定量分析。

ETA 可以用于产品或过程生命周期的任何阶段。它可以进行定性使用，有利于群体对初始事件之后可能出现的情景进行集思广益，同时就各种处理方法、障碍或旨在缓解不良结果的控制手段对结果的影响方式提出各种看法。

定量分析有利于分析控制措施的可接受性。这种分析大都用于拥有多项安全措施的失效模式。

ETA法是从决策树(Decision tree)逐渐演化而来的,用于对可能带来损失或收益的初因事件建立模型。但是,在追求最佳收益路径的情况下,更经常地使用决策树(Decision tree)建立模型。

B.20.3 输入

输入包括:

——相关初始事项清单;

——关于应对、障碍和控制及其失效概率的信息;

——了解最初故障加剧的过程。

B.20.4 过程

事件树首先要挑选初始事件。初始事件可能是粉尘爆炸或是停电这样的事项。那些旨在缓解结果的现有功能或系统应按时序列出。用一条线来代表每个功能或系统的成功或失败。每条线都应带有一定的失效概率,同时通过专家判断或故障树分析的方法来估算这种条件概率。这样,初始事件的不同途径就得以建模。

注意,事件树的可能性是一种有条件的可能性,例如启动洒水功能的可能性并不是正常状况下测试得到的可能性,而是爆炸引起火灾状况下的可能性。

事件树的每条路径代表着该路径内各种事项发生的可能性。鉴于各种事项都是独立的,结果的概率可用单个条件概率与初因事项频率的乘积来表示。

B.20.5 输出

ETA的输出结果包括:

——对潜在问题进行定性描述,并将这些问题视为包括初始事件,同时能产生各类问题的综合事件;

——对各类事件的发生频率或概率以及事件的发生序列、各类事件的相对重要性的估算;

——降低风险的建议措施清单;

——建议措施效果的定量评价。

B.20.6 优点及局限

ETA的优点包括:

——ETA用简单图示方法给出初因事项之后的全部潜在情景;

——它能说明时机、依赖性,以及在故障树模型中很繁琐的多米诺效应。

——它清晰地体现了事件的发展顺序,而使用故障树是不可能表现的。

局限包括:

——为了将ETA作为综合评估的组成部分,一切潜在的初因事项都要进行识别。这可能需要使用其他分析方法(如HAZOP, PHA),但总是有可能错过一些重要的初因事项;

——事件树只分析了某个系统的成功及故障状况,很难将延迟成功或恢复事项纳入其中;

——任何路径都取决于路径上以前分支点处发生的事项,因此要分析各可能路径上众多从属因素。然而,人们可能会忽视某些从属因素,例如通用组件、公用系统以及操作人员等。如果不认真处理这些从属因素,就会导致风险评估过于乐观。

B.21 因果分析

B.21.1 概述

因果分析(Cause and consequence analysis,简称CCA)综合了故障树分析和事件树分析。它开始于关键事件，同时通过结合“是/否”逻辑来分析结果，可识别出所有相关的原因和潜在结果，包括故障可能发生的条件，或者旨在减轻初始事件后果的系统失效。因果分析可应用于产品或系统生命周期的任何阶段；可以定性使用，也可用作定量分析。

最初，因果分析是作为关键安全系统的可靠性工具而开发出来的，可以让人们更全面地认识系统故障。类似于故障树分析(见附录B.19)，它用来表示造成关键事件的故障逻辑，但是，通过对时序故障的分析，它比故障树的功能更强大。这种方法可以将时间滞延因素纳入到结果分析中，而这在事件树分析(见附录B.20)中是办不到的。

B.21.2 用途

因果分析方法可分析某个系统在关键事件之后可能的各种路径。如果进行量化，该方法可估算出某个关键事件过后各种不同结果发生的概率。由于因果图中的每个序列是子故障树的结合，因此因果分析可作为一种建立大故障树的工具。

B.21.3 输入

与系统及其失效模式和故障情景相关的各类数据。

B.21.4 过程

图B.5说明了典型的因果分析过程。

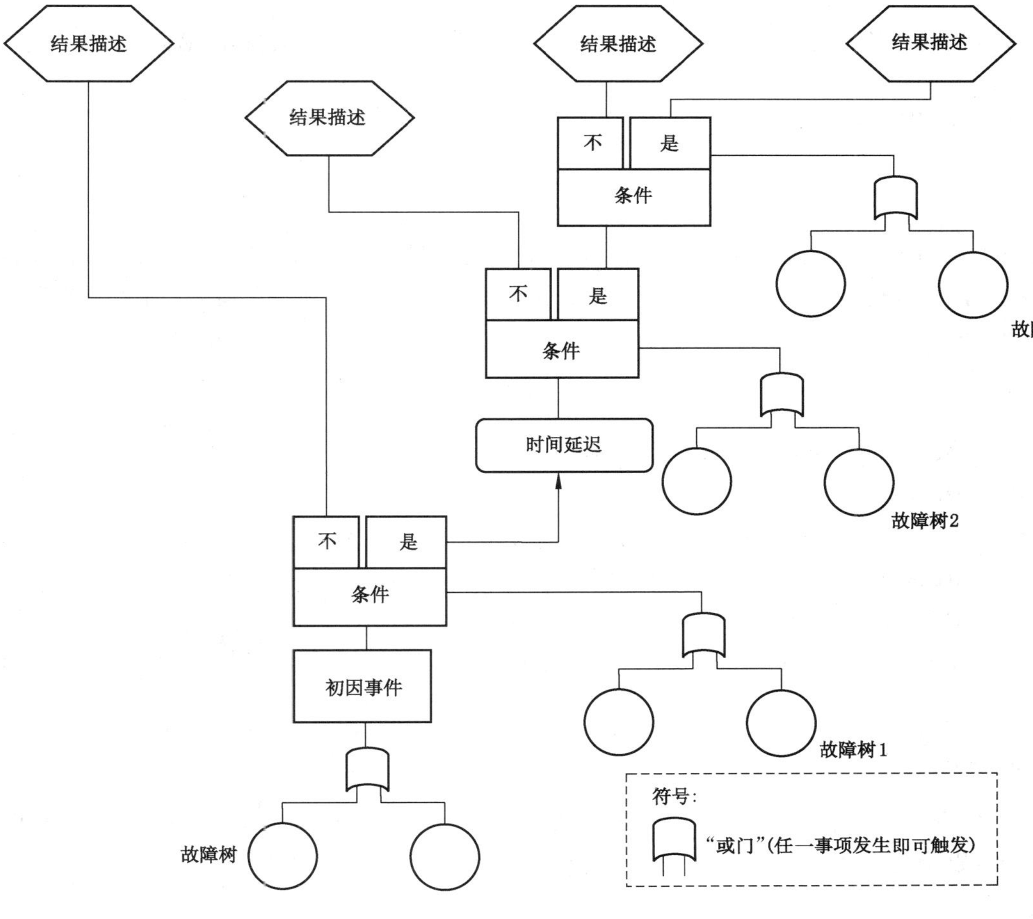

图 B.5 因果分析示例

进行因果分析的步骤包括：

——识别关键事件(或初因事件)(类似于故障树的顶事件及事件树的初因事件)；

——绘制并验证关键事件的故障树；

——确定需考虑条件的顺序。这应该是一种逻辑顺序，例如它们发生的时序；

——建构不同条件下的结果路径。这一点类似于事件树，但事件树路径的划分被表示为贴有适用特定条件的栏；

——如果各条件栏的故障为独立故障，则可以计算各故障的发生概率。要做到这一点，首先是确定条件栏内每个输出结果的概率(如果可以的话，使用相关的故障树)。通过将各次序条件的概率相乘，就可以得出产生特定结果的任一次序的概率，该次序条件结束于上述特定结果。如果一个以上的次序最终有相同的结果，那么各次序的概率应相加。如果某个序列中各条件的故障存在依存关系(例如，停电会造成多个条件出现故障)，那么必须在计算前分析依存关系。

B.21.5 输出

因果分析的结果可用图形表示，对系统故障的原因进行图形表示既可说明原因，也可说明结果。通过对引起关键事件特定条件发生的概率进行分析，我们就可以估算出各潜在结果发生的概率。

B.21.6 优点及局限

因果分析的优点相当于事件树及故障树的综合优点。而且，由于其可以分析随时间发展变化的事项，因果分析克服了那两种技术的局限，提供了系统的全面视角。

局限是该方法的建构过程要比故障树和事件树更为复杂，同时在定量过程中必须处理依存关系。

B.22 根原因分析(RCA)

B.22.1 概述

为了避免重大损失的再次发生，对重大损失进行的分析通常称作根原因分析(Root cause analysis，简称 RCA)或者损失分析(Loss analysis)。RCA 试图识别事故的根本或最初原因，而不是仅仅处理非常明显的表面“症状”。

B.22.2 用途

RCA 适用于各种环境，拥有广泛的使用范围：

——安全型 RCA 用于事故调查和职业健康及安全；

——故障分析 RCA 用于与可靠性及维修有关的技术系统；

——生产型 RCA 用于工业制造的质量控制领域；

——过程型 RCA 关注的是经营过程；

——作为上述领域的综合体，系统型 RCA 主要用于处理复杂系统的变革管理、风险管理及系统分析。

B.22.3 输入

RCA 的基本输入数据是指从故障或损失中搜集的证据。分析中也可以考虑其他类似故障的数据。其他输入数据可以是为了测试具体假设而得出的结果。

B.22.4 过程

识别出 RCA 的需求之后，应指定一群专家开展分析并提出建议。专家的类型主要取决于分析故障时所需的具体专业知识。

虽然可以使用不同的方法进行分析，但开展 RCA 的基本步骤是相似的，包括以下方面：

——组建团队；

——确定 RCA 的范围及目标；

——搜集有关故障或损失的数据及证据；

——开展结构化分析，以确定根本原因；

——找出解决方案并提出建议；

——执行建议；

——核实所执行建议的成效。

结构化分析方法可以包括下列某一种方法：

——5-why 法，即反复询问"为什么？"，以剥离原因层及次原因层；

——失效模式和效应分析；

——故障树分析；

——鱼骨图（鱼刺图）；

——帕累托分析；

——根原因图。

对可能原因评价经常开始于明显的客观原因，然后是人为的原因，最后是潜在的管理或基本原因。相关各方必须对识别出的事故原因进行控制或消除，以便使纠正行为取得效果并富有价值。

B.22.5 输出

RCA 的输出结果包括：

——记录收集的数据及证据；

——分析假设；

——归纳有关最有可能造成故障或损失的原因；

——纠正行为的建议。

B.22.6 优点及局限

RCA 的优点包括：

——让合适专家在团队环境下工作；

——结构化分析；

——分析各种可能的假设；

——记录结果；

——需要提出最终的建议。

局限性包括：

——未必有所需的专家；

——关键证据可能在故障中被毁或在清理中被删除；

——团队可能没有足够的时间或资源来充分评估情况；

——可能无法充分执行建议。

B.23 决策树分析

B.23.1 概述

考虑到不确定性结果，决策树（Decision tree）以序列方式表示决策的选择和结果，并用树形图的形式进行表示。类似于事件树，决策树开始于初因事项或是最初决策，考虑随后可能发生的事项及可能做出的决策，它需要对不同路径和结果进行分析。

B.23.2 用途

决策树可用于项目风险管理和其他环境中，以便在不确定的情况下选择最佳的行动步骤。图形显示也有助于决策依据的快速沟通。

B.23.3 输入

包含各个决策点的项目计划、各决策的可能结果、可能影响决策的偶然事件的信息。

B.23.4 过程

决策树开始于最初决策，随着决策的继续，在各个决策点上，不同的事项会发生，通过估算各事项发生的可能性以及相应的成本或收益，使用者可选择最佳决策路径。

B.23.5 输出

输出包括：

——显示可以采取不同选择的风险逻辑分析；

——每一个可能路径的预期值计算结果。

B.23.6 优点及局限

决策树分析的优点包括：

——对于决策问题的细节提供了一种清楚的图解说明；

——能够计算到达一种情形的最优路径。

局限包括：

——大的决策树可能过于复杂，不容易与其他人交流；

——为了能够用树形图表示，可能有过于简化背景环境的倾向。

B.24 蝶形图分析

B.24.1 概述

蝶形图分析(Bow tie analysis)是一种简单的图解形式，用来描述并分析某个风险从原因到结果的路径。该方法可被视为分析事项起因(由蝶形图的结代表)的故障树和分析事项结果的事件树这两种方法的统一体。但是，蝶形图的关注重点是在风险形成路径上存在哪些预防措施及其实际效果。在建构蝶形图时，首先要从故障树和事件树入手，但是，这种图形大都在头脑风暴式的讨论会上直接绘制出来。

B.24.2 用途

蝶形图分析被用来显示风险的一系列可能的原因和后果。如果人们更重视的是确保每个故障路径都有一个障碍或控制，那么就可以使用蝶形图分析。当导致故障的路径清晰而独立时，蝶形图分析就非常有用。

与故障树及事件树相比，蝶形图通常更易于理解，因此，在使用更复杂的技术才能完成分析的情况下，它会成为一种有用的沟通工具。

B.24.3 输入

对于风险的原因和结果以及可能预防风险的障碍及控制措施的认识。

B.24.4 过程

蝶形图的实施步骤如下：

——识别需要分析的具体风险，并将其作为蝶形图的中心结；

——列出造成结果的原因；

——识别由风险源到事故的传导机制；

——在蝶形图左手侧的每个原因与结果之间划线，识别那些可能造成风险升级的因素并将这些因素纳入图表中；

——如果某些因素可有效控制风险原因的升级，用条形框列出这些“控制措施”；

——在蝶形图右侧，识别风险不同的潜在结果，并以风险为中心向各潜在结果处绘制出放射状线条；

——如果某些因素可有效控制风险结果的升级，用条形框列出这些“控制措施”；

——支持控制的管理职能（如培训和检查）应表示在蝶形图中，并与各自对应的控制措施相联系。

在路径独立、结果的可能性已知的情况下，可以对蝶形图进行一定程度的量化，同时可以估算出控制效果的具体数字。然而，在很多情况下，路径和障碍并不独立，控制措施可能是程序性的，因此结果并不清晰。更合适的做法是运用 FTA 及 ETA 进行定量分析。

B.24.5 输出

输出结果是一个简单的图表，说明了主要的故障路径以及预防或减缓不良结果或者刺激及促进期望结果的现有障碍。一个蝶形图示例如图 B.6 所示。

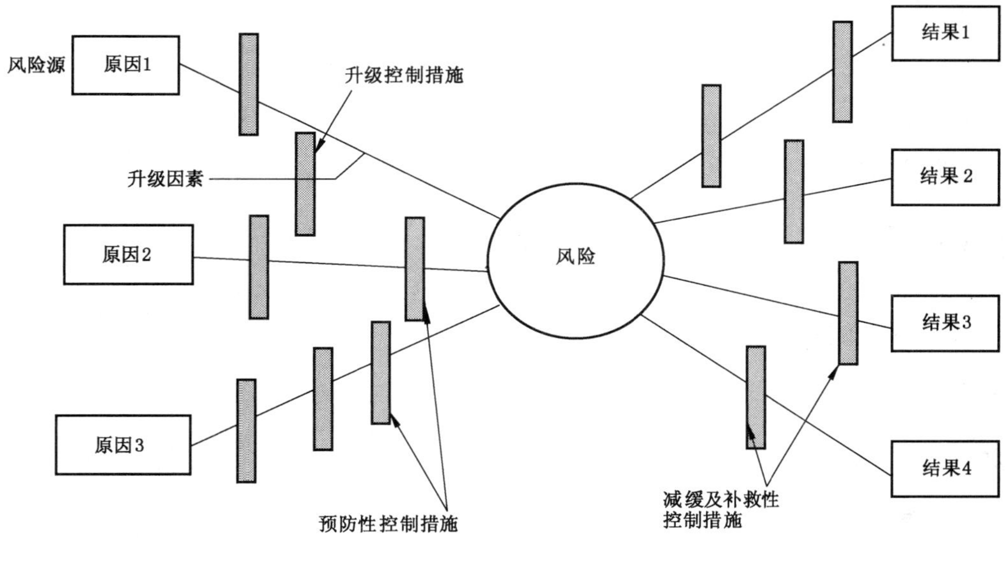

图 B.6 不良结果的蝶形图

B.24.6 优点及局限

蝶形图分析的优点：

——用图形清晰表示问题，便于理解；

——关注的是为了到达预防及减缓目的而确定的障碍及其效力；

——可用于期望结果；

——使用时不需要较高的专业知识水平。

局限包括：

——无法描述当多种原因同时发生并产生结果时的情形(例如，故障树中有“闸”这个概念来描述蝶形图的右手侧)；

——可能会过于简化复杂情况，尤其是在试图量化的时候。

B.25 层次分析法

B.25.1 概述

在进行社会、经济以及科学领域问题的系统分析中，常常面临由相互关联、相互制约的众多因素构成的复杂而往往缺少定量数据的系统。层次分析法(Analytic hierarchy process，简称 AHP)为这类问题的决策和排序提供了一种新的、简洁而实用的建模方法，它特别适用于那些难于完全定量分析的问题。

B.25.2 用途

层次分析法以其系统性、灵活性、实用性等特点特别适合于多目标、多层次、多因素的复杂系统的决策，在目标因素结构复杂且缺乏必要数据的情况下使用更为方便，同时它也被广泛应用于社会、经济、科技、规划等很多领域的评价、决策、预测、规划等。

B.25.3 输入

对任意两因素的相对重要性进行比较判断，给予量化。为保证输入的比较值真实可信，通常可以用德尔菲法、头脑风暴法等进行操作。

B.25.4 过程

运用层次分析法建模，大体上可按下面四个步骤进行：

——建立递阶层次结构模型；

——构造出各层次中的所有判断矩阵；

——层次单排序及一致性检验；

——层次总排序及一致性检验。

其中后二个步骤在整个过程中需要逐层地进行。

B.25.5 输出

各种方案相对于总目标的重要排序。

B.25.6 优点及局限

AHP 法较好地体现了系统工程学定性与定量分析相结合的思想。在决策过程中，决策者直接参与决策过程，并且其定性思维过程被数学化、模型化，而且还有助于保持思维过程的一致性。

层次分析法的局限性，主要表现在：

——很大程度上依赖于人们的经验，主观因素的影响很大，它至多只能排除思维过程中的严重非一致性，却无法排除决策者个人可能存在的严重片面性；

——比较、判断过程较为粗糙，不能用于精度要求较高的决策问题。

B.26 在险值法(VaR)

B.26.1 概述

在过去的几年里,一些银行和监管部门普遍地运用在险值法(Value at Risk,简称 VaR)衡量风险。在险值法又被称为“风险价值”或“在险价值”,是指在一定的置信水平下,某一金融资产(或证券组合)在未来特定的一段时间内的最大可能损失。与传统风险度量手段不同,VaR 完全是基于统计分析基础上的风险度量技术,它的产生是 JP 摩根公司用来计算市场风险的产物,随后逐步被引入信用风险管理领域。目前,VaR 已成为国外大多数金融机构广泛采用的衡量金融风险大小的方法。

在实际工作中,对于 VaR 的计算和分析可以使用多种计量模型,如参数法、历史模拟法和蒙特卡罗模拟法。参数法是 VaR 计算中最为常用的方法。以下以参数法为例介绍该方法的大致特点。

B.26.2 用途

利用 VaR 法可以比较全面地描述和评估风险。许多风险度量方法,只能用来度量一类资产的风险或一类特定的风险,而 VaR 法不依赖个别风险的特性或受资产种类的限制,具有整体性。因其适用于各种风险,所以 VaR 法可提供一个基准单位,用来比较不同的风险。比如,企业可以用 VaR 法统一度量其面临的市场风险、信用风险等。另外,VaR 法可以对企业管理层的资源配置和投资决策起到参考作用,如衡量公司各产品业绩、调整交易员的收益行为、实施风险限额和头寸控制等。

VaR 法也可以应用于投资组合之中,投资者可以通过成分 VaR 来判断投资组合中哪笔交易对投资组合的风险暴露起到了对冲效果,从而优先把新投资投向该交易。在险值的概念还可以用来衡量诸如企业现金流和盈利的风险。这就是所谓的现金流在险值和收益在险值。

B.26.3 输入

使用参数法计算 VaR 仅需要将市价、当前头寸面临的风险和风险数据三种数据相结合,因此比较易于操作。

B.26.4 过程

参数法利用资产组合的价值函数与市场因子间的近似关系、市场因子的统计分布(方差-协方差矩阵)简化 VaR 计算。

参数法的主要计算步骤包括:

——列出各种风险因素;

——对投资组合中所有金融工具的线性风险进行映射;

——汇总不同金融工具的风险;

——估计风险因子的协方差矩阵;

——计算总体投资组合风险。

由于在使用参数法时,一般假定资产收益率服从正态分布,这对于股票、债券、商品等基础资产以及外汇远期等线性衍生产品而言是恰当的,但对期权等非线性衍生品而言,由于它们的收益分布是非正态的,即使假设标的资产收益率正态分布,经过非线性收益型态转换后,仍有巨大的偏移。因此,该方法仅适用于线性资产和线性衍生品。

VaR 基本模型见式(B.1):

$$\mathrm{VaR} = E(\omega) - \omega^{*} \qquad \cdots\cdots(B.1)$$

式中:

$E(\omega)$——资产组合的预期价值;

ω ——资产组合的期末价值；

ω^* ——置信水平 α 下投资组合的最低期末价值。

又设

$$\omega = \omega_0(1+R) \qquad \text{(B.2)}$$

式中：

ω_0——持有期初资产组合价值；

R ——设定持有期内(通常一年)资产组合的收益率。

$$\omega^* = \omega_0(1+R^*) \qquad \text{(B.3)}$$

式中：

R^*——资产组合在置信水平 α 下的最低收益率。

根据数学期望值的基本性质，将式(B.2)、式(B.3)代入式(B.1)，有

$$\mathrm{VaR} = \omega_0[E(R) - R^*] \qquad \text{(B.4)}$$

式(B.4)即为该资产组合的 VaR 值，根据式(B.4)，如果能求出置信水平 α 下的 R^*，即可求出该资产组合的 VaR 值。

在估计 VaR 值时，置信区间和时间段的选取依赖于我们的管理需要和风险本身的特性。例如，商业银行通常采用 95%或 99%的置信区间，国际银行业监管机构的巴塞尔协议则规定商业银行应使用 99%的置信区间和 10 天的时间段。

B.26.5 输出

VaR 法可以给出特定持有期内、一定置信水平下资产组合面临的最大损失，有效描述资产组合的整体市场风险状况。

B.26.6 优点及局限

VaR 法的优点包括：

——过程简单，结果简洁，非专业背景的投资者和管理者也可以通过 VaR 值对风险进行评判；

——可以事前计算风险，不像以往风险管理的方法都是在事后衡量风险大小；

——不仅能计算单个金融工具的风险，还能计算由多个金融工具组成的投资组合风险。

局限包括：

——过分依赖统计数据和模型，当统计数据不足时难以支持可信赖的 VaR 模型，比如一次性投资决策的数据；

——VaR 方法衡量的主要是市场风险，如单纯依靠 VaR 方法，可能会忽视其他风险；

——VaR 值表明的是一定置信度内的最大损失，但并不能排除高于 VaR 的损失发生的可能性；

——VaR 值描述的是正常的市场条件下的情景。在极端情景下，VaR 可能就会失去作用。因此，在使用 VaR 值时，要结合其他的方法去进一步考虑这些极端的情形，例如使用情景分析和压力测试的分析方法。

B.27 均值-方差模型

B.27.1 概述

均值-方差模型(Mean-Variance Model)是组合投资理论研究和实际应用的基础，由美国经济学家马柯维茨(Markowitz)提出，因此又称为 Markowitz 模型。证券及其他风险资产的投资者们面对着两个核心问题：即预期收益与风险，他们期望尽可能高的收益率和尽可能低的不确定性。如何测定组合投

资的风险与收益，并平衡这两项指标进行资产分配，是市场投资者迫切需要解决的问题。均值-方差模型即可用于这一场合。从所有可能的证券组合中选择一个最优的组合，使收益和风险这两个相互制约的目标达到最佳平衡。对于给定的收益水平，利用该模型可以求出方差意义下最小风险的组合。

均值-方差模型揭示了“资产的期望收益由其自身的风险的大小来决定”这一重要结论，即资产（单个资产和组合资产）由其风险大小来定价，单个资产价格由其方差或标准差来决定，组合资产价格由其协方差来决定。

B.27.2 用途

该方法常用于实际的证券投资和资产组合决策。

B.27.3 输入

预期收益率及各项目的风险概率信息。

B.27.4 过程

均值-方差模型如下所示。

目标函数：$\min\sigma^2(R_p)=\sum\sum x_i x_j \operatorname{cov}(R_i,R_j)$，其中 $R_p=\sum x_i R_i$。

限制条件：$\sum x_i=1$

$x_i\geqslant 0, i=1,2,\cdots,n$

其中 R_p 为组合收益，R_i 为第 i 只股票的收益，x_i、x_j 为证券 i、j 的投资比例，$\sigma^2(R_p)$ 为组合投资方差（组合总风险），$\operatorname{cov}(R_i,R_j)$ 为两个证券之间的协方差。

上式表明，在限制条件下如何使组合风险 $\sigma^2(R_p)$ 最小，可通过拉格朗日目标函数求得。其经济学意义是，投资者可预先确定一个期望收益，通过上式可确定投资者在每个投资项目（如股票）上的投资比例（项目资金分配），使其总投资风险最小。不同的期望收益就有不同的最小方差组合，这就构成了最小方差集合。

B.27.5 输出

在给定收益率下的最小风险组合或预定风险下的最大收益组合。

B.27.6 优点及局限

均值-方差模型通过数理方法描绘出了资产组合选择的最基本、最完整的框架，具有开创性，是目前投资理论和投资实践的主流方法。

该模型的局限在于没有考虑到收益的非正态分布，而多数实证研究表明证券收益率不一定服从正态分布；另一方面该方法计算复杂，特别是运用于多个项目的投资组合问题时，这种计算量更为庞大。

B.28 资本资产定价模型

B.28.1 概述

资本资产定价模型（Capital asset pricing model，简称 CAPM），是在投资组合理论和资本市场理论基础上形成发展起来的，主要研究证券市场中资产的预期收益率与风险资产之间的关系，以及均衡价格是如何形成的。该模型运用一般均衡模型刻划所有投资者的集体行为，揭示在均衡情况下证券风险与收益之间关系的经济本质。目前，资本资产定价模型被公认为是金融市场现代价格理论的主干，使丰富的金融统计数据可以得到系统而有效的利用。此模型亦被广泛用于实证研究并因而成为不同领域中决策的重要基础。

该理论的前提假设包括以下几点：市场是均衡的，并不存在摩擦；市场参与者都是理性的；不存在交易费用；税收不影响资产的选择和交易；投资总风险可以用方差或标准差表示，系统风险可用β系数表示；非系统性风险可通过多元化投资分散掉，不发挥作用，只有系统性风险发挥作用。

B.28.2 用途

CAPM 理论广泛应用于投资决策及公司理财领域，一般用于评估已经上市的不同证券价格的合理性；帮助确定准备上市证券的价格；能够估计各种宏观和宏观经济变化对证券价格的影响。

B.28.3 输入

输入数据主要包括预期回报率和无风险利率等相关信息，以及当前市场背景的宽泛描述。

B.28.4 过程

资本资产定价理论认为，一项投资所要求的必要报酬率取决于以下 3 个因素：

a) 无风险报酬率，即将国债投资(或银行存款)视为无风险投资；
b) 市场平均报酬率，即整个市场的平均报酬率，如果一项投资所承担的风险与市场平均风险程度相同，该项报酬率与整个市场平均报酬率相同；
c) 投资组合的系统风险系数即β系数，是某一投资组合的风险程度与市场证券组合的风险程度之比。

CAPM 见式(B.5)：

$$E(R_i) = R_f + (R_m - R_f)\beta_i \quad \cdots\cdots\cdots\cdots (B.5)$$

$E(R_i)$表示投资组合 i 的期望收益率，R_f 是无风险资产的报酬率，R_m 是市场均衡组合的报酬率，β是投资组合 i 的β系数。β越大，系统性风险越高，要求的报酬率越高；反之，β越小，要求的报酬率越低。

CAPM 是通过比较一项资本投资的回报率与投资于整个股票市场的回报率，来衡量该投资的风险贴水。如果该资产是股票，其β通常可以用统计数据估算出来。但当资产是一家新工厂时，确立β比较困难。许多公司因此利用公司的资本成本作为正常的贴现率，公司资本成本是公司股票的预期回报率(取决于该股票的β)和它偿付债务的利息率的加权平均数。只要有关的资本投资对整个公司是有代表性的，这一方法可以使用。

B.28.5 输出

CAPM 模型说明了单个证券投资组合的期望受益率与相对风险程度间的关系。

B.28.6 优点及局限

CAPM 模型是金融是市场价格理论的经典模型，作为第一个不确定性条件下的资产定价的均衡模型，具有重大的历史意义。由于股票等资本资产未来收益的不确定性，CAPM 的实质是讨论资本风险与收益的关系。该模型合理简明的表达了这一关系，即：高风险伴随着高收益。

CAPM 模型由于其严格的理论假设和对现实环境的高度抽象，影响和限制了其应用范围和效果。

B.29 FN 曲线

B.29.1 概述

FN 曲线(FN Curves)表示的是人群中有 N 个或更多的人受到影响的累积频率(F)。FN 曲线最初用于核电站的风险评价中，其采用死亡人数 N 与事故发生频率 F 之间关系的图形来表示，目前广泛用于社会风险接受准则的制定。在大多数情况下，它们指的是出现一定数量伤亡出现的频率。

B.29.2 用途

FN 曲线可用于系统或过程设计，或是用于现有系统的管理。

FN 曲线是表示风险分析结果的一种手段。很多风险都具有轻微结果高概率或是严重后果低概率的特点，FN 曲线用区域块来表示风险，而不是用表示后果和概率组成的单点表示风险。FN 曲线可用来比较风险，例如将风险与 FN 曲线规定的标准相比，或是将风险与历史数据相比，或是与决策准则相比。

B.29.3 输入

所需输入数据是：

——特定时期内成套的可能性/后果对；

——定量风险分析的数据结果，估算出一定数量伤亡的可能性；

——历史记录及定量风险分析中得出的数据。

B.29.4 过程

将现有数据绘制在图形上，以伤亡人数（一定程度的伤害，例如死亡）作为横坐标，以事故发生频率作为纵坐标。由于数值范围大，两个轴通常都离不开对数比例尺。

FN 曲线可以使用过去损失的“真实”数字进行统计上建构，或者通过模拟模型进行计算。使用的数据及假定意味着这两类 FN 曲线可以传递出不同的信息，应单独用于不同目的。一般来说，理论 FN 曲线对于系统设计非常有用，而统计 FN 曲线对现有的特定系统的管理非常有用。

两种归纳法可能会很耗时，因此，将两种方法综合运用较为常见。接着，实证数据将形成已准确掌握的伤亡人数（在规定时间范围内已知事故/事项中发生的伤亡人数），以及通过外插法或内插法提供其他观点的定量风险分析。对于低频率事故的分析工作，需要收集较长时间跨度范围内的数据。

B.29.5 输出

可与现有风险决策准则进行比较的一个风险区域。

B.29.6 优点及局限

FN 曲线是一种有效描述风险信息的手段，能以便于理解的形式来表示频率及后果信息。管理人员和系统设计师可通过 FN 曲线，更有效地做出风险及安全水平方面的决策。

FN 曲线适用于具有充分数据且背景类似的情况下的风险比较。

FN 曲线的局限性是，它们无法说明影响范围或事项结果，而只能说明受影响人数，并且无法识别引发伤害发生的方式。FN 曲线并不是风险评估方法，而是一种表示风险评估结果的方法。作为一种表示风险评估结果的明确方法，它们需要那些熟练的分析师进行准备，经常很难为专家以外的人士所理解和使用。

B.30 马尔可夫分析

B.30.1 概述

如果事物每次状态的转移只与互相接引的前一状态有关，而与过去的状态无关，则称这种无后效性的状态转移过程为马尔可夫过程。具备这种时间离散、状态可数的无后效随机过程称为马尔可夫链。

马尔可夫分析(Markov analysis)通常用来分析那些存在时序关系的各类状况的发生概率。该方法可用于生产现场危险状态、市场变化情况的预测,但是不适宜于系统的中长期预测。通过运用更高层次的马尔可夫链,这种方法可拓展到更复杂的系统中。类似于 Petri 网分析,马尔可夫分析也能监督并观察系统状态,但是两者存在差异,因为前者能同时处于多重状态下。

马尔可夫分析是一项定量技术,可以是不连续的(利用状态间变化的概率)或者连续的(利用各状态的变化率)。虽然马尔可夫分析可以手工计算进行,但是当前其更依存于计算机程序。

B.30.2 用途

马尔可夫分析技术可用于各种系统结构(无论是否需要维修),包括:

——串联系统中相互独立的部件;

——并联系统中相互独立的部件;

——负荷分载系统;

——备用系统,包括发生转换故障的情况;

——降级系统。

马尔可夫分析技术也可以用于计算设备可用度,包括考虑需要维修的备件。

B.30.3 输入

马尔可夫分析的关键输入数据如下所示:

——系统、子系统或组件可能处于的各种状况的清单,例如,全运行、部分运行(降级状况)以及故障状况等;

——状态的可能转移。例如,如果是汽车轮胎故障,那就要考虑备胎的状况,还要考虑检查频率;

——某种状况到另一种状况的变化率,通常由不连续事项之间的变化概率来表示,或者连续事项的故障率(λ)及/或维修率(μ)来表示。

B.30.4 过程

马尔可夫分析技术主要围绕“状态”这个概念(例如,现有状态及故障状态)以及基于常概率的状态间的转移。随机转移概率矩阵可用来描述状态间的转移,以便计算各种输出结果。

为了说明马尔可夫分析技术,不妨分析一种仅存在于三种状态的复杂系统。功能、降级和故障将分别界定为状态 S1、状态 S2 以及状态 S3。每天,系统都会存在于这三种状态中的某一种。表 B.4 说明了系统明天处于状态 Si 的概率(i 可以是 1、2 或 3)。

表 B.4 马尔可夫矩阵

		今天状态		
		S1	S2	S3
明天状态	S1	0.95	0.3	0.2
	S2	0.04	0.65	0.6
	S3	0.01	0.05	0.2

该概率阵称作马尔可夫矩阵,或是转移矩阵。注意,每栏数值之和是 1,因为它们是每种情况一切可能结果的总和。

这个系统可以用马尔可夫图来表示，见图 B.7。其中，圆圈代表状态，箭头代表相应概率的转移。

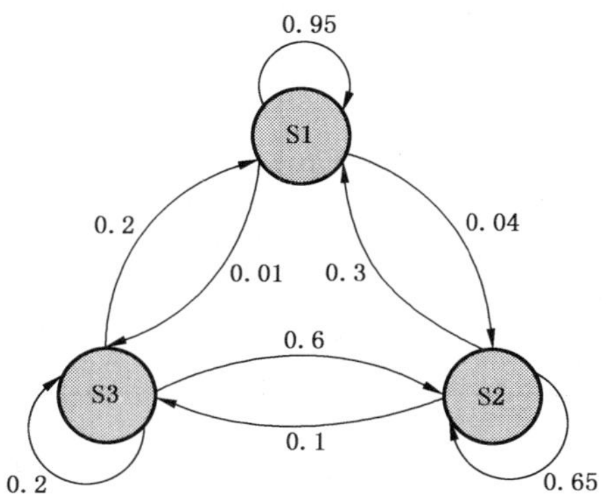

图 B.7　系统马尔可夫图

从某个状态返回自身的箭头通常并不绘出，但是为了完整性也显示在图 B.7 所示的例子中。

P_i 代表系统处于状态 i（i 可以是 1、2 或 3）的概率，那么需要解决的联立方程包括：

$$P_1 = 0.95P_1 + 0.30P_2 + 0.20P_3 \quad \cdots\cdots(\text{i})$$

$$P_2 = 0.04P_1 + 0.65P_2 + 0.60P_3 \quad \cdots\cdots(\text{ii})$$

$$P_3 = 0.01P_1 + 0.05P_2 + 0.20P_3 \quad \cdots\cdots(\text{iii})$$

这 3 个方程并非独立的，无法解出 3 个未知数。因此，下列方程必须使用，而上述方程中有一个方程可以弃用。

$$1 = P_1 + P_2 + P_3 \quad \cdots\cdots(\text{iv})$$

状态 1、2 和 3 的答案分别是 0.85、0.13 和 0.02。该系统只在 85％的时间里能充分发挥功效，13％的时间内处于降级状态，而 2％的时间存在故障。

再来考虑平行运行的两个组件。其中，系统要发挥功能，其中一组件必须正常运行。这些组件可能是正常或故障的，系统的可用性依赖于组件的整体状态。

状态可以视为：

状态 1：两个项目能发挥正常功能；

状态 2：一个项目已出现故障并正在进行维修，而另一个项目运行正常；

状态 3：两个项目都已出现故障且都在进行维修。

如果假设各项的故障率为 λ，维修率为 μ，那么状态转移图如图 B.8 所示：

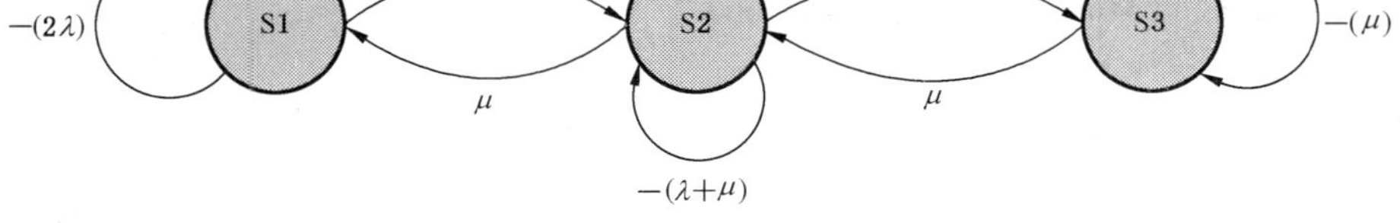

图 B.8　状态转移图

注意，从状态 1 到状态 2 的转移为 2λ，因为这两项中任一项的故障都会使系统进入状态 2。

设定 $P_i(t)$ 为 t 时系统处于初始状态 i 的概率；

设定 $P_i(t+\delta t)$ 为 $t+\delta t$ 时系统处于最终状态 i 的概率。

转移概率矩阵就变成表 B.5 的结果。

表 B.5 最终马尔可夫矩阵

		最初状态		
		$P_1(t)$	$P_2(t)$	$P_3(t)$
最终状态	$P_1(t+\delta t)$	-2λ	μ	0
	$P_2(t+\delta t)$	2λ	$-(\lambda+\mu)$	μ
	$P_3(t+\delta t)$	0	λ	$-\mu$

值得关注的是，如果无法从状态 1 转移到状态 3 或是由状态 3 转移到状态 1，那么就会出现零值。而且，在规定比率时，各栏总和为零。

联立方程变为：

$$dP_1/dt = -2\lambda P_1(t) + \mu P_2(t) \quad \cdots\cdots(\text{v})$$

$$dP_2/dt = 2\lambda P_1(t) + [-(\lambda+\mu)]P_2(t) + \mu P_3(t) \quad \cdots\cdots(\text{vi})$$

$$dP_3/dt = \lambda P_2(t) + (-\mu)P_3(t) \quad \cdots\cdots(\text{vii})$$

为了简单起见，我们假设所需的可用度为稳定状态可用度。

当 δt 趋向无限时，dP_i/dt 会趋于零，方程式的求解会变得更容易。

B.30.5 输出

马尔可夫分析的输出结果是处于各种状态下的各种概率，因此，可以估算出故障概率及/或可用度（系统的关键组件之一）。

B.30.6 优点及局限

马尔可夫分析的优点是能够计算出系统未来处于各状态的概率。

马尔可夫分析的局限包括：

——假设状态变化的概率是固定的；

——所有事项在统计上具有独立性，因此未来状态独立于一切过去的状态，除非两个状态紧密相接；

——需要了解状态变化的各种概率；

——有关矩阵运算的知识；

——计算结果很难与非技术人员进行沟通。

B.31 蒙特卡罗模拟分析（Monte Carlo simulation）

B.31.1 概述

蒙特卡罗模拟方法（Monte Carlo simulation）又称随机模拟法，广泛用于计算各种领域的风险，是预测和估算失事概率常用的方法之一。该方法的主要思路是：按照概率定义，某事件发生的概率可以用大量试验中该事件发生的频率估算。因此，可以先对影响其失事概率的随机变量进行大量随机抽样，获得各变量的随机数，然后将这些抽样值一组组地代入功能函数式，确定系统失效与否，统计失效次数，并计算出失效次数与总抽样次数的比值，此值即为所求的失事概率。蒙特卡罗法就是依靠上述思路求解系统失效概率的，该方法处理手段是计算机模拟与仿真。

B.31.2 用途

蒙特卡罗模拟通常用来评估各种可能结果的分布及值的频率，例如成本、周期、吞吐量、需求及类似的定量指标，其应用范围包括财务预测、投资效益、项目成本及进度预测、业务过程中断、人员需求等领域的风险评估。

蒙特卡罗模拟法可以用于两种不同用途：

——传统解析模型的不确定性的分布；

——解析技术不能解决问题时进行概率计算。

B.31.3 输入

进行蒙特卡罗模拟分析时，需要构建一个可以很好地描述系统特性的模型。模型中各变量的输入数据需要依据其分布随机产生。为此，均匀分布、三角分布、正态分布和对数正态分布经常被使用。

B.31.4 过程

过程如下：

——确定尽可能准确代表所研究系统特性的模型或算法；

——用随机数将模型运行多次，产生模型（系统模拟）输出。模型以方程式的形式提供输入参数与输出之间的关系；

——在每一种情况下，计算机以不同的输入运行模型多次并产生多种输出。这些输出可以用传统的统计方法进行处理，以提供均值、方差和置信区间等信息。

下面给出一个模拟例子。两组设备平行运行，而系统的正常运行只需要一个设备即可。第一个项目的可靠性为 0.9，而另一个项目的可靠性为 0.8。现求整个系统的可靠性。

可以构建如表 B.6 所示的电子表格。

表 B.6 模拟数据

模拟数	项目 1		项目 2		系统运行情况
	随机数	功能状态	随机数	功能状态	
1	0.577 243	是	0.059 355	是	1
2	0.746 909	是	0.311 324	是	1
3	0.541 728	是	0.919 765	否	1
4	0.423 274	是	0.643 514	是	1
5	0.917 776	否	0.539 349	是	1
6	0.994 043	否	0.972 506	否	0
7	0.082 574	是	0.950 241	否	1
8	0.661 418	是	0.919 868	否	1
9	0.213 376	是	0.367 555	是	1
10	0.565 657	是	0.119 215	是	1

随机数生成器生成了 0 到 1 之间的数字，用来与各项的概率进行比较，以便确定系统是否正常运行。仅凭 10 次运行，0.9 这个结果不会成为准确的结果。常见的方法是在计算器内建模，当模拟程度达到了所需精度时，再比较总结果。在这个例子中，经过 20000 次迭代，我们就得出了 0.9799 这个结果。上述模型可以通过多种方式进行拓展。例如：

——通过拓展模型本身(例如,只有在首项出现故障的情况下,才考虑第二项);
——当概率无法准确确定时,通过改变某个变量的固定概率拓展(三角分布是个很好的例子);
——使用故障率外加一个随机函数生成器去推导出故障时间(指数分布、Weibull 分布或其他合适的分布)并建立维修时间;

B.31.5 输出

输出结果可能是单个数值,例如上例确定的单个数值;它也可能是表述为概率或频率分布的结果。一般来说,蒙特卡罗模拟可用来评估可能出现的结果的整体分布,或是以下分布的关键测评:
——期望结果出现的概率;
——在某个置信概率下的结果值。

对输入数据与输出结果之间关系的分析可以说明目前正发挥作用的因素的相对重要性,同时可识别那些旨在减少结果不确定性的工作的有用目标。

B.31.6 优点及局限

蒙特卡罗模拟的优点包括:
——从原则上讲,该方法适用于任何类型分布的输入变量;
——模型便于开发,并可根据需要进行拓展;
——实际产生的任何影响或关系都可以进行表示,包括微妙的影响,例如条件依赖;
——敏感性分析可以用于识别较强及较弱的影响;
——模型便于理解,因为输入数据与输出结果之间的关系是透明的;
——提供了一个结果准确性的衡量;
——软件便于获取且成本较低。

局限包括:
——结果准确性取决于可执行的模拟次数(随着计算机运行速度的加快,这一限制越来越小);
——依赖于能够代表参数不确定性的有效分布;
——大型复杂的模型可能对建模者具有挑战性,很难使利益相关方参与到该过程中;
——由于抽样效率的限制,该方法对于组织最为关注的严重后果/低概率的风险事件预测效力不足。

B.32 贝叶斯统计及贝叶斯网络

B.32.1 概述

贝叶斯统计学是由英国学者贝叶斯提出的一种系统的统计推断方法。其前提是任何已知信息(先验)可以与随后的测量数据(后验)相结合,在此基础上去推断事件的概率。贝叶斯理论的基本表达式见式(B.6):

$$P(A|B)=\{P(A)P(B|A)\}/\sum_i P(B|E_i)P(E_i) \quad \cdots\cdots(B.6)$$

式中:

事件 X 的概率表示为 $P(X)$;

在事件 Y 发生的情况下,X 的条件概率表示为 $P(X|Y)$

E_i代表第 i 个事项。

式(B.6)的最简化形式为式(B.7):

$$P(A/B)=\{P(A)P(B \mid A)\}/P(B) \quad \cdots\cdots(B.7)$$

与传统统计理论不同的是，贝叶斯统计并未假定所有的分布参数为固定的，而是设定这些参数是随机变量。如果将贝叶斯概率视为某个人对某个事项的信任程度，那么贝叶斯概率就更易于理解了。相比之下，古典概率取决于客观证据。由于贝叶斯方法是基于对概率的主观解释，因此它为决策思维和建立贝叶斯网络（信念网、信念网络及贝叶斯网络）提供了现成的依据。

贝叶斯网络是基于概率推理的数学模型，它是基于概率推理的图形化网络，使用图形模式来表示一系列变量及其概率关系。网络中节点表示随机变量的，节点间的结有向边代表了节点间的互相关系，这里母节点是一个直接影响另一个（子节点）的变量，用条件概率进行表达关系强度，没有父节点的用先验概率进行信息表达。贝叶斯网络对于解决复杂系统中不确定性和关联性引起的故障有较大优势，由此在多个领域中获得广泛应用。

B.32.2 用途

近年来，归功于目前越来越多现成的软件计算工具，贝叶斯理论及贝叶斯网络的运用非常普及。贝叶斯网已用于各种领域：医学诊断、图像仿真、基因学、语音识别、经济学、外层空间探索，以及今天使用的强大的网络搜索引擎。对于任何需要利用结构关系和数据来了解未知变量的领域，它们都被证明行之有效。贝叶斯网可以用来认识因果关系，以便了解问题域并预测干预措施的结果。

B.32.3 输入

其输入数据接近蒙特卡罗模拟的输入数据。每个贝叶斯网络应采取的步骤如下所示：

——界定系统变量；

——界定变量间的因果联系；

——确定条件及先验变量；

——增加证据；

——进行信念更新；

——获取后验信念。

B.32.4 过程

分析下列贝叶斯网络（图 B.9）：

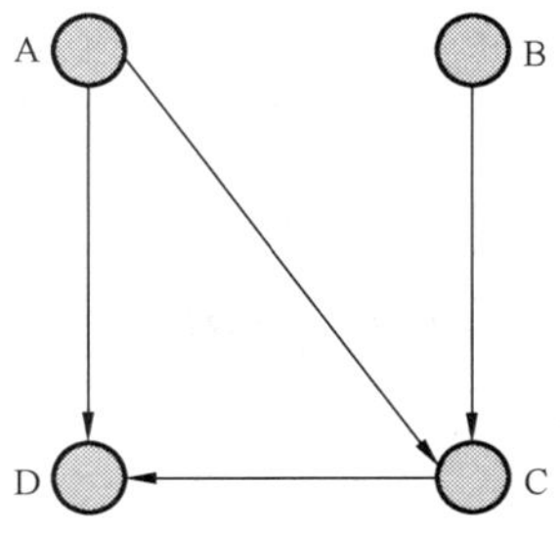

图 B.9 贝叶斯网络样图

借助于确定的先验概率，计算结 C、结 D 的条件概率，见表 B.7～表 B.9。其中 Y 表示正值，N 表示负值。

表 B.7 结 A 与结 B 的先验概率

$P(A=Y)$	$P(A=N)$	$P(B=Y)$	$P(B=N)$
0.9	0.1	0.6	0.4

表 B.8 在明确结 **A** 与结 **B** 的情况下，结 **C** 的条件概率

A	B	$P(C=Y)$	$P(C=N)$
Y	Y	0.5	0.5
Y	N	0.9	0.1
N	Y	0.2	0.8
N	N	0.7	0.3

表 B.9 在明确结 **A** 与结 **B** 的情况下，结 **D** 的条件概率

A	C	$P(D=Y)$	$P(D=N)$
Y	Y	0.6	0.4
Y	N	1.0	0.0
N	Y	0.2	0.8
N	N	0.6	0.4

为了确定 $P(A|D=N,C=Y)$的后验概率，首先要计算出 $P(A,B|D=N,C=Y)$。

使用贝叶斯规则，可以确定 $P(D|A,C)P(C|A,B)P(A)P(B)$，如表 B.10 所示。同时，最后一栏表示正态概率，其和为上列得出的 1(结果四舍五入)。

表 B.10 在明确结 **C** 与结 **D** 的情况下，结 **A** 与结 **B** 的后验概率

A	B	$P(D\|A,C)P(C\|A,B)P(A)P(B)$	$P(A,B\|D=N,C=Y)$
Y	Y	$0.4\times0.5\times0.9\times0.6=0.110$	0.4
Y	N	$0.4\times0.9\times0.9\times0.4=0.130$	0.48
N	Y	$0.8\times0.2\times0.1\times0.6=0.010$	0.04
N	N	$0.8\times0.7\times0.1\times0.4=0.022$	0.08

要得出 $P(A|D=N,C=Y)$，B 的所有值必须求和。

表 B.11 在明确结 **D** 与 **C** 的情况下，结 **A** 的后验概率

$P(A=Y\|D=N,C=Y)$	$P(A=N\|D=N,C=Y)$
0.88	0.12

表 B.11 表明，$P(A=N)$的先验概率已由 0.1 增加到后验的 0.12，此变化较小。同理，通过计算可以得知，$P(B=N/D=N,C=Y)$已由 0.4 增加到 0.56，这个变化更明显。

B.32.5 输出

贝叶斯方法与传统统计方法有着相同的应用范围，并会产生大量的输出结果，例如得出点估算结果的数据分析以及置信区间。贝叶斯方法最近颇为流行，而这与可以产生后验分布的贝叶斯网络密不可分。图形结果提供了一种便于理解的模式，可以轻松修正数据来分析参数的相关性及敏感性。

B.32.6 优点及局限

贝叶斯统计及贝叶斯网络的优点包括：

——仅需有关先验的知识；

——推导式证明易于理解；

——确应考虑贝叶斯规则；

——它提供了一种利用客观信念解决问题的机制。

局限包括：

——对于复杂系统，确定贝叶斯网中所有节点之间的相互作用是相当困难的；

——贝叶斯方法需要众多的条件概率知识，这通常需要专家判断提供。软件工具只能基于这些假定来提供答案。

参 考 文 献

[1] GB/T 7826—1987 系统可靠性分析技术 失效模式和效应分析(FMEA)程序

[2] IEC 61511 Functional safety—Safety instrumented systems for the process industry sector

[3] IEC 61508 (all parts) Functional safety of electrical/electronic/programmable electronic safety-related systems

[4] IEC 61882 Hazard and operability studies (HAZOP studies)—Application guide

[5] ISO 22000 Food safety management systems—Requirements for any organization in the food chain

[6] ISO/IEC Guide 51 Safety aspects—Guidelines for their inclusion in standards

[7] IEC 61649 Weibull analysis

[8] IEC 61078 Analysis techniques for dependability—Reliability block diagram and Boolean methods

[9] IEC 61165 Application of Markov techniques

[10] ISO/IEC 15909(all parts) Software and systems engineering—High-level Petri nets

[11] IEC 62551 Analysis techniques for dependability—Petri net techniques 3

[12] IEC 61025 Fault tree analysis (FTA)

[13] IEC 60300-3-9 Dependability management—Part 3:Application guide—Section 9:Risk analysis of technological systems

[14] IEC 60300-3-11 Dependability management—Part 3-11:Application guide—Reliability centred maintenance

[15] ISO/IEC Guide 98-3:2008,Uncertainty measurement—Part 3:Guide to the of uncertainty in measurement (GUM:1995)

ICS 03.080.01
A 00

中华人民共和国国家标准

GB/T 27922—2011

商品售后服务评价体系

Evaluation system for after-sales service of commodity

2011-12-30 发布　　2012-02-01 实施

中华人民共和国国家质量监督检验检疫总局
中国国家标准化管理委员会　发布

前　言

本标准按照 GB/T 1.1—2009 给出的规则起草。

本标准由中国商业联合会提出。

本标准由中华人民共和国商务部归口。

本标准起草单位：中国商业联合会商业标准中心、北京五洲天宇认证中心、中国认证认可协会、海尔集团、康佳集团股份有限公司、佛山市顺德区美的微波电器制造有限公司、广东美的精品电器制造有限公司、广州中标联检验认证技术开发有限公司、长沙中联重工科技发展股份有限公司、五粮液股份公司、合肥美菱股份有限公司、淮海车辆集团有限公司、江苏雅迪科技发展有限公司、北京城乡贸易中心股份有限公司、山东梦金园珠宝首饰有限公司、广东志高空调有限公司、北京金殿友谊商城、浙江金洲管道科技股份有限公司、博洛尼家居用品（北京）有限公司、江苏威腾母线有限公司。

本标准主要起草人：谭新政、褚峻、邱建国、焦根强、齐云山、谢伟锦、侯义刚、乐泽亚、洪海庭、陈蓉、倪旭东、安继文、田凯、周和平、王忠善、计群、郭新峰、郭天雨、顾苏民、闫芳。

商品售后服务评价体系

1 范围

本标准规定了构成商品售后服务评价体系的基本要素，包括原则、指标和方法等方面的内容。

本标准适用于组织内部和外部（包括第三方机构）对售后服务水平进行评价，以及为企业建立售后服务体系提供参考。

2 规范性引用文件

下列文件对于本文件的应用是必不可少的。凡是注日期的引用文件，仅注日期的版本适用于本文件。凡是不注日期的引用文件，其最新版本（包括所有的修改单）适用于本文件。

GB/T 19011—2003 质量和（或）环境管理体系审核指南（ISO 19011:2002，IDT）

SB/T 10409 商业服务业顾客满意度测评规范

3 术语和定义

下列术语和定义适用于本文件。

3.1

售后服务 after-sales service

向顾客售出商品或从顾客接受无形产品开始，所提供的有偿或无偿的服务。

注：售后服务包括但不局限于以下方面：

1） 随合同签订而提供的活动，例如测量、规划、咨询、策划、设计等；

2） 在商品售出到投入正常使用期间所涉及的活动，例如送货、安装、技术咨询与培训等；

3） 商品质量涉及的活动，例如退换、召回、维修、保养、检测、配件供应等；

4） 为获得顾客反馈或维系顾客关系而开展的活动，例如满意度调查、顾客联谊、商品使用情况跟踪等；

5） 以商品为基础，为顾客提供相关信息的活动，例如商品使用知识宣传、商品或服务文化宣传、网站或短信传递服务、新品推荐等；

6） 在有形产品或设施基础上提供文化理念或相关服务的活动，例如景区、餐饮、酒店、商场的服务。

3.2

售后服务管理师 after-sales service management professional

通过有培训资质的机构培训并考试合格，获得售后服务管理师职业资质的管理人员。

3.3

评审员 auditor

具备资质、从事评价审查的专业人员。

3.4

评价 evaluation

对事物在性质、数量、优劣、方向等方面做出的判断。

3.5

评价体系 evaluation system

以对事物进行评价为目的，依据指标体系、评价方法等要素构成的整体系统。

3.6

评价指标　evaluation index

具体的、可观察的、可测量的评价内容。

4　评价原则

4.1　公正性

评价应公平、公正，遵守 GB/T 19011—2003 中第 4 章的要求。

4.2　持续改进

售后服务评价应是持续性的，得出评价结果后，应至少按年度进行监督评价（包括顾客、第三方的监督），至少每三年重新评价一次，达到保持和改进的目的。

5　评价指标

5.1　售后服务体系

5.1.1　组织架构

5.1.1.1　设立或指定专门从事售后服务工作的部门，并有合理的职能划分和岗位设置。

5.1.1.2　根据需要，服务网点覆盖商品销售区域，能够对服务网点进行有效管理。

5.1.1.3　可通过自建或委托设立服务网点。

5.1.2　人员配置

5.1.2.1　根据行业特性，配置符合岗位要求并有相应资质水平的售后服务技术或业务人员。

5.1.2.2　按服务管理人员总数的 10% 配置售后服务管理师，负责对售后服务工作的管理和对售后服务活动的指导。

5.1.3　资源配置

5.1.3.1　应提供充足的经费保障，并能提前准备应对特定问题的专项经费。

注：当商品涉及安全问题或批次质量问题时，需要提供专项经费，例如赔偿准备金、保险等。

5.1.3.2　售后服务组织应提供内部保证，具体包括：

a)　长期保持服务专业技术培训和业务人员的业务技能培训，使其有良好的素质和能力；

b)　定期或不定期的服务文化的培训；

c)　有效的评优、奖励、晋升和员工关怀机制。

5.1.3.3　售后服务组织应提供基础设施，具体包括：

a)　办公场所和服务场所；

b)　售后服务设施，例如顾客信息系统、安全保障措施等；

c)　售后服务活动中涉及的工具、备品备件等。

5.1.4　规范要求

5.1.4.1　针对售后服务中的各项活动和流程，制定相应的制度和规范，明确产品/服务范围、职能设计、组织分工、运转机制，并以企业文件形式体现，形成完整的售后服务手册。

5.1.4.2　制定售后服务规范要求时应识别国家有关法律法规的要求，并使员工了解。

5.1.5 监督

5.1.5.1 设立服务监督机构，由专职人员负责，监督企业售后服务系统的运转情况。

5.1.5.2 以监督有效奖惩，持续修正各项服务目标，并通过内部和外部的监督评价活动促进服务品质提升。

5.1.6 改进

5.1.6.1 生产、销售、服务等部门之间有良好的市场信息反馈机制，并在商品质量或服务质量方面不断改进。

5.1.6.2 对售后服务中发现的难以解决的问题，设立有关的服务研究部门或委托专业机构进行研究和咨询。

5.1.6.3 通过国家认可的相关品牌、安全或管理认证。

5.1.6.4 重视服务标准化二作，鼓励参与国家、行业有关标准的制定工作。

5.1.7 服务文化

5.1.7.1 有明确的服务理念，作为售后服务工作的指导思想，并保证员工理解。

5.1.7.2 对售后服务的目标或水平做出承诺，服务承诺在广告、宣传品、保修卡、销售合同等各种文档材料中的表述准确一致，并有效地传递给顾客。

5.1.7.3 以多种方式向社会公众做服务文化和活动的宣传，形成有效的顾客认知和口碑。

5.2 商品服务

5.2.1 商品信息

5.2.1.1 商品包装有完整、准确的企业和商品有关信息，便于顾客识别和了解。

5.2.1.2 商品附属文档中应明确技术数据、操作使用及保养要求等。文档应便于顾客理解，各条款符合国家有关规定要求。

5.2.1.3 向顾客明示商品的保修期限、维修收费、主要部件和易损配件等信息。

5.2.1.4 涉及顾客使用安全的商品，应在商品上做安全提示，并明示安全使用年限。

5.2.1.5 建立商品系统性缺陷信息公开机制，及时告知顾客。

注：系统性缺陷指商品出现的结构性的、批次性的质量缺陷。

5.2.2 技术支持

5.2.2.1 根据商品的特点，在售出后提供及时、必要的安装和调试服务。

5.2.2.2 提供商品使用所必需的使用指导或顾客培训，解答并解决顾客的疑问。

5.2.2.3 在商品有效期内为顾客提供持续的各类技术支持服务。对于有保养要求的商品，应按法律法规要求和服务承诺提供相应的保养服务。

5.2.2.4 相关服务活动涉及收费的，应按国家有关规定合理收取，并事先明示。

5.2.3 配送

5.2.3.1 所售商品的包装应完整、安全，便于运输或携带。

5.2.3.2 对顾客所承诺的送货范围、送货时间及时兑现。

5.2.4 维修

5.2.4.1 售后服务网点和服务部门应安排专人负责报修登记和接待服务。

5.2.4.2 按国家法律法规有关要求提供包修和保修服务。

5.2.4.3 服务人员应注意个人卫生和形象，有效执行报修、送修或上门维修的服务程序和服务规范，及时进行维修，并向顾客如实提供维修记录。

5.2.4.4 定期对维修设施、设备和器材进行检查，保证维修服务的正常进行。

5.2.4.5 保证商品维修所必需的材料和配件的质量以及及时供应。

5.2.4.6 对于维修期限较长，或因维修方原因延误维修时间的，可为顾客提供相应的代用品。

5.2.5 质量保证

5.2.5.1 所售商品质量应符合国家相关法规要求和质量标准。

5.2.5.2 对顾客明示的质保期和保修期应符合国家相关规定的要求。

5.2.5.3 对于有质量问题的商品，应按国家有关规定办理退换。如退换(非企业商品质量或服务问题造成的)涉及到收费的，应事先向顾客明示。

5.2.5.4 当商品存在缺陷或出现难以解决的问题(例如:配件停产无法维修、服务场所歇业或地址迁移造成服务中断等)时，应实施商品召回或其他补救赔偿措施。

5.2.5.5 对于贸易型企业，应配合生产厂家，及时完成报修、登记、维修、收费、退换、召回等服务，并按国家有关规定，执行先行赔付制度。

5.2.6 废弃商品回收

5.2.6.1 向顾客明示废弃商品回收的有关注意事项，其内容应符合安全和环保的要求。

5.2.6.2 按国家有关安全和环保的规定，对废弃商品进行回收和处置。

5.3 顾客服务

5.3.1 顾客关系

5.3.1.1 设立有预约、咨询、报修、投诉、防伪查询功能的顾客反馈渠道，建立顾客服务热线或呼叫中心，并明示受理时间。

5.3.1.2 设立网站，包含售后服务的页面和内容，能够提供在线服务功能。

5.3.1.3 建立顾客信息档案和计算机化的服务管理系统，能够有效进行顾客使用情况跟踪和回访，并有对顾客信息和隐私的保密措施。

5.3.1.4 定期进行顾客满意度调查(包括售后服务满意度调查)，及时掌握顾客意见。顾客满意度调查可按照 SB/T 10409 执行。

5.3.1.5 定期为顾客提供有针对性的主动服务或回馈活动。

5.3.2 投诉处理

5.3.2.1 专职部门记录顾客投诉，建立完整的投诉档案。

5.3.2.2 及时反馈和处理顾客投诉，有效解决顾客投诉。

5.3.2.3 配备服务调解人员，并有对突发事件进行及时处理、对服务失误进行补救的措施。

6 评价的方式与方法

6.1 总体要求

6.1.1 依据本标准开展售后服务评价时，需组织专门的评价小组执行具体工作，由评审员组成。企业内部的评价可由售后服务管理师进行。

6.1.2 评价应有计划，计划中应包括对服务管理、服务执行、顾客反馈等不同层面的调查，得出综合性的评价结果。

6.1.3 评价时应识别评价指标适用于不同行业时的特定要求。对不同企业售后服务水平的对比评价，应在相同行业范围内进行。

6.1.4 评价相同类型和职能的服务执行场所时，应根据企业特性和规模，抽取有代表性的区域进行检查。

6.1.5 评价时采用文件调查和现场调查的方式，包括查阅文件和记录、询问工作人员、观察现场、访问顾客等，宜按 GB/T 19011—2003 中 6.5 规定的方法进行。

6.2 评分

6.2.1 依据本标准进行售后服务评价时，对各项指标采取评分的方法，满分为 100 分，具体分为售后服务体系 40 分，商品服务 35 分，顾客服务 25 分。评分的依据是调查中发现的按照本标准规定的评价指标的实施情况。

6.2.2 本标准给出评分的基本要求，见表 1。在实际评价中，应根据本标准规定的要求制定有关细则。当任何要求因企业及其商品的特点（例如：部分快速消费品、无形产品等）而不适用时，可以考虑对其进行删减。删减仅限于 5.2 中根据实际商品性质和服务性质而不涉及的项目，否则不能声称符合本标准。

表 1 售后服务评价指标评分要求

指标大类	分值	指标	分值
售后服务体系	40	组织架构	4
		人员配置	6
		资源配置	6
		规范要求	6
		监督	7
		改进	5
		服务文化	6
商品服务	35	商品信息	6
		技术支持	6
		配送	4
		维修	10
		质量保证	7
		废弃商品回收	2
顾客服务	25	顾客关系	15
		投诉处理	10

6.2.3 评分时应包含以下原则性要求：

a) 以评价过程中发现的不符合评价指标的情况为扣分依据，一般均为定性指标，不符合则扣除全部分值。

b) 遇到需要抽取多个同类型样本验证评分的指标时（例如：人员资质、能力、行为态度、服务记录、设施完善度、投诉解决情况等），可按其不符合的比例扣除分值。

c) 发现以下情况时应产生一项特别扣分项：不符合国家法律、法规的要求；不符合企业有关服务制度的要求；不符合行业专业性的特殊要求；对服务系统运行有影响的情况。每个特别扣分项在评分值之外扣除1分，且应进行整改(见4.2)。

d) 在评价过程中发现企业售后服务的特别优势时(高于国家法律、法规的有关要求，处于行业领先的情况)，可产生1分的特别加分项，但该项不超过1个。

e) 当删减发生时(见6.2.2)，该指标分值不进行计算。除此之外的分值总和称为涉及项分值。评分计算方法为：评分＝实际得分/涉及项总分值×100。

6.3 评分结果

6.3.1 根据评分值评定企业售后服务水平，并以不同级别区分优质程度。

6.3.2 评分达到70分以上(含70分)为本标准的最低要求。70分以下，或特别扣分项达到5个以上(含5个)，为评价不合格。

6.3.3 对于评分达到70分以上(含70分)，且特别扣分项低于5个的企业，按照以下要求进行级别划分：

a) 达到70分以上(含70分)，达标级售后服务；

b) 达到80分以上(含80分)，三星级售后服务；

c) 达到90分以上(含90分)，四星级售后服务；

d) 达到95分以上(含95分)，五星级售后服务。

参考文献

[1] GB/T 19000—2008 质量管理体系 基础和术语
[2] GB/T 19001—2008 质量管理体系 要求
[3] GB/T 19012—2008 质量管理 顾客满意 组织处理投诉指南
[4] GB/T 19013—2009 质量管理 顾客满意 组织外部争议解决指南
[5] GB/T 19580—2004 卓越绩效评价准则
[6] GB/T 24620—2009 服务标准制定导则 考虑消费者需求

ICS 55.020
A 80

中华人民共和国国家标准

GB/T 27923—2011

物流作业货物分类和代码

Goods classification and code for logistics operation

2011-12-30 发布　　2012-05-01 实施

中华人民共和国国家质量监督检验检疫总局
中国国家标准化管理委员会　发布

前　言

本标准按照 GB/T 1.1—2009 给出的规则起草。

请注意本文件的某些内容可能涉及专利。本文件的发布机构不承担识别这些专利的责任。

本标准由全国物流标准化技术委员会(SAC/TC 269)提出并归口。

本标准负责起草单位:北京理工大学、河南万里运业有限责任公司。

本标准参加起草单位:黄石邦柯科技股份有限公司。

本标准主要起草人:高利、陈立干、王清校、张栋、吴绍斌、李卓、陈锦雄、孙洪武、任晓伟、柯勇刚。

物流作业货物分类和代码

1 范围

本标准规定了物流作业货物分类原则、代码结构、编码方法、分类与代码。

本标准适用于规划和设计物流设施、选择物流装备、制定物流方案、进行费用清算和信息化管理及相关分析，也可用于行政管理部门进行行业管理、信息处理、信息交换和统计分析。

2 术语和定义

下列术语和定义适用于本文件。

2.1

物流作业 logistics operation

物流活动中运输、储存、装卸、搬运、包装、流通加工、配送、信息处理的具体工作过程。

3 分类原则

3.1 本标准的分类对象是在物流作业中涉及的各种货物，包含了我国各行业的主要产品和特有产品。

3.2 按运输工具、仓储设施、装卸方式等特性进行物流作业货物分类。

3.3 依据各类货物的自身性质，尽量将理化特性相同或相近的货物分在一个类别中。

3.4 依据供应链各个环节的上、下游关系，按产品的产业源及产品的性质、加工工艺、用途等基本属性进行排序，排列次序的代码顺序与其重要性无关。

3.5 本标准设“其他”为收容类目，收容类目采用末位数字为“9”的代码，两位时用“99”。

4 编码方法与代码结构

4.1 编码方法

4.1.1 本标准货物代码为层次代码结构，共分三层，第一层以两位阿拉伯数字表示，第二层和第三层以一位阿拉伯数字表示。

4.1.2 第一层代码一般从“01”开始，按升序排列，最多编至“99”；第二层和第三层代码一般从“1”开始，按升序排列，最多编至“9”。

4.1.3 第二层和第三层中数字为“9”的代码均表示收容类目。同一层内分成若干区间时，每个区间的收容类目一般用末位数字为“9”的代码表示。

4.1.4 第一、二层的类目不再细分时，在它们的代码后面补“0”直至第四位。

4.1.5 各层均留有适当空码，以备增加或调整类目用。

4.2 代码结构

物流作业货物代码采用三层四位数字码，其结构为：

XX	X	X
大类	中类	小类

5 物流作业货物分类和代码

物流作业货物划分为18大类，118中类，106小类，组成三个层次。

物流作业货物分类和代码表详见表1。

表1 物流作业货物分类与代码表

代码	物流作业货物类别名称	备注
01	煤炭及矿石	
011	煤炭	
0111	原煤	
0112	焦炭	
0113	洗精煤	
0114	筛选煤	
0115	煤制品	包括焦油(易燃固体)
0119	其他煤	
012	金属矿石	
0121	铁矿石	
0122	放射性矿石	
0129	其他金属矿石	
013	非金属矿石	
0131	磷矿石	易燃固体
0132	硫铁矿	
0133	石灰石	
0134	炉料	
0139	其他非金属矿石	
02	石油及制品	
021	原油	易燃液体
022	汽油	易燃液体
023	煤油	易燃液体
024	柴油	易燃液体
025	重油及沥青	易燃液体
026	润滑油、脂	易燃液体
029	其他燃料油及石油制品	包括凡士林、蜡(易燃液体)
03	压缩气体和液化气体	
031	天然气	气体

表 1（续）

代码	物流作业货物类别名称	备　　注
032	液化石油气	气体
033	烃类气	包括煤气(气体)
034	氧气	
035	工业用气	
039	其他气体	
04	钢铁及有色金属	
041	生铁	
042	钢锭	
043	钢材	
0431	型材	
0432	线材	
0433	板材	
0434	带材	
0435	管材	
0439	其他钢材	
044	废钢铁	
045	钢铁制品	
046	有色金属及制品	包括电线
0461	铜及制品	
0462	铝及制品	
0463	锌及制品	
0469	其他有色金属及制品	
047	合金及制品	
048	贵金属	
05	矿物性建筑材料	
051	砖、瓦、砌块	
052	土、砂、石	
053	石灰及石膏	
054	水泥及制品	
0541	袋装水泥	
0542	散装水泥	
0543	商品混凝土	

表 1（续）

代码	物流作业货物类别名称	备　　注
0544	水泥制品	
055	石膏及制品	
056	玻璃	
057	玻璃纤维及其制品	包括石棉及其制品
059	其他矿物性建筑材料	
06	木材及制品	
061	原木	
062	锯材	
063	人造板材	
064	木制品	
065	薪柴、木炭	
069	其他木材	
07	肥料、农药及盐	
071	化肥	
072	农家肥	
073	农药	毒性物质和感染性物质
074	饲料	
075	盐	
0751	食用盐	
0752	非食用盐	
08	粮食	
081	谷物	
0811	小麦	
0812	玉米	
0813	稻谷	
0819	其他谷物	
082	豆类	
083	杂粮	
084	薯类	
085	面粉	包括淀粉
086	大米	
089	其他粮食及种子	

表 1（续）

代码	物流作业货物类别名称	备　注
09	机械设备及其零部件	
091	通用机械设备及其零部件	
092	农、林、牧、渔业机械	
093	专用机械设备及其零部件	
094	工模具	
099	其他机械设备及零部件	
10	大型机械装备及零部件	
101	锅炉及辅助设备	即蒸汽发生器
102	电力设备及器材	
1021	电机	包括电动机、发电机及成套设备
1022	输变电设备	包括变压器、变流器和互感器
1023	风机	
103	交通运输设备	
1031	轨道机车车辆及设备	
1032	商品汽车及零部件	
1033	船舶及设备	
1034	航空航天设备及零部件	
1035	其他交通运输设备及其零部件	
104	化工设备	
105	核反应堆装置	
106	冶金机械设备	
109	其他大型机械装备及零部件	
11	电子设备仪器及元器件	
111	通信设备	
112	精密仪器及设备	
113	电子计算机及外部设备	
114	电子元器件	
115	仪器仪表及量具	
116	家用电器	
117	工具及电工专用设备	
119	其他电子设备仪器	
12	化工原料及化工制品	

表 1（续）

代码	物流作业货物类别名称	备　注
121	固态化工原料	
122	液体化工原料	
123	橡胶及其制品	
124	树脂、塑料及其制品	
125	油漆、涂料、颜料、染料	易燃液体
126	日用化工品	
127	纸及制品	
1271	纸浆	毒性物质和感染性物质，杂项危险物质和物品
1272	纸板及纸制品	
1279	其他纸及制品	
128	爆炸药品及制品	爆炸品
129	其他化工原料及制品	
13	日用工业品及文化体育用品	
131	日用工业品	
1311	玻璃制品	
1312	陶瓷制品	
1313	搪瓷制品	
1314	金属日用品	
1315	家具及床上用品	
1316	钟表	
1317	灯具	
1319	其他日用工业品	
132	文化体育用品	
1321	图书及印刷品	
1322	文教办公用品	
1323	体育用品	
1324	演艺器材及用品	
1325	音像产品	
1326	玩具和娱乐设备	
1329	其他文化体育用品	
133	饰品及工艺美术品	
1331	雕塑、刻、漆工艺品	

表 1（续）

代码	物流作业货物类别名称	备　　注
1332	普通金属工艺品	
1333	金、银、珍珠饰品	
1334	古玩及珍藏品	
1335	民间工艺品	
1336	其他饰品及工艺美术品	
14	医药品	
141	中药材	
142	中成药	
143	西药	
144	生物生化及血液制品	
145	医疗器械及用品	
149	其他医药品	
15	饮食品及烟草制品	
151	糖果	
152	面食、糕点	
153	肉类加工品及罐头	
154	乳制品	
155	饮料、酒类	含果汁、蔬菜汁、冷冻饮品
156	烟草制品	
157	茶叶	
158	冷链食品	
1581	超低温食品	
1582	冷冻食品	
1583	冰温食品	
1584	冷藏食品	
1585	常温食品	
159	其他饮食品	
16	服装及纺织制品	
161	纺织基础制品	
1611	天然纤维	
1612	化学纤维	
1619	其他纺织基础制品	

表 1（续）

代码	物流作业货物类别名称	备　　注
162	布匹	
163	服装	
164	皮毛制品	
165	鞋帽	包括袜、靴、鞋垫
166	箱包	
169	其他纺织制品	包括绳、索及其制品
17	农副产品	又称农林(牧)渔业产品
171	棉花	
1711	籽棉	
1712	皮棉	
1719	其他棉花	
172	经济作物及制品	
1721	油料及食用油	
1722	烟草	即未加工的烟草
1723	麻类	
1724	糖料	即制糖用植物
1725	蔬菜	
1726	瓜果	含水果和坚果
1727	经济作物的种子、农作物苗	
1729	其他经济作物及制品	包括香辛料作物及产品
173	林业产品	
1731	松脂和生漆	含天然树胶
1732	油桐籽	
1733	核桃	
1734	竹	
1735	树木	
1736	花草	
1737	编织原料及制品	
1738	食用菌及山菜	
1739	其他林业产品	
174	牧业产品	
1741	活动物	

表 1（续）

代码	物流作业货物类别名称	备　　注
1742	鲜冻肉及油脂	
1743	蛋类	
1744	奶类	
1745	动物生皮、毛、骨	
1749	其他牧业产品	含蜂蜜
175	水产品	
1751	鱼类	含观赏鱼类
1752	虾蟹类	
1753	贝类	
1754	藻类	
1755	鱼类苗种	
1759	其他水产品	
179	其他农副产品	
99	其他物流作业物品	
991	军用物资	
992	行李、包裹、邮件	
993	水	
994	冰及制品	
995	垃圾	
996	各种废旧物品	
999	其他	

参 考 文 献

[1] JT/T 19—2001 运输货物分类和代码
[2] TB/T 2690—1996 铁路货物运输品名分类与代码
[3] GB/T 7635.1—2002 全国主要产品分类与代码 第1部分:可运输产品
[4] 货物运输量分类目录
[5] STCC 货物运输品名代码
[6] JIS X 0405—1994 商品分类代码

ICS 53.080
J 83

中华人民共和国国家标准

GB/T 27924—2011

工业货架规格尺寸与额定荷载

Sizes and load ratings for industrial rack

2011-12-30 发布　　　　2012-05-01 实施

中华人民共和国国家质量监督检验检疫总局
中国国家标准化管理委员会　发布

前　言

本标准按照 GB/T 1.1—2009 给出的规则起草。

本标准由全国物流标准化技术委员会(SAC/TC 269)提出并归口。

本标准起草单位:南京音飞储存设备工程有限公司、北京科技大学物流研究所、江苏六维物流设备实业有限公司、上海鼎虎工业设备有限公司、东莞市海力物流系统设备有限公司、南京万事达物流设备制造有限公司、南京音飞货架制造有限公司。

本标准主要起草人:金跃跃、王转、赵德平、钱孝刚、王士祥、周韬、裴超、谭颖、许晓润。

工业货架规格尺寸与额定荷载

1 范围

本标准规定了工业货架的尺寸系列以及额定荷载。

本标准适用于以托盘为装载单元、单元荷载不超过 2 t 的组装式工业货架，包括自动化立体仓库货架、窄巷道托盘货架、普通托盘货架、驶入式货架、移动式货架、重力式货架、压入式货架等。

2 规范性引用文件

下列文件对于本文件的应用是必不可少的。凡是注日期的引用文件，仅注日期的版本适用于本文件。凡是不注日期的引用文件，其最新版本（包括所有的修改单）适用于本文件。

GB/T 18354 物流术语

3 术语和定义

GB/T 18354 界定的以及下列术语和定义适用于本文件。

3.1

工业货架 industrial rack

由立柱片、横梁（或悬臂梁）等承载构件组成，主要用于存储的货架。

3.2

立柱片 column framework

由立柱、斜撑及横撑组成的钢结构框架体。

3.3

立柱 column

货架中的垂直承载构件。

3.4

横梁 cross beam

安装于相邻的两个（货架）立柱片上，并直接承受垂直荷载的主要构件。

3.5

悬臂梁 cantilever beam

安装于同一个（货架）立柱片上，并直接承受垂直荷载的主要构件。

4 工业货架尺寸

4.1 货架系统尺寸

货架系统尺寸示意图如图 1 所示。其中，H_0 为货架底层高，H_1 为货格高度，L 为货格净长度。

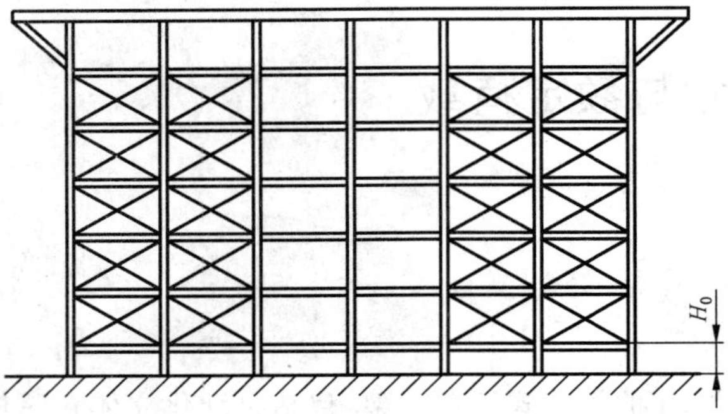

a） 横梁式货架

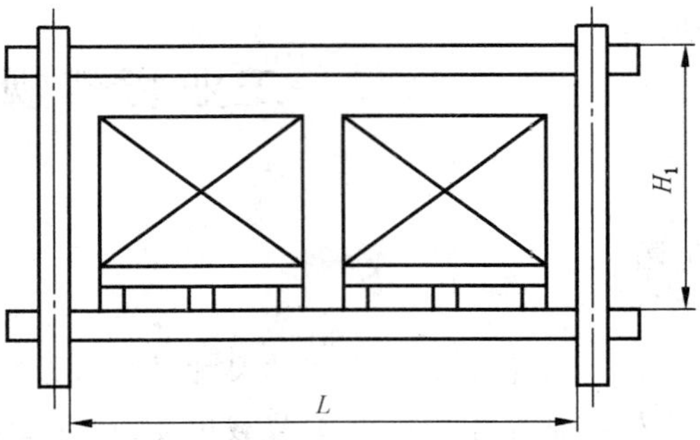

b） 单元货格

图1 货架系统尺寸示意图

工业货架设计和选型时，货架底层高、货格高度和货格净长度应按表1所列的尺寸系列选取。

表1 货架尺寸系列

参数名称	符号	尺寸系列 mm
货架底层高[a]	H_0	200、250、300、400、500、600、650、700、750、800
货格高度	H_1	50、75、100 的整倍数
货格净长度	L	1 200、1 300、1 500、1 700、1 900、2 100、2 300、2 500、2 700、2 900、3 100

[a] 对于普通托盘货架、驶入式货架等货架类型，以下情况除外：
——第一层为地面承载时；
——第一层作为通道时。

4.2 立柱片尺寸

立柱片结构及尺寸如图2所示。其中，H 为立柱片高度，D 为立柱片深度，H_2 为横斜撑间距，α 为斜撑倾斜角度。

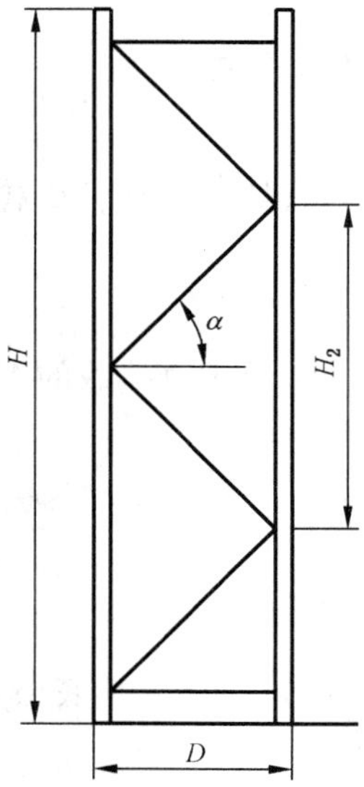

图2 立柱片尺寸示意图

工业货架设计和选型时，立柱片高度、立柱片深度、横斜撑间距和斜撑倾斜角度应按表 2 所列的尺寸系列选取。

表 2 立柱片尺寸系列

参数名称	符号	尺寸系列 mm
立柱片高度	H	5 250、6 000、6 750、7 500、8 250、9 000、9 750、10 500、13 000、15 500
立柱片深度	D	800、900、1 000、1 100、1 200、1 300、1 400
横斜撑间距	H_2	50、75、100 的整倍数
斜撑倾斜角度	α	22°～45°

4.3 立柱尺寸

立柱结构及截面尺寸如图 3 所示。其中，d 为立柱孔距，l_1 为立柱截面宽度，h_1 为立柱截面高度，δ_1 为立柱壁厚。

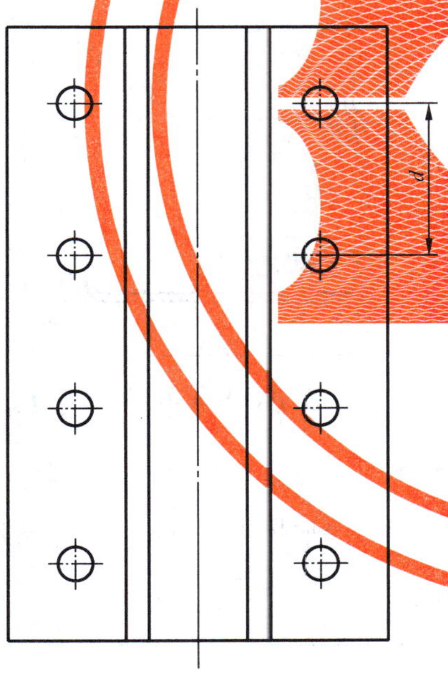

a） 立柱示意图

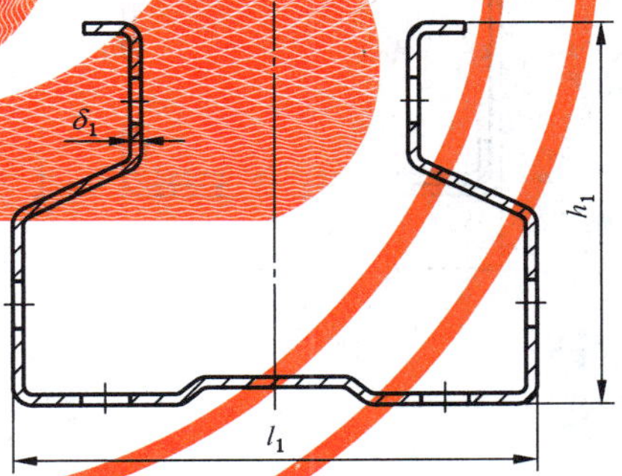

b） 立柱截面示意图

图 3 立柱尺寸示意图

工业货架设计和选型时，立柱孔距、立柱截面宽度、立柱截面高度和立柱壁厚应按表 3 所列的尺寸系列选取。

表 3 立柱尺寸系列

参数名称	符号	尺寸系列 mm
立柱孔距	d	50、75、100
立柱截面宽度	l_1	55、80、90、100、120、140
立柱截面高度	h_1	60、70、80、90、100、120、135、150
立柱壁厚	δ_1	1.5、1.8、2、2.5、3、3.5、4.0

4.4 横梁尺寸

横梁的形式主要包括抱合梁、C 型梁等，横梁的截面及尺寸如图 4 所示。其中，b_2 为横梁截面宽度，h 为横梁截面高度，δ_2 为横梁壁厚。

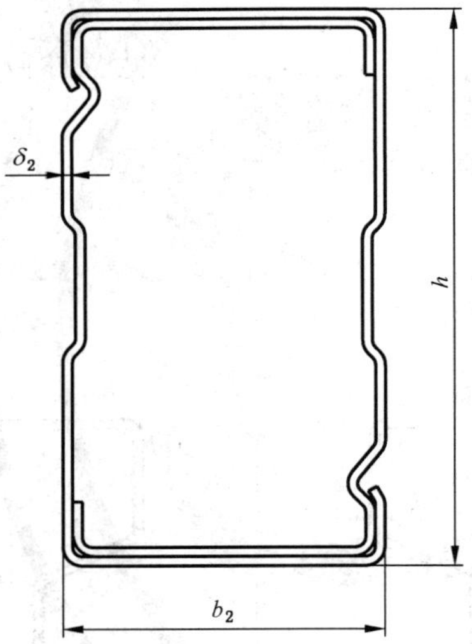

a) 抱合梁

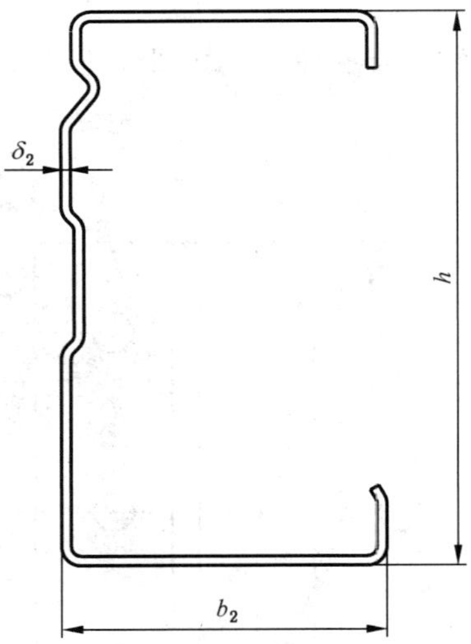

b) C 型梁

图 4 横梁截面尺寸示意图

工业货架设计和选型时，横梁截面宽度、横梁截面高度和横梁壁厚应按表 4 所列的尺寸系列选取。

表 4 横梁尺寸系列

参数名称	符号	尺寸系列 mm
横梁截面宽度	b_2	40、45、50、55、60
横梁截面高度	h	80、90、100、110、120、130、140、160
横梁壁厚	δ_2	1.5、1.8、2.0

5 额定荷载系列

货架的载货示意图如图 5 所示。其中，G 为装载单元额定荷载。

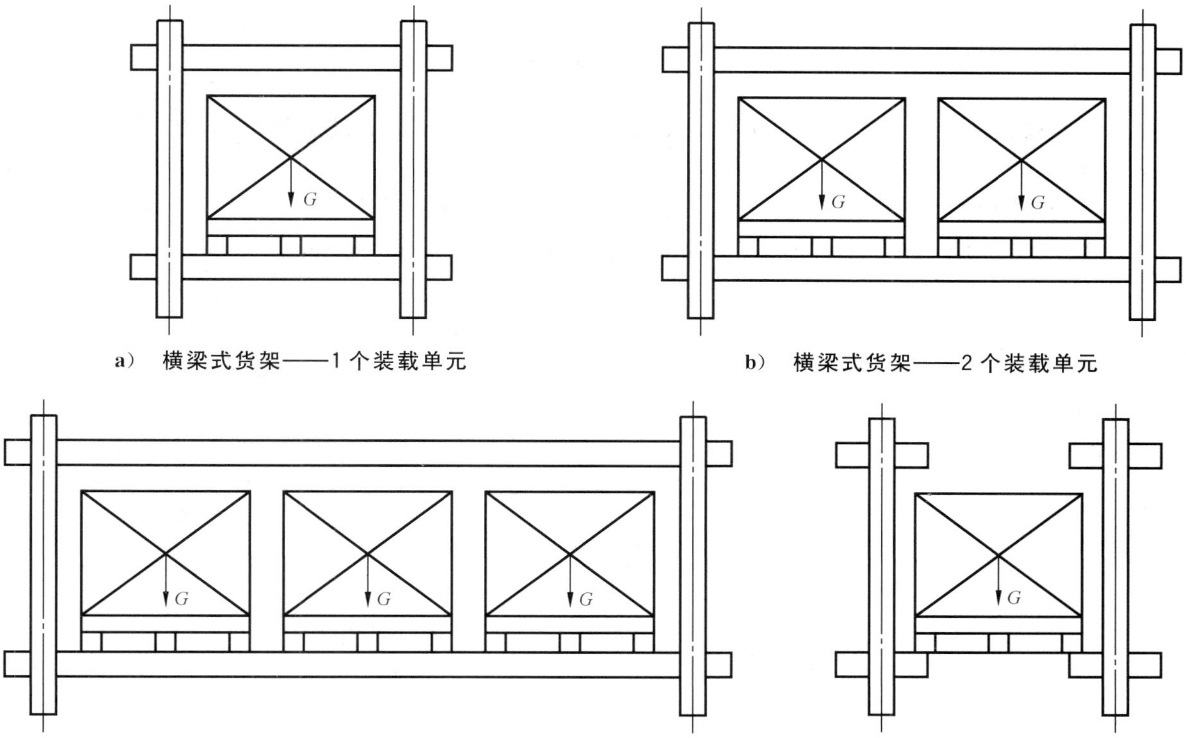

a） 横梁式货架——1 个装载单元

b） 横梁式货架——2 个装载单元

c） 横梁式货架——3 个装载单元

d） 牛腿式货架

图 5 货格载货示意图

工业货架设计和选型时，货架额定荷载应按表 5 所列的荷载系列选取。

表 5 货架额定荷载系列

参数名称	符号	荷载系列 kg
装载单元额定荷载	G	500、750、1 000、1 250、1 500、2 000

参 考 文 献

[1] ANSI MH16.1—2004 Specification for the design, testing and utilization of industrial steel storage racks

[2] FEM 10.2.02 The design of static steel pallet racking

[3] JIS B 8942:2004 Automated storage and retrieval system—General specifications

ICS 03.120.10
A 00

中华人民共和国国家标准

GB/T 27925—2011

商业企业品牌评价与企业文化建设指南

Evaluation of business enterprise brand and guide of enterprise culture construction

2011-12-30 发布

2012-02-01 实施

中华人民共和国国家质量监督检验检疫总局
中国国家标准化管理委员会
发布

前　言

本标准按照GB/T 1.1—2009给出的规则起草。

本标准由中国商业联合会提出并归口。

本标准起草单位：中国商业联合会、北京五洲创意营销策划有限公司、中国人民大学、中国消费者协会、中国认证认可协会、中国保护消费者基金会、中国质量协会、波司登股份有限公司、五粮液股份公司、广州中标联检验认证技术开发有限公司、四川沱牌集团有限公司、广东美的精品电器制造有限公司、合肥美菱股份有限公司、远东控股集团有限公司、长沙中联重工科技发展股份有限公司、北京城乡贸易中心股份有限公司、北京金殿友谊商城、恺王科技（北京）有限公司、浙江金洲管道科技股份有限公司、山东梦金园珠宝首饰有限公司。

本标准主要起草人：王民、谭新政、褚峻、王寿魁、邱建国、傅瑞云、侯贵良、张鸿雁、曾强、郭新峰、虞晓冬、丰文平、徐浩然、赵凝凝、戴钢、周和平、郭天雨、王灿平、沈淦荣、张秀芹。

商业企业品牌评价与企业文化建设指南

1 范围

本标准规定了在对商业企业品牌进行评价时应遵照的原则、指标和方法，并对企业文化建设提出了指南。

本标准适用于组织内部和外部（包括第三方机构）对商业企业品牌的评价，适用于组织内部企业文化建设的指导。

2 规范性引用文件

下列文件对于本文件的应用是必不可少的。凡是注日期的引用文件，仅注日期的版本适用于本文件。凡是不注日期的引用文件，其最新版本（包括所有的修改单）适用于本文件。

GB/T 19011—2003 质量和（或）环境管理体系审核指南

3 术语和定义

下列术语和定义适用于本文件。

3.1

企业品牌 enterprise brand

企业（包括其商品和服务）的能力、品质、价值、声誉、影响和企业文化等要素共同形成的综合形象，通过名称、标识、形象设计等相关的管理和活动体现。

3.2

企业文化 enterprise culture

企业在长期生产经营活动中确立的，被内部认可和外部各方普遍认知的基本理念、价值观念、行为规范和道德、风尚、习俗等心理积淀的总和。

3.3

企业精神 enterprise spirit

企业员工所表现的共同内心态度，体现对企业文化和企业个性具有的群体意识，并以此作为行为准则和理想追求。

3.4

品牌保护 brand protection

对品牌的相关各方，以及品牌所承载的品质与声誉实行预防保护、风险预警、损害修复等机制或措施。

3.5

品牌评价 brand evaluation

对企业品牌能力、品质、价值、声誉、影响力和企业文化等要素做出的判断。

3.6

顾客满意 customer satisfaction

顾客对其要求已被满足程度的感受。

注1：顾客抱怨是一种满意程度低的常见表达方式，但没有抱怨并不一定表明顾客很满意。

注2：即使规定的顾客要求符合顾客的愿望并得到满足，也不一定确保顾客很满意。

3.7

员工忠诚 employee loyalty

员工对企业的认同和竭尽全力的程度，表现为员工在思想意识上与企业价值观和政策等保持一致，行动上竭尽所能为企业做贡献，体现了员工和企业之间价值理念的相容性、行为的协调性。

3.8

顾客忠诚 customer loyalty

顾客对企业产品或服务的认可、依赖、坚持长期购买和使用该企业产品或服务所表现出的在思想和情感上的一种高度信任和忠诚。

3.9

标识 logo

以简明、显著、易识别的物象、图形或文字符号来表明事物特征的记号。

3.10

品质 quality

一组固有特性满足要求的程度。

4 评价原则

4.1 公正性

评价应公平、公正，遵守 GB/T 19011—2003 中第 4 章的要求。

4.2 持续改进

评价应是持续性的，得出评价结果后，应至少按年度对企业的品质、声誉和影响进行监督评价(包括顾客、第三方的监督)，至少每三年重新评价一次，达到保持和改进的目的。

5 商业企业品牌评价

5.1 能力

5.1.1 品牌规划

5.1.1.1 在战略层面上重视品牌建设问题，将其作为企业整体经营发展战略的一部分。

5.1.1.2 规划企业品牌发展时，应考虑与企业经营发展的整体战略目标保持一致，符合企业生产经营活动中有关产品、市场、服务等特征要素的要求，以及社会、经济、科技、政治等方面的发展，及其对行业和企业的影响。

5.1.2 品牌管理

5.1.2.1 对企业品牌进行有效管理，包括品牌管理的组织与执行、品牌状态的监视、品牌策略的调整，以及品牌保护等内容。

5.1.2.2 建立品牌管理制度，并以企业文件形式体现。

5.1.3 保障机制

5.1.3.1 设有专门负责品牌管理的职能部门，岗位设置明确，人员结构合理、数量充足。

5.1.3.2 提供必要的财力支持，保障品牌管理和经营活动的有效实施。

5.1.3.3 提供必要的物质资源和良好的生产办公环境，以及开展各类活动所必需的基础设施。

5.2 品质

5.2.1 企业品质

5.2.1.1 企业领导者具有企业家风范，建立企业文化，保障企业产品和服务质量。

5.2.1.2 培养员工的学习意识，通过不断学习形成积极向上的风貌。

5.2.2 商品质量

5.2.2.1 所供商品的质量，应符合国家的商品安全和质量标准，且外观形态（含包装）有其美观度和实用性。

5.2.2.2 企业具有创新能力，所供商品性能优良，在同行业中技术领先。

5.2.3 服务质量

5.2.3.1 制定系统有序的服务规范化要求。

5.2.3.2 服务人员有良好的服务态度和服务技能。

5.2.3.3 对顾客承诺的服务应及时有效兑现。

5.2.3.4 顾客满意度在同行业中处于领先水平。

5.3 声誉

5.3.1 品牌知名度

5.3.1.1 企业标识的设计应能体现其经营宗旨和理念，符合品牌、产品、服务等方面的形象要求，并具有显著性，容易被识别。

5.3.1.2 公众能通过企业行为或企业标识形成认知。

5.3.2 品牌美誉度

5.3.2.1 公众对企业通过品牌推广、文化活动、经营活动等行为传递出的信息产生认同，有良好心理感知。

5.3.2.2 企业的品牌和文化赢得了认可和赞誉，公众愿意优先选择其产品和服务。

5.3.3 品牌忠诚度

5.3.3.1 重复购买的频率与数量反映了顾客的忠诚度。

5.3.3.2 顾客向其他消费者推荐该品牌和企业。

5.3.3.3 顾客主动地关心与该品牌相关的信息，访问品牌网站并积极参与相关活动。

5.3.4 社会责任

5.3.4.1 从财务、产品与服务、管理结构等方面为社会创造利润、实现经济价值。

5.3.4.2 承担持续发展责任，主要体现在质量、节能、低碳、环保和创新等方面。

5.3.4.3 履行法律法规规定的各项义务和责任，注重以人为本，合法雇佣员工，合理安排工作时间，尊重员工及其权益。

5.3.4.4 开展社会责任活动，包括消费者权益保护、相关利益方权益维护、自然环境保护、促进社区发展和公益事业等。

5.3.5 诚信

5.3.5.1 把诚信作为核心价值观，纳入企业发展战略。

5.3.5.2 为企业设定诚信建设目标，为员工制定诚信行为准则。

5.3.5.3 对员工的诚信要求，主要通过教育、培训、激励、监察和约束等方式得以落实。

5.3.5.4 采取诚信承诺管理、诚信评价管理等措施，提升企业的诚信水平。

5.4 企业文化

注：本条下的具体条款用于企业品牌评价中的企业文化评价部分。对于企业文化建设指南的内容，见附录A。

5.4.1 精神信念

应塑造积极创新、公平竞争、承担社会责任的企业精神和正确的价值观念。

5.4.2 宣传推广

5.4.2.1 通过发行报纸刊物、开通内部广播、建立网络平台等各种方式，宣传和推广企业文化。

5.4.2.2 通过建筑、仪式等多种方式向员工传达企业的价值观，阐释品牌和文化的内涵与意义，培养员工对企业文化的认同感、归属感。

5.4.2.3 对社会公众进行必要的文化传播，使公众了解其文化和品牌形象，树立良好的社会形象。

5.4.2.4 开展和参与内部及外部的评价表彰活动，激发员工的工作积极性和责任心，奖励符合企业价值观的行为。

5.4.3 顾客感知

5.4.3.1 应使顾客感知和体验企业文化，促进顾客与企业文化氛围的融合，树立顾客信心。

5.4.3.2 组织开展顾客活动，联络顾客感情，培养顾客忠诚度。

5.4.4 业界交流

5.4.4.1 与行业内外的相关企业开展交流与合作活动，宣传企业文化。

5.4.4.2 邀请国内外知名学者、专家开展品牌与企业文化建设的讲座。

5.4.4.3 参加行业论坛或展会等，对先进的企业文化经验进行学习和研究。

5.5 影响

5.5.1 企业具有一定的行业影响力

以下因素可用于判断其行业影响力高低：

a) 企业规模在行业内的排名；
b) 产品的市场份额；
c) 价格变动对市场的影响；
d) 业内标准或规章的参与度；
e) 技术应用在业内的领先程度；
f) 管理变革在业内的影响程度；
g) 受政府、行业的支持情况等。

5.5.2 企业具有一定的社会影响力

以下因素可用于判断其社会影响力高低：

a) 品牌形象被接受的程度；
b) 产品覆盖区域增长速度；
c) 品牌形象国际化程度；
d) 品牌具有记载历史文化、激发进取精神、传递亲情和家庭伦理、传播道德情操和审美趣味、传播良好社会风气、带给公众正确价值观念等功能；
e) 在保护环境、支持公益等方面发挥的榜样作用。

6 评价方法

6.1 基本要求

根据本标准的规定对商业企业品牌进行评价时，对各项指标采用评分制，见附录B。

具体要点如下所述：

a) 商业企业在品牌建设过程中所采用的方式、方法和形式；
b) 所使用的方式、方法与标准评分项要求的适宜性及有效性；
c) 各种方式、方法的可重复性，是否以可靠的数据和信息为基础；
d) 为实现标准评分项要求所采用方法的展开程度；
e) 企业品牌建设的当前水平和取得的效果与反应。

6.2 评分

6.2.1 商业企业品牌评价评分按附录C执行。

6.2.2 评价结果的等级和表述方式如下：

a) 950分以上(含950分)，五星品牌；
b) 900分以上(含900分)，四星品牌；
c) 800分以上(含800分)，三星品牌；
d) 700分以上(含700分)，二星品牌。

附 录 A
（规范性附录）
企业文化建设指南

A.1 精神文化建设

A.1.1 企业精神

A.1.1.1 企业高层领导树立应有的理想信念、价值观念、行为风格，形成企业家精神。

A.1.1.2 树立企业形象，让客户对企业形象（产品质量、服务、水平、实力等）有显著认知。

A.1.1.3 建立员工的敬业精神，提高员工对企业的忠诚度。

A.1.2 企业目标

A.1.2.1 树立企业经营发展的理想抱负和中、短期目标。

A.1.2.2 塑造员工的工作成就感，保证员工对企业目标的认同及工作主动性、创造性。

A.1.2.3 不断提升企业在同行业中所处的地位。

A.1.3 经营哲学

A.1.3.1 有合理的信念、理想、意识等价值观，指导企业的经营活动。

A.1.3.2 确定基本的经营思想，制定基本的经营方针。

A.1.3.3 树立企业的社会责任感，勇于承担企业对内部、外部的经济责任和社会责任。

A.1.3.4 建立企业诚信机制，所提供的产品和服务应符合承诺，各级员工的言行应符合诚信要求。

A.1.4 企业风气

A.1.4.1 员工认可企业家的决策力、领导力、执行力。

A.1.4.2 树立模范人物榜样，用模范人物的行为对其他员工产生影响。

A.1.4.3 社会认同企业员工的思想作风、传统习惯、工作方式、生活方式等行为。

A.1.5 企业道德

A.1.5.1 建立企业道德意识，社会对企业道德意识的评价为正面评价。

A.1.5.2 在正确的道德体系下，建立并协调人与人、企业与企业、个人与集体、个人与社会、企业与社会之间的各种关系。

A.2 制度文化建设

A.2.1 管理机制

A.2.1.1 建立有效的企业领导体制，对企业经营过程组织、协调的作用显著。

A.2.1.2 组织机构的层级和数量合理，组织机构的运转效率较高。

A.2.1.3 有较强的管理能力和执行力，依法建制、治理和运行企业。

A.2.2 管理制度

A.2.2.1 各项制度文件化和体系化。

A.2.2.2　体现一定的制度特色。

A.2.2.3　员工可以参与企业制度建设，体现制度的民主性。

A.2.3　企业习俗

应有企业长期相沿、约定俗成的典礼、仪式、行为习惯、节日、活动等。

A.3　物质文化建设

A.3.1　企业标识

A.3.1.1　企业标志的统一，包括名称、标识、标准字、标准色等。

A.3.1.2　企业形象建设的统一，包括服装、旗帜、徽记、歌曲等。

A.3.1.3　重视社会公众对企业标识的认知程度。

A.3.2　产品与服务

A.3.2.1　提升产品形象，保证客户对企业产品质量及其产品特色、式样、品质、包装等外在形象和特征的认同度。

A.3.2.2　树立服务形象，保证客户对产品送货、安装、维修等售后服务的满意度。

A.3.2.3　不断改进和提升生产和设备的技术先进性，树立创新意识。

A.3.3　环境建设

A.3.3.1　注重企业自然环境、建筑风格、厂区规划与布局、绿化、环境治理等。

A.3.3.2　重视文化体育生活、职工文体娱乐、生活福利等设施建设。

A.3.3.3　应有适当的厂区纪念性建筑、雕塑、纪念碑、园林和企业纪念品等。

A.3.3.4　建立并维持整洁、合理的生产环境。

A.3.4　文化传播

A.3.4.1　建设文化传播网络，建立报纸、刊物、广播、电视、网站、广告牌等传播渠道。

A.3.4.2　文化传播有一定渗透力，有效提升社会公众对企业的认知度。

附 录 B
（规范性附录）
商业企业品牌评价指标和分值

本附录规定了商业企业品牌的评价指标和分值分配，满分为1000分，见表B.1。在实际评价中，应根据本标准规定的要求制定有关细则。

表 B.1 商业企业品牌评价指标和分值

一级指标	二级指标	分值
能力(150分)	品牌规划	30
	品牌管理	60
	保障机制	60
品质(300分)	企业品质	60
	商品质量	120
	服务质量	120
声誉(250分)	品牌知名度	30
	品牌美誉度	30
	品牌忠诚度	30
	社会责任	100
	诚信	60
企业文化(150分)	精神信念	20
	宣传推广	50
	顾客感知	30
	业界交流	50
影响(150分)	行业影响	80
	社会影响	70

附　录　C
（规范性附录）
商业企业品牌评价评分要求

本附录规定了商业企业品牌评价评分要求，见表C.1。

表C.1　商业企业品牌评价评分要求

评分比例	要　　点
0%～20%	■ 在该评分项要求中水平很差，或没有描述结果，或结果很差； ■ 在该评分项要求中没有或有极少显示趋势的数据，或显示了总体不良的趋势； ■ 在该评分项要求中没有或有极少的相关数据信息，或对比性信息
20%～40%	■ 在该评分项要求中结果很少，或在少数方面有一些改进和(或)处于初期绩效水平； ■ 在该评分项要求中有少量显示趋势的数据，或处于较低水平； ■ 在该评分项要求中有少量相关数据信息，或对比性信息
40%～60%	■ 在该评分项要求的多数方面有改进和(或)良好水平； ■ 在该评分项要求的多数方面处于取得良好趋势的初期阶段，或处于一般水平； ■ 在该评分项要求中能够获得相关数据，或对比性信息
60%～80%	■ 在该评分项要求的大多数方面有改进趋势和(或)良好水平； ■ 与该评分项要求中一些趋势和(或)当前显示了良好到优秀的水平； ■ 在该评分项要求中获得大量相关数据，或对比性信息
80%～100%	■ 在该评分项要求重要的大多数方面，当前结果/水平/绩效达到优良水平； ■ 与该评分项要求中大多数的趋势显示了领先和优秀的水平； ■ 在该评分项要求中能够获得充分相关数据，或对比性信息

在确定分数的过程中应遵循以下原则：

a)　应当评审评分项中的所有方面，特别是对组织具有重要性的方面，即：应考虑在品牌评价的过程中对关键因素的重要度。

b)　给一个评分项评分时，首先判定哪个分数范围总体上“最适合”企业在本评分项达到的水平。总体上“最适合”并不要求与评分范围内的每一句话完全一致，允许在个别要素上有所差距。

c)　企业品牌达到的水平是依据对评价准则中所有要素的综合评价的结果，并不是专门针对某一个要素进行评价或对每一个要素评价后进行平均的结果。

d)　在适合的范围内，实际分数根据企业品牌的水平与评分要求相接近的程度来判定。

参 考 文 献

[1] GB/T 19000—2008 质量管理体系 基础和术语

[2] GB/T 19001—2008 质量管理体系 要求

[3] GB/T 19580—2004 卓越绩效评价 准则

[4] IBS 10000 国际品牌标准认证体系

ICS 03.060
A 11

中华人民共和国国家标准

GB/T 27926.1—2011

金融服务 金融业通用报文方案 第1部分:库输入输出方法和格式规范

Financial services—Universal financial industry message scheme—Part 1:Overall methodology and format specifications for inputs and outputs from the repository

(ISO 20022-1:2004,MOD)

2011-12-30 发布 2012-05-01 实施

中华人民共和国国家质量监督检验检疫总局
中国国家标准化管理委员会 发布

前　言

GB/T 27926《金融服务 金融业通用报文方案》由以下5部分构成：

——第1部分：库输入输出方法和格式规范；

——第2部分：注册机构的角色及职责；

——第3部分：建模导则；

——第4部分：XML设计规则；

——第5部分：反向工程。

本部分为GB/T 27926的第1部分。

本部分修改采用ISO 20022-1:2004《金融服务　金融业通用报文方案　第1部分：ISO 20022库输入输出方法和格式规范》(英文版)。

本部分与ISO 20022-1:2004标准的主要差异如下：

a) 标准名称由《金融服务　金融业通用报文方案　第1部分：ISO 20022库输入输出方法和格式规范》修改为《金融服务　金融业通用报文方案　第1部分：库输入输出方法和格式规范》；

b) 删除7.3条有关"注册机构也可以个性化服务方式，以结构化语言或可处理的格式提供库信息"；

c) 删除8.1条有关"与ISO 15022的关系"部分。

为与我国实际情况保持一致及便于使用，本部分还做了下列编辑性修改：

a) "ISO 20022的本部分"改为"GB/T 27926的本部分"；

b) 删除国际标准前言。

本部分由中国人民银行提出。

本部分由全国金融标准化技术委员会(SAC/TC 180)负责归口。

本部分负责起草单位：中国金融电子化公司。

本部分参加起草单位：中国人民银行、中国证券监督管理委员会、国家开发银行、中国工商银行、中国农业银行、中国建设银行、交通银行、博时基金管理有限公司、深圳证券通信公司、申银万国证券股份有限公司。

本部分主要起草人：王平娃、陆书春、李曙光、赵志兰、马小琼、全红、王毛路、龚维萍、成永德、林松、李迎辉、张砚、王德英、巫禄芳、施轶倩。

引　言

20 世纪 90 年代中期，人们强烈地意识到，证券业参与者之间进行信息交换的国际标准急需复审，目的是：(1)缩短新的标准化报文集投入市场的时间；(2)提高“直通处理”能力。ISO 15022 制定了一些必要的原则，可向不同用户群提供支持其特定应用的报文定义工具。这些工具包括：

——系列语法和报文设计规则；

——惟一标识交换业务元素及其表示形式的数据域字典；

——由行业按照上述域和规则制定的报文目录。

为适应行业发展的需要，虽然数据域字典和报文目录仍根据 ISO 15022 的要求进行维护，但其内容不包括在 ISO 15022 中。注册机构(RA)负责提供并根据行业参与者的需要在必要时对这些内容进行更新。

21 世纪初，随着 IP(因特网协议)网络的广泛使用以及 XML(可扩展标记语言)的出现，相关的技术已成为电子通信中事实上的开放式技术标准。因此，非常有必要对 ISO 15022 进行扩展，以便为整个金融业中采用标准 XML 语法制定报文规范提供公共平台。同时，为了保护平台不受语法变更的影响，有必要将报文分拆为业务元素和技术表示两部分。因此，当利用原始 ISO 15022 系列工具集时，GB/T 27926 提议：

——采用建模方法(如，基于形式符号的 UML 统一建模语言)以一种与语法无关的形式提取、分析和描述业务领域、业务过程、业务交易、业务参与者、业务角色、业务信息和相关报文流图及报文定义，使行业能够交换所需信息，以实现其业务目标；

——规定建模语言中报文定义转换成标准语法表示形式的设计规则。GB/T 27926 发布时，所有电子文档(包括电子 STP 报文子集)的优选语法为 XML[万维网协会(W3C)定义]。根据金融行业的要求，该设计规则可进行扩展以涵盖今后其他的开放式语法。

上述方法与其他行业报文的开发方法是一致的。在此方法下，完整的业务模型和衍生的信息交换报文将存储在中央库中，并由注册机构(RA)进行维护。GB/T 27926 库为行业参与者提供了下述内容：

——金融业务过程目录，包括：

- 金融业务模型描述；
- 金融业务交易描述，包括报文定义；
- 以协商一致的语法表示的报文方案(如 XML)。

——金融数据字典，包括：

- 用于业务领域、业务过程、业务交易和报文集合的业务概念、数据类型及报文概念。

这种灵活的框架允许用户群根据国际公认的方法建立业务交易和报文集，并转换到使用通用语言(如 XML)来描述。如果存储在 GB/T 27926 库中现有的业务交易和报文定义未体现其需求，用户群可协商使用其他业务交易和报文定义，并根据在数据字典中注册的项，设计这些内容。用户群可向注册机构(RA)提交这些业务交易和报文定义。如果必要，由标准管理组支持的注册机构(RA)将校验这些提交的业务交易和报文定义，更新库，并根据针对 XML 语言或未来其他开放式语言协议的 GB/T 27926 语法设计规则，生成相应的语法输出。

包含一个公共语法解决方案(如，XML)的金融业务模型和报文定义的通过，推动了端对端直通交易处理过程，该公共模型和报文定义体现了用户群的业务需求。此外，已通过的业务模型和报文定义，为其他业务转换为被认可的 GB/T 27926 语法报文方案(如，XML)提供了参考。实际上，使用其他语法报文方案的群体可将其行业报文集内容与现有 GB/T 27926 库中的内容进行关联。这些内容间的关系可作为“融合文件”提供给用户群。标准分成业务标准和技术标准两部分，将促进任何所需转换机制的融合和发展。

GB/T 27926 包括：

——建模方法综述（第 1 部分）；

——库内容综述（第 1 部分）；

——注册机构（RA）接受的有关扩充/修改数据字典和业务过程目录输入的综述（第 1 部分）；

——注册机构（RA）公开提供的库输出信息的概述（第 1 部分）；

——注册机构（RA）的责任、服务级别和程序，包括标准管理组的角色以及注册管理组和监督管理（第 2 部分）；

——用于构造符合 GB/T 27926 的业务交易和报文集的建模导则（第 3 部分）；

——注册机构使用的将符合 GB/T 27926 的报文定义转换为 GB/T 27926 语法方案的语法设计规则。现行文件中应规定特定语法，例如：为 GB/T 27926 报文方案和报文实例的生成使用的“XML 设计规则”（第 4 部分）。

注：用于在 GB/T 27926 业务过程目录中注册报文定义，由注册机构（RA）发布的语法报文方案，包括了语法参考。根据此参考，可以对由 GB/T 27926 语法设计规则所有人在过程实现时生成的语法报文方案进行比较，以验证过程实现同设计规则的符合程度。

——反向工程导则，描述了如何从现有行业报文集中提取相关信息，以便向 GB/T 27926 注册机构（RA）提交等效的符合 GB/T 27926 要求的业务交易和报文集（第 5 部分）。

GB/T 27926 注册机构（RA）保留有数据字典和业务过程目录的一系列提交模板，该模板不包含在 GB/T 27926 标准中。当用户向注册机构（RA）提交 GB/T 27926 入库申请时，应使用这些模板。

注：虽然 GB/T 27926 处理的是金融行业参与者之间的信息交换标准化问题，但应明确该标准不能直接处理 ISO 开放系统互连模型（OSI 模型）七层中的任何一层。实际上，可以说 GB/T 27926 从 OSI-模型结束的地方开始，即 GB/T 27926 是对 OSI 应用层传输的“文件”内容（即报文内容）进行标准化。报文内容的标准化采用两个独立层的方法进行处理。这两个独立的层为：(1)“语法层”，即传输信息物理表示形式的标准化，处理的是与 XML、扩展 7775、EDIFACT 或其他语法使用相关的内容；(2)“语义层”，即传输信息含义的标准化。虽然这些层已经包含在 ISO 15022 中，但 GB/T 27926 使这些层的标准化更为规范化，并使两层之间的分离更清晰和完整。该规范方法的引入促进了：(1)现有行业报文集的互操作性和集中化；(2)业务领域和市场实践的复用性；(3)标准业务交易和报文集的稳定性。GB/T 27926 的另一个要点是开放式语法的引入（如，XML），使标准中无需再描述特定语法的技术要求（如，ISO 15022 中的扩展 7775）。

金融服务　金融业通用报文方案
第1部分：库输入输出方法和格式规范

1　范围

GB/T 27926的本部分包括以下内容：

——建模方法综述；

——库内容综述；

——注册机构(RA)接受的库输入的综述，该输入用于扩充/修改库中数据字典和业务过程目录；

——注册机构(RA)公开提供的库输出的综述。

符合GB/T 27926标准规范的业务交易和报文集可用于行业参与者(金融行业和其他行业)之间在任何通讯网络上的电子数据交换。与网络相关的规则，如，报文确认和报文保护的内容不包含在GB/T 27926的范围之内。

2　规范性引用文件

下列文件对于本文件的应用是必不可少的。凡是注日期的引用文件，仅注日期的版本适用于本文件。凡是不注日期的引用文件，其最新版本(包括所有的修改单)适用于本文件。

GB/T 27926.2—2011　金融服务　金融业通用报文方案　第2部分：注册机构的角色和职责(ISO 20022-2:2004,IDT)

GB/T 27926.5—2011　金融服务　金融业通用报文方案　第5部分：反向工程

ISO 15022-1:1999　证券　报文方案(数据域字典)　第1部分：数据域和报文设计规则及导则

ISO 15022-2:1999　证券　报文方案(数据域字典)　第2部分：数据域字典和报文目录的维护

UML(统一建模语言)　版本1.4—对象管理组

XML(可扩展标记语言)1.0(第2版)W3C 2000年10月6日推荐—万维网协会

3　术语和定义

下列术语和定义适用于GB/T 27926的本部分。

注：这些术语与UML定义的术语不完全相同。

3.1

业务参与者　business actor

在特定业务过程或交易中扮演一个或多个业务角色的实体业务用户。

示例：银行、公司。

注1：业务参与者可以是人、组织或基础设施。

注2：业务参与者类属业务概念，存储在数据字典中。

见图1。

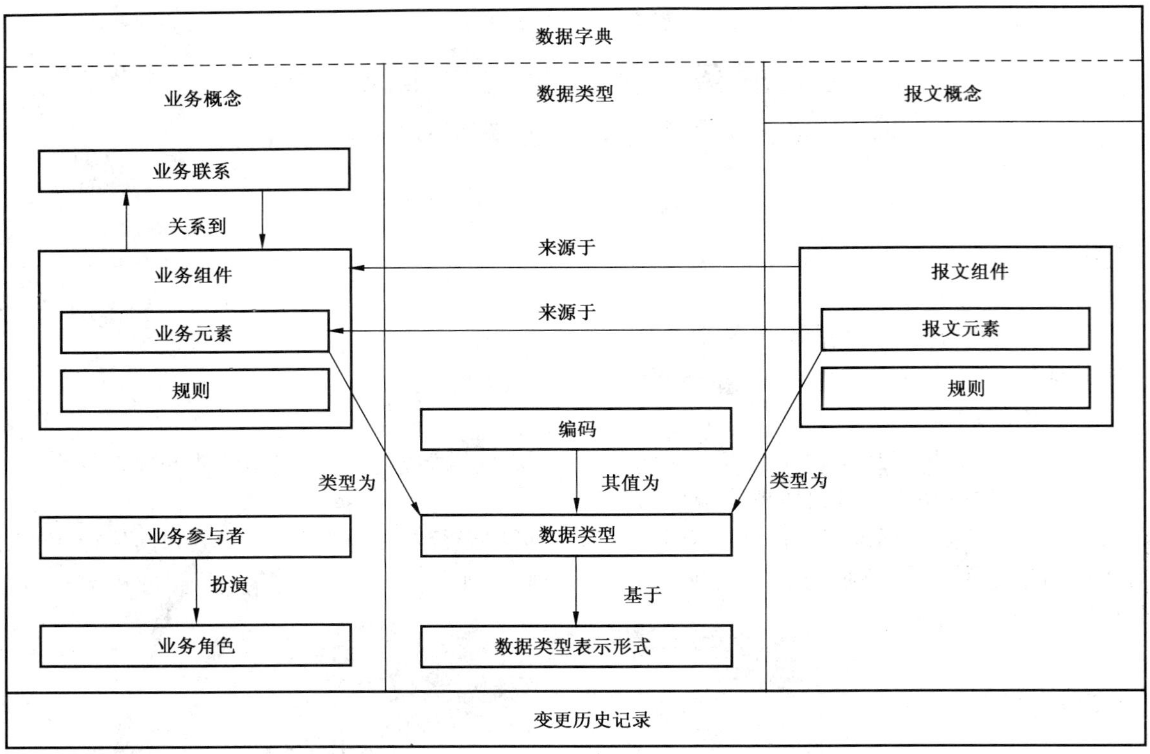

图 1　数据字典

3.2

业务领域　business area

紧密关联的业务活动的集合，该集合向各业务参与者提供自完备的业务价值。

示例：证券交易前、付费发起。

注 1：一个业务领域可包含其他业务领域(即等级结构)，在最底层结构中，会包含一系列业务过程。

注 2：业务领域存储在业务过程目录中。

见图 2 和图 3。

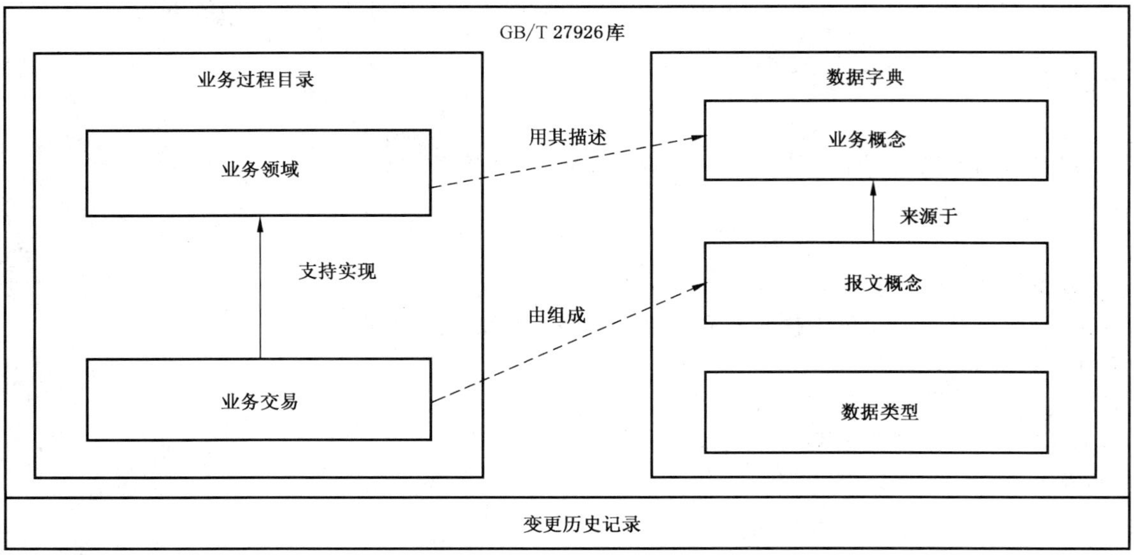

图 2　库结构

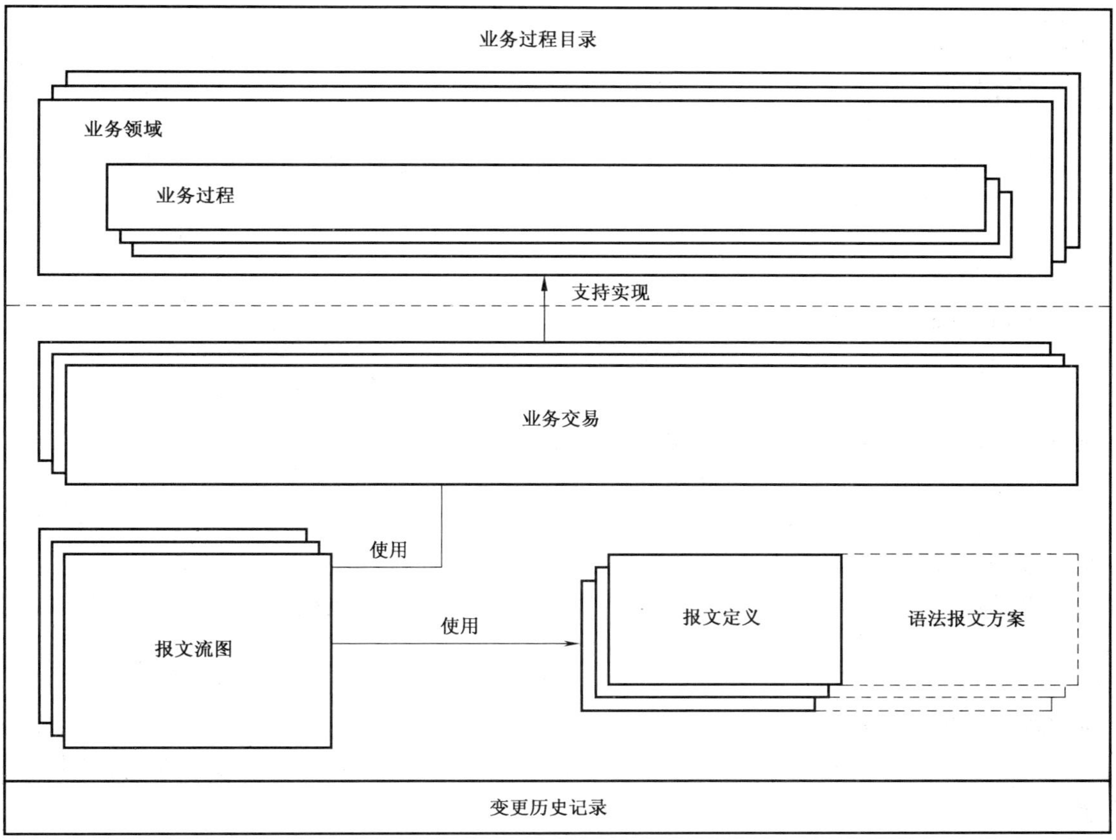

图 3　业务过程目录通用模型

3.3

业务联系　business association

两个业务组件之间的关系。

示例：一方为一个账户提供服务。

注 1：业务联系类属业务概念，存储在数据字典中。在数据字典中，业务联系与其相应的两个业务组件相关联。其含义仅能在与两个业务组件结合在一起时才能够明确描述。

注 2：两个特定业务组件之间可存在多个业务联系。

见图 1。

3.4

业务组件　business component

一个或部分关键业务概念的表示形式，由专门的业务元素表征。

示例：账户、交易、相关方。

注 1：业务组件类属业务概念，存储在数据字典中。

注 2：一个业务组件与其他业务组件可能存在一个或多个业务联系。

见图 1。

3.5

业务概念　business concept

具有业务含义的字典项。

示例：业务参与者、业务角色、业务组件、业务元素、业务联系。

见图 1 和图 2。

3.6

业务元素 business element

业务组件的业务属性。

示例：账户状态、成交价格、交易日期和时间。

注：业务元素类属业务概念，存储在数据字典里，与其所属的业务组件相关联。其含义必须与所属业务组件结合在一起时才能准确描述。

见图1。

3.7

业务信息 business information

包括业务组件、业务元素和业务联系的统称。

3.8

业务信息图 business information diagram

表示一系列业务组件、业务元素和业务联系的图表。

3.9

业务模型 business model

业务领域或部分业务领域的抽象描述，该描述体现了与业务领域或部分业务领域相关的主要业务过程和业务概念。

3.10

业务过程 business process

业务领域内的主要业务活动，该活动会对一个或多个行业参与者产生可显示其达成业务目标的有形结果。

示例：证券认购、交易匹配。

注1：一个业务过程可包含其他业务过程，例如：在分级结构中。

注2：业务过程存储在业务过程目录中。

见图3。

3.11

业务过程图 business process diagram

表示特定业务领域中的一系列业务过程、业务参与者和业务角色的图表。

3.12

业务过程目录 business process catalogue

GB/T 27926库的组成部分，该部分包含所有业务过程和业务交易相关内容。

注：该目录包含的内容，包括业务领域、报文定义及其具体实现。

见图2和图3。

3.13

业务角色 business role

在特定业务过程或业务交易中，业务参与者扮演的角色。

示例：账户拥有者、顾客。

注：业务角色类属业务概念，存储在数据字典中。

见图1。

3.14

业务交易 business transaction

满足特定业务过程和/或业务领域的信息交换需求及交互需求的特定解决方案。

注：该内容基于报文的使用。

见图2和图3。

3.15

目录项 catalogue item

在业务过程目录中被惟一标识的项。

3.16

编码 code

数据类型“编码”中的所有可能值的有限列举中的一个可能值，其可指定给一业务元素或报文元素。

示例：“INDI”是数据类型“比率状态码(Rate Status Code)”的一个可能值，表示一个指标。

注：编码存储在数据字典中，并与其相关的数据类型相关联。其含义必须与对应的数据类型一起才能被准确描述。

见图1。

3.17

融合文档 convergence documentation

表述GB/T 27926报文定义、报文组件、报文元素、业务组件、业务联系和/或业务元素与其他行业报文集中定义的项之间关系的文件集。

注：行业报文集包括ISO 15022报文集。

3.18

数据字典 data dictionary

GB/T 27926库的组成部分，该部分包含了在进行业务过程建模和报文定义时，可复用的所有项。

注：数据字典包含业务概念、报文概念和数据类型。

见图1和图2。

3.19

字典项 dictionary item

存储在数据字典中的项。

3.20

数据类型 data type

明确规定业务元素或报文元素有效取值范围的项。

示例：GB/T 16711《银行业务 银行电信报文 银行标识代码(BIC)》。

注1：有效值的范围可通过格式要求(如，文本类型)或通过所有可能值的详尽列举(如：编码列表或对一标准编码方案的参考)而进行定义。数据类型存储在数据字典中。

注2：该定义在语义上等效于ISO 11179-1:1999中3.26“数据元值的数据类型”的定义。该定义仅适用于GB/T 27926中的特定术语。

见图1和图2。

3.21

数据类型表示形式 data type representation

数据类型的类别，通过实现和处理所需的一组技术信息来描述。

示例：编码、文本、金额、标识符。

注1：在数据字典中给出了有效数据类型表示的完整列表。

注2：该定义在语义上等效于ISO 11179:1999中3.60(值域、数据类型以及必要情况下的计量位或字符集的集合)“表示形式”的定义。

见图1。

3.22

图表 diagram

信息的图解表示，以对文本进行补充描述。

注：在编制符合GB/T 27926的业务交易和报文集时，使用图表阐明了GB/T 27926库中特定信息的含义。

3.23

行业报文集　industry message set

(金融)行业内定义和使用的报文集。

示例：FIX V4.3 报文集。

3.24

ISO 15022 报文集　ISO 15022 message set

根据 ISO 15022-1 和 ISO 15022-2 标准定义的行业报文集，该报文集存储在 ISO 15022-1 报文目录里。

3.25

库　repository

由数据字典和业务过程目录构成的库。

注：GB/T 27926 库并不等同于 ISO 15022-1 数据域字典和报文目录。如第 8 章中的解释，ISO 15022-1 和 ISO 15022-2 数据域字典和报文目录中所包含的信息将会转移到 GB/T 27926 库。

见图 2。

3.26

市场惯例　market practice

源于特定(通常是区域性的)交易或协议及普遍实践的一系列规则。

注：涵盖特定报文功能的报文定义同市场惯例有细微差别：在与报文定义相关的结构和/或规则上，可以有一定变化。

3.27

报文　message

在业务交易范围内，业务参与者或业务角色之间交换的结构化信息。

示例：执行通知、买单、贷记转账。

3.28

报文组件　message component

组成报文定义的可复用的字典项。

示例：交易细节(包含业务组件“交易”的若干相关属性)。

注 1：该内容通常与业务组件相联系，并由特定报文元素进行描述。

注 2：报文组件类属报文概念，存储在数据字典中。

见图 1。

3.29

报文概念　message concept

用于报文定义的字典项。

注：包括报文组件、报文元素或规则(当在报文组件范围内定义时)。

见图 1 和图 2。

3.30

报文定义　message definition

报文结构的规范化描述。

注：报文定义按照报文组件的树形结构建立，在业务过程目录里报文定义被惟一标识。

见图 3。

3.31

报文定义图　message definition diagram

报文结构的图解描述。

3.32

报文元素　message element

报文组件的特性，在报文组件内具有惟一含义。

示例：交易日期和时间（作为报文组件“交易细节”的一部分）。

注：报文元素类属报文概念，存储在数据字典中，并类属于特定的报文组件。其含义必须在与报文组件相结合时才能准确描述。

见图 1。

3.33

报文流图　message flow diagram

描述在业务参与者或业务角色间交换的一系列有序报文的图表。

注：报文流图在业务过程目录里被惟一标识。

见图 3。

3.34

报文功能　message functionality

用报文定义描述的报文用途。

注 1：现有行业报文集（包括 ISO 15022-1 和 ISO 15022-2 报文集）中的报文通常是多功能的，即这些报文可用于多种用途。GB/T 27926.3 建模导则包括了避免出现多功能性的导则。

注 2：多功能示例：ISO 15022-1：1999 报文“MT 502”可作为买单、卖单、撤单、修改订单的指令。

3.35

报文规则　message rule

在报文定义级上规定的特定限制。

注：报文规则存储在业务过程目录里，并与其相应的报文定义相关联。其含义必须在与报文定义相结合时，才能被准确描述。

3.36

报文集　message set

报文定义的集合。

3.37

模型　model

对事实简单而规范的描述，为更好地描述和理解特定事实而建立。

3.38

规则　rule

特定交易或报文组件中定义的限制条件，用于描述适用于该组件和/或相关组件的特定条件。

示例：在订单报文内，请求发送日期应为未来日期。

注：规则类属业务概念和报文概念，存储在数据字典中，并与其对应的业务组件或报文组件相关联。其含义必须在与相应的业务组件或报文组件相结合时，才能准确描述。

见图 1。

3.39

语法报文方案　syntax message scheme

以特定语法来定义报文的可处理的语法符号。

注 1：如，对于 XML，方案可以是 XML DTD 或 XML Schema，可用作报文校验的工具。

注 2：语法报文方案存储在业务过程目录里。

见图 3。

4 符合 GB/T 27926 的业务交易和报文集的开发方法

4.1 概述

开发方法由 5 个活动构成：

——业务分析，关注于给定业务领域中业务目标的详尽理解；

——需求分析，关注于发现给定业务领域中与业务过程相关的信息交换和交互需求；

——逻辑分析和逻辑设计，规定了满足特定的信息交换和交互需求的业务交易和报文集；

——独立于任何物理实现的业务交易和报文集的定义，包括报文流图和报文定义；

——技术设计，指以适当的语法完成报文定义和报文规则的物理实现，例如：采用 XML。

在开发符合 GB/T 27926 标准的业务交易和报文集时，上述 5 个活动是层层推进反复迭代的。

4.2 业务分析

业务分析的目的是理解业务领域，并据此进行符合 GB/T 27926 标准的业务交易和报文集的开发。对业务过程和这些过程所需的业务信息进行描述，有助于明确参与这些过程的业务用户(在建模中作为业务参与者和业务角色)存在的信息交换问题。这些信息交换问题将成为需求分析的主要动力。明确业务领域中需要处理的业务信息，对于以后的报文设计同样重要——因为报文定义将包含与这些业务信息相关的数据元素。

业务分析阶段的关键目标包括：

——明确和定义业务领域；

——理解业务领域的日常业务；

——定义业务领域内业务过程的结构和动态过程；

——提取业务过程内处理的业务概念；

——确保用户、业务专家和报文开发者对业务领域有共同理解。

业务分析涉及的主要活动包括：

——根据其目标、范围、边界对业务领域进行定义；

——发现和分析业务过程；

——发现和分析所有与业务领域相关的业务概念，这一活动可导致对现有业务组件的复用或修改，以及产生新的业务组件和业务元素；

——生成的业务模型的一致性验证。

4.3 需求分析

需求分析的目的是明确符合 GB/T 27926 的业务交易和报文集编制中涉及与信息交换相关的需求。需求分析活动采用“黑盒”[1)]模式，以避免进行需求分析时，过早处理架构性问题(这些问题在后续活动中处理)。

需求分析的关键目标包括：

——明确需解决的信息交换问题；

——提炼要开发的业务交易和报文集的范围；

——准确定义要开发的业务交易和报文集的预期属性(功能性，与业务参与者和业务角色的交互关系)。

1) “黑盒”模式即不对报文流和报文定义进行定义。该模式仅关注在执行业务过程时对“谁需要什么”进行定义。因此，此模式也不对如何在正确时间获得正确用户的信息进行定义。

需求分析阶段的主要活动包括：

——明确待开发的业务交易和报文集的目标；

——需求描述。

4.4 逻辑分析

逻辑分析的目的是规定将要开发的业务交易和报文集的细节，也就是说，关注的焦点将从“黑盒”模式转移到“白盒”[2]模式。业务交易和报文集还是从纯粹的业务角度描述。重点仍旧停留在语义上（即，基本业务含义）而非语法（即，如何对报文和一系列验证规则进行物理表述）。所有分析结果均源自需求。

逻辑分析的关键目标包括：

——确定可能的报文流；

——确定报文的业务内容；

——确定适用于不同报文流和报文的不同规则。

逻辑分析阶段的主要活动包括：

——从需求提炼出具体的业务交易，明确报文、报文流及与这些报文流相关的规则；

——明确报文的业务内容以及编制报文流和报文的规则；逻辑分析阶段应给出报文定义的初稿。

4.5 逻辑设计

逻辑设计的目的是将逻辑分析结果进一步提炼以使其规格化（即，精确无误），并确认可复用的项（如，报文组件和报文元素）。逻辑设计同时提炼业务交易和报文集的静态部分（即报文的精确结构）和动态部分（即涉及业务角色之间所有交互活动的精确描述）。静态部分也称为“报文设计”。

逻辑设计的关键目标包括：

——明确用于创建相应报文定义的可复用的报文组件和报文元素；

——定义应创建的新的可复用的报文组件；

——设计报文定义的结构；

——明确业务角色间交互作用的各个方面。

报文设计阶段的主要活动包括：

——明确报文信息；

——明确可复用的报文组件以建立报文定义，该报文组件源于相应的业务组件。该活动可导致数据字典内新的报文组件的产生；

——形成规范的报文定义；

——业务角色间交互活动的规范描述。

4.6 技术设计

技术设计的目的是建立报文定义的物理实现。一些明确详细的设计规则被用来建立报文定义的物理表示，其中，报文定义来源于交付的报文设计[3]。

技术设计关键的交付物：

——以特定语法表达的一组 GB/T 27926 语法报文方案（如，XML）。这些语法报文方案是在逻辑

2）“白盒”模式即需要了解业务交易和报文集的所有详细信息。该模式关注对报文流和报文定义如何定义，这些报文流和报文定义需要获取正确时间对正确用户的信息。

3）注意，该方法使得报文集（如在逻辑分析和设计阶段中定义的）与最终物理表示形式有所不同。以易于将来的语法研究达到更先进的技术水平。

设计过程中，将 GB/T 27926 语法设计规则用于报文定义设计时产生的。

4.7 反向工程

反向工程的目的是保证 GB/T 27926 库涵盖现有行业报文集的业务功能。

反向工程的关键目标包括：

——扩充 GB/T 27926 库，以涵盖现有行业报文集的所有功能；

——促进行业报文集向等效的符合 GB/T 27926 的业务交易和报文集靠拢。

反向工程的主要活动包括：

——明确行业报文集和 GB/T 27926 库内容之间的不同和差异；

——明确为涵盖已确认的不同和差异，而需对 GB/T 27926 库进行的更新；

——将上述更新提交给 GB/T 27926 注册机构(RA)；

——行业报文集和 GB/T 27926 库存储信息间的等效化的归档(以便于向符合 GB/T 27926 的业务交易和报文集的融合)。

5 库内容

5.1 GB/T 27926 库结构

图 2 给出了 GB/T 27926 库的结构框图。如图所示，GB/T 27926 库主要包含两部分：业务过程目录和数据字典。

数据字典包括业务概念、报文概念和数据类型。所有这些项称为字典项并可复用。整个数据字典应版本受控。

业务过程目录按照业务领域进行组织。不同业务领域的信息交换需求和交互需求由具体业务交易决定。所有储存在业务过程目录中的项称为目录项。在业务过程目录中，业务交易版本受控。业务过程目录的版本基于单一数据字典版本之上。

图 2 也给出了字典项和目录项之间的主要关系：

——在数据字典中：报文概念来源于业务概念；

——在业务过程目录中：业务交易支持业务领域；

——在业务过程目录和数据字典之间：业务领域用业务概念进行描述，同时，业务交易主要由报文概念组成。

所有字典项和目录项在库内被惟一标识、注册和管理。这些项是第 4 章所述方法产生的结果。GB/T 27926 库包含历史变更记录(该记录包含这些项的“change log〈变更日志〉”)，该记录反映这些项的生命周期。历史变更记录由注册机构(RA)维护和控制。

下述历史变更记录信息与每条变更项相关联：

——*变更类型*：标识历史变更记录的目的，通过项的创建、修订和删除来表示。

——*申请人*：标识向注册机构(RA)提交项变更申请的用户机构或社团。申请人联系信息会被存储在下述信息域：组织、公司、联系人、地址、电话号码和电子邮箱等。

——*替代*：当适用时，指出由此项替代的项。

——*变更描述*：变更的业务理由和动机。

——*变更日期*：变更注册的日期。

5.2 数据字典

5.2.1 概述

如图 1 所示，数据字典包含字典项，即业务概念、数据类型和报文概念。每个字典项由一些特定的描述性信息进行描述并具有包含生命周期信息的历史变更记录。

图1也给出了字典项之间的主要关系：

——业务组件包含业务元素和规则；

——业务联系定义了两个业务组件之间的关系；

——一个业务参与者能扮演多重业务角色，一个业务角色可由多个业务参与者扮演；

——报文组件包含报文元素和规则；

——编码是特定数据类型的一个可能值；

——数据类型定义了业务元素和报文元素有效取值的范围；

——数据类型基于数据类型表示形式；

——报文组件来源于业务组件；

——报文元素来源于业务元素。

5.2.2 字典项列表

5.2.2.1 业务概念

数据字典包含以下业务概念，这些概念反映了在业务分析和需求分析活动期间定义和使用的字典项的本质属性。这些业务概念构成了业务领域建模的基础项：

——业务组件；

——业务元素；

——业务联系；

——规则(在业务组件范围中定义)；

——业务参与者；

——业务角色。

5.2.2.2 数据类型

数据类型的目的是明确规定业务元素或报文元素的有效取值范围。

数据类型根据有限的数据表示形式进行分类，如，金额、标识符、数量、编码、日期、时间和文本。GB/T 27926 数据字典里给出了数据表示形式的完整列表。

每个数据类型表示形式规定了如下信息：

——用于所有数据类型的基本类型，这些数据类型基于数据类型表示形式给出。例如：

- 基于数据类型表示形式“text”的数据类型用“string”作为基本类型；
- 基于数据类型表示形式“amount”的数据类型用“real”作为基本类型。

——应给出用于分辨由同一数据类型表示形式给出的数据类型的附加信息。该附加信息将限制可用于特定数据类型的可能值的集合。通过下述两种方式实现：

1) 通过详尽列举，或参考列表，清楚定义可能值列表。对于数据类型表示形式“code”，注册机构(RA)可采用已有编码的列表，或者在 GB/T 27926 库内定义新的编码列表。当为后者时，所有编码应为1到4个字母数字字符；
2) 规定格式描述(如，通过定义字符串长度)。

——示例：

- 基于数据类型表示形式“Identifier”的数据类型，给出了包含该标识符可能值的列表(如，数据类型“ISIN”在“ISIN 目录”下包含它的可能值)；
- 基于数据类型表示形式“text”的数据类型，规定了允许的最大长度(如，数据类型“Max35Text”在其他数据类型中用于街区名称时，最多有35个字符)。

如果编码列表由 GB/T 27926 注册机构(RA)进行维护，数据类型表示形式“Code”的数据类型的可能值列表应包含在数据字典中。

5.2.2.3 报文概念

数据字典包含以下类型的报文概念，报文概念反应了在逻辑分析和逻辑设计活动中，定义和使用的字典项的本质属性。它们构成了报文定义的基本项。

——用于建立报文定义的报文组件均为可复用的字典项。一个报文组件通常源于一个单一的业务组件。报文组件也可理解为用于报文定义的业务组件的“视图(view)”。

几个报文组件可源于同一业务组件。这些报文组件会由于所含报文元素的不同或特定限制(如，特殊规则或限制的多样性)而有所不同。

在特殊情况下，一个报文组件可基于一组相关业务组件，或者可根据报文特定理由进行定义而不需源于任何业务组件。

——规则(在报文组件范围中定义)；

——报文元素：通常源于与报文组件对应的业务组件中的业务元素。一个报文组件中的报文元素可源于多个相关业务组件。这些报文元素被关联到对应业务组件中的相关业务元素。

在特殊情况下，报文元素可根据报文特定情况进行定义而不需源于任何业务元素。

报文元素的取值可由数据类型或其他报文组件进行定义。

5.2.3 字典项注册状态

每个字典项含有一个“注册状态”。注册状态包括：

——**临时注册**：字典项等待一个或多个标准管理组(见 GB/T 27926.2)的最后批准。注册机构可以通知字典项的用户群，该项在近期将可能变为“已注册”状态(根据 GB/T 27926.2 定义的时限)。

——**已注册**：符合 GB/T 27926 的字典项已被批准并可使用。

——**废止**[〈**删除日期**〉]：认为该字典项不再符合 GB/T 27926，可不再注册更新到 GB/T 27926 库。但是，只要该项在其他字典项或目录项中仍被使用，数据字典将保留该字典项。注册机构可以通过选项〈**删除日期**〉通知用户群，该字典项将在〈**删除日期**〉规定的时间内，从数据字典中删除。

5.2.4 字典项描述信息

每个字典项由以下信息描述[4)]：

——*名称*：字典项的正式名称(惟一性在第 3 章中定义)。可包含版本信息。

——*定义*：字典项含义的准确描述。

——*删除日期*：从库中删除废止字典项的日期。

——*别名*：在特定上下文中，字典项的其他名称。该内容包括缩写形式。

——*示例*：业务环境下字典项的使用举例。

——*多选性*：指明字典项是否是必选的、可选的，和/或可重复的。该信息仅用于业务组件里的业务元素，报文组件里的报文元素，报文定义里的报文组件，以及业务组件间的业务联系。

5.2.5 数据字典生命周期

注册机构会定期向公众公布数据字典的最新版本。公布的数据字典包括处于**临时注册**，**已注册**或

---

4) 列表内容并不详尽，但给出了向注册机构提交申请时所需信息的大致范围。

废止[〈**删除日期**〉][5]状态的所有字典项。注册机构可以籍此通知字典项的用户群,近期哪些项将被注册哪些项将被废止。

任何时候,官方公布的应是数据字典的最新版本。它代替任何之前公布的数据字典并包含业务过程目录当前版本中参考的所有字典项。

注册机构也将发布数据字典的存档文件。存档文件中仅包含已注册或废止[〈**删除日期**〉]的字典项[6]。用户群可以籍此获得官方不再支持的字典项信息。

历史变更记录(见5.1)与数据字典同时发布。历史变更记录反映了字典项的演变情况。

5.3 业务过程目录

5.3.1 概述

如图3所示,业务过程目录包括业务领域。业务领域能通过业务过程更详细地描述。不同业务领域和业务过程中的信息交换需求和交互需求由业务交易支持,这些业务交易包括报文流图中可能的报文流的详细描述。报文流图包含一个或多个报文,每个报文在报文定义中进行描述,报文定义也被转化为GB/T 27926语法报文方案。

当报文定义用于支持业务活动的信息交换需求时,每个报文定义与下述环境信息相关联:

——特定的报文流图,本身用于支持业务交易;

——特定的业务领域,特定业务过程的潜在细节。

所有这些信息用于理解有关业务过程和/或业务领域中报文定义的准确功能、角色和应用。

5.3.2 目录项列表

目录中可包括下述内容:

——业务领域;

——业务流程;

——业务交易;

——报文流图;

——报文定义;

——GB/T 27926语法报文方案。

5.3.3 目录项注册状态

每个目录项含有一个"注册状态"。注册状态包括:

——**临时注册**:目录项等待标准管理组的(见GB/T 27926.2)的最后批准。**注意**,与字典项不同,该状态下的目录项不对用户群开放(见5.3.5),仅对负责批准的标准管理组开放。

——**已注册**:符合GB/T 27926标准的目录项已被批准。

——**废止**[〈**删除日期**〉]:不再认为该目录项符合GB/T 27926标准,且可以不再注册更新到库。但是,只要该项仍在使用,目录项将会被保留在业务过程目录中。注册机构可以通过选项〈**删除日期**〉通知用户群.目录项将在规定的〈**删除日期**〉,从业务过程目录中删除。

5.3.4 目录项描述信息

每个目录项由以下信息描述[7]:

5) 〈删除日期〉在出版日期之后。

6) 〈删除日期〉在存档日期之后。

7) 列表内容并不详尽,但给出了向注册机构(RA)提交申请时所需信息的大致范围。

——*名称*:目录项的正式名称,可包含版本信息。

——*定义*:目录项含义的准确描述。

——*删除日期*:从库中删除废止的目录项的日期。

——*示例*:业务环境下目录项的使用举例。

5.3.5 业务过程目录生命周期

注册机构会定期向公众公布业务过程目录的最新版本。公布的业务过程目录包括处于**临时注册**,**已注册**或**废止**[〈**删除日期**〉][8]状态的所有目录项。**临时注册**的目录项不能通过公开的业务过程目录获得。然而,负责目录项批准的标准管理组(见 GB/T 27926.2),可以通过注册机构以不同的离线方式获得必要的文件。

任何时候,官方公布的应是业务过程目录的最新版本。它代替任何之前出版的业务过程目录,且配套最新版数据字典。**注意**,如果其所有相关目录项和字典项均处于**已注册状态**,则业务交易应处于**已注册**状态。

注册机构也将发布业务过程目录的存档文件。用户群以籍此可以获得官方不再支持的目录项信息。

历史变更记录(见 5.1)与业务过程目录同时发布。历史变更记录反映了目录项的演变情况。

5.4 字符集,命名惯例,语言

以下约束条件适用于字典项和目录项的命名:

——应采用一个或多个连在一起的英语单词命名,最好为业务缩写;

——名称仅包含字母表中的大写和/或小写数字字母字符,即字符集[a-z]、[A-Z]和[0-9];

——项名称不能以数字字符开头;

——当几个英语单词连接形成一个项名称时,应采用"camel case"规范,即:

- 每个单词以大写字母开头;
- 删除单词之间的所有空格。

示例:StreetName,NoticeOfExecution.

相关的描述信息应以英文给出。

提交的字典项和目录项的准确命名由注册机构进行管理,以保证库的完整性。

6 库输入

6.1 概述

本章提供了向注册机构提交关于更新数据字典或业务过程目录申请的详细描述。

包括以下内容:

——提交申请类型;

——提交格式;

——提交方式。

有关提交申请和注册机构的详细信息见 GB/T 27926.2。

6.2 提交申请类型

可提交以下类型:

---

8) 〈删除日期〉在出版日期之后。

——*创建*：申请增加新的字典项或目录项。

- 该申请用于以下字典项：业务组件、业务参与者、业务角色、业务组件内的业务元素、业务组件间的业务联系、业务组件范围内的规则、数据类型、编码、报文组件、报文组件内的报文元素以及报文组件范围内的规则；
- 该申请用于以下目录项：业务领域、业务领域内的业务过程、业务过程或业务领域的业务交易、业务交易的报文流图、报文流图中的报文定义以及报文定义范围内的报文规则。

——*修改*：申请修改任何现有字典项或目录项的组成（如，报文定义）或属性（如，名称、定义、同义词等）。

——*删除*：申请删除任何现有的字典项或目录项。申请方应考虑到字典项或目录项的删除应由注册机构批准。注册机构应确保库的一致性和完整性，因此，可拒绝破坏数据字典或业务过程目录完整性和一致性的请求；如，不能从库里删除这样的业务组件，该业务组件来源于一个或多个发布的业务过程中仍旧使用的报文组件。

6.3 提交格式

应按照由注册机构（RA）定义并在GB/T 27926网站上发布的模板，向注册机构（RA）提交申请。为了阐明申请，可在申请中加入以规范化图形建模符号表示（如，UML）的图形和图片。GB/T 27926网站上给出了符合标准的图形格式。

出现争议时，注册管理组对公布模板或附件格式的一致性具有最终决定权。

6.4 提交方式

可提交申请的方式如下：

——e-mail，发送提交申请和附加的图形描述文件到注册机构网站。

随着技术的发展，注册机构也可接受其他的提交方式。GB/T 27926网站上应列出全部合法的提交方式。

7 库输出

7.1 概述

注册机构应负责向公众提供获得GB/T 27926库信息的公开途径。通过该途径用户可查找、确认现有符合GB/T 27926的业务交易和报文集并获得其完整描述。

7.2 库输出类型

注册机构应通过以下输出方法，提供获取GB/T 27926库信息的途径。

——交互查找/查询：

- 数据字典，给出查询所有字典项的访问途径并显示各字典项之间的关系，如图1所示；
- 业务过程目录，给出查询所有目录项的访问途径并显示各目录项之间的关系，如图3所示。

——可下载的预定义文件，包括以下信息：

- 数据字典，列出具有全部相关信息的所有字典项（如，名称、定义等）；
- 业务过程目录（业务过程和其相关业务交易、报文流图、报文定义和GB/T 27926语法报文方案）。

7.3 输出格式

GB/T 27926 网站的"web query(网络查询)"界面应免费提供交互查询。

GB/T 27926 网站应以至少下述一个格式，免费提供可下载的信息：

——RTF；

——HTML；

——PDF。

注册机构也可以个性化服务方式，以结构化语言或可处理的格式提供 GB/T 27926 库信息。

8 GB/T 27926 的未来发展

8.1 文档

文档应依据 GB/T 27926.2 和 ISO 规范过程进行维护。

8.2 语法

将业务标准与其物理表示分离将降低未来可能由别的开放式语法代替 XML 所产生的影响。这种影响将仅限于用新的语法设计规则代替 XML 语法设计规则，以及如何应用新的语法设计规则进行报文定义。

参 考 文 献

[1] GB/T 16711 银行业务 银行电信报文 银行标识代码(BIC)(GB/T 16711—1996,ISO 9362:1994,IDT)

[2] ISO/TR 7775 证券 报文类型方案

[3] ISO 11179-1 信息技术 元数据注册(MDR)—第1部分:框架

ICS 03.060
A 11

中华人民共和国国家标准

GB/T 27926.2—2011

金融服务　金融业通用报文方案 第2部分：注册机构的角色及职责

Financial services—Universal financial industry message scheme—Part 2：Roles and responsibilities of registration bodies

（ISO 20022-2：2004，MOD）

2011-12-30 发布　　2012-05-01 实施

中华人民共和国国家质量监督检验检疫总局
中国国家标准化管理委员会　发布

前　言

GB/T 27926《金融服务　金融业通用报文方案》由以下5部分构成：

——第1部分：库输入输出方法和格式规范；

——第2部分：注册机构的角色及职责；

——第3部分：建模导则；

——第4部分：XML设计规则；

——第5部分：反向工程。

本部分为GB/T 27926的第2部分。

本部分修改采用ISO 20022-2：2004《金融服务　金融业通用报文方案　第2部分：注册机构的角色及职责》(英文版)。

与ISO 20022-2标准的主要差异如下：

a) 删除“4 结构”、“5 与注册机构(RA)的协议”、“6 成员资格”；

b) 删除B.2有关“用户界面上应包括ISO的标志和/或‘International Organization for Standardization〈国际标准化组织〉—ISO 20022’字样”；

c) 将TC68替换为全国金融标准化技术委员会。

为与我国实际情况保持一致，也为了便于使用，本部分还做了下列编辑性修改：

a) “ISO 20022的本部分”改为“GB/T 27926的本部分”；

b) 删除国际标准前言。

本部分由中国人民银行提出。

本部分由全国金融标准化技术委员会负责(SAC/TC 180)归口。

本部分负责起草单位：中国金融电子化公司。

本部分参加起草单位：中国人民银行、中国证券监督管理委员会、国家开发银行、中国工商银行、中国农业银行、中国建设银行、交通银行、博时基金管理有限公司、深圳证券通信公司、申银万国证券股份有限公司。

本部分主要起草人：王平娃、陆书春、李曙光、马小琼、赵志兰、全红、王毛路、龚维萍、成永德、林松、李迎辉、张砚、王德英、巫禄芳、施轶倩。

引　言

20 世纪 90 年代中期，人们强烈地意识到，证券业参与者之间进行信息交换的国际标准急需复审，目的是：(1)缩短新的标准化报文集投入市场的时间；(2)提高“直通处理”能力。

ISO 15022 制定了一些必要的原则，可向不同用户群提供支持其特定应用的报文定义工具。这些工具包括：

——系列语法和报文设计规则；

——惟一标识交换业务元素及其表示形式的数据域字典；

——由行业按照上述域和规则制定的报文目录。

为适应行业发展的需要，虽然数据域字典和报文目录仍根据 ISO 15022 的要求进行维护，但其内容不包括在 ISO 15022 中。注册机构(RA)负责提供并根据行业参与者的需要在必要时对这些内容进行更新。

21 世纪初，随着 IP(因特网协议)网络的广泛使用以及 XML(可扩展标记语言)的出现，相关的技术已成为电子通信中事实上的开放式技术标准。因此，非常有必要对 ISO 15022 进行扩展，以便为整个金融业中采用标准 XML 语法制定报文规范提供公共平台。同时，为了保护平台不受语法变更的影响，有必要将报文分拆为业务元素和技术表示两部分。因此，当利用原始 ISO 15022 系列工具集时，GB/T 27926 提议：

——采用建模方法(如，基于形式符号的 UML-统一建模语言)以一种与语法无关的形式提取、分析和描述业务领域、业务过程、业务交易、业务参与者、业务角色、业务信息和相关报文流图及报文定义，使行业能够交换所需信息，以实现其业务目标；

——规定建模语言中报文定义转换成标准语法表示形式的设计规则。GB/T 27926 发布时，所有电子文档(包括电子 STP 报文子集)的优选语法为 XML[万维网协会(W3C)定义]。根据金融行业的要求，该设计规则可进行扩展以涵盖今后其他的开放式语法。

上述方法与其他行业报文的开发方法是一致的。在此方法下，完整的业务模型和衍生的信息交换报文将存储在中央库(GB/T 27926 库)中，并由注册机构(RA)进行维护。GB/T 27926 库为行业参与者提供了下述内容：

——金融业务过程目录，包括：

- 金融业务模型描述；
- 金融业务交易描述，包括报文定义；
- 以协商一致的语法表示的报文方案(如，XML)。

——金融数据字典，包括：

- 用于业务领域、业务过程、业务交易和报文集合的业务概念、数据类型及报文概念。

这种灵活的框架允许用户群根据国际公认的方法建立业务交易和报文集，并转换到使用通用语言(如，XML)来描述。如果存储在 GB/T 27926 库中现有的业务交易和报文定义未体现其需求，用户群可协商使用其他业务交易和报文定义，并根据在数据字典(DD)中注册的项，设计这些内容。用户群可向注册机构(RA)提交这些业务交易和报文定义。如果必要，由标准管理组支持的注册机构(RA)将校验这些提交的业务交易和报文定义，更新 GB/T 27926 库，并根据针对 XML 语言或未来其他开放式语言协议的 GB/T 27926 语法设计规则，生成相应的语法输出。

包含一个公共语法解决方案(如，XML)的金融业务模型和报文定义的通过，推动了端对端直通交易处理过程，该公共模型和报文定义体现了用户群的业务需求。此外，已通过的业务模型和报文定义，为其他业务转换为被认可的GB/T 27926语法报文方案(如,XML)提供了参考。实际上,使用其他语法报文方案的群体可将其行业报文集内容与现有GB/T 27926库中的内容进行关联。这些内容间的关系可作为“融合文件”提供给用户群。标准分成业务标准和技术标准两部分,将促进任何所需转换机制的融合和发展。

GB/T 27926包括:

——建模方法综述(第1部分);

——库内容综述(第1部分);

——注册机构(RA)接受的有关扩充/修改数据字典(DD)和业务过程目录(BPC)输入的综述(第1部分);

——注册机构(RA)公开提供的库输出信息的概述(第1部分);

——注册机构(RA)的责任、服务级别和程序,包括标准管理组的角色以及注册管理组和ISO的监督管理(第2部分);

——用于构造符合GB/T 27926的业务交易和报文集的建模导则(第3部分);

——注册机构使用的将符合GB/T 27926的报文定义转换为GB/T 27926语法方案的语法设计规则。现行文件中应规定特定语法,例如:为GB/T 27926报文方案和报文实例的生成使用的“XML设计规则”(第4部分)。

注:用于在GB/T 27926业务过程目录中注册报文定义,由注册机构(RA)发布的语法报文方案,包括了语法参考。根据此参考,可以对由GB/T 27926语法设计规则所有人在过程实现时生成的语法报文方案进行比较,以验证过程实现同设计规则的符合程度。

——反向工程导则,描述了如何从现有行业报文集中提取相关信息,以便向GB/T 27926注册机构(RA)提交等效的符合GB/T 27926要求的业务交易和报文集(第5部分)。

GB/T 27926注册机构(RA)保留有数据字典(DD)和业务过程目录(BPC)的一系列提交模板,该模板不包含在GB/T 27926中。当用户向注册机构(RA)提交GB/T 27926入库申请时,应使用这些模板。

金融服务 金融业通用报文方案 第2部分：注册机构的角色及职责

1 范围

GB/T 27926的本部分规定了注册及维护GB/T 27926库中数据字典（DD）和业务过程目录（BPC）项的机构职责。注册机构（RA）是执行机构，它负责以上所述的工作，并由不同标准管理组（SMG），即负责库中特定业务领域的行业专家组进行协助。注册管理组（RMG）负责管理整个注册程序，批准用户群、注册机构（RA）和标准管理组（SMG），并监管注册程序的执行情况。

2 规范性引用文件

下列文件对于本文件的应用是必不可少的。凡是注日期的引用文件，仅注日期的版本适用于本文件。凡是不注日期的引用文件，其最新版本（包括所有的修改单）适用于本文件。

GB/T 27926.1—2011 金融服务 金融业通用报文方案 第1部分：库输入输出方法和格式规范（ISO 20022-1:2004，MOD）

3 术语和定义

GB/T 27926.1中规定的术语和定义适用于本文件。

4 功能和职责

4.1 注册管理组

注册管理组成员由相关的金融机构提名并由全国金融标准化技术委员会批准，注册管理组秘书处地址见附录A。注册管理组职责如下：

a) 注册管理组（RMG）应规定每个标准管理组（SMG）[根据业务领域/资产类子集]的职责范围；
b) 根据注册机构（RA）的报告，注册管理组（RMG）应依据GB/T 27926中规定的过程和服务级别监督标准管理组（SMG）的执行情况；
c) 注册管理组（RMG）应依据本标准监督注册机构（RA）的执行情况；
d) 注册管理组（RMG）应向全国金融标准化技术委员会提交注册管理报告，该报告应包含在报告时段内注册管理组（RMG）确认收到的任何申请或投诉；
e) 任何标准的修改申请应提交到注册管理组（RMG）。注册管理组（RMG）应就申请的有效性给出专家意见。

4.2 注册机构（RA）

4.2.1 职责概述

注册机构由金融标准化主管部门指定，主要职责如下：

a) 指定为注册机构（RA）的机构应严格保证其营运功能以及该机构其他部分之间的独立性和保密性；

b) 注册机构(RA)负责库各业务领域之间的总体一致性,并为此可质疑或否决对关联一致性造成风险或者不符合 GB/T 27926 要求的注册申请。库项的最终命名也应归入注册机构(RA)的职责范围;

c) 注册机构(RA)应以电子形式向任何感兴趣的团体提供数据字典(DD)和业务过程目录(BPC)输出(见 GB/T 27926.1);

d) 注册机构(RA)应对所有数据字典(DD)和业务过程目录(BPC)项注册申请的记录至少保存3年。注册申请包括所有的增加、修改和删除以及相关标准管理组(SMG)拒绝的申请,包括拒绝的全部理由;

e) 注册机构(RA)应遵循注册管理组(RMG)所管理的申报程序;

f) 无论出于何种理由,注册机构(RA)认为申请无意义或不切实际时,可以寻求注册管理组(RMG)裁决;

g) 注册机构(RA)应在任一计划会议的前两周或按照要求向注册管理组(RMG)提交注册授权报告。报告应总结报告时段内注册机构(RA)和标准管理组(SMG)的活动情况。注册管理组(RMG)应至少提前4周将会议计划通知注册机构(RA);

h) 注册机构(RA)应维护和发布用于提交数据字典(DD)和业务过程目录(BPC)的提交模板。

4.2.2 对申请人的职责

注册机构(RA)对库注册申请人[1)]的职责如下:

——在转交给相关标准管理组(SMG)之前帮助申请人完成提交模板的填写。当收到申请时,注册机构(RA)根据提交模板格式的要求检查申请的完整性和一致性,如果需要的话,应通知申请人提交的库注册申请必须符合完整性和一致性的要求;

——提供关于数据字典(DD)和业务过程目录(BPC)的通用信息和服务问题的帮助;

——履行将已批准的注册申请应用到数据字典(DD)和业务过程目录(BPC)的职责;

——通知申请人,如果对注册机构(RA)或标准管理组(SMG)的决策不满意时的申诉程序;

——以下职责应与标准管理组(SMG)共有;

——及时地给申请人回复,包括申请的受理、处理和通知;

——如果需要,提供对所有回复的详细解释。

4.3 标准管理组

a) 标准管理组(SMG)应遵循注册管理组(RMG)所执行的申报程序;

b) 标准管理组(SMG)会议召集人应致力于使该组的决策达成一致意见。否则,问题应被提交到注册管理组(RMG)进行裁决;

c) 标准管理组(SMG)应承担以下职责:

  • 根据职责范围提交库注册申请。注册机构(RA)应使用该申请分析对库的潜在影响,以及识别任何其他可能受该申请影响的标准管理组(SMG);
  • 接受用户群提交给注册机构(RA)的库注册申请。注册机构(RA)不应在新申请被相关标准管理组(SMG)接受前开始任何库注册工作。建议用户群向注册机构(RA)提交申请前,应从标准管理组(SMG)寻求帮助;
  • 在注册机构(RA)将申请加入到库之前,论证和批准对数据字典(DD)或业务过程目录(BPC)项的添加和/或修改和/或删除申请。如果一项库更新申请涉及很多标准管理组(SMG),注册机构(RA)应确保所有受影响的标准管理组(SMG)均已被通知到,并且参与

1) 申请人可为用户群或 SMG。

该注册申请的论证；

- 标准管理组(SMG)在职责范围内可寻求具有所需业务领域/资产类业务模型开发技术的注册机构(RA)专家的帮助。

5 注册申请流程

本章规定了由标准管理组(SMG)或用户群发出库注册申请时，注册机构(RA)和标准管理组(SMG)之间信息转换的过程和时间框架。

图1给出了整个注册申请的流程。它描述了所有相关注册机构(RA)(在每列顶部说明)执行活动的顺序，这些活动之间的转换过程及交换信息。

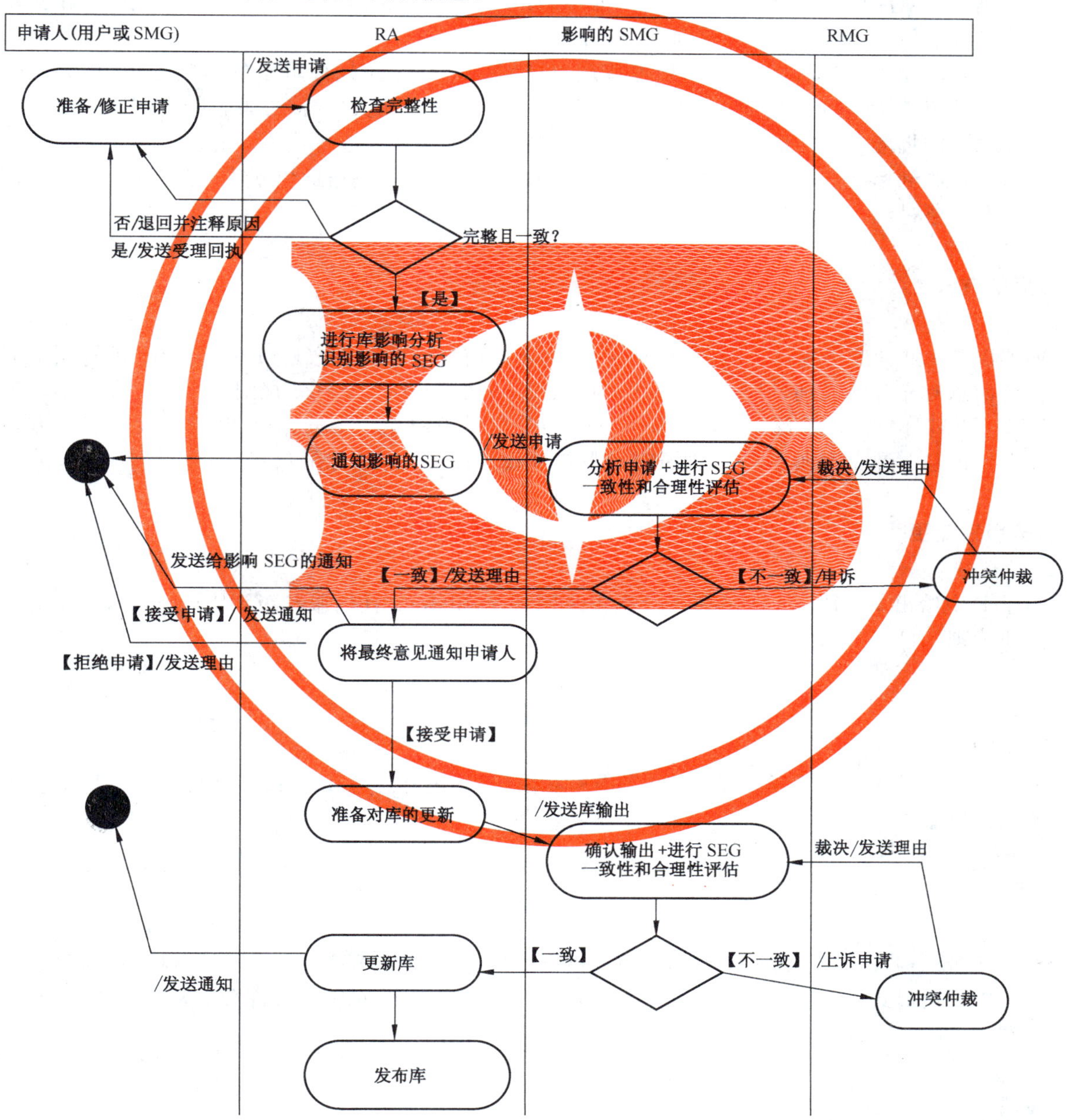

图1 注册申请流程

库注册申请的流程应为：

——注册机构（RA）接收到库注册申请后应按照提交模板的要求，立即检查提交申请的完整性和一致性，确定出相关的标准管理组（SMG），并通过电子方式将申请转发给相关标准管理组（SMG）的会议召集人和秘书。标准管理组（SMG）会议召集人应征求其成员的一致意见，批准或拒绝该申请。如果相关标准管理组（SMG）对于是否批准该申请意见不一致时，则应将问题提交注册管理组（RMG）进行裁决；

——如果申请被拒绝，标准管理组（SMG）会议召集人应立即通知注册机构（RA）并给出详细理由。并且注册机构（RA）也应立即通知申请人其申请被拒绝；

——如果申请被批准，注册机构（RA）应决定是否需要更新/变更库项，并向标准管理组（SMG）专家提供获得预期库输出的访问方法，以便在对库实际注册前进行最终的检验。注册机构（RA）确定并对库项目实施更新/变更，标准管理组（SMG）生成预期库输出的时间应遵守附录 B 服务级别协议（SLA）中的相关条款的时间限制；

——一旦注册机构（RA）向相关的标准管理组（SMG）提供了预期库输出的访问方法，相关的标准管理组（SMG）应对这些预期的库输出进行验证。如果相关的标准管理组（SMG）对于预期库输出的批准出现争议，则该问题应提交注册管理组（RMG）进行裁决；

——一旦收到标准管理组（SMG）的最终批准，注册机构（RA）应据此更新库并通过数据字典（DD）和业务过程目录（BPC）的特定版本形式公开发布新的库输出。

6 数据所有权

向 GB/T 27926 库中提供信息的组织应拥有其在该信息上的知识产权（IPR）。提供机构应保证对所提供的信息有充分的权利，以使其通过注册机构（RA）按照 GB/T 27926 规则要求发布在库中。为确保 GB/T 27926 库信息的广泛、公开及统一使用，信息提供组织允许第三方以非独享、无特权的方式使用已发布的信息。数据字典（DD）和业务过程目录（BPC）的获取方法见附录 C。

7 服务级别变更

附录 B 中给出了 GB/T 27926 所用的服务级别协议（SLA）。任何服务级别协议（SLA）的变更都应提交注册管理组（RMG）批准。

8 申诉

注册管理组（RMG）在收到申诉的 30 天内应对用户群、注册机构（RA）或标准管理组（SMG）提出的问题给出裁决意见。

9 投诉

对于注册机构（RA）或标准管理组（SMG）提供的服务可向注册管理组（RMG）提出任何投诉。所有投诉应以书面形式给出。投诉应面向服务问题且不应作为申诉程序的一部分。注册管理组（RMG）应在收到投诉的 60 天内对投诉作出答复。

10 投票

注册管理组（RMG）作出的所有裁决应由投票成员的 2/3 多数通过，方可有效。上述投票均可以通过会议、电子形式（如，EMAIL）或信件形式进行。

附 录 A
（资料性附录）
注册管理组

注册管理组秘书处名称：

全国金融标准化技术委员会秘书处

地址：北京市西城区成方街32号

邮编：100800

联系电话：(010)66194378

传真：(010)66016450

所有信件应在收到的一周内由秘书处转发给注册管理组(RMG)所有成员。如果之前这些联系方式已告知秘书处，秘书处应以最快捷的方式转发信件，如，电子邮件、传真或安全的网站。

附 录 B
（规范性附录）
服务级别协议

B.1 概述

服务级别协议(SLA)适用于指定为注册机构(RA)的组织、申请人以及标准管理组(SMG)。

服务级别协议(SLA)着重说明了针对数据字典(DD)和业务过程目录(BPC)项的提交注册申请，批准反馈时间以及拒绝申请的正当理由。

注：在后续服务级别协议(SLA)表述中，时间限制按照"自然日"或者注册机构(RA)的"工作日"[2]来表述。

B.2 综述

注册机构(RA)按照提交模板要求，检验库注册申请的完整性和一致性，并在收到申请的5个工作日内返回同意或拒绝的受理回执。如果同意受理，则注册机构(RA)应立即将申请转发给相关标准管理组(SMG)。如果注册机构(RA)认为申请不完整，则回执中应说明申请无效的原因(如，项目遗漏)并可向申请者提供填写申请的帮助。

如果申请中所涉及到的所有项目均正确填写到注册需求模板中，注册机构(RA)应认为该注册申请是完整的。例如，若一申请人提出在现有业务交易中扩充一个新报文定义，则应提供给注册机构(RA)下述相关申请：

——申请创建新的报文流图或更新现有报文流图；

——申请创建新的报文定义；

——申请创建新的业务组件或更新现有业务组件(如果必要)；

——申请创建新的用于报文定义的报文组件(如果必要)。

一旦相关标准管理组(SMG)接受/拒绝注册机构(RA)转发的库注册申请，则注册机构(RA)应相应地在收到该接受/拒绝通知的5个工作日内通知申请人其申请被接受或被拒绝。

一旦相关标准管理组(SMG)最终批准了预期库输出(源自于已接受的注册申请)并通知了注册机构(RA)，则注册机构(RA)应在收到批准通知的5个工作日内通知最终批准的申请人，并给出包含这些申请的新数据字典(DD)和业务过程目录(BPC)的预计发布日期。

B.3 申请人、注册机构(RA)和标准管理组(SMG)之间的服务级别协议(SLA)详述

B.3.1 数据字典(DD)项的注册申请

注册新的或修改现有数据字典(DD)项的申请应包括提交模板中规定的所有数据字典(DD)必须包含的内容信息(如，数据元名称、定义、数据类型等)。注册申请应说明申请更新的业务理由，并可参考对于业务过程目录项相关修改的其他补充申请。注册申请同时应论证现有类似数据元(如果有的话)不满足要求的原因。修改现有数据字典(DD)项的申请应突出标明与现有数据字典(DD)项的区别。

新数据字典(DD)项的申请，通常(但非必须)与新报文定义的创建申请或现有报文定义的修改申请相关。

---

2) 这意味着对于用"工作日"表述的SLA条款，法定假日不包括在内。

数据字典(DD)项的删除申请,通常(但非必须)与相关业务过程目录项的删除申请同时提出。为了给 GB/T 27926 库用户一个拒绝删除的机会,将要删除的数据字典(DD)项应在一年时间内以“删除”日期进行标记。如果在这段时期内没有发现任何用户还在继续使用,且没有用户主动向注册机构(RA)提出还在继续使用,数据字典(DD)项应从字典里删除。

包括但不限于以下情况,注册机构(RA)或标准管理组(SMG)可拒绝创建新数据字典(DD)项的申请:

——数据字典(DD)项的申请信息有遗漏、不完整或不清楚;

——格式与现行国家标准不一致(如,国家代码或货币代码);

——提出的数据字典(DD)项是现有数据字典(DD)项的组合(如,提出的业务元素在当前数据字典(DD)中被分成同一业务组件中的两个不同业务元素);

——提出的数据字典(DD)项的一部分已包含在现有数据字典(DD)项中,只有剩余部分需要增加;

——符合申请的数据字典(DD)项已经存在,或修改后能符合申请要求的数据字典(DD)项已经存在。

B.3.2 业务过程目录项的注册申请

——创建新的或修改现有业务过程目录项的申请应包括提交模板中规定的所有业务过程目录里的内容信息。申请应说明申请新业务过程目录项的业务理由,并论证现有类似业务过程目录项(如果有的话)不满足需求的原因。业务理由中应标明未来的用户群并给出用户数目和报文数量的意见。修改现有业务过程目录项的申请应突出标明与现有业务过程目录项的区别;

——当新业务过程目录项需要增加新的数据字典(DD)项或修改现有数据字典(DD)项时,依据 GB/T 27926 规定的程序,应同时提交增加新的数据字典(DD)项或修改现有数据字典(DD)项的申请。在业务过程目录项申请和所有相关数据字典(DD)项申请被相关标准管理组(SMG)批准之前,注册机构(RA)不应启动对标准库项目(作为新提出的业务过程目录项的结果)更新/修改的决策过程。

当与现有业务过程目录项的区别很小,对新的业务过程目录项的需求又不明显时,标准管理组(SMG)应与申请人一起研究增加新业务过程目录项的实际价值,分析使用现有业务过程目录项或更新现有业务过程目录项以满足申请人需求的可能性。如果申请人坚持申请意见,而标准管理组(SMG)也始终无法说服申请人,标准管理组(SMG)应把该申请提交给注册管理组(RMG),并客观描述正反两方面的意见。

注册机构(RA)或标准管理组(SMG)可在包括但不限于下述情况下对增加新业务过程目录项的需求提出质疑:

——标准中已经有同一用途目标的业务过程目录项;

——现有业务过程目录项可很容易地修改为满足该申请需求,且这种修改对现有业务过程目录项(如更宽的范围)的用户没有影响。

为了让用户有机会拒绝删除业务过程目录项,要删除的业务过程目录项应在一年时间内做删除标记。如果在这段时期内没有发现任何用户还在继续使用,且没有用户主动向注册机构(RA)提出还在继续使用,该项目应从业务过程目录里删除。

B.3.3 标准管理组(SMG)对于注册申请的一致性

标准管理组(SMG)的会议召集人应在 30 个自然日内与其成员就拒绝或批准申请达成一致意见,并通知注册机构(RA)。SMG 内部、SMG 之间或者 SMG 和 RA 之间就申请的批准出现争议的情况下,问题应提交到注册管理组(RMG)进行裁决。

B.3.4 注册机构(RA)对库的更新

注册机构(RA)将预期库输出发送到SMG的规定时间应基于下述时间段：

——创建新的或更新数据字典(DD)中现有单一业务概念、报文概念、数据类型表示形式，每个申请为5个工作日；

——创建新的或更新现有的单一业务领域、业务过程、业务交易、报文流图、报文定义，每个申请为20个工作日。

以上为时间段的上限要求，注册机构(RA)应努力在上述最长时间内完成工作。注册机构(RA)还应向申请的标准管理组(SMG)说明预计的实际申请处理实施时间，该时间应考虑到当前注册申请的工作量(如，可能同时又收到其他申请或之前的注册申请处理延期了)。

B.3.5 标准管理组(SMG)专家的批准

注册机构(RA)所联系的相关标准管理组(SMG)应尽快做出批准或拒绝预期库输出的最后决定。除非注册管理组(RMG)同意，否则不应超过3个自然月。标准管理组(SMG)的会议召集人或秘书处应在做出决定后立即通知注册机构(RA)。

B.4 异常情况和申请优先顺序

在异常情况下，注册管理组(RMG)可允许注册机构(RA)或标准管理组(SMG)修改服务级别协议(SLA)中的响应时间和优先顺序。如果一个注册申请会产生大量的库项更新，可能会出现此情况。

与业务过程目录项新增或修改申请直接相关的数据字典(DD)项新增、修改及删除申请应优先于单纯的数据字典(DD)项(与业务过程目录项无关)申请。

如果同时有多个注册申请，应按照先来先处理的原则对待，且每个申请的处理响应时间应符合标准的规定。

附 录 C
（规范性附录）
数据字典（DD）和业务过程目录（BPC）的获取

C.1 注册机构（RA）应在互联网上提供数据字典（DD）和业务过程目录（BPC）（如，GB/T 27926.1 中所述）的下载。对能获取这些信息的人员不应有任何限制。

C.2 为预防对 GB/T 27926 库信息的错误使用及试图危害甚至妨碍标准的公开执行的行为，网站的访问者会看到包含提供机构知识产权（IPR）政策文本（或引用）的弹出窗口，并需要点击“我同意”按钮以表示其承认并接受该 IPR 政策。

C.3 注册机构（RA）应确保其能在合理响应时间内圆满地应对正常情况下预期的最大访问量。然而，不应强制注册机构（RA）提供对语法报文方案的实时访问，如，用 GB/T 27926 XML 解析器程序进行实时校验。

C.4 在互联网或经允许的代理网络上公开的库信息内容，构成了数据字典（DD）和业务过程目录（BPC）的官方公共参考资料。这些内容应反映同时发布的数据字典（DD）和业务过程目录（BPC）的当前状态。

C.5 各方应至少能在每周一～周五的 00:00～23:59 UCT（世界标准时间）时间内正常浏览和查找数据字典（DD）及业务过程目录（BPC）。

C.6 除了数据字典（DD）和业务过程目录（BPC）项，注册机构（RA）应在互联网上提供常用及管理信息，主要包括：

——提交数据字典（CD）和业务过程目录（BPC）的库注册申请程序的信息；

——用于数据字典（CD）和业务过程目录（BPC）注册申请的提交模板；

——如何获取系列标准各部分的最新版本及其发布时间的信息。

ICS 03.060
A 11

中华人民共和国国家标准

GB/T 27926.3—2011/ISO/TS 20022-3:2004

金融服务　金融业通用报文方案
第3部分:建模导则

Financial services—Universal financial industry message scheme—
Part 3:Modelling guidelines

(ISO/TS 20022-3:2004,IDT)

2011-12-30 发布　　2012-05-01 实施

中华人民共和国国家质量监督检验检疫总局
中国国家标准化管理委员会　发布

前　言

GB/T 27926《金融服务　金融业通用报文方案》由以下5部分构成：

——第1部分：输入输出方法和格式规范；

——第2部分：注册机构的角色及职责；

——第3部分：建模导则；

——第4部分：XML设计规则；

——第5部分：反向工程。

本部分为GB/T 27926的第3部分。

本部分等同采用ISO/TS 20022-3:2004《金融服务　金融业通用报文方案　第3部分：ISO 20022建模导则》（英文版）。

为便于使用，本标准还做了下列编辑性修改：

a) "ISO 20022的本部分"改为"GB/T 27926的本部分"；

b) 删除国际标准前言；

c) 将国际标准名称由"ISO 20022建模导则"改为"建模导则"。

本部分附录A为资料性附录。

本部分由中国人民银行提出。

本部分由全国金融标准化技术委员会(SAC/TC 180)归口。

本部分负责起草单位：中国金融电子化公司。

本部分参加起草单位：中国人民银行、中国证券监督管理委员会、中国工商银行、中国建设银行、博时基金管理有限公司、深圳证券通信公司、申银万国证券股份有限公司、中国人民银行长春中心支行、中国人民银行南京分行。

本部分主要起草人：王平娃、陆书春、李曙光、赵志兰、马小琼、贾树辉、王毛路、王德英、巫禄芳、强庆华、施铁倩、李迎辉、成永德、刘运、景芸、陈立军、程晓阳。

引　言

GB/T 27926 的本部分描述了适用于标准化业务交易和报文集开发的方法论。标准化业务交易的目标是,针对特定的业务过程环境,为不同组织间存在的信息交换问题定义一个通用的解决方案。

对于特定业务背景下的信息交换问题,可开发出多个解决方案。本部分的目的是向建模人员说明应遵循的不同步骤,以确保业务组件/元素、报文组件/元素、业务交易和报文定义的一致性。

GB/T 27926 建模方法由一系列活动构成。这些活动分为以下阶段:

——业务分析;

——需求分析;

——逻辑分析;

——逻辑设计(报文设计);

——技术设计。

对于每项活动,本部分描述了:

——开始该项活动所需的条件(需要的输入);

——该项活动应产生的结果(预期输出);

——示例——在有必要时;

——应当遵循或者参考的建模导则和其他导则。

本部分对应满足的条件和/或者应提交给注册机构的文档未加描述。这些信息见 GB/T 27926 网站上发布的提交模板及其相关指南。

提供的示例仅用于说明建模的方法,不应视做所描述业务领域的定义性描述。

GB/T 27926.1 中的术语和定义适用于本部分。

金融服务 金融业通用报文方案
第3部分:建模导则

1 业务分析

业务分析的简单示例参见附录A(业务分析:基金行业业务过程)。

1.1 简介

1.1.1 目的

业务分析的目的是为更好的理解业务领域和业务过程,并基于此制定符合GB/T 27926标准的业务交易和报文集:

——描述业务过程,包括业务角色及其对业务信息的需求,以帮助确定该过程各参与方间的信息交换问题。这些信息交换问题是进行下一阶段(需求分析)的主要动因;

——识别业务领域中使用的业务信息也非常重要,因为在后续阶段设计的报文会包括与该业务信息有关的数据元素。业务元素/组件和报文元素/组件间的明确联系有助于互操作性,也有助于以后的维护和变更管理:即如果业务领域内的某些因素发生变化时,就可能确定其对先前已定义的报文的影响。

1.1.2 关键主题

——确定待解决信息交换问题的业务背景;

——理解业务领域和业务过程中的日常业务,而不是仅关注于待开发的业务交易和报文集;

——提取业务过程中使用的业务信息;

——确保所有人员,如业务专家和标准制定者对业务领域和业务过程有共同理解。

1.1.3 交付内容

——业务领域的文字描述(目标、范围和边界);

——描述业务过程和其包含的业务信息和业务角色的模型,所有模型元素的详细的文字说明,并包含业务术语表。

1.2 过程概览

下图给出了在本阶段开展的不同活动(以椭圆形表示)和需要的输入输出(以矩形表示)。这些活动在下文中有详细描述。

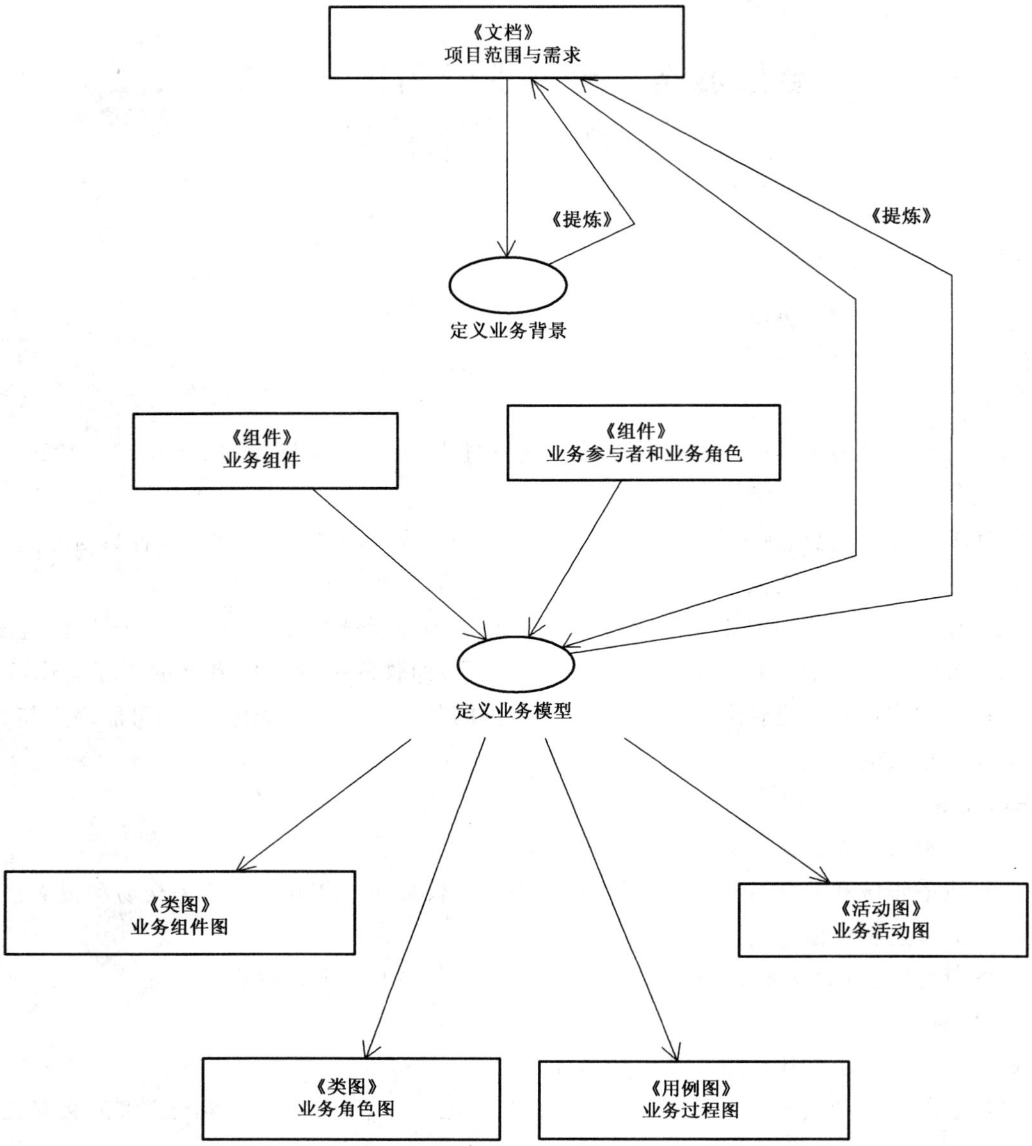

1.3 活动

1.3.1 定义业务背景

本活动包括定义和提炼：

——业务目标：所考虑的业务领域的全局目标和目的；

——范围：包含的业务过程或金融工具，需要考虑的业务参与者和业务角色等；

——边界：业务背景中处理和/或使用的关键业务组件和业务元素。它们可分成输入信息（即影响业务过程，但是又不在业务背景控制范围内的信息）和输出信息（即在业务背景控制内且影响其他业务过程的信息）；

——与业务领域相关的假设；

——业务需求（预期功能）和约束（例如，将成为解决方案一部分的市场基础架构、性能需求（T＋1）、互操作性需求、应考虑的市场惯例）；

——业务术语，该术语或者由简短明确的描述进行定义以消除可能的歧义，或者更适宜的是指向已存在的业务术语表。

1.3.2 定义业务模型

为了定义业务模型，应采用下列步骤：

a) 业务过程图：根据项目范围中已确定的业务过程列表，生成一幅包含所有业务过程的图表。该图表应从顶层节点（表示总体业务目标）开始给出业务过程的组织。可通过 AND-分解，OR-分解，"包含"关联和"扩展"关联进行细化；

b) 业务活动图：对于每个业务过程，使用一个或多个业务活动图来补充业务过程图。业务活动图更好更详尽的说明了业务过程中各式各样的活动和业务角色、活动和业务角色间的交互作用。活动图应尽可能的描述每个业务过程中的常规流和非常规流。推荐的活动图类型称之为"泳道(swim lane)"。实际上对于每个业务角色，都存在一个这样的"泳道(swim lane)"，用来描述该业务角色的活动以及(选择性的)包含该业务角色可达到的主要状态；

c) 对每个业务过程以及每个业务过程的活动进行描述：
- 定义(即活动的说明)；
- 触发事件(即导致活动开始的事件)；
- 前置条件(即开始该活动应满足的条件)；
- 后置条件(即完成该活动应满足的条件)；
- 参数(即活动执行所必需的、生成的或改变的信息)；
- 角色(即活动中业务参与者的功能)。

d) 业务角色图：生成与项目范围相关的所有业务角色的图表(这些角色在前述的步骤中已定义)。遍历 GB/T 27926 数据字典(DD)中已有角色，并复制业务角色图中需要的角色，使用这些业务角色及在数据字典中不存在的业务角色完成图表。如果业务角色与数据字典中的角色相比具有"多于或少于"的差异(即具有很大的相符之处但同时也存在一些重大差异)，应生成新的角色并在该图表中标注出与数据字典中已存在的相关业务角色间的联系。所有这些附加业务角色都应提交至注册机构；

e) 业务组件图：生成一个由上述第 c)步中"参数"得到的所有业务组件[1]的图表。它应包括继承、关联和聚合关系。遍历 GB/T 27926 数据字典(DD)中的所有已存在的业务组件，并复制业务组件图中需要的组件。使用这些业务组件及在数据字典中不存在的业务组件完成图表。如果业务组件与数据字典中的组件相比具有"多于或少于"的差异(即具有很大的相符之处但同时也存在一些重大差异)或需要增加新的业务元素，应生成新的组件并在该图表中标注出与数据字典中已存在的相关业务组件间的联系。所有这些附加业务组件都应提交至注册机构；

f) 通过验证以下内容来检查业务模型的一致性：
- 业务过程和业务活动图中使用的所有业务组件和业务角色是否都包含于业务角色图和业务组件图中？
- 图中定义的所有业务组件和业务角色，是否至少在一个业务过程或活动中涉及(除了那些从数据字典中复制的作为项目"特定化"基础的组件或角色)？
- 业务过程图与项目范围中的信息是否一致？
- 业务组件图与项目边界中的信息是否一致？
- 业务过程和业务活动是否正确涵盖了所用业务组件的生命周期(生成、更新、删除)[2]？

1.4 导则

——应用"鸟瞰视图"。在业务分析阶段，我们需要集中关注业务而避免讨论解决方案及信息交换

1) 在业务模型中，业务组件定义为类。业务组件就是业务概念的一个详尽定义。应注意业务组件不会直接用于报文模型，因为它是通用的且不会考虑报文环境的特殊需求。

2) 这不意味着在描述的业务过程中，所有的业务组件都必须经过生成、更新和删除过程，而意味着必须明确哪些组件包含了生成、更新和删除过程，哪些组件为什么不必包含。

问题。这意味着我们假设不存在信息交换问题，每个业务角色对任何业务过程中使用的信息具有充分的了解及访问。须牢记一个“好”的业务过程应切实增加业务价值；

——通过引入业务组件或业务角色，主要集中于能带来巨大价值的业务过程。不要太关注如“撤消”、“修改”、“生成”等细节。本阶段也不对错误处理进行分析。例如，“银行内转账”业务过程将引出如“账户”、“贷记”等概念，“撤消银行内转账”却不会带来特别的价值，在本阶段应不予考虑。这些细节将在逻辑分析阶段，业务交易和报文集定义完毕后进行详细描述；

——集中于功能型角色，而不是现实的业务参与者。例如，当前阶段最重要的是确定“购买者”这一角色，而不是确定购买者是个人、企业还是金融机构；

——依据可用细节层次的不同程度，可以将业务过程分解成多个更细化的业务过程；

——通常，角色应仅与最细化的业务过程和业务活动(即最低层次)关联；

——确保为新的业务组件和业务角色提供所有需要的信息(例如，建议的名称和定义)；

——注意业务组件图中“聚合关系”仅用于表示具有真正业务包含关系的情况(例如，对于账户中未涉及到的参与方，则账户和该方之间不应具有聚合关系)。真正的业务包含关系意味着在现实中被包含元素不能脱离于包含元素而存在(例如，账户余额不能脱离账户存在)；

——业务组件图可包含关于多样性的信息，且应指明每个业务元素的类型(通过数据类型或业务组件表示)。

2 需求分析

需求分析的简单示例参见附录A(需求分析：基金行业信息交换需求)。

2.1 简介

2.1.1 目的

需求分析的目的是定义由于业务参与者的物理分离导致的信息交换需求，这些业务参与者将在业务过程中执行不同的业务角色。

需求分析将确定并详细说明业务过程和业务活动在协定范围内出现的所有信息交换需求。它将确定谁、从何处、在何时、需要何种信息。这样，需求分析将为待开发的解决方案(即业务交易和报文集)提供详细描述，而不是去探究报文和报文流的实际定义。

2.1.2 关键主题

——对业务分析的结果进行分析以引出信息交换需求；

——对待开发的业务交易和报文集预期属性进行准确定义(功能及与业务角色的交互关系)。

2.1.3 主要活动

——确定待开发的业务交易和报文集的目标(信息交换以及尽可能的提高特定业务过程或活动的性能)；

——详细描述待开发业务交易和报文集的功能(即行为)需求；

——详细描述待开发业务交易和报文集的约束条件(即硬性限制)。

2.1.4 交付内容

——最终解决方案范围和边界的文字描述；

——经提炼的、完整的约束条件的文字描述；

——待开发业务交易和报文集的预期功能的需求用例。用例的说明应包含定义、参数、触发事件、前置条件和后置条件；

——每个业务角色使用的信息的业务组件图(可通过相关业务规则进行补充)。

2.2 过程概览

下图给出了在本阶段开展的不同活动(以椭圆形表示)和需要的输入输出(以矩形表示)。这些活动在下文中有详细描述。

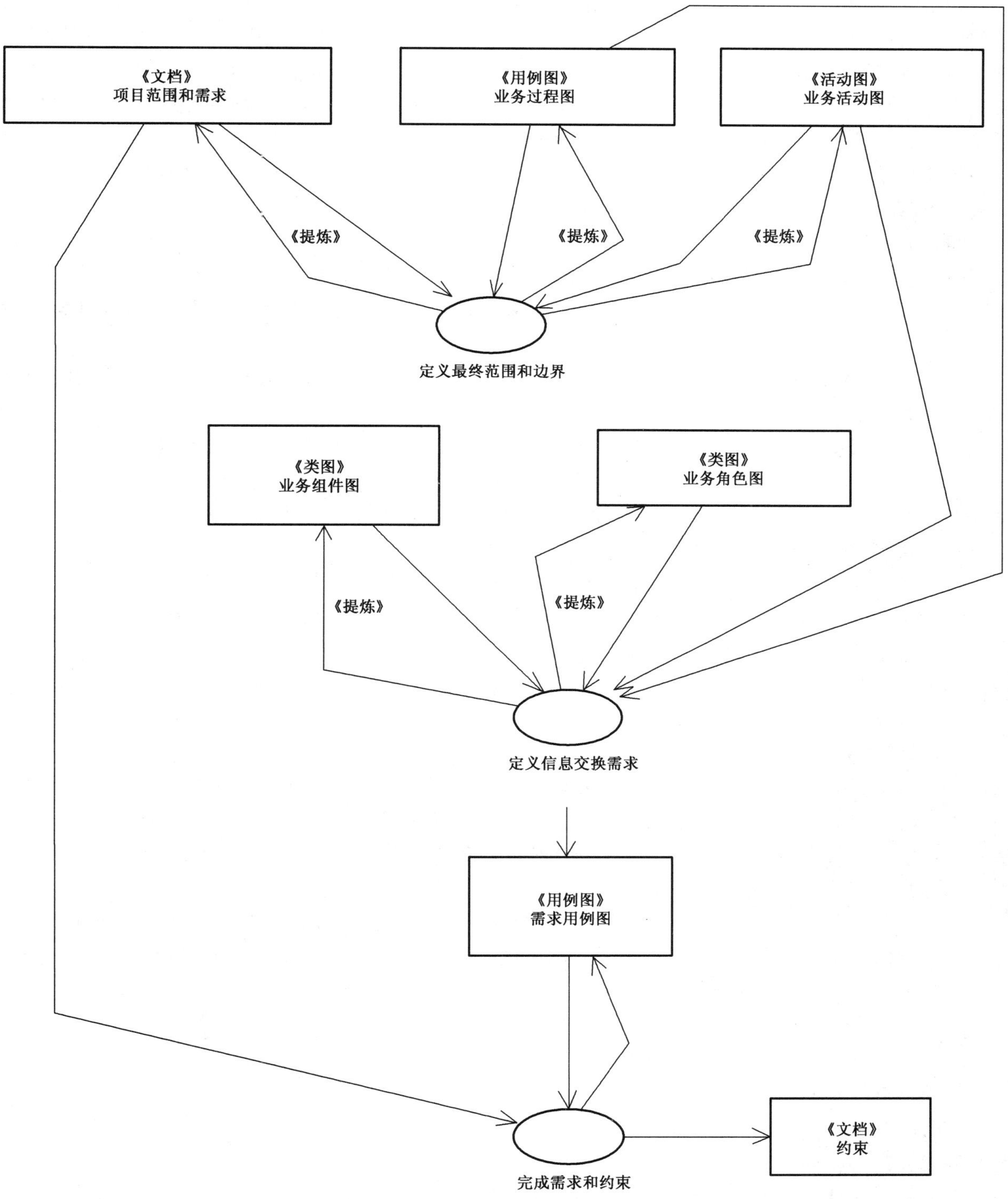

2.3 活动

2.3.1 定义最终范围和边界

待开发业务交易和报文集支持的业务过程和活动的定义，需基于业务分析阶段定义的业务过程图、业务活动图，及本项目定义的需求和范围。

2.3.2 定义信息交换需求

在本阶段,不再使用业务分析阶段使用的“鸟瞰视图”。要认识到业务过程活动中的业务角色不能访问所有信息(即它们对业务组件和/或业务过程中其他活动的状态仅有有限的了解),由于对业务组件和/或业务过程中其他活动的状态缺少了解从而导致业务过程不能完成。实际上,根本问题是:我们需要确保业务过程(范围中的)中的所有活动能够访问完成活动所需的信息。因此,解决方案是生成一个或多个业务交易,这些业务交易解决业务过程中各业务角色之间所有必要的信息交换。这样,业务交易将确保业务过程中的每项活动都能访问它所需的信息。需求分析的目标就是确定并详细说明这些信息交换需求(即在何种条件下,需要向谁提供何种信息等)。

需遵循的步骤如下:

a) 在业务活动图中,确定在业务范围内的活动和参与活动的角色;

b) 为执行的每项活动定义所需的信息。包括:输入的参数、触发该活动的可能信息(例如,另外一项活动结束)和检查前置条件可能需要的信息;

c) 从上述定义的所需信息中定义业务角色执行该活动无法获得的信息(即业务角色不拥有何种信息);

d) 根据信息生成“需求用例”,并确定提供信息的业务角色。上述信息需作为待开发业务交易的一部分进行信息交换。在某些情况下,信息(部分信息)可由多个业务角色共同提供(在整个业务过程中的不同时刻)。需要注意需求用例可能已经生成的情况(如果其他活动需要)。

需求用例[3]使用下述信息进行描述:

——定义:用例的目标和功能,即向哪些活动提供何种信息以及在何种业务角色间提供;

——触发事件:使用例开始执行的事件;

——前置条件:执行用例应满足的条件;

——后置条件:执行用例完毕应满足的条件;

——参数:用例使用和生成的信息。

2.3.3 完成需求和约束条件

——基于前阶段已经完成的分析和确定的项目范围,系统地记录所有约束条件(例如,属于特定实现的约束条件);

——验证上述约束条件是否对需求用例中描述的功能有影响,如有必要,修改用例。

2.4 导则

——当对需求进行详细说明时,可能有必要结合一些潜在的需求用例(例如,因为它们处理同一业务信息或者总是被同一业务角色一起执行)或者放大/缩小潜在的需求用例(例如,为了使细节具有可管理的层次)。

3 逻辑分析

逻辑分析的简单示例参见附录A(逻辑分析:业务交易)。

3.1 简介

3.1.1 目的

逻辑分析的目的是详细描述待开发业务交易和报文集的细节。

因此本阶段的重点是定义报文流和报文,用于在正确的时间从正确的业务角色获取所需的信息。本阶段仍从单纯的业务视角看待业务交易和报文集,也就是说从语义的视角(即潜在的业务含义)而非语法的视角(即报文的表达及其规则)。所有的结论均源自需求分析阶段已确认和说明的需求(功能需求和约束)。

3) 需要注意,需求用例中的信息可能基于业务过程或活动中的相关信息,但是不一定完全如此。

逻辑分析之所以称之为"逻辑的"，是因为它从一个抽象的视角描述业务交易和报文集，而不是从具体的、技术的视角。这种抽象的方法使其在不同的技术表示形式间保持互通性。

3.1.2 关键主题

——解决方案的总体架构是什么？参与报文交换的子系统是什么？我们需要寻找一个端到端的还是星形结构的解决方案？

——业务交易是什么？不同报文可按照经确认允许的多个报文流的方式进行交换；

——从业务内容角度描述的报文是什么？交换的信息应具有业务价值，报文组件/元素应源自业务分析和需求分析阶段确定的业务组件/元素并由之定义；

——适用于各种业务交易和报文的规则是什么，每条规则的范围是什么？如果范围仅是报文，则规则仅针对报文的内容；如果范围是业务交易，规则将针对全部业务交易信息检验报文的内容（例如，之前交换的报文包含的信息）。

3.1.3 主要活动

——确定解决方案的总体架构；

——将需求用例提炼成为具体的业务交易。基于该业务交易，确定报文、主要的报文流及其相关规则；

——设计报文，即确定业务内容、总体架构、报文组织和报文适用的规则。

3.1.4 交付内容

——业务交易图（包含业务交易的结构化描述）；

——当为星形结构系统时，对（子）系统架构的文字描述；

——序列图（即业务交易背景下的典型报文交换）。

3.2 过程概览

下图给出了在本阶段开展的不同活动（以椭圆形表示）和需要的输入输出（以矩形表示）。这些活动在下文中有详细描述。

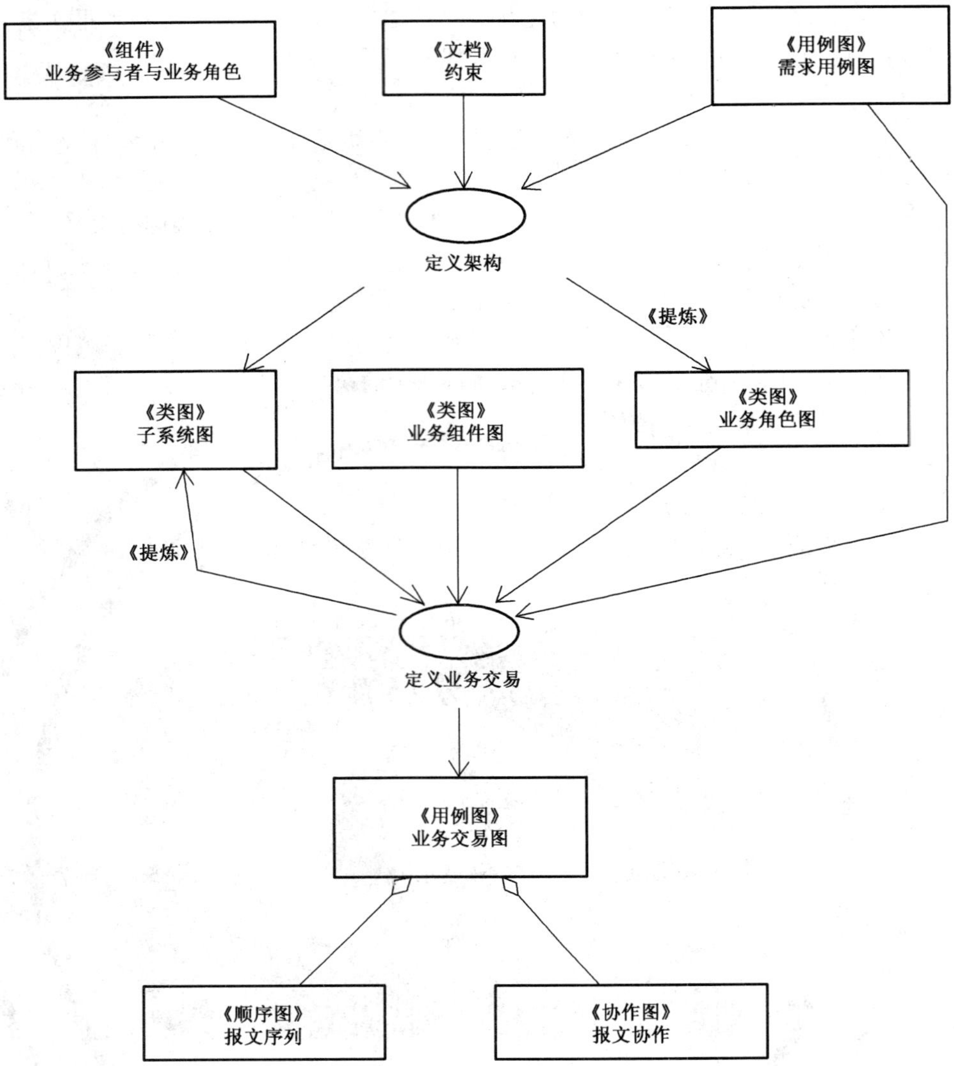

3.3 活动

3.3.1 定义“架构”

——定义解决方案的架构，即确定包含在业务交易中的各个“子系统”。子系统是业务交易的边界，即标准制定者不需对发生在这些子系统中的应用细节进行标准化，而只需对这些应用间的信息交换（接口）进行标准化。对子系统及其活动的详细说明有助于定义所需的报文流；

——如何确定子系统？虽然我们不关注于业务参与者个体，但事实上，它与业务交易中充当业务角色的业务参与者的类型存在联系。所以，最好在此时将子系统定义和业务参与者类型的定义结合起来：

- 确定是否涉及主系统（例如，传输流监控（TFM）、市场基础架构）。如果涉及，针对每个主系统应有一个子系统与其相连；
- 将子系统与每个类型的业务参与者进行关联，这些业务参与者将充当一个或多个相关的业务角色。某些情况下，可将多个业务角色结合到一个子系统。这需要根据子系统行为的基本共性或个性决定。同一业务参与者是否充当多个业务角色的情况也对其产生影响。在其他情况下，可能有必要为单一业务角色预先考虑多个子系统。例如，如果多种类型的业务参与者能充当同一业务角色，并且业务参与者的类型对子系统的行为及其信息交换需求存在显著影响时，就有必要为该业务角色预先考虑多个子系统。

——子系统可通过类图描述。

3.3.2 定义业务交易

——综合考虑定义的子系统,描述子系统实现需求用例的方法(即子系统是如何互相作用的)和该过程中需要的信息流;

——业务交易应至少通过文字和序列图描述,以给出子系统间的信息流。可选地,可以加上协作图(**注意**,协作图可从序列图中自动导出)。业务交易的描述将提供关于子系统间信息流(报文)的信息、这些流发生的顺序、特殊情况的处理、以及与每个信息流有关的触发事件、前置和后置条件;

——对于每个确定的信息流,定义报文名称、报文内容和初步的报文结构(即按照逻辑,哪些信息应放到一起),且在序列图(与每个信息流关联)中说明这些信息。报文内容可根据不同业务活动需要的和提供的信息加以确定。在本阶段,也可以给出有关多样性、选项和规则描述方面的信息。如果必要,也应确定信息流是同步还是异步、是推还是拉等;

——如必要,可提炼子系统类图。

3.4 导则

3.4.1 概述

——在多数情况下,基础架构(即端到端或者星形结构)由最初的需求决定;

——典型的金融行业中,业务参与者类型包括:银行、代理机构(例如,经纪人、投资经理等)以及企业等;

——同业务角色一样,业务参与者也是数据字典的一部分。在项目中,它们被加入到业务角色图中(但应明确标明他们是业务参与者)。在业务角色图中也给出了业务参与者及其充当的业务角色之间的联系;

——通常每个需求用例能(并且将)按照多种业务背景实现。对于每种业务背景,应由单独的业务交易进行定义并描述;

——业务交易也应考虑(进而描述)非常规处理、错误处理、确认等。这些处理可导致附加序列图的产生;

——应注意,一个业务交易仅是描述一组需求的一个可能的解决方案。针对同样的问题可能有多个解决方案。在此情况下,对于同样的需求用例可能会有多个业务交易;

——在确定业务交易时,业务交易可以是其他业务交易的特例、扩展或者组合。对于这种情况,可以使用包含、扩展和泛化关系。

3.4.2 报文粒度

应遵循报文粒度的初始规定(以下规则将对4.4.1.1报文粒度建模导则产生影响):

——报文要明确且符合特定目的。报文细化会导致大量报文的产生,因此在特定情况下,需要借助某些帮助来选取适合应用的报文。可以通过自上而下的方法依次确定业务领域、业务过程、业务交易和报文。利用该方法,可生成准确但业务功能有限的报文。这些报文具有较少的可选域,因为可将报文中进一步定义报文功能的元素去掉,因此报文也较短。所有这些,简化了实现和维护,并最终导致了较高的直通交易处理(STP)率;

示例:在证券买卖时,我们需要的信息不同,返回的确认信息也不相同,因此导致了不同报文的产生。

——最低原则是为不同功能定义各自的报文(例如,用于生成、修改、撤消的报文,用于指令和报告的报文);

——对于不同类型的金融工具,原则上使用同一报文来涵盖,除非它们的差别不仅仅在于对金融工具的描述(例如,如果使用了其他金融工具,则必须在报文中标识其他参与方);

——对于“市场惯例”,原则是首先集中生成一个独立于市场惯例的报文(即包含所有共性的报文),然后,我们可关注特定的市场惯例,确定更多有关多样性、数据类型和规则的特定的信息及需求并根据差异的要求程度生成在同一报文定义下的不同“变体”和/或覆盖多个市场惯例需求的报文定义;

——对于充当同一业务角色的多个子系统,与市场惯例遵循的原则类似。首先集中于子系统间的共性。然后,确定其在信息需求、多样性、数据类型和规则方面的区别并根据差异的要求程度,生成在同一报文定义下的不同“变体”和/或覆盖多个子系统需求的报文定义;

——验证生成多个报文定义(有多个变体的)较生成单个报文是否有意义的有用工具是,考虑为了生成多个显式的报文,从报文定义中去掉一个特定组件或元素后所产生的影响。如果去掉组件或元素导致了大量报文的产生,则不宜生成多个报文(例如,从一个以欧元、英镑或美元等形式支付的报文中将币种去掉),另一方面,如果去掉的组件或元素简化了报文中的规则,则宜生成多个报文(例如,去掉购买/出售指示符,意味着可以省略其他规则)。

当要去掉的元素包含很多可能值时,不建议将其去掉,因为该元素的每个值都可能导致产生新的报文定义或报文定义变体。

4 报文设计

报文设计的简单示例参见附录A(报文设计:组建报文)。

4.1 简介

4.1.1 目的

报文设计的目的是提炼解决方案的逻辑模型,以使其规范化(即精确无误)并确定可重用的报文组件。

4.1.2 关键主题

——将使用哪些已有的报文组件?

——必须生成哪些新的报文组件?

4.1.3 主要活动

——规范报文内容;

——确定合适的报文组件;

——将上述内容合并成为报文定义图。

4.1.4 交付内容

——报文定义图;

——用形式化语言书写的完成逻辑模型规范化的文本规则。

4.2 过程概览

下图给出在本阶段开展的不同活动(以椭圆形表示)和必要的输入输出(以矩形表示)。这些活动在下文中有详细描述。

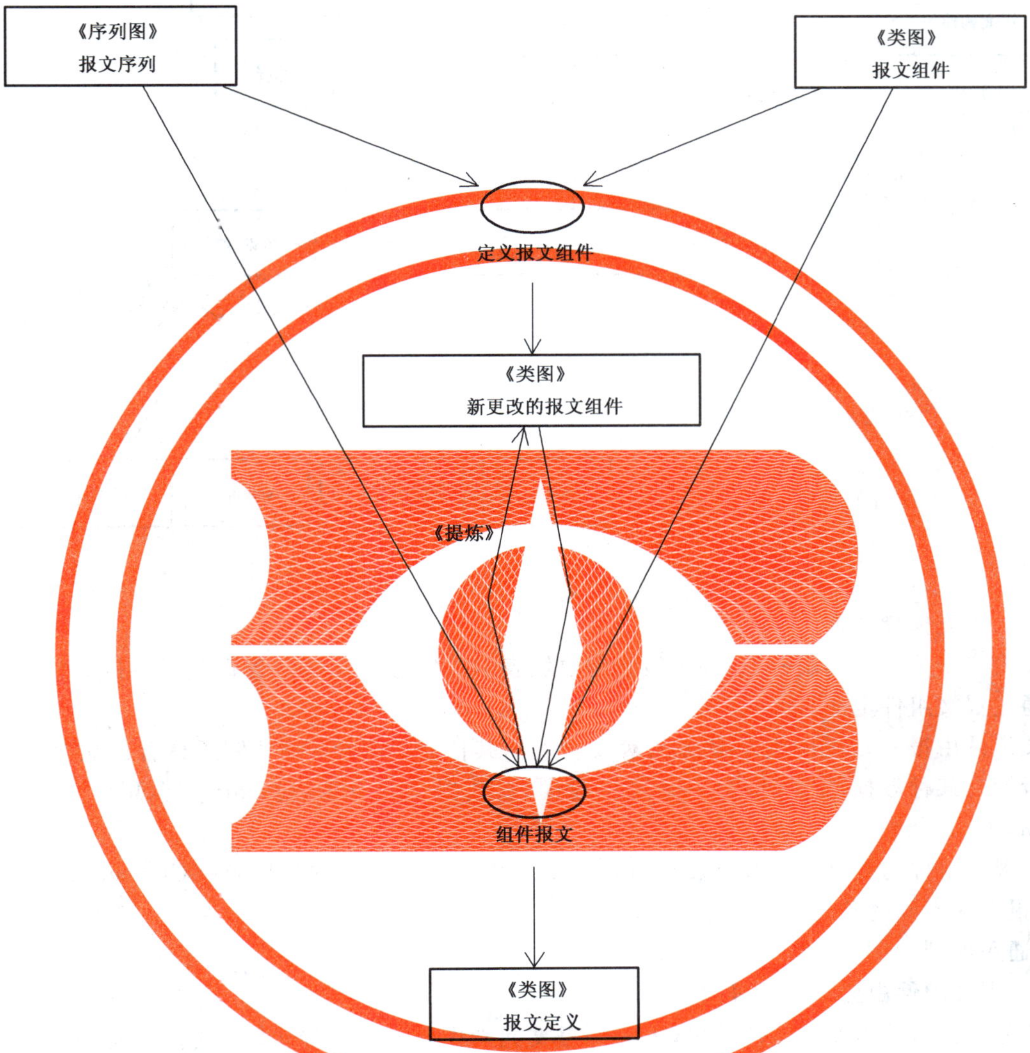

4.3 活动:定义报文组件

理解报文中可包含什么样的组件非常重要。下述报文元模型图给出了报文中允许包含的组件、组件间的关系、数据类型等。任何报文都应根据该元模型图构建。

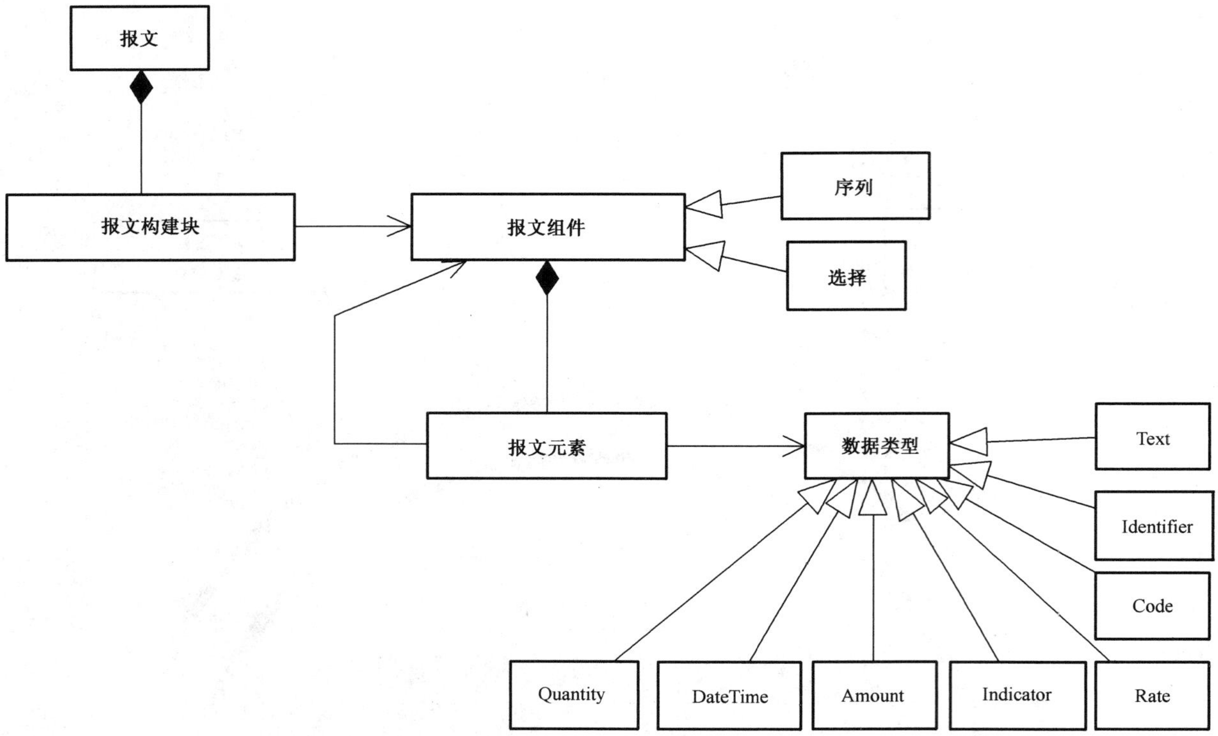

如何阅读元模型图：

报文由多个报文构建块构成，各个报文构建块表示的信息彼此具有逻辑关系。报文构建块的内容和结构通过报文组件定义。

报文组件由报文元素构成。报文元素或者引用其他报文组件（通过使用聚合或做为一个属性建模），或者拥有某种数据类型（作为一个属性建模）。数据类型可为《Quantity》、《Identifier》、《Code》、《Amount》等。

表示报文组件的类具有《MessageComponent》（指出报文元素的顺序）或《ChoiceComponent》构造型（指出报文元素间的某一选择）。

4.3.1 通用导则

4.3.1.1 报文组件由业务组件导出

大部分报文组件由业务组件导出，大部分报文元素由业务元素导出[4)]。数据字典中定义了报文组件/元素和其相关业务组件/元素间的追溯关系。几个报文组件/元素可定义并追溯至同一个业务组件/元素。

报文定义中的某些报文组件或报文元素可能是由于“报文特定的”原因（例如，页码、特定引用等）而出现的，这些组件或元素是“技术性的”，它们不源于任何业务组件或业务元素。

4.3.1.2 如何为报文选取/生成正确的报文组件

a） 首先应根据在逻辑分析阶段定义的结构来确定什么类型的信息应放置在一起；

b） 第一种（且最简单的）情况是一个业务组件需要多个业务元素。这种情况下，可以通过搜索数据字典获得基于该业务组件的所有报文组件。如果存在一个报文组件包含了所有需要的业务元素，而且报文组件包含正确的多样性与规则，则该报文组件就是所要选择的报文组件；

c） 如果不存在准确匹配需求的报文组件，则：

4） 注意：业务组件不能在报文模型中直接使用，因其是通用的且没有将报文背景的特殊需求考虑在内。

- 使用包含更多元素的报文组件(如果多余的元素可接受);
- 使用对多样性和/或规则限制较少的报文组件(如果较宽松的确认可接受);
- 使用两个或两个以上的报文组件以包含所有需要的业务元素。可以:
    - 在报文中将相关报文组件相邻放置;
    - 建议 RA 生成一个新的组合报文组件。

d) 如果多个业务组件包含多个业务元素,并且不需表示不同业务组件之间的联系,则根据以上描述的方法使用多个报文组件;

e) 如果多个业务组件包含多个业务元素,并且需要表示不同业务组件之间的联系(例如,需要表示账户、账户拥有者和账户服务商之间的关联性),应通过数据字典获得基于已确定业务组件的所有报文组件。

集中考虑那些已经表示了两个(或多个)业务组件之间关系的报文组件。找出包含了所有所需元素并且表示了所需关系的报文组件。如果该报文组件不存在,可以找出包含了多于所需元素的报文组件,或者将多个报文组件合并。如果不能接受该解决方案,可建议生成一个或多个新的报文组件。

4.3.1.3 如何定义新的报文组件

——如果报文组件仅涉及单一业务组件中的业务元素,建议生成一个基于该业务组件的、包含所需报文元素的报文组件,该报文组件应同时满足所需多样性和规则的要求(见 4.3.1.4);

——另外,报文组件可能包含“技术性”报文元素(见 4.3.1.4),这些“技术性”报文元素是在任何业务组件中都不存在且仅在特定报文中有意义的附加元素。在此情况下,建议按照前述生成一个满足所需多样性和规则的报文组件,并追加所需的技术性报文元素——因为不存在与其对应的业务元素;

——如果报文组件需要从多个业务组件中获取元素(因为必须表示出业务组件之间的关系),可参考以下选项:

- 使用几个“简单”报文组件(即报文组件基于单一业务组件),如有必要,在报文层增加规则来说明彼此的联系;
- 把“简单”报文组件聚合成为一个“父”报文组件,通过这种方式,所有简单报文组件则成为子报文组件(例如,新组件包含三个报文组件 A、B 和 C)。在此情况下,建模人员应指出这些不同的报文组件同属某项功能,并且描述其必要的多样性信息和/或规则。将新报文组件提交至注册机构;
- 生成表示依赖关系的新报文组件(例如,新报文组件 A1 和报文组件 B1 有聚合关系,其中 A1 基于业务组件 A,B1 基于业务组件 B)。在此情况下可能有两种选择,或者保持明确的聚合关系,或者从所依赖的报文组件“导入”报文元素到父报文组件(即使用属性代替聚合关系)。后者应谨慎使用,因为它表达的依赖关系有限(例如,它不能表示新报文组件应包含报文组件 B1 的所有的报文元素,还是不包含其报文元素)。使用该选项的一个原则是仅有一个报文元素来自报文组件 B1。下图表示了上述两种选择(左边是“聚合关系”,右边是“导入”)。

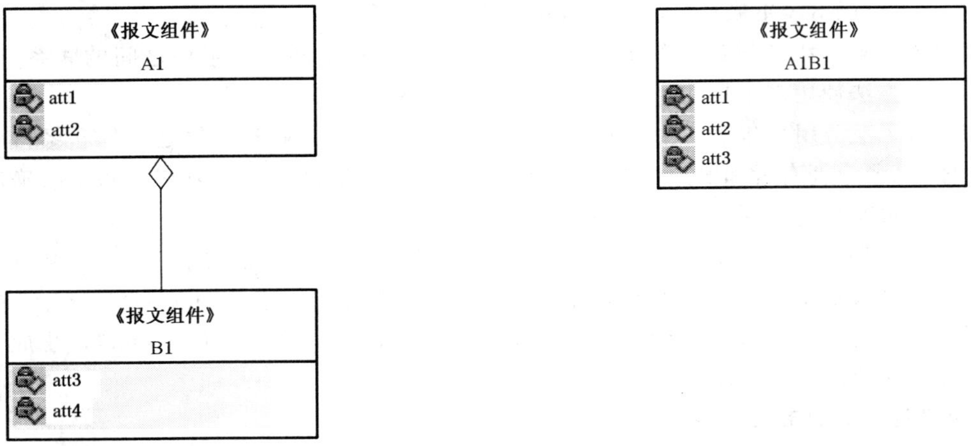

4.3.1.4 **什么是报文元素**

报文元素可以是基于业务元素的报文元素或技术性报文元素。

4.3.1.4.1 **基于业务元素的报文元素**

这类报文元素是对特定业务组件中业务元素的一种"拷贝",且具有以下特性:

——如果规定了业务元素的数据类型,则也应规定报文元素的数据类型。该数据类型必须相同,或者数据类型相同且具有更严格的限制。在需要对报文元素的允许值进行限制时(例如,定义用于业务元素的代码列表的子集),在保持相同数据类型的条件下应使用相应的限制;

——如果由业务组件规定业务元素的类型,则应由报文组件规定报文元素的类型。该报文组件应基于限定业务元素的业务组件;

——如果报文元素和业务元素在语义上完全一致,则应继续使用业务元素的定义和名称;

——如果报文元素的语义比业务元素更加丰富和具体,则应对业务元素的定义和名称进行修改以适应报文元素。

示例:报文需要引用业务元素的特定要求("最后"进入的日期而不是进入日期)或者引用已经计算出的数据。在此情况下,报文元素的定义和名称必须表达出特定的语义(例如,LastEntryDate)。

4.3.1.4.2 **技术性报文元素**

技术性的报文元素仅在报文背境下有意义,没有对应的业务元素,因此也没有可追溯的业务元素与之关联。

下面从业务组件中导出报文组件的例子描述了这些原则。

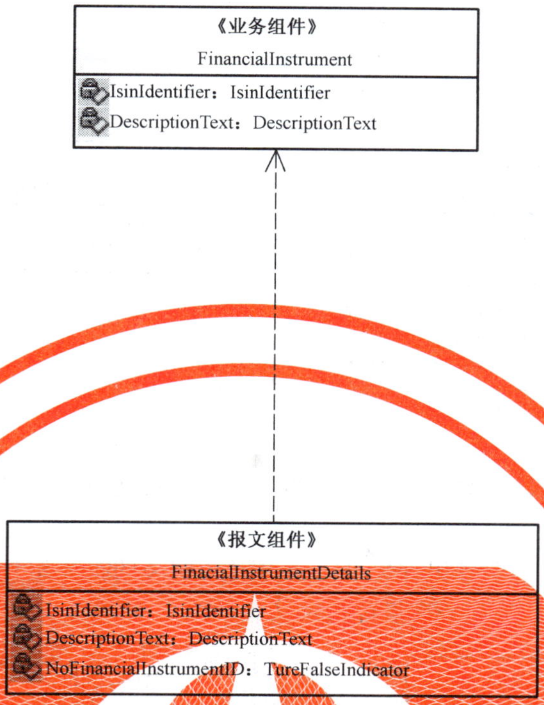

a) 生成报文组件“FinancialInstrumentDetails”，并将其与相对应的业务组件“FinancialInstrument”建立可追溯的关联；

b) 拷贝属性“IsinIdentifier”和“DescriptionText”，不修改名称和类型；

c) 仅为“FinancialInstrumentDetails”生成“NoFinancialInstrumentID”，它没有可追溯的关联。其目的是指明在报文中是否存在“FinancialInstrumentIdentification”报文组件。该信息也可以根据报文中该报文组件的存在/不存在得到。

4.3.2 高级导则

4.3.2.1 如何聚合两个报文组件

当两个报文组件相关联时，它们的关系可以通过两种形式表示，一种是使用两个组件间的聚合关系直接表示，另外一种是使用属性间接表示。

——当报文组件为聚合关系时，两个组件之间的联系可明确表示。建模人员可以给聚合关系的“角色名称和定义”附加背景信息。这种表示形式可视性较好，但是会使报文图很快变得很繁杂；

——当使用属性表示报文组件关系时，一个组件的属性指向其他的报文组件。在此情况下，建模人员可以给属性的“名称和定义”附加背景信息。属性的名称等同于前述步骤中聚合关系（角色名称）的名称。该方法可视性较差（关联是隐含的），但是对于复杂的报文，较之聚合关系而言报文图看起来较简洁。这种建模方法在UML中称为“外键”使用属性。

4.3.2.2 如何处理抽象类

报文组件不应基于“抽象”的业务组件之上开发。当业务组件不能实例化时，就将其定义为抽象的。某种程度上，报文组件是业务组件的实现。因此报文组件作为抽象业务组件的实现是没有意义的。

由于抽象业务组件没有可追溯的联结，其追溯性将存在于具体化该抽象业务组件的业务组件。

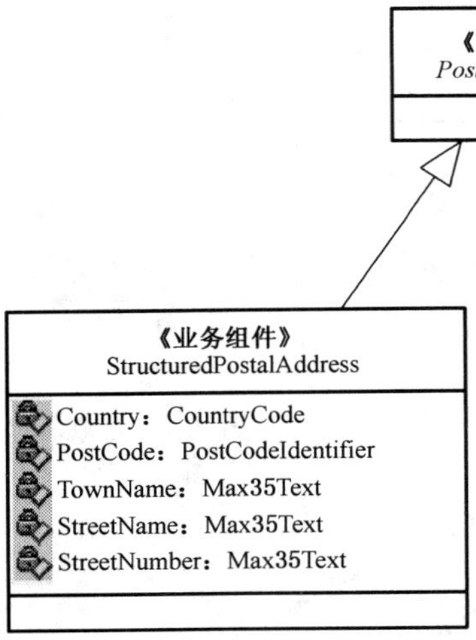

4.3.2.3 **如何处理双向关系**

如果两个业务组件间的关联是“双向的”，需要引入多个报文组件以描述该关联的每个方向。这是分层报文定义的结果。

例如，符合 GB/T 27926 的业务组件关系是通过嵌套相关的报文组件来描述的。两个报文组件的嵌套是指一个组件的定义包含另外一个组件的定义。

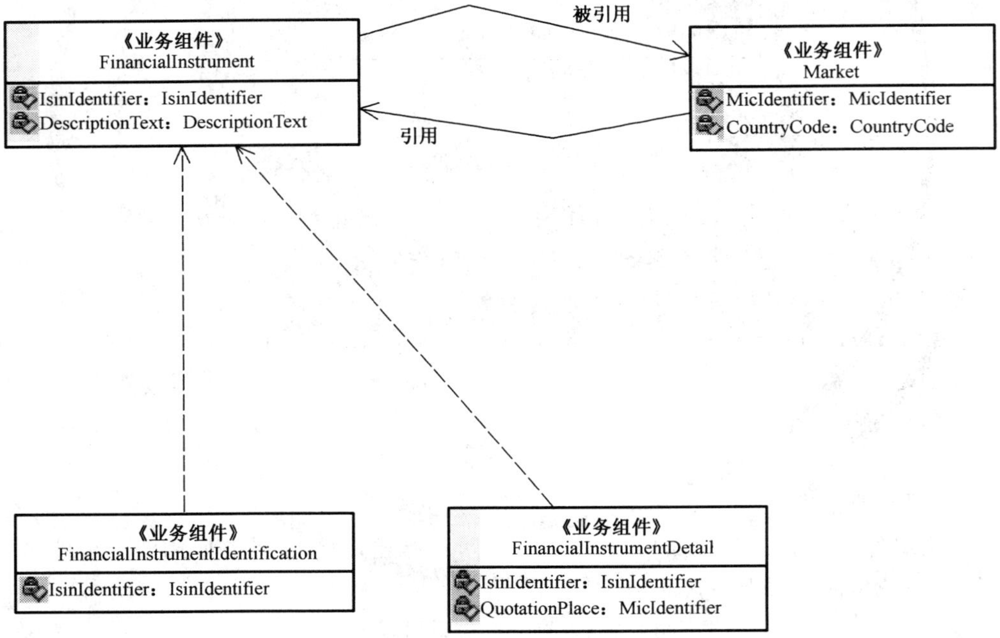

所以，如果业务组件“FinancialInstrument”包含业务组件“Market”，而“Market”包含“FinancialInstrument”，这意味着报文实例中包含一个无限循环。在这样的报文组件中，我们仅需通过“被引用”方向进行单向描述关联即可。解决方案是定义一个报文组件，例如，称做“FinancialInstrumentDetail”，它包含所需信息“FinancialInstrument”标识和其引用位置的标识。

4.3.2.4 **如何处理关系循环**

假设一个例子中包含三个业务组件 A、B、C，其中 A 关联于 B，B 关联于 C，C 关联于 A，则需要引进多个报文组件以避免递归。原因是报文定义本质上支持分层关系（树状描述），而建模允许定义网状关系。

4.3.2.5 继承

报文组件不应复制业务组件中的继承关系，业务建模中的继承关系允许建模人员将业务概念进行分类。报文组件是为实现需求而开发的，具有有限的可视性。

4.3.2.6 如何优化报文组件

假设业务组件A与业务组件B相关联，报文组件的两种基本定义方式如下：

a) 定义报文组件A和报文组件B，通过定义一个A到B的聚合关系来表示两者之间的联系；

b) 在报文组件A中追加B所需的报文元素。这个过程称为反向规范化(denormalization)。

应谨慎对待这些“被移动的”报文元素的命名。

由于报文元素“背景敏感”，强烈推荐在“被移动的”报文元素的新名称中包含该报文元素的背景信息。

下面的例子说明了，如果将属于报文组件“Account”(关联到报文组件“SettlementDetails1”)的报文元素“Id”，移到报文组件“SettlementDetails2”时，报文元素“Id”应当重新命名为“AccountId”。

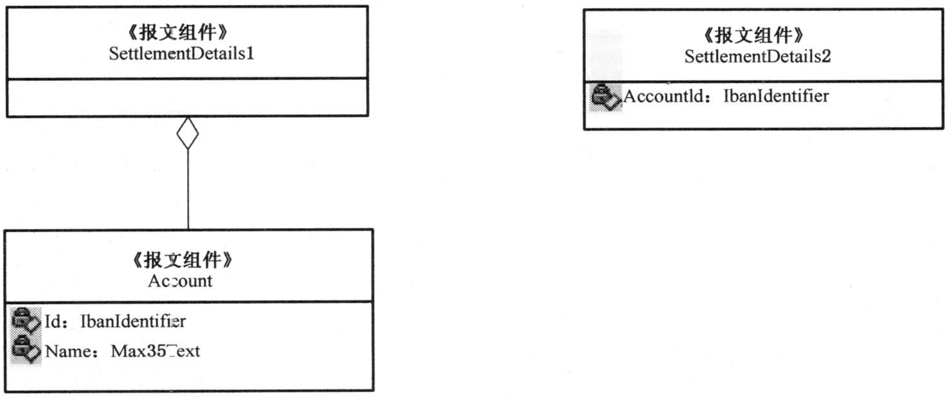

4.4 活动：构建报文

对于序列图中确认的每个报文，组合选定的(或者新的)报文组件以生成报文定义图中对应报文的最终结构。

对于符合GB/T 27926的报文定义，其数据结构主要为树状，树的每个分支由对应的组件定义。定义报文组件时规定的原则也适用于设计报文。

为确保所有的报文都以同样的方式构建，应遵守报文元模型中规定的约束条件和规则(见活动“4.3定义报文组件”)。

4.4.1 通用导则

当将报文组件构建成为报文时，基本原则是将报文组件按照“非破坏”的方式联结。如果组件A和组件B需要联结，在构件报文时，应实现这种关系且不能影响A或者B的定义，除非它们总是被联合使用。

应将报文建模为构造型《Message》类。

报文应由报文组件构成。

报文组件建模为构造型《MessageComponent》类。报文组件在构建成为报文时不能被修改。这意味着《MessageComponent》类中不能加入任何属性和聚合关系。

如有必要，应追加关于多样性、选择性、限定性(例如，元素的允许结构)、操作(例如，检查币种代码的存在)和规则(例如，清算日期必须滞后于订单日期)方面的信息(见GB/T 27926.4语法设计规则)。

4.4.1.1 报文粒度

在业务交易开发时，已经采用了很多与报文粒度相关的规定，其主要规定同样适用于构建报文。

4.4.1.1.1 从支持这些过程的数据中分离处理信息

报文不应包含业务过程指示符(购买、出售、生成、删除等)。报文的标识可通过在报文头或报文名中包含指示符或者在报文范围中描述。报文应仅包含支持业务过程的数据，而不应包含业务过程的识别信息或差异信息。

4.4.1.1.2 避免重复性

示例：为不在重复序列中出现币种代码及出现"所有币种代码必须相同"的说明，可在重复序列之外放置一次币种代码。

4.4.1.1.3 避免代码值和组件之间的依赖关系

示例：为了不使用代码"P hysicalDelivery＝yes or no"、地址组件和出现"如果 PhysicalDelivery＝yes 则地址必须存在"的说明，一个更有效的方法是生成一个组件"PhysicalDeliveryAddress"。

4.4.1.1.4 谨慎使用嵌套组件

示例：如果在 InvestmentAccount 组件中定义 Intermediaries 列表，我们会感到当不需要 Intermediaries 的背景中重复使用这个组件会感到很困难。建议保留 InvestmentAccount 和 Intermediaries 作为两个独立的组件，并生成第三个组件来表示两者之间的关系。

5 技术设计

技术设计包含一套从逻辑设计模型到最终技术实现的映射规范（例如，GB/T 27926 XML Schema）。在技术设计活动中，报文、协作等的逻辑描述被映射成为目标技术（例如，GB/T 27926 XML）。

技术设计基于一套映射规范，这些映射规范用于自动生成报文和业务交易的可预测表示形式。

称该活动为技术性的是因为它处理的是目标技术环境中报文的技术表示形式（例如，用于报文语法的 XML Schema 以及用于某些验证规则的编程代码）。

映射规范见"GB/T 27926 XML 设计规则"。

6 命名约定

GB/T 27926 网站上发布的提交模板及其相关指南中给出了命名约定的详细内容。以下为适用于 GB/T 27926 库大多数条目的通用规则：

a) 使用英式英语词汇；

b) 当命名元素时，遵循大多数语法的典型（字符）约束条件：
   - 所有名称以字母开头；
   - 第一个字符后面的字符必须是字母或数字字符。

c) 使用 camel 惯例：
   - 元素和属性的名称可以由包含字母与数字的多个单词复合而成；
   - 首字母大写；
   - 词与词之间不留空格。

附 录 A
（资料性附录）
示 例

A.1 业务分析：基金行业业务过程

A.1.1 定义业务模型：订单处理

业务过程图：

图 A.1 给出了基金行业涉及的所有业务过程：

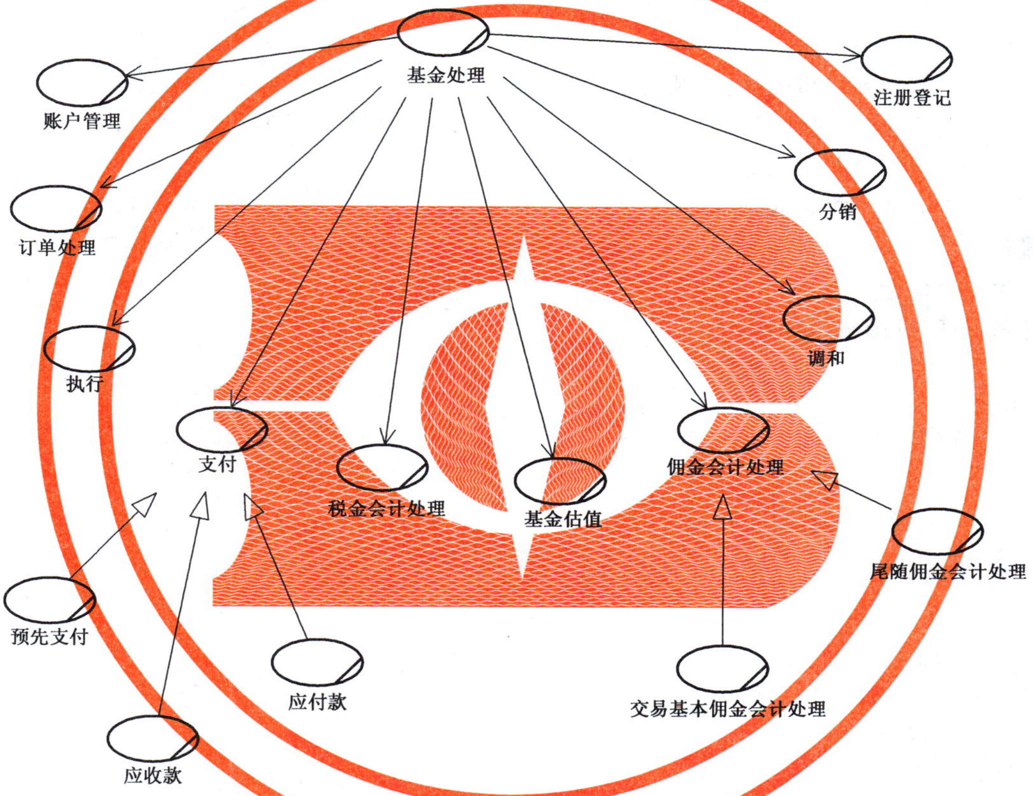

图 A.1

定义：

投资人发出申购、赎回、过户或者基金转换的指令。

参数：

——操作类型；

——金额、币种或基金份额数量；

——基金代码、基金份额类型（份额种类）；

——账号和账号注册信息；

——交易日期和时间/结算日期；

——结算方式；

——过户代理代码、中间商代码、托管人代码；

——合规证明、分红方式选择；

——佣金信息:类型、金额和收取人;

——请求折扣(如果不同于标准契约折扣);

——实际交付申请;

——税金信息;

——交易币种。

触发事件:

——投资人/中间商决定;

——企业行为事件(如,分红);

——标准指令(储蓄计划、储蓄安排等)。

前置条件:

——账户有效;

——基金存在;

——如果需要,(申购)信用额度存在;

——对于转换、过户或赎回,账户的基金份额必须已经结算/生成;

——订单符合基金招募说明书中的规定;

——中间商和投资人是合法(有效)的并经确认。

后置条件:

生成有效指令。

业务角色图(见图 A.2)。

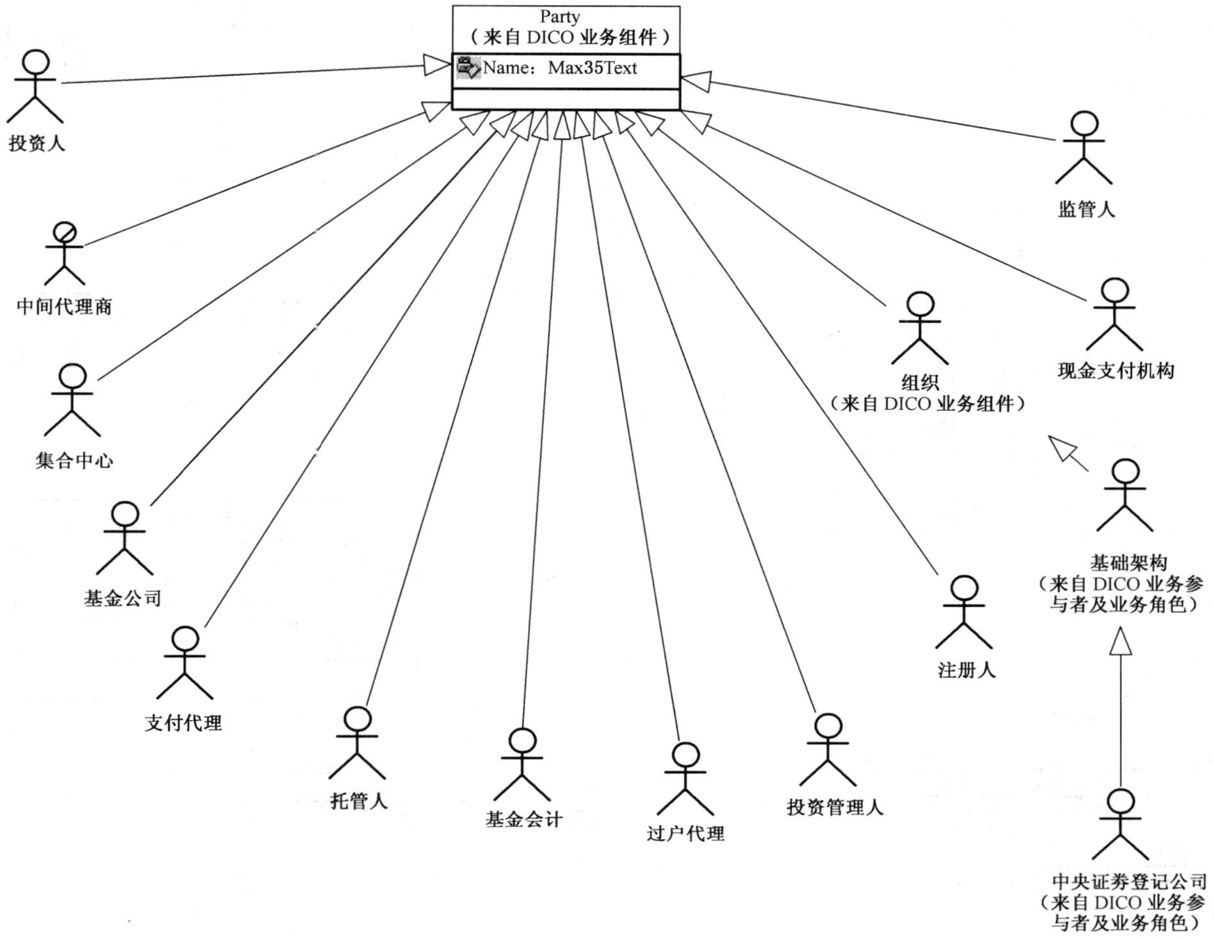

图 A.2

业务组件图(见图 A.3)。

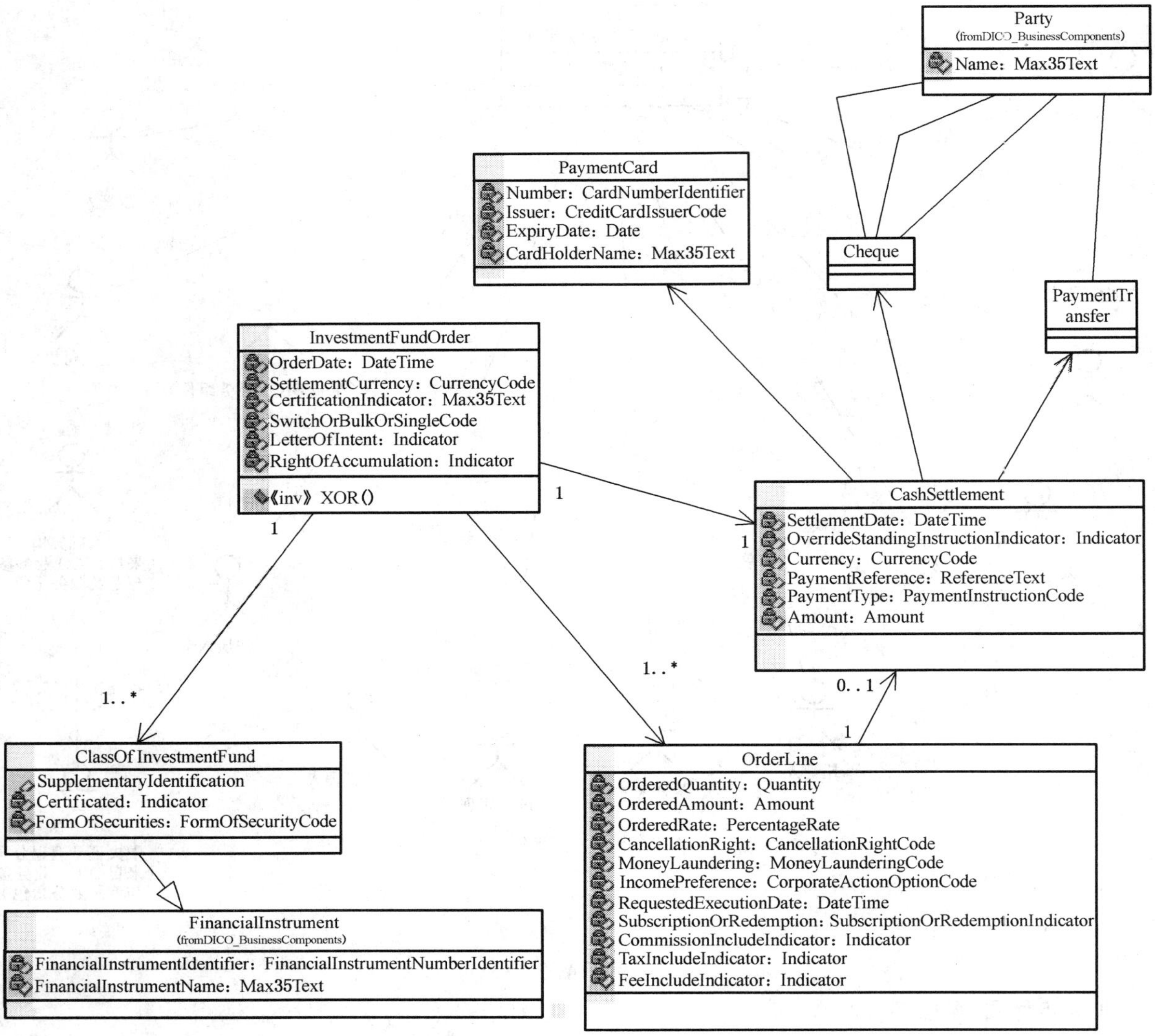

图 A.3

A.2 需求分析:基金行业信息交换需求

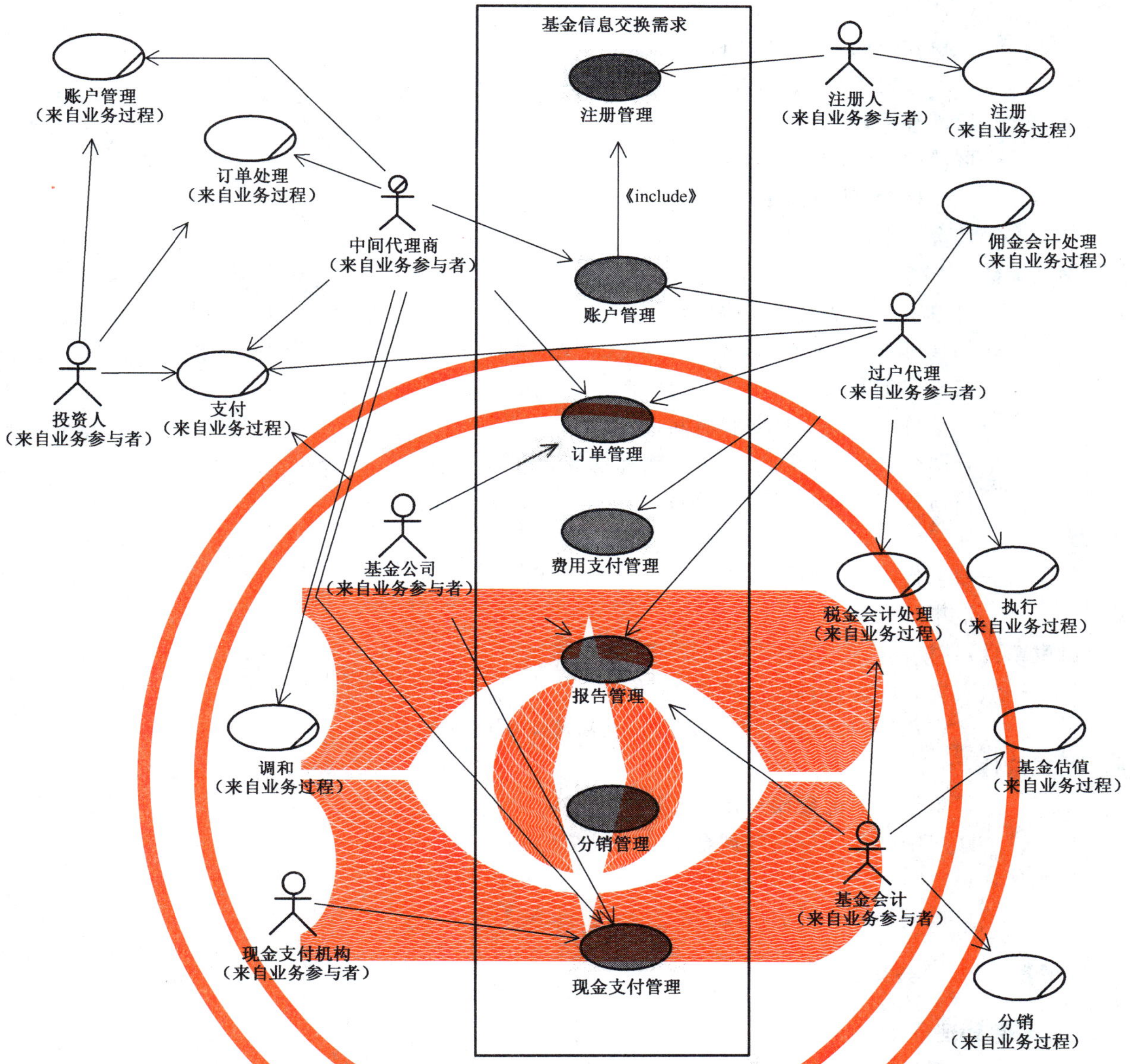

图 A.4

A.2.1 管理订单：定义、参数、触发事件、前置/后置条件

定义：

——基金订单指令和修改；

——基金订单受理确认(可选)；

——基金订单确认。

指令参数：

——操作类型；

——金额、币种或基金份额数量；

——基金代码、账号、投资人代码；

——中间商代码；

——结算类型/日期；

——工具/证券代码；

——(份额、百分比或资金)数量；

——订单发出的时间/日期；

——订单支付币种、结算币种；

——所需外汇；

——取消权、洗钱状态；

——注册指令、注册指定；

——佣金数据。

确认参数：

——订单所有参数，包括价格、费用、税金；

——佣金(由注册登记代理(TA)发送给中间商时)；

——交易登记时间；

——订单价格的核算日期和时间；

——合同金额(税金及费用)的类型和数额；

——估值日期、合同价格和币种；

——注册明细；

——基金代码、账号；

——汇率。

触发事件：

——投资人向其代理提交订单，或者；

——经客户授权，中间商根据客户的交易策略生成订单。

前置条件：

——订单发起人被授权对该账户进行交易；

——账户中的基金份额或现金足够完成交易。

后置条件：

拒绝订单或订单执行被触发。

A.3 逻辑分析：业务交易

A.3.1 订单管理

对于需求用例“订单管理”，我们定义其实现方式，即需要有不同的解决方案和报文流。

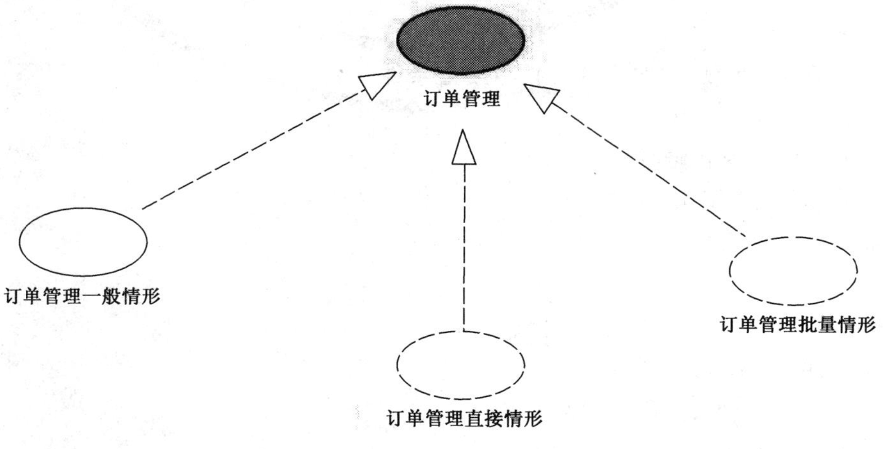

图 A.5

在文字和序列/协作图中描述了 3 种情形，分别表示所有可能参与者/子系统间的报文流。

A.3.2 序列/协作图

A.3.2.1 订单管理直接情形—序列图

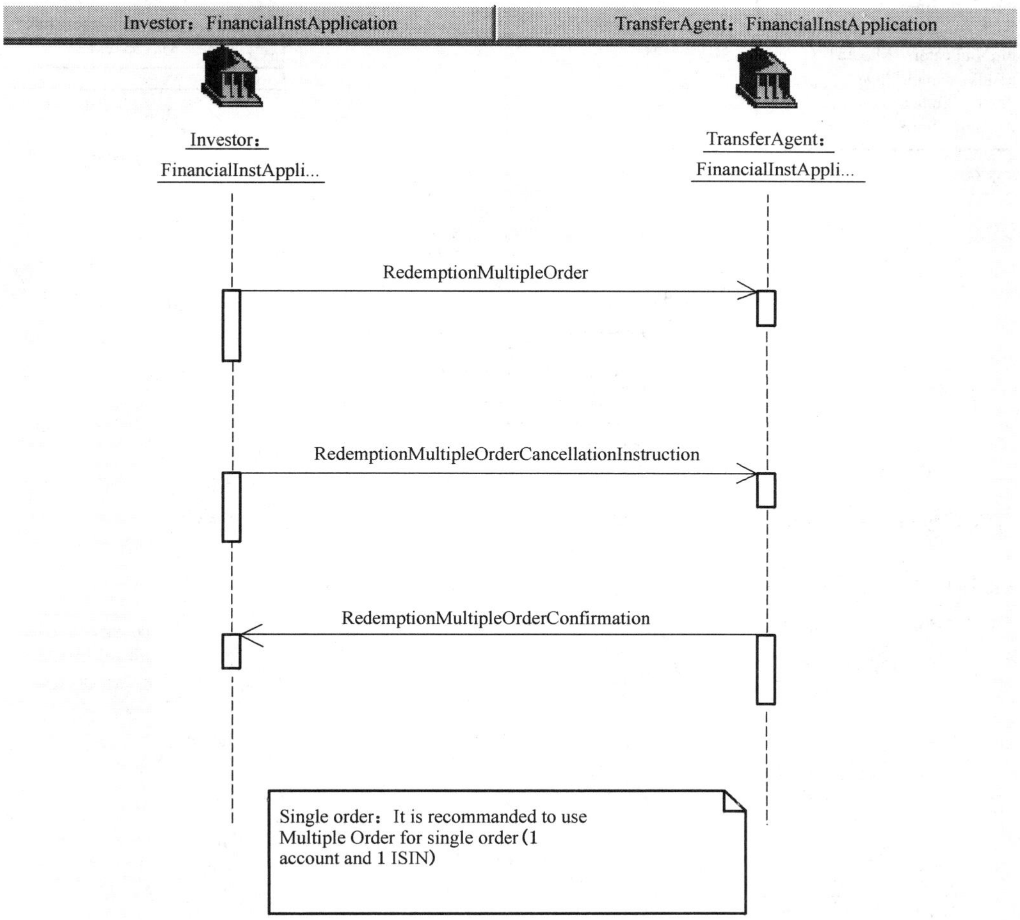

图 A.6

A.4 报文设计:组建报文

A.4.1 定义报文组件(由业务组件)

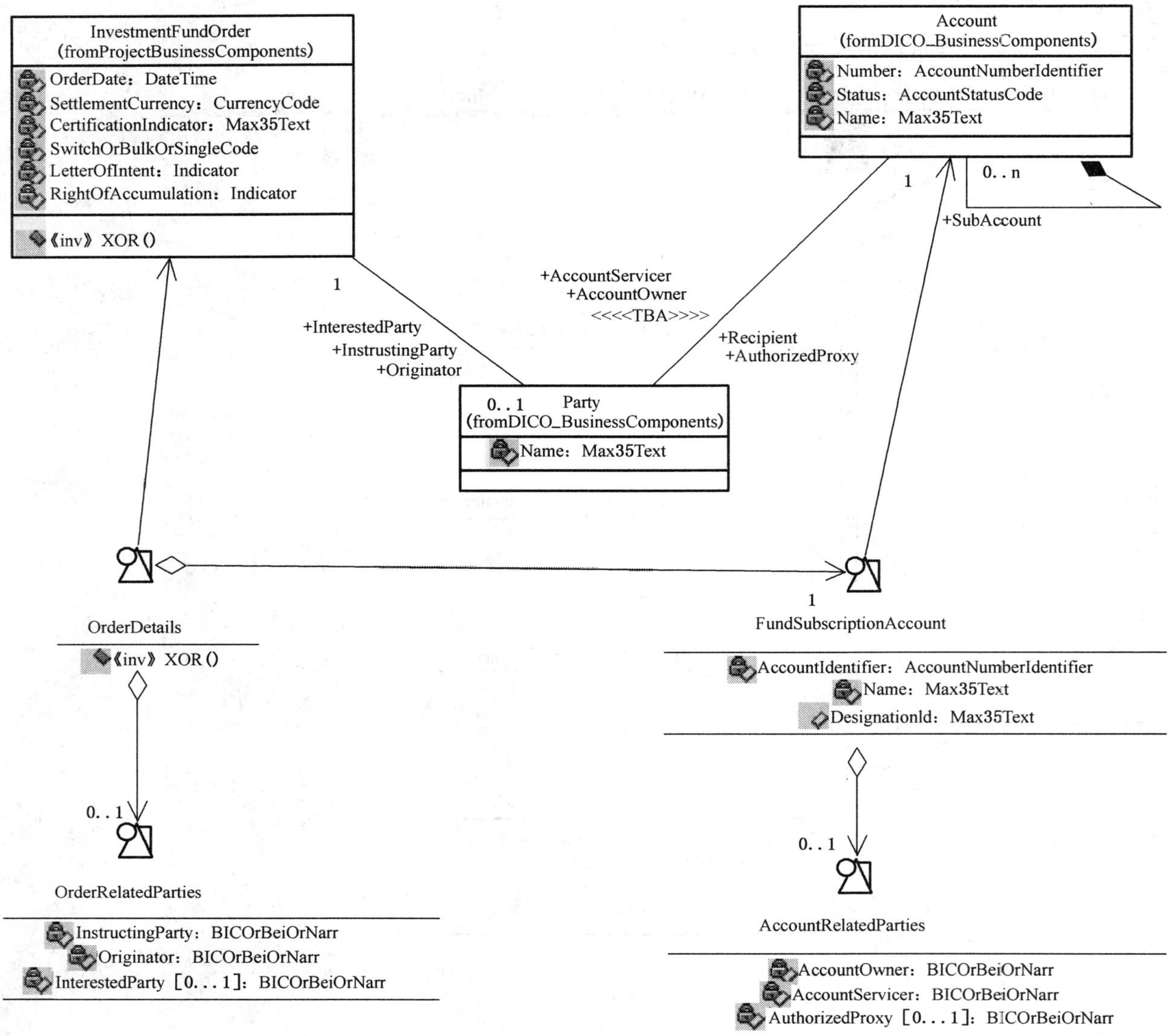

图 A.7

A.4.2 投资基金申购订单—报文模型

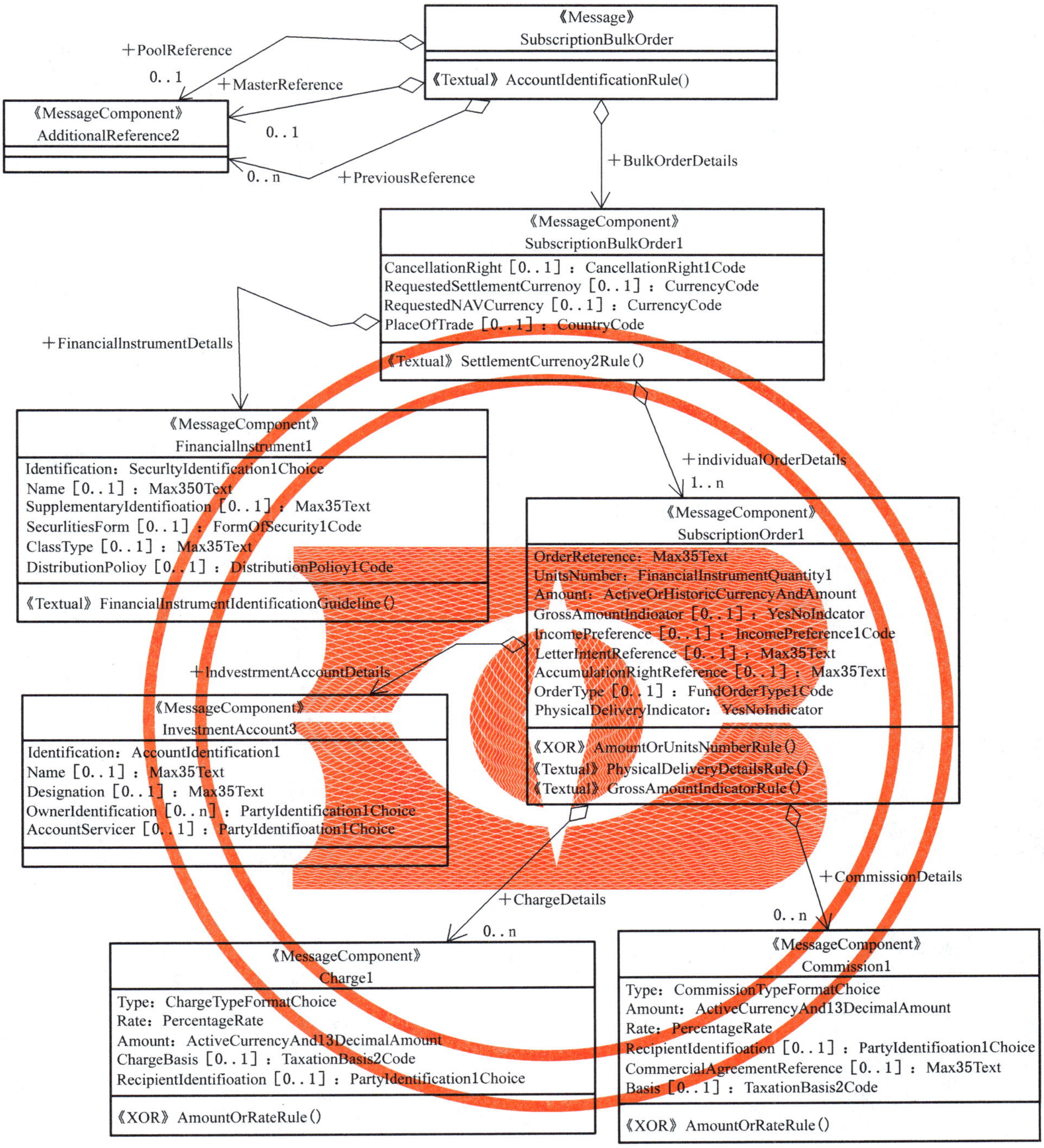
《Message》
SubscriptionBulkOrder
《Textual》 AccountIdentificationRule()
+PoolReference
0..1
+MasterReference
0..1
0..n
+PreviousReference
《MessageComponent》
AdditionalReference2
+BulkOrderDetails
《MessageComponent》
SubscriptionBulkOrder1
CancellationRight [0..1] : CancellationRight1Code
RequestedSettlementCurrenoy [0..1] : CurrencyCode
RequestedNAVCurrency [0..1] : CurrencyCode
PlaceOfTrade [0..1] : CountryCode
《Textual》 SettlementCurrenoy2Rule()
+FinancialInstrumentDetalls
《MessageComponent》
FinancialInstrument1
Identification: SecurltyIdentification1Choice
Name [0..1] : Max350Text
SupplementaryIdentifioation [0..1] : Max35Text
SecurlitiesForm [0..1] : FormOfSecurity1Code
ClassType [0..1] : Max35Text
DistributionPolioy [0..1] : DistributionPolioy1Code
《Textual》 FinancialInstrumentIdentificationGuideline()
+individualOrderDetails
1..n
《MessageComponent》
SubscriptionOrder1
OrderReterence: Max35Text
UnitsNumber: FinancialInstrumentQuantity1
Amount: ActiveOrHistoricCurrencyAndAmount
GrossAmountIndioator [0..1] : YesNoIndcator
IncomePreference [0..1] : IncomePreference1Code
LetterIntentReference [0..1] : Max35Text
AccumulationRightReference [0..1] : Max35Text
OrderType [0..1] : FundOrderType1Code
PhysicalDeliveryIndicator: YesNoIndicator
《XOR》 AmountOrUnitsNumberRule()
《Textual》 PhysicalDeliveryDetailsRule()
《Textual》 GrossAmountIndicatorRule()
+IndvestrmentAccountDetails
《MessageComponent》
InvestmentAccount3
Identification: AccountIdentification1
Name [0..1] : Max35Text
Designation [0..1] : Max35Text
OwnerIdentification [0..n] : PartyIdentification1Choice
AccountServicer [0..1] : PartyIdentifioation1Choice
+ChargeDetails
0..n
+CommissionDetails
0..n
《MessageComponent》
Charge1
Type: ChargeTypeFormatChoice
Rate: PercentageRate
Amount: ActiveCurrencyAnd13DecimalAmount
ChargeBasis [0..1] : TaxationBasis2Code
RecipientIdentifioation [0..1] : PartyIdentification1Choice
《XOR》 AmountOrRateRule()
《MessageComponent》
Commission1
Type: CommissionTypeFormatChoice
Amount: ActiveCurrencyAnd13DecimalAmount
Rate: PercentageRate
RecipientIdentifioation [0..1] : PartyIdentifioation1Choice
CommercialAgreementReference [0..1] : Max35Text
Basis [0..1] : TaxationBasis2Code
《XOR》 AmountOrRateRule()

图 A.8

ICS 03.060
A 11

中华人民共和国国家标准

GB/T 27926.4—2011/ISO/TS 20022-4:2004

金融服务　金融业通用报文方案
第4部分:XML设计规则

Financial services—Universal financial industry message scheme—
Part 4:XML design rules

(ISO/TS 20022-4:2004,IDT)

2011-12-30 发布　　2012-05-01 实施

中华人民共和国国家质量监督检验检疫总局
中国国家标准化管理委员会　发布

前　言

GB/T 27926 的本部分按照 GB/T 1.1—2009 给出的规则起草。

GB/T 27926《金融服务　金融业通用报文方案》由以下 5 部分构成：

——第 1 部分：库输入输出方法和格式规范；

——第 2 部分：注册机构的角色及职责；

——第 3 部分：建模导则；

——第 4 部分：XML 设计规则；

——第 5 部分：反向工程。

本部分为 GB/T 27926 的第 4 部分。

本部分等同采用 ISO/TS 20022-4:2004《金融服务　金融业通用报文方案　第 4 部分：ISO 20022 XML 设计规则》(英文版)。

为便于使用，本标准还做了下列编辑性修改：

a) “ISO 20022 的本部分”改为“GB/T 27926 的本部分”；

b) 删除国际标准前言；

c) 将国际标准名称由“ISO 20022 XML 设计规则”改为“XML 设计规则”。

附录 A 为资料性附录。

本部分由中国人民银行提出。

本部分由全国金融标准化技术委员会(SAC/TC 180)归口。

本部分负责起草单位：中国金融电子化公司。

本部分参加起草单位：中国人民银行、中国证券监督管理委员会、中国工商银行、中国建设银行、博时基金管理有限公司、深圳证券通信公司、申银万国证券股份有限公司、中国人民银行南京分行、中国人民银行长春中心支行。

本部分主要起草人：王平娃、陆书春、李曙光、赵志兰、马小琼、王毛路、王德英、巫禄芳、强庆华、施铁倩、李迎辉、成永德、贾树辉、刘运、景芸、程晓阳、陈立军。

金融服务 金融业通用报文方案 第4部分:XML设计规则

1 引言

XML是W3C(万维网标准化协会)定义的技术标准,可用来描述GB/T 27926标准化报文(即语法)。但XML在描述特定对象时(例如,GB/T 27926标准化报文)具有很大的灵活性,所以仅仅说明GB/T 27926标准化报文是使用XML来定义的是不够的,我们必需知道如何使用XML来定义它。

本部分包含一套XML设计规则,我们称之为GB/T 27926 XML。设计规则规定了标准化的报文是怎样描述为符合GB/T 27926标准的XML文档的。该标准化报文是根据GB/T 27926.3中的建模导则,由UML[1](统一建模语言)描述的报文定义来描述的。

根据W3C的定义,任何包含关联描述并符合描述中相应限制的XML文档都可以称作一个有效的XML文档(以下称为"XML实例"或"实例")。这里的关联描述来源于最初的报文定义,是由UML描述的。

本部分同样描述如何将UML报文(部分)定义转换成W3C XML Schema。通过XML Schema,我们能够利用XML Schema解析器的验证功能来自动校验一个给定的实例是否符合报文定义中描述的约束(或其子集)。

DTD(文档类型定义)也可以用于检验XML实例与相应报文定义的部分一致性。但是由于DTD提供的验证功能具有一定局限性,本部分没有涉及XML DTD的内容。

注意,本部分只是解释了如何将报文定义图映射成XML。并没用解释如何生成一个报文定义图。该方面的信息见GB/T 27926.3建模导则。

2 规范性引用文件

下列文件对于本文件的应用是必不可少的。凡是注日期的引用文件,仅注日期的版本适用于本文件。凡是不注日期的引用文件,其最新版本(包括所有的修改单)适用于本文件。

GB/T 7408 数据元和交换格式 信息交换 日期和时间表示法(GB/T 7408—2005,ISO 8601:2000,IDT)

GB/T 27926.1 金融服务 金融业通用报文方案 第1部分:库输入输出方法和格式规范(GB/T 27926.1—2011,ISO/TS 20022-1:2004,MOD)

GB/T 27926.3 金融服务 金融业通用报文方案 第3部分:建模导则(GB/T 27926.3—2011,ISO/TS 20022-3:2004,IDT)

用于ISO文档的URN命名空间

3 UML到XML的转换

3.1 假定

将UML形式的报文定义转换成以XML描述的设计规则需基于下述设计选择:

1) 关于UML(统一建模语言)的详细信息参见对象管理组网站:http://www.omg.org/uml。

——当前工作是基于下列 W3C 所建议的标准规范：
2000 年 10 月版 XML 规范(http://www.w3c.org/TR/2000/REC-xml-20001006)；
2001 年 5 月版 XML Schema 规范 (http://www.w3c.org/TR/xmlschema-0/)；
(http://www.w3c.org/TR/xmlschema-1/)和(http://www.w3c.org/TR/xmlschema-2/)。

——GB/T 27926 XML 描述应尽可能的系统化：
- 业务信息表示为 XML 元素/值；
- 元数据信息表示为 XML 属性。在 XML 实例中一般不携带属性，除非需要排除歧义。

——GB/T 27926 XML 的元素、属性、简单类型(simpleType)或复杂类型(complexType)均有对应的 UML 模型元素；

——目前只定义了 GB/T 27926 XML 运行时(验证)的 schema。运行时的 schema 仅包含了验证 XML 实例的信息，不包含文档或实现信息(例如，元素代码、版本、定义等)。

3.2 术语和约定

3.2.1 建模术语和约定[2)]

——报文定义在 UML 中描述为分层类图，即报文定义图；

——报文定义图的根类是一个没有属性的 UML 类，构造型为《Message》，表示报文；

——报文由报文组件组成，报文和报文组件类的父子关系用 UML 中的聚合关系(和其 UML 角色)描述；

——报文组件描述为一个 UML 类，构造型为《MessageComponent》或者《ChoiceComponent》，报文组件包含报文元素，报文元素或者描述为一个 UML 类属性(当类描述报文组件)或者为两个 UML 类聚合关系中的 UML 角色(当每个类描述一个报文组件时)；

——报文元素均具有类型，该类型或者描述为 UML 的类属性(当属性描述报文元素)或者为 UML 聚合的目标类(当聚合包含描述报文元素的角色时)；

——报文元素的类型也可以为报文组件或数据类型(Data Type)，数据类型描述为一个具有适当的构造型的 UML 类(例如，《Code》、《Identifier》或《Text》)。数据类型可包含元数据，这些元数据在表示数据类型的 UML 类中描述为类属性。

3.2.2 XML 命名约定

所有用于 XML 元素、XML 属性、XML 简单类型(simpleType)和 XML 复杂类型(complexType)的名称都是基于对应的 UML 对象名称。

——XML 简单类型和 XML 复杂类型直接使用对应的 UML 类名；

——为了优化[3)]，XML 实例中出现的 XML 元素和 XML 属性使用对应的 UML 对象名称缩写版本。该缩写基于一个映射表。由于映射表会因为新缩写的不断加入而更新，故将其放在 GB/T 27926 的网站上(http://www.GB/T 27926 org)。

——每个报文都有一个报文标识符(Message Identifier)，该标识符由 GB/T 27926 注册机构定义。报文标识符惟一标识报文并具有下列结构："xxxx.nnn.aaa.bb"，其中：
- xxxx 是 4 位字母代码(固定长度)，标识业务流程；
- nnn 是 3 位字母数字代码(固定长度)，标识报文功能；
- aaa 是 3 位数字代码(固定长度)，标识报文功能的特点(变体)；
- bb 是 2 位数字代码(固定长度)，标识版本；
- 元素间以"."字符作为分隔符。

2) 关于报文建模的详细信息见"GB/T 27926.3：建模导则"。

3) 附录中含一个报文优化的导则列表，这些导则旨在提高报文验证性能和验证量。

3.3 UML 到 XML schema 和 XML 实例的转换规则

报文定义由互不相同且有限数量的 UML 模式组成。通过定义从 UML 模式到 GB/T 27926 XML 的转换规则，我们能将任意报文定义图转换为相应的 GB/T 27926 XML schema，也能将任何报文转换为其相应的 GB/T 27926 XML 实例。

3.3.1 XML 和 UML 对象的关系

GB/T 27926 XML 元素能描述下列 UML 对象：

——报文；

——报文元素。

GB/T 27926 XML 属性能描述下列 UML 对象：

——数据类型的元数据。

GB/T 27926 XML 简单类型或具有简单内容的复杂类型能描述下列 UML 对象：

——数据类型。

GB/T 27926 XML 复杂类型能描述下列 UML 对象：

——报文；

——报文组件。

3.3.2 数据类型(Date Types)

报文定义中使用的所有报文元素都拥有类型。此类型可以是 GB/T 27926 的数据类型。GB/T 27926 的数据类型基于数据类型表示之上。

3.3.2.1 数据类型表示(Date Type Representations)

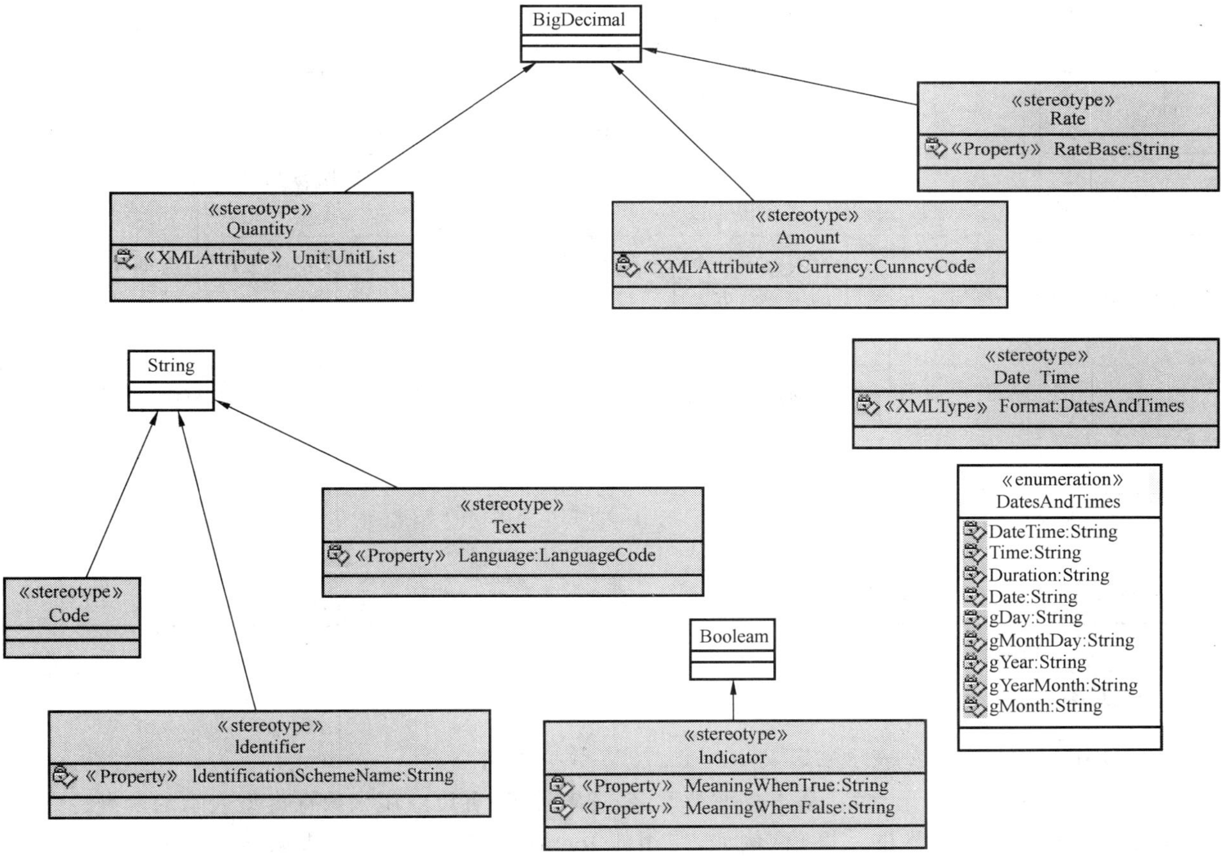

注：每一个 GB/T 27926 数据类型均由 UML 类描述，并由一个允许的数据类型表示来构造。数据类型表示包含许多特性，这些特性被传递(继承)到使用该数据类型表示的所有数据类型。通过这种方式，众多数据类型所共有的特性被集合在一起。在描述 GB/T 27926 数据类型的类中，一些特性被描述为 UML 类属性。为便于正确地转换成 XML schema 和 XML 实例，相应的构造型为《XMLAttribute》、《Property》或者《XMLType》。这些属性携带的大部分信息为静态的，而且只应用于 GB/T 27926 数据类型的文档描述和/或实现。但在某些情况下，属性将对 XML schema 中相应的简单类型定义产生影响。这些属性携带的部分信息可为动态的，这些动态信息必须包含在使用该 GB/T 27926 数据类型的所有 XML 实例中。在 3.3.2.3 中详细描述了每个 GB/T 27926 数据类型所允许的数据类型表示，也描述了属性对于 XML Schema 和/或 XML 实例的影响。

3.3.2.2 基本数据类型

GB/T 27926 XML 基本数据类型按照 W3C 的定义来编制，见 http://www.w3.org/TR/xmlschema-2/#dt-encoding。GB/T 27926 XML 支持的 XML 基本类型如下：

UML 名称	XML 名称	描　述
String	string	UTF-8 字符有限序列集。
Boolean	boolean	取值空间为布尔常量“True”或“False”。
Integer	integer	对应 32 位整数类型。
BigDecimal	decimal	任意精度的十进制数。
Date	date	对应于日期。详见 GB/T 7408。 格式：CCYY-MM-DD
Time	time	对应时间。详见 GB/T 7408。 格式：HH:MM:SS ＋ －偏移(相对于 UTC 时间)
DateTime	dateTime	对应日期和时间。详见 GB/T 7408。 格式：CCYY-MM-DDTHH:MM:SS ＋ －偏移(相对于 UTC 时间)
Duration	duration	对应时间周期。详见 GB/T 7408。 格式：PnYnMnDTnHnMnS
gDay	gDay	对应于一组以天计，以月为周期的实例。时区应为 UTC。详见 GB/T 7408。 格式：---DD
gMonth	gMonth	对应于一个时间周期，该时间周期以每月第 1 天的午夜开始，以每月最后 1 天的午夜结束。详见 GB/T 7408。 格式：--MM--
gYear	gYear	对应于一个时间周期，该时间周期以每年第 1 天的午夜开始，以每年最后 1 天的午夜结束。详见 GB/T 7408。 格式：CCYY
gMonthday	gMonthday	对应于一组以天计，以一年为周期的实例。时区应为 UTC。详见 GB/T 7408。 格式：--MM-DD
base64Binary	base64Binary	描述以 Base64 编码的任意二进制数据。

3.3.2.3 GB/T 27926 数据类型

可以使用一种数据类型表示来定义 GB/T 27926 数据类型。

这样，GB/T 27926 数据类型(基本数据类型、任意属性等)可以应用该数据类型表示的所有特性。

通过详细说明相关特性的实际值(例如，使用的 Identification Scheme)来限定原始基本数据类型

(例如,String)和数据类型表示(例如,Identifier)的取值空间。还可以通过引入《Format》所构造的UML操作来做进一步限定。这些操作在生成XML schema时转换成限定条件。

为了使用该限定条件,这些数据类型所生成的XML类型必须为简单类型或具有简单内容的复杂类型而不是复杂类型[4)]。将GB/T 27926数据类型与XML简单类型或具有简单内容的复杂类型相联系不存在任何问题,且可对XML基本类型进行进一步限定。

下面章节详细描述了所有允许的数据类型表示转化为相应数据类型的转化规则。

3.3.2.3.1 使用数据类型表示《Quantity》的数据类型

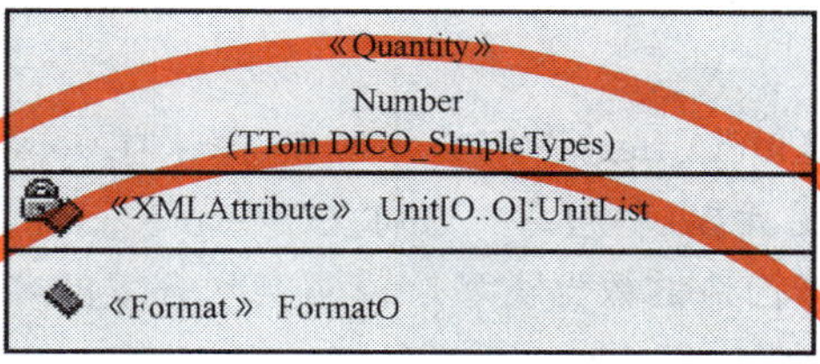

属性:

数据类型表示《Quantity》(见元模型)包含一个称为"unit"的属性(构造型为《XMLAttribute》)。任何由《Quantity》构造的数据类型应详细说明"unit"是否包含一个可能值列表。

——当可能值多于一个时,该属性将作为XML属性出现在XML schema中,并且在每一个实例中包含实际使用值,该有效值列表定义在数据类型"UnitList"中;

——当可能值仅有一个或者无可能值时,该属性仅在文档中说明,不在XML schema或XML实例中出现,因而"Unit"是隐含的(因为它的取值固定并在文档中说明,或者因为该属性出现在报文别的地方)。

3.3.2.3.2 使用数据类型表示《Code》的数据类型

UML	GB/T 27926 XML 实例
包含可能值枚举的类	GB/T 27926 XML 元素包含选定值

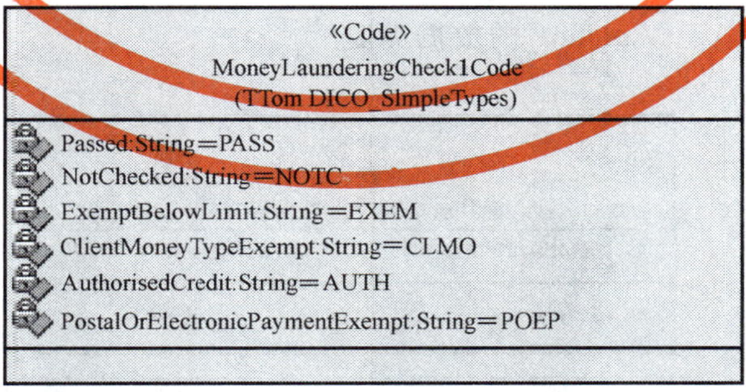

属性:

当列表值在报文环境中(例如,交易类型)包含有意义的(即语义的)值时,使用此数据类型。GB/T 27926数据类型通过使用《Code》引用内部列表(即在schema中说明的列表)。其为一个枚举,枚举值需要在实例中从可选值中选定一个。

枚举值只能在可能值列表中选取。

4) XML schema验证限制:该限定不能应用于非简单内容的复杂类型。

枚举项的值从每个 UML 枚举属性的四字符初始值中获得。

3.3.2.3.3 使用数据类型表示《Identifier》的数据类型

属性：

GB/T 27926 数据类型使用《Identifier》引用外部列表(即未在 schema 中说明)。

数据类型表示《Identifier》(见元模型)包含一个称为“IdentificationSchemeName”的属性(构造型为《Property》)。任何由《Identifier》构造的数据类型应说明实际方案的名称。此信息仅用于文档说明，不作为 XML schema 或实例的一部分。

如果需要，可以增加限定条件来进行语法的校验(使用《Format》操作)。

3.3.2.3.4 使用数据类型表示《Rate》的数据类型

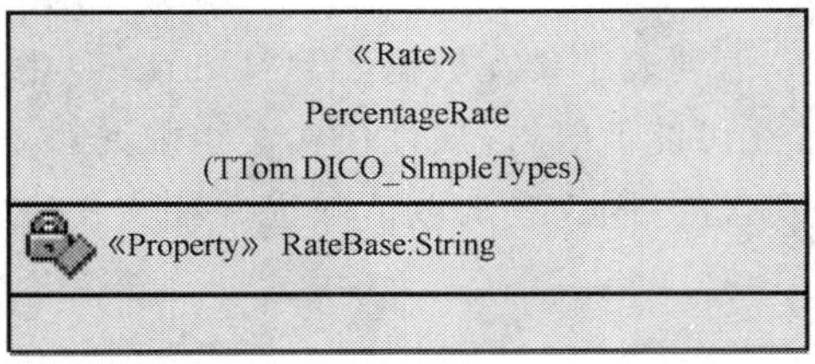

属性：

数据类型表示《Rate》(见元模型)包含一个称为“RateBase”的属性(构造型为《Property》)。任何由《Rate》构造的数据类型应说明实际使用的基类。此信息仅用于文档说明，不作为 XML schema 或实例的一部分。

3.3.2.3.5 使用数据类型表示《Amount》的数据类型

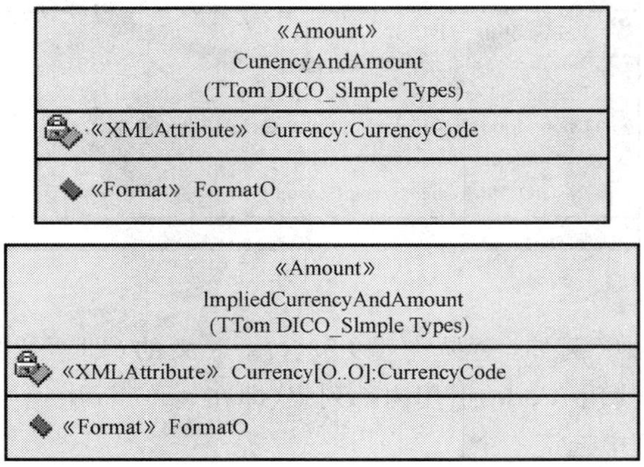

属性：

数据类型表示《Amount》(见元模型)包含一个称为“Currency”的属性(构造型为《XMLAttribute》)。任何由《Amount》构造的数据类型应详细说明“Currency”是否包含一个可能值列表。

——当可能值多于一个时，该属性将作为 XML 属性出现在 XML schema 中，并且在每一个实例中包含实际使用值。该有效值列表定义在数据类型“CurrencyCode”中；

——当可能值仅有一个或者无可能值时，该属性仅在文档中说明，不在 XML schema 或 XML 实例中出现，因而“Currency”是隐含的(因为它的取值固定并在文档中说明，或因为该属性出现在报文别的地方)。

3.3.2.3.6 使用数据类型表示《Indicator》的数据类型

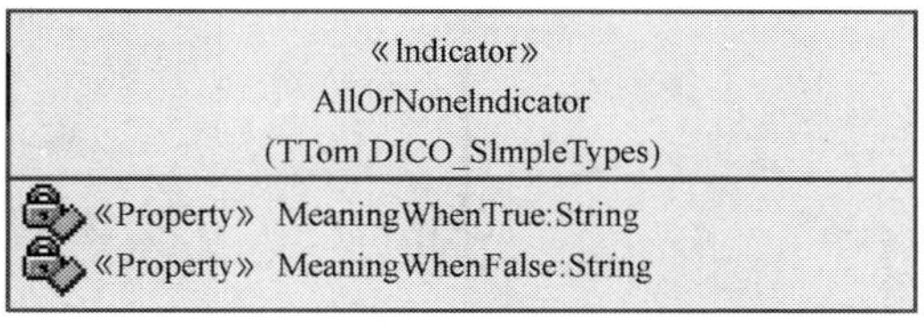

属性：

由数据类型表示《Indicator》构造的数据类型意味着报文元素应具有布尔值(“ture”或“false”)。

数据类型表示《Indicator》(见元模型)包含 2 个属性，分别称为“MeaningWhenTrue”和“MeaningWhenFalse”(构造型均为《Property》)。任何由《Indicator》构造的数据类型应详细说明当其值为“ture”和“false”时的实际意义。此信息仅在文档中说明，不作为 XML schema 或实例的一部分。

3.3.2.3.7 使用数据类型表示《Text》的数据类型

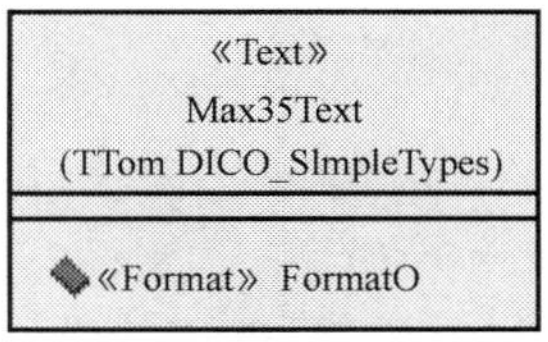

属性：

由数据类型表示《Text》构造的数据类型意味着报文元素包含文本信息。

《Format》操作包含此数据类型的限定条件。

3.3.2.3.8 使用数据类型表示《DateTime》的数据类型

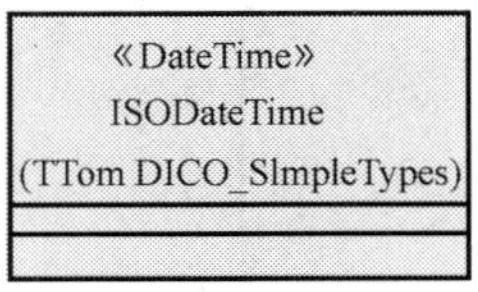

属性：

数据类型表示《DateTime》(见元模型)包含一个称为“Format”的属性(构造型为《XMLType》)。任何由《DateTime》构造的数据类型应说明实际使用的基本数据类型(Date、DateTime、……)。该信息作为相应数据类型的限制条件包含在 XML schema 中。

3.3.2.4 示例

下述报文实例包含了上述说明的所有数据类型。首先给出报文定义图，然后由此得到 XML schema。

3.3.2.4.1 报文定义图

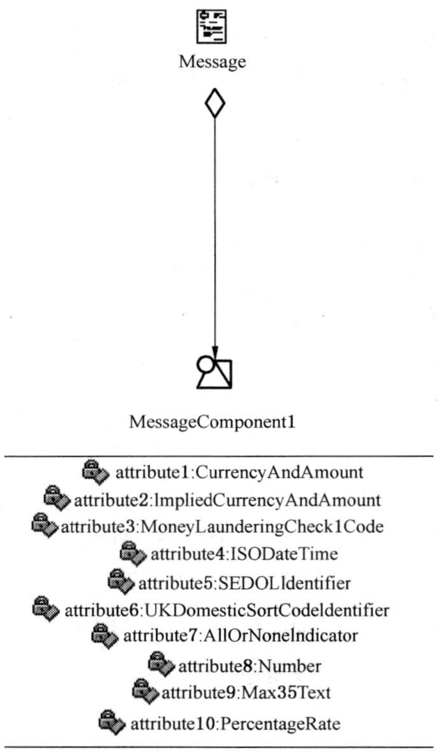

3.3.2.4.2 Schema 源文件[5]

```
〈? xml version = "1.0" encoding = "UTF - 8"?〉
    〈xs:schema xmlns = "urn:iso:std:iso:20022:xsd: $ Message"〉
        targetNamespace = "urn:iso:std:iso:20022:xsd: $ Message"
        xmlns:xs = "http://www.w3.org/2001/XML Schema"
        elementFormDetault = "qualified"〉
        〈xs:element name = "Document" type = "Document"/〉
        〈xs:complexType name = "Document"〉
            〈xs:sequence〉
                〈xs:element name = "Message"type = "Message"/〉
            〈/xs:sequence〉
        〈/xs:complexType〉
        〈xs:complexType name = "Message"〉
            〈xs:sequence〉
                〈xs:element name = "MessageComponent1" type = "MessageComponent1"/〉
            〈/xs:sequence〉
        〈/xs:complexType〉
        〈xs:complexType name = "MessageComponent1"〉
            〈xs:sequence〉
                〈xs:element name = "att1" type = "CurrencyAndAmount"/〉
```

5) XML 命名约定(即缩写)不能直接体现在报文定义图中。关于缩写的更多信息参见附录 A。

```
            <xs:element name="att2" type="ImplideCurrencyAndAmount/>
            <xs:element name="att3" type="MoneyLaunderingCheck1Code"/>
            <xs:element name="att4" type="ISODateTime"/>
            <xs:element name="att5" type="SEDOLIdentifier"/>
            <xs:element name="att6" type="UKDomesticSortCodeIdentifier"/>
            <xs:element name="att7" type="AllOrNoneIndicator"/>
            <xs:element name="att8" type="Number"/>
            <xs:element name="att9" type="Max35Text"/>
            <xs:element name="att10" type="PercentageRate"/>
        </xs:sequence>
    </xs:complexType>
    <xs:simpleType name="PercentageRate">
        <xs:restriction base="xs:decimal"/>
    </xs:simpleType>
    <xs:simpleType name="Max35Text">
        <xs:restriction base="xs:string">
            <xs:maxLength value="35"/>
            <xs:minLength value="1"/>
        </xs:restriction>
    </xs:simpleType>
    <xs:simpleType name="Number">
        <xs:restriction base="xs:decimal">
            <xs:totalDigits value="18"/>
            <xs:fractionDigits value="0"/>
        </xs:restriction>
    </xs:simpleType>
    <xs:simpleType name="AllOrNoneIndicator">
        <xs:restriction base="xs:boolean"/>
    </xs:simpleType>
    <xs:simpleType name="UKDomesticSortCodeIdentifier">
        <xs:restriction base="xs:string">
            <xs:pattern value="SC[0-9]{6,6}"/>
        </xs:restriction>
    </xs:simpleType>
    <xs:simpleType name="SEDOLIdentifier">
        <xs:restriction base="xs:string"/>
    </xs:simpleType>
    <xs:simpleType name="ISODateTime">
        <xs:restriction base="xs:dateTime"/>
    </xs:simpleType>
    <xs:simpleType name="MoneyLaunderingChelk1Code">
        <xs:restriction base="xs:string">
            <xs:enumeration value="PASS"/>
            <xs:enumeration value="NOTC"/>
            <xs:enumeration value="EXEM"/>
            <xs:enumeration value="CLMO"/>
```

```
                〈xs:enumeration value="AUTH"/〉
                〈xs:enumeration value="POEP"/〉
            〈/xs:restriction〉
        〈/xs:simpleType〉
        〈xs:simpleType name="ImpliedCurrencyAndAmount"〉
            〈xs:restriction base="xs:decimal"〉
                〈xs:minInclusive value="0"/〉
                〈xs:totaIDigits value="18"/〉
                〈xs:fractionDigits value="5"/〉
            〈/xs:restriction〉
        〈/xs:simpleType〉
        〈xs:simpleType name="CurrencyAndAmount_SimpleType"〉
            〈xs:restriction base="xs:decimal"〉
                〈xs:minInclusive value="0"/〉
                〈xs:totalDigits value="18"/〉
                〈xs:fractionDigits value="5"/〉
            〈/xs:restriction〉
        〈/xs:simpleType〉
        〈xs:simpleType name="CurrencyCode"〉
            〈xs:restriction base="xs:string"/〉
        〈/xs:simpleType〉
        〈xs:complexType name="CurrencyAndAmount"〉
            〈xs:simpleContent〉
                〈xs:extension base="CurrencyAndAmount_SimpleType"〉
                    〈xs:attribute name="Ccy"use="required" type="CurrencyCode"/〉
                〈/xs:extension〉
            〈/xs:simpleContent〉
        〈/xs:complexType〉
    〈/xs:schema〉
```

3.3.2.5 Schema 的图形表示

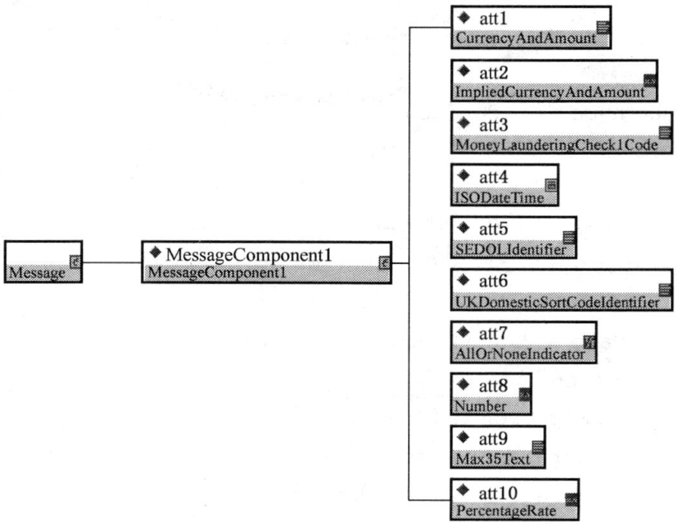

3.3.2.5.1 XML 实例

```
〈? xml version = "1.0" encoding = "UTF - 8"?〉
〈Doc:Document xmlns:Doc = "urn:iso:std:iso:20022:xsd:$Message" xmlns:xsi = "http://www.w3.org/2001/XMLSchema-instance"〉
    〈Doc:Message〉
        〈Doc:MessageComponent1〉
            〈Doc:att1 Ccy = "EUR"〉100000〈/Doc:att1〉
            〈Doc:att2〉500000〈/Doc:att2〉
            〈Doc:att3〉PASS〈/Doc:att3〉
            〈Doc:att4〉2002-07-21T08:35:30〈/Doc:att4〉
            〈Doc:att5〉5719210〈/Doc:att5〉
            〈Doc:att6〉SC123456〈/Doc:att6〉
            〈Doc:att7〉true〈/Doc:att7〉
            〈Doc:att8〉123456789012345678〈/Doc:att8〉
            〈Doc:att9〉ABCDEFGHIJKLMNOPQRST123456789012345〈/Doc:att9〉
            〈Doc:att10〉35〈/Doc:att10〉
        〈/Doc:MessageComponent1〉
    〈/Doc:Message〉
〈/Doc:Document〉
```

3.3.3 UML 模型转化规则

下面章节详细描述了报文定义中出现的所有 UML 模型的转换规则。

3.3.3.1 元素顺序

GB/T 27926 XML 缺省规定，XML 元素的排列顺序应符合如下规定：

首先是表示为类属性的报文元素，其次是表示为聚合角色的报文元素。但也可不受此约束。

为了对报文定义图中生成的 XML 元素的顺序进行管理，每个报文元素拥有一个分配的顺序号。

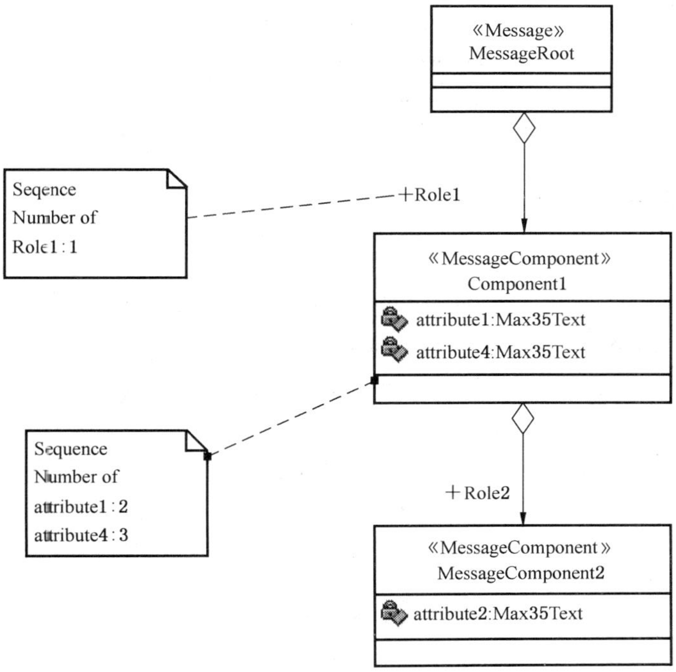

3.3.3.2 **简单组合**

报文定义图中的对象	XML schema	XML 实例
报文组件	复杂类型	
报文[6]	复杂类型 其名称将成为由复杂类型限定其类型的 XML 的根元素	XML 根标签
报文组件的报文元素[7]	复杂类型的 XML 元素	XML 标签

3.3.3.2.1 **报文定义图**

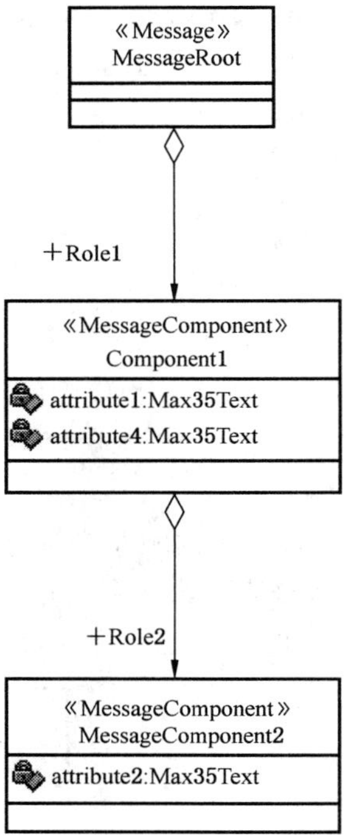

3.3.3.2.2 **Schema 源文件**

```
〈? xml version = "1.0" encoding = "UTF - 8"?〉
〈xs:schema xmlns = "urn:iso:std:iso:20022:xsd: $ SimpleComposition
        targetNamespace = "urn:iso:std:iso:20022:xsd: $ SimpleCompos
        xmlns:xs = "http://www.w3.org/2001/XMLSchema"
        elementFormDefault = "qualified"〉
        〈xs:element name = "Document" type = "Document"/〉
        〈xs:complexType name = "Document"〉
            〈xs:sequence〉
```

6) 报文定义图中仅有一个这样元素，且为该报文的根元素。

7) 报文元素为任一 UML 聚合角色或为 UML 的类属性。

```
            〈xs:element name = "SimpleComposition" type = "Simp"
        〈/xs:sequence〉
    〈/xs:complexType〉
    〈xs:complexType name = "SimpleComposition"〉
        〈xs:sequence〉
            〈xs:element name = "Role1" type = "Component1"/〉
        〈xs:sequence〉
    〈/xs:complexType〉
    〈xs:complexType name = "Component1"〉
        〈xs:sequence〉
            〈xs:element name = "Attr1" type = "Max35Text"/〉
            〈xs:element name = "Attr2" type = "Max35Text"/〉
            〈xs:element name = "Role2" type = "Component2"/〉
        〈/xs:sequence〉
    〈/xs:complexType〉
    〈xs:complexType name = "Component2"〉
        〈xs:sequence〉
            〈xs:element name = "Attr1" type = "Max35Text"/〉
        〈/xs:sequence〉
    〈/xs:complexType〉
    〈xs:simpleType name = "Max35Text"〉
        〈xs:restriction base = "xs:string"〉
            〈xs:mexLength value = "35"/〉
            〈xs:minLength value = "1"/〉
        〈/xs:restriction〉
    〈/xs:SimpleType〉
〈/xs:schema〉
```

3.3.3.2.3 **Shema 的图型表示**

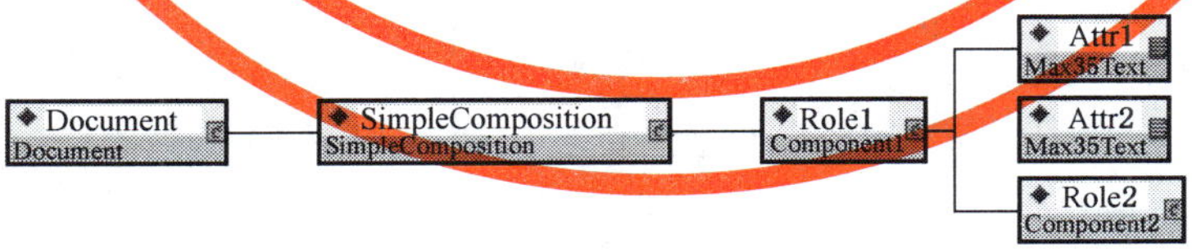

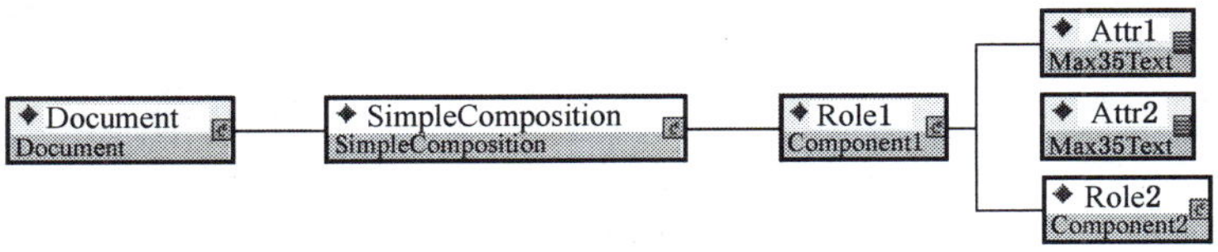

3.3.3.2.4 **XML 实例**

```
〈? xml version = "1.0" encoding = "UTF - 8"?〉
〈Doc:Document xmlns:Doc = "urn:iso:std:iso:20022:xsd:$SimpleComposition" xmlns:xsi = "
http://www.w3.org/2001/XMLSchema-instance"
```

```
    <Doc:SimpleComposition>
        <Doc:Role1>
            <Doc:Attr1>ABCDEFGHIJKLMNOPQRST123456789012345</Doc:Attr1>
            <Doc:Attr2>ABCDEFGHIJKLMNOPQRST123456789012345</Doc:Attr2>
            <Doc:Role2>
                <Doc:Attr1>ABCDEFGHIJKLMNOPQRST123456789012345</Doc:Attr1>
            </Doc:Role2>
        </Doc:Role1>
    </Doc:SimpleComposition>
</Doc:Document>
```

3.3.3.3 矢量属性组合

——重复次数用来表示元素出现的次数，默认值为1，可省略；其他情况用范围值来表示元素的重复次数，例如：0..n；

——使用“范围-重复次数”来表示一组元素，描述一个报文元素集合（表示为属性或角色）；

——schema能准确地验证重复次数。

重复次数	描　述	schema表示法
1	一次	Element name=“A”
0..1	可选	Element name=“A” minOccurs=“0” maxOccurs=“1”
0..n	任何次	Element name=“A” minOccurs=“0” maxOccurs=“unbounded”
1..n	至少一次	Element name=”A” minOccurs=”1” maxOccurs=”unbounded”
1..4	1-4次	Element name=“A” minOccurs=“1” maxOccurs=“4”
0..3	0-3次	Element name=“A” minOccurs=“0” maxOccurs=“3”

3.3.3.3.1 报文定义图

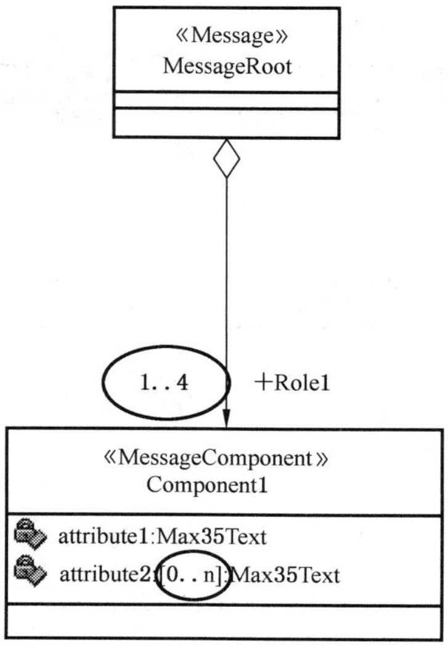

3.3.3.3.2 Schema 源文件

```
<?xml version="1.0" encoding="UTF-8"?>
<xs:schema xmlns="urn:iso:std:iso:20022:xsd:$Collections"
        targetNamespace="urn:iso:std:iso:20022:xsd:$Collections"
        xmlns:xs="http://www.w3.org/2001/XMLSchema"
        elementFormDefault="qualified">
        <xs:element name="Document" type="Document"/>
        <xs:complexType name="Document">
            <xs:sequence>
                <xs:element name="Collections" type="Collections"/>
            </xs:sequence>
        </xs:complexType>
        <xs:complexType name="Collections">
            <xs:sequence>
                <xs:element name="Role1" type="Component4" maxOccurs="4"/>
            </xs:sequence>
        </xs:complexType>
        <xs:complexType name="Component4">
            <xs:sequence>
                <xs:element name="Attr1" type="Max35Text"/>
                <xs:element name="Attr2" type="Max35Text" minOccurs="0" maxOccurs
="unbounded"/>
            </xs:sequence>
        </xs:complexType>
        <xs:simpleType name="Max35Text">
            <xs:restriction base="xs:string">
                <xs:maxLength value="35"/>
                <xs:minLength value="1"/>
            </xs:restriction>
        </xs:simpleType>
</xs:schema>
```

3.3.3.3.3 Schema 的图型表示

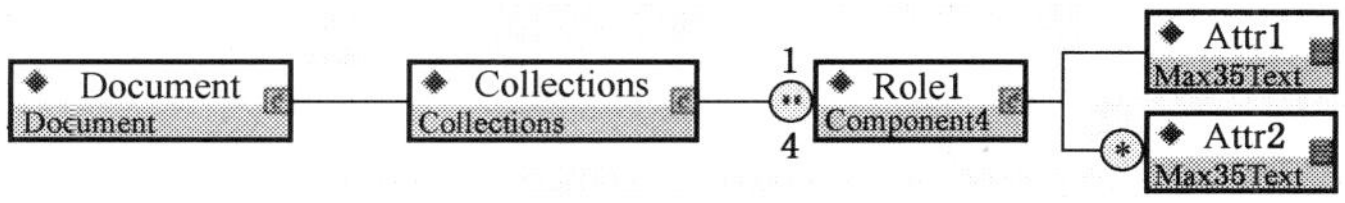

3.3.3.3.4 XML 实例

```
<?xml version="1.0" encoding="UTF-8"?>
```

```
〈Doc:Document xmlns:Doc = "urn:iso:std:iso:20022:xsd:$Collections" xmlns:xsi = "
http://www.w3.org/2001/XMLSchema-instance"〉
    〈Doc:Collections〉
        〈Doc:Role1〉
            〈Doc:Attr1〉ABCDEFGHIJKLMNOPQRST123456789012345〈/Doc:Attr1〉
            〈Doc:Attr2〉ABCDEFGHIJKLMNOPQRST123456789012345〈/Doc:Attr2〉
        〈/Doc:Role1〉
    〈/Doc:Collections〉
〈/Doc:Document〉
```

3.3.3.4 继承性

报文组件可是特定的，虽然可能性很小。然而，数据定义图中只涉及了大部分特定的报文组件，通用组件在 Schema 中并未提及。

因此不需要支持一个特殊的继承模式，因为从 UML 及 XML 的观点来看，其行为类似一个简单的组合模式。

3.3.3.5 使用《XOR》构造进行报文元素选择

UML 符号	UML 符号	Schema 符号	含　义
r1 0..1	r2 0..1	minOccurs="0" maxOccurs="1"	r1 或 r2 出现，但不会同时出现，这意味着也可能都不出现。
r1 0..n	r2 0..n	minOccurs="0" maxOccurs="unbounded"	r1 或 r2 可出现 n 次，但不会同时出现。这意味着也可能都不出现。
r1 1	r2 1	—	r1 或 r2 应出现，但不同时出现(=XOR)。
r1 1..n	r2 1..n	minOccurs="1" maxOccurs="unbounded"	r1 或 r2 应出现 n 次，但不同时出现(=XOR)。
r1 0..n	r2 1..n	A choice between <xsd:element name=《r1》with minOccurs="0" maxOccurs="unbounded" and <xsd:element name=《r2》minOccurs="1" maxOccurs="unbounded"	r1 或 r2 可出现 n 次，但不会同时出现，这意味着也可能都不出现。

注：UML 中关于 XOR 运算的一些规则：

——可以给该操任意命名；

——XOR 应仅应用于属于报文组件的报文元素(即类属性和聚合角色)。在当前组件角色和父类或者子类的组件角色间不允许进行 XOR 运算；

——XOR 运算仅应用于 XOR 中涉及的报文元素，报文元素可不成为 XOR 的部分。因此当增加报文元素时，只有也被添加到 XOR 操作中时，它才会是 XOR 的部分。

3.3.3.5.1 报文定义图

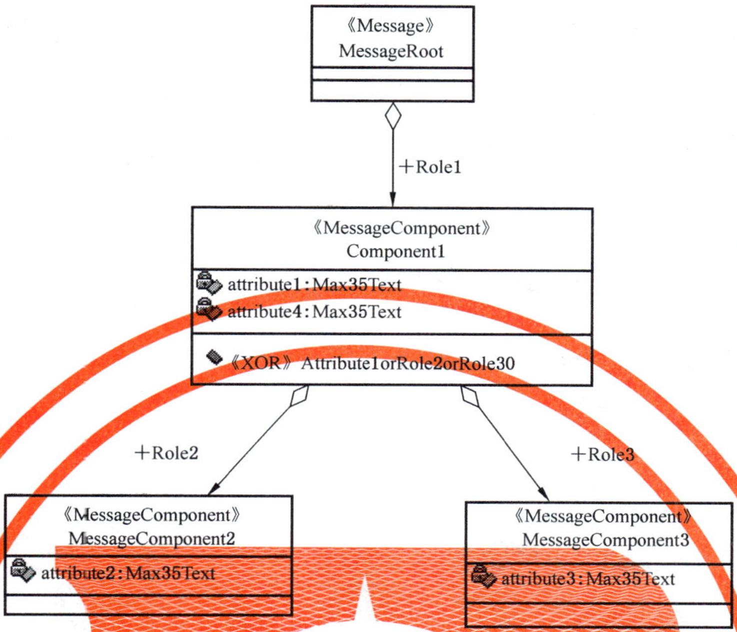

3.3.3.5.2 Schema 源文件

```
〈? xml version = "1.0" encoding = "UTF-8"?〉
〈xs:schema xmlns = "urn:iso:std:iso:20022:xsd:$XOR"
      targetNamespace = "urn:iso:std:iso:20022:xsd:$XOR"
      xmlns:xs = "http://www.w3.org/2001/XMLSchema"
      elementFormDefault = "qualified"〉
      〈xs:element name = "Document" type = "Document"/〉
      〈xs:complexType name = "Document"〉
            〈xs:sequence〉
                  〈xs:element name = "XOR" type = "XOR"/〉
            〈/xs:sequence〉
      〈/xs:complexType〉
      〈xs:complexType name = "XOR"〉
            〈xs:sequence〉
                  〈xs:element name = "Role1" type = "Component5"/〉
            〈/xs:sequence〉
      〈/xs:complexType〉
      〈xs:complexType name = "Component5"〉
            〈xs:sequence〉
                  〈xs:element name = "Attr1" type = "Max35Text"/〉
                  〈xs:choice〉
                        〈xs:element name = "Attr2" type = "Max35Text"/〉
                        〈xs:element name = "Role2" type = "Component2"/〉
```

```
                    〈xs:element name = "Role3" type = "Component3"/〉
                〈/xs:choice〉
            〈/xs:sequence〉
        〈/xs:complexType〉
        〈xs:complexType name = "Component3"〉
            〈xs:sequence〉
                〈xs:element name = "Attr1" type = "Max35Text"/〉
            〈/xs:sequence〉
        〈/xs:complexType〉
        〈xs:complexType name = "Component2"〉
            〈xs:sequence〉
                〈xs:element name = "Attr1" type = "Max35Text"/〉
            〈/xs:sequence〉
        〈/xs:complexType〉
        〈xs:simpleType name = "Max35Text"〉
            〈xs:restriction base = "xs:string"〉
                〈xs:maxLength value = "35"/〉
                〈xs:minLength value = "1"/〉
            〈/xs:restriction〉
        〈/xs:simpleType〉
    〈/xs:schema〉
```

3.3.3.5.3 Schema 的图形表示

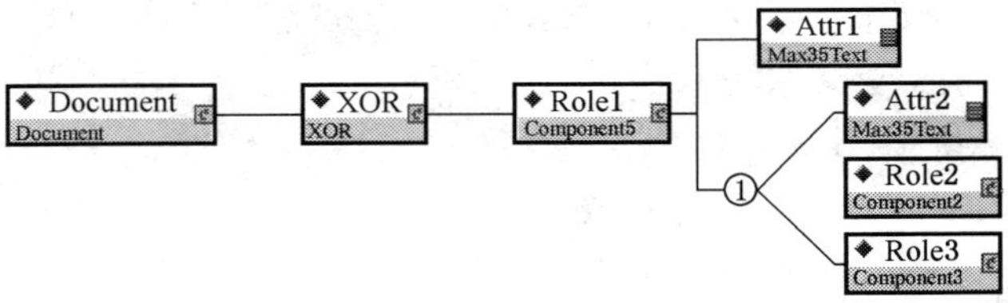

3.3.3.5.4 XML 实例

```
〈? xml version = "1.0" encoding = "UTF－8"?〉
〈Doc:Document xmlns:Doc = "urn:iso:std:iso:20022:xsd:$XOR" xmlns:xsi = "http://www.w3.org/2001/XMLSchema-instance"〉
    〈Doc:XOR〉
        〈Doc:Role1〉
            〈Doc:Attr1〉ABCDEFGHIJKLMNOPQRST123456789012345〈/Doc:Attr1〉
            〈Doc:Attr2〉ABCDEFGHIJKLMNOPQRST123456789012345〈/Doc:Attr2〉
        〈/Doc:Role1〉
    〈/Doc:XOR〉
〈/Doc:Document〉
```

3.3.3.6 使用《choice》构造进行报文元素选择

该模式模拟了在报文元素间进行的选择(即 UML 类属性和 UML 聚合角色)。

《ChoiceComponent》的所有报文元素都是可选项。因此，当某个报文元素被添加时，它就自动成为可选项（相反地，在 XOR 构造中，新报文元素不会自动成为 XOR 部分）。当删除报文元素时，该报文元素自动从选择项中删除。

注：《choice》的聚合不具有重复性，但是《choice》的成员允许具有重复性。这些重复性的处理方式如下：

报文定义图符号	报文定义图符号	Schema 符号	含　　义
r1 0..1	r2 0..1	minOccurs="0" maxOccurs="1"	r1 或 r2 出现，但不同时出现。这意味着也可能都不出现。
r1 0..n	r2 0..n	minOccurs="0" maxOccurs="unbounded"	r1 或 r2 可出现 n 次，但不同时出现。这意味着也可能都不出现。
r1 1	r2 1	—	r1 或 r2 应出现，但不同时出现（=XOR）。
r1 1..n	r2 1..n	minOccurs="1" maxOccurs="unbounded"	r1 或 r2 应出现 n 次，但不同时出现（=XOR）。
r1 0..n	r2 1..n	A choice between < xsd: element name = 《r1》 with minOccurs="0" maxOccurs="unbounded" and <xsd:element name=《r2》 minOccurs ="1" maxOccurs="unbounded"	r1 或 r2 可出现 n 次，但不同时出现。这意味着也可能都不出现。

3.3.3.6.1 报文定义图

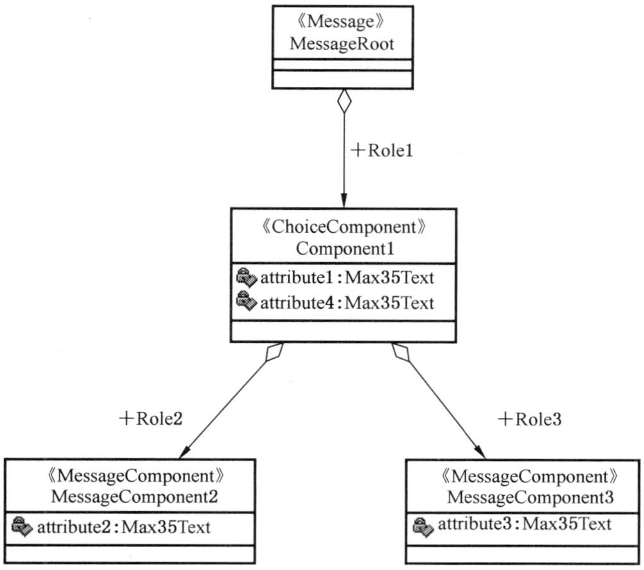

3.3.3.6.2 Schema 源文件

```
<? xml version = "1.0" encoding = "UTF - 8"?>
<xs:schema xmlns = "urn:iso:std:iso:20022:xsd:$Choice"
```

```
targetNamespace = "urn:iso:std:iso:20022:xsd:$Choice"
xmlns:xs = "http://www.w3.org/2001/XMLSchema"
exementFormDefault = "qualified">

<xs:element name = "Document" type = "Document"/>
<xs:complexType name = "Document">
    <xs:sequence>
        <xs:element name = "Choice" type = "Choice"/>
    </xs:sequence>
</xs:complexType>
<xs:complexType name = "Choice">
    <xs:sequence>
        <xs:element name = "Role1" type = "Component6"/>
    </xs:sequence>
</xs:complexType>
<xs:complexType name = "Component6">
    <xs:sequence>
        <xs:choice>
            <xs:element name = "Attr1" type = "Max35Text"/>
            <xs:element name = "Attr2" type = "Max35Text"/>
            <xs:element name = "Role2" type = "Component2"/>
            <xs:element name = "Role3" type = "Component3"/>
        </xs:choice>
    </xs:sequence>
</xs:complexType>
<xs:complexType name = "Component3">
    <xs:sequence>
        <xs:element name = "Attr1" type = "Max35Text"/>
    </xs:sequence>
</xs:complexType>
<xs:complexType name = "Component2">
    <xs:sequence>
        <xs:element name = "Attr1" type = "Max35Text"/>
    </xs:sequence>
</xs:complexType>
<xs:simpleType name = "Max35Text">
    <xs:restriction base = "xs:string">
        <xs:maxLength value = "35"/>
        <xs:minLength value = "1"/>
    </xs:restriction>
</xs:simpleType>
</xs:schema>
```

3.3.3.6.3 Schema 的图形表示

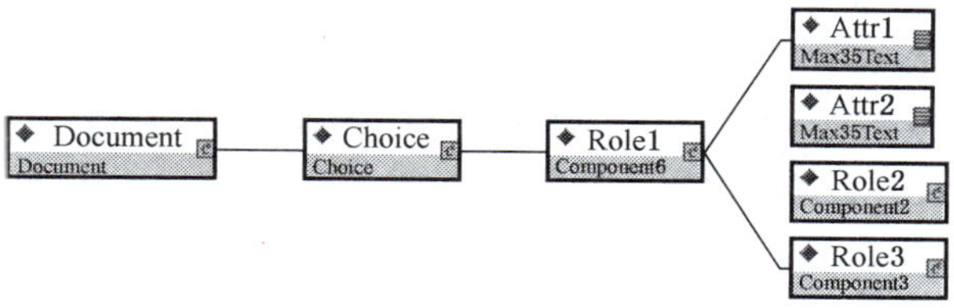

3.3.3.6.4 XML 实例

```
〈? xml version = "1.0" encoding = "UTF - 8"?〉
〈Doc:Document xmlns:Doc = "urn:iso:std:iso:20022:xsd:$Choice" xmlns:xsi = "http://www.w3.org/2001/XMLSchema-instance"〉
    〈Doc:Choice〉
        〈Doc:Role1〉
            〈Doc:Attr1〉ABCDEFGHIJKLMNOPQRST123456789012345〈/Doc:Attr1〉
        〈Doc:Role1〉
    〈Doc:Choice〉
〈/Doc:Document〉
```

4 采用的 XML schema 特性

4.1 假定

——GB/T 27926 XML schema 仅包含了可以通过 XML schema 解析器对 XML 实例进行验证时所涉及到的相关信息，不包含例如，文档说明(定义等)或实现信息(相似组件之间的关系等)；

——GB/T 27926 XML schema 只是 UML 的一个子集并不能取代 UML 模型；

——XML 实例中仅名称是简写的，这些名称源于 UML 名称(参见附录 A)；

——因为 UML 概念和 schema 概念间的密切关系，任何由 XML schema 定义的有关规定都在模型层解决，而不在 XML 设计规则中解决；

——XML 元素作用域仅限于它所属的复杂类型，复杂类型是全局惟一的。这就是通常理解的“*Venetian blind*”模式；

——报文是全局惟一的；

——所有字典的管理(例如，重用、指针等)都在 UML 的报文定义图层次实现。该方面的内容见 GB/T 27926.3 建模导则。

4.2 特性

4.2.1 XML schema 和 XML 实例的命名空间

GB/T 27926 XML schema 和 XML 实例使用四种命名空间：

——缺省(无条件的)命名空间。所有 schema 有其自身默认的命名空间，包括以下 2 个部分：

- 由 ISO 文档[8]的 urn 命名空间组成的固定部分：urn:iso:std:iso:20022；
- 惟一对应每个 schema 的部分：

8) 基于 ISO 规范(URN namespace for ISO documents. doc/version 1.5/2004-08-05)

xsd:BusinessService $ MessageIdentifier

其中，

BusinessService 是可选的，说明其支持的业务交易。

MessageIdentifier 在上述 3.2.2 中已解释。

——xs：W3C XML schema 命名空间(不在实例中使用)；

——xsi：W3C XML schema 实例命名空间；

——与缺省命名空间相同的目标命名空间(仅对 schema)。

示例：

```
〈schema
xmlns = “urn:iso:std:iso:20022:xsd:$ifds.001.001.01”
xmlns:xs = “http://www.w3.org/2001/XMLSchema”
targetNamespace = “urn:iso:std:iso:20022:xsd:$ifds.001.001.01”〉
```

示例：

```
〈NoticeOfExecution
xmlns = “urn:iso:std:iso:20022:xsd:$ifds.001.001.01”
xmlns:xsi = “http://www.w3.org/2001/XMLSchema-instance”〉
```

4.2.2 应用到简单类型中的 XML 限定条件

以下章节描述了引入到 XML schema 中的 XML 限定条件。这些 XML schema 限定条件基于构造型为《Format》的 UML 操作，该操作已经在 UML 模型中，按照 4.4 节中与生成 Schema 相关的《Format》操作概要进行了详细说明。

4.2.2.1 模式(pattern)

模式匹配可对应用正则表达式(通常称为“Perl 表达式”)进行描述的字符串(string)进行词法验证。

此限定条件仅适用于字符串(string)。

“XML Schema 第 2 部分：数据类型”(W3C 于 2001 年 5 月推荐的 XML Schema 版本)的附录 E 定义了允许的正则表达式的严格语法。

示例：

```
〈xs:simpleType name = ‘BIC’〉
〈xs:restriction base = ‘string’〉
〈xs:pattern value = ‘[A-Z]{6,6}[A-Z2-9][A-NP-Z0-9]([A-Z0-9]{3,3}){0,1}’/〉
〈/xs:restriction〉
〈/xs:simpleType〉
```

4.2.2.2 长度(length)、最小长度(minlength)、最大长度(maxlength)

XML schema 可使用长度、最小长度、最大长度来对任一字符串(string)的取值范围进行限定(即 double、integer、date 等不受此限定)。

上述限定方式仅应用于字符串(string)，且值必须为正整数。

示例：BankAddress 是一个最少为 10 个字符，最多为 40 个字符的字符串：

```
〈xs:simpleType name = ‘BankAddress’〉
〈xs:restriction base = ‘string’〉
〈xs:minLength value = ‘10’/〉
〈xs:maxLength value = ‘40’/〉
〈/xs:restriction〉
〈/xs:simpleType〉
```

4.2.2.3 最小包含(minInclusive)、最小不包含(minExclusive)、最大包含(maxInclusive)、最大不包含(maxExclusive)

XMLschema 可使用最小包含、最小不包含、最大包含、最大不包含来对任一数值的取值范围进行限定。

上述限定仅适用于数值(Integer、Long、BigDecimal、Float、Double)或与时间度量相关的数值(Date、Time 等),这些值必须为常量且与其应用的数值属于同一类型。

示例:下面的金融工具应包含 1 到 100 000 间的有价证券:

```
<xs:complexType name='SecuritiesInstrument'>
<xs:sequence>
<xs:element name='ISIN' type='string'/>
<xs:element name='Quantity'>
<xs:simpleType>
<xs:restriction base='xs:decimal'>
<xs:minInclusive value='1'/>
<xs:maxInclusive value='100000'/>
</xs:restriction>
</xs:simpleType>
</xs:element>
</xs:sequence>
</xs:complexType>
```

4.2.2.4 枚举(emumeration)

XMLschema 可使用枚举限定条件来限定枚举的取值范围。

此限定条件只适用于由《Identifier》或《Code》构造的的数据类型,并且它们的值应在所限定的初始枚举中取值。

示例:一个报文组件"M"包含一个报文元素"b",其数据类型为"E1",枚举的限定值为"Value2":

```
<xs:complexType name="M">
<xs:sequence>
<xs:element name ="b">
<xs:simpleType>
<xs:restriction base="E1">
<xs:enumeration value ="Value2"/>
</xs:restriction>
</xs:simpleType>
</xs:element>
</xs:sequence>
</xs:complexType>
<xs:simpleType name ="E1">
<xs:restriction base ="xs:string">
<xs:enumeration value ="Value1"/>
<xs:enumeration value ="Value2"/>
</xs:restriction>
</xs:simpleType>
```

4.2.2.5 十进制数的最大位数(totaldigits)、小数点后保留的位数(fractiondigits)

定点十进制数值需要规定最大位数(即十进制数据类型值的位数最大值)以及小数点后保留的位数

(即十进制数据类型值小数部分的位数最大值)。

与最大位数相关的值必须为正整数。

与小数点后保留的位数相关的值必须为非负整数。

示例:一个要求用 8 位数表示且小数点后为 2 位数的金额值可描述如下:

〈xs:simpleType name = 'Amount'〉

〈xs:restriction base = 'xs:decimal'〉

〈xs:totalDigits value = '8'/〉

〈xs:fractionDigits value = '2'/〉

〈/xs:restriction〉

〈/xs:simpleType〉

4.3 Schema 粒度

每一个报文定义图拥有一个 schema。

4.4 与生成 schema 相关的使用《format》的 UML 操作概要

以下定义的操作具有《Format》构造类型。

XML 限定条件	UML 类型上的应用	类型值	schema 示例
模式(pattern)	String	在"XML Schema 第 2 部分:数据类型"附录 E 中定义(W3C 2001 年 5 月推荐的 XML Schema)	〈xs:simpleType name='BIC'〉 〈xs:restriction base='string'〉 〈xs:pattern value='[a-z]{2,4}'/〉 〈/xs:restriction〉〈/xs:simpleType〉
长度(length)	String	非负整数	〈xs:simpleType name='BIC'〉 〈xs:restriction base='string'〉 〈xs:length value='12'/〉 〈/xs:restriction〉〈/xs:simpleType〉
最小长度(min-length)	String	非负整数	〈xs:simpleType name='BIC'〉 〈xs:restriction base='string'〉 〈xs:minLength value='8'/〉 〈/xs:restriction〉〈/xs:simpleType〉
最大长度(max-length)	String	非负整数	〈xs:simpleType name='BIC'〉 〈xs:restriction base='string'〉 〈xs:maxLength value='12'/〉 〈/xs:restriction〉 〈/xs:simpleType〉
十进制数的最大位数(totaldig-its)	Integer、Long、Float、Double、Big-Decimal	正整数	〈xs:simpleType name='BEF'〉 〈xs:restriction base='xs:decimal'〉 〈xs:totalDigits value='3'/〉 〈/xs:restriction〉 〈/xs:simpleType〉
小数点后保留的位数(fraction-digits)	Float、Double、Big-Decimal	非负整数	〈xs:simpleType name='USD'〉 〈xs:restriction base='xs:decimal'〉 〈xs:fractionDigits value='2'/〉 〈/xs:restriction〉〈/xs:simpleType〉

表（续）

XML 限定条件	UML 类型上的应用	类型值	schema 示例
最小包含(MinInclusive)	Integer、Long、Float、Double、BigDecimal	与 UML 类型同类型的常量	〈xs:simpleType name=‘Salary’〉 〈xs:restriction base=‘xs:decimal’〉 〈xs:minInclusive value=‘40000’/〉 〈/xs:restriction〉〈/xs:simpleType〉
最小不包含(MinExclusive)	Integer、Long、Float、Double、BigDecimal	与 UML 类型同类型的常量	〈xs:simpleType name=‘Salary’〉 〈xs:restriction base=‘xs:decimal’〉 〈xs:minExclusive value=‘00’/〉 〈/xs:restriction〉〈/xs:simpleType〉
最大包含(MaxIncusive)	Integer、Long、Float、Double、BigDecimal	与 UML 类型同类型的常量	〈xs:simpleType name=‘Taxes’〉 〈xs:restriction base=‘xs:decimal’〉 〈xs:maxInclusive value=‘90000’/〉 〈/xs:restriction〉〈/xs:simpleType〉
最大不包含(MaxExclusive)	Integer、Long、Float、Double、BigDecimal	与 UML 类型同类型的常量	〈xs:simpleType name=‘Taxes’〉 〈xs:restriction base=‘xs:decimal’〉 〈xs:maxExclusive value=‘90000’/〉 〈/xs:restriction〉〈/xs:simpleType〉

4.5 字符集

GB/T 27926 XML 使用 UTF-8 作为(默认)字符编码机制,原因如下:

——它拥有最有效的字符描述方法:

• 它是当前金融环境中应用最普遍的最简短的字符描述方法(ASCII 和 EBCDIC 字符);

• 它可以描述几乎任意已知的字符。

——通过(可自动的)转换算法,它可以和许多其他的编码方案进行互操作。

示例:〈? xml version=“1.0” encoding=“UTF-8”?〉

附　录　A
（资料性附录）
XML 缩略语

XML 的缩略语存储在一个单独的映射表中，为使其简短和易懂，该映射表遵从了如下一项或多项规则：

a) 除去名字中的元音；

b) 使用谐音替代（例如，Xchg 代表 Exchange）；

c) 使用通用英文缩写（例如，Rpt 代表 Report）；

d) 使用通用首字母缩写（例如，POB 代表 PostOfficeBox）；

e) 术语结束于：

“ed”->在缩写后加“d”；

“ing”->在缩写后加“g”；

“y”->在缩写后加“y”；

“ty”->在缩写后加“ty”；

“al”->在缩写后加“l”；

“er”->在缩写后加“r”。

（例如，Instructed/Instructing-Instd/Instg）

f) 复数后加一个“s”；

g) 用国家代码来代替国家名称；

h) 名称中保留首字母缩写；

i) 在名称中保留数字；

j) 用大写表示逻辑运算符的缩写（例如，EQ 表示 Equal）；

k) 在一个单词中，当可用“s”取代“z”时，不应使用“z”。

ICS 03.060
A 11

中华人民共和国国家标准

GB/T 27926.5—2011/ISO/TS 20022-5:2004

金融服务　金融业通用报文方案 第5部分:反向工程

Financial services—Universal financial industry message scheme—Part 5:Reverse engineering

(ISO/TS 20022-5:2004,IDT)

2011-12-30 发布　　2012-05-01 实施

中华人民共和国国家质量监督检验检疫总局
中国国家标准化管理委员会　发布

前　言

GB/T 27926 的本部分按照 GB/T 1.1—2009 给出的规则起草。

GB/T 27926《金融服务　金融业通用报文方案》由以下 5 部分构成：

——第 1 部分：库输入输出方法和格式规范；

——第 2 部分：注册机构的角色及职责；

——第 3 部分：建模导则；

——第 4 部分：XML 设计规则；

——第 5 部分：反向工程。

本部分为 GB/T 27926 的第 5 部分。

本部分等同采用 ISO/TS 20022-5:2004《金融服务　金融业通用报文方案　第 5 部分：ISO 20022 反向工程》(英文版)。

本部分中附录 A 为规范性附录。

为便于使用，本标准还做了下列编辑性修改：

a) "ISO 20022 的本部分"改为"GB/T 27926 的本部分"；

b) 删除国际标准前言。

本部分由中国人民银行提出。

本部分由全国金融标准化技术委员会(SAC/TC 180)归口。

本部分负责起草单位：中国金融电子化公司。

本部分参加起草单位：中国人民银行、中国证券监督管理委员会、中国工商银行、中国建设银行、博时基金管理有限公司、深圳证券通信公司、申银万国证券股份有限公司、中国人民银行长春中心支行、中国人民银行南京分行。

本部分主要起草人：王平娃、陆书春、李曙光、马小琼、赵志兰、贾树辉、王毛路、李迎辉、王德英、巫禄芳、强庆华、施铁倩、成永德、刘运、景芸、陈立军、汪继增、程晓阳、全红。

金融服务　金融业通用报文方案
第5部分:反向工程

1　引言

在GB/T 27926.1中给出的GB/T 27926库中包含所有符合GB/T 27926标准的业务交易和报文集。符合GB/T 27926标准的业务交易和报文集加入库中应遵循的方法可以分为以下几种情形:

a) **情形1:**

不存在符合GB/T 27926标准的业务交易和报文集。

不存在行业报文集。

- 示例:集合投资工具;
- 方法:根据GB/T 27926.3建模指南,全新开发符合GB/T 27926标准的业务交易和报文集。

b) **情形2:**

不存在符合GB/T 27926标准的业务交易和报文集。

存在一个或多个行业报文集。

- 示例:证券交易前(存在FIX报文集);
- 方法:根据GB/T 27926.5反向工程指南,将行业报文集转化为符合GB/T 27926标准的业务交易和报文集。

c) **情形3:**

存在符合GB/T 27926标准的业务交易和报文集。

也存在一个或多个现有行业报文集。

- 示例:证券交易后(存在FIX、Omgeo报文集);
- 方法:根据GB/T 27926.5反向工程指南,对现有行业报文集与符合GB/T 27926标准的业务交易和报文集进行比较,必要时对符合GB/T 27926标准的业务交易和报文集进行扩充。

本部分从用户角度描述了"GB/T 27926反向工程"的活动。这些用户希望验证其行业报文集所覆盖的业务功能,同样被符合GB/T 27926标准的业务交易和报文集[1]所覆盖。本部分并不试图就反向工程定义方法论。

本部分给出了下述必要的活动集合:

——从现有行业报文集中抽取相关信息并与GB/T 27926库中的相关内容进行比较;

——将上述比较的结果用于符合GB/T 27926标准的业务交易和报文集的开发;

——向注册机构(RA)提交产生的更新申请[2];

——为向符合GB/T 27926标准的业务交易和报文集的迁移进行准备。

"GB/T 27926反向工程"的主要目标如下所述:

——捕获现有行业报文集中包含的行业知识;

---

1) 该文档基于"面向电子交易的方法论"(eBOM)和"SWIFT标准建模方法论"框架的经验给出,并且在ISO/TC 68/SC 4/WG 10反向工程工作组等的工作成果基础上被扩充。

2) 注意反向工程的目的不是系统的生成所有现有行业报文集的符合GB/T 27926标准的版本。更新要求需要基于一个有效的业务合理性证明。

——基于行业中已有的标准化成果建立符合 GB/T 27926 标准的业务交易和报文集；
——确保最终的符合 GB/T 27926 标准的业务交易和报文集完全覆盖现有行业报文集的业务范围；
——最大化现有行业报文集和符合 GB/T 27926 标准的业务交易和报文集间的互操作性；
——支持从现有行业报文集向符合 GB/T 27926 标准的业务交易和报文集的迁移。

本部分的结构如下所述：
——第 3 章给出了本部分中使用的特定术语；
——第 4 章描述了反向工程进行的主要活动，并描述了大致的最终成果；
——第 5 章给出了详细的工作流，解释了所有的活动、输入和输出；
——附录 A 给出了融合文档的详细说明。

2 规范性引用文件

下列文件对于本文件的应用是必不可少的。凡是注日期的引用文件，仅注日期的版本适用于本文件。凡是不注日期的引用文件，其最新版本（包括所有的修改单）适用于本文件。

GB/T 27926.1 金融服务 金融业通用报文方案 第 1 部分：库输入输出方法和格式规范（GB/T 27926.1—2011，ISO/TS 20022-1:2004，MOD）

GB/T 27926.3 金融服务 金融业通用报文方案 第 3 部分：建模导则（GB/T 27926.3—2011，ISO/TS 20022-3:2004，IDT）

3 术语和定义

GB/T 27926.1 中的术语和定义以及下列术语和定义均适用于本文件。

3.1

行业报文 industry message

提供特定报文功能（可能为多功能的），并且其报文定义是行业报文集一部分的报文。

3.2

GB/T 27926 报文 GB/T 27926 message

提供特定报文功能并且其报文定义在新的 GB/T 27926 库中的业务过程目录中已注册的报文。

3.3

报文项 message item

报文中特定位置使用的元素或域。其确切位置一般在报文路径中描述。

3.4

报文路径 message path

特定报文定义中的确切位置。该位置由从报文级（即最高级）到元素级（即最低级）的完整层次（即路径）惟一标识。

4 活动和交付内容

“GB/T 27926 反向工程”有四个主要活动：
——差距分析；
——符合 GB/T 27926 标准的业务交易和报文集的开发；
——GB/T 27926 注册；

——迁移准备。

本章中将给出与这些活动有关的主要目的和交付内容。

4.1 差距分析

目的：

确定行业报文集的业务领域并识别 GB/T 27926 业务过程目录中对应的业务领域、业务过程、活动以及支持的业务交易；

——将 GB/T 27926 业务交易和业务过程中的业务角色与使用行业报文或在行业报文中标识的各方进行比较；

——验证现有 GB/T 27926 报文是否提供了行业报文提供的所有报文功能；

——评估相关 GB/T 27926 报文的业务内容是否覆盖了单一行业报文的业务内容；

——将已用报文组件和/或业务组件的含义及数据类型与单个报文项进行比较。

交付内容：

——对行业报文集与符合 GB/T 27926 标准的业务交易和报文集间的差距、区别和覆盖范围进行的说明；

本部分关注以下库项目：

- 业务领域；
- 业务过程；
- 业务交易和报文集；
- 报文定义(包括报文规则)；
- 业务角色；
- 业务组件(包括业务元素和规则)；
- 报文组件(包括报文元素和规则)；
- 数据类型。

——对库项目缺失(即，差距)或其区别已被标识的行业报文集的说明。

4.2 符合 GB/T 27926 标准的业务交易和报文集的开发

目的：

——完成用于定义或完善符合 GB/T 27926 标准的业务交易和报文集所需的所有附加信息的差距分析；

——定义现有符合 GB/T 27926 标准的业务交易和报文集所必需的更新和添加的内容。

本步骤仅关注于已标识的差距和区别，并应验证 GB/T 27926 库中是否存在包含这些差距和区别的有效的业务合理性证明，也应考虑到反向工程的目的不是对当前行业报文集所支持的业务功能进行质疑(除了对于业务合理性证明)、修改或补充。

交付内容：

——描述现有符合 GB/T 27926 标准的业务交易和报文集如何必须进行更新以包括已识别差距和区别的详细说明。

4.3 GB/T 27926 注册

目的：

——准备向 GB/T 27926 注册机构申请更新 GB/T 27926 库所需的全部扩充和修改信息。

交付内容：

——向 GB/T 27926 注册机构提交的增加或变更字典项和/或目录项的申请。

4.4 迁移准备

目的：

——定义和记录行业报文集与符合 GB/T 27926 标准的业务交易和报文集间的关系。所需信息的数量取决于选择的迁移途径：

- 如果为整体迁移，仅需给出用于支持向 GB/T 27926 融合的关系信息即可；
- 如果允许在一段时期内共存，则需要“双向”文档。该文档不仅支持向 GB/T 27926 的融合，也支持向行业报文集的反向映射。

——制定出向符合 GB/T 27926 标准的业务交易和报文集迁移的计划。

交付内容：

——融合文档；

——共存文档（可选）；

——迁移计划。

5 工作流

本章给出了“GB/T 27926 反向工程”中四个主要活动的详细工作过程说明。

5.1 差距分析

注意事项：

——差距分析需要行业报文集的大量专业知识和文档。如果该文档不可获得，需对行业报文集及其应用进行全面分析（见下述的第 1 个步骤）；

——差距分析还需要符合 GB/T 27926 标准的业务交易和报文集的大量文档。库输出中将包含这些文档；

——差距分析对所有后续步骤均至关重要；

——差距和区别的识别将决定后续符合 GB/T 27926 标准的业务交易和报文集开发及 GB/T 27926 注册的范围；

——重叠部分的识别将为融合文档和相关迁移提供所需的信息。

差距分析的主要步骤由下图描述并用文字进一步解释。

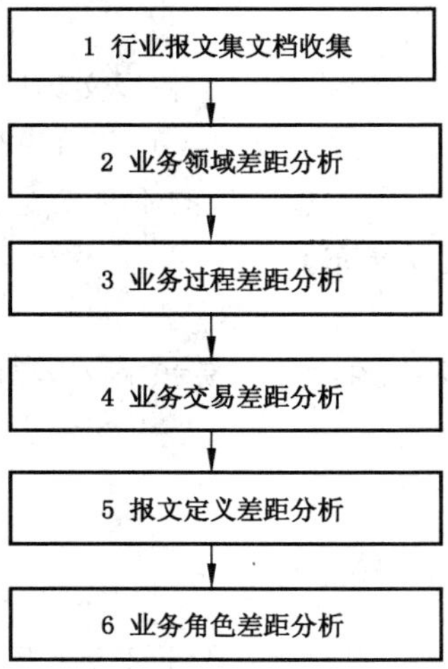

上述各步骤将在后续章节中进行详细说明并将以交互和递进的方式执行。在“反向工程情形 2”中（即，不存在符合 GB/T 27926 标准的业务交易和报文集），仅需收集行业报文集文档。

5.1.1 行业报文集文档收集

如果行业报文集的存档齐备(即,包括业务领域、业务过程和业务交易的完整描述),该步骤仅限于文档集的明确标识。

然而多数情况下,行业报文集文档仅关注于报文定义且主要记录所有行业报文的功能和内容。在某些情况下,即便这些文档也是非常有限的(即,仅限于物理结构的描述)。此时,应在反向工程开始前强制完成行业报文集文档。

活动:

行业报文集文档的推荐方法由下图描述并用文字进一步解释。

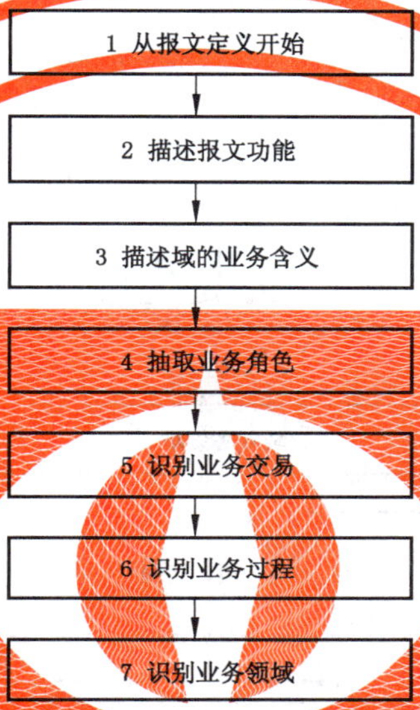

1) 从行业报文定义的描述开始;
2) 对每个行业报文的报文功能(即,行业报文可能的使用目的)进行描述。**注意**:行业报文可能具有多功能性,则应对每个功能进行描述;
3) 对每个行业报文项的业务含义进行描述。**注意**:当行业报文具有多功能性时,项的含义可能取决于特定的报文功能。在这种情况下,应给出所有含义[3];
4) 通过识别行业报文发送方和接收方的功能角色,并通过识别行业报文内容中出现的所有其他各方的功能角色,从每个行业报文中抽取出业务角色[4];
5) 分析行业报文的用途,以识别使用行业报文的"业务交易"(即,行业中出现的不同报文流),并对每个业务交易进行记录。最好采用报文流程图及文字说明;
6) 分析已识别出的业务交易列表,以识别支持的业务过程;
7) 识别业务过程从属的业务领域。

---

3) 该步骤的最大问题是识别域的实际业务含义。

注意:一个行业报文域可包含多个业务元素和/或部分业务元素(在某些情况下,可能需要与其他行业报文域结合以获得重要的业务元素)。

注意:多功能行业报文也可包含规定使用功能的域。这些域不应具有 GB/T 27926 报文中对应的报文元素,应记录该域所表示的报文功能。

注意:一个行业报文可包含"技术"域,该域没有业务含义。在某些情况下,这些域可具有对应的 GB/T 27926 报文定义中的技术报文元素,但其不可能具有对应的业务元素。

4) "业务参与者"和"业务角色"间的区别在于后者表示功能角色(例如,买方、卖方等),而前者表示真实的业务实体(例如,银行、公司、经纪人/经销商等)。在业务过程中,一个业务参与者可扮演多个业务角色(例如,银行可为买方、卖方、账户服务方等),且多个业务参与者通常能具有相同的业务角色(银行、公司和个人均能作为买方)。

5.1.2 业务领域差距分析

其目的是识别使用行业报文集的 GB/T 27926 业务领域，并调查行业报文集是否也用于其他尚未成为 GB/T 27926 库一部分的业务领域。

输入：

——GB/T 27926 业务领域列表，包括定义；

——与业务领域相关的行业报文集文档。

活动：

业务领域差距分析的推荐方法由下图描述并用文字进一步解释。

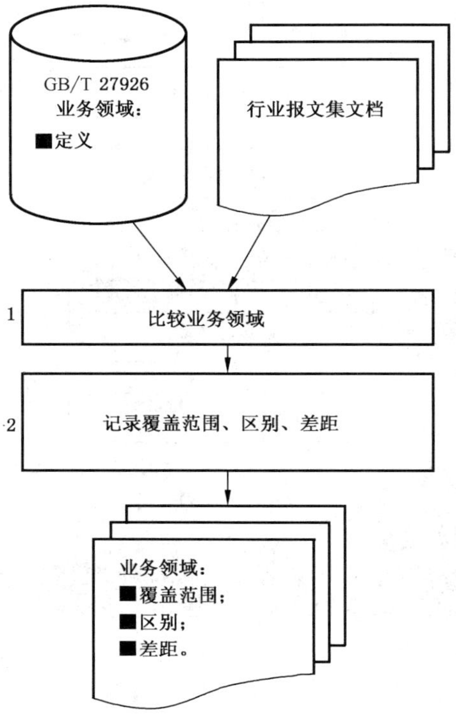

1） 仔细检查 GB/T 27926 业务过程目录中存储的业务领域列表。利用这些业务领域的定义识别出最能覆盖行业报文集业务领域的 GB/T 27926 业务领域；

2） 可能识别出以下情形：

- 不存在覆盖行业报文集业务领域的 GB/T 27926 业务领域；
  - ◆ 根据行业报文集文档，记录此附加的业务领域。
- 一个或多个 GB/T 27926 业务领域准确覆盖了行业报文集业务领域；
  - ◆ 记录该覆盖范围；
  - ◆ 记录已识别的 GB/T 27926 与相应行业报文集中业务领域的定义间的可能区别。
- 一个 GB/T 27926 业务领域覆盖了多个行业报文集业务领域；
  - ◆ 记录 GB/T 27926 业务领域的哪个部分覆盖了行业报文集；
  - ◆ 记录已识别的 GB/T 27926 与相应行业报文集中业务领域的定义间的可能区别。
- 一个或多个 GB/T 27926 业务领域覆盖了行业报文集中的部分业务领域，但行业报文集其余部分未被覆盖；
  - ◆ 记录每个覆盖范围（即，GB/T 27926 哪个业务领域的哪个部分覆盖了行业报文集的哪个部分）；

◆ 根据行业报文集文档,记录行业报文集的哪个部分未被覆盖。
- 记录已识别的 GB/T 27926 业务领域的定义与相应行业报文集定义间的可能区别。

输出:

——给出覆盖行业报文集(部分)业务领域的 GB/T 27926 业务领域的列表(必要时,应包括:行业报文集业务领域哪些部分被覆盖的说明)。该列表应包括已识别的定义间的可能区别;

——给出现有 GB/T 27926 业务领域未覆盖的附加业务领域列表。该表中的每个业务领域都应根据行业报文集文档给出一个定义。

5.1.3 业务过程差距分析

其目的是识别使用行业报文集的 GB/T 27926 业务过程,并调查行业报文集是否也用于其他尚未成为 GB/T 27926 库一部分的业务过程。

输入:

——GB/T 27926 业务过程文档:
- 定义;
- GB/T 27926 业务过程说明、业务过程图及业务活动图。

——与业务过程有关的行业报文集文档。

活动:

业务过程差距分析的推荐方法由下图描述并用文字进一步解释。

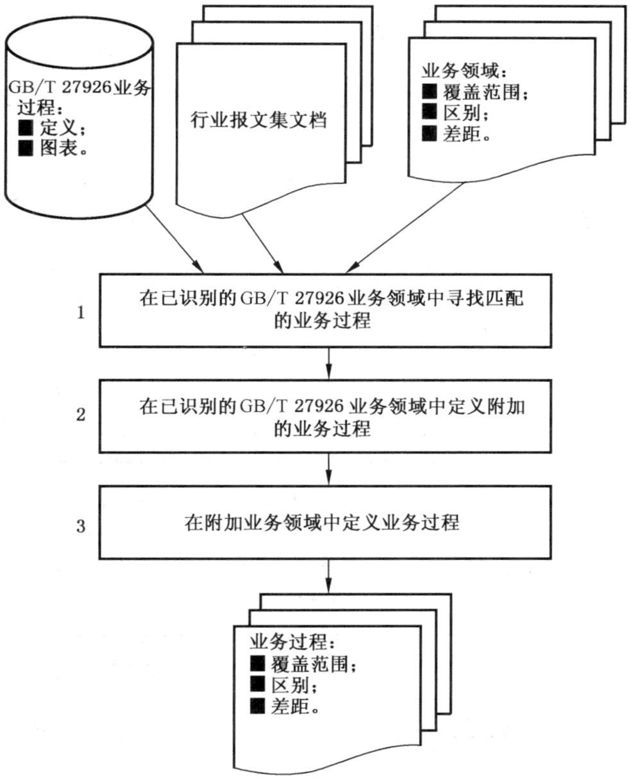

1) 对于每个已识别为与行业报文集中业务领域相匹配的 GB/T 27926 业务领域执行以下活动:
- 仔细检查业务过程目录中存储的 GB/T 27926 业务领域列表;
- 采用文档对行业报文集支持的 GB/T 27926 业务过程进行识别;
- 记录该覆盖范围;
- 记录已识别的 GB/T 27926 与相应行业报文集中业务过程定义间的可能区别。

2） 对于每个已识别为与行业报文集中业务领域相匹配的 GB/T 27926 业务领域执行以下活动：
- 识别行业报文集支持的且在 GB/T 27926 中尚未存在的业务过程；
- 根据行业报文集文档，记录这些附加业务过程。

3） 对每个已识别出在 GB/T 27926 中不存在的业务领域执行以下活动：
- 记录行业报文集支持的业务过程。

输出：

——行业报文集支持的 GB/T 27926 业务过程列表。该列表应包括已识别出的定义上的可能区别；

——附加业务过程的列表，这些业务过程不是 GB/T 27926 库的一部分。该列表中的每个业务过程将包含可用的行业报文集文档。

5.1.4 业务交易差距分析

其目的是识别使用行业报文集的 GB/T 27926 业务交易，并调查行业报文集是否也用于其他尚未成为 GB/T 27926 库一部分的业务交易。

输入：

——GB/T 27926 业务交易文档：
- 文字定义；
- 报文流图，包括报文说明。

——与业务交易和报文功能相关的行业报文集文档。

活动：

业务交易差距分析的推荐方法由下图描述并用文字进一步解释。

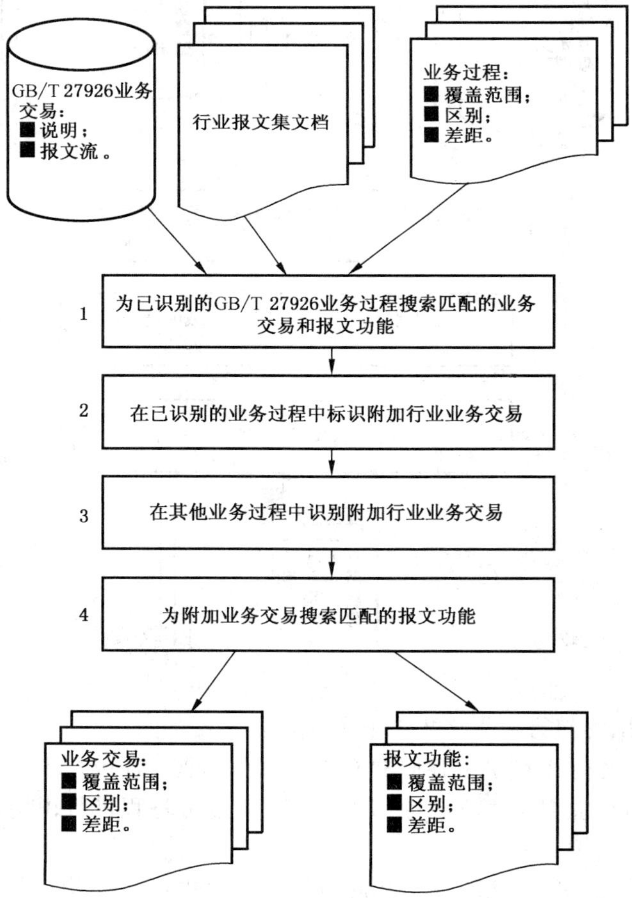

1) 对每个已识别为与行业报文集中业务过程相匹配的 GB/T 27926 业务过程：
- 使用文档识别行业报文集支持的 GB/T 27926 业务交易；
- 记录该覆盖范围；
- 记录已识别的 GB/T 27926 与相关行业报文集中业务交易文档(文字定义和报文流图)间的可能区别。识别属于行业报文集中业务交易一部分且不属于 GB/T 27926 业务交易的报文功能。如果识别出了这些报文功能，则：
  - 验证现有 GB/T 27926 报文是否提供了该报文功能；
  - 记录哪些 GB/T 27926 报文覆盖了这些报文功能；
  - 记录现有 GB/T 27926 报文定义未覆盖的报文功能。
- 比较不同 GB/T 27926 业务交易(或报文流图)中 GB/T 27926 报文的报文功能与行业报文中提供的报文功能[5]的区别；
- 记录哪些行业报文覆盖了每个 GB/T 27926 业务交易中每个 GB/T 27926 报文的报文功能。

2) 对每个已识别为与行业报文集中业务过程相匹配的 GB/T 27926 业务过程：
- 识别行业报文当前用于的且在 GB/T 27926 中尚未存在的附加业务交易；
- 根据行业报文集文档，记录附加业务交易(包括相关业务过程)。

3) 对每个已识别出在 GB/T 27926 中尚未存在的业务过程：
- 识别行业报文当前用于的业务交易；
- 根据行业报文集文档，记录这些业务交易(包括相关业务过程)。

4) 对于本步骤中已识别出的而 GB/T 27926 中尚未存在的业务交易：
- 识别使用的所有行业报文的报文功能；
- 验证现有 GB/T 27926 报文是否提供该报文功能；
- 记录哪些 GB/T 27926 报文覆盖了行业报文的附加报文功能；
- 记录行业报文集的哪些报文功能未被现有 GB/T 27926 报文定义覆盖。

输出：

——行业报文集覆盖的 GB/T 27926 业务交易列表。该列表应包括已识别的定义间的可能区别；

——现有 GB/T 27926 业务交易中未覆盖的附加业务交易列表；

——行业报文(行业报文在多功能报文情况下，则应包括报文的特定功能)及其对应的 GB/T 27926 报文列表，如果可能，参照 GB/T 27926 业务交易、业务过程和业务领域；

——现有 GB/T 27926 报文中未覆盖的附加报文功能列表。

5.1.5 报文定义差距分析

其目的是识别使用行业报文集的 GB/T 27926 报文定义，并调查行业报文集是否也用于其他尚未被符合 GB/T 27926 标准的业务交易和报文集覆盖的报文定义。

输入：

——GB/T 27926 报文：
- 报文功能；
- 报文定义；
- 报文规则。

---

5) 不仅要获取已使用的单个报文，也应获取使用该报文的业务理由(即，报文功能)。现有行业报文通常是“多功能报文”，且差距分析和映射文档均要求精确的业务报文。比如，只声明使用了 ISO 15022 MT 502 是不够的，还需要进一步阐明，例如用于“买单”或“撤单”。

——GB/T 27926 数据字典：

- 报文组件(包括报文元素和规则)；
- 业务组件(包括业务元素和规则)；
- 数据类型。

——行业报文集文档：所有行业报文和行业报文项的定义[6]、格式[7]及规则。

活动：

报文定义差距分析的推荐方法由下图描述并用文字进一步解释。

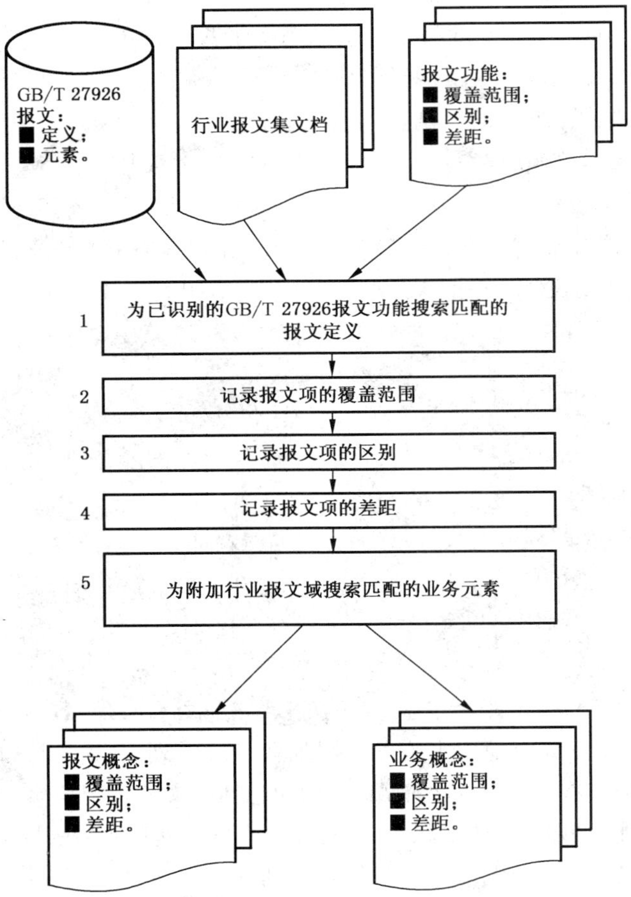

1) 对每个已识别的与行业报文集中报文相匹配的 GB/T 27926 报文：

- 比较其报文定义与相应的行业报文定义。如果行业报文为多功能报文，则应考虑使用的报文功能，也应考虑报文规则；
- 使用 GB/T 27926 报文概念和相应业务概念的定义以及行业报文项文档来识别等效性和区别。

---

6) 该步骤的最大问题是标识域的实际业务含义。

注意：一个行业报文域可包含多个业务元素和/或部分业务元素(在某些情况下，可能需要与其他行业报文域结合以获得重要的业务元素)。

注意：多功能行业报文也可包含规定使用功能的域。这些域不应具有 GB/T 27926 报文中对应的报文元素。记录这些域表示的报文功能。

注意：一个行业报文可包含“技术”域，该域没有业务含义。在某些情况下，这些域可具有对应的 GB/T 27926 报文定义中的技术报文元素，但其不可能具有对应的业务元素。

7) 格式由基本数据类型＋格式约束条件进行定义(例如，由字母字符组成的最大长度为 25 的字符串、代码集等)。

2) 记录报文项的覆盖范围：
   - 列出对应的 GB/T 27926 报文项(包括 GB/T 27926 报文中的报文组件及报文路径)和行业报文项(包括行业报文的报文路径)；
   - 包括与报文元素对应的业务元素(及业务组件)。
3) 记录报文项间的区别：
   - 列出对应关系不完整的 GB/T 27926 报文项(包括 GB/T 27926 报文的报文组件和报文路径)及行业报文项(包括行业报文的报文路径)；
   - 包括与报文元素对应的业务元素(及业务组件)；
   - 记录二者的区别。这些区别可能与下述内容有关：
     - ◆ 潜在业务含义；
     - ◆ 使用的数据类型(基本类型、格式和/或可能值)；
     - ◆ 使用的规则。
4) 记录报文项间的差距：
   - 列出不存在对应行业报文项的 GB/T 27926 报文项(包括 GB/T 27926 报文的报文组件和路径)；
   - 列出不存在对应 GB/T 27926 报文项的行业报文项(包括行业报文的路径)。
5) 对于所有不存在对应 GB/T 27926 报文项的行业报文项而言(注意：该内容可能包括附加行业报文功能中得到的行业报文项)：
   - 搜索 GB/T 27926 数据字典以识别具有对应行业报文项含义的业务组件和业务元素；
     - ◆ 如果对应的 GB/T 27926 业务组件和业务元素存在，则：
       - 记录这些元素；
       - 识别数据类型和规则间的区别和差距，并进行记录。
     - ◆ 如果对应的 GB/T 27926 业务组件和/或业务元素不存在，则：
       - 使用行业报文集文档，记录所需的业务组件、业务元素、数据类型及规则。
   - 注意：多功能行业报文也将包含行业报文项以规定使用的功能。这些行业报文项将无须具有对应 GB/T 27926 报文元素。应对这些行业报文项表示的报文功能进行记录。

输出：

——完全对应的 GB/T 27926 报文项和行业报文项的列表，并包括报文路径及相关的业务元素和业务组件；

——部分对应的 GB/T 27926 报文项和行业报文项的列表，并包括报文路径及相关的业务元素和业务组件。该列表也应包括已识别的区别(含义、数据类型和/或规则)的文档；

——行业差距的列表(即，所有不存在对应行业报文项的 GB/T 27926 报文项，包括报文路径)；

——GB/T 27926 报文概念差距列表(即，所有不存在对应 GB/T 27926 报文项的行业报文项，包括报文路径)；

——GB/T 27926 业务概念区别及差距的列表(即，行业报文项覆盖的所有业务概念，这些概念不存在对应的 GB/T 27926 业务概念)。

5.1.6 业务角色差距分析

其目的是识别使用行业报文集的 GB/T 27926 业务角色，并调查行业报文集是否覆盖了符合 GB/T 27926 标准的业务交易以及报文集尚未覆盖的其他业务角色。

注意：该步骤中的某些部分可在差距分析的早期阶段进行，通常在业务过程差距分析和业务交易差距分析后。

输入：

——GB/T 27926 业务角色定义；

——GB/T 27926 业务过程说明、业务过程图和业务活动图；

——GB/T 27926 业务交易文档；

- 文字定义；
- 报文流图，包括报文说明。

——与业务过程、业务交易和报文相关的行业报文集文档。

活动：

业务角色差距分析的推荐方法由下图描述并用文字进一步解释。

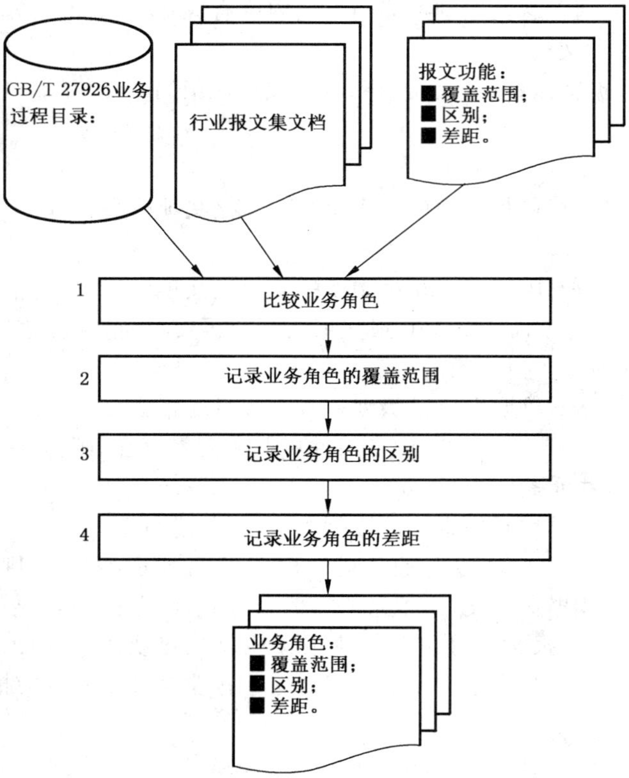

1） 比较行业报文集中出现的业务角色与相应 GB/T 27926 业务过程、活动、业务交易和报文中出现的 GB/T 27926 业务角色；

2） 记录对应的业务角色(即，在符合 GB/T 27926 标准的业务交易和报文集以及行业报文集中均出现的业务角色)；

3） 记录 GB/T 27926 和行业报文集中出现的业务角色定义间的已识别的可能区别；

4） 记录已识别的差距(即，仅在行业报文集中覆盖的业务角色)。

输出：

- GB/T 27926 业务角色及其对应行业报文集业务角色(指定相关行业报文和报文功能)的列表。该列表包括已识别定义间的可能区别；
- 现有 GB/T 27926 业务角色未覆盖的附加业务角色列表。

5.2 符合 GB/T 27926 标准的业务交易和报文集的开发

本活动所用的详细方法已在“GB/T 27926 建模导则”中给出，此处不进行详述。作为“GB/T 27926 反向工程”一部分，当使用该方法时，应考虑下述注意事项：

——符合 GB/T 27926 标准的业务交易和报文集的开发将仅在差距和区别已被识别的部分进行。

这意味着仅当一个业务领域或业务过程在 GB/T 27926 库中完全不存在时，才需要执行整个方法。其他情况下，该方法将主要集中在逻辑分析和/或报文设计的部分；

——符合 GB/T 27926 标准的业务交易和报文集的开发应尽可能复用行业报文集提供的文档；

——由于反向工程仅关注于行业报文集中的业务交易，因而需求分析通常被简化。

符合 GB/T 27926 标准的业务交易和报文集的开发应基于差距分析的结果进行。差距分析将导致下述内容的产生：

a) 新的业务领域；

b) 变更的业务领域；

c) 新的业务过程；

d) 变更的业务过程；

e) 新的业务交易；

f) 变更的业务交易；

g) 新的报文；

h) 变更的报文；

i) 新的或变更的业务角色。

上述情形中符合 GB/T 27926 标准的业务交易和报文集所需的开发活动由下图描述并用文字进一步解释。

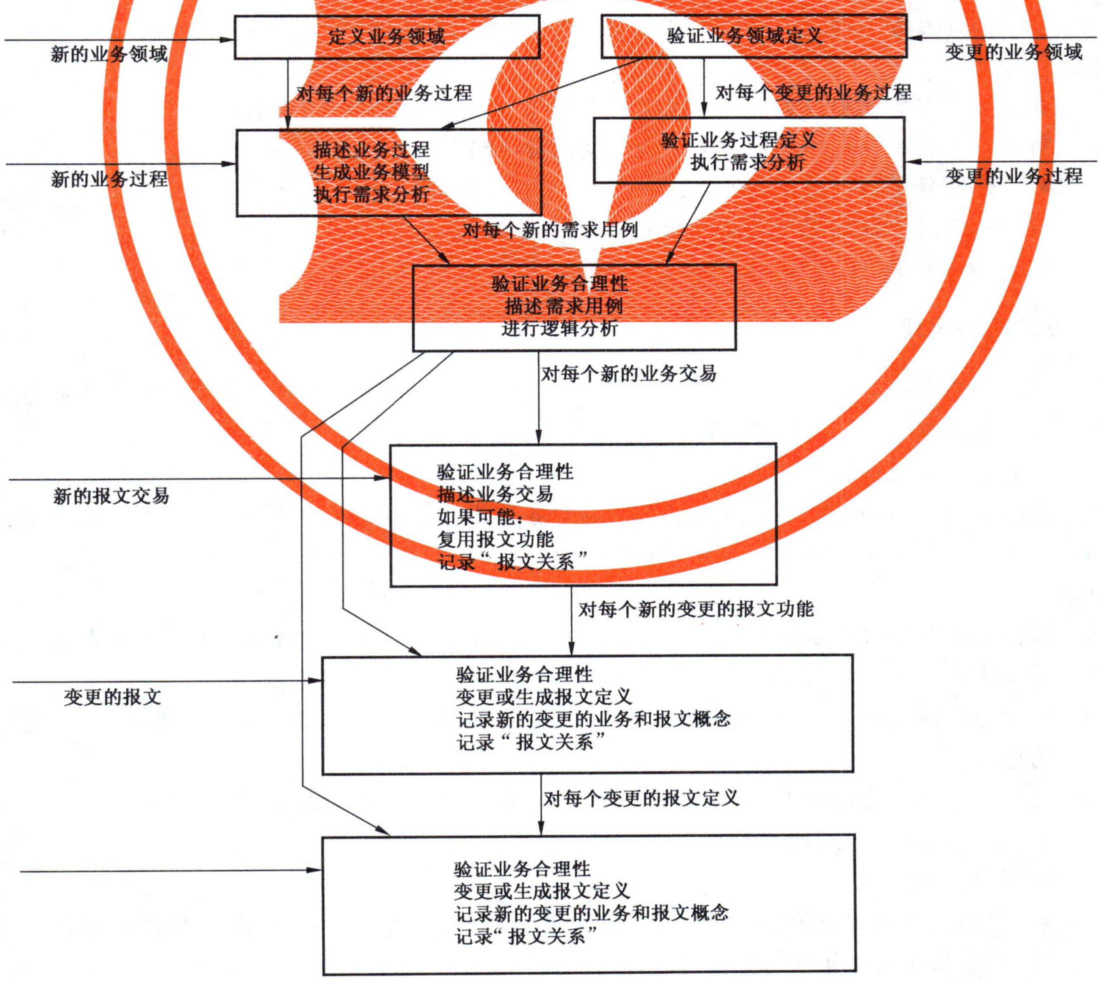

5.2.1 新的业务领域

如果差距分析已识别出新的业务领域，则该业务领域，应符合 GB/T 27926 标准的业务交易和报文集开发的完整方法，但可以进行部分简化：

——行业报文集文档应尽可能复用；

——由于反向工程的目的不是对当前支持的业务功能进行质疑、修改或补充，且行业报文集已经提供了现实的解决方案，需求阶段和逻辑分析可由该解决方案驱动。

活动：

1） 验证新的业务领域的业务合理性（即，该业务领域中是否存在实际的业务需求对其业务交易和报文集进行标准化）；

2） 使用行业报文集文档获得新的业务领域的定义，无须探究其业务基础、战略配合和相关内容，尽管这些内容是常规开发方法的一部分；

3） 根据行业报文集文档中已识别出的业务过程，启动所有业务模型；

4） 对每个已识别的用于该业务领域的业务过程：

- 按照“新的业务过程”的方法进行操作（见 5.2.3）。

5.2.2 变更的业务领域

如果差距分析已识别出现有业务领域变更的情况，则该业务领域，应符合 GB/T 27926 标准的业务交易和报文集的开发方法将集中在新的和/或变更的业务过程的活动。

活动：

1） 验证是否有需要和业务合理性以更新 GB/T 27926 业务领域的定义；

2） 对于每个已识别的用于该业务领域的新的业务过程：

- 按照“新的业务过程”的方法进行操作（见 5.2.3）。

3） 对于每个已识别的用于该业务领域的变更业务过程：

- 按照“新的业务过程”的方法进行操作（见 5.2.3）。

5.2.3 新的业务过程

如果差距分析已识别出一个新的业务过程，则该业务过程，应符合 GB/T 27926 标准的业务交易和报文集开发的完整方法，但可以进行部分简化：

——行业报文集文档应尽可能复用；

——由于反向工程的目的不是对当前支持的业务功能进行质疑、修改或补充，且行业报文集已经提供了现实的解决方案，需求阶段和逻辑分析可由该解决方案驱动。

活动：

1） 验证新的业务过程的业务合理性（即，该业务过程中是否存在实际的业务需求对其业务交易和报文集进行标准化）；

2） 使用行业报文集文档，描述业务过程（即，定义、触发条件、前置条件和后置条件、中间过程及角色）；

3） 通过完成业务领域所用的 GB/T 27926 业务模型，生成对应的业务模型：

- 增加新的业务过程；
- 增加业务活动图；
- 增加或变更业务角色（如果需要）。注意，仅当业务方面确实有需要时（而不能仅因为其存在于行业报文集中），才增加业务角色；
- 增加或变更业务组件（如果需要）。注意，仅当业务方面确实有需要时（而不能仅因为其存

在于行业报文集中),才增加业务组件;

- 在有必要的地方,完成定义。

4) 进行需求分析以识别需求用例;

5) 对每个已识别用于该业务过程的需求用例:

- 按照“需求用例”的方法进行操作(见 5.2.5)。

5.2.4 变更的业务过程

如果差距分析已识别出需对现有业务过程进行变更,则该业务过程,应符合 GB/T 27926 标准的业务交易和报文集的开发方法,应从需求分析开始。

活动:

1) 验证是否存在更新 GB/T 27926 业务过程定义的需求和业务合理性;

2) 进行需求分析,以识别需求用例;

3) 对每个已识别的用于该业务过程的需求用例:

- 按照“需求用例”的方法进行操作(见 5.2.5)。

5.2.5 需求用例

如果前述步骤已识别出需求用例,应进行下述活动。

活动:

1) 验证需求用例的业务合理性;

2) 使用行业报文集文档,描述需求用例(即,定义、触发条件、前置条件和后置条件以及中间过程);

3) 进行逻辑分析以识别新的业务交易和新的或变更的报文;

4) 对每个已识别的用于该需求用例的新的业务交易:

- 按照“新的业务交易”的方法进行操作(见 5.2.6);

5) 对每个已识别用于该需求用例的附加报文功能:

- 按照“新的报文”方法进行(见 5.2.8);

6) 对每个已识别用于该需求用例的变更报文定义:

- 按照“变更的报文”的方法进行操作(见 5.2.9)。

5.2.6 新的业务交易

如果差距分析已识别出新的业务交易,则该业务交易,应符合 GB/T 27926 标准的业务交易和报文集的开发方法将主要集中在逻辑分析和报文设计方面,但可以进行部分简化:

——行业报文集文档应尽可能复用;

——由于反向工程的目的不是对当前支持的业务功能进行质疑、修改或补充,且行业报文集已经提供了现实的解决方案,逻辑分析可由该解决方案驱动。

活动:

1) 验证新的业务交易的业务合理性(即,验证该业务交易中是否存在实际的业务需求);

2) 使用行业报文集文档生成业务交易文档(该文档至少应包含文字说明和报文流图);

3) 在可能的情况下:

- 复用现有 GB/T 27926 报文以支持新的 GB/T 27926 业务交易中要求的报文功能;
- 记录其与现有行业报文的关系(即,记录对应的 GB/T 27926 报文项和行业报文项,包括报文路径和相关的业务元素及业务组件)。

4) 如果没有现有 GB/T 27926 报文可复用:

● 按照“新的报文”的方法进行操作(见 5.2.8)。

5.2.7 变更的业务交易

如果差距分析已识别出变更的业务交易的需求,则该业务交易,应符合 GB/T 27926 标准的业务交易和报文集的开发方法将主要集中在逻辑分析和报文设计方面,但可以进行部分简化:

——行业报文集文档应尽可能复用;

——由于反向工程的目的不是对当前支持的业务功能进行质疑、修改或补充,且行业报文集已经提供了现实的解决方案,逻辑分析可由该解决方案驱动。

活动:

1) 验证变更业务交易的业务合理性(即,验证该变更是否有实际的业务需求);

2) 使用行业报文集文档以修改业务交易文档(文字定义和/或报文流图);

3) 如果识别出的需附加的报文功能可以被现有 GB/T 27926 报文所支持,则应记录其与现有行业报文的关系(即,记录对应的 GB/T 27926 报文项和行业报文项,包括报文路径和相关的业务元素及业务组件);

4) 如果识别出的需附加的报文功能不能被现有 GB/T 27926 报文所支持,则按照“新的报文”的方法进行操作(见 5.2.8)。

5.2.8 新的报文

如果差距分析已识别出新的报文功能,则该报文,应符合 GB/T 27926 标准的业务交易和报文集的开发方法将主要集中在逻辑分析和报文设计,但可以进行部分简化:

——行业报文集文档应尽可能复用。

活动:

1) 验证新的报文的业务合理性(即,验证该报文功能是否有实际的业务需求);

2) 完成业务交易中的报文说明;

3) 如果现有 GB/T 27926 报文功能被稍稍修改后,可以支持新加的报文功能,则:

- 记录必要的修改(即,要增加的 GB/T 27926 报文项、报文元素或业务元素,要增加或修改的规则,多样性变更等);
- 记录修改后的 GB/T 27926 报文与行业报文间的关系(即,记录对应的 GB/T 27926 报文项和行业报文项,包括报文路径和相关业务元素及业务组件)。

4) 如果不存在现有 GB/T 27926 报文可复用或修改,则:

- 设计新的 GB/T 27926 报文;
- 记录最终的 GB/T 27926 报文与行业报文间的关系(即,记录对应的 GB/T 27926 报文项和行业报文项,包括报文路径和相关业务元素及业务组件)。

5) 记录需要增加或变更的报文概念和/或业务概念,以支持所需的报文定义。

5.2.9 变更的报文

如果差距分析已识别出现有 GB/T 27926 报文需要变更的报文定义(即,报文内容上的区别),则该报文,应符合 GB/T 27926 标准的业务交易和报文集的执行方法将主要集中在逻辑分析和报文设计,但可以进行部分简化:

——行业报文集文档应尽可能复用。

活动:

1) 验证变更报文定义的业务合理性(即,验证该报文内容变更是否有实际的业务需求);

2) 如果现有 GB/T 27926 报文能被稍稍修改后,以支持变更报文定义,则:

- 记录必要的修改(即,要增加的 GB/T 27926 报文项、报文元素或业务元素,要增加或修改的规则,多样性变更等);
- 记录最终修改后的 GB/T 27926 报文与行业报文间的关系(即,记录对应的 GB/T 27926 报文项和行业报文项,包括报文路径和相关业务元素及业务组件)。

3) 如果由于影响巨大,现有 GB/T 27926 报文不能被变更,则:
- 设计新的 GB/T 27926 报文;
- 记录最终的 GB/T 27926 报文与行业报文集间的关系(即,记录对应的 GB/T 27926 报文项和行业报文项,包括报文路径和相关业务元素及业务组件)。

4) 记录需要追加或变更的报文概念和/或业务概念,以支持所需的报文定义。

5.2.10 新的或变更的业务角色

如果差距分析已识别出新的或变更的业务角色,这将产生新的或变更的业务过程、业务交易或报文等的定义。则这种情况下,应符合 GB/T 27926 标准的业务交易和报文集的开发方法为如下所述:

活动:

1) 验证新的或变更的业务角色的业务合理性(即,验证该业务角色是否有实际的业务需求);
2) 增加或完成业务角色的定义;
3) 根据情况,按照新的或变更的业务过程、业务交易或报文的方法执行。

5.3 GB/T 27926 注册

GB/T 27926 的注册过程如下:

——针对所有新的或变更的字典项和目录项,应按照 GB/T 27926 提交的模板,按照前述步骤(符合 GB/T 27926 标准的业务交易和报文集的开发)中获得的信息来完成申请。对这些申请应确保使用官方提交模板并按照相关指南进行填写;

——向 GB/T 27926 注册机构提交申请;

——注册机构收到申请后将按照适当的过程更新 GB/T 27926 库。

注意:为确保 GB/T 27926 库的一致性或为保证完全符合 GB/T 27926 标准,最终的 GB/T 27926 注册可能与原始 GB/T 27926 申请存在偏差。这些不同应被标识出来,因其将影响行业报文集和对应的符合 GB/T 27926 标准的业务交易和报文集间的确切关系,并因此影响到 GB/T 27926 反向工程下一步活动中生成的融合文档。

5.4 迁移准备

该活动将使用之前活动的成果(即,差距分析、符合 GB/T 27926 标准的业务交易和报文集的开发以及 GB/T 27926 注册),以生成支持向符合 GB/T 27926 标准的业务交易和报文集进行迁移的文档。

——“融合文档”将支持行业报文向对应的 GB/T 27926 报文的迁移;

——如果需要,附加的“共存文档”可支持行业报文集和符合 GB/T 27926 标准的业务交易和报文集的共存;

——迁移计划文档将帮助行业报文集用户计划和组织其向符合 GB/T 27926 标准的业务交易和报文集的迁移活动。

注意:这些文档是对行业报文集基础文档和 GB/T 27926 整体文档的补充。因此,符合 GB/T 27926 标准的业务交易和报文集的实施必须基于全部文档集进行(即,行业报文集文档、GB/T 27926 库信息、融合文档、共存文档以及迁移计划文档)。

此外，也应注意的是应由各个组织自己提供（和维护）用于其行业报文集的相关信息。这表明，只有各个组织主动提供了这些文档，才可获得两个行业报文集间的映射文档。

5.4.1 融合文档

5.4.1.1 目的

融合文档的目的是提供足够信息以找出 GB/T 27926 报文、GB/T 27926 报文项和值，该值对应了任何行业报文项的任何值。

上述目的可通过生成完整且明确的"融合表"实现。该表包含了每个可能行业报文项中每个可能值的相关信息。该表也将包含对应 GB/T 27926 报文路径的行业报文的所有可能路径。

为优化这些信息的使用和维护，可能需要定义多级别的"融合表"：

——数据类型融合表；

——元素融合表；

——报文融合表；

——报文项融合表。

这些表的详细说明在后续章节中给出。虽然此处给出的融合表均为简表，但不能将其作为实施时的具体方案。其他形式（例如，关系数据库、XML 文档或 XSLT 转换规则）可能更适合于实际实施时使用。

通常情况下，融合文档均以机器可处理的方式提供，以支持希望进行自动迁移处理的组织。本部分未给出使用格式的指南，该指南取决于使用融合文档的行业报文集。

5.4.1.2 融合表的说明[8)]

5.4.1.2.1 数据类型融合表

说明：

对于行业报文集中使用的每个数据类型，其表中标识了能使用的对应的 GB/T 27926 数据类型（包括数据类型表示形式）。这些信息也可包括格式约束条件和值的转换。

示例：

——Price(FIX)--〉Amount(GB/T 27926)；

——Account Number/35x(ISO E7775)--〉AccountNumber_Identifier (GB/T 27926)；

——Trade Transaction Type/4! c/value＝"BASK"(ISO E7775) --〉TradeType_Code/value＝"BASK"(GB/T 27926)。

备注：

数据类型转换的方式很可能部分取决于使用数据类型的元素（甚至报文）。在此情况下，数据类型融合表将包含所有可能情况，且使用的确切融合规则将在元素级（甚至在报文级）进行说明。

5.4.1.2.2 元素融合表

说明：

对每个行业报文元素（或部分元素），其表中标识了可使用的对应的报文元素（包括所属报文组件）和/或业务元素（包括所属业务组件）。这些内容也可包含数据类型、格式约束条件和值转换的更准确信息。

示例：

——MaxFloor(FIX)--〉SecuritiesOrderParameters. MaximumShowFloorQuantity(GB/T 27926)；

8） 融合文档的详细内容见附录 A。

——33B. MAXF. Quantity

(ISO E7775)--〉SecuritiesOrderParameters. MaximumShowFloorQuantity(GB/T 27926)。

备注:

行业报文元素转换的方式很可能取决于使用此元素的报文。在此情况下,元素融合表将包含所有可能情况,且使用的确切融合规则将在报文级(即,在报文项融合表中)进行说明。

5.4.1.2.3 报文融合表

说明:

对行业报文集中使用的每个报文而言,其表中识别了能使用的对应 GB/T 27926 报文。该信息也可包含确切报文功能的详细内容以及特定 GB/T 27926 报文使用条件的详细内容。

示例:

——New Order Single(FIX)--〉Order to Buy(GB/T 27926),Order to Sell(GB/T 27926);

——MT 502(ISO E7775)--〉Order to Buy(GB/T 27926),Order to Sell(GB/T 27926),Cancellation of Crder(GB/T 27926)。

5.4.1.2.4 报文项融合表

说明:

该表提供了特定行业报文中使用的行业报文项(或部分行业报文项)的附加信息,以及"元素融合表"和"报文融合表"中出现不充分的附加信息。

示例:

——普通规则不适用(例如,一个行业报文项例外情况下映射到其他报文元素或业务元素,或者一个特定行业报文项值例外情况下转换为其他 GB/T 27926 元素值);

——普通规则不明确(例如,存在两个不同业务元素可由同一个行业报文元素映射)。

5.4.1.3 融合文档的开发

输入:

生成融合文档的输入从之前所有活动中获得:

——差距分析;

与业务交易或报文定义相关的差距分析能提供下述输入信息:

- 业务交易差距分析提供了行业报文列表(包括当行业报文集的报文为多功能时,特定的报文功能)及其对应的 GB/T 27926 报文列表;
- 报文定义差距分析提供了对应的 GB/T 27926 报文项和行业报文项列表,包括报文路径、相关业务元素和业务组件。该列表也包括数据类型和可能值间区别的文档。

——符合 GB/T 27926 标准的业务交易和报文集的开发;

与业务交易或报文相关的符合 GB/T 27926 标准的业务交易和报文集的开发能够提供以下输入信息:

- 行业报文和 GB/T 27926 报文间的附加关联;
- 对应行业报文项和 GB/T 27926 报文项、业务元素和数据类型的附加关联的详细信息。

——GB/T 27926 注册;

如果报文、报文概念或业务概念的最终注册与注册申请存在偏差,GB/T 27926 注册能提供附加输入信息。当在新的报文中出现申请报文组件以外的其他报文组件或申请数据类型以外的其他数据类型被用于业务元素或报文元素时,可能出现这些附加信息。

活动：

1） 使用从GB/T 27926注册机构获得的不同注册报文的信息对行业报文和与其对应的GB/T 27926报文间的关系进行更新；

2） 使用从GB/T 27926注册机构获得的不同注册报文概念和业务概念的信息对行业报文项和GB/T 27926报文项、业务元素及数据类型间的关系进行更新；

3） 检查所有关联的行业报文和GB/T 27926报文的列表；

对每个关联而言：

- 定义两个报文的标识；
- 定义适用于行业报文的附加约束条件(如果有)以保证预期功能的实现；
- 验证报文和功能约束条件值的组合是否在报文融合表中已存在。如果不存在：
  - 在报文融合表中增加新的行。

4） 检查对应的行业报文项和GB/T 27926报文项、业务元素和数据类型的列表；

对每个对应的组：

- 识别行业报文项的数据类型和GB/T 27926数据类型及数据类型表示形式；
- 识别格式约束条件和可能值转换的相关信息；
- 验证在数据类型融合表中是否已存在数据类型、格式约束条件和值转换的组合。如果不存在，则：
  - 在数据类型融合表中增加新的行。
- 识别行业报文项(或相关部分或相关组合)[9]以及对应的报文元素、报文组件、业务元素和业务组件的标识；
- 在数据类型融合表中搜索相关行；
- 验证是否存在适用于数据类型转换的附加约束条件；
- 验证在元素融合表中是否已经存在行业报文元素、数据类型转换和附加约束条件的组合。如果不存在，则：
  - 在元素融合表中增加新的行。
- 验证报文融合表和元素融合表的可用信息是否总是允许在正确的GB/T 27926报文中给正确的GB/T 27926报文项(和值)以无歧义的定义。如果不允许：
  - 识别行业报文的完整报文路径；
  - 识别完整的对应GB/T 27926报文路径；
  - 验证是否存在适用于数据类型转换的附加约束条件(即，在元素融合表中已经定义的附加内容)；
  - 在报文项融合表中增加新的行。

5.4.2 共存文档

5.4.2.1 目的

共存文档的目的是提供足够的信息以确定行业报文、行业报文项和与GB/T 27926报文项任一值相对应的行业报文集的值。共存文档与融合文档类似，因此可以相同形式给出，并基于相同方法进行，不同的是工作方向相反。

9） 一个行业报文域可包含多个业务元素和/或部分业务元素(在某些情况下，可能需要与其他行业报文域结合以获得有意义的业务元素)。

5.4.2.2 共存表的说明

该说明与融合表的说明类似,除了将“To”和“From”的语法角色对调。

5.4.2.3 共存文档的开发

共存文档的开发与融合文档的开发类似,除了需将转换的方向改变。

5.4.3 迁移计划

下述主题是一个完整迁移计划的组成部分。实际计划应由行业报文集的用户和/或拥有者提供。

5.4.3.1 内部迁移

内部迁移是指所有内部应用的迁移,这些内部应用从依赖于行业报文集的应用转向符合GB/T 27926的业务交易和报文集的应用。根据实际应用的体系结构以及行业报文集和符合GB/T 27926的业务交易和报文集的业务交叉情况,该迁移的范围包括从报文应用的“简单”转换到给定业务范围中内部应用的全部重建。

5.4.3.2 外部迁移

外部迁移是指外部发送和接收的行业报文被GB/T 27926报文替换的过程。该步骤可在内部迁移前(这种情况下“转换应用”需注意行业报文集与符合GB/T 27926的业务交易和报文集间的转换)完成,也可以和内部迁移同时进行。

5.4.3.3 行业迁移

行业迁移是指整个行业对所有外部发送报文的替换。可能出现下述情况:

——“整体迁移”:在此情况下,整个行业同意在一个确定的日期迁移所有发送报文;

——“逐步迁移”:在此情况下,由各个组织自己决定其何时迁移。这意味着有一段共存期,在该期间内组织可能同时接收到行业报文集和GB/T 27926业务交易和报文集。这也意味着需要进行双向转换。

附　录　A
（规范性附录）
融合文档

A.1　数据类型融合表

数据类型融合表将包含下述信息(也见 A.5.1 示例)：

——用于引用目的的融合规则标识符：***必选***；

——“From”语法(例如，FIX、ISO E7775 等)：***必选***；

——“From”数据类型(例如，“Price”(FIX)、“Price”(ISO E7775)等)：***必选***；

——“From”格式(例如，“Float”(FIX)、15d(ISO E7775)等)：***必选***；

——GB/T 27926 库中“To”数据类型(例如，Amount 等)：***必选***；

——GB/T 27926 库中“To”数据类型表示形式[10]（例如，Text、Code、Indicator 等)：***必选***；

——值转换：如何将以“行业报文集数据类型”表示的值转换为以对应的 GB/T 27926 数据类型表示的值的信息：***必选***。

该转换信息应以下述格式给出：

1)　值转换表

如果为枚举类型(例如，代码列表)，可使用一个表来包含每个“行业报文集代码”及其相对应的“GB/T 27926 代码”表。

- 行业报文集代码和 GB/T 27926 代码间不总是一一对应的关系(例如，一个行业报文代码可映射多个 GB/T 27926 代码)。在此情况下，当数据类型用于特定行业报文元素时，需要向代码对应关系增加映射条件；
- 在某些情况下，可以通过固定算法将行业报文集代码转换为对应的 GB/T 27926 代码(例如，如果行业报文集代码与 GB/T 27926 代码相等)。在此情况下，不应以值表示，但应以其他格式出现。

2)　常规算法

当行业报文集值与 GB/T 27926 值之间的固定关系应以机器可处理方式进行描述时，采用这种方式。

3)　文字说明

当行业报文集值与 GB/T 27926 值之间的关系不能用机器可处理方式描述时，采用这种方式。

A.2　元素融合表

元素融合表中包含下述信息(也见 A.5.2 示例)：

——用于参考目的的融合规则标识符：***必选***；

——“From”语法(例如：FIX、ISO E7775 等)：***必选***；

——“From”元素标识

(例如：“MaxFloor”(FIX)、36BMAXF. Quantity(ISO E7775)等)：***必选***；

---

10)　GB/T 27926 库中可获得数据类型表示形式列表。

——GB/T 27926 库中的“To”报文元素标识
（例如，SecuritiesOrderParameters1. MaximumShowFloorQuantity 等）：**可选**；
——GB/T 27926 库中的“To”业务元素标识
（例如，SecuritiesOrderParameters1. MaximumShowFloorQuantity 等）：**必选**；
——应用于行业报文元素向 GB/T 27926 元素转换的数据类型融合规则（例如，DT001 等）：**必选**；
——对上述数据类型融合规则的附加约束条件（例如，对值转换表或转换算法的附加条件或限制）。如果可能，这些约束条件应以机器可处理方式表示：**可选**。

A.3 报文融合表

报文融合表包含以下信息（也见 A.5.3 示例）：
——用于参考目的的融合规则标识符：**必选**；
——“From”语法（例如：FIX、ISO E7775、GB/T 27926 等）：**必选**；
——“From”报文标识（例如：“New Order Single”（FIX）、MT502（ISO E7775）等）：**必选**；
——GB/T 27926 库中的“To”报文标识（例如，Order to Buy 等）：**必选**；
——当将行业报文的特定报文功能转换为 GB/T 27926 报文时，对融合规则需使用的约束条件。该内容为特定报文项中要求的信息（例如，定义报文功能的报文项，像 MT502. GENL. 23G＝“NEWM”）。如果可能，应以机器可处理的方式表示这些约束条件：**可选**；
——当将行业报文转换为 GB/T 27926 报文时，对特定 GB/T 27926 报文元素应使用的默认值。这些值可能为行业报文中未明确提及的信息：**可选**。

A.4 报文项融合表

报文项融合表应包含以下信息：
——用于参考目的的融合规则标识符：**必选**；
——“From”语法（例如：FIX、ISO E7775、GB/T 27926 等）：**必选**；
——“From”报文路径
（例如，“New Order Single. MaxFloor”（FIX），“MT502. ORDRDET. 36B. MAXF. Quantity”（ISO E7775），etc）：**必选**；
——GB/T 27926 库中的“To”报文路径
（“OrderToBuy. SecuritiesOrderParameters. MaximumShowFloorQuantity”）：**必选**；
——使用的数据类型或元素融合规则（例如，DT001 等）：**如果与常规规则不同，则为必选**；
——附加偏移或约束条件。如果可能，应以机器可处理方式表示这些约束条件：**可选**。

A.5 某些简单示例

A.5.1 数据类型融合表(见表 A.1)

表 A.1 数据类型融合表

ID	From			To		值转换
	语法	数据类型	格式	数据类型	数据类型表示形式	
DT001	ISO E7775	Price	15d	Amount	Amount	
DT002	ISO E7775	Currency	3!a	Currency	Identifier	ISO 4217
DT003	ISO E7775	RateTypeCode	4!c	RateType	Code	ListRateTypeCode
DT004	ISO E7775	QuantityTypeCode	4!c	QtyType	Code	ListQuantityTypeCodes
DT005	ISO E7775	AccountNumber	35x	AcctID	Identifier	

A.5.2 元素融合表(见表 A.2)

表 A.2 元素融合表

ID	From		To		数据类型规则	约束条件
	语法	元素	报文元素	业务元素		
F001	ISO E7775	97A:CASH. AccountNumber		Account. id	DT005	
F002	ISO E7775	97B:CASH. AccountNumber		Account. id	DT005	
F003	ISO E7775	90A:DEAL. Price		Trade. DealPrice	DT001	
F004	ISO E7775	92B:EXCH. FirstCurrencyCode		Exchange. FromCurrency	DT002	
F005	ISO E7775	92B:EXCH. SecondCurrencyCode		Exchange. ToCurrency	DT002	

A.5.3 报文融合表(见表 A.3)

表 A.3 报文融合表

ID	From		To	约束条件	默认值
	语法	报文	报文		
M001	ISO E7775	MT502	OrderToBuy	MT502.GENL.23G = "NEWM" & MT502.ORDRDET.22H.BUSE = "BUYI"	
M002	ISO E7775	MT502	OrderToSell	MT502.GENL.23G = "NEWM" & MT502.ORDRDET.22H.BUSE = "SELL"	
M003	ISO E7775	MT502	CancelOrder	MT502.GENL.23G = "CANC"	